Springer-Lehrbuch

T0253980

Springer

Berlin
Heidelberg
New York
Barcelona
Budapest
Hongkong
London
Mailand
Paris
Santa Clara
Singapur
Tokio

Manfred Broy

Informatik

Eine grundlegende Einführung

Band 1: Programmierung
und Rechnerstrukturen

Zweite Auflage

Mit 93 Abbildungen und 33 Tabellen

Springer

Prof. Dr. Manfred Broy

Technische Universität München
Institut für Informatik

D-80290 München

E-mail: broy@informatik.tu-muenchen.de
Internet: http://www4.informatik.tu-muenchen.de

Die Deutsche Bibliothek – CIP-Einheitsaufnahme

Broy, Manfred:
Informatik: eine grundlegende Einführung / Manfred Broy. – Berlin; Heidelberg; New York; Barcelona;
Budapest; Hongkong; London; Mailand; Paris; Santa Clara; Singapur; Tokio: Springer
  (Springer-Lehrbuch)
Band 1. Programmierung und Rechnerstrukturen. – 2. Aufl. – 1998   DBN: 55.193377.1
  ISBN 3-540-63234-4   SG: **28**

Dazu erhältlich:

Band 2. Systemstrukturen und Theoretische Informatik.
2. Aufl. 1998. ISBN 3-540-64392-3

Aufgabenband. M. Broy, B. Rumpe:
Übungen zur Einführung in die Informatik.
Strukturierte Aufgabensammlung mit Musterlösungen.
Mit CD-ROM. 1998. ISBN 3-540-63549-1

ISBN 3-540-63234-4 Springer-Verlag Berlin Heidelberg New York

ISBN 3-540-55191-3 (1. Aufl. Teil I) Springer-Verlag Berlin Heidelberg New York
ISBN 3-540-56969-3 (1. Aufl. Teil II) Springer-Verlag Berlin Heidelberg New York

Springer-Verlag Berlin Heidelberg New York
ein Unternehmen der BertelsmannSpringer Science+Business Media GmbH
© by Springer-Verlag Berlin Heidelberg 1992, 1993, 1998

Satz: Reproduktionsfertige Autorenvorlage
Umschlaggestaltung: *design & production* GmbH, Heidelberg
SPIN: 10852491   45/3111 – 5 4 3 – Gedruckt auf säurefreiem Papier

Zur Erinnerung an meinen Vater

Günter Broy

Vorwort zur zweiten Auflage

Die Informatik umfaßt Wissenschaft, Technik und Anwendung der maschinellen Verarbeitung, Speicherung und Übertragung von Information. Dementsprechend befassen sich Informatiker mit allen Aspekten der maschinellen Informationsverarbeitung. Einen Schwerpunkt bilden die Entwicklung und der Betrieb von Softwaresystemen.

Die Informatik ist eine junge Wissenschaft und trotzdem schon vielfach in Anwendung. Dies ist Gunst und Last zugleich – Gunst, weil sonst kaum solch vielfältige Impulse aus den Anwendungen auf die Informatik einwirken könnten, Last, weil sich unausgereifte Konzepte zu schnell ausbreiten, vom Denken der Betroffenen Besitz ergreifen und schließlich kaum überwunden werden können. Deshalb gilt in der Informatik mehr noch als in anderen Wissenschaften das Prinzip des ständigen kritischen Hinterfragens der Inhalte und das Bewußtsein der Beschränktheit und Relativität der erlangten Erkenntnisse.

Das tiefere Verständnis und die systematische Durchdringung der Informatik stellen eine intellektuelle Herausforderung dar, die sich nicht auf bloße mathematische oder ingenieurmäßige Aspekte beschränken kann. Vielmehr ist eine Synthese aus den verschiedenen Ansätzen und Betrachtungsweisen nötig. Es wäre verhängnisvoll, die Informatik als reines Programmierhandwerk, als Hilfswissenschaft für die Datenverarbeitung oder als die Lehre von den Rechenanlagen mißzuverstehen. Sie ist über diese Aufgaben hinaus eine Grundlagenwissenschaft, die sich mit der allgemeinen Frage der Darstellung und Verarbeitung von Information befaßt.

Beim Einsatz informationsverarbeitender Systeme ist eine Vielzahl von Problemen zu bewältigen, die nur durch den qualifiziert ausgebildeten Informatiker, mit breitem Grundlagenwissen und soliden Kenntnissen im ingenieurmäßigen methodischen Vorgehen, professionell gelöst werden können. Dabei ergeben sich für den Informatiker enge Bezüge zu einer Reihe anderer Disziplinen, wie der Mathematik und der Elektrotechnik, aber auch zu typischen Anwendungsgebieten, wie den Wirtschaftswissenschaften, der Medizin, dem Maschinenbau und vielen anderen Fächern.
Neben technischen Aspekten muß sich der Informatiker primär mit Fragen der Modellbildung befassen. Dies umfaßt die Modellierung und Beschreibung komplizierter Zusammenhänge oder Vorgänge unserer Anschauung durch Methoden der Informatik, aber auch eigenständige Entwürfe informationsverarbeitender Systeme. Naturgemäß ist eine Modellierung immer unvollständig, reduziert den modellierten Gegenstand auf gewisse Aspekte und vernachlässigt andere. Die Kunst des Informatikers besteht darin, Vereinfachungen so vorzunehmen, daß die wesentlichen Aspekte erhalten bleiben und die unwesentlichen Aspekte nicht mehr in Erscheinung treten.

Ein Ziel der Informatik ist es, eine der Anwendung angemessene Modellierung in einer formalen Weise zu vollziehen und schließlich auf ein Softwaresystem zu übertragen. Dies schließt naturgemäß eine Modellierung der Verarbeitungsvorgänge ein.

Der vorliegende Band enthält in zweiter Auflage die Teile I und II einer vierteiligen Einführung in die Informatik, die Fragen der Modellierung von Informationsverarbeitungsvorgängen in den Mittelpunkt stellt. Sie gibt über die wesentlichen Bestandteile der Informatik einen einführenden Überblick, vermittelt die fundamentalen Prinzipien und Konzepte und setzt diese zueinander in Beziehung. Dabei folgen Stoffauswahl und Darstellung dem Grundsatz der Konzentration auf grundlegende Inhalte und des Verständnisses für Grundprinzipien und Zusammenhänge. Bewußt wird auf mehr oder weniger zufällige technische Details soweit möglich verzichtet.

Im ersten Teil der Einführung werden alle Aspekte der maschinenunabhängigen Programmierung behandelt. Ausgeklammert werden lediglich Fragen der Parallelität, Verteiltheit oder Interaktion. Bewußt wird auch auf die Wahl einer konkreten gebräuchlichen Programmiersprache verzichtet. Vielmehr werden die wichtigsten Sprachkonstrukte, wie sie in gebräuchlichen Programmiersprachen vorkommen, mit Hilfe einer einfachen abstrakten Notation systematisch behandelt. Als Programmiersprache, die in begleitenden Übungen zum Einsatz kommen könnte, empfiehlt sich Gofer, ML, Pascal, Modula–2 und insbesondere Java.

Im zweiten Teil beschäftigen wir uns mit dem Grundthema Darstellung und Verarbeitung von Informationen durch technische Mittel. Während sich Teil I auf die problemnahe Programmierung und die abstrakte Darstellung von Information konzentriert, steht in Teil II die technische Realisierung von Informationsverarbeitungsvorgängen im Mittelpunkt.

In Teil II beschäftigen wir uns, ausgehend von Codierung und insbesondere Binärcodierung, mit Schaltnetzen, Schaltwerken und Booleschen Funktionen. Auf dieser Grundlage wird die Funktionsweise der Komponenten von Rechnern erklärt. Exemplarisch wird eine spezielle Rechnerarchitektur beschrieben, die hypothetische Rechenmaschine MI. Die MI ist eine Abstraktion der Rechnerarchitektur VAX der Firma Digital Equipment. Die abstrakte Maschine MI wurde an der Technischen Universität München als Basis für die Erklärung von Rechnerstrukturen im Informatikstudium von meinen Kollegen H.-G. Hegering und H.-J. Siegert eingeführt. Die in diesem Buch verwendeten Strukturen der MI zielen auf ein genaues Verständnis der Funktionsweise und der maschinennahen Programmierung von Rechenanlagen. Aufbauend auf diesen maschinennahen Programmstrukturen werden schrittweise abstrakte Programmierkonzepte entwickelt, und es wird gezeigt, wie sich diese in die maschinennahen Sprachkonzepte umsetzen lassen.

In Teil III werden dann die für den Informatiker bedeutsamen Fragen der Systemstrukturen, der verteilten Systeme, Betriebssysteme, der Systemprogrammierung bis hin zur Übersetzung und Interpretation von Programmiersprachen behandelt. In Teil IV gehen wir auf Themen der theoretischen Informatik ein, wie formale Sprachen, Berechenbarkeit, Komplexität und Algorithmen für hochkomplexe Systeme. Abschließend wenden wir uns Algorithmen zur Behandlung großer Datenmengen zu.

Der vorliegende Band gibt im wesentlichen den Stoff einer Vorlesung wieder, wie sie im ersten und zweiten Semester des Informatikstudiums im Rahmen der Einführung gehalten wird. Er hat sich aus der Einführungsvorlesung entwickelt, die ich erstmals an der Universität Passau im Sommersemester 1984 und dann mehrfach in Passau und an der Technischen Universität München gehalten habe. In der zweiten Auflage wurden einige Unstimmigkeiten beseitigt, der Stoff aktualisiert und die Darstellung in einigen Kapiteln verbessert. Insbesondere wurde ein Kapitel über objektorientierte Programmierung in den Teil I aufgenommen.

Die Ausarbeitung und Gestaltung der Vorlesung haben meine Mitarbeiter und auch Studenten entscheidend mit beeinflußt. Das vorliegende Buch hat in vielfältiger Weise von kritischen Bemerkungen, Vorschlägen und Diskussionen mit Mitarbeitern, Kollegen und nicht zuletzt Studenten gewonnen. Ihnen bin ich zu großem Dank verpflichtet. Im einzelnen möchte ich dabei meine Passauer Mitarbeiter Heinrich Hußmann, Thomas Pinegger, Friederike Nickl, Michael Breu und meinen Münchner Mitarbeiter Maximilian Fuchs dankend erwähnen. Auch meinen Kollegen in Passau und München verdanke ich zahlreiche Anregungen.

Besonders freut es mich, daß gleichzeitig mit dieser Neuauflage ein begleitendes Übungsbuch erscheint. Dies ist nur dem entschlossenen Einsatz meines Mitautors Bernhard Rumpe zu verdanken. Mit dieser Ergänzung kann das vorliegende Lehrbuch nunmehr auch zum weitgehend selbständigen Studium genutzt werden.

Mein Dank gebührt auch dem Springer-Verlag und damit Hans Wössner, der die Gestaltung entscheidend geprägt hat. Von ihm stammt auch der Vorschlag, Teil I und II in einen Band zusammenzufassen, um ihn Studierenden preisgünstiger anbieten zu können.

München, im Oktober 1997   *Manfred Broy*

Inhaltsverzeichnis

Teil I Problemnahe Programmierung

In diesem ersten Teil der Einführung werden alle Aspekte maschinenunabhängiger, problemnaher Programmierung behandelt. Ausgeklammert werden lediglich Fragen der Parallelität, Verteiltheit oder Interaktion. Ausgehend von Fragen der Darstellung von Informationen wenden wir uns der Verarbeitung von Information und damit dem Begriff Algorithmus zu. Nach eingehender grundsätzlicher Diskussion dieses Begriffs erfolgt seine Formalisierung durch Text- und Termersetzungssysteme. Dies führt auf das Konzept der Rechenstruktur als eine Familie von Sorten und Funktionssymbolen mit zugeordneten Datenmengen und Funktionen.

Auf dieser Grundlage werden die wesentlichen Konzepte problemnaher Programmiersprachen behandelt: Syntax, Semantik und Methodik. Zunächst führen wir in die funktionale Programmierung ein. Im Mittelpunkt stehen bedingte Ausdrücke, Funktionsanwendung und rekursive Funktionsvereinbarung. Wir geben eine operationale und eine funktionale Semantik für funktionale Sprachen und behandeln methodische Aspekte wie die Strukturierung, Spezifikation, Verifikation und Performanz.

Nach dem gleichen Muster werden prozedurale Sprachen abgehandelt. Schwerpunkte liegen wieder auf den Fragen der Strukturierung, Spezifikation und Verifikation.

Zur Einführung von Sorten und Funktionen werden die grundlegenden Konzepte zur Sortenbildung und -vereinbarung besprochen wie direktes Produkt, direkte Summe und Enumeration. Hinzu kommen klassische Rechenstrukturen wie Felder und Mengen.

Ergänzt wird dies durch maschinennahe Sprachmittel wie Sprünge und Referenzen. Hier wird auch der Zusammenhang zu Kontrollflußdiagrammen hergestellt.

Zur Behandlung unbeschränkt großer Datenstrukturen werden rekursive Sortendeklarationen eingeführt. Ferner werden fundamentale Datenstrukturen wie Keller, Warteschlangen und Bäume besprochen. Schließlich werden noch Geflechte als Resultat der Verbindung von Rekursion und Referenzen eingeführt.

Die Kombination der eingeführten Konzepte und ihr methodisches Zusammenspiel werden in dem Kapitel über objektorientierte Programmierung deutlich. Es wird gezeigt, wie auf diese Weise eine spezifische Programmiertechnik entsteht, die eine Reihe der Vorteile der eingeführten Konzepte miteinander kombiniert. Neu hinzu kommt nur noch das Konzept der Vererbung.

Alle Programmierkonzepte werden ausführlich durch Beispiele erläutert. Insbesondere werden alle wichtigen Algorithmen zum Sortieren einer Sequenz beziehungsweise eines Feldes in den Beispielen behandelt. Damit wird ein erstes Repertoire wichtiger Algorithmen geschaffen.

1. Information und ihre Repräsentation

Die Informatik ist die Wissenschaft, Technik und Anwendung der maschinellen Verarbeitung, Speicherung, Übertragung und Darstellung von Information. Sie befaßt sich mit der schematischen, „formalisierten" Repräsentation von Information, deren Speicherung, Übertragung, Verarbeitung und anschaulichen Darstellung durch Verarbeitungsvorschriften und informationsverarbeitende Maschinen. Dies schließt Fragen der Analyse und Modellierung von Daten, Strukturen und Zusammenhängen in den unterschiedlichsten Anwendungsgebieten ein. Ziel der Tätigkeit des Informatikers ist die Erarbeitung von Lösungen für Informationsverarbeitungsaufgaben auf Rechenanlagen sowie für die Gestaltung, die Organisation und den Betrieb von Rechensystemen. Damit bildet insbesondere die Programmierung ein wesentliches Kerngebiet der Informatik.

Die Modellbildung der Informatik zielt auf die Darstellung der unter dem Gesichtspunkt einer gegebenen Aufgabenstellung wesentlichen Strukturen, Zusammenhänge und Vorgänge eines Anwendungsgebiets. Dies erfolgt durch formale Mittel wie etwa Datenstrukturen, Programmiersprachen, Graphiken oder logische Formeln. Es ist Aufgabe der Informatik, Eigenschaften dieser formalen Modelle zu untersuchen und diese weiterzuentwickeln, zu realisieren und nicht zuletzt eine Verbindung zwischen formalen Modellen und der realen Welt des Anwendungsgebietes im Sinne der Aufgabenstellung herzustellen.

Der Begriff der „Information" ist dabei zentral für die Informatik. Eine genaue Klärung des Begriffs „Information" ist für ein tieferes Verständnis informationsverarbeitender Systeme grundlegend erforderlich. Der Begriff „Information" wird umgangssprachlich mit unterschiedlichen Bedeutungen gebraucht. So sprechen wir von Informationen oft im Sinne von zutreffenden Aussagen („Fakten") über gewisse Zusammenhänge, Ereignisse oder Zustände unserer realen Welt.

In der Informatik wollen wir den Informationsbegriff abstrakter fassen. Insbesondere sprechen wir von Information unabhängig von der Frage, wie sie dargestellt wird und ob sie auf einen realen Sachverhalt Bezug nimmt. Wir verstehen entsprechend im folgenden Information immer als die abstrakte Bedeutung (im Sinne von Informationsgehalt) von Ausdrücken, Graphiken, Darstellungen, Anweisungen und Aussagen.

Im weiteren wird im Zusammenhang mit Informationsverarbeitung dementsprechend streng zwischen Information, nach unserer Begriffsbildung dem abstrakten Bedeutungsgehalt, und ihrer Repräsentation, ihrer Darstellung (äußeren Form), unterschieden. Ohne eine entsprechende Deutungsfestlegung sind alle Repräsentationen (von Informationen) bedeutungsleer. Erst die Zuordnung gewisser Bedeutungen macht die reine Repräsentation zur Information. Dies wird bei der Betrachtung von Schriften und Zeichen erkennbar, deren Deutung uns nicht (mehr) bekannt ist. Zweifellos tragen solche Schriften und Zeichen (verborgene) Information. Jedoch ist es im ersten Moment unmöglich, diese Information verfügbar zu machen. Allerdings erlauben Regelmäßigkeiten in den Darstellungsformen und zusätzliche Kenntnisse und Vermutungen über die Art der erhaltenen Information nicht selten die Rekonstruktion der Deutung.

Viele Darstellungsformen von Information erlauben unterschiedliche Deutungen. So ist das Wort „Rot", einmal als Zeichenfolge interpretiert, die Folge der drei Zeichen „R", „o" und „t". Die Zeichen können wir akustisch deuten und so in ein gesprochenes Wort umsetzen. Dies ist möglich, wenn wir die phonetische Bedeutung der Buchstaben kennen, auch wenn uns die Bedeutung des Wortes selbst verborgen sein sollte. Wir verbinden mit dem Wort „Rot" als Bedeutung im Deutschen in erster Linie die entsprechende Farbe. Wer die deutsche Sprache beherrscht, weiß um die weiteren vielfältigen Bedeutungen des Wortes „Rot". Wird „Rot" in Verbindung mit einer Verkehrsampel gebracht, so erhalten wir sofort eine neue Deutung, im Zusammenhang mit politischen Standpunkten eine weitere und in anderen Zusammenhängen wieder völlig andere.

Wie das Beispiel zeigt, verbinden Menschen mit der gleichen konkreten Zeichenfolge abhängig vom Kontext unterschiedliche Bedeutungen. Umgekehrt können identische Bedeutungsinhalte sehr unterschiedlich dargestellt werden. Die Festlegung von geeigneten Repräsentationssystemen („Sprachen") für bestimmte Klassen von Informationen ist eine der Aufgaben der Informatik. Es ist dabei typisch, daß in unterschiedlichen Anwendungen gleiche Repräsentationssysteme für die Darstellung ganz unterschiedlicher Informationen genutzt werden. Es ist demnach wichtig, jeweils genau festzulegen, welche Interpretation für ein betrachtetes Repräsentationssystem gerade gültig ist. Dazu werden in der Informatik Techniken entwickelt, die es erlauben, die Interpretation von Repräsentationssystemen exakt festzulegen.

Die begriffliche Trennung zwischen der äußeren Form und dem abstrakten Informationsgehalt einer Aussage oder einer Nachricht ist grundlegend für die Informatik. Unabhängig von der Unterscheidung zwischen Repräsentation und Information muß die Frage des Realitätsbezugs gesehen werden. Dies betrifft die Entscheidung, ob eine Information im philosophischen Sinne wahr ist und damit auf eine vorgegebene, reale Situation zutrifft. Der Satz „Die Ampel ist rot" repräsentiert durch eine Zeichenfolge üblicherweise eine entsprechende Information. Ob diese Information zutrifft und mit gewissen Gegebenheiten der Realität in einer bestimmten Situation übereinstimmt, ist eine ganz andere Frage. Die Beantwortung dieser Frage ist abhängig von der subjektiven Wahrnehmung und kann mit Mitteln der Informatik nicht unmittelbar behandelt werden. Allerdings erlaubt es der Einsatz von Sensoren auch unmittelbar physikalische Vorgänge in Informationen umzusetzen.

Wir unterscheiden also beim Umgang mit Information folgende Gesichtspunkte und unterschiedliche Aspekte:

- die Repräsentation oder Darstellung (äußere Form) von Information,
- die Bedeutung (die eigentliche „abstrakte" Information),
- den Bezug zur realen Welt (auf welche Aspekte der Realität wird Bezug genommen),

– Gültigkeit der Information (Frage nach der Wahrheit von Informationen).

Diese vier Aspekte von Information müssen sorgfältig unterschieden werden. Man beachte, daß das *Verstehen* einer Nachricht sowohl das Erkennen der Bedeutung (Erfassen des „abstrakten" Informationsgehalts), wie das Herstellen des Bezugs zur realen Welt und das Bewerten des Wahrheitsgehalts einschließt.

1.1 Der Begriff „Information"

Wie bereits gesagt umfaßt die Informatik die Wissenschaft von der *maschinellen Informationsverarbeitung*. Dies führt auf die Fragen der

– schematisierten Darstellung (Repräsentation) von Information: *Daten- und Objektstrukturen* sowie deren Bezüge untereinander,
– *Regeln* und *Vorschriften* zur Verarbeitung von Informationen (*Algorithmen, Rechenvorschriften*) und deren Darstellung einschließlich der Beschreibung von Arbeitsabläufen (*Prozesse, kooperierende Systeme*).

Die beiden genannten Punkte sind eng verzahnt. Ein Programm beispielsweise besitzt als äußere Form eine textuelle (oder graphische) Struktur. Eine textuelle Struktur stellt selbst wiederum ein Objekt für die Informationsverarbeitung dar. Ein Programm repräsentiert aber auch eine Verarbeitungsvorschrift. Bei seiner Ausführung läuft in einer Rechenanlage ein *Prozeß von Aktionen* ab. Der Prozeß bildet gewisse Eingaben auf gewisse Ausgaben ab. Auf diese Weise beschreibt und realisiert ein Programm eine Funktion.

Die Informatik hat bei der Erstellung von Programmsystemen die Repräsentation, Modellierung und Aufbereitung von sehr unterschiedlichen Arten von Informationen zur Aufgabe. Da eine maschinelle „schematische" Verarbeitung von Information beziehungsweise deren Repräsentation exakt festgelegter Formen der Darstellung und Umformung bedarf, bedient sich die Informatik formaler Methoden. Damit weist sie Bezüge zur Mathematik, insbesondere zur mathematischen Logik, auf. Da die Methoden der Informatik zu anwendbaren Produkten („Programmen", „Systemen", „Software") führen, die auf gegebenen Rechenanlagen, also auf physikalischen Objekten, gestellte Aufgaben unter ökonomischen Nebenbedingungen lösen, trägt die Informatik stark ingenieurwissenschaftliche Züge.

Definition (Information und Repräsentation). *Information* nennen wir den abstrakten Gehalt („Bedeutungsinhalt", „Semantik") eines Dokuments, einer Aussage, Beschreibung, Anweisung, Nachricht oder Mitteilung. Die äußere Form der Darstellung nennen wir *Repräsentation* (konkrete Form der Nachricht).   ❏

Durch den ständigen Umgang mit bestimmten Repräsentationssystemen wird von vielen Menschen nicht mehr bewußt zwischen Repräsentation und Information unterschieden. Die Ziffern 0, 1, 2, 3, ... beispielsweise sind strenggenommen nur Zeichen. Die abstrakte mathematische Zahl „Null" (genaugenommen der Begriff „Null") ist die Information, die wir gelernt haben mit der Ziffer 0 zu verbinden. Dieses einfache Beispiel zeigt bereits, welcher weitreichende Abstraktionsprozeß hinter vielen, vornehmlich hinter mathematischen Symbolen und Begriffen, steht. Dieser Abstraktionsprozeß war eine der entscheidenden Voraussetzungen für die Entwicklung der modernen Mathematik.

Für die maschinelle Verarbeitung von Information werden stets Repräsentationsformen benötigt. Repräsentation kann vielfältige Formen annehmen. Vom verabredeten Zeichen („Signal"), vom gesprochenen Wort („akustische Darstellung"), vom taktilen Reiz, von der Wärmewahrnehmung bis zur Zeichnung (graphische Darstellung, „Piktogramm", „Ikone") oder auch Zeichenfolge (geschriebenes „Wort", „Text") findet sich eine Vielzahl von Möglichkeiten, Repräsentationen für Informationen zu wählen. Wichtig für das Verstehen ist stets die Kenntnis der Festlegung beziehungsweise die Ermittlung der Bedeutung der Repräsentation. Wir sagen, die Repräsentation wird *interpretiert*, um die enthaltene Information zu gewinnen.

Definition (Interpretation). Den (häufig nur gedanklichen) Übergang von der Repräsentation zur abstrakten Information, die Deutung der Repräsentation, nennen wir *Interpretation*.   ❑

Menschen erlernen in der Regel eine Vielzahl von Repräsentationssystemen und die dazugehörigen Interpretationen. Nur wenn einheitliche, vereinbarte Interpretationen existieren, können Repräsentationssysteme zur Übermittlung von Informationen zwischen Menschen dienen. So sind beispielsweise Verkehrszeichen nur Tafeln aus Blech und Farbe. Die Verkehrsteilnehmer haben gelernt, sie einheitlich zu interpretieren, indem sie gewisse Informationen für das Verhalten im Verkehr damit zu verbinden. Erst dadurch tragen sie Information.

Durch dieses Beispiel der Verkehrszeichen wird noch ein anderer Aspekt der Informationsverarbeitung deutlich: Begrifflich müssen wir zwischen der abstrakten Information und deren Bezug zur realen Welt unterscheiden. Der abstrakte Informationsgehalt des Satzes

„Die Ampel zeigt Rot."

kann unabhängig von einer konkreten Verkehrssituation gesehen werden. Diesen Satz mit einer konkreten Situation (einer bestimmten Ampel zu einem bestimmten Zeitpunkt) in Beziehung zu setzen, ist ein weiterer Aspekt der Behandlung von Information, die umgangssprachlich auch mit dem Begriff „Interpretation" verbunden wird. Das Herstellen von Beziehungen zwischen der in Repräsentationen enthaltenen Information zur erlebten Welt nennen wir *Verstehen*. Dieses Verstehen ist ein individueller, subjektiver Vorgang, der schwer allgemein zugänglich gemacht werden kann. Deshalb begnügen wir uns in der Informatik damit, die Interpretation von Repräsentationen als Informationsträger dadurch festzulegen, indem wir die Information mit Elementen geeigneter mathematischer Strukturen gleichsetzen. Die Bedeutung der Repräsentation wird dann durch Abbildung auf diese mathematischen Strukturen festgelegt.

Es ergibt sich folgendes Bild: Die dargestellten Informationen werden als eine mathematische Struktur aufgefaßt. Der Übergang von der Repräsentation zu den Elementen dieser mathematischen Struktur heißt Interpretation. Die Herstellung des Bezugs zur realen Welt und die Deutung einer Information im Sinne der uns umgebenden Wirklichkeit nennen wir Verstehen. Man beachte den subtilen Unterschied zwischen Interpretation und Verstehen. Getrennt von der Interpretation (Ermittlung der Bedeutung) stellt sich die Frage, ob eine Information zutrifft, also die realen Gelegenheiten wiedergibt. Dies läßt sich höchstens subjektiv beurteilen.

Verschiedenartige Repräsentationssysteme für Informationen sind unterschiedlich leistungsfähig. Sollen komplexe Informationen repräsentiert werden, so muß das Repräsentationssystem entsprechend mächtig gewählt werden.

Wie gesagt sind Informationen ohne Repräsentation nicht praktisch handhabbar. Dennoch können wir den Mitteln der Mathematik folgen und über eine Menge von Informationen A sprechen. Dies entspricht den Abstraktionskonzepten, wie wir sie auch bei der Bildung des Zahlbegriffs finden. Wir nehmen an, daß wir durch die Elemente der Menge A Information repräsentationsunabhängig gegeben haben.

In den Anwendungen der Informatik wird typischerweise eine genau beschriebene Menge R von Repräsentationen mit einer Interpretation I in einer Menge A von Elementen (den Informationen) betrachtet. Die Interpretation I ordnet der gegebenen Repräsentation r (einer Nachricht) einen abstrakten Informationsgehalt I[r] zu. Eine Interpretation entspricht also einer Abbildung

$$I: R \rightarrow A$$

(A, R, I) wollen wir dann als ein *Informationssystem* bezeichnen. Damit entspricht ein Informationssystem dem Begriff der Abbildung aus der Mathematik. Allerdings stellen wir in der Regel an das Repräsentationssystem R gewisse pragmatische Forderungen, wie etwa, daß alle Repräsentationen endlich sind. R heißt auch *Repräsentationssystem*, A auch *semantisches Modell*. Man beachte, daß es für ein und dasselbe Repräsentationssystem sehr unterschiedliche Interpretationen geben kann.

Beispiel (Repräsentationssysteme für natürliche Zahlen). Sei $\mathbb{N}$ die Menge der natürlichen Zahlen (unter Einschluß der Null), dargestellt durch Strichzahlen, mathematisch ausgedrückt, durch Sequenzen von Strichen:

$$\varepsilon, |, ||, |||, \dots .$$

Dabei bezeichne ε die leere Sequenz. Die übliche Repräsentation von natürlichen Zahlen sind Dezimalzahlen. Dezimalzahlen sind Zeichenreihen mit Zeichen aus der Menge der Ziffern $\{0, 1, \dots, 9\}$. Die Interpretation I ist eine Abbildung von der Dezimalzahldarstellung in Strichsequenzen (hier bezeichnet $\{0, 1, \dots, 9\}^+$ die Menge der nichtleeren endlichen Sequenzen von Dezimalziffern)

$$I: \{0,1, \dots, 9\}^+ \rightarrow \mathbb{N}$$

mit

$$I[0] = \varepsilon, \qquad I[1] = |, \quad I[2] = ||, \qquad \dots .\qquad \square$$

Das Beispiel macht ein fundamentales Problem der Informationsverarbeitung deutlich: Information in ihrer Abstraktion läßt sich nicht direkt aufschreiben und deshalb immer nur repräsentieren. Auch die Strichzahldarstellung der natürlichen Zahlen ist wieder nur eine Repräsentation. Der Begriff der Zahl, wie er sich in der Mathematik herausgebildet hat, ist eine Abstraktion, die völlig unabhängig von der konkreten Repräsentation verstanden wird. Die Sätze der Mathematik gelten für Zahlen in römischer Schreibweise ebenso wie für eine Darstellung durch Strichzahlen, Binärzahlen oder Dezimalzahlen. Allerdings sind die verschiedenen Zahldarstellungen unterschiedlich gut für bestimmte Verarbeitungsvorgänge geeignet. Man versuche nur, in der römischen Zahldarstellung zu addieren oder gar zu multiplizieren.

Häufig gibt es viele verschiedene Repräsentationen für die gleiche Information in einem Repräsentationssystem. Diese Repräsentationen heißen dann *bedeutungsgleich* oder *äquivalent*. Genauer gesagt gilt in einem Informationssystem (A, R, I): Zwei Repräsentationen r1, r2 ∈ R heißen *semantisch äquivalent*, falls sie die gleiche Information tragen. Dann gilt:

I[r1] = I[r2].

Zur Verdeutlichung der bis hierher diskutierten Begriffe wird im folgenden Abschnitt ein besonders einfaches, für die Mathematik und Informatik allerdings fundamentales Informationssystem behandelt.

1.2 Aussagen als Beispiel für Informationen

Eine der grundlegendsten Arten von Informationsträgern sind Aussagen. Beispiele für Aussagen in natürlicher Sprache sind „Heute regnet es" oder „Der Wald stirbt". Für einen festgelegten Gegenstand (wie etwa das Wetter oder die Umwelt) charakterisieren elementare Aussagen bestimmte Eigenschaften oder Zustände. Durch solch ein *Bezugssystem* wird geregelt, welche Aussagen sich auf welche Objekte und Eigenschaften beziehen. Das Bezugssystem gibt somit an, wie eine Aussage im Sinne des betrachteten Gegenstands zu verstehen ist.

Für ein festgelegtes Bezugssystem lassen sich durch die Angabe der Menge von zutreffenden, „wahren" Aussagen bestimmte Eigenschaften oder Zustände beschreiben. Dann trägt jede elementare Aussage entweder den Wert „wahr" oder „falsch". Dies führt auf einen ersten Versuch, den Begriff „Aussage" genauer zu fassen:

Eine Aussage ist ein sprachliches Gebilde, von dem es sinnvoll ist zu sagen, es sei wahr oder falsch. (Aristoteles, 384–322 v. Chr.)

Diese umgangssprachliche, nicht mathematisch exakte Definition erscheint nur auf den ersten Blick zufriedenstellend. Sie führt das Problem der Definition des Begriffs „Aussage" auf die Frage zurück, ob es sinnvoll ist, von einem gegebenen sprachlichen Gebilde zu sagen, es sei wahr oder falsch. Eine präzise Fassung des Begriffs „Aussage" ist insbesondere notwendig, um grundlegende Schwierigkeiten zu vermeiden. Betrachten wir beliebige umgangssprachliche Sätze als Aussagen, so führt dies schnell zu Paradoxien und Widersprüchen. Dem Satz

„Die Aussage des vorliegenden Satzes ist falsch."

läßt sich kein Wahrheitswert zuordnen, ohne auf elementare Widersprüche zu stoßen, obwohl der Satz wie eine Aussage wirkt. Nehmen wir an, daß der Satz wahr ist, so widerspricht dies seiner eigenen Aussage. Nehmen wir an, der Satz ist falsch, so folgt daraus, daß der Satz wahr ist. Es ist offensichtlich nicht möglich, diesem Satz einen Wahrheitswert zuzuordnen. Demnach wäre der Satz keine Aussage. Der Grund für diese Paradoxie liegt in der Struktur des Aufbaus der Aussage: Die Aussage nimmt auf ihre eigene Bedeutung Bezug. Durch Beschränkungen der zugelassenen Aussageformen können solche Formen des Selbstbezugs und sich daraus ergebende Paradoxien vermieden werden.

Für eine präzise Definition des Begriffs Aussage wird dementsprechend ein eingeschränktes Repräsentationssystem (eine „formale Sprache") für Aussagen und ihre Kombination angegeben. Wir sprechen auch von Aussageformen. Nur ganz bestimmte sprachliche Formen („Formeln") werden als Aussagen zugelassen. Ein solches System von Aussageformen stellt die Aussagenlogik bereit.

Das Beispiel der Aussagenlogik im Zusammenhang mit Informationssystemen ist bewußt gewählt: Aussagen, ihre notationelle (sprachliche) Repräsentation, ihre Interpretation und Regeln zu ihrer Umformung stellen ein elementares Beispiel für Strukturen dar, wie sie in der Informatik häufig auftreten. In der Aussagenlogik werden Aussageformen behandelt, die gestatten, über die Zusammensetzung von gegebenen elementaren Aussagen wiederum Aussagen zu bilden. Sind den elementaren Aussagen Wahrheitswerte zugeordnet, so ergeben sich die Wahrheitswerte für die aus ihnen zusammengesetzten Aussageformen daraus.

Es folgt nun die Einführung eines einfachen formalen Systems zur Repräsentation von Aussagen. Eine Aussage wird repräsentiert durch einen *Booleschen Term*. Ein Boolescher Term ist eine nach gewissen Regeln aufgebaute Sequenz aus Zeichen.

1.2.1 Boolesche Terme

Durch ein Bezugssystem (die reale Welt, einen Ausschnitt oder ein Modell der realen Welt) ist für eine gegebene Menge von Aussagen darüber festgelegt, welche der Aussagen wahr sind und welche falsch. Wir betrachten einfache und zusammengesetzte Aussagen sowie Aussagen, die Identifikatoren für frei wählbare Aussagen enthalten. Wir nennen eine Aussage *elementar*, wenn sie keine Identifikatoren enthält und somit in einem gegebenen Bezugssystem wahr oder falsch ist. Die einfachsten elementaren Aussagen sind „true" (die Aussage, die in jedem Bezugssystem wahr ist) und „false" (die Aussage, die in jedem Bezugssystem falsch ist). Von jeder elementaren („konstanten") Aussage läßt sich – abhängig vom Bezugssystem – ebenfalls sagen, daß sie entweder wahr oder falsch ist. Wir können die Menge der elementaren Aussagen somit in zwei disjunkte Teilmengen zerlegen, die Menge der wahren und die Menge der falschen Aussagen.

Wir nennen eine Aussage *atomar*, wenn sie nicht aus weiteren Aussagen zusammengesetzt ist, sonst heißt sie *zusammengesetzt*. Wir können Aussagen durch die klassischen logischen Operationen („und", „oder", „nicht") verknüpfen. Die Verknüpfung elementarer Aussagen liefert wieder elementare Aussagen, da auch sie entweder wahr oder falsch sind.

Im folgenden wird neben den elementaren Aussagen eine etwas weitere Klasse von Aussagen (Aussagenschemata) behandelt, die freie Identifikatoren für Aussagen enthalten können. Identifikatoren können somit als Namen („Platzhalter") für später dafür einsetzbare Aussagen aufgefaßt werden. Von solchen Aussageschemata läßt sich in der Regel nicht einfach sagen, daß sie wahr oder falsch sind, da dies von der Belegung der auftretenden Identifikatoren durch Wahrheitswerte abhängt.

Sei E eine Menge von Bezeichnungen für atomare elementare Aussagen und sei ID eine (unendliche, abzählbare) Menge von Identifikatoren („Bezeichnungen", „Namen", „Variablen"). Im Augenblick braucht nicht näher festgelegt zu werden, von welcher speziellen äußeren Form Identifikatoren sind. Es seien insbesondere x, y, z Identifikatoren. Die Menge der *Booleschen Terme* mit (freien) Bezeichnungen aus ID ist unendlich. Sie definiert sich *induktiv* wie folgt:

(0) true, false sind Boolesche Terme,
(1) alle atomaren elementaren Aussagen in E und alle Identifikatoren in ID sind Boolesche Terme,
(2) ist t ein Boolescher Term, so ist $(\neg t)$, gesprochen „nicht t", ein Boolescher Term,
(3) sind t1 und t2 Boolesche Terme, so ist $(t1 \vee t2)$, gesprochen „t1 oder t2", ein Boolescher Term; ebenso sind $(t1 \wedge t2)$, gesprochen „t1 und t2", $(t1 \Rightarrow t2)$, gesprochen „t1 impliziert t2", $(t1 \Leftrightarrow t2)$, gesprochen „t1 ist äquivalent t2" Boolesche Terme.

Man beachte, daß in einer induktiven Definition einer Menge von Elementen (wie hier der Menge der Booleschen Terme) eine Minimalitätsprinzip unterstellt wird. Dieses Prinzip besagt, daß die induktiv definierte Menge die Elemente enthält, die durch die angegebenen Bildungsgesetze festgelegt sind und darüber hinaus die im Sinne der Mengeninklusion kleinste Menge darstellt, die diese Elemente besitzt. Die Minimalitätsannahme ist deshalb so bedeutsam, da in der induktiven Definition nur positive Aussagen auftreten. Es wird nur gesagt, welche Elemente sicher zu der zu definierenden Menge gehören. Es wird nichts ausdrücklich darüber gesagt, welche nicht dazu gehören. Das Minimalitätsprinzip besagt, daß nur solche Elemente zu der zu definierenden Menge gehören, deren Zugehörigkeit explizit postuliert wird. Wir werden später eine mathematische Formulierung diese Prinzips kennenlernen.

Die Zeichen $\neg, \vee, \wedge, \Rightarrow$ und $\Leftrightarrow$ heißen *Boolesche (logische) Operatoren.* Treten Identifikatoren in Booleschen Termen auf, so sprechen wir von Booleschen Termen *mit freien Bezeichnungen,* da eine Belegung der Identifikatoren mit den Wahrheitswerten wahr oder falsch frei wählbar ist. Boolesche Terme mit freien Identifikatoren repräsentieren *Aussageformen* oder *Aussageschemata.* Für jede Belegung der Identifikatoren mit bestimmten Wahrheitswerten erhalten wir einen Wahrheitswert.

Beispiele (Boolesche Terme). Boolesche Terme sind beispielsweise gegeben durch folgende Zeichenfolgen:

$$(x \vee y),$$
$$(x \wedge y),$$
$$(true \vee x),$$
$$(((\neg x) \wedge y) \vee z). \qquad \square$$

Aus Gründen der besseren Lesbarkeit wird häufig auf eine voll geklammerte Schreibweise für Boolesche Terme verzichtet. Folgende Vorrangregeln für die Klammerersparnis werden vorausgesetzt:

(1) Der einstellige Operator $\neg$ bindet stärker als die zweistelligen Operatoren $\vee, \Rightarrow, \Leftrightarrow$ und $\wedge$,
(2) der Operator $\wedge$ bindet stärker als $\vee$ (vgl. bei arithmetischen Ausdrücken die Regel für die Multiplikation und Addition „Punkt vor Strich"), am schwächsten binden $\Rightarrow$ und $\Leftrightarrow$,

(3) ungeklammerte Aggregate von Booleschen Termen, die jeweils durch Operatoren mit gleicher Bindungsstärke getrennt sind, werden von links nach rechts geklammert.

Statt des voll geklammerten Terms

$$((x \wedge y) \vee (\neg z))$$

läßt sich damit ebenso

$$x \wedge y \vee \neg z$$

schreiben und statt

$$((x \vee y) \vee z)$$

schreiben wir auch

$$x \vee y \vee z$$

In dem Term

$$x \wedge (y \vee z)$$

dürfen die Klammern allerdings nicht weggelassen werden, ohne daß sich die Struktur und auch die Bedeutung des Terms ändert, da $\wedge$ stärker bindet als $\vee$. Durch die Vorrangregeln können unvollständig geklammerte Terme stets in eindeutiger Weise in vollständig geklammerte Terme umgeschrieben werden.

Die Symbole $\wedge$ („und"), $\Rightarrow$ („impliziert"), $\Leftrightarrow$ („ist äquivalent") werden nur aus Gründen der Abkürzung verwendet. Sie können insbesondere als Kurzschreibweise für Terme verstanden werden, die ausschließlich mit den Operatoren $\neg$ und $\vee$ gebildet sind. Für gegebene Boolesche Terme t1, t2 definieren wir folgende semantische Äquivalenzen (äquivalente Aussageformen werden als gleichwertig angesehen und dürfen in Termen durcheinander ersetzt werden, ohne daß sich die Bedeutung der Terme ändert):

$$(t1 \wedge t2) \quad =_{\text{def}} (\neg((\neg t1) \vee (\neg t2))),$$

$$(t1 \Rightarrow t2) \quad =_{\text{def}} ((\neg t1) \vee t2),$$

$$(t1 \Leftrightarrow t2) \quad =_{\text{def}} ((t1 \wedge t2) \vee ((\neg t1) \wedge (\neg t2))).$$

Wir können die Operatoren $\wedge$, $\Rightarrow$ und $\Leftrightarrow$ somit auch als reine Abkürzungen für umfangreichere Terme ansehen. Aufgrund dieser Definitionen werden im folgenden häufig lediglich Boolesche Terme betrachtet, die nur aus Identifikatoren, true, false, $\neg$ und $\vee$ aufgebaut sind.

Boolesche Terme enthalten atomare Aussagen und Identifikatoren. Atomare Aussagen stehen für bestimmte konstante Aussagen und Identifikatoren stehen für frei wählbare Aussagen. Es wird gesagt „in dem Booleschen Term t kommt der Identifikator x frei vor", falls

(1) t genau aus dem Identifikator x besteht oder

(2) t von der Form $(\neg t1)$ ist und in t1 der Identifikator x frei vorkommt oder

(3) t von der Form $(t1 \vee t2)$ ist und in t1 oder t2 der Identifikator x frei vorkommt.

Ein Term, in dem keine Identifikatoren frei vorkommen, heißt *geschlossen*. Ein geschlossener Boolescher Term heißt auch eine *elementare Aussage*. Ein Boolescher Term mit freien Identifikatoren x_1, ..., x_n heißt eine *Aussage in den Identifikatoren* x_1, ..., x_n.

Soweit sind Boolesche Terme nur Folgen von Zeichen („sprachliche Gebilde"). Sie können zur Repräsentation von Informationen herangezogen werden. Um eine präzise Deutung für Boolesche Terme herzustellen, wird im folgenden eine Interpretation für Boolesche Terme angegeben. Anschließend werden eine Reihe von Regeln für das Rechnen mit Booleschen Termen definiert.

1.2.2 Die Boolesche Algebra der Wahrheitswerte

Die einfachste und fundamentalste Art von Informationen sind Wahrheitswerte. Die Menge $\mathbb{B}$ der Wahrheitswerte besteht aus genau zwei (wohlunterscheidbaren) Elementen. Üblicherweise werden die Wahrheitswerte durch die Elemente einer der folgenden Mengen repräsentiert:

  {wahr, falsch},

  {true, false},

  $\{\mathbf{L}, \mathbf{O}\}$,   („Bits")

  {1, 0},

  $\{\{\emptyset\}, \emptyset\}$.

Grundsätzlich kann jede zweielementige Menge zur Repräsentation der Wahrheitswerte verwendet werden. Ein Wahrheitswert bildet gewissermaßen die „kleinste" Informationseinheit, da er gerade eine Antwort auf eine ja/nein-Frage gibt. Im vergangenen Abschnitt wurden true und false als Terme eingeführt. Im folgenden wird stets die Menge $\mathbb{B}$ mit

  $$\mathbb{B} =_{def} \{\mathbf{L}, \mathbf{O}\}$$

zur Repräsentation der Wahrheitswerte verwendet.

Nun wird eine Anzahl von einfachen *Abbildungen (Operationen) auf Wahrheitswerten* eingeführt. Neben der Identität (die Funktion von $\mathbb{B}$ nach $\mathbb{B}$, die $\mathbf{L}$ auf $\mathbf{L}$ und $\mathbf{O}$ auf $\mathbf{O}$ abbildet) und den einstelligen konstanten Abbildungen (z.B. die Funktion, die sowohl $\mathbf{L}$ als auch $\mathbf{O}$ auf $\mathbf{L}$ abbildet) ist die *Negation* not die einzige einstellige Abbildung zwischen Wahrheitswerten:

  not: $\mathbb{B} \rightarrow \mathbb{B}$.

Abbildungen zwischen Wahrheitswerten lassen sich einfach und übersichtlich durch Wertetafeln darstellen. Die Wertetafel für die einstellige Abbildung not lautet wie folgt:

b	not(b)
$\mathbf{L}$	$\mathbf{O}$
$\mathbf{O}$	$\mathbf{L}$

Als grundlegende zweistellige Abbildungen auf Wahrheitswerten betrachten wir die *Disjunktion* or und die *Konjunktion* and:

or, and: $\mathbb{B} \times \mathbb{B} \to \mathbb{B}$.

mit den folgenden Wertetafeln:

or	L	O
L	L	L
O	L	O

and	L	O
L	L	O
O	O	O

Wertetafeln für zweistellige Abbildungen lassen sich einfach schreiben, indem wir in der linken Spalte die möglichen Werte für den linken Parameter auflisten und in der obersten Zeile die möglichen Werte des rechten Parameters. In die Tafel selbst werden die jeweiligen Werte der Abbildung eingetragen.

Als weitere zweistellige Operation auf den Wahrheitswerten $\mathbb{B}$ wird die *Implikation* eingeführt:

impl: $\mathbb{B} \times \mathbb{B} \to \mathbb{B}$.

Die Abbildung impl ist durch die folgende Wertetafel definiert:

impl	L	O
L	L	O
O	L	L

Es gilt für alle Wahrheitswerte b1, b2 $\in$ $\mathbb{B}$:

impl(b1, b2) = or(not(b1), b2),

wie sich leicht durch Einsetzen der Werte aus den Wertetabellen nachweisen läßt. Man beachte, daß die Implikation impl(x, y) der folgenden Aussage entspricht: Wenn x wahr ist, ist auch y wahr, wenn x nicht wahr ist, wird über y nichts ausgesagt.

Die logische *Äquivalenz*

equiv: $\mathbb{B} \times \mathbb{B} \to \mathbb{B}$

ist ebenfalls eine zweistellige Abbildung zwischen Wahrheitswerten. Sie ist definiert durch die Wertetafel:

equiv	L	O
L	L	O
O	O	L

Es gilt für alle Wahrheitswerte b1, b2 $\in$ $\mathbb{B}$:

equiv(b1, b2) = and(impl(b1, b2), impl(b2, b1)),

equiv(b1, b2) = or(and(b1, b2), and(not(b1), not(b2))).

Dies läßt sich einfach durch Einsetzen der unterschiedlichen möglichen Belegungen von b1 und b2 durch Wahrheitswerte zeigen.

Neben den aufgeführten gibt es noch eine Anzahl weiterer zweistelliger Abbildungen auf Wahrheitswerten. Die Menge der Wahrheitswerte bildet mit den angegebenen

Operationen eine mathematische Struktur, die in der Mathematik *Algebra*, in der Informatik auch *Rechenstruktur* heißt. Eine Algebra ist eine Familie von Mengen und Abbildungen zwischen diesen Mengen.

Bei der geschachtelten Anwendung von Abbildungen auf Wahrheitswerte kann mit Hilfe der Wertetafeln gerechnet werden. Dazu werden die Werte aus den Wertetafeln für die entsprechenden Funktionsanwendungen eingesetzt.

Beispiel (Rechnen mit Wahrheitswerten). Durch schrittweise Auswertung, d.h. durch schrittweises Einsetzen der jeweiligen Werte aus den Wertetafeln, erhalten wir beispielsweise folgende Rechnung:

or(not(or(**L**, **O**)), **L**) =

or(not(**L**), **L**) =

or(**O**, **L**) =

L   ☐

Abgestützt auf die hier eingeführte Menge der Wahrheitswerte und die Abbildungen not, and, or, impl und equiv können Interpretationen für Boolesche Terme angegeben werden.

1.2.3 Interpretation Boolescher Terme

Um Boolesche Terme in bezug auf ihren Wahrheitsgehalt interpretieren zu können, setzen wir eine gegebene Interpretation der atomaren elementaren Aussagen voraus. Wir nehmen also an, daß für jede atomare elementare Aussage festgelegt ist, ob sie für den Wahrheitswert **L** oder **O** steht. Geschlossene Boolesche Terme können dann interpretiert werden, indem ihnen ein Wahrheitswert zugeordnet wird. Boolesche Terme mit Identifikatoren können interpretiert werden, indem ihnen nach Belegung jedes freien Identifikators mit einem Wahrheitswert ein Wahrheitswert zugeordnet wird. Diese Interpretation Boolescher Terme mit freien Identifikatoren wird im folgenden mathematisch definiert.

Eine Abbildung

$$\beta: \text{ID} \to \mathbb{B},$$

die jedem Identifikator aus der Menge ID einen Wahrheitswert zuordnet, heißt *Boolesche Belegung* (engl. environment) der Menge ID. Die Menge der Belegungen wird mit ENV (für engl. environment) bezeichnet.

Für eine gegebene Boolesche Belegung β läßt sich jedem Booleschen Term vermöge der Interpretation I_β ein Wahrheitswert zuordnen (für atomare elementare Aussagen a sei $I_\beta[a]$ ein unabhängig von β festgeschriebener Wert):

$I_\beta[\text{true}] =_{\text{def}} \mathbf{L},$

$I_\beta[\text{false}] =_{\text{def}} \mathbf{O},$

$I_\beta[x] =_{\text{def}} \beta(x), \qquad \text{für } x \in \text{ID},$

$I_\beta[\neg t] =_{\text{def}} \text{not}(I_\beta[t]),$

$I_\beta[t1 \lor t2] =_{def} or(I_\beta[t1], I_\beta[t2]),$

$I_\beta[t1 \land t2] =_{def} and(I_\beta[t1], I_\beta[t2]),$

$I_\beta[t1 \Rightarrow t2] =_{def} impl(I_\beta[t1], I_\beta[t2]),$

$I_\beta[t1 \Leftrightarrow t2] =_{def} equiv(I_\beta[t1], I_\beta[t2]).$

Damit wird eine Interpretation auch für Boolesche Terme mit freien Identifikatoren definiert. Mit W_{Bool} wird im folgenden die Menge der geschlossenen Booleschen Terme und $W_{Bool}(ID)$ die Menge der Booleschen Terme mit Identifikatoren aus ID bezeichnet.

Ein Boolescher Term mit freien Identifikatoren kann somit über die Interpretation als Abbildung aufgefaßt werden, die jeder Belegung einen Wahrheitswert zuordnet:

$I: W_{Bool}(ID) \rightarrow (ENV \rightarrow \mathbb{B})$

mit

$I[t](\beta) = I_\beta[t]$.

Sowohl $(\mathbb{B}, W_{Bool}, I_\beta)$ als auch $(\mathbb{B}, W_{Bool}(ID), I_\beta)$ bilden (für beliebige Belegungen β) Informationssysteme, ebenso

$((ENV \rightarrow \mathbb{B}), W_{Bool}(ID), I).$

Auch für Boolesche Terme ohne freie Identifikatoren ist durch I_β eine Interpretation gegeben. Für einen geschlossenen Booleschen Term t ist der Wert $I_\beta[t]$ der Interpretation unabhängig von der Belegung β. Daraus folgt, daß ein Boolescher Term ohne freie Identifikatoren die Information **L** (also „wahr") oder **O** (also „falsch") repräsentiert. Damit sind diese Terme elementar. Ein Boolescher Term mit freien Identifikatoren repräsentiert eine Abbildung von Belegungen in die Wahrheitswerte, beziehungsweise für eine vorgegebene Belegung wieder einen Wahrheitswert.

Man beachte, daß wir zwischen einem Verknüpfungs- oder Funktionssymbol beziehungsweise einem Operator (wie $\lor$) und einer Abbildung oder Operation (bezeichnet durch or) unterscheiden. Diese strenge Unterscheidung findet sich nicht überall. In der Literatur wird durch $\land$ auch die Abbildung „and" bezeichnet. Neben den eingeführten Symbolen finden wir in Logikbüchern auch die Symbole

$\rightarrow$ und $\supset$ für $\Rightarrow$

$\equiv$ und $\leftrightarrow$ für $\Leftrightarrow$.

Man beachte, daß die logischen Verknüpfungen in der Regel in Infixnotation verwendet werden, da dies die Lesbarkeit Boolescher Terme beträchtlich erhöht.

Ein Boolescher Term t mit den (freien) Identifikatoren $x_1, ..., x_n$ kann zur Definition einer n-stelligen Booleschen Abbildung

$f: \mathbb{B}^n \rightarrow \mathbb{B}$

verwendet werden. Die Abbildung ist (für $b_1, ..., b_n \in \mathbb{B}$) durch:

$f(b_1, ..., b_n) = I_\beta[t],$

gegeben, wobei für die Belegung β gelte: $\beta(x_i) = b_i$ für alle i, $1 \le i \le n$.

Mit der Interpretation von Booleschen Termen ist auch die semantische Äquivalenz Boolescher Terme festgelegt. Zwei Boolesche Terme t1, t2 heißen entsprechend der allgemeinen Definition *semantisch äquivalent*, wenn gilt:

$$I[t1] = I[t2],$$

Dann gilt für alle Belegungen $\beta \in$ ENV folgende Gleichung:

$$I_\beta[t1] = I_\beta[t2].$$

Insbesondere gilt (wie wir durch Einsetzen der Kombinationen von möglichen Werten für $I_\beta[t1]$ und $I_\beta[t2]$ unschwer nachprüfen):

$$I_\beta[t1 \wedge t2] = \text{and}(I_\beta[t1], I_\beta[t2]) = I_\beta[\neg((\neg t1) \vee (\neg t2))],$$

$$I_\beta[t1 \Rightarrow t2] = \text{impl}(I_\beta[t1], I_\beta[t2]) = I_\beta[(\neg t1) \vee t2],$$

$$I_\beta[t1 \Leftrightarrow t2] = \text{equiv}(I_\beta[t1], I_\beta[t2]) = I_\beta[(t1 \wedge t2) \vee ((\neg t1) \wedge (\neg t2))].$$

Das Durchprobieren aller Belegungen, beispielsweise durch Vergleich der Wertetafeln, bildet ein allgemeines Verfahren zum Nachweis der semantischen Äquivalenz von Booleschen Termen. Diese Technik ist jedoch beim Auftreten vieler Identifikatoren in den Termen sehr aufwendig. In einer Wertetafel für einen Booleschen Term mit n freien Identifikatoren sind dabei 2^n Belegungen zu betrachten. Bessere und elegantere Möglichkeiten bieten Regeln für die Umformung von Termen in äquivalente Terme. Dazu werden im folgenden Abschnitt Gesetze eingeführt.

1.2.4 Gesetze der Booleschen Algebra

Im folgenden wird eine Reihe von Gleichungsgesetzen für Boolesche Terme angegeben. Ein Gleichungsgesetz besteht aus einem Paar (t1, t2) von Booleschen Termen. Zur besseren Lesbarkeit schreiben wir dafür stets t1 = t2. Das Symbol = steht für die semantische Gleichheit (und natürlich damit nicht für die syntaktische Gleichheit von Termen).

Die Booleschen Terme true und false spielen eine ausgezeichnete Rolle. Sie werden als „Konstante" bezeichnet, da ihre Interpretation von einer Belegung und einem Bezugssystem unabhängig ist. Sie sind semantisch äquivalent zu jenen Termen, deren Interpretation unabhängig von der Wahl der Belegung den entsprechenden Wahrheitswert liefert. Dies wird durch folgende zwei Gesetze festgelegt (x ist Identifikator):

$$\text{true} = (x \vee (\neg x)),$$

$$\text{false} = (\neg\text{true}).$$

Neben diesen einfachen Gesetzen für Boolesche Terme werden in der angegebenen Tabelle die Gesetze der Booleschen Algebra für die verwendeten Operationssymbole zum Aufbau Boolescher Terme vorausgesetzt. Hierbei sind x, y und z Identifikatoren, die für beliebige Boolesche Werte und auch für beliebige Boolesche Terme stehen.

Gesetze der Booleschen Algebra:

$\neg\neg x = x,$	*Involutionsgesetz*
$x \wedge y = y \wedge x,$	*Kommutativgesetz*
$x \vee y = y \vee x,$	
$(x \wedge y) \wedge z = x \wedge (y \wedge z),$	*Assoziativgesetz*
$(x \vee y) \vee z = x \vee (y \vee z),$	
$x \wedge x = x,$	*Idempotenzgesetz*
$x \vee x = x,$	
$x \wedge (x \vee y) = x,$	*Absorptionsgesetz*
$x \vee (x \wedge y) = x,$	
$x \wedge (y \vee z) = (x \wedge y) \vee (x \wedge z),$	*Distributivgesetz*
$x \vee (y \wedge z) = (x \vee y) \wedge (x \vee z),$	
$\neg(x \wedge y) = (\neg x) \vee (\neg y),$	*Gesetz von de Morgan*
$\neg(x \vee y) = (\neg x) \wedge (\neg y),$	
$x \vee (y \wedge \neg y) = x,$	*Neutralitätsgesetz*
$x \wedge (y \vee \neg y) = x.$	

Abb. 1.1. Gesetze der Booleschen Algebra

Daß diese Gesetze im Sinne des eingeführten Interpretationsbegriffs tatsächlich vernünftig gewählt sind, zeigt das folgende Theorem.

Theorem (Verträglichkeit der Gesetze der Booleschen Algebra mit der Interpretation). *In allen als Gesetze der Booleschen Algebra gegebenen Gleichungen sind linke und rechte Seiten semantisch äquivalent.*

Beweis: Für alle Gesetze t1 = t2 und alle Belegungen β ist zu zeigen:

$I_\beta[t1] = I_\beta[t2].$

Es werden zwei Beispiele für den Beweis der Gesetze gegeben. Die Gültigkeit des Involutionsgesetzes wird durch folgende Wertetafel bewiesen:

$\beta(x)$	$I_\beta[\neg x]$	$I_\beta[\neg\neg x]$	$I_\beta[x]$
O	L	O	O
L	O	L	L

„β" und „I_β" werden bei solchen Tabellen zur Schreibvereinfachung oft weggelassen. Das Absorptionsgesetz ergibt sich aus folgender Wertetafel:

x	y	x ∨ y	x ∧ (x ∨ y)
O	O	O	O
O	L	L	O
L	O	L	L
L	L	L	L

☐

Die Gesetze der Booleschen Algebra gestatten insbesondere die Umformung von Booleschen Termen in semantisch äquivalente Terme. Wie diese Gleichungsgesetze zum Zweck der Umformung anzuwenden sind, wird im folgenden Abschnitt erklärt.

1.2.5 Anwendung der Gesetze der Booleschen Algebra

Mit den Gesetzen der Booleschen Algebra können wir rein syntaktisch, d.h. mit Termen, rechnen. Dabei ersetzen wir gewisse Terme durch bedeutungsgleiche Terme.

Beispiel (Rechnen mit Booleschen Termen)

$$
\begin{aligned}
& y \wedge \neg y \\
=\ & \neg y \wedge y && \text{(Kommutativgesetz)} \\
=\ & \neg y \wedge \neg\neg y && \text{(Involutionsgesetz)} \\
=\ & \neg(y \vee \neg y) && \text{(deMorgan)} \\
=\ & \neg\ \text{true} && \text{(Gesetz für true)} \\
=\ & \text{false} && \text{(Gesetz für false).}
\end{aligned}
$$

☐

Obwohl es intuitiv klar zu sein scheint, wie Gesetze in der Form von Gleichungen anzuwenden sind, ist aus Gründen der Präzision eine exakte Definition hilfreich.

Für Gleichungen zwischen (semantisch äquivalenten) Booleschen Termen gelten die klassischen Regeln der *Äquivalenzrelationen*. Es gilt allgemein für beliebige Terme t, t1, t2, t3:

t = t	*Reflexivität*
gilt t1 = t2, so gilt auch t2 = t1	*Symmetrie*
gilt t1 = t2 und t2 = t3, so gilt auch t1 = t3	*Transitivität*

Mit Hilfe der Regeln der Äquivalenz können wir aus gegebenen Gleichungen, beziehungsweise Anwendungen von Gleichungen weitere Gleichungen gewinnen. Aber nicht nur durch diese Regeln lassen sich aus Gleichungen neue Gleichungen gewinnen. Auch durch das konsistente Ersetzen gewisser Identifikatoren auf der linken und rechten Seite von Gleichungsgesetzen entstehen wieder Gleichungsgesetze als Spezialfälle des gegebenen Gleichungsgesetzes. Die Gleichung

$$y \wedge \neg y = \neg y \wedge y$$

ist ein Spezialfall des Kommutativgesetzes

$$x \wedge y = y \wedge x \ .$$

Wir erhalten diesen Spezialfall durch eine simultane Ersetzung des Identifikators x durch den Term y und die Ersetzung des Identifikators y durch den Term ¬y. Wir sprechen von der Substitution [y/x, ¬y/y]. Die *Substitution* ist eine Operation auf

Booleschen Termen. Sie gestattet, in Termen freie Identifikatoren durch Terme zu ersetzen.

Definition (Substitution). Seien t1, t2 Boolesche Terme mit freien Identifikatoren aus ID und x ein Identifikator; mit

t1[t2/x]

bezeichnen wir denjenigen Term, den wir aus t1 erhalten, indem wir den Identifikator x an allen Stellen in t1 durch den Term t2 ersetzen.   □

Durch Substitution erhalten wir aus einem gegebenen Term einen in der Regel spezielleren Term.

Beispiel (Die Substitution in Booleschen Termen)

$(x \wedge (\neg y))[\text{false}/x] = (\text{false} \wedge (\neg y))$

$((x \wedge (\neg y)) \vee x)[(z \vee y)/x] = (((z \vee y) \wedge (\neg y)) \vee (z \vee y))$ □

Die *Substitution* entspricht einer dreistelligen Abbildung (in Mixfixschreibweise, statt einem Funktionssymbol werden eckige Klammern und der Schrägstrich verwendet, vgl. Abschnitt 2.2.3):

$.[./.] : W_{\text{Bool}}(\text{ID}) \times W_{\text{Bool}}(\text{ID}) \times \text{ID} \to W_{\text{Bool}}(\text{ID})$,

die gegebenen Booleschen Termen t, t1 und einem gegebenen Identifikator x einen Booleschen Term t[t1/x] zuordnet. Seien x und y beliebige Identifikatoren und t, t1, t2 beliebige Boolesche Terme. Der Wertverlauf der Substitution ist formal induktiv über die Termstruktur durch folgende Regeln definiert:

false[t/x] $=_{\text{def}}$ false,

true[t/x] $=_{\text{def}}$ true,

a[t/x] $=_{\text{def}}$ a,   für atomare elementare Aussagen,

x[t/x] $=_{\text{def}}$ t,

y[t/x] $=_{\text{def}}$ y,   falls x und y verschiedene Identifikatoren sind,

$(\neg t1)[t/x] =_{\text{def}} (\neg t1[t/x])$,

$(t1 \vee t2)[t/x] =_{\text{def}} (t1[t/x] \vee t2[t/x])$.

Analoge Definitionen ergeben sich für Terme, die mit den Operatoren $\wedge$, $\Rightarrow$, $\Leftrightarrow$ gebildet sind. Man beachte, daß die Substitution keine Abbildungen zwischen Booleschen Werten sondern eine Abbildung zwischen Booleschen Termen ist.

Sind $x_1, ..., x_n$ paarweise verschiedene Identifikatoren, so schreiben wir auch

$t[t_1/x_1, ..., t_n/x_n]$

für den Term, der durch *simultane ("gleichzeitige") Substitution* der Identifikatoren $x_1, ..., x_n$ in t durch die Terme $t_1, ..., t_n$ entsteht.

Analog zur Substitution, die der Ersetzung gewisser Identifikatoren in Termen durch spezielle Terme dient, können Werte für Identifikatoren in Belegungen durch andere Werte ersetzt werden. Wir sprechen vom punktweisen (selektiven) Ändern einer Belegung: Sei β eine gegebene Belegung, b ein Wahrheitswert und x Identifikator; mit β[b/x] bezeichnen wir diejenige Belegung, deren Werte für alle Identifikatoren verschieden von x mit den Werten von β übereinstimmen und die für x den Wert b liefert. Formal heißt das:

$$\beta[b/x](x) = b,$$

$$\beta[b/x](y) = \beta(y), \qquad \text{falls x und y verschiedene Identifikatoren sind.}$$

Der Umstand, daß die Spezialisierung von Gesetzen durch Substitution wieder semantisch äquivalente Terme liefert ist eine Folge der Kongruenzeigenschaft der Gleichheit bzgl. der Substitution.

Allgemein heißt eine Äquivalenzrelation eine *Kongruenzrelation* bzgl. einer gegebenen Menge von Abbildungen, wenn für alle betrachteten Abbildungen f aus der Äquivalenz der Argumente die Äquivalenz der Funktionswerte folgt. Formal bedeutete das für n-stellige Abbildungen f (wir schreiben a ~ b für „a ist äquivalent b"):

$$a_1 \sim b_1 \text{ und } \dots \text{ und } a_n \sim b_n \text{ impliziert } f(a_1, \dots, a_n) \sim f(b_1, \dots, b_n) .$$

Die enge Beziehung zwischen Interpretation und Belegungen zum einen und der Substitution zum anderen wird im folgenden Lemma deutlich.

Lemma (Verträglichkeit der Substitution mit der Interpretation). *Für beliebige Boolesche Terme* t, t', *jede Belegung* β *und jeden Identifikator* x *gilt: Falls*

$$\beta(x) = I_\beta[t'],$$

dann gilt

$$I_\beta[t] = I_\beta[t[t'/x]].$$

Beweis (Durch Induktion über den Termaufbau[1]): Es genügt, Terme der Form true, false, x, y, ¬t1 und t1 ∨ t2 zu betrachten. Steht t für den Term true oder für den Term false, so folgt die Behauptung sofort aus der Definition der Substitution. Steht t für x, so gilt

$$I_\beta[t] = \qquad \text{(betrachteter Spezialfall)}$$

$$I_\beta[x] = \qquad \text{(nach Voraussetzung)}$$

$$I_\beta[t'] = \qquad \text{(Def. Substitution)}$$

$$I_\beta[x[t'/x]] = \qquad \text{(betrachteter Spezialfall)}$$

$$I_\beta[t[t'/x]].$$

Steht t für y und ist y verschieden von x, so gilt

$$I_\beta[t] = \qquad \text{(betrachteter Spezialfall)}$$

$$I_\beta[y] = \qquad \text{(Def. Substitution)}$$

$$I_\beta[y[t'/x]] = \qquad \text{(betrachteter Spezialfall)}$$

$$I_\beta[t[t'/x]] .$$

---

[1] Die Induktion über den Termaufbau heißt auch *strukturelle Induktion* und kann auf die klassische Induktion über natürliche Zahlen zurückgeführt werden, indem jedem Term seine maximale Zahl geschachtelter Funktionsaufrufe als Maßzahl zugeordnet und die Induktion darüber geführt wird. Induktive Beweisprinzipien werden ausführlich in LOECKX, SIEBER 1984 behandelt.

Steht t für (¬t1) und gilt nach Induktionsvoraussetzung das Lemma für t1, so gilt

$I_\beta[t] =$	(betrachteter Spezialfall)
$I_\beta[(\neg t1)] =$	(Def. I_β)
$not(I_\beta[t1]) =$	(Induktionsannahme)
$not(I_\beta[t1[t'/x]]) =$	(Def. I_β)
$I_\beta[\neg(t1[t'/x])] =$	(Def. Substitution)
$I_\beta[(\neg t1)[t'/x]] =$	(betrachteter Spezialfall)
$I_\beta[t[t'/x]]$.	

Steht t für (t1 ∨ t2) und gilt die Induktionsannahme für t1 und t2, so gilt

$I_\beta[t] =$	(betrachteter Spezialfall)
$I_\beta[t1 \vee t2] =$	(Def. I_β)
$or(I_\beta[t1], I_\beta[t2]) =$	(Induktionsannahme)
$or(I_\beta[t1[t'/x]], I_\beta[t2[t'/x]]) =$	(Def. I_β)
$I_\beta[(t1[t'/x] \vee t2[t'/x])] =$	(Def. Substitution)
$I_\beta[(t1 \vee t2)[t'/x]] =$	(betrachteter Spezialfall)
$I_\beta[t[t'/x]]$.	□

Die Technik der Induktion über den Termaufbau ist ein Spezialfall der Induktion über natürliche Zahlen. Die Induktion läuft über die maximale Zahl der geschachtelten Operatoren in Termen. Nach dieser Methode läßt sich auch das folgende Lemma beweisen.

Lemma (Verträglichkeit der Substitution mit der Belegungsänderung). *Für Boolesche Terme* t, t', *Belegungen* β *und Identifikatoren* x *gilt mit* β' = β[I_β[t']/x]:

$$I_\beta[t[t'/x]] = I_{\beta'}[t]. \qquad\qquad □$$

In bezug auf die Substitution besitzt die semantische Äquivalenz eine wichtige Kongruenzeigenschaft, wie im folgenden Theorem deutlich wird.

Theorem (Kongruenzeigenschaft der semantischen Äquivalenz für die Substitution). *Sind die Booleschen Terme* t1 *und* t2 *(semantisch) äquivalent, so sind für beliebige Terme* t *und Identifikatoren* x *sowohl* t1[t/x] *und* t2[t/x] *(semantisch) äquivalent, als auch* t[t1/x] *und* t[t2/x].

Beweis: Es gelte $I_\beta[t1] = I_\beta[t2]$ für beliebige Belegungen β. Nach obenstehendem Lemma gilt mit β' = β[I_β[t]/x]:

$$I_\beta[t1[t/x]] = I_{\beta'}[t1] = I_{\beta'}[t2] = I_\beta[t2[t/x]].$$

Ebenso gilt mit β' = β[I_β[t1]/x]

$$I_\beta[t[t1/x]] = I_{\beta'}[t] = I_\beta[t[t2/x]],$$

da $I_\beta[t1] = I_\beta[t2]$. □

Die semantische Äquivalenz Boolescher Terme ist also mit der Substitution verträglich. Mathematisch ausgedrückt heißt dies, sie bildet bezüglich der Substitution eine Kongruenzrelation.

Das obige Theorem bildet die Grundlage für den Reduktionsbegriff. Eine *Reduktion* ist eine Folge von Booleschen Termen, die durch gewisse Umformungen auseinander hervorgehen. Die Umformungen entstehen allgemein durch die Anwendung festgelegter Regeln und Gesetze. Dabei wird Instanzierung und Anwendung von Gesetzen unterschieden.

Für eine Gleichung $t1 = t2$ für Boolesche Terme nennen wir für Boolesche Terme $t_1, ..., t_n$ und paarweise verschiedene Identifikatoren $x_1, ..., x_n$ die Gleichung

$$t1[t_1/x_1, ..., t_n/x_n] = t2[t_1/x_1, ..., t_n/x_n]$$

eine *Instanz* (oder einen *Spezialfall*).

Beispiel (Instanz einer Gleichung). Die Gleichung

true $\vee$ false = false $\vee$ true

ist eine Instanz des Gesetzes der Kommutativität für die Disjunktion.   ☐

Gleichungen sollen aus Gesetzen nicht nur durch Substitution gewisser Identifikatoren gewonnen werden, sondern auch durch Anwendung auf bestimmte Unterterme gegebener Terme. Sei t ein Boolescher Term, x ein Identifikator in t (der in t genau einmal auftritt) und die Gleichung $t3 = t4$ eine Instanz der Gleichung $t1 = t2$, so heißt die Gleichung

$$t[t3/x] = t[t4/x]$$

eine *Anwendung* der Gleichung $t1 = t2$. Der Term t heißt *Kontext* (bzgl. x), das Auftreten von t3 in t[t3/x] *Redex* (*Anwendungsstelle*).

Beispiel (Anwendung eines Gesetzes). Die Gleichung

x $\vee$ (true $\vee$ false) = x $\vee$ (false $\vee$ true)

ist eine Anwendung des Gesetzes der Kommutativität.   ☐

Durch die Transitivität können über Gleichungsketten neue Gleichungen abgeleitet werden. Existieren für einen gegebenen Term t_0 Terme $t_1, ..., t_n$, so daß die Gleichungen $t_i = t_{i+1}$ für $i = 0, ..., n-1$ Anwendungen von Gesetzen sind, so heißt t_0 auf t_n *reduzierbar*. Wir nennen dann die Folge von Termen

$$t_0 = t_1 = ... t_{n-1} = t_n$$

eine *Reduktion* (*Umformung*).

Beispiel (Reduktion). Durch Reduktion kann ein gegebener Term beispielsweise wie folgt umgeformt werden:

$f \wedge (\neg f \vee g) =$ (Distributivgesetz)

$(f \wedge \neg f) \vee (f \wedge g) =$ (Kommutativgesetz)

$(f \wedge g) \vee (f \wedge \neg f) =$ (Neutralitätsgesetz)

$f \wedge g.$ ☐

In einer *Reduktion* werden Terme umgeformt, indem Instanzen von Gesetzen auf Teilterme angewendet werden. Aus der Transitivität der semantischen Äquivalenz und den obigen Theoremen folgt sofort, daß alle Terme t_i, die in einer Reduktion

$$t_0 = t_1 = \dots = t_n$$

auftreten, semantisch äquivalent sind. Es gilt insbesondere die Gleichung $t_0 = t_n$.

Die Anwendung eines Gesetzes liefert eine Gleichung $t1 = t2$ mit semantisch äquivalenten Termen $t1$ und $t2$, da die durch die Gesetze induzierte Äquivalenz auch eine Kongruenz für sämtliche Boolesche Operatoren bildet. Dies kann bereits dem obigen Theorem entnommen werden.

1.3 Information und Repräsentation in Normalform

Das Beispiel der Aussageformen zeigt deutlich, daß es nützlich ist, zwischen Repräsentation und Information zu unterscheiden: Nur die Repräsentation von Information läßt sich konkret manipulieren, die Manipulation der Information ergibt sich daraus. Der Begriff der Information entsteht erst durch Abstraktion von der konkreten Repräsentation.

Die Verwendung einer Repräsentation ist nur Mittel zum Zweck. Wir sind in der Regel stärker an der Information und weniger an der Repräsentation interessiert. Deshalb ist es häufig bequem, mit Repräsentationen so umzugehen, als ob sie direkt die Informationen wären, mit denen wir es zu tun haben. Dies wird insbesondere in der klassischen Mathematik so gehandhabt.

1.3.1 Der Übergang von der Repräsentation zur Information

Informationsverarbeitung bedeutet strenggenommen die Verarbeitung („Umformung") von Repräsentationen von Informationen. Dazu ist es erforderlich, daß alle Informationen im verwendeten Informationssystem darstellbar sind.

Sei (A, R, I) ein Informationssystem. Ist die Interpretationsabbildung I surjektiv, d.h. existiert zu jeder Information $a \in A$ eine Repräsentation $r \in R$ mit $I[r] = a$, so läßt sich jede Information aus A auch repräsentieren. In der Regel sind wir an Informationssystemen mit dieser Eigenschaft interessiert.

Abbildungen auf der Menge der Repräsentationen induzieren unter gewissen Voraussetzungen Abbildungen für Informationen. Sei

$$\rho: R \to R$$

eine Abbildung auf der Menge von Repräsentationen R. Gilt für alle Repräsentationen $x, y \in R$:

$$(*) \qquad I[x] = I[y] \Rightarrow I[\rho(x)] = I[\rho(y)]$$

und ist die Interpretationsabbildung I surjektiv, dann ist vermöge der Interpretationsabbildung

$$I: R \to A$$

in eindeutiger Weise eine Abbildung

$\rho': A \to A.$

auf Informationen durch folgende Regel eindeutig festgelegt:

$\rho'(a) = b$ falls für ein $r \in R$ gilt: $I[r] = a$ und $I[\rho(r)] = b.$

Die Bedingung (∗) stellt sicher, daß die Abbildung ρ' wohldefiniert ist. Sie besagt, daß die Abbildung ρ mit der durch die Interpretationsabbildung I induzierten Äquivalenzrelation verträglich ist: Werden zwei Repräsentationen gleich interpretiert, d.h. tragen sie gleiche Information, so werden auch ihre Bilder unter der Abbildung ρ gleich interpretiert. Dies bedeutet, daß die semantische Äquivalenz bezüglich der Abbildung ρ eine Kongruenzrelation ist. Die Surjektivität von I stellt sicher, daß auch jede Information repräsentierbar ist.

Den Zusammenhang zwischen ρ, ρ' und der Interpretation können wir durch ein *kommutierendes Diagramm* verdeutlichen (vgl. Abb. 1.2).

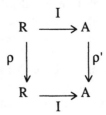

Abb. 1.2. Kommutierendes Diagramm

Insbesondere gilt also:

$I[\rho(r)] = \rho'(I[r])$.

Wir bezeichnen ρ' auch als *Abstraktion* von ρ.

Beispiel (Quadratur von natürlichen Zahlen in Dezimalzahldarstellung). Die Quadratur einer natürlichen Zahlen in Dezimaldarstellung ist strenggenommen eine Abbildung zwischen Zeichenreihen von Ziffern („Spiel mit Symbolen"). Durch die klassische Interpretation von Zeichenreihen von Ziffern als natürliche Zahlen wird eine Abbildung auf den natürlichen Zahlen induziert.   □

Im folgenden Abschnitt werden wir speziell Abbildungen zwischen Repräsentationen betrachten, die die Identitätsabbildung auf der Menge der Informationen induzieren.

1.3.2 Umformungen von Repräsentationen

Für ein gegebenes Informationssystem heißt der Übergang von einer Repräsentation r1 zu einer Repräsentation r2 eine *Äquivalenztransformation*, wenn r1 und r2 die gleiche Interpretation besitzen und somit semantisch äquivalent sind, d.h. wenn

$I[r1] = I[r2]$

gilt.

Beispiel (Äquivalenztransformationen)

(i) Die Reduktion eines Booleschen Terms t1 auf einen Booleschen Term t2 stellt eine Äquivalenztransformation dar.

(ii) In der Sprache der arithmetischen Ausdrücke bildet das übliche Rechnen ein System von Äquivalenztransformationen.   ☐

Der Begriff der Äquivalenztransformation ist definitionsgemäß abhängig von der betrachteten Interpretation. Gilt für eine Abbildung

$$f: R \rightarrow R$$

für alle $r \in R$:

$$I[f(r)] = I[r]$$

so heißt die Abbildung f auch *Äquivalenztransformation*. Eine Äquivalenztransformation überführt Repräsentationen stets in semantisch äquivalente Repräsentationen.

Häufig werden Äquivalenztransformationen angewandt, um Repräsentationen von Information in eine übersichtliche Form zu bringen. Berechnungen, beispielsweise in der Form von arithmetischen Umformungen, lassen sich als eine Folge von Äquivalenztransformationen auffassen.

1.3.3 Normalformen und eindeutige Normalformen

Wie bereits mehrfach betont, kann abstrakte Information im allgemeinen nicht direkt angegeben werden, sondern nur repräsentiert werden. Jedoch nicht alle äquivalenten Repräsentationen gewisser Informationen sind in gleicher Weise leicht zu interpretieren oder zu verarbeiten.

Beispiel (Semantische Äquivalenz von Formeln der Mathematik). Folgende Formeln tragen in üblicher Deutung der Mathematik die gleiche Information (sind semantisch äquivalent):

$$\sum_{i=1}^{\infty} 1/2^i \qquad\qquad 0.9999... \qquad\qquad 0! \qquad\qquad 1$$

Alle diese Terme haben den Wert „eins" (in der Mathematik wird der Wert von 0.9999... mit 1 gleichgesetzt). Sie sind aber unterschiedlich schwer zu lesen, zu interpretieren und zu verstehen. Dem nicht mathematisch gebildeten Leser ist ihre Interpretation unter Umständen gänzlich fremd.   ☐

Die Einfachheit der konkreten Repräsentation ist aus naheliegenden Gründen von Belang. Häufig ist eine Teilmenge S (von Repräsentationen von besonders einfachen äußeren Formen) der Repräsentationen R als Menge von *Normalformen* ausgezeichnet. S heißt dann *Normalformsystem*. Existiert in einem Normalformsystem für jede Repräsentation mindestens eine semantisch äquivalente Normalform, so heißt das Normalformsystem *vollständig*.

Sei S ⊆ R ein Normalformsystem. Besitzt jede Menge von Repräsentationen mit gleicher Interpretation genau eine Normalform, d.h. ist die Abbildung I|$_S$ injektiv, so heißt das Normalformsystem *eindeutig*. Hier bezeichnet

I|$_S$: S → A

die Einschränkung der Abbildung I auf S mit

I|$_S$[r] = I[r]

für alle Normalformen r ∈ S.

Beispiel (Eindeutige und vollständige Normalformsysteme)

(i)   In der Menge der natürlichen Zahlen in Dezimaldarstellung bildet die Menge der nichtleeren Zeichensequenzen, die keine führenden Nullen besitzen, eine eindeutige Normalform. Binärsequenzen (allgemein in der Normalform ohne „führende Nullen") lassen sich ebenfalls bequem als Repräsentationen natürlicher Zahlen verwenden.

(ii)   In der Menge der geschlossenen Booleschen Ausdrücke sind die Ausdrücke „true" und „false" eindeutige Normalformen.   ❑

Da auf der Menge der eindeutigen Normalformen die Interpretation eine injektive Abbildung ist, können wir die entsprechenden Informationen jeweils mit ihren Normalformen gleichsetzen („identifizieren").

Beispiel (Gleichsetzen von Information mit ihrer Repräsentation). In der Mathematik wird in der Regel die abstrakte mathematische Struktur der natürlichen Zahlen und ihre Repräsentation durch Dezimalzahlen (ohne „führende Nullen") gleichgesetzt.   ❑

Häufig dient Schrift zur Repräsentation von Information. Dabei handelt es sich äußerlich um Sequenzen von Schriftzeichen (man beachte auch, daß auch der Zwischenraum als Zeichen verstanden werden kann). Allgemein sind Sequenzen, insbesondere Sequenzen von Zeichen, besonders wichtig als Repräsentationen von Information. Deshalb werden Zeichensequenzen nun im einzelnen behandelt.

1.3.4 Zeichensequenzen

Die Darstellung von Information durch gesprochene Sprache (durch eine Folge von Lauten) und durch Schrift (Folge von Zeichen) stellt eine der fundamentalen kulturellen Errungenschaften der Menschheit dar. Diese Form der Repräsentation von Information weist eine Reihe von charakteristischen Prinzipien und mathematischen Strukturen auf. Zur Repräsentation von Information verwendet auch die Informatik häufig Zeichenfolgen.

Für eine gegebene Menge C von Zeichen bildet eine Folge von Zeichen x_1, ..., x_i ∈ C ein *Wort der Länge* i. Wir schreiben dann ‹x_1 ... x_i› für das Wort. Allgemein sprechen wir auch von einem *i-Tupel*. C^i bezeichnet die Menge der i-Tupel:

$C^i =_{def} C × ... × C$

C^i ist das i-fache kartesische (oder direkte) Produkt der Menge C. Jedes Element von C^i ist eine Folge von i Zeichen aus C. Für C^0 vereinbaren wir

$$C^0 =_{def} \{\epsilon\}.$$

ϵ bezeichnet dabei die *leere Sequenz* (das „leere" Wort). Man beachte, daß die Menge C^1 nicht identisch zu der Menge C angenommen ist. Vielmehr soll sorgfältig zwischen der einelementigen Sequenz ‹a› und dem Element a selbst unterschieden werden. Im mathematischen Sinn ist C^1 isomorph zu C (eine „Kopie" der Menge C). C^2 ist die Menge der geordneten Paare ‹a b› aus C. C^3 die Menge der Tripel ‹a b c›. Es gilt für i $\in$ **N**:

$$C^i = \{ \langle x_1 \ldots x_i \rangle : x_1, \ldots, x_i \in C \}.$$

Insbesondere ist

$$C^1 = \{ \langle x \rangle : x \in C \}$$

die Menge der einelementigen Sequenzen. Die Menge C^* ist wie folgt definiert:

$$C^* =_{def} \underset{i \in \mathbf{N}}{\cup} C^i.$$

C^* bezeichnet die Menge aller endlichen Sequenzen von Zeichen aus C. C^* schließt die leere Sequenz ein, die durch ϵ repräsentiert wird. Die Elemente aus C^* heißen auch die *Wörter über C*, ϵ heißt *leeres Wort*. Für $C^* \setminus \{\epsilon\}$ wird auch C^+ geschrieben.

Beispiel (Zeichensequenzen)

(1)   Die natürlichen Zahlen in Dezimaldarstellung sind Zeichenreihen aus der Zeichenmenge $\{0, \ldots, 9\}^+$.

(2)   Für **B** = $\{O, L\}$ erhalten wir für $\mathbf{B}^*$ die Menge der *Binärsequenzen*:

$$\mathbf{B}^* = \{ \epsilon, \langle O \rangle, \langle L \rangle, \langle O\ O \rangle, \langle O\ L \rangle, \langle L\ O \rangle, \langle L\ L \rangle, \langle O\ O\ O \rangle, \ldots \} \qquad \square$$

Über C^* betrachten wir als elementare Operation die zweistellige Abbildung

$$conc: C^* \times C^* \to C^* \qquad \text{(Konkatenation)}.$$

Dabei sei für s, t $\in C^*$ die Sequenz conc(s, t) als diejenige Sequenz aus C^* definiert, die durch hintereinanderstellen („*konkatenieren*") der Sequenzen s und t gebildet wird. Es gilt für s, $\langle s_1 \ldots s_n \rangle$, $\langle t_1 \ldots t_m \rangle \in C^*$:

$$conc(\epsilon, s) = s = conc(s, \epsilon),$$

$$conc(\langle s_1 \ldots s_n \rangle, \langle t_1 \ldots t_m \rangle) = \langle s_1 \ldots s_n\ t_1 \ldots t_m \rangle.$$

Mit dieser Definition gilt beispielsweise

$$conc(\langle abc \rangle, \langle de \rangle) = \langle abcde \rangle = conc(\epsilon, \langle abcde \rangle).$$

Die Konkatenation schreiben wir häufig in Infixschreibweise (seien v, w $\in C^*$):

$$v \circ w =_{def} conc(v, w) .$$

Es gelten die folgenden algebraischen Gesetze für die Konkatenation von Zeichenreihen u, v, w $\in C^*$:

$$(u \circ v) \circ w = u \circ (v \circ w) \qquad \textit{Assoziativität,}$$

$$w \circ \varepsilon = w = \varepsilon \circ w \qquad \qquad \varepsilon \text{ ist neutrales Element.}$$

C^* bildet damit eine *Halbgruppe* mit neutralem Element (Einselement) ε; in der Algebra wird eine Struktur mit solchen Eigenschaften ein *Monoid* genannt. Eine Halbgruppe besteht aus einer Menge mit einer assoziativen zweistelligen Operation.

Beispiel (Binärsequenzen). Insbesondere die Menge $\mathbb{B}^*$ von Binärsequenzen wird häufig (insbesondere in Maschinen) zur Repräsentation von Informationen verwendet. Binärsequenzen aus $\mathbb{B}^8 \subseteq \mathbb{B}^*$, die aus genau 8 Zeichen bestehen, heißen *Bytes*. Die Operationen auf Wahrheitswerten lassen sich durch elementweise Anwendung sofort zu Operationen auf Binärsequenzen gleicher Länge verallgemeinern. Die folgende Gleichung gibt ein Beispiel für die elementweise Konjunktion:

$$\langle LOLL \rangle \wedge \langle OLLL \rangle = \langle OOLL \rangle. \qquad\qquad\qquad \Box$$

Jedes Element w aus C^* besitzt eine Länge, auch *Wortlänge* genannt, d.h. es existiert eine Abbildung

$$\text{length}: C^* \rightarrow \mathbb{N}$$

mit

$$\text{length}(\varepsilon) = 0,$$

$$\text{length}(\langle s_1 \ldots s_n \rangle) = n.$$

Häufig findet sich die Schreibweise $|w|$ für die Länge eines Wortes w:

$$|w| =_{def} \text{length}(w).$$

Die Sequenzen über einer gegebenen Menge von Elementen bilden eine Struktur, die in der Informatik von großer Bedeutung ist. In vielen Anwendungen wird für eine gegebene Zeichenmenge C nicht die gesamte Menge C^*, sondern nur eine bestimmte Teilmenge $S \subseteq C^*$ von „wohlgeformten" Wörtern zur Repräsentation zugelassen.

1.3.5 Formale Sprachen

Sei C eine Menge von Zeichen. Eine Teilmenge S von C^* heißt *formale Sprache*. Ist C endlich und ist auf C eine lineare Ordnung definiert, so heißt C auch *Alphabet*.

Beispiel (Formale Sprachen)

(1) Die Menge der Booleschen Terme mit Identifikatoren aus ID ist eine Teilmenge von

$$(\text{ID} \cup \{\neg, \wedge, \vee, \Rightarrow, \Leftrightarrow, \underline{\text{true}}, \underline{\text{false}}, (,)\})^*.$$

Hier sind true und false unterstrichen, um auszudrücken, daß beide Wörter als ein Zeichen gelten. Die Menge der korrekt gebildeten Booleschen Terme entspricht einer formalen Sprache.

(2) Die Menge der arithmetischen Ausdrücke über $\mathbb{N}$ (in Dezimaldarstellung) ist eine Teilmenge von $\{0, 1, \ldots, 9, +, -, \cdot, (,)\}^*$. $\qquad\qquad\qquad\qquad \Box$

Es gibt viele Methoden, eine formale Sprache (d.h. eine Teilmenge von C*) auszuzeichnen. Für natürliche Sprachen existieren Wörterbücher, die definieren, welche Zeichenfolgen Wörter der Sprache bilden. Die Grammatik mit ihren Regeln gibt zusätzlich an, in welcher Weise die Wörter zu Sätzen zusammengefügt („konkateniert") werden dürfen. In der Informatik werden formale Sprachen durch spezielle Notationen, die Regeln über den Aufbau der Wörter vorgeben, beschrieben. Eine gebräuchliche Notation wird im Abschnitt über Programmiersprachen eingeführt.

Dienen formale Sprachen in einem Informationssystem zur Repräsentation von Informationen, so bezeichnen wir die Sprachen, beziehungsweise die Regeln für den Aufbau der Wörter der Sprache, auch als *Syntax*. Die Bedeutung einer Sprache nennen wir *Semantik*. Die Interpretationsfunktion, die jedem Wort der Sprache eine Information zuordnet, heißt dann *Semantikfunktion*. Dies gilt insbesondere auch bei Programmiersprachen.

2. Rechenstrukturen und Algorithmen

Bestimmte Aufgabenstellungen lassen sich durch eine schematische, mechanische Vorgehensweise lösen. Solch ein schematisches Lösungsverfahren heißt *Algorithmus*. Informell beschrieben finden sich Algorithmen in vielen Anwendungsbereichen. So sind den meisten Menschen Vorschriften, Gebrauchsanweisungen, Verfahrensbeschreibungen aus dem täglichen Leben wohlvertraut. Es handelt sich hierbei in der Regel um nur unpräzise beschriebene Algorithmen.

Sollen Algorithmen durch Maschinen ausgeführt werden, so ist eine präzise „formale" Beschreibung nötig. Wir verwenden dann in der Regel formale Sprachen oder auch graphische Darstellungsformen zur Repräsentation von Algorithmen. Im allgemeinen beschreiben Algorithmen Vorgehensweisen zur Lösung einer Klasse von verwandten Aufgaben. Beispielsweise kann ein Algorithmus angegeben werden, der die Addition zweier beliebiger natürlicher Zahlen in Dezimalzahldarstellung durchführt. Solch ein Algorithmus arbeitet mit zwei natürlichen Zahlen in Dezimalzahldarstellung als *Eingabe* und erzeugt eine Zahl in Dezimalzahldarstellung als *Ausgabe*. Dabei beschreibt der Algorithmus eine mechanische Umformung der Informationsrepräsentationen. Dies ist typisch für Algorithmen in der Informationsverarbeitung.

Im folgenden geben wir zunächst eine informelle Erklärung des Begriffs „Algorithmus". Anschließend behandeln wir einige einfache formale Methoden zur Repräsentation von Algorithmen.

2.1 Zum Begriff „Algorithmus"

Algorithmen sind durch Verarbeitungsvorschriften beschriebene Lösungsverfahren, die gewisse Anforderungen erfüllen.

Definition (Algorithmus). Ein *Algorithmus* ist ein Verfahren mit einer *präzisen* (d.h. in einer eindeutigen Sprache abgefaßten) *endlichen Beschreibung* unter Verwendung *effektiver* (im Sinne von tatsächlich ausführbarer) Verarbeitungsschritte.   □

Natürlich ist diese Definition nicht exakt. Sie hängt vom Verstehen der verwendeten Begriffe, insbesondere des Begriffs „effektiv", ab. Diese Ungenauigkeit soll jedoch zunächst ignoriert werden. Man beachte, daß wir – wie allgemein bei Informationssystemen – zwischen dem Algorithmus und seiner Beschreibung unterscheiden.

Typischerweise lösen Algorithmen nicht nur eine spezielle Aufgabe, sondern eine Klasse von Aufgaben. Die jeweils aus der betrachteten Klasse speziell zu bearbeitende Aufgabe wird durch Parameter bestimmt. Die Parameter dienen als Eingabe für den

Algorithmus. Algorithmen liefern für eine gegebene Eingabe in der Regel ein Resultat. Resultate können im Falle von Informationsverarbeitungsaufgaben Informationen (oder genauer Repräsentationen von Informationen) sein, oder aber in einer Folge von Anweisungen („Steuersignale") bestehen, die gewisse Umformungen bewirken.

Es gibt eine Vielzahl von Möglichkeiten, einen Algorithmus zu repräsentieren. Wir beginnen in diesem Abschnitt mit informellen Beschreibungen von Algorithmen, und anschließend geben wir ein einfaches formales System an, mit dem sich Algorithmen beschreiben lassen.

Unabhängig von ihrer Beschreibungsform ist es bei Algorithmen wichtig, folgende Aspekte zu unterscheiden:

– Die Aufgabenstellung, die durch einen Algorithmus bewältigt werden soll (*funktionale Sicht*).
– Die spezielle Art und Weise, wie die Aufgabe bewältigt wird (*operationale Sicht*). Dabei unterscheiden wir für einen Algorithmus:

   (a) Die elementaren Verarbeitungsschritte, die im Algorithmus auftreten.
   (b) Die Beschreibung der Auswahl (Kontrollfluß) der einzelnen, auszuführenden Schritte.
   (c) Die Daten und Parameter, die durch den Algorithmus bearbeitet werden.

Es gibt für eine algorithmisch lösbare Aufgabenstellung stets viele unterschiedliche Möglichkeiten, die Aufgabe zu bewältigen, also verschiedene Algorithmen. Insbesondere können Algorithmen sehr verschieden ausfallen, wenn unterschiedliche Sätze von elementaren Verarbeitungsschritten zur Verfügung stehen.

2.1.1 Informelle Algorithmenbeschreibungen

Im folgenden werden eine Reihe informeller Algorithmenbeschreibungen („Gebrauchsanweisungen") als Beispiele angegeben. Sie enthalten bereits typische Konzepte, wie sie auch in formalen Algorithmenbeschreibungen auftreten.

Beispiele (Informelle Algorithmenbeschreibungen)

Arithmetische Operationen auf Dezimalzahlen:
Die Verfahren zur schrittweisen Durchführung der Addition, Subtraktion, Multiplikation und Division, wie sie sich in Schulmathematikbüchern finden, sind Beispiele für Algorithmen über der Dezimaldarstellung der natürlichen Zahlen.

Euklids Algorithmus zur Berechnung des größten gemeinsamen Teilers (ggT):
Aufgabenstellung: Gegeben seien zwei ganze Zahlen a, b mit $a > 0$ und $b > 0$; gesucht ist der größte gemeinsame Teiler ggT(a, b) der beiden Zahlen a, b.

Der Algorithmus zur Berechnung der natürlichen Zahl ggT(a, b) nach Euklid lautet wie folgt:

   (1)   falls $a = b$, dann gilt: ggT(a, b) = a;
   (2)   falls $a < b$, dann wende den Algorithmus ggT auf (a, b–a) an;
   (3)   falls $b < a$, dann wende den Algorithmus ggT auf (a–b, b) an.

Die Korrektheit der Regel (1) ist evident. Die Regel (2) basiert auf folgendem Gesetz, das für alle echt positiven natürlichen Zahlen a, b gilt:

$a < b \Rightarrow ggT(a, b) = ggT(a, b–a)$.

Die Regel (3) basiert auf dem Gesetz:

$b < a \Rightarrow ggT(a, b) = ggT(a–b, b)$.

Für diesen Algorithmus gilt:

– Die Ausführung der arithmetischen Operation „–" und der Vergleichsoperationen „<" und „=" werden als effektive, elementare Verarbeitungsschritte vorausgesetzt.

– Lassen wir in der Aufgabenstellung die Einschränkungen a > 0 und b > 0 weg, so erhalten wir einen Algorithmus, der für ungleiche negative Zahlen nicht abbricht (nicht „terminiert").

– Der Algorithmus ist *deterministisch*, denn die Folge der einzelnen Schritte ist für jede Eingabe genau festgelegt.   ❑

Hier zeigt sich deutlich eine bereits erwähnte, wichtige Eigentümlichkeit von Algorithmen: Algorithmen arbeiten in der Regel auf gewissen Eingabewerten (Argumenten, Parametern) und berechnen gewisse Resultate (Ausgabewerte). Für deterministische Algorithmen bildet die Relation zwischen Eingabewerten und Ausgabewerten eine (partielle) Abbildung. Der Algorithmus heißt *korrekt*, wenn diese Abbildung der Aufgabenstellung entspricht, die durch den Algorithmus bewältigt werden soll.

Beispiel (Informelle Algorithmenbeschreibungen – Fortsetzung)

Sortieren eines Stapels von Karteikarten:
Aufgabenstellung: Ein gegebener Stapel x von Karteikarten ist zu sortieren.

Es werden vier unterschiedliche Algorithmen angegeben, die auf folgenden Ideen basieren:

– Sortieren durch Vorsortieren und Zusammenmischen,
– Sortieren durch Einsortieren,
– Sortieren durch Auswählen,
– Sortieren durch Vertauschen.

(i) *Sortieren durch Vorsortieren und Zusammenmischen*: Der gegebene Stapel x wird durch folgende Vorschrift sortiert:

(1) ist x leer oder einelementig, dann ist x sortiert;

(2) enthält x mehr als eine Karteikarte, dann spalten wir x in zwei nichtleere Stapel auf, sortieren die beiden Stapel (durch Mischen) und mischen die beiden sortierten Stapel zu einem sortierten Stapel.

Man beachte, daß das Mischen zweier Stapel von Karteikarten wieder einer Aufgabenstellung entspricht, wie sie typischerweise durch einen Algorithmus vorgenommen werden kann.

(ii) *Sortieren durch Einsortieren*: Der gegebene Stapel x wird durch folgenden Algorithmus absteigend sortiert, der in einen sortierten Stapel y die Elemente eines unsortierten Stapels x einsortiert (wir beginnen mit dem leeren Stapel y).

Ein Stapel x wird in einen sortierten Stapel y durch folgende Vorschrift einsortiert:

(1) ist x leer, so ist y der gesuchte sortierte Stapel;

(2) ist x nicht leer, so wird eine beliebige Karteikarte aus x ausgewählt und in y einsortiert. Der Algorithmus wird auf den verkleinerten Stapel x und den vergrößerten Stapel y angewendet.

(iii) *Sortieren durch Auswählen*: Der gegebene Stapel x wird durch folgenden Algorithmus absteigend sortiert, der jeweils eine – im Sinn des Sortiermerkmals – „größte" Karteikarte aus x auswählt und an den Stapel y anfügt (wir beginnen mit dem leeren Stapel y).

Gegeben seien zwei Stapel x und y. Der Stapel y sei absteigend sortiert und alle Karteikarten in y seien größer als die Karteikarten in x. Der Stapel x (von Elementen, die kleiner sind als die Elemente in y) wird in den sortierten Stapel y nach folgender Vorschrift einsortiert:

(1) ist x leer, so ist y der gesuchte sortierte Stapel;

(2) ist x nicht leer; so wird die „größte" Karteikarte in x ausgewählt und an y angefügt. Der Algorithmus wird auf den verkleinerten Stapel (für x) und den vergrößerten Stapel (für y) angewendet.

(iv) *Sortieren durch Vertauschen*: Der gegebene Stapel x wird durch folgenden Algorithmus sortiert:

(1) enthält x zwei aufeinanderfolgende Karten, die in falscher Reihenfolge sind, so werden die beiden Karten vertauscht und der Algorithmus wird weiter auf den so erhaltenen Stapel angewendet;

(2) enthält x keine zwei aufeinanderfolgende Karten, die in falscher Reihenfolge sind, so ist der Stapel x sortiert und somit der gesuchte Stapel.

Ermitteln einer Kugel mit Gewichtsabweichung aus zwölf gegebenen Kugeln.

Aufgabenstellung: Gegeben seien 12 (von 1 bis 12 durchnumerierte) Kugeln, davon seien 11 Kugeln gleichschwer und 1 Kugel leichter oder schwerer als die übrigen. Zu ermitteln ist die abweichende Kugel durch (höchstens) drei Wägungen mit einer Balkenwaage.

Die Angabe eines Algorithmus wird dem Leser überlassen.

Bedienung eines Fahrkartenautomaten:
Aufgabenstellung: Gegeben sei Geld und ein Zielort; eine Fahrkarte sei aus einem Automaten zu ziehen.

(1) Wir wählen die gewünschte Fahrkarte.

(2) Wir werfen Geld ein, bis die Anzeige auf Null steht oder kein Kleingeld mehr vorhanden ist.

(3) Falls das Kleingeld nicht ausreicht, drücken wir die Rückgabetaste und entneh-men das Geld; Ende des Verfahrens.
(4) Falls die Anzeige auf Null steht und eine Fahrkarte ausgegeben wird, entnehmen wir die Fahrkarte; Ende des Verfahrens.
(5) Falls die Anzeige auf Null steht und keine Fahrkarte ausgegeben wird, drücken wir den Rückgabeknopf, entnehmen das Geld; Ende des Verfahrens.   □

Im folgenden wird eine Reihe von Merkmalen zur Klassifizierung von Algorithmen angegeben. Ein Algorithmus heißt für eine Eingabe

- *terminierend*, wenn er stets (für alle zulässigen Schrittfolgen) nach endlich vielen Schritten endet,
- *deterministisch*, wenn in der Auswahl der Verarbeitungsschritte keine Freiheit besteht,
- *determiniert*, wenn das Resultat des Algorithmus eindeutig bestimmt ist,
- *sequentiell*, wenn die Verarbeitungsschritte stets hintereinander ausgeführt werden,
- *parallel*, wenn gewisse Verarbeitungsschritte nebeneinander ausgeführt werden.

Oft wird für Algorithmen grundsätzlich gefordert, daß sie (für jede Eingabe) determi-nistisch sind oder auch, daß sie für jede Eingabe terminieren. In der obigen Definition des Begriffs Algorithmus wird bewußt auf diese Einschränkungen verzichtet, um einen allgemeineren Algorithmusbegriff zu erhalten.

In den angegebenen Beispielen für Algorithmenbeschreibungen treten stets ge-wisse, sich ähnelnde Formulierungen auf. So wird häufig die Ausführung eines Schritts von bestimmten Bedingungen abhängig gemacht. Oft wird auch die gestellte Aufgabe gelöst, indem wir die gleiche Aufgabe wiederum lösen, allerdings mit etwas geänderten (einfacheren) Parametern. Wir sprechen von *Wiederholung* und von *Re-kursion*.

Klassische Elemente, wie sie in Beschreibungen von Algorithmen auftreten, sind also:

- Ausführung elementarer Schritte,
- Fallunterscheidung über Bedingungen,
- Wiederholung und Rekursion.

Ähnliche Konzepte finden sich auch in den Befehlssätzen informationsverarbeitender Maschinen. Die Menge der elementaren Schritte in einem Algorithmus entspricht auf der Maschinenebene den auf der Maschine verfügbaren Grundoperationen. Um einen Algorithmus in einer von einer Maschine ausführbaren Form beschreiben zu können, verwenden wir eine formale Sprache zur Repräsentation von Algorithmen. Eine Be-schreibung eines Algorithmus in einer formalen (formal beschriebenen) Sprache heißt ein *Programm*, die formale Sprache eine *Programmiersprache*.

2.1.2 Textersetzungsalgorithmen

Eine präzise (maschinell bearbeitbare, verarbeitbare und ausführbare) Algorithmenbe-schreibung erfordert eine formale Sprache (eine Teilmenge aus V^* mit gegebenem Zeichenvorrat V) zur Algorithmenbeschreibung und eine exakte Begriffsbildung über die Effektivität (Durchführbarkeit) elementarer Verarbeitungsschritte. Im einfachsten Fall verwenden Algorithmen Wörter über einer vorgegebenen Zeichenmenge als Eingabe und als Ausgabe. Da durch Wörter in vielfältiger Weise Informationen repräsentiert werden können, lassen sich Algorithmen stets auf diese Weise darstellen.

Eines der einfachsten Konzepte elementarer Verarbeitungsschritte auf Zeichenfolgen bildet die Ersetzung (Substitution) gewisser Teilworte (Muster) in einem Wort durch andere Wörter. Dies führt zu Algorithmen in Form von *Ersetzungssystemen auf Zeichenreihen*.

Sei V ein Zeichenvorrat; eine *Ersetzungsregel über V* ist gegeben durch ein Paar $(v, w) \in V^* \times V^*$. Wir schreiben

$$v \rightarrow w$$

für Ersetzungsregeln. Eine endliche Menge R von Ersetzungsregeln nennen wir im folgenden ein *Textersetzungssystem über V*. Die Elemente des Systems nennen wir auch Textersetzungsregeln. Textersetzungssysteme dienen zur Repräsentation von Algorithmen. Die Einzelschritte dieser Algorithmen bestehen somit in der Anwendung von Textersetzungsregeln.

Aus Gründen der besseren Lesbarkeit werden im folgenden die Klammern „‹" und „›" für Wörter aus V^* im Zusammenhang mit Ersetzungsregeln weggelassen. Wie bei den Gesetzen für Boolesche Terme sollen Ersetzungsregeln auf beliebige Teilterme („in beliebigen Kontexten") angewendet werden. Eine Ersetzung

$$s \rightarrow t$$

heißt Anwendung der Regel $v \rightarrow w$, falls es Wörter a, v, w, z $\in V^*$ gibt, so daß gilt:

$$s = a \circ v \circ z, \qquad t = a \circ w \circ z .$$

Durch den Begriff der Anwendung wird durch eine Menge R von Ersetzungsregeln über die Menge der Anwendungen der Regeln in R eine Relation auf den Wörtern aus V^* induziert. Diese Relation heißt auch *algebraische Hülle* von R.

Ein Wort s $\in V^*$ heißt *terminal* in R, falls es kein Wort t $\in V^*$ gibt, so daß gilt: Die Ersetzung

$$s \rightarrow t$$

ist Anwendung einer Textersetzungsregel aus R. Auf das terminale Wort s kann demnach keine Regel mehr angewendet werden.

Beispiel (Anwendung einer Regel). Die Ersetzung

    saegen → sägen

stellt eine Anwendung der Textersetzungsregel

    ae → ä

dar. Besteht das Textersetzungssystem R nur aus dieser Regel, so ist das Wort ‹sägen› terminal.   ☐

Durch iterierte Anwendung von Textersetzungsregeln wird ausgehend von einem Wort t_0 eine Berechnung erzeugt. Sind t_0, t_1, ..., t_n aus V^* und gilt:

$$t_i \rightarrow t_{i+1}$$

ist Anwendung einer Regel r_i aus R für alle i, $0 \leq i < n$, dann nennen wir die Sequenz $(t_i)_{1 \leq i \leq n}$ eine (endliche) *Berechnungssequenz* oder kurz *Berechnung* von R für t_0. Häufig wird eine Berechnung in folgender Weise geschrieben:

$$t_0 \rightarrow t_1 \rightarrow t_2 \ldots \rightarrow t_n$$

Das Wort t_0 heißt auch *Eingabe* für die Berechnung. Ist t_n terminal, so heißt die Berechnung *terminierend* mit Resultat t_n. Das Wort t_n heißt dann auch *Ausgabe* von R für die Eingabe t_0. Eine unendliche Berechnung(ssequenz) $(t_i)_{i \in \mathbb{N}}$ aus Wörtern $t_i \in V^*$, für die gilt: $t_i \rightarrow t_{i+1}$ ist Anwendung einer Ersetzungsregel in R für alle $i \in \mathbb{N}$, heißt *nichtterminierend(e Berechnung)*.

Beispiel (Berechnungen von Textersetzungssystemen)

(1) Für das Textersetzungssystem Q über der Zeichenmenge {L, O}, das aus folgenden Regeln besteht:

$$LL \rightarrow \varepsilon, \ O \rightarrow \varepsilon,$$

ist durch

$$LOLL \rightarrow LO \rightarrow L$$

eine terminierende Berechnung für Eingabe ‹LOLL› mit Ausgabe ‹L› gegeben .

(2) Für das Textersetzungssystem über {L, O} , das aus folgenden Regeln besteht:

$$O \rightarrow OO, \ O \rightarrow L$$

ist für die Eingabe ‹O› die Berechnungssequenz

$$O \rightarrow OO \rightarrow OL \rightarrow LL$$

eine terminierende Berechnung mit Ausgabe ‹LL› und

$$O \rightarrow OO \rightarrow OOO \rightarrow OOOO \rightarrow \ldots$$

ist eine nichtterminierende Berechnung.   □

Ein Ersetzungssystem R definiert vermöge der folgenden Vorschrift einen Algorithmus, der Wörter über V als Eingabe und als Ausgabe verwendet. Für ein Eingabewort $t \in V^*$ arbeitet der Algorithmus wie folgt:

„Ist eine der Regeln aus R auf das Wort t anwendbar (d.h. es existiert ein Wort $s \in V^*$, so daß gilt: $t \rightarrow s$ ist Anwendung einer Regel aus R), so wenden wir die Regel auf t an und setze dann den Textersetzungsalgorithmus mit dem Wort s fort, andernfalls bricht der Algorithmus ab."

Das Wort t dient als Eingabe für den Algorithmus; falls (nach endlich vielen Schritten) ein terminales Wort (ein Wort, auf das keine Regel mehr anwendbar ist) vorliegt, dann ist dieses Wort Ausgabe (Resultat) der Berechnung. Tritt diese Situation nie ein, so terminiert der Algorithmus nicht. Es entsteht eine unendliche Berechnung.

Durch Textersetzungssysteme in dieser Weise definierte Algorithmen sind stets sequentiell. Die Auswahl der Regeln erfolgt nichtdeterministisch.

Häufig verwenden wir für Textersetzungsalgorithmen nur Wörter in ganz bestimmter Form (Normalform) als Eingabe. Gewisse Zeichen treten in diesen Wörtern (und auch in der Ausgabe) nicht auf; sie dienen lediglich als Hilfszeichen in Wörtern, die im Laufe der Berechnung auftreten.

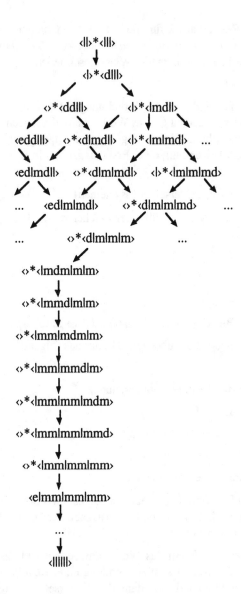

Abb. 2.1. Ausschnitt aus dem Graph der Berechnungen

Beispiele (Textersetzungsalgorithmen)

(1) *Addition* zweier natürlicher Zahlen in Strichzahldarstellung:
    Die natürlichen Zahlen werden in Strichzahldarstellung mit Begrenzungsklammern repräsentiert. Somit wird die Zahl $n \in \mathbb{N}$ durch das Wort ‹|| ... |› dargestellt, wobei in den Klammern n Striche auftreten. Der Algorithmus besteht nur aus einer einzigen Ersetzungsregel (ε bezeichnet das leere Wort):

    ›+‹ → ε.

Für die Eingabe ‹I ... I› + ‹I ... I› liefert der Algorithmus die Summe der Striche als Ausgabe.

(2) *Multiplikation* zweier natürlicher Zahlen in Strichzahldarstellung:
Es werden d, e, m als Hilfszeichen verwendet. Der Algorithmus besteht aus folgenden Ersetzungsregeln:

I›*‹	→	›*‹d
dI	→	Imd
dm	→	md
d›	→	›
‹›*‹	→	‹e
eI	→	e
em	→	Ie
e›	→	›

Für das Eingabewort ‹I...I›*‹I...I› mit n1 Strichen im ersten Operanden und n2 Strichen im zweiten Operanden liefert der Algorithmus die Ausgabe ‹I...I› mit n1·n2 Strichen.

Die aus den Hilfszeichen gebildeten Sequenzen repräsentieren ganz bestimmte Situationen in der Berechnung. Die auftretenden Wörter lassen sich wiederum als (komplizierte) Zahlrepräsentationen auffassen.

Für die Eingabe ‹II›*‹III› ergibt sich der in Abb. 2.1 angegebene Graph von möglichen Berechnungen. Alle Berechnungen enden mit ‹IIIIII›. Der Textersetzungsalgorithmus ist nichtdeterministisch, aber determiniert. Er liefert trotz unterschiedlicher Berechnungen für eine gegebene Eingabe stets das gleiche Ergebnis.

(3) *Addition in Binärdarstellung durch Textersetzung*
Gegeben sei der Zeichenvorrat

$$V = \{L, O, ‹, ›, (,), [,], +, b, c\}.$$

Es wird folgende Eingabeform vorausgesetzt:

‹$a_1...a_n$›+‹$b_1...b_m$›, mit b_i, $a_i \in \{L, O\}$.

Das Textersetzungssystem umfaßt folgende Ersetzungsregeln:

›+‹	→	›‹b	
bL	→	Lb	
bO	→	Ob	*Anfordern Operand*
b›	→	c›	
Oc	→	(O)c	
Lc	→	(L)c	*Kennzeichnen Operand*
L(L)	→	(L)L	
O(L)	→	(L)O	
L(O)	→	(O)L	*Transport Operand*
O(O)	→	(O)O	
[L]L	→	L[L]	

[O]L	→	L[O]	
[L]O	→	O[L]	*Transport Resultat*
[O]O	→	O[O]	
[L](L)	→	(L)[L]	
[O](L)	→	(L)[O]	
[L](O)	→	(O)[L]	*Transport Resultat/Operand*
[O](O)	→	(O)[O]	
L›‹(L)	→	›L‹[O]	
O›‹(L)	→	›‹[L]	
L›‹(O)	→	›‹[L]	*Addieren ohne Übertrag*
O›‹(O)	→	›‹[O]	
L›L‹(L)	→	›L‹[L]	
O›L‹(L)	→	›L‹[O]	
L›L‹(O)	→	›L‹[O]	*Addieren mit Übertrag*
O›L‹(O)	→	›‹[L]	
[L]c	→	cL	*Endbehandlung Resultat*
[O]c	→	cO	
‹›L‹(L)	→	‹›L‹[O]	
‹›L‹(O)	→	‹›‹[L]	
‹›‹(L)	→	‹›‹[L]	*Endbehandlung linker Operand*
‹›‹(O)	→	‹›‹[O]	
L›L‹c	→	›L‹cO	
O›L‹c	→	›‹cL	*Endbehandlung rechter Operand*
L›‹c	→	›‹cL	
O›‹c	→	›‹cO	
‹›‹c	→	‹	
‹›L‹c	→	‹L	*Endbehandlung gesamt* □

Wie wir an dem letzten Beispiel erkennen, ist selbst für relativ einfache Aufgabenstellungen die Angabe eines Textersetzungssystems oft recht schwierig. Hinzu kommt, daß auch die Korrektheit eines solchen Systems nicht ohne weiteres einsichtig ist, denn es ist nicht einfach – zum Beispiel im Falle des obigen Algorithmus – sich zu vergewissern, daß der Algorithmus tatsächlich die Binäraddition vornimmt und somit die geforderte Aufgabenstellung löst.

Textersetzungsalgorithmen sind im allgemeinen nichtdeterministisch und nichtdeterminiert. Für ein Wort t existieren in der Regel mehrere Berechnungen mit verschiedenen Resultaten. Es können für eine Eingabe sowohl terminierende als auch nichtterminierende Berechnungen existieren.

Beispiel (Nichtdeterministisches Textersetzungssystem mit nichtterminierenden Berechnungen). Gegeben sei ein Textersetzungssystem, das folgende Regeln umfaßt:

aa → b, a → aa,

Für dieses System ist jedes Wort t, das das Zeichen a enthält, nicht terminal. Wird die zweite Regel immer nur angewendet, wenn die erste nicht anwendbar ist, so terminiert die Berechnung stets. Bei freier Anwendung der Regel wird jedes Zeichen a im Anfangswort in eine beliebige Anzahl von Zeichen b im Resultat übergeführt oder aber die Berechnung terminiert für t nicht, wenn wir etwa stets nur die zweite Regel anwenden.   ❑

Im folgenden Abschnitt werden Möglichkeiten betrachtet, durch Einschränkung der Wahl der Anwendungsstelle von Regeln durch Textersetzungssysteme deterministische Algorithmen zu beschreiben.

2.1.3 Deterministische Textersetzungsalgorithmen

Häufig werden bevorzugt deterministische Textersetzungsalgorithmen betrachtet. Diese beschreiben Algorithmen, die für jedes Eingabewort genau eine Berechnung besitzen und somit im Fall der Terminierung genau eine Ausgabe erzeugen. Dies kann zum Beispiel durch eine Festlegung von Prioritäten für die Anwendung von Regeln gesichert werden. Die Prioritäten lassen sich über die Reihenfolge der Aufschreibung der Regeln angeben.

Ein Beispiel für deterministische Algorithmen sind sogenannte *Markovalgorithmen* (benannt nach dem russischen Mathematiker A. A. Markov). Bei Markovalgorithmen sind die Textersetzungsregeln linear geordnet. Die Ordnung wird durch die Reihenfolge der Aufschreibung der Regeln bestimmt. Die Anwendung der Regeln ist dann wie folgt festgelegt:

Definition (Markovanwendungsstrategie). Sind mehrere Regeln anwendbar, so wird immer diejenige Regel angewendet, die in der Aufschreibung zuerst kommt. Ist die betroffene Regel an mehreren Stellen im vorliegenden Wort anwendbar, so wird diejenige Anwendungsstelle gewählt, die am weitesten links steht.   ❑

Damit sind Markovalgorithmen stets determiniert und deterministisch. Insbesondere gilt:

– Jede Berechnung nach der Markovstrategie ist auch allgemein Berechnung des Textersetzungssystems.
– Für jede Eingabe existiert genau eine (terminierende oder nichtterminierende) Markovberechnung. Markovalgorithmen sind deterministisch. Daher ist ihr Resultat, falls es existiert, determiniert.

Beispiele (Markovalgorithmen). Gegeben sei das Textersetzungssystem R über der Zeichenmenge $\{\vee, \neg, \text{true}, \text{false}, (,)\}$ zur Reduktion Boolescher Terme, die nur mit den Zeichen der Zeichenmenge aufgebaut sind, in eine Normalform bestehend aus folgenden Regeln:

(1)	¬¬	→	ε
(2)	¬true	→	false
(3)	¬false	→	true
(4)	(true)	→	true
(5)	(false)	→	false

(6)   false ∨   →   ε
(7)   ∨ false   →   ε
(8)   true ∨ true   →   true

Der durch R definierte Textersetzungsalgorithmus arbeitet in der Markovstrategie korrekt für Boolesche Terme ohne Identifikatoren. Solche Terme werden in die semantisch äquivalenten eindeutigen Normalformen bestehend aus true und false überführt. Dies gilt selbst für unvollständig geklammerte Boolesche Terme. Als allgemeiner Textersetzungsalgorithmus betrachtet, werden jedoch bei unvollständig geklammerten Booleschen Termen Anwendungen möglich, die keine Äquivalenztransformationen sind. Für den Term

¬true ∨ true

erhalten wir in Markovstrategie die Berechnung:

¬true ∨ true   →   (Regel (2))
false ∨ true   →   (Regel (6))
true

In der allgemeinen nichtdeterministischen Strategie erhalten wir zusätzlich die (im Sinne der Aufgabenstellung inkorrekte) Berechnung

¬true ∨ true   →   (Regel (8))
¬true   →   (Regel (2))
false   □

Durch die Markovanwendungsstrategie kann also mit Hilfe der Reihenfolge der Aufschreibung die Regelauswahl eindeutig festgelegt werden, was für manche Aufgaben die Formulierung der Algorithmen erleichtert. In gewissen Fällen kann auch eine Einführung von teilweisen Vorrangregeln (partielle Ordnung auf den Ersetzungsregeln) von Vorteil sein.

2.1.4 Durch Textersetzungsalgorithmen induzierte Abbildungen

Durch die Zuordnung einer Ausgabe zu jeder Eingabe mit terminierender Berechnung berechnen deterministische Algorithmen partielle Funktionen. Die Funktionen sind partiell, da unter Umständen für gewisse Eingaben die Algorithmen nicht terminieren und somit kein Resultat der Berechnung definiert ist. Dies gilt auch für Textersetzungsalgorithmen. Der explizite Gebrauch von partiellen Funktionen kann vermieden werden, indem ein besonderes Zeichen ⊥ („Bottom") eingeführt wird, das das fehlende „Resultat" einer nichtterminierenden („divergierenden") Berechnung symbolisiert.

Jeder determinierte Algorithmus R in Form eines Ersetzungssystems auf Zeichenreihen V^* definiert eine Abbildung

$f_R: V^* \to V^* \cup \{\bot\}$

Sie ist durch die folgenden Regeln eindeutig beschrieben:

(1) $f_R(t) = r$, falls das Wort r Ausgabe der Berechnung von R für die Eingabe t ist.

(2) $f_R(t) = \bot$, falls die Berechnung von R für die Eingabe t nicht terminiert.

Wir sagen: Der Algorithmus R berechnet die Funktion f_R. Diese Funktion ergibt die funktionale Sicht auf einen Algorithmus.

Man beachte, daß für Wörter t, für die das Ersetzungssystem nicht terminiert, die Abbildung f_R den Wert $\bot$ ergibt. Das Symbol $\bot$ steht also für das (Pseudo-)Resultat einer nichtterminierenden Berechnung. Durch seine Einführung umgehen wir das manchmal technisch wenig elegante explizite Arbeiten mit partiellen Abbildungen.

Verstehen wir Zeichenreihen $t \in V^*$ als Repräsentationen gewisser Informationen aus einer die Menge A, d.h. existiert eine Interpretationsfunktion, so daß (A, V^*, I) ein Informationssystem bildet, und ist die durch einen Algorithmus R induzierte Funktion f_R verträglich mit der Interpretation, so induziert R auch eine Funktion zwischen den Informationen. R induziert eine Interpretationsabbildung.

Beispiel (Multiplikation auf Strichzahlen). Sei die Interpretation der Strichzahlen definiert durch die Abbildung

$$I: \{\langle, |, \rangle\}^* \to \mathbb{N}$$

mit $I(\langle|...|\rangle) = n$ für Strichzahlen $\langle|...|\rangle$ mit n Strichen. Dann induziert der Algorithmus der Multiplikation von Strichzahlen mit Eingabe

$$
\begin{array}{ccc}
\langle|...|\rangle & * \quad \langle|...|\rangle & \to \quad \langle|...|\rangle \\
n & m & n{\cdot}m \\
I\downarrow & I\downarrow & I\downarrow \\
\text{mult}(n\,, & m) = & n{\cdot}m
\end{array}
$$

die Abbildung von Paaren von Zahlen auf ihr Produkt, die Multiplikation. Allerdings ist der Nachweis, daß der Textersetzungsalgorithmus in der Tat die Multiplikation auf Strichzahlen repräsentiert, technisch aufwendig. Wir müssen dazu eine Interpretationsfunktion auch für die mit den Hilfszeichen gebildeten Wörter einführen, die im Laufe einer Berechnung auftreten können. □

Deterministische Textersetzungsalgorithmen induzieren partielle Abbildungen auf Wörtern, und damit, soweit die Wörter zur Repräsentation von Informationen dienen und die Abbildung mit der Interpretation verträglich ist, partielle Abbildungen zwischen den entsprechenden Informationen. Nichtdeterminierte Algorithmen definieren Relationen. Mit dem Ersetzungssystem R auf V verbinden wir die Relation (den Graph, der durch den Algorithmus berechnet wird)

$$G_R \subseteq V^* \times (V^* \cup \{\bot\}),$$

die definiert ist durch

$$G_R = \{(t, r) \in V^* \times V^*: r \text{ ist Ausgabe einer Berechnung von R mit Eingabe t}\}$$

$$\cup \ \{(t, \bot) \in V^* \times \{\bot\}: \text{ es existiert eine nichtterminierende Berechnung von R für die Eingabe t}\}\,.$$

Man beachte, daß in der Relation G_R für jede Eingabe t eine Ausgabe $r \in V^* \cup \{\bot\}$ existiert, mathematisch ausgedrückt, daß mindestens ein Ergebnis $r \in V^* \cup \{\bot\}$ existiert mit $(t, r) \in G_R$.

Beispiel (Ein nichtdeterministischer Algorithmus mit nichtdeterminiertem Resultat). Die Eingabe habe folgende Form ∇ ‹|||...|›. Gegeben sei das Ersetzungssystem R mit den Regeln:

$$
\begin{array}{rcl}
\nabla \, ‹ & \rightarrow & ‹ \, \nabla \\
\nabla \, | & \rightarrow & | \, \nabla \, | \\
\nabla \, | & \rightarrow & || \\
\nabla \, › & \rightarrow & | \, ›
\end{array}
$$

Der dadurch gegebene Algorithmus R erzeugt zu einer beliebigen natürlichen Zahl n (in Strichzahldarstellung) eine natürliche Zahl m, die größer ist als n, oder er terminiert nicht. In Abb. 2.2 wird der Baum der möglichen Berechnungen für die Eingabe ∇ ‹|||› skizziert.

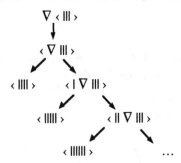

Abb. 2.2. Baum der Berechnungen

Wir erhalten die folgende Relation (bei Interpretation der Strichzahlen als natürliche Zahlen):

$$G_R = \{(n, m): n \in \mathbb{N} \wedge ((m \in \mathbb{N} \wedge n < m) \vee m = \bot)\} \qquad \square$$

Deterministische Algorithmen berechnen Funktionen. Dies legt die Frage nahe, ob alle mathematischen Funktionen durch Algorithmen berechnet werden können. Eines der fundamentalen Resultate der modernen mathematischen Logik geht auf den Logiker Kurt Gödel zurück und beantwortet die Frage nach den durch Algorithmen darstellbaren *berechenbaren Funktionen*. Vereinfacht ausgedrückt besagt Gödels Resultat, daß sich nicht jede Funktion durch einen Algorithmus berechnen läßt. Diejenigen Funktionen, für die sich ein Algorithmus zu ihrer Berechnung angeben läßt, nennen wir *berechenbar*.

Es gibt viele verschiedene Formalisierungen des Begriffs „Algorithmus" und damit des Begriffs „berechenbar". Einige Beispiele dafür sind:

- Text- und Termersetzung (Reduktion),
- rekursive Funktionen,
- (Turing-)Maschinen (auch Registermaschinen).

Alle diese Formalisierungen führen jedoch auf den gleichen Begriff einer „berechenbaren Funktion". Eine genaue Behandlung dieser Zusammenhänge wird in

der Informatik unter dem Stichwort „Berechenbarkeitstheorie" vorgenommen (vgl.
HERMES 1969). Wir kommen darauf ausführlich in Teil IV zurück.

Theoretisch ist der auf Textersetzung abgestützte Algorithmusbegriff völlig ausreichend. Jede berechenbare Funktion ist durch einen Textersetzungsalgorithmus berechenbar. Allerdings ist es nicht ganz einfach, bei umfangreicheren Textersetzungssystemen die durch diese definierten Abbildungen zu verstehen, beziehungsweise
sicherzustellen, daß die gewünschte Abbildung berechnet wird. Das Verständnis von
Textersetzungsalgorithmen wird insbesondere durch folgende Umstände stark er-
schwert:

- bei komplexen Aufgabenstellungen werden oft sehr viele Regeln benötigt,
- die durch den Textersetzungsalgorithmus dargestellte Abbildung ist schwierig zu
  bestimmen,
- die Komposition und Strukturierung von Textersetzungsalgorithmen ist nicht einfach.

Deshalb suchen wir nach strukturierteren, besser handhabbaren Darstellungsmöglich-
keiten von Algorithmen, bei denen leichter nachzuweisen ist, daß der Algorithmus die
gewünschte Funktion berechnet. Dies erweist sich bereits bei den sogenannten Termersetzungssystemen einfacher, die wir im folgenden Abschnitt behandeln. Terme
besitzen mehr Struktur als Texte. Dies liefert eine Grundlage für den strukturierten
Entwurf von Algorithmen. Dazu wird der für die Informatik fundamentale Begriff der
Rechenstruktur eingeführt.

2.2 Rechenstrukturen

Algorithmen arbeiten über Datenelementen, die zu Trägermengen zusammengefaßt
werden können. Für die Formulierung von Algorithmen sind, neben den verwendeten
Datenelementen, die für diese Datenelemente effektiv verfügbaren Funktionen entscheidend. Die in Algorithmen auftretenden Trägermengen (Daten) und Operationen
können zu Rechenstrukturen zusammengefaßt werden. Eine *Rechenstruktur* umfaßt
damit eine Familie von Trägermengen (Daten) und eine Familie von Abbildungen zwischen diesen Trägermengen.

Rechenstrukturen finden sich in den unterschiedlichsten Ausprägungen. Beispielsweise lassen sich Taschenrechner, aber auch große leistungsstarke Rechenanlagen mathematisch als Rechenstrukturen auffassen und beschreiben.

2.2.1 Funktionen und Mengen als Rechenstrukturen

Rechenstruktur entsprechen dem Begriff der mathematischen Struktur beziehungsweise der Algebra. Eine Rechenstruktur besteht aus einer Familie von Mengen, genannt Trägermengen, und einer Familie von Abbildungen zwischen den Trägermengen.

Definition (Rechenstruktur). Seien S und F Mengen von Bezeichnungen; eine *Rechenstruktur* A besteht aus einer Familie $\{s^A: s \in S\}$ von Trägermengen s^A und einer

Familie $\{f^A: f \in F\}$ von Abbildungen f^A zwischen diesen Trägermengen. Wir schreiben:

$$A = (\{s^A: s \in S\}, \{f^A: f \in F\}).$$

Die Elemente $s \in S$ sind Bezeichnungen für Trägermengen und heißen *Sorten*. Die Elemente $f \in F$ sind Bezeichnungen für Abbildungen und heißen *Funktionssymbole* oder *Operationssymbole*. Für jedes $f \in F$ existiert ein $n \in \mathbb{N}$, so daß gilt: f^A ist eine n-stellige Funktion und es existieren Sorten $s_1, \ldots, s_{n+1} \in S$, so daß gilt:

$$f^A: s_1^A \times \ldots \times s_n^A \to s_{n+1}^A$$

Es kann auch $n = 0$ gelten. Somit sind auch nullstellige Abbildungen zugelassen. Dies sind Abbildungen, die (mit leerem Argumenttupel) genau ein Element aus dem Wertebereich ergeben (siehe true, false, zero im folgenden Beispiel), der durch die Trägermenge zur Sorte s_1 bestimmt ist. $\square$

Zur Vermeidung partieller Abbildungen wird wieder das spezielle Element $\bot$ („Bottom") für die Repräsentation nicht definierter Funktionswerte verwendet. Sei M eine Menge, die $\bot$ nicht enthält. Die Menge $M^\bot$ ist definiert durch

$$M^\bot =_{def} M \cup \{\bot\} .$$

Das Element $\bot$ repräsentiert undefinierte Ergebnisse von Funktionen, beispielsweise im Falle von nichtterminierenden Algorithmen.

Eine Abbildung

$$f: M_1^\bot \times \ldots \times M_n^\bot \to M_{n+1}^\bot$$

heißt *strikt*, wenn gilt: Ist eines der Argumente dieser Funktionen $\bot$, so ist auch das Resultat der Funktion $\bot$. Dies entspricht der einfachen Annahme, daß das Resultat der Anwendung einer Funktion auf einen Satz Argumente nur definiert ist, wenn alle diese Argumente definiert sind. Die Erweiterung partieller Abbildungen auf totale Abbildungen durch Hinzufügen von $\bot$ zu den Trägermengen führt auf strikte Abbildungen.

Zur Vermeidung von partiellen Abbildungen wird im folgenden (wenn nicht ausdrücklich etwas anderes festgelegt wird) angenommen, daß jede Trägermenge das spezielle Element $\bot$ enthält und daß alle auftretenden Abbildungen strikt sind.

Beispiele (Die Rechenstrukturen **BOOL**, **NAT**, **SEQ** und **CALC**)

(1) *Die Rechenstruktur* **BOOL** *der Booleschen Werte*
Die Menge S der Sorten der Rechenstruktur **BOOL** ist gegeben durch:

$$S = \{\textbf{bool}\} .$$

Die Menge F der Funktionssymbole der Rechenstruktur **BOOL** ist gegeben durch:

$$F = \{\text{true, false, } \neg, \vee, \wedge\} .$$

Die Trägermenge $\mathbb{B}^\bot$ ist der Sorte **bool** zugeordnet. Es gelte also:

$$\textbf{bool}^{\textbf{BOOL}} = \mathbb{B}^\bot.$$

Zur besseren Lesbarkeit werden zweistellige Funktionssymbole f auch in Infix-Notation geschrieben. Wir schreiben dann statt f(x, y) den Ausdruck x f y. Der Gebrauch der Infixschreibweise wird durch Kommentare bei der Ausgabe der Funktionalität angezeigt. Analog schreiben wir für einstellige Funktionssymbole f manchmal lieber nur f x statt f(x). Den Funktionssymbolen sind folgende Funktionen zugeordnet:

$true^{BOOL}: \to \mathbb{B}^{\perp}$,

$false^{BOOL}: \to \mathbb{B}^{\perp}$,

$\neg^{BOOL} : \mathbb{B}^{\perp} \to \mathbb{B}^{\perp}$,   *klammerfreies Präfix*

$\wedge^{BOOL} : \mathbb{B}^{\perp} \times \mathbb{B}^{\perp} \to \mathbb{B}^{\perp}$,   *Infix*

$\vee^{BOOL} : \mathbb{B}^{\perp} \times \mathbb{B}^{\perp} \to \mathbb{B}^{\perp}$,   *Infix*

wobei für a, b ∈ $\mathbb{B}$ gelte:

$true^{BOOL} = L$,

$false^{BOOL} = O$,

$\neg^{BOOL} b = not(b)$,

$a \vee^{BOOL} b = or(a, b)$,

$a \wedge^{BOOL} b = and(a, b)$.

Hier seien die Funktionen not, and, or wie im vorangegangenen Abschnitt definiert. Die Funktionen sind strikt und dadurch sind ihre Werte für den Fall, daß eines der Argumente ⊥ ist, auch festgelegt.

(2) *Die Rechenstruktur* **NAT** *der natürlichen Zahlen*

Die Menge S der Sorten der Rechenstruktur **NAT** ist gegeben durch:

S = {**bool, nat**} .

Die Menge F der Funktionssymbole der Rechenstruktur **NAT** ist gegeben durch:

F = {true, false, ¬, ∨, ∧, zero, succ, pred, add, mult, sub, div, ≤, $\overset{?}{=}$}

Den Sorten der Rechenstruktur **NAT** sind wie folgt Trägermengen zugeordnet:

$\textbf{bool}^{NAT} = \mathbb{B}^{\perp}$,

$\textbf{nat}^{NAT} = \mathbb{N}^{\perp}$.

Den Funktionssymbolen der Rechenstruktur **NAT** sind folgende Funktionen zugeordnet (für ¬, ∨, ∧ werden die gleichen Festlegungen angenommen, wie eben für die Rechenstruktur **BOOL**):

$zero^{NAT}: \to \mathbb{N}^{\perp}$,

$succ^{NAT}: \mathbb{N}^{\perp} \to \mathbb{N}^{\perp}$,

$pred^{NAT}: \mathbb{N}^{\perp} \to \mathbb{N}^{\perp}$,

$add^{NAT}: \mathbb{N}^{\perp} \times \mathbb{N}^{\perp} \to \mathbb{N}^{\perp}$,

$mult^{NAT}: \mathbb{N}^{\perp} \times \mathbb{N}^{\perp} \to \mathbb{N}^{\perp}$,

$sub^{NAT}: \mathbb{N}^{\perp} \times \mathbb{N}^{\perp} \to \mathbb{N}^{\perp}$,

$div^{NAT}: \mathbb{N}^{\perp} \times \mathbb{N}^{\perp} \to \mathbb{N}^{\perp}$,

$$\leq^{\mathbf{NAT}} : \mathbf{N}^\perp \times \mathbf{N}^\perp \to \mathbf{B}^\perp, \qquad \text{\textit{Infix}}$$

$$\stackrel{?}{=}^{\mathbf{NAT}} : \mathbf{N}^\perp \times \mathbf{N}^\perp \to \mathbf{B}^\perp. \qquad \text{\textit{Infix}}$$

Für die Funktionssymbole zero, succ, pred, add, mult, sub, div verwenden wir häufig die Operator- beziehungsweise Infixschreibweise 0, +1, –1, +, ·, –, ÷. Die Funktionen sind wie folgt spezifiziert:

$$\text{zero}^{\mathbf{NAT}} = 0.$$

Sei x, y $\in$ $\mathbf{N}$, dann gilt

$$\text{succ}^{\mathbf{NAT}}(x) = x+1,$$

$$\text{pred}^{\mathbf{NAT}}(x) = x-1 \qquad \text{falls } x \geq 1,$$

$$\text{pred}^{\mathbf{NAT}}(0) = \perp,$$

$$\text{add}^{\mathbf{NAT}}(x, y) = x+y,$$

$$\text{mult}^{\mathbf{NAT}}(x, y) = x \cdot y,$$

$$\text{div}^{\mathbf{NAT}}(x, y) = x \div y, \qquad \text{falls } y > 0,$$

$$\text{div}^{\mathbf{NAT}}(x, 0) = \perp.$$

Hier bezeichnet x÷y die natürlichzahlige Division von x durch y ohne Berücksichtigung eines Restes.

$$(0 \leq^{\mathbf{NAT}} x) = \mathbf{L},$$

$$(x+1 \leq^{\mathbf{NAT}} 0) = \mathbf{O},$$
$$(x+1 \leq^{\mathbf{NAT}} y+1) = (x \leq^{\mathbf{NAT}} y),$$

$$(x \stackrel{?}{=}^{\mathbf{NAT}} y) = \text{and}^{\mathbf{NAT}}(x \leq^{\mathbf{NAT}} y, y \leq^{\mathbf{NAT}} x)$$

Durch die Striktheitsbedingung ist auch festgelegt, welche Werte die Abbildungen haben, falls eines der Argumente $\perp$ ist; der Wert der Abbildung ist dann stets $\perp$. Man beachte insbesondere, daß der Wert des Terms $(x \stackrel{?}{=} y)$ für Argumente x, y ungleich $\perp$ mit dem Wert von $(x = y)$ übereinstimmt, und für $x = \perp$ oder $y = \perp$ stets den Wert $\perp$ liefert. Mit $\stackrel{?}{=}$ bezeichnen wir also die *strikte Gleichheit*.

(3) *Die Rechenstruktur* **SEQ** *der Sequenzen*
Sei **m** eine beliebige Sorte mit Trägermenge $M^\perp$. Die Menge S der Sorten der Rechenstruktur **SEQ** ist gegeben durch:

$$S = \{\mathbf{bool}, \mathbf{nat}, \mathbf{m}, \mathbf{seq\ m}\}.$$

Die Menge F der Funktionssymbole der Rechenstruktur **SEQ** ist gegeben durch:

$$F = \{\text{true, false, } \neg, \vee, \wedge, \text{ zero, succ, pred, add, mult, sub, div, } \leq, \stackrel{?}{=}, \text{ empty,}$$
$$\text{make, conc, first, rest, last, lrest}\}.$$

Den Sorten der Rechenstruktur **SEQ** sind wie folgt Trägermengen zugeordnet:

$$\mathbf{bool}^{\mathbf{SEQ}} = \mathbf{B}^\perp,$$

$$\mathbf{nat}^{\mathbf{SEQ}} = \mathbf{N}^\perp,$$

$$\mathbf{m}^{\mathbf{SEQ}} = M^\perp,$$

seq m^{SEQ} = (M*)$^\perp$.

Die Sorte **seq m** bezeichnen wir auch als *polymorphe Sorte*, da wir für beliebige Sorten Sequenzen bilden können. Wir können die Sorte **seq nat** ebenso bilden, wie die Sorte **seq bool** oder gar **seq seq bool**.

Den Funktionssymbolen der Rechenstruktur **SEQ** sind folgende Funktionen zugeordnet (für true, false, ¬, ∨, ∧, zero, succ, pred, add, mult, sub, div, ≤, $\overset{?}{=}$ werden die gleichen Festlegungen angenommen, wie eben für die Rechenstruktur **NAT**):

empty^{SEQ}: → (M*)$^\perp$,

make^{SEQ}: M$^\perp$ → (M*)$^\perp$,

conc^{SEQ}: (M*)$^\perp$ × (M*)$^\perp$ → (M*)$^\perp$,

first^{SEQ}: (M*)$^\perp$ → M$^\perp$,

rest^{SEQ}: (M*)$^\perp$ → (M*)$^\perp$,

last^{SEQ} : (M*)$^\perp$ → M$^\perp$,

lrest^{SEQ} : (M*)$^\perp$ → (M*)$^\perp$.

Der Vergleichsoperator $\overset{?}{=}$ ist sowohl für Zahlen, als auch für Sequenzen verfügbar. Zusätzlich zu seiner Anwendbarkeit auf Zahlen existiert damit $\overset{?}{=}$ als Abbildung auf Sequenzen:

$\overset{?}{=}$^{SEQ}: (M*)$^\perp$ × (M*)$^\perp$ → $\mathbb{B}$$^\perp$.

Die Funktionen sind wie folgt spezifiziert:

empty^{SEQ} = ε.

Sei m ∈ M, x, y ∈ M*, dann gilt:

make^{SEQ}(m) = ‹m›,

conc^{SEQ}(x, y) = x ∘ y,

first^{SEQ}(‹m› ∘ x) = m,

first^{SEQ}(ε) = ⊥,

rest^{SEQ}(‹m› ∘ x) = x,

rest^{SEQ}(ε) = ⊥,

last^{SEQ}(x ∘ ‹m›) = m,

last^{SEQ}(ε) = ⊥,

lrest^{SEQ}(x ∘ ‹m›) = x,

lrest^{SEQ}(ε) = ⊥,

(x $\overset{?}{=}$^{SEQ} y) = (x = y).

Durch die Striktheitsbedingung ist auch festgelegt, welche Werte die Abbildungen haben, falls eines der Argumente ⊥ ist; der Wert der Abbildung ist dann stets ⊥. Man beachte, daß auch dem Funktionssymbol $\overset{?}{=}$ im Gegensatz zu = eine strikte Abbildung zugeordnet ist. Zur besseren Lesbarkeit schreiben wir auch statt make(E) auch ‹E›.

(4) *Die Rechenstruktur Taschenrechner* **CALC**:
Auch ein Taschenrechner kann als Rechenstruktur beschrieben werden. Die Menge S
der Sorten der Rechenstruktur **CALC** ist gegeben durch:

$$S = \{\textbf{taste, zustand}\},$$

Den Sorten der Rechenstruktur **CALC** sind wie folgt Trägermengen zugeordnet:

$$\textbf{taste}^{\textbf{CALC}} = T,$$

mit Menge $T = \{0, ..., 9, +, \cdot, =\}$,

$$\textbf{zustand}^{\textbf{CALC}} = Z,$$

wobei die Menge Z der Zustände und der Wertebereich W wie folgt definiert seien:

$$Z = \{(s, p, d): s \in W \wedge p \in \{+, \cdot, =\} \wedge d \in W\} \cup \{\text{fehler}\},$$

$$W = \{0, ..., 10^{10}{-}1\} \ .$$

Die Menge Z besteht also aus Tripeln (s, p, d) und dem Sonderelement „fehler". Die
Komponente d steht für „Display" (für die sichtbare Anzeige), p bezeichnet das intern
gespeicherte Operationssymbol und s den intern gespeicherten Wert. Die Menge W
definiert den Wertebereich der Arithmetik des Taschenrechners. Die Menge F der
Funktionssymbole der Rechenstruktur **CALC** ist gegeben durch:

$$F = \{\text{ein, tip}, 0, 1, 2, ..., 9, +, \cdot, =\} \ .$$

Den Funktionssymbolen der Rechenstruktur **CALC** sind folgende Funktionen zugeordnet: 0, 1, 2, ..., 9, +, ·, = stehen für nullstellige Funktionssymbole, die die entsprechende Taste als Resultat ergeben. Den Funktionssymbolen ein und tip werden
folgende Funktionen zugeordnet:

$$\text{ein}^{\text{CALC}}: \to Z,$$

$$\text{tip}^{\text{CALC}}: T \times Z \to Z \ .$$

Sie sind spezifiziert durch:

$$\text{ein}^{\text{CALC}} = (0, =, 0).$$

Für $x \in \{0, ..., 9\}$ gelte:

$$\text{tip}^{\text{CALC}}(x, (s, p, d)) = \begin{cases} \text{fehler} & \text{falls } \neg(d{\cdot}10{+}x \in W) \\ (s, p, d{\cdot}10{+}x) & \text{sonst} \end{cases}$$

$$\text{tip}^{\text{CALC}}(=, (s, p, d)) = \begin{cases} (s, =, s{\cdot}d) & \text{falls } s{\cdot}d \in W \text{ und } p = \cdot \\ (s, =, s{+}d) & \text{falls } s{+}d \in W \text{ und } p = + \\ (d, =, 0) & \text{falls } p = „={}" \\ \text{fehler} & \text{sonst} \end{cases}$$

$$\text{tip}^{\text{CALC}}(+, (s, p, d)) = (d, +, 0),$$

$$\text{tip}^{\text{CALC}}(\cdot, (s, p, d)) = (d, \cdot, 0).$$

Für alle $z \in T$ gelte

tip^{CALC}(z, fehler) = fehler .

Einer Folge von Tastendrücken nach Einschalten des Rechners wie beispielsweise der Folge

9 1 + 1 2 = · 2 =

entspricht der Term

tip(=, tip(2, tip(·, tip(=, tip(2, tip(1, tip(+, tip(1, tip(9, ein)))))))))),

der zum Zustand

(103, =, 206)

führt.   ☐

Sind wir lediglich an den Funktionssymbolen einer Rechenstruktur interessiert, ohne deren genaue Bedeutung zu kennen, so genügt es, die Signatur der Rechenstruktur zu betrachten.

2.2.2 Signaturen

Um die Menge der Funktionssymbole und Sorten festzulegen, welche in einer Rechenstruktur auftreten, und auch in welcher Weise die Funktionssymbole miteinander sinnvoll verknüpft werden können, verwenden wir Signaturen.

Definition (Signatur). Eine *Signatur* Σ ist ein Paar (S, F) von Mengen S und F, wobei

– S die Menge der *Sorten*, d.h. der Namen für Trägermengen, bezeichnet,

– F die Menge der Funktionssymbole bezeichnet;

für jedes Funktionssymbol f $\in$ F sei eine Funktionalität **fct** f $\in$ S$^+$ gegeben.   ☐

Wir schreiben zur Angabe der Funktionalität von f im weiteren etwas lesbarer:

fct f = $(s_1, ..., s_n)$ s_{n+1}

um auszudrücken, daß f^A in einer Rechenstruktur A mit der Σ entsprechenden Signatur für eine Abbildung

$f^A: s_1^A \times ... \times s_n^A \rightarrow s_{n+1}^A$

steht.

Beispiel (Signaturen). Die Signatur der Rechenstruktur **NAT** der Booleschen Werte und der natürlichen Zahlen aus obigem Beispiel ergibt ein Beispiel für eine Signatur.

S_{NAT} = {**bool**, **nat**},

F_{NAT} = {true, false, ¬, ∧, ∨, zero, succ, pred, add, mult, sub, div, $\overset{?}{=}$, ≤},

fct true = **bool**,

fct false = **bool**,

fct ¬ = (**bool**) **bool**,   *klammerfreies Präfix*

fct $\vee$ = (**bool, bool**) **bool**,   *Infix*

fct $\wedge$ = (**bool, bool**) **bool**,   *Infix*

fct succ = (**nat**) **nat**,   ... $\square$

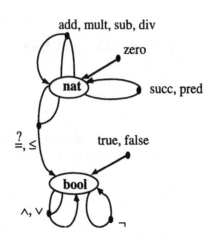

Abb. 2.3. Signaturdiagramm

Signaturen lassen sich graphisch übersichtlich durch *Signaturdiagramme* darstellen. Signaturdiagramme enthalten für jede Sorte einen Knoten und für jedes n-stellige Operatorsymbol eine Kante mit n Eingangsknoten und einem Ausgangsknoten. Für die Rechenstruktur **NAT** erhalten wir das in Abb. 2.3 angegebene Signaturdiagramm.

Die Angabe der Signatur allein genügt natürlich nicht, um eine Rechenstruktur eindeutig zu charakterisieren. Es gibt viele unterschiedliche Rechenstrukturen mit gleichen Signaturen.

Beispiel (Signaturen). Die Rechenstruktur **INT** der ganzen Zahlen hat bis auf Umbenennung von Sorten die gleiche Signatur wie die Rechenstruktur der natürlichen Zahlen:

S = {**bool, int**},

F = {succ, pred, zero, ...},

mit

$int^{INT} = \mathbb{Z}$.

Dabei sind die mit den Elementen der Signatur verbundenen Trägermengen und Abbildungen verschieden:

$pred^{INT}(z) = z{-}1.$ $\square$

Wir können mit der gleichen Signatur also unterschiedliche Rechenstrukturen verbinden.

Beispiel (Zwei Rechenstrukturen für die gleiche Signatur). Zur Signatur

S = {**bs, bit**},

F = {null, eins, empty, ra},

mit Funktionalitäten

fct null = **bit,**

fct eins = **bit,**

fct empty = **bs,**

fct ra = (**bs, bit**) **bs,**

existieren als mögliche Rechenstrukturen zum Beispiel **BN, BS**, die wie folgt definiert sind:

bit^{BN}	= {0, 1},	**bit**^{BS}	= $\mathbb{B}$,
bs^{BN}	= $\mathbb{N}$,	**bs**^{BS}	= $\mathbb{B}^*$,
null^{BN}	= 0,	null^{BS}	= **O**,
eins^{BN}	= 1,	eins^{BS}	= **L**,
empty^{BN}	= 0,	empty^{BS}	= ε,
ra^{BN}(n, x)	= 2∗n+x,	ra^{BS}(n, x) = n ∘ ‹x›.	$\square$

Rechenstrukturen weisen wieder die strukturellen Eigenschaften von Informationssystemen auf, wie sie im vorangegangenen Abschnitt am Beispiel der Booleschen Terme behandelt wurden. Insbesondere gilt:

$$(\{s^A: s \in S\}, S, T),$$

bildet wieder ein Informationssystem mit

$$T: S \rightarrow \{s^A: s \in S\} \quad \text{wobei} \quad T[s] = s^A.$$

Ebenso ist

$$(\{f^A: f \in F\}, F, I),$$

mit

$$I: F \rightarrow \{f^A: f \in F\} \quad \text{wobei} \quad I[f] = f^A,$$

ein Informationssystem.

Für eine gegebene Rechenstruktur mit einer bestimmten Signatur existiert stets eine spezielle Struktur, die Termalgebra, die sich aus der Menge der über der Signatur formulierbaren Terme zusammensetzt. Die Bildungsgesetze für Terme über einer Signatur werden im folgenden Abschnitt behandelt.

2.2.3 Grundterme

Zu einer gegebenen Signatur existiert die Menge der Grundterme, die sich durch die Funktionssymbole der Signatur bilden lassen. Sei $\Sigma = (S, F)$ eine Signatur. Die *Menge der Grundterme der Sorte* s mit s ∈ S ist definiert durch:

(i)   jedes nullstellige Funktionssymbol f ∈ F mit **fct** f = s bildet einen Grundterm der Sorte **s**,

(ii) jede Zeichenreihe f(t_1, ..., t_n) mit f ∈ F und **fct** f = (s_1, ..., s_n) **s**, ist ein Grundterm der Sorte **s**, falls für alle i, $1 \le i \le n$, t_i ein Grundterm der Sorte s_i ist.

Die Menge aller Grundterme einer Signatur Σ sei mit W_Σ bezeichnet, die Menge der Grundterme der Sorte s mit W_Σ^s. Existieren keine nullstelligen Funktionssymbole, so ist die Menge W_Σ leer.

Beispiel (Grundterme). Beispiele für Grundterme der Sorte **nat** über der Rechenstruktur **NAT** der natürlichen Zahlen sind:

succ(zero),
add(succ(succ(zero)), pred(succ(zero)))).   ◻

Neben der klassischen mathematischen Schreibweise

ρ(a, b),

der Funktionsanwendung zur Bildung von Grundtermen, wobei das Funktionssymbol ρ der geklammerten Liste (a1, a2) der Argumente vorangestellt wird (*geklammerte Präfixschreibweise*), sind für spezielle Funktionssymbole ρ auch andere Schreibweisen (Operatorschreibweisen) gebräuchlich wie

– *Infixschreibweise*	a ρ b,
– *Ungeklammerte Präfixschreibweise*	ρ a b,
– *Postfixschreibweise*	a b ρ.

Beispiele für die Infixschreibweise sind durch die Operationssymbole +, ·, ∧, ∨, ∈ gegeben. Bei einstelligen Funktionssymbolen findet sich sowohl die klammerfreie Präfix- (bei ¬), als auch die klammerfreie Postfixschreibweise (beispielsweise ! für die Fakultätsfunktion).

Liegt die Stelligkeit der Funktionssymbole fest, so ist bei reiner Präfix- oder reiner Postfixschreibweise die Zuordnung von Funktionssymbolen zu Argumenten eindeutig. Dies gilt für die Infixschreibweise nicht.

Beispiel (Mehrdeutigkeit der Operatorschreibweise). Sind keine Vorrangregeln über Prioritäten vereinbart, so ist unklar, ob der Term

x+y · z

für (x+y) · z oder für x+(y · z) steht.   ◻

Um Eindeutigkeit auch für die Infixschreibweise zu erzielen, können wir, neben der Verwendung von Klammern, jedoch gewisse Vorrangregeln (Prioritäten) auf der Menge von Operatoren einführen. Existieren keine Vorrangregeln, so klammern wir stets von links nach rechts. Dies heißt, daß x+y+z für (x+y)+z steht.

Manchmal verwenden wir auch eine gemischte Schreibweise (Mixfixschreibweise) um gewisse Ausdrücke übersichtlicher schreiben zu können. Darüber hinaus existieren eine Reihe von vereinfachenden abkürzenden Schreibweisen. Der Umstand, daß ein Funktionssymbol in Operatorschreibweise verwendet werden soll, kann auch in der Angabe der Funktionalität ausgedrückt werden. Beispielsweise können wir durch spezielle Symbole (wie Punkte) die Positionen der Argumente angeben.

Beispiel (Mixfixschreibweise). Für den Term $x < y \wedge y < z$ läßt sich abkürzend $x < y < z$ schreiben. Diese Schreibweise entspricht dem dreistelligen Funktionssymbol mit der Funktionalität

fct . < . < . = (**nat, nat, nat**) **bool**   *Mixfix*

Die Punkte kennzeichnen die Position der Argumente.   ❏

Liegt eine Rechenstruktur A mit Signatur Σ vor, so lassen sich die Grundterme in A interpretieren. Den Übergang von einem Grundterm t (der Repräsentation) der Sorte s zum entsprechenden Element a der Menge in A nennen wir *Interpretation von t in A* . Die Interpretation I^A bezeichnet demnach eine Abbildung

$$I^A \colon W_\Sigma \to \{a \in s^A \colon s \in S\}$$

Für jeden Grundterm t bezeichnet $I^A[t]$ die Interpretation von t in A. Wir schreiben auch t^A für $I^A[t]$. Wir erhalten die Interpretation, indem wir im Grundterm t die Funktionssymbole durch die entsprechenden Funktionen ersetzen.

$$I^A[f(t_1, ..., t_n)] = f^A(I^A[t_1], ..., I^A[t_n]).$$

Insbesondere bildet

$$(\{a \in s^A \colon s \in S\}, W_\Sigma, I^A)$$

wieder ein Informationssystem.

Beispiel (Interpretation von Grundtermen über der Signatur der natürlichen Zahlen). Mit der Sorte **nat** verbinden wir vereinbarungsgemäß die Trägermenge $\mathbb{N}^\perp$. Wir erhalten folgende Interpretation für die angegebenen Terme:

$I^{NAT}[\text{succ(zero)}] = 1,$

$I^{NAT}[\text{pred(zero)}] = \perp,$

$I^{NAT}[\text{pred(add(succ(succ(zero)), zero))}] = 1.$ ❏

In der klassischen Mathematik wird häufig die Angabe der Interpretation weggelassen und es wird einfach t statt t^A geschrieben. Der Unterschied zwischen dem Grundterm und seiner Interpretation wird dort bewußt vernachlässigt.

Für jede Rechenstruktur A der Signatur Σ können die Grundterme der Sorte $s \in S$ als Repräsentationen für Elemente aus der Menge s^A, die mit der Sorte s in A verbunden wird, verwendet werden. Gibt es für jedes Element ($\neq \perp$) der Trägermengen von A eine Termrepräsentation, so heißt A *termerzeugt*. Dann existiert für jedes s und jedes $a \in s^A$ ($\neq \perp$) ein Grundterm der Sorte s mit $t^A = a$. Dies ist gleichbedeutend mit der Forderung, daß in dem entsprechenden Informationssystem die Interpretationsabbildung surjektiv ist.

Die Interpretation (der „Wert") eines Grundterms läßt sich entsprechend seiner Termstruktur ausrechnen. Eine einfache Art, eine solche Berechnung zu organisieren, stellen Formulare dar.

2.2.4 Rechnen mit Grundtermen durch Formulare

Grundterme haben eine charakteristische innere Struktur. Ein Grundterm setzt sich aus einem Funktionssymbol und einer (unter Umständen leeren) Folge von Grundtermen („Teiltermen") zusammen, die die Argumentterme bilden.

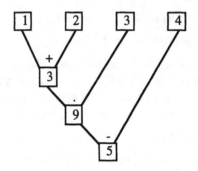

Abb. 2.4. Rechenformular

Ein *Formular* für einen Grundterm ist eine graphische Darstellung für die Berechnung der Interpretation des Grundterms: Das Formular besteht aus einem Rechteck, in dem die Interpretation des Grundterms eingetragen wird und aus Teilformularen für die Berechnung der Werte für die Teilterme. Die Berechnung der Interpretation eines Grundterms läßt sich bequem auf einem Formular durchführen. Da sich die Interpretation eines Grundterms aus den Werten der Interpretation seiner Teilterme ergibt, ordnen wir diese Interpretationen der Teilterme in einem Formular analog zur Struktur der Grundterme an.

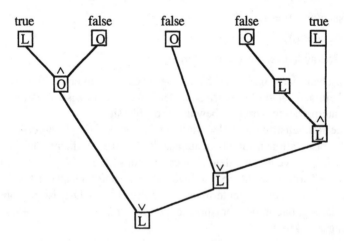

Abb. 2.5. Rechenformular

Beispiele (Formulare)

(1) Dem Grundterm $((1+2) \cdot 3) - 4$ mit Interpretation in **N** entspricht das in Abb. 2.4 angegebene Formular.

(2) Dem Grundterm

(true ∧ false) ∨ (false ∨ ((¬false) ∧ true))

mit Interpretation in **B** entspricht das in Abb. 2.5 angegebene Formular.

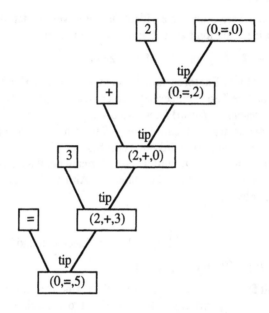

Abb. 2.6. Rechenformular

(3) *Rechnen mit dem Taschenrechner*: Dem Grundterm

tip(=, tip(3, tip(+, tip(2, ein))))

entspricht das Formular in Abb. 2.6 .   □

Wie bereits gesagt, lassen sich Grundterme sehr einfach zur Repräsentation von Elementen aus den Trägermengen von Rechenstrukturen verwenden. Um Abbildungen zwischen diesen Elementen definieren zu können, verwenden wir Terme mit freien Identifikatoren.

2.2.5 Terme mit (freien) Identifikatoren

Identifikatoren („Bezeichner", „Variable", „Unbekannte") sind Platzhalter („Namen") für Terme (oder Elemente), die (später) an der entsprechenden Stelle eingesetzt werden können. Sie können somit als Namen für erst später genauer bezeichnete Terme oder Elemente verstanden werden.

Sei $\Sigma = (S, F)$ eine Signatur und $X = \{X_s : s \in S\}$ eine Familie von Mengen von Identifikatoren. Die Mengen X_s von Identifikatoren seien paarweise disjunkt und disjunkt zu den Funktionssymbolen in F. $W_\Sigma(X)$ bezeichnet die um X erweiterte Termalgebra $W_{\Sigma'}$ mit $\Sigma' = (S, F \cup \{x \in X_s : s \in S\})$ und **fct** $x = s$ für $x \in X_s$. Die X_s stehen für Mengen von Identifikatoren (Platzhalter, Bezeichnungen) der Sorte s.

Beispiele (Terme mit Identifikatoren)

(1) Gleichungen mit „Unbekannten" in der Mathematik sind Gleichungen zwischen Termen mit Identifikatoren. Ein Beispiel dafür ist:

$$ax^2 + bx + c = 0.$$

(2) Häufig werden Terme mit freien Identifikatoren verwendet, um Funktionen zu definieren. Eine Funktion f kann definiert werden durch:

$$f: \mathbb{N} \to \mathbb{N} \qquad \text{mit} \qquad f(x) = 2x+1 \qquad\qquad \square$$

Terme mit freien Identifikatoren heißen auch *Polynome*. Für Identifikatoren in Termen können andere Terme eingesetzt werden. Die entsprechende Abbildung heißt *Substitution in Termen mit (freien) Identifikatoren*.

Sei t ein Term mit (freien) Identifikatoren. Sei x ein Identifikator der Sorte s und r ein Term der Sorte s; mit t[r/x] wird der Term bezeichnet, der sich ergibt, wenn der Identifikator x in t durch r ersetzt wird. Dieser Vorgang heißt *Substitution*.

Die Substitution ist formal induktiv über den Aufbau der Terme durch folgende Gleichungen beschrieben:

x[t/x] = t,

y[t/x] = y,   falls y und x verschiedene Identifikatoren sind;

$f(t_1, ..., t_n)[t/x] = f(t_1[t/x], ..., t_n[t/x])$,

Hier ist $f \in F$ mit **fct** $f = (s_1, ..., s_n) s_{n+1}$ und die Terme t_i haben Sorte s_i.

Mit $t[t_1/x_1, ..., t_n/x_n]$ wird der Term bezeichnet, der durch die simultane Substitution (der paarweise verschiedenen) Identifikatoren x_i durch die t_i aus t entsteht.

Sei t ein Term mit (freien) Identifikatoren. Ein Term r heißt *Instanz* des Terms t, wenn r durch Substitution gewisser (freier) Identifikatoren aus t erhältlich ist.

Beispiel (Instanz eines Terms). Sei der Term t mit den freien Identifikatoren x, y, z definiert durch:

t =_def mult(add(succ(x), y), z)

Wir erhalten eine Instanz des Terms t durch:

t[zero/x, succ(zero)/y, succ(succ(zero))/z]

Die Ausführung dieser Substitution ergibt:

mult(add(succ(zero), succ(zero)), succ(succ(zero))) $\square$

Analog zu Booleschen Termen mit freien Identifikatoren lassen sich allgemein Terme mit freien Identifikatoren über die Einführung von Belegungen interpretieren.

2.2.6 Interpretation von Termen

Sei A eine Rechenstruktur mit Signatur $\Sigma = (S, F)$ und X eine Familie von Mengen von Identifikatoren. Eine Abbildung

$$\beta: \{x \in X_s: s \in S\} \to \{a \in s^A: s \in S\}$$

die jedem Identifikator x in X der Sorte s ein Element $a \in s^A$ der Trägermenge s^A zur Sorte s zuordnet, heißt *Belegung* von X (in A).

Für jede Belegung β ist die Interpretation $I_\beta^A[t]$ eines Terms t mit freien Identifikatoren aus X durch folgende Gleichungen definiert:

$$I_\beta^A[x] = \beta(x),$$

$$I_\beta^A[f(t_1, ..., t_n)] = f^A(I_\beta^A[t_1], ..., I_\beta^A[t_n]).$$

Für n = 0 ergibt sich $I_\beta^A[f] = f^A$.

Für die punktweise Änderung von Belegungen wird eine spezielle Notation verwendet, die der bei der Substitution benutzten Notation gleicht: Sei β eine Funktion (insbesondere eine Belegung)

$$\beta: X \to M,$$

dann bezeichnet für $m \in M$

$$\beta[m/x]$$

diejenige Funktion β'

$$\beta': X \to M,$$

für die gilt

$$\beta'(z) = \begin{cases} m & \text{falls } z = x, \\ \beta(z) & \text{falls } z \neq x. \end{cases}$$

$\beta[m/x]$ bezeichnet eine Abbildung (Belegung), die für alle Argumente außer für x mit β übereinstimmt, nur für x liefert die Abbildung den Wert m.

Daß für die Substitution und die punktweise Änderung einer Belegung die gleiche Notation verwendet wird, ist durch folgende Gleichung gerechtfertigt: Seien t, r Terme, x ein Identifikator und β eine Belegung, dann gilt:

$$I_\beta[t[r/x]] = I_{\beta'}[t], \qquad \text{wo} \qquad \beta' = \beta[I_\beta[r]/x] .$$

Die Interpretation eines Terms t, in dem x durch r ersetzt wurde mit einer Belegung β, ist demnach gleichwertig mit der Interpretation des Terms t mit der Belegung β', die sich von β nur in der Belegung von x unterscheidet, und dort den Wert der Interpretation von r unter der Belegung β besitzt.

2.2.7 Terme als Formulare

Terme mit freien Identifikatoren können als Rechenformulare gedeutet werden, in denen noch nicht alle Werte festgelegt sind.

Beispiel (Aus der Geometrie). Der Flächeninhalt S des Kreisrings mit innerem Radius r und äußerem Radius R errechnet sich nach der Formel:

$$S = \pi (R^2 - r^2).$$

Dem Term auf der rechten Seite der Formel entspricht das in Abb. 2.7 angegebene Formular.   ☐

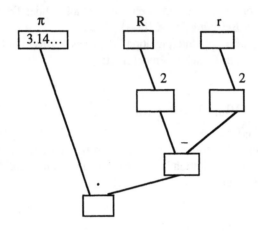

Abb. 2.7. Rechenformular

Ein Term mit freien Identifikatoren definiert ein *Berechnungsschema*. Formulare finden sich (in etwas anderer äußerer Form) an vielen Stellen in der Verwaltung. Beispiele sind Formulare für die Lohnsteuerberechnung.

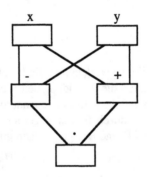

Abb. 2.8. Rechenformular für den Term (x–y)·(x+y)

Treten in einem Term gewisse Identifikatoren mehrfach auf, so erhalten wir statt Formularen mit der Form von Bäumen „Hasse"-Diagramme (dies sind zyklenfreie, gerichtete Graphen).

Beispiel (Formulare mit mehrfach verwendeten Zwischenergebnissen). Der Term

$$(x-y)\cdot(x+y)$$

besitzt das in Abb. 2.8 angegebene Formular.   ☐

Terme haben mehr Struktur als Wörter. Im folgenden Abschnitt werden Algorithmen behandelt, die auf Termen arbeiten. Sie sind eine Verallgemeinerung der Textersetzungsalgorithmen.

2.3 Algorithmen als Termersetzungssysteme

Eine übersichtlichere Methode zur Beschreibung von Algorithmen als Textersetzungssysteme bieten Termersetzungssysteme. Wie im vorausgegangenen Abschnitt gezeigt, gilt: Terme lassen sich über gegebenen Signaturen nach festen Regeln aufbauen. Zu einer gegebenen Signatur und den Termen darüber lassen sich Interpretationen über einer Rechenstruktur beziehungsweise Algebra angeben. Wie bei Booleschen Termen entsteht ein Informationssystem, bei dem Terme als Repräsentationen auftreten. Durch diese Interpretation ist eine semantische Äquivalenz auf Termen vorgegeben. Regeln zur Umformung von Termen können wir dann so gestaltet, daß Terme stets in semantisch äquivalente Terme überführt werden.

Mengen von Regeln lassen sich zu Algorithmen in der Form von Termersetzungssystemen zusammenfassen. Die spezielle Struktur der Terme, die sich aus ihrem Aufbau ergibt, kann für die Angabe von Ersetzungsregeln und deren Anwendung ausgenutzt werden.

2.3.1 Termersetzungsregeln

Sei eine Signatur Σ und eine Familie X von Mengen von Identifikatoren gegeben. Ein Paar (t, r) von Termen t, r gleicher Sorte mit (freien) Identifikatoren aus der Menge X heißt eine *Termersetzungsregel* oder auch *Termersetzungsschema*. Für die Regel wird auch

$t \rightarrow r$

geschrieben.

Meist wird für Termersetzungsregeln gefordert, daß alle Identifikatoren, die im Term r auftreten, auch im Term t auftreten. Ersetzen wir gewisse Identifikatoren x_1, ..., x_n in t und r durch Terme t_1, ..., t_n passender Sorten, so erhalten wir eine Instanz der Regel. Entsprechend heißt

$t[t_1/x_1, ..., t_n/x_n] \rightarrow r[t_1/x_1, ..., t_n/x_n]$

eine Instanz der Regel $t \rightarrow r$. Sind t und r Grundterme, so heißt die Instanz *vollständig*.

Beispiel (Instanzen einer Termersetzungsregel). Für die Regel

$pred(succ(x)) \rightarrow x$

sind Beispiele für Instanzen gegeben durch

$pred(succ(zero)) \rightarrow zero,$

$pred(succ(succ(y))) \rightarrow succ(y).$ $\square$

Aus einer Regel wird ein Termersetzungsschritt gewonnen, indem wir die Regel auf einen beliebigen Teilterm eines vorliegenden Terms anwenden. Sei $t \rightarrow r$ eine Instanz einer Regel. Gegeben sei ein Term c, in dem der Identifikator x frei vorkommt, dann heißt

$$c[t/x] \rightarrow c[r/x]$$

eine *(unbedingte) Anwendung der Regel* (auf den Term c[t/x]). Der Term t heißt *Redex* und das Auftreten von x in c die *Anwendungsstelle*.

Beispiel (Anwendung einer Termersetzungsregel). Auf den Term

succ(succ(pred(succ(zero))))

läßt sich die Regel im obigen Beispiel anwenden. Dies ergibt:

succ(succ(pred(succ(zero)))) $\rightarrow$ succ(succ(zero))   ☐

Analog zu Textersetzungssystemen bildet eine Menge von Termersetzungsregeln einen *(Termersetzungs-)Algorithmus*.

2.3.2 Termersetzungssysteme

Eine (im allgemeinen endliche) Menge R von Termersetzungsregeln über einer Signatur Σ heißt *Termersetzungssystem* über Σ. Gilt für eine Folge von Termen t_i, $0 \le i \le$ n, für i = 0, ..., n−1:

   (∗) $t_i \rightarrow t_{i+1}$ ist Anwendung einer Regel aus dem Termersetzungssystem R,

so heißt die Folge von Termen *Berechnung* von R für den Term t_0.

Ein Term t heißt *terminal* für ein Termersetzungssystem R, wenn es keinen Term r gibt, so daß gilt:

   $t \rightarrow r$

ist Anwendung einer Regel aus R.

Ist in einer Berechnung, gegeben durch die Terme t_i, $0 \le i \le$ n, der Term t_n terminal, dann heißt die Berechnung *terminierend* und t_n *Ergebnis* (oder *Ausgabe*) *der Berechnung für Eingabe* t_0. Eine unendliche Folge $(t_i)_{i \in \mathbb{N}}$ von Termen, die die obige Bedingung (∗) erfüllen, heißt *nichtterminierende* Berechnung von R für t_0. Ein Termersetzungssystem R heißt allgemein terminierend, wenn keine nichtterminierenden Berechnungen von R existieren.

Die Menge der für eine Termersetzungsrelation R terminalen Grundterme definieren eine Normalform. Sie werden häufig auch als *Terme in Normalform bezüglich R* bezeichnet. Über das Ersetzungssystem R können wir einem Term t einen terminalen Term r als Normalform zuordnen, falls r das Ergebnis einer Berechnung mit Eingabe t ist. In der Regel ist das durch ein Termersetzungssystem induzierte Normalformsystem weder vollständig noch eindeutig. Terme, für die nur nichtterminierende Berechnung existieren, haben keine Normalform. Für gewisse Terme können Berechnungen mit unterschiedlichen Resultaten existieren.

Beispiel (Ein Termersetzungssystem für die Rechenstruktur **BOOL**). Im folgenden werden die Funktionssymbole ¬, ∨, ∧ in geklammerter Präfix- und Infixschreibweise verwendet. Die Termersetzungsregeln lauten:

$$
\begin{array}{lcl}
(\neg\text{true}) & \rightarrow & \text{false} \\
(\neg\text{false}) & \rightarrow & \text{true} \\
(\text{false} \vee x) & \rightarrow & x \\
(x \vee \text{false}) & \rightarrow & x \\
(\text{true} \vee \text{true}) & \rightarrow & \text{true} \\
(x \wedge y) & \rightarrow & (\neg((\neg x) \vee (\neg y)))
\end{array}
$$

Dieses Termersetzungssystem reduziert jeden Grundterm der Sorte **bool** über der Signatur mit Funktionssymbolen {true, false, ¬, ∨, ∧} auf die Terme true oder false. Die Terme werden ausgewertet.   ☐

Wieder können wir die iterierte Anwendung von Termersetzungsregeln aus einer gegebenen Menge von Regeln als Algorithmus auffassen, der mit Termen als Ein- und Ausgabe arbeitet.

2.3.3 Der Termersetzungsalgorithmus

Sei ein Termersetzungssystem R gegeben; R definiert einen Algorithmus vermöge der folgenden Vorschrift. Der Algorithmus verwendet als Eingabe einen Grundterm t:

(1) Enthält R eine Ersetzungsregel mit Anwendung t → r, dann wird der Algorithmus mit dem Term r statt t fortgesetzt;

(2) enthält R keine Ersetzungsregel mit Anwendung t → r, so endet der Algorithmus mit r als Resultat.

Der Termersetzungsalgorithmus führt damit eine Berechnung von R für jeden Grundterm t aus. Häufig besteht eine Berechnung in der Lösung der Aufgabe, einen gegebenen Grundterm in eine bestimmte vorgegebene Normalform zu bringen.

Wird ein Termersetzungsalgorithmus mit einem gegebenen Grundterm t begonnen, so nennen wir t auch *Eingabe für den Algorithmus*; terminiert der Algorithmus mit einem Grundterm r, so heißt r auch *Ausgabe* oder *Resultat*.

Beispiel (Ein Termersetzungssystem für die Signatur der Rechenstruktur **NAT**). Sei die Signatur mit der Sorte **nat** und den Funktionalitäten

fct zero = **nat**,
fct succ = (**nat**) **nat**,
fct pred = (**nat**) **nat**

gegeben und die Normalformen

succ(...(succ(zero))...)

für Terme der Sorte **nat**. Man beachte, daß beispielsweise der Term pred(zero) mit der üblichen Interpretation der Terme durch natürliche Zahlen den Wert ⊥ hat, nicht in Normalform ist und auch kein semantisch äquivalenter Term in Normalform existiert.

Im folgenden werden einige einfache Termersetzungsalgorithmen für die Reduktion von Grundtermen auf die vorgegebene Normalform angegeben.

(1) *Reduktionsregeln für* pred
Zur Elimination des Funktionssymbols pred in Grundtermen, deren Wert verschieden von ⊥ ist, verwenden wir folgende Regel:

pred(succ(x)) → x .

Grundterme wie pred(zero) oder succ(zero) sind terminal, aber nur succ(zero) ist in der vorgegebenen Normalform.

(2) *Reduktionsregeln für die Addition*
Erweitern wir die Signatur um das Funktionssymbol add mit der Funktionalität

fct add = (**nat, nat**) **nat,**

so definieren die Termersetzungsregeln

add(succ(x), y) → succ(add(x, y)),
add(zero, y) → y ,

einen Algorithmus für die Überführung von Grundtermen mit dem Funktionssymbol add in semantisch äquivalente Terme in Normalform, falls die Interpretationen aller auftretenden Teilterme und somit der Wert des Grundterms selbst verschieden von ⊥ sind.

(3) *Reduktionsregeln für die Multiplikation*
Wird die Signatur der natürlichen Zahlen um das Funktionssymbol mult mit der Funktionalität

fct mult = (**nat, nat**) **nat,**

erweitert, so liefern die Termersetzungsregeln

mult(succ(x), y) → add(y, mult(x, y)),
mult(x, succ(y)) → add(x, mult(x, y)),
mult(zero, zero) → zero,

einen Algorithmus für die Berechnung der Multiplikation. Ein Vergleich mit dem Textersetzungsalgorithmus für die Multiplikation von Strichzahlen zeigt, wieviel einfacher und lesbarer der Termersetzungsalgorithmus ist.   ☐

Termersetzungsalgorithmen arbeiten auf den Grundtermen einer Signatur. Sie bewirken die Umformung von Grundtermen mittels Berechnungen. Inwieweit diese Umformungen bestimmten intendierten Eigenschaften der Funktionssymbole entsprechen, wird dabei nicht betrachtet. Durch das Konzept der Rechenstrukturen ist jedoch eine besonders klare, einfache Konzeption von der Korrektheit eines Termersetzungssystems möglich.

2.3.4 Korrektheit von Termersetzungssystemen

Sei R ein Termersetzungssystem für Terme über der Signatur Σ und A eine Rechenstruktur der Signatur Σ. Eine Termersetzungsregel t $\to$ r über der Signatur Σ heißt *partiell korrekt* bezüglich der Rechenstruktur A, falls für jede Belegung β in A gilt:

$$I_\beta^A[t] = I_\beta^A[r],$$

wobei I_β^A die Interpretation von Termen in der Rechenstruktur A bezeichne. Eine Termersetzungsregel t $\to$ r ist demnach genau dann partiell korrekt bezüglich A, wenn t = r eine in A gültige Gleichung ist.

Das Termersetzungssystem R heißt *partiell korrekt* bezüglich der Rechenstruktur A, falls jede Regel partiell korrekt bezüglich A ist. Partiell korrekte Termersetzungsalgorithmen überführen gegebene Terme stets in semantisch äquivalente Terme.

Beispiel (Partielle Korrektheit). Alle im vorangegangen Abschnitt angegebenen Beispiele für Regeln sind partiell korrekt bezüglich der üblichen Interpretationen der Terme. Zum Nachweis der partiellen Korrektheit beispielsweise der Regel

add(succ(x), y) $\to$ succ(add(x, y))

ist zu zeigen, daß für alle Belegungen β folgende Gleichung gilt:

$$(\beta(x)+1)+\beta(y) = (\beta(x)+\beta(y))+1 .$$

Die Gültigkeit dieser Gleichung ergibt sich unmittelbar aus der Kommutativität und Assoziativität der Addition. Die partielle Korrektheit der anderen Regeln läßt sich ähnlich einfach zeigen. □

Ist ein Termersetzungsalgorithmus partiell korrekt, so wird in einer Berechnung die in der Form eines Terms vorgegebene Information stets beibehalten.

Ein partiell korrektes Termersetzungssystem R heißt *total korrekt bezüglich der Rechenstruktur A*, wenn für Grundterme t, mit $t^A \neq \bot$, keine nichtterminierenden Berechnungen existieren und für bezüglich R terminale, verschiedene Grundterme t1, t2 mit $t1^A \neq \bot$, $t2^A \neq \bot$, stets gilt

$$t1^A \neq t2^A .$$

Dies heißt, daß Grundterme t mit $t^A \neq \bot$ durch R in endlich vielen Schritten auf eine eindeutige Normalform gebracht werden. Die Normalform ist durch die Menge der bezüglich R terminalen Grundterme gegeben. In einem total korrekten Termersetzungssystem wird für Grundterme t mit $t^A \neq \bot$ nur angenommen, daß sie durch die Regeln in R in semantisch äquivalente Terme übergeführt werden. Berechnungen für solche Terme können sowohl terminieren (mit Resultat r mit $r^A = \bot$) oder aber nicht terminieren.

Partielle Korrektheit ist eine Eigenschaft der einzelnen Regeln, kann somit für die einzelnen Regeln unabhängig gezeigt werden. Totale Korrektheit ist eine Eigenschaft des gesamten Termersetzungssystems.

Beispiel (Totale Korrektheit). Es wird die totale Korrektheit des Termersetzungssystems für die Rechenstruktur **NAT** bewiesen. Partielle Korrektheit wird vorausgesetzt. Es werden nur Terme t der Sorte **nat** betrachtet, die „wohldefiniert" sind, d.h. für die $t^{NAT} \neq \bot$ gilt. Diese Terme besitzen insbesondere keine Teilterme der Form pred(zero) .

Solche Terme haben nämlich auf Grund der Striktheit der Funktionen stets die Interpretation $\perp$.

Das Termersetzungssystem definiert für Grundterme t mit Interpretation $\neq \perp$ durch die Menge der terminalen Grundterme eine eindeutige Normalform. Diese eindeutigen Normalformen bilden die Grundterme der Form

$\text{succ}^n(\text{zero})$

mit $n \in \mathbb{N}$, wobei

$\text{succ}^0(\text{zero}) = \text{zero},$

$\text{succ}^{n+1}(\text{zero}) = \text{succ}(\text{succ}^n(\text{zero})),$

sei. Ist ein Grundterm t nicht in dieser Normalform, so enthält er ein Funktionssymbol aus der Menge {pred, add, mult}. Dann existiert auch ein Teilterm von t der Form

pred(t0), add(t1, t2) oder mult(t1, t2),

wobei t0, beziehungsweise t1 und t2 Grundterme in Normalform sind. Dann ist (außer für t0 = zero) stets eine der Regeln anwendbar. Der Term t ist also nicht in der angegebenen Normalform oder es gilt $t^{\mathbf{NAT}} = \perp$.

Nun bleibt zu zeigen, daß für das Termersetzungssystem keine nichtterminierenden Berechnungen existieren, falls für den Eingabeterm t gilt: $t^{\mathbf{NAT}} \neq \perp$. Dazu führen wir eine Abbildung

$$g: \{t \in W_\Sigma : t^{\mathbf{NAT}} \neq \perp\} \to \mathbb{N}$$

ein, die jedem Grundterm eine Bewertung (ein Gewicht) zuordnet. Sie ist durch folgende Gleichungen definiert (wir setzen im folgenden die Terme in Anführungszeichen um auszudrücken, daß g auf Termen operiert):

$g(\text{"zero"}) = 0,$

$g(\text{"succ(t)"}) = g(\text{"t"}),$

$g(\text{"pred(t)"}) = g(\text{"t"})+1,$

$g(\text{"add(t1, t2)"}) = I^{\mathbf{NAT}}[t1] + g(\text{"t1"}) + g(\text{"t2"}) + 1,$

$g(\text{"mult(t1, t2)"}) = (I^{\mathbf{NAT}}[t1] + 2{\cdot}g(\text{"t1"}) + 2) \cdot (I^{\mathbf{NAT}}[t2] + 2{\cdot}g(\text{"t2"}) + 2)$

Die Abbildung g ordnet jedem Term eine Abschätzung über die maximale Länge der von ihm ausgehenden Berechnungen zu. Wir können nun für jede Anwendung

$t \to r$

der Regeln des betrachteten Termersetzungssystems zeigen, daß

$g(t) > g(r)$

gilt. Daraus ergibt sich, daß auf einen Grundterm t höchstens g(t) Regelanwendungen möglich sind. Dies beweist, daß jede Berechnung terminiert. $\square$

Die im obigen Beispiel beschriebene Methode zum Beweis der Terminierung von Termersetzungssystemen demonstriert ein allgemeines Beweisprinzip für die Terminierung von Termersetzungssystemen. Sei R Termersetzungssystem über der Signatur Σ und

$$g\colon W_\Sigma \to \mathbb{N}$$

eine Abbildung die jedem Grundterm ein Gewicht zuordnet. Gilt für jede vollständige Regelanwendung $t \to r$ (mit $t^A \neq \bot$) die Bedingung $g(t) > g(r)$, so terminiert jede Berechnung von R für Terme t mit $t^A \neq \bot$.

2.4 Aussagenlogik und Prädikatenlogik

In der Prädikatenlogik betrachten wir Terme der Sorte **bool** über allgemeinen Signaturen von Rechenstrukturen. Wir verwenden diese Terme um Aussagen über die Elemente und Funktionen einer Rechenstruktur zu formulieren. Wir sprechen von *prädikatenlogischen* Termen.

Prädikatenlogische Grundterme lassen sich insbesondere wieder als elementare Aussagen auffassen, falls sie nur Werte $\neq \bot$ besitzen. In der Prädikatenlogik betrachten wir nur elementare Aussagen, die entweder den Wert **L** oder den Wert **O**, aber niemals einen dritten Wert (in unserem Fall $\bot$) besitzen. Wir sprechen vom Prinzip *Tertium non datur*. Um dieses Prinzip sicherzustellen, lassen wir als prädikatenlogische Terme nur solche Grundterme der Sorte **bool** zu, für die aufgrund ihrer äußeren Gestalt sichergestellt ist, daß sie als Interpretation nur die Werte **L** und **O** besitzen, nicht aber den Wert $\bot$. Dies können wir durch die Beschränkung auf solche Terme der Sorte **bool** sicherstellen, die durch spezielle Funktionssymbole mit Resultaten der Sorte **bool** aufgebaut sind, deren zugeordnete Funktionen für beliebige Argumente stets die Resultate **L** oder **O** liefern, aber niemals $\bot$ als Resultat haben. Solche Funktionen nennen wir *stark* (engl. *strong*).

Ein Beispiel für solch eine starke Operation ist die *starke Gleichheit*: Für Sorten **m** definieren wir für beliebige Rechenstrukturen A: Sind t und r Grundterme der Sorte **m**, so ist t = r ein Grundterm der Sorte **bool**, und es gilt

$$(t = r)^A = \begin{cases} \mathbf{L} & \text{falls } t^A = r^A \\ \mathbf{O} & \text{falls } t^A \neq r^A \end{cases}$$

Damit gilt: Jeder Grundterm der Form t = r besitzt eine Interpretation mit Wert **L** oder **O**, aber hat niemals $\bot$ als Wert. Ein Term, der für beliebige Belegungen stets einen Wert $\neq \bot$ hat, heißt ebenfalls *stark*.

Eine Funktion, die Resultate $\neq \bot$ liefert, solange nur $\neq \bot$ für alle Argumente gilt, nennen wir *total*. Ebenso nennen wir ein mit einer totalen Funktion verbundenes Funktionssymbol total. Der Aufbau von Termen mit totalen Funktionssymbolen aus starken Teiltermen liefert starke Terme. Man beachte, daß alle klassischen logischen Verknüpfungen total sind.

Starke Terme der Sorte **bool**, also Terme, die für beliebige Belegungen der freien Identifikatoren als Wert **L** oder **O** besitzen, aber nicht $\bot$ als Wert haben, nennen wir *Formeln*. Grundterme, die Formeln darstellen, heißen *elementare Aussagen*. Insbesondere sind totale Terme der Sorte **bool** prädikatenlogische Formeln.

Man beachte, daß neben der zweiwertigen (starken) Gleichheit auch die dreiwertige *schwache Gleichheit* existiert, die wir mit „$\overset{?}{=}$" bezeichnen. Für alle Sorten **m** definieren wir für beliebige Rechenstrukturen A: Sind t und r Grundterme der Sorte **m**, so ist $t \stackrel{?}{=} r$ ein Grundterm der Sorte **bool**, und es gilt:

$$(t \stackrel{?}{=} r)^A = \begin{cases} \mathbf{L} & \text{falls } r^A \neq \bot \text{ und } t^A \neq \bot \text{ und } t^A = r^A, \\ \mathbf{O} & \text{falls } r^A \neq \bot \text{ und } t^A \neq \bot \text{ und } t^A \neq r^A, \\ \bot & \text{falls } r^A = \bot \text{ oder } t^A = \bot. \end{cases}$$

Für beliebige Grundterme t_1 und t_2 ist der Term $t_1 = t_2$ also zweiwertig, und demnach eine Formel, jedoch $t_1 \stackrel{?}{=} t_2$ nicht.

In diesem Zusammenhang stellt sich die Frage, für welche Terme der Sorte **bool** in einer Rechenstruktur wir schließen können, daß sie als Interpretation den Wert **L** besitzen und damit im Sinne der mathematischen Logik „wahr" sind. Dabei verwenden wir unter Umständen als Annahmen eine gewisse Teilmenge von Formeln, genannt Hypothesen oder Axiome. Für diese Formeln wird angenommen, daß sie in der betrachteten Rechenstruktur als Interpretation den Wert **L** besitzen.

Das Formalisieren des Schlußfolgerns stellt sich die mathematische Logik zur Aufgabe. In der Logik bezeichnen wir (zweiwertige) Terme der Sorte **bool** als Formeln. Grundterme der Sorte **bool** bezeichnen wir als elementare Aussagen. In der Logik werden Regelsysteme (*Ableitungs-* oder *Inferenzregeln*) angegeben, die es erlauben, aus einer Menge von als wahr angenommenen Formeln (*Axiome*) weitere Formeln (*Theoreme*) abzuleiten. Die Ableitung einer Formel heißt auch (formaler) *Beweis der Formel.*

Beweise für Formeln einfacher Struktur, in denen nur Terme der Sorte **bool** betrachtet werden, behandelt die Aussagenlogik. In der Prädikatenlogik wird auch auf andere Sorten beziehungsweise Trägermengen Bezug genommen.

Das Vorgehen der formalen Logik ist eng mit Techniken der Informatik verwandt: Algorithmen können durch Regelsysteme beschrieben werden. Formale Ableitungssysteme der mathematischen Logik sind ebenfalls Regelsysteme. Dies macht sich insbesondere die sogenannte *Logikprogrammierung* zunutze, die Systeme logischer Formeln als Algorithmenbeschreibungen auffaßt.

2.4.1 Aussagenlogik

Nun wird ein *Ableitungsbegriff* für Formeln eingeführt: Setzen wir gewisse Formeln als wahr voraus („Axiome"), so können wir aus ihnen nach folgenden Regeln („Ableitungsregeln") weitere Formeln als wahr ableiten („beweisen"). Diese Relation zwischen Formeln wird durch das spezielle Zeichen ⊢ (genannt *Ableitungssymbol*) ausgedrückt. Sei H eine Menge H von Formeln. Wir sagen: „Die Formel t ist aus H ableitbar" und schreiben

H ⊢ t .

Ist t aus der leeren Menge ableitbar, so wird dies durch

⊢ t

ausgedrückt. Die im folgenden gegebenen *Ableitungsregeln (Inferenzregeln, Schluß-regeln)* legen fest, welche Formeln aus einer gegeben Menge H von Formeln ableitbar sind.

Ableitungsregeln der Aussagenlogik

Zur Ableitung von Formeln aus einer gegebenen Menge von Axiomen verwenden wir folgende *Schlußregeln* oder *Inferenzregeln* (für beliebige Formeln t, t1, t2):

(1) $\vdash t \lor \lnot t$,   *Tertium non datur*

(2) $\{t1, \lnot t1 \lor t2\} \vdash t2$,   *Modus Ponens*

(3) Ist t1 = t2 Anwendung einer Regel der semantischen Äquivalenzen, der Boole-schen Algebra oder Boolescher Terme, so gilt auch

$\{t1\} \vdash t2$.   *Anwendung Gleichheitsgesetze*

Der Modus Ponens entspricht bei Verwendung des Implikationssymbols der Schluß-regel

$\{x \Rightarrow y, x\} \vdash y$.

Das angegebene System von Ableitungsregeln verwendet die Gleichheitsgesetze der Booleschen Algebra in zentraler Weise. Klassischerweise verwendet die Aussagenlo-gik andere Ableitungssysteme, in denen nicht die Gleichheitsgesetze für Aussagen, sondern für die einzelnen Booleschen Operatoren spezielle Ableitungsregeln angege-ben werden.

Sei H eine Menge von Formeln, dann heißt eine Formel t *direkt ableitbar* aus H, und wir schreiben

$H \vdash t$,

falls t mit einer der Ableitungsregeln aus H ableitbar ist. Dann existieren Formeln t_1, ..., $t_n \in H$ und es gilt: Die Beziehung

$\{t_1, ..., t_n\} \vdash t$

entspricht einer der Regeln (1)–(3). Damit ist der Ableitungsbegriff monoton im fol-genden Sinn:

Ist $H_1 \subseteq H_2$ und gilt $H_1 \vdash t$, dann gilt $H_2 \vdash t$.

Häufig findet sich für Ableitungsregeln auch die Schreibweise

$$\frac{t_1 \ ... \ t_n}{t}$$

statt

$\{t_1, ..., t_n\} \vdash t$.

Aus einer gegebenen Menge von Aussagen H können weitere Aussagen durch obige Ableitungsregeln abgeleitet werden. Die abgeleiteten Aussagen dürfen wiederum zu der Ableitung weiterer Aussagen verwendet werden. Sei H eine Menge von Formeln; ist eine Sequenz von direkten Ableitungen der Form

$H \qquad\qquad \vdash t_1$

$$H \cup \{t_1\} \qquad \vdash t_2$$
$$\ldots$$
$$H \cup \{t_1, \ldots, t_n\} \quad \vdash t_{n+1}$$

gegeben, dann heißt $t_1, \ldots, t_{n+1}$ eine *Ableitung über* H und die Aussage t_{n+1} *ableitbar aus H* (wofür wir ebenfalls $H \vdash t_{n+1}$ schreiben). Wir sprechen auch von einem *Beweis* von t_{n+1} unter den Annahmen H.

Lemma (Zusammenhang zwischen Implikation und Ableitbarkeit). *Gilt*

$$H \vdash t1 \Rightarrow t2,$$

dann gilt auch

$$H \cup \{t1\} \vdash t2.$$

Beweis: Es gelte $H \vdash t1 \Rightarrow t2$. Nach Definition der Implikation ist

$$H \quad \vdash t1 \Rightarrow t2$$

gleichbedeutend mit

$$H \quad \vdash \neg t1 \vee t2.$$

Nach Modus Ponens gilt

$$\{t1, \neg t1 \vee t2\} \vdash t2.$$

Daraus folgt

$$H \cup \{t1\} \vdash t2$$

Das Lemma ergibt insbesondere ein Beispiel für eine Ableitung. □

Der Begriff der Ableitung formalisiert das Konzept des mathematischen Beweises. Aus einer gegebenen Menge H von als gültig angenommenen Aussagen, den *Axiomen*, werden weitere Aussagen nach genau festgelegten Schlußregeln abgeleitet.

Eine Menge H von Axiomen zusammen mit einer Menge von Ableitungsregeln heißt ein *formales System* oder *Theorie*, die ableitbaren Formeln heißen *Theoreme*. Eine Theorie heißt *inkonsistent*, falls jede Formel ableitbar ist. Dies ist für die Ableitungsregeln der Aussagenlogik gleichwertig damit, daß der Boolesche Term „false" ableitbar ist. Wir sprechen dann von einem Widerspruch.

Theorem (Inkonsistenz jeder Theorie der Aussagenlogik für jede Axiomenmenge, die false enthält). *Ist in einer Theorie der Aussagenlogik false ableitbar, so ist jede Aussage* t *ableitbar, da gilt:*

$$\{false\} \quad \vdash t$$

für jede beliebige Formel t.

Beweis:

$\vdash t \vee \neg t$	(Tertium non datur)
$\vdash (t \vee t) \vee \neg t$	(Idempotenz Disjunktion)
$\vdash t \vee (t \vee \neg t)$	(Assoziativität Disjunktion)
$\vdash (t \vee \neg t) \vee t$	(Kommutativität Disjunktion)
$\vdash \neg\neg(t \vee \neg t) \vee t$	(Involutionsgesetz)
$\vdash \neg\neg \ true \vee t$	(Gesetz für Boolesche Terme)
$\vdash \neg false \vee t$	(Gesetz für Boolesche Terme)

$\vdash$ false $\Rightarrow$ t   (Gesetz für Boolesche Terme)

Die Behauptung folgt nun aus dem vorhergehenden Lemma. $\Box$

Die Beziehung zwischen Aussagen, ihrer Reduktion und dem Ableitungsbegriff zum einen, und der Interpretation von Booleschen Termen als Wahrheitswerte zum anderen, wird durch folgende mathematischen Sätze deutlich.

Theorem (Korrektheit von Ableitungen). *Jeder (aus der leeren Menge von Axiomen) ableitbaren Aussage t mit freien Identifikatoren $x_1, ..., x_n$ der Sorte* **bool** *(wobei n $\in$ $\mathbb{N}$) wird für beliebige Belegungen von $x_1, ..., x_n$ durch L oder O der Wert L („wahr") zugeordnet.*

Beweis: Aus der leeren Axiomenmenge ist unmittelbar nur

$(t \lor \neg t)$

ableitbar. Für alle Aussagen t und alle Belegungen β gilt $I_\beta[t] = L$ oder $I_\beta[t] = O$. Also gilt

$I_\beta[t \lor \neg t] = \text{or}(L, \text{not}(L)) = L$

oder

$I_\beta[t \lor \neg t] = \text{or}(O, \text{not}(O)) = L.$

Auch der Modus Ponens erlaubt aus wahren Aussagen nur die Ableitung wahrer Aussagen. Gilt

$I_\beta[t1] = L$

und

$I_\beta[\neg t1 \lor t2] = L$

so gilt

$I_\beta[t2] = L.$

Alle Umformungen durch Gesetze führen Formeln in semantisch äquivalente Formeln über. $\Box$

Wenn im angegebenen Ableitungssystem mit leerer Axiomenmenge eine Formel ableitbar ist, dann ist sie semantisch äquivalent zu true.

Ein formales System heißt *vollständig*, wenn für jede elementare Aussage t (jede Formel ohne freie Identifikatoren) die Formel t oder ($\neg$t) ableitbar ist.

Ein Term t der Sorte **bool** heißt *aussagenlogische Formel*, wenn t nur aus den Termen true, false, atomaren Aussagen, den logischen Operatoren und Identifikatoren $x_1, ..., x_n$ der Sorte **bool** aufgebaut ist. Für jede Belegung von $x_1, ..., x_n$ mit Wahrheitswerten kann einer aussagenlogische Formel ein Wahrheitswert zugeordnet werden.

Theorem (Vollständigkeit der Aussagenlogik ohne atomare Aussagen). *Wird eine aussagenlogische Formel t, die keine elementaren atomaren Aussagen enthält, mit freien Identifikatoren $x_1, ..., x_n$ der Sorte* **bool** *für jede Belegung von $x_1, ..., x_n$ mit Wahrheitswerten der Wert L („wahr") zugeordnet, so ist t ableitbar.*

Beweisidee. Wir können zeigen, daß eine Formel t genau dann den Wert L für alle Belegungen β zugeordnet bekommt, wenn t auf true reduzierbar ist. Der Beweis wird hier nicht durchgeführt, sondern später unter dem Stichwort „Disjunktive Normalform" wieder aufgegriffen.   □

Die obigen, in der mathematischen Logik fundamentalen Sätze erlauben sofort, folgende Korollare zu formulieren:

Korollar. *Für aussagenlogische Formeln ohne freie Identifikatoren und atomare Aussagen ist das angegebene Ableitungssystem mit der leeren Axiomenmenge vollständig.*   □

Die Vollständigkeit sagt nichts für Boolesche Terme mit freien Identifikatoren oder allgemeine Boolesche Terme über beliebigen Signaturen aus: Der Term $(x \lor y)$ ist nicht aus der leeren Axiomenmenge ableitbar, auch seine Negation $\neg(x \lor y)$ ist nicht ableitbar.

Aus der Tatsache, daß eine aussagenlogische Formel genau dann ableitbar ist, wenn ihre Interpretation für beliebige Belegungen L ergibt, folgt sofort die Konsistenz.

Korollar. *Die aussagenlogische Theorie mit leerer Axiomenmenge ist konsistent.*   □

Bei allgemeinen Signaturen werden in formalen Systemen neben den Identifikatoren und den Aussagen true und false noch weitere Grundterme der Sorte **bool** als konstante Aussagen (atomare elementare Aussagen) hinzugenommen. Solche Grundterme dürfen in Gleichungen natürlich nicht durch beliebige Boolesche Terme ersetzt werden, wie das für Identifikatoren der Sorte **bool** möglich ist. Durch die Hinzunahme von atomaren elementaren Aussagen ergeben sich sofort Beispiele für unvollständige Theorien.

Die Aussagenlogik ist nicht nur ein fundamentales Beispiel für Informationssysteme. Sie ist darüber hinaus auch eine wichtige Grundlage für Programmiersprachen. In nahezu jeder Programmiersprache treten die Wahrheitswerte und die behandelten Abbildungen auf.

Die Wahrheitswerte, die Booleschen Abbildungen und Belegungen bilden ein *mathematisches Modell,* die angegebenen Umformungsregeln und Schlußregeln ein *Ableitungssystem.* Eine ähnliche formale Fundierung können wir für Programmiersprachen vornehmen.

2.4.2 Prädikatenlogik

In der Aussagenlogik wird eine Signatur betrachtet, in der nur Terme der Sorte **bool** auftreten. Häufig werden jedoch logische Formeln im Zusammenhang mit allgemeineren Signaturen verwendet. Dazu werden komplexere Formen von Booleschen Termen als Formeln zugelassen. Bei diesen Termen handelt es sich in der Regel nicht nur um einfache Aussagen, sondern um Terme, die durch Anwendungen von Abbildungen auf Elemente gewisser Sorten mit Ergebnissen in der Menge der Wahrheitswerte entstehen.

Eine Abbildung

$$p: M_1 \times \dots \times M_n \to \mathbb{B}$$

von Tupeln über gegebenen Mengen $M_1, \dots, M_n$ in die Menge der Wahrheitswerte heißt ein *n-stelliges Prädikat* oder eine n-stellige Boolesche Funktion über der Menge $M_1 \times \dots \times M_n$. Jede Anwendung des Prädikats p auf Elemente $a_i \in M_i$ liefert einen Wahrheitswert $p(a_1, \dots, a_n)$.

Beispiel (Prädikate). Die Aussage „x studiert Informatik", wobei x ein beliebiges Element aus einer gegebenen Menge M von Personen sei, definiert ein einstelliges Prädikat über M. Beispiele für zweistellige Prädikate sind die Prädikate $\leq$, $\geq$, = für Zahlen, das Prädikat „$\in$" für Elemente und Mengen, die Mengeninklusion $\subseteq$ für Mengen.   □

Alle Operationen auf Wahrheitswerten lassen sich zu Operationen auf der Menge der Prädikate über einer gegebenen Menge M erweitern. Jeder Boolesche Term t mit freien Identifikatoren $x_1, \dots, x_n$ definiert ein Prädikat

$$p: \mathbb{B}^n \to \mathbb{B}$$

vermöge (β' sei eine beliebige vorgegebene Belegung)

$$p(b_1, \dots, b_n) = I_\beta[t] \qquad \text{mit} \qquad \beta = \beta'[b_1/x_1, \dots, b_n/x_n].$$

Die Menge der Prädikate über einer gegebenen Menge weist ähnliche Strukturen auf wie die Menge der Wahrheitswerte selbst. Alle logischen Operationen auf Wahrheitswerten übertragen sich durch punktweise Anwendung auf Prädikate. Die Gesetze der Booleschen Algebra gelten auch für Prädikate.

Eine weitere ausführlichere Behandlung spezieller Prädikate erfolgt in der Informatik unter dem Stichwort *Schaltfunktionen*.

Liegt ein Prädikat p über einer Menge M vor, so ist eine naheliegende Möglichkeit, p in eine elementare Aussage zu verwandeln, gegeben durch die Aussageform:

„für alle $x \in M$ gilt p(x)"

oder

„für (mindestens) ein $x \in M$ gilt p(x)".

Ist die erste obige Aussage wahr, so heißt das Prädikat p *allgemeingültig*, gilt die zweite Aussage, so heißt p *erfüllbar*. Im folgenden werden Aussagen der obigen Form formal als Terme der Prädikatenlogik eingeführt.

Sei $\Sigma = (S, F)$ eine Signatur, die unter anderem die Sorte **bool** und die Booleschen Operatoren $\neg$, $\vee$, $\wedge$, $\Rightarrow$, $\Leftrightarrow$ (in Infixschreibweise) umfaßt. Dann beschreibt $W_\Sigma^{\text{bool}}(X)$ die Menge der Booleschen Terme mit Operationssymbolen aus F und freien Identifikatoren aus der Familie von Mengen von Identifikatoren X.

Sei t eine Formel mit freien Identifikatoren aus der Familie von Mengen von Identifikatoren X und sei **m** die Sorte der Trägermenge M, die auch die Menge der möglichen Werte für den Identifikator $x \in X$ sei, dann sind

$\forall$ **m** x : t   (oder auch $\forall$ $x \in M$: t)

und

$\exists$ **m** x : t   (oder auch $\exists$ $x \in M$: t) prädikatenlogische Formeln. „$\forall$" heißt *Allquantor*, „$\exists$" *Existenzquantor*. Wir sagen, daß in den obigen Formeln der Identifikator x nicht frei, sondern „*gebunden*" auftritt. Der Identifikator x heißt in den obigen Formeln durch die Quantoren gebunden, weil er in einer Substitution von x durch Terme hier nicht ersetzt wird. Dies drücken folgende Regeln aus:

$$(\forall \ \mathbf{m} \ x : t)[t'/x] = \forall \ \mathbf{m} \ x : t,$$

$$(\exists \ \mathbf{m} \ x : t)[t'/x] = \exists \ \mathbf{m} \ x : t \ .$$

Die Formel

$$\forall \ \mathbf{m} \ x: t$$

entspricht der Aussage: „Für alle Elemente x ($\neq \perp$) der Sorte **m** gilt die Aussage t". Die Formel

$$\exists \ \mathbf{m} \ x: t$$

entspricht der Aussage: „Es existiert ein Element x ($\neq \perp$) der Sorte **m**, für das die Aussage t gilt".

Wir sprechen bei Formeln der obigen Form von „*Quantifizierung*". Man beachte, daß es durch die zusätzliche Angabe der Sorte **m** in der Quantifizierung auch möglich wird, eine Menge von Identifikatoren flexibel zu verwenden, für die die Sorte nicht von vornherein festgelegt ist. Die Festlegung der Sorte erfolgt dann nach Bedarf in der Quantifizierung.

Beispiele (Prädikatenlogische Ausdrücke mit Quantoren)

(1) $\forall$ **bool** x : x $\vee$ $\neg$x,

(2) $\exists$ **bool** x : x,

(3) $\forall$ **nat** n: $\exists$ **nat** m: n < m,

(4)   **nat** m: $\forall$ **nat** n: n < m.

Die Aussagen (1) – (3) sind bezüglich der Rechenstruktur **BOOL** beziehungsweise **NAT** gültig, die Aussage (4) ist nicht gültig.   □

Wir können den Allquantor über die Negation durch den Existenzquantor ausdrücken und umgekehrt. Dies ersehen wir aus den Gesetzen:

$$(\forall \ \mathbf{m} \ x: t) = (\neg \ \exists \ \mathbf{m} \ x: \neg \ t),$$

$$(\exists \ \mathbf{m} \ x: t) = (\neg \ \forall \ \mathbf{m} \ x: \neg \ t).$$

Die Ableitungsregeln für die Aussagenlogik können auf die Ebene der Prädikatenlogik übertragen werden. Gilt

$$H \vdash t$$

im aussagenlogischen Sinn, so gilt auch

$$(\Sigma, \ H) \vdash t$$

im prädikatenlogischen Sinn.

Die Regeln für die Menge der mit All- und Existenzquantoren gebildeten prädikatenlogischen Formeln über einer Signatur bilden den Kalkül der Prädikatenlogik erster Stufe. Eine ausführlichere Behandlung des prädikatenlogischen Kalküls findet sich in MANNA 1974 oder LOECKX, SIEBER 1984.

Für Ableitungen von prädikatenlogischen Formeln über der Signatur $\Sigma = (S, F)$ können folgende vier Ableitungsregeln verwendet werden. Wir nehmen beim Ableitungsbegriff die Signatur Σ zu den Axiomen hinzu, um zwischen Konstanten (Identifikatoren in der Signatur) und freien Identifikatoren unterscheiden zu können

---

Ableitungsregeln der Prädikatenlogik

Sei M die Trägermenge zur Sorte **m**; sei M ≠ Ø.

(1) Gilt $(\Sigma, H) \vdash t$ und ist x nicht frei in den Formeln in H und nicht Funktionssymbol in Σ, so gilt:

   $(\Sigma, H) \vdash \forall \, \mathbf{m} \, x: t$.

(2) Sei t1 ein Term der Sorte **m**, wobei t1 ≠ ⊥; gilt $(\Sigma, H) \vdash \forall \, \mathbf{m} \, x: t$, dann gilt:

   $(\Sigma, H) \vdash t[t1/x]$.

(3) Gilt $(\Sigma, H) \vdash t[t1/x]$ für einen Term t1 der Sorte **m**, wobei t1 ≠ ⊥, dann gilt:

   $(\Sigma, H) \vdash \exists \, \mathbf{m} \, x: t$.

(4) Gegeben die Signatur $\Sigma = (S, F)$ mit **fct** x = **m** und $\Sigma' = (S, F \setminus \{x\})$; gilt $(\Sigma', H) \vdash \exists \, \mathbf{m} \, x: t$, dann gilt, falls x nicht frei in H:

   $(\Sigma, H) \vdash t$.

Wie bereits erwähnt, heißen Identifikatoren wie x in der prädikatenlogischen Formel

   $\forall \, \mathbf{m} \, x: t$

gebundene Identifikatoren. Gebundene Identifikatoren können umbenannt werden, ohne daß sich die Bedeutung der prädikatenlogischen Terme ändert. Es gilt das Gesetz der Umbennung:

   $(\forall \, \mathbf{m} \, x: t) = \forall \, \mathbf{m} \, y: (t[y/x])$ falls y nicht frei in t vorkommt,

   $(\exists \, \mathbf{m} \, x: t) = \exists \, \mathbf{m} \, y: (t[y/x])$ falls y nicht frei in t vorkommt.

Dies heißt, daß durch Umbennung gebundener Identifikatoren auseinander hervorgegangene prädikatenlogische Formeln semantisch äquivalent sind. Allerdings ist die Substitutionsregel für quantifizierte prädikatenlogische Terme etwas komplizierter. Die Substitution in prädikatenlogischen Termen mit Quantoren ist durch folgende Gleichungen beschrieben:

   $(\forall \, \mathbf{m} \, x: t)[t'/x] = \forall \, \mathbf{m} \, x: t$,

   $(\forall \, \mathbf{m} \, x: t)[t'/y] = \forall \, \mathbf{m} \, x: (t[t'/y])$, falls x und y verschiedene Identifikatoren sind und x nicht frei in t' vorkommt.

Kommt x frei in t' vor, so muß vor der Substitution der gebundene Identifikator x in $\forall \, \mathbf{m} \, x: t$ mit Hilfe der oben angegebenen Gesetze der Umbenennung umbenannt werden, damit die Substitution $(\forall \, \mathbf{m} \, x: t)[t'/y]$ vorgenommen werden kann.

Sei A eine Rechenstruktur der Signatur Σ. Sei **m** eine Sorte mit Trägermenge M und p ein Prädikat

$$p: M \to \mathbb{B}.$$

Der prädikatenlogischen Formel

$$\forall \, \mathbf{m} \, x: p(x)$$

ordnen wir den Wahrheitswert „wahr" zu, falls für alle $a \in M$ der Wert von $p(a)$ wahr ist, sonst falsch; der Formel

$$\exists \, \mathbf{m} \, x: p(x)$$

ordnen wir den Wert „wahr" zu, falls es ein Element $a \in M$ gibt, so daß $p(a)$ wahr ist, sonst ist der Wert von $p(a)$ „falsch". Es gilt also:

$$I_\beta[\forall \, \mathbf{m} \, x: t] = \begin{cases} \mathbf{L} & \text{falls für alle } a \in M \text{ (mit } a \neq \perp): I_{\beta[a/x]}[t] = \mathbf{L} \\ \mathbf{O} & \text{sonst} \end{cases}$$

$$I_\beta[\exists \, \mathbf{m} \, x: t] = \begin{cases} \mathbf{L} & \text{falls für ein } a \in M \text{ (mit } a \neq \perp): I_{\beta[a/x]}[t] = \mathbf{L} \\ \mathbf{O} & \text{sonst} \end{cases}$$

Die Prädikatenlogik ist ein wichtiges Werkzeug in der Informatik auch für die Spezifikation und Verifikation von Algorithmen und Programmen. Das in prädikatenlogischen Termen verwendete Konzept der Bindung von Identifikatoren und die auftretenden Umbenennungsregeln finden sich in analoger Form auch in Programmiersprachen wieder.

3. Programmiersprachen

Zur Erleichterung der Erstellung, zur Verbesserung der Lesbarkeit und zur einfacheren Darstellung von Algorithmen, die durch elektronische Rechenanlagen ausgeführt werden, werden Programmiersprachen verwendet. Ein Programm repräsentiert einen Algorithmus, beziehungsweise eine Familie von Algorithmen und Rechenstrukturen verwendet, auf denen die Algorithmen arbeiten. Häufig enthält ein Programm Vereinbarungen von Sorten und Funktionssymbolen, die Bestandteile der verwendeten Rechenstrukturen bilden. Programmiersprachen sind insbesondere so gestaltet, daß durch Programme formulierte Algorithmen auf Rechenanlagen ausgeführt werden können.

Mittlerweile existiert eine Vielzahl von sehr unterschiedlich konzipierten Programmiersprachen. Im folgenden werden die gebräuchlichsten Sprachkonzepte von Programmiersprachen in einem einfachen notationellen Rahmen eingeführt. Bewußt wird dabei auf die Verwendung einer konkreten, gebräuchlichen Programmiersprache mit ihren Eigentümlichkeiten verzichtet.

Programmiersprachen besitzen Ähnlichkeiten zu natürlichen Sprachen, haben aber auch Merkmale mathematischer Formeln. Durch eine Programmiersprache wird eine Schreibweise für Programme festgelegt. Die äußere Form der Programme einer Programmiersprache, die Aufschreibung der Programme, wird durch die *Syntax* festgelegt. Sie definiert eine formale Sprache. Diese wird schematisch durch gewisse „grammatikalische" Regeln ähnlich den Textersetzungssystemen beschrieben. Kompliziertere zusätzliche Bedingungen über die Wohlgeformtheit („Kontextbedingungen", „Nebenbedingungen") von Programmen werden durch spezielle Prädikate formuliert.

Die Kenntnis der formalen Sprache und der Kontextbedingungen genügt zwar, um die „syntaktische Korrektheit" eines Programmes zu bestimmen, reicht aber nicht aus, um seine Funktion und Wirkungsweise zu verstehen. Die Bedeutung und Wirkungsweise der Programme einer Programmiersprache wird durch die Angabe einer *Semantik* präzisiert, durch eine Festlegung der Bedeutung der einzelnen Sprachelemente.

3.1 Syntax und BNF

Die Syntax einer Programmiersprache wird über einem Zeichensatz C festgelegt, der zur Formulierung von Programmen zur Verfügung steht. Eine Teilmenge $S \subseteq C^*$ wird als Sprache ausgezeichnet; S heißt Syntax. Die Syntax beschreibt die Menge der Zeichenreihen, die äußerlich wohlgeformte Programme darstellen.

Die Menge der syntaktisch korrekten Programme, das sind die in korrekter äußerer Form abgefaßten Programme, bildet eine *formale Sprache*. Für die einfache, eindeutige Beschreibung einer formalen Sprache wird ein spezieller Formalismus mit einer festgelegten Notation verwendet. Verbreitet für diesen Zweck ist die BNF-Notation.

3.1.1 BNF-Notation

Zur Definition von formalen Sprachen für die Festlegung der kontextfreien Syntax einer Programmiersprache wird im folgenden die sogenannte *BNF-Notation* (Backus-Naur-Form) eingeführt. Die BNF-Notation erlaubt es insbesondere, Ausdrücke zu schreiben, die Mengen von Zeichenreihen und damit formale Sprachen, repräsentieren. Diese Ausdrücke nennen wir aufgrund ihres einfachen Aufbaus auch *reguläre Ausdrücke*.

Beispiel (Dezimalschreibweise als regulärer Ausdruck). Die Menge der Zeichenreihen, die ganze Zahlen in Dezimalschreibweise ohne führende Nullen darstellen, läßt sich wie folgt beschreiben:

$$0 \mid [\: [\: \{-\} \: [1 \mid 2 \mid 3 \mid 4 \mid 5 \mid 6 \mid 7 \mid 8 \mid 9] \: \{ \: 0 \mid 1 \mid 2 \mid 3 \mid 4 \mid 5 \mid 6 \mid 7 \mid 8 \mid 9 \}^* \:]$$

Die so beschriebene formale Sprache läßt sich verbal wie folgt beschreiben: Eine ganze Zahlen in Dezimalschreibweise wird dargestellt durch das Zeichen „0" oder durch eine Zeichenreihe, die mit dem Zeichen „–" beginnen kann (das Zeichen kann aber auch weggelassen werden) und dann mit einer Ziffer ≠ 0 fortgesetzt wird. Darauf kann eine beliebige (endliche) Sequenz von Ziffern folgen.   □

Sei C eine Menge von Zeichen, genannt *Terminalzeichen*. Reguläre Ausdrücke über einer Zeichenmenge C definieren formale Sprachen, also Teilmengen von C*. Im folgenden werden die einzelnen Elemente der regulären Ausdrücke und deren Bedeutung angegeben.

(0) *Terminale Zeichen:* Sei c ein Zeichen aus der Menge C der Terminalzeichen, dann ist

    c

ein regulärer Ausdruck mit Sprache { ‹c› }.

(1) *Vereinigung:* Seien R und Q reguläre Ausdrücke mit Sprachen X und Y; dann bezeichnet

    R | Q

(gesprochen „R oder Q") einen regulären Ausdruck mit Sprache X ∪ Y.

(2) *Konkatenation:* Seien R und Q reguläre Ausdrücke mit Sprachen X und Y; dann bezeichnet

    RQ

(gesprochen „R gefolgt von Q") einen regulären Ausdruck mit der formalen Sprache $\{x \circ y: x \in X \wedge y \in Y\}$.

(3) *Option, Iteration, Klammerung, leere Sprache:* Sei R ein regulärer Ausdruck mit Sprache X; dann bezeichnet

(a) $\{R\}$

einen regulären Ausdruck mit Sprache $X \cup \{\varepsilon\}$,

(b) $\{R\}^*$

einen regulären Ausdruck mit Sprache

$$\{x_1 \circ ... \circ x_n: n \in \mathbb{N} \wedge x_1,..., x_n \in X\},$$

(c) $\{R\}^+$

einen regulären Ausdruck mit Sprache

$$\{x_1 \circ ... \circ x_n: n \in \mathbb{N} \wedge n > 0 \wedge x_1,..., x_n \in X\},$$

(d) $[R]$

einen regulären Ausdruck mit Sprache X,

(e) $\{\ \}$

einen regulären Ausdruck mit Sprache $\emptyset$.

Wie wir später genauer sehen werden, erlauben reguläre Ausdrücke nur die Beschreibung einer eingeschränkten Klasse formaler Sprachen. Eine mächtigere und strukturiertere Methode zur Beschreibung formaler Sprachen erhalten wir, wenn wir Identifikatoren als Abkürzungen für formale Sprachen verwenden. Dabei wird deren Bedeutung durch Gleichungen für reguläre Ausdrücke definiert. Dadurch erlaubt die BNF-Notation die Einführung von Bezeichnungen für formale Sprachen.

Sei eine Menge von Bezeichnungen gegeben. Sei e eine beliebige Bezeichnung und R ein regulärer Ausdruck. Zur besseren Lesbarkeit begrenzen wir die Bezeichnung e mit Klammern „‹" und „›". ‹e› heißt dann *syntaktische Einheit.* Durch die *BNF-Regel*

‹e› ::= R

wird vereinbart, daß die syntaktische Einheit ‹e› für die formale Sprache steht, die durch den regulären Ausdruck R beschrieben wird. Die Symbole der Form ‹...› heißen *Nonterminale*, die Zeichen aus C heißen *Terminale* (auch *Terminalzeichen*).

Damit können Nonterminale als Abkürzungen für reguläre Ausdrücke beziehungsweise für formale Sprachen eingeführt werden. Insbesondere erlauben wir das Auftreten von Nonterminalen in den regulären Ausdrücken. Sie stehen dann für die in der BNF-Regel an das Nonterminal gebundene formale Sprache.

Beispiel (Dezimalschreibweise in BNF-Notation). Die Menge der Zeichenreihen, die Zahlen in Dezimalschreibweise ohne führende Nullen darstellen, läßt sich wie folgt beschreiben:

‹dezimal_zahl› ::= 0 | [[{–} ‹pziffer› {‹ziffer›}*] { . {‹ziffer›}* ‹pziffer› }]
‹ziffer›   ::= 0 | ‹pziffer›

⟨pziffer⟩   ::= 1 | 2 | 3 | 4 | 5 | 6 | 7 | 8 | 9

Durch diese Vereinbarungen wird festgelegt, daß die Bezeichnungen (die syntaktischen Einheiten) ⟨dezimal_zahl⟩, ⟨ziffer⟩ und ⟨pziffer⟩ für die auf der rechten Seite angegebenen regulären Ausdrücke stehen.   ◻

Im obigen Beispiel stehen die Nonterminale als Abkürzungen für reguläre Ausdrücke. Durch Einsetzen der entsprechenden regulären Ausdrücke können die Nonterminale in den rechten Seiten eliminiert werden. Dies gilt nicht mehr, wenn wir erlauben, daß in der BNF-Regel

⟨e⟩ ::= R

das Nonterminal ⟨e⟩ im regulären Ausdruck R wieder auftritt. Wir sprechen dann von *rekursiven BNF-Regeln*. Durch rekursive BNF-Regeln lassen sich einige formale Sprachen beschreiben, die durch reguläre Ausdrücke nicht mehr dargestellt werden können. Beispiele sind Sprachen, die Klammerstrukturen aufweisen. Wir kommen darauf ausführlich in Teil IV zurück.

Im folgenden Beispiel wird für das Nonterminal ⟨arith_exp⟩ die Sprache der arithmetischen Ausdrücke vereinbart.

Beispiel (Arithmetische Ausdrücke in BNF). Die Sprache der arithmetischen Ausdrücke über den ganzen Zahlen mit Operationssymbolen +, − und · bildet eine formale Sprache über den Zeichen

$$\{0, ..., 9, (,), +, -, \cdot\}.$$

Diese Sprache wird durch folgende BNF-Regeln der syntaktischen Einheit ⟨arith_exp⟩ zugeordnet:

⟨arith_exp⟩ ::= ⟨zahl⟩ | (⟨arith_exp⟩) | ⟨arith_exp⟩ [+ | − | ·] ⟨arith_exp⟩
⟨zahl⟩ ::= [⟨ziffer⟩ {⟨ziffer⟩ | 0 }*] | 0
⟨ziffer⟩ ::= 1 | 2 | 3 | 4 | 5 | 6 | 7 | 8 | 9

Hier ist die formale Sprache, die mit dem Nonterminal ⟨zahl⟩ verbunden wird, so gewählt, daß Ziffernfolgen mit führenden Nullen nicht zugelassen sind.   ◻

Häufig werden, wie im obigen Beispiel, Systeme von rekursiven BNF-Regeln zur Vereinbarung von syntaktischen Einheiten für formale Sprachen betrachtet. Wir definieren nun genau, für welche formalen Sprachen die Nonterminale dann stehen. Für die Vereinbarung der syntaktischen Einheiten ⟨e_1⟩,..., ⟨e_n⟩ für die durch die regulären Ausdrücke R_1, ..., R_n beschriebenen formalen Sprachen schreiben wir:

⟨e_1⟩ ::= R_1
...
⟨e_n⟩ ::= R_n

Die R_1, ..., R_n sind dabei beliebige reguläre Ausdrücke. Treten in R_1, ..., R_n keine Nonterminale auf, so können wir diese Regeln als Einführung (*Deklaration*) der Nonterminale ⟨e_i⟩ als Abkürzungen für die durch R_i beschriebenen Sprachen verstehen.

Treten die Nonterminale ⟨e_1⟩, ..., ⟨e_n⟩ selbst wieder in den regulären Ausdrücken R_1,..., R_n auf, so sprechen wir von einem System von rekursiven Vereinbarungen für die Nonterminale ⟨e_1⟩, ..., ⟨e_n⟩ durch die regulären Ausdrücken R_1, ..., R_n.

Durch die rekursiven BNF-Regeln wird vereinbart, daß die Nonterminale $\langle e_1 \rangle$, ..., $\langle e_n \rangle$ jeweils für bestimmte formale Sprachen X_1, ..., X_n stehen. Wir legen fest, daß die Nonterminale $\langle e_1 \rangle$, ..., $\langle e_n \rangle$ die (in der Mengeninklusion) kleinsten Mengen X_1, ..., X_n von Zeichenfolgen über C repräsentieren, für die Gleichungen

$$\langle e_1 \rangle = R_1$$
$$\cdots$$
$$\langle e_n \rangle = R_n$$

erfüllt sind. Diese Gleichungen entsprechen Gleichungen zwischen formalen Sprachen X_i, wenn wir mit den Nonterminalen $\langle e_i \rangle$ die formalen Sprachen X_i verbinden. Man beachte, daß kleinste formale Sprachen, d.h. kleinste Mengen von Zeichenreihen, die Gleichungen der angegeben Form erfüllen, stets existieren und wohldefiniert sind (eindeutig bestimmt sind). Mathematisch ausgedrückt verbinden wir mit den Nonterminalen $\langle e_1 \rangle$, ..., $\langle e_n \rangle$ die im Sinne der Mengeninklusion kleinsten formalen Sprachen X_1, ..., X_n, die eine Lösung (auch *Fixpunkt* genannt) der obigen Gleichungen bilden.

Diese Mengen X_1, ..., X_n können wir auch durch *induktive Definitionen* charakterisieren. Dazu führen wir durch folgende Festlegung Folgen von regulären Ausdrücken R_1^i, ..., R_n^i ein ($i \in \mathbf{N}$):

$$R_j^0 ::= \emptyset,$$
$$R_j^{i+1} ::= R_j[R_1^i /\langle e_1 \rangle, ..., R_n^i /\langle e_n \rangle] \qquad \text{mit} \quad 1 \le j \le n .$$

Hier bezeichnet $R_j[R_1^i /\langle e_1 \rangle, ..., R_n^i /\langle e_n \rangle]$ den regulären Ausdruck, der aus R_j entsteht, indem wir die syntaktischen Einheiten $\langle e_1 \rangle$, ..., $\langle e_n \rangle$ durch die regulären Ausdrücke R_1^i, ..., R_n^i ersetzen. Durch diese Definitionen erhalten wir Folgen von formalen Sprachen X_j^i für die regulären Ausdrücke R_j^i. Wir definieren nun die formalen Sprachen X_j, die durch obiges System von BNF-Regeln mit den Nonterminalen $\langle e_1 \rangle$, ..., $\langle e_n \rangle$ verbunden werden, durch folgende unendliche Vereinigung:

$$X_j =_{\text{def}} \bigcup_{i \in \mathbf{N}} X_j^i .$$

Ein Wort ist demnach ein Element der formalen Sprache X_j, wenn es für ein $i \in \mathbf{N}$ in der formalen Sprache X_j^i enthalten ist. Für eine rekursive Deklaration von Nonterminalen können somit entweder über die Auffassung als Fixpunktgleichung oder über die induktive Definition den Nonterminalen formale Sprachen zugeordnet werden. Beide Auffassungen führen auf die gleichen formalen Sprachen für die Nonterminale.

Sollen formale Sprachen beschrieben werden, die selbst die für die BNF-Schreibweise verwendeten Symbole wie ::=, [,], |, {, } enthalten, so hilft folgende Konvention. Symbole, die in der durch die BNF-Notation beschriebenen Sprache selbst als Zeichen verwendet werden, kennzeichnen wir wie folgt durch Unterstreichungen der Form

$$\underline{::=}, \underline{[}, \underline{]}, \underline{|}, \underline{\{}, \underline{\}}, \underline{*}, \underline{+}$$

um Mißverständnisse zu vermeiden. Damit läßt sich insbesondere die BNF-Notation selbst in BNF-Notation beschreiben.

Beispiel (BNF-Notation in BNF-Beschreibung). Die BNF-Notation bildet selbst eine formale Sprache, die wieder durch BNF-Regeln beschrieben werden kann:

⟨BNF–Notation⟩ ::=   { ⟨BNF–Regel⟩ }$^+$

⟨BNF–Regel⟩ ::=   ⟨Syntaktische_Einheit⟩ ::= ⟨Regulärer_Ausdruck⟩

⟨Regulärer_Ausdruck⟩ ::=   ⟨Terminalzeichen⟩ |
⟨Syntaktische_Einheit⟩ |
⟨Regulärer_Ausdruck⟩ | ⟨Regulärer_Ausdruck⟩ |
⟨Regulärer_Ausdruck⟩ ⟨Regulärer_Ausdruck⟩ |
{ ⟨Regulärer_Ausdruck⟩ } |
{ ⟨Regulärer_Ausdruck⟩ }* |
{ ⟨Regulärer_Ausdruck⟩ }$^+$ |
[⟨Regulärer_Ausdruck⟩] |
{ }   □

Die Beschreibung von formalen Sprachen kann allgemein durch sogenannte *Grammatiken* erreicht werden. Die BNF-Notation stellt eine spezielle Beschreibungsform für bestimmte solcher Grammatiken dar, die *kontextfreie Grammatiken* genannt werden.

3.1.2 Syntaxdiagramme

Eine spezielle, zur BNF-Notation verwandte Form der Beschreibung formaler Sprachen stellen Syntaxdiagramme dar. Die graphische Darstellung erlaubt unter Umständen eine übersichtlichere Beschreibungsform von Sprachen. Im folgenden wird lediglich ein Beispiel betrachtet.

Beispiel (Syntaxdiagramm (aus der Pascal-Syntax)). Das Nonterminal ⟨program⟩ kann durch das in Abb. 3.1 angegebene Syntaxdiagramm beschrieben werden.

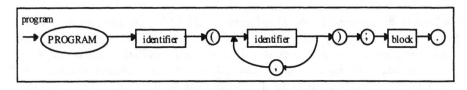

Abb. 3.1. Syntaxdiagramm

Jeder endliche Weg durch das Diagramm liefert eine durch das Syntaxdiagramm als syntaktisch zulässig spezifizierte Zeichenfolge. Ein endlicher Weg entspricht einer endlichen Folge von Zeichen, die beim Durchlaufen des Diagramms entlang der Kanten aufgesammelt werden. Die eckigen Kästen enthalten Nonterminale, die Kreise oder Ovale Terminale. Das obige Syntaxdiagramm entspricht folgender Deklaration in BNF-Schreibweise:

⟨program⟩ ::= PROGRAM ⟨identifier⟩ (⟨identifier⟩ {, ⟨identifier⟩}*); ⟨block⟩.

Dieses Beispiel demonstriert, was allgemein gilt: Jedes Syntaxdiagramm läßt sich systematisch in eine BNF-Darstellung überführen.   □

Es existieren natürlich noch eine Reihe weiterer Formalismen zur Beschreibung formaler Sprachen. Diese werden in einem späteren Abschnitt über formale Sprachen ausführlicher und systematisch behandelt.

3.1.3 Kontextbedingungen

Die Angabe von BNF-Regeln erlaubt es, die Struktur derjenigen Zeichenreihen, die als Programme aufgefaßt werden sollen, schematisch zu beschreiben. Für Zeichenreihen, die als Programme aufgefaßt werden sollen, existieren jedoch in der Regel noch eine Reihe weiterer syntaktischer Anforderungen, die sich nur umständlich oder überhaupt nicht durch BNF-Regeln beschreiben lassen. Dementsprechend formulieren wir zusätzlich zur der BNF-Beschreibung der Syntax einer Programmiersprache eine Reihe von Nebenbedingungen, die zusätzliche Wohlgeformtheitsbedingungen für Programme darstellen.

Für die Beschreibung der Syntax werden also zusätzlich zu den BNF-Regeln, die eine formale Sprache S beschreiben, für die Elemente dieser Sprache gewisse Bedingungen (genannt *Kontextbedingungen*) angegeben, die erfüllt sein müssen, um eine Zeichenreihe t ∈ S als sinnvolles Programm auffassen zu können. Die Teilmenge S0 ⊆ S der Terme, die diese Bedingungen erfüllen, nennen wir die Menge der *syntaktisch kontextkorrekten Programme*.

Die Kontextbedingungen werden für die im folgenden eingeführten Beispiele für programmiersprachliche Elemente umgangssprachlich beschrieben. Kontextbedingungen lassen sich jedoch auch formal durch Prädikate

coco: S → $\mathbb{B}$

auf der durch die BNF-Regeln beschriebenen formalen Sprache angeben. Da Kontextbedingungen für Programmiersprachen in der Regel wieder gewissen Schemata für die Beschreibung von Prädikaten genügen, die sich eng an die Struktur der BNF-Regeln anlehnen, existieren ähnlich zur Notation für BNF-Regeln auch Definitionsschemata für Kontextbedingungen. Der gebräuchlichste Beschreibungsmechanismus für Kontextbedingungen sind *attributierte Grammatiken* (vgl. LOECKX, MEHLHORN, WILHELM 1986).

3.2 Semantik

Zur unmißverständlichen Beschreibung der Semantik einer Programmiersprache ist es von Vorteil, eine mathematische Beschreibungsform zu wählen. Diese beschreibt für die Konstrukte der Sprache eine Zuordnung mathematischer Objekte (wie Elemente aus gewissen Mengen und Funktionen). Es werden grundsätzlich zwei extreme Sichtweisen im Zusammenhang mit der Festlegung der Semantik unterschieden:

Funktionale Semantik: Eine Beschreibung der Funktion eines Programms durch eine Festlegung des Ein-/Ausgabeverhaltens (extensionales oder beobachtbares Verhalten) heißt *funktionale Semantik.*

Operationale Semantik: Eine Beschreibung der Abfolge der einzelnen Berechnungs- schritte, die bei der Auswertung eines Programmes anfallen, heißt *operationale Semantik.*

Die funktionale Semantik eines Programmes läßt sich im allgemeinen durch Abstrak- tion, also durch Weglassen gewisser Einzelheiten, der Beschreibung aus der operatio- nalen Semantik gewinnen.

Grundsätzlich läßt sich die Semantik (die Bedeutung) eines Programmes dadurch beschreiben, daß die spezielle Wirkungsweise des Programmes bei Ausführung auf einer konkreten elektronischen Rechenanlage angegeben wird. Programmiersprachen wurden aber gerade entwickelt, um die Formulierung von Algorithmen einheitlich für eine Vielzahl verschiedener Maschinen, unabhängig von der speziellen inneren Struktur einer Maschine, vornehmen zu können. Deshalb ist eine „maschinenunab- hängige" Beschreibung von Algorithmen durch Programme und ebenfalls eine ma- schinenunabhängige Beschreibung der Bedeutung einer Programmiersprache von großem Interesse.

Bei der Konstruktion von Programmen zur Lösung einer vorliegenden Aufgaben- stellung ist sicherzustellen, daß das schließlich erstellte Programm den Anforderungen entspricht (im Sinne der Aufgabenstellung korrekt ist). Die Korrektheit ist insbeson- dere bei umfangreicheren Programmstrukturen nicht offensichtlich. Der Nachweis der Korrektheit kann im Prinzip mit Hilfe der Semantik der Programmiersprache geführt werden. Allerdings sind die meisten Formen der Festlegung der Semantik einer Pro- grammiersprache für diesen Nachweis praktisch wenig geeignet. Deshalb wird ver- sucht, sowohl die Anforderungen an ein Programm, wie auch die Bedeutung eines Programms in einfacher zu handhabende logische Formeln zu übersetzen. Der Nach- weis der Korrektheit kann dann durch logische Ableitung erfolgen. Dieses Vorgehen heißt *Programmverifikation.* Durch die Regeln zur Übersetzung von Programmen in logische Formeln wird implizit auch eine Festlegung der Semantik getroffen.

Neben der operationalen und der funktionalen Beschreibung der Semantik von Programmiersprachen sind also auch Beschreibungsformen von Interesse, die es er- lauben, über Eigenschaften von Programmen Aussagen zu machen. Dazu können wir etwa logische Formeln angeben, die gewisse Eigenschaften der Konstrukte einer Pro- grammiersprache festlegen („axiomatisieren"). Wir sprechen dann auch von *axiomati- scher* Semantik. Mit Hilfe der Axiome und der Ableitungsregeln der Logik lassen sich dann Aussagen über Programme ableiten. Wir werden im folgenden zusätzlich zur operationalen Semantik und zur funktionalen Semantik eine Reihe von Axiomen in der Form von Gleichungen zwischen Programmausdrücken angeben. Die Gleichheit bezieht sich dabei stets auf die semantische Äquivalenz im Sinne der funk- tionalen Semantik.

3.3 Zur Implementierung von Programmiersprachen

Programmiersprachen dienen der Darstellung von Algorithmen in einer Form, die auf Rechenanlagen ausgeführt werden können. Zwar können die Maschinensprachen von Rechenanlagen, die sich aus den Befehlssätzen einer Rechenanlage ergeben, auch als Programmiersprachen eingesetzt werden. Allerdings sind in Maschinensprachen formulierte Algorithmen nahezu ebenso schwer lesbar und unübersichtlich wie durch Textersetzungssysteme beschriebene Algorithmen.

Deshalb verwenden wir in der Regel nicht Maschinensprachen in der Programmierung, sondern allgemeinere Programmiersprachen. Um Programme, die in diesen Sprachen formuliert sind, auf Rechenanlagen ausführen zu können, setzen wir entweder sogenannte *Übersetzer* (engl. *Compiler*) ein, die ein Programm in die vorliegende Maschinensprache übersetzen, oder wir benutzen *Interpretierer* (engl. *Interpreter*), die ein Programm unmittelbar ausführen. Sowohl Übersetzer wie auch Interpretierer sind selbst Programme, die ein Programm in der entsprechenden Programmiersprache als Eingabe akzeptieren und ein Programm in Maschinensprache ausgeben, bzw. das gegebene Programm auswerten (ausführen). Wir kommen darauf in Teil III ausführlich zurück.

3.4 Methodik der Programmierung

Bei der Einführung der unterschiedlichen Sprachstile werden im folgenden verschiedene Programmiertechniken vorgestellt. Diese sollen nachfolgend knapp zusammengestellt werden. Bei der Erstellung von Programmen, insbesondere bei der Erstellung umfangreicher Programmsysteme, sind eine Reihe von Prinzipien zu beachten, um die entstehenden Programme

- korrekt,
- lesbar,
- änderbar,
- wiederverwendbar,
- effizient

zu machen. Nur Disziplin, Systematik und Sorgfalt bei der Erstellung von Programmen kann den Entwurfsprozeß beherrschbar machen. Diese Ziele werden in der Informatik unter dem Stichwort Software Engineering behandelt.

3.4.1 Prinzipien der Programmierung

Die Erstellung umfangreicher Programme ist eine komplexe Aufgabe. Zur besseren Beherrschbarkeit wird der Prozeß der Programmierung zweckmäßigerweise in kleine überschaubare Teilaufgaben mit klar definierten Zielen untergliedert. Diese Teilaufgaben sollten etwa umfassen:

• Spezifikation: Eine genaue Festlegung der Aufgabenstellung:

- Erfassung der im Anwendungsgebiet relevanten Grundbegriffe, Strukturen und Zusammenhänge (Systemanalyse),
- Erfassung und Festlegung der Problemstellung (Anforderungsdefinition),
- Erfassung etwaiger Nebenbedingungen.

• Planung der Vorgehensweise: Machbarkeitsabschätzungen und gegebenenfalls Arbeitsplan,

• Strukturierung: Aufspaltung der Aufgabenstellung in Teilaufgaben,

- Festlegung der Rechenstrukturen,
- genaue Festlegung der Funktion von Programmeinheiten (beispielsweise der Prozeduren),
- Wahl der Datenstrukturen und der Algorithmen.

• Dokumentation: Exakte Dokumentation der Programmeinheiten (beispielsweise der Prozeduren) durch

- Angabe eines Stützgraphs (vgl. Abschnitt 4.4.5),
- Beschreibung der Funktion (Wirkung),
- Angabe der Verwendungsform der Parameter,
- Dokumentation von globalen Variablen.

Schon die geschickte Wahl der Bezeichnungen, der Reihenfolge der Parameter in Rechenvorschriften und der Reihenfolge der Aufschreibung der Deklarationen stellt ein wichtiges Mittel zur Verbesserung der Beherrschbarkeit von Programmen dar. Dabei sind folgende einfache Merkregeln zu beachten:

- Ein Programm wird in der Regel nur einmal geschrieben, aber mehrfach gelesen.
- Es sind stets (im Rahmen der geforderten Effizienz) die einfachsten und klarsten Lösungen zu verwenden.
- Wir sollten niemals eine Idee in einem Programm verwenden, bevor wir sie genau verstanden haben (es sei denn, um damit zu experimentieren).
- Anforderungen, algorithmische Ideen und Implementierungsdetails sind so gut wie möglich zu unterscheiden und getrennt zu dokumentieren.

Das Programmieren großer Systeme ist eine Aufgabe von beträchtlicher Komplexität. In der Praxis sind in der Regel folgende weitere Teilprobleme zu lösen:

- Vorgaben zur und Wahl der Hardware, der Programmiersprachen und Werkzeuge,
- Wiederverwendung und Integration vorhandener Programmteile,
- Weiterentwicklung und Anpassung vorhandener Systeme,
- Terminvorgaben, Aufwands- und Kostenabschätzung.

Es muß ein Bestreben der Softwaretechnik sein, Entwurfsfehler so frühzeitig wie möglich zu erkennen und zu beseitigen, da die Kosten für Fehler und der Aufwand für deren Beseitigung drastisch ansteigen, je später ein Fehler erkannt wird.

3.4.2 Rechenstrukturen und Abstraktion

Generell bietet sich an, beim Programmieren umfangreicherer Problemlösungen für Rechenstrukturen zwischen folgenden zwei Sichten zu unterscheiden:

- Benutzersicht (Schnittstelle),
- Sicht des Implementierers.

Aus der Sicht der Verwendung von Sorten in Programmen (Benutzersicht) ist weniger der innere Aufbau (die Datenstruktur) von den Datenelementen der entsprechenden Sorten von Bedeutung, als vielmehr die dafür zur Verfügung stehenden Operationen und ihre Wirkungsweise (*Zugriffssicht, Abstrakte Datentypen, information hiding*).

Durch Sortenvereinbarungen lassen sich in Programmiersprachen Datenstrukturen definieren. In einer Datenstruktur werden Datenelemente durch ihren inneren Aufbau (ihre Struktur) charakterisiert. Zusätzlich ergeben sich Operationen. Dies bestimmt die Sichtweise der Implementierung von Rechenstrukturen.

Werden die unterschiedlichen Sichten konsequent eingehalten, so kann in einem Programmsystem

- die Implementierung einer Rechenstruktur nach Bedarf ausgewechselt werden, solange nur die Schnittstellenbeschreibung eingehalten wird,
- die Durchführung der Implementierung weitgehend unabhängig von der Entwicklung der Programme, die die Rechenstruktur benutzen, erfolgen.

Die Schnittstellenbeschreibung für eine Rechenstruktur besteht in der Angabe der verfügbaren Sorten und Funktionen (Signatur) und einer Beschreibung der geforderten Eigenschaften.

4. Applikative Programmiersprachen

Eine besondere Klasse der Programmiersprachen bilden die sogenannten *applikativen* oder *funktionalen* Programmiersprachen. Diese sind dadurch gekennzeichnet, daß für sie die Funktionsanwendung (Funktionsapplikation) das beherrschende Sprachelement ist. Wir stellen die funktionalen Programmierkonzepte an den Anfang der Behandlung der Programmiersprachen, da sie am klarsten sind und in nahezu allen Programmiersprachen auftreten.

4.1 Elemente rein applikativer Programmiersprachen

Da die Darstellung eines Algorithmus durch ein Reduktionssystem (Termersetzungssystem) für umfangreiche Aufgabenstellungen immer noch zu unübersichtlich wäre, verwenden wir lieber eine formale Notation (eine Programmiersprache), für die wir ein allgemeines Reduktionssystem angeben können, das in einer Rechenanlage realisiert ist und somit die Ausführung von Programmen gestattet. Wir schreiben dann Terme („Programme") über einer Signatur (den Elementen der Programmiersprache), für die wir einen allgemeinen Auswertungsalgorithmus („Interpretierer") verfügbar haben. Damit repräsentiert jedes Programm (jeder Term der Programmiersprache) in gewisser Weise selbst wieder einen Algorithmus. Auf diese Weise können wir über einer gegebenen Rechenstruktur weitere Funktionen durch Algorithmen definieren.

Wie bereits erläutert, existieren zwei komplementäre semantische Sichten einer Programmiersprache. Zum einen können wir eine Programmiersprache als Möglichkeit verstehen, über den gegebenen Rechenstrukturen der algorithmischen Basis neue Ausdrücke und Funktionen zu formulieren. Dies ermöglicht es dem Programmierer, rein funktional zu arbeiten. Allerdings wählen wir die Elemente einer Programmiersprache so, daß wir über Algorithmen (beispielsweise durch Termersetzung) verfügen, die die Auswertung der in der Sprache formulierten Ausdrücke vornehmen. Auf einer Rechenanlage wird die Auswertung applikativer Programme in der Regel nicht durch Termersetzungssysteme, sondern durch auf einer Rechenanlage laufende Programme (genannt Interpretierer) vorgenommen.

Funktionale Programme bestehen in der Regel aus der Deklaration einer Anzahl von Funktionen und der Angabe eines Ausdrucks, der mit Hilfe dieser Funktionen gebildet ist. Eine Ausführung des Programms besteht in der Auswertung des angegebenen Ausdrucks.

Beispiel (Fakultätsfunktion). Mathematisch läßt sich die Fakultätsfunktion induktiv wie folgt spezifizieren: Die Fakultätsfunktion ist eine Abbildung

.! : $\mathbb{N} \to \mathbb{N}$

in Postfixschreibweise. Es gelten die Gleichungen

$$0! = 1,$$
$$(n+1)! = (n+1) \cdot (n!).$$

Es existiert genau eine Funktion, die Fakultätsfunktion, die diese Gleichungen erfüllt, da die Gleichungen die Funktion eindeutig festlegen. Die Fakultätsfunktion ist somit durch die Gleichungen eindeutig beschrieben. Auf eine ähnliche Definition der Fakultätsfunktion führt die Zusammenfassung der beiden Gleichungen in einer Fallunterscheidung:

$$n ! = \begin{cases} 1 & \text{falls } n = 0 \\ n \cdot ((n-1)!) & \text{falls } n > 0 \end{cases}$$

In der Programmiersprache Pascal[1] wird sehr ähnlich (mit fac(n) = n!) geschrieben:

```
function fac (n: integer): integer;
    begin if  n = 0    then    fac := 1
                       else    fac := n · fac(n–1)
    end
```

In der Programmiersprache Modula-2 liest sich diese Funktionsvereinbarung wie folgt:

```
PROCEDURE  fac (n: CARDINAL):  CARDINAL;
BEGIN     IF  n = 0  THEN   RETURN 1
                     ELSE   RETURN n · fac(n–1)
          END
END fac
```
□

In diesem Beispiel wird deutlich, wie eine Funktion, verbunden mit dem Funktionssymbol fac, eingeführt werden kann. Dabei werden eine Reihe gegebener „primitiver" Funktionssymbole und Operationen vorausgesetzt. Im Beispiel der Fakultätsfunktion sind dies Identitätsvergleich = (genauer der Vergleich auf Null = 0), Multiplikation · und Subtraktion –. Eine besondere Stellung nimmt die Fallunterscheidung **if-then-else-fi** ein. Sie wird nicht als (nichtstrikte) Funktion aufgefaßt, sondern als ein Element der applikativen Sprache.

In applikativen oder funktionalen Sprachen ist die Funktionsanwendung, beziehungsweise der Funktionsbegriff zentrales Sprachelement. Ein Programm besteht im wesentlichen aus der Definition einer Reihe von Funktionen und deren Applikation in Termen. Terme, die nur Operationssymbole aus der gegebenen Rechenstruktur (aus der algorithmischen Basis) umfassen, heißen *primitive Terme*. Ein Term, der auch Sprachelemente von applikativen Programmiersprachen umfassen, heißt *Ausdruck*. So stellt im obigen Beispiel ein Term der Form

mult(1,..., mult(n–1, n)...)

einen primitiven Term dar, ein Term der Form

---

[1] Man beachte, daß in Pascal keine Sorte für natürliche Zahlen vorgesehen ist. Deshalb wird hier die Sorte der ganzen Zahlen benutzt. Für negative Zahlen terminiert die Rechenvorschrift allerdings nicht.

fac(n)

jedoch einen (nichtprimitiven) Ausdruck.

4.1.1 Ausdrücke und primitive Rechenstrukturen

Es wird nun eine formale Sprache der Ausdrücke (engl. „expression") in Programmen eingeführt. Die Sprache der Ausdrücke wird in BNF-Notation wie folgt beschrieben:

⟨exp⟩   ::= ⟨id⟩ | ⊥ |
                      ⟨function application⟩ |
                      ⟨conditional expression⟩ |
                      (⟨exp⟩) |
                      ⟨monad op⟩ ⟨exp⟩ |
                      ⟨exp⟩ ⟨dyad op⟩ ⟨exp⟩ |
                      ⟨section⟩

⟨monad op⟩   ::= − | ¬

⟨dyad op⟩   ::= + | − | · | ÷ | < | ≤ | $\stackrel{?}{=}$ | > | ≥ | ∧ | ∨ | ⇒ | ⇐ | ⇔ | ∘

Ein Ausdruck der funktionalen Sprache ist demnach ein Identifikator, eine Funktionsapplikation, ein bedingter Ausdruck oder ein mit Infix- oder Präfixnotation gebildeter Ausdruck. Die syntaktische Einheit ⟨section⟩ dient der Einführung lokaler Deklarationen und wird erst später behandelt.

Die BNF-Regeln beschreiben den syntaktischen Aufbau von Ausdrücken. Darüber hinaus werden noch eine Reihe weiterer syntaktischer Bedingungen (Kontextbedingungen) gefordert. Im folgenden wird unter anderem vorausgesetzt, daß sich jedem Ausdruck der betrachteten Programmiersprache (im allgemeinen in Abhängigkeit von der Zuordnung von Sorten zu den auftretenden Identifikatoren) genau eine Sorte zuordnen läßt. Diese Sorte charakterisiert die Menge der Elemente, die als Werte des Ausdrucks in Frage kommen. Programmiersprachen mit dieser Eigenschaft heißen auch „stark typisierte Sprachen". Durch die starke Typisierung lassen sich eine Reihe einfacher Programmierfehlern, die auf Ausdrücke führen, denen keine Sorte zugeordnet werden kann, mechanisch erkennen. Darüber hinaus unterstützt die Typisierung eine stärkere Strukturierung von Programmen. Typisierungsbedingungen sind typische Beispiele für Kontextbedingungen.

4.1.2 Zur Beschreibung der Bedeutung von Ausdrücken

Grundsätzlich sind, wie bereits erwähnt, zwei komplementäre Beschreibungen der Bedeutung („Semantik") von Programmiersprachen von Interesse:

(1) eine operative, auswertungsorientierte Beschreibungsform, die einen Algorithmus für die Auswertung von Ausdrücken angibt;
(2) eine funktionale Beschreibungsform, die in mathematischer Weise jedem Ausdruck eine Bedeutung in Form eines mathematischen Elements zuordnet.

(1) entspricht der operationalen Semantik, (2) entspricht der funktionalen Semantik. Dementsprechend werden für Ausdrücke der applikativen Sprache folgende beiden Semantiken definiert:

(1) Eine *Termersetzungssemantik*, die durch einen Termersetzungsalgorithmus dargestellt wird, der Ausdrücke (unter gewissen Nebenbedingungen) in eine Normalform (primitive Form) bringt.

(2) Eine *Interpretationsfunktion* I, die Ausdrücke der Programmiersprache auf mathematische Elemente (ihre Werte) abbildet.

Es wird dabei vorausgesetzt, daß eine „primitive" Rechenstruktur A mit einer Signatur $\Sigma = (S, F)$ gegeben ist, so daß jede Trägermenge s^A zu einer Sorte s in A das Element $\bot$ enthält. Weiter wird angenommen, daß ein Termsetzungssystem R über Σ gegeben ist. Ferner wird eine Menge ID von Identifikatoren als gegeben vorausgesetzt. Sie entsprechen der formalen Sprache, die mit der syntaktischen Einheit ‹id› verbunden ist. Es werden die Mengen D, FCT, H definiert:

$$D \quad =_{def} \{a \in s^A \colon s \in S\},$$
$$FCT \quad =_{def} \{f \colon s_1^A \times \ldots \times s_n^A \to s_{n+1}^A \colon n \in \mathbb{N} \wedge f \text{ strikt} \wedge \forall\, i,\, 1 \le i \le n+1 \colon s_i \in S\}.$$

D repräsentiert die Menge der Datenelemente und F die Menge der strikten Funktionen und

$$H =_{def} D \cup FCT$$

die Menge der „semantischen" Elemente, bestehend aus der Menge der Datenelemente und der Menge der Abbildungen zwischen den Datenelementen. D ist der Wertebereich für die semantische Interpretation von Ausdrücken. H ist der Wertebereich (das Universum) für die später verwendeten Belegungen.

Für die Angabe der operationalen Semantik wird eine Termersetzungssemantik verwendet. Dazu werden Termersetzungsregeln für die Terme über der Signatur der primitiven Rechenstruktur A als gegeben vorausgesetzt. Sei für Terme aus W_Σ demnach ein System von Termersetzungsregeln R definiert, das total korrekt ist und jeden Term t (mit wohldefinierter Interpretation, d.h. $I[t] \ne \bot$) auf eine eindeutige Normalform bringt. Es wird ferner angenommen, daß Terme t mit $I[t] = \bot$ keine terminierenden Berechnungen besitzen.

Für Termersetzungssysteme haben wir vereinbart, daß Termersetzungsregeln in Termersetzungsalgorithmen an beliebigen Stellen in einem Term angewendet werden dürfen. Im Gegensatz dazu verwenden wir zur Beschreibung der operationalen Semantik von Programmiersprachen ein Termersetzungskonzept, bei dem die Anwendungsstelle gezielt gewählt werden kann. Es soll im folgenden in programmiersprachlichen Ausdrücken genau festgelegt werden, an welcher Stelle in einem Programmausdruck die Anwendung einer Regel erfolgt. Das allgemeine Konzept der Anwendung von Termersetzungsregeln an beliebigen Stellen wäre ineffizient, da dadurch unter Umständen Terme vereinfacht werden, deren Wert für die Berechnung des Resultats nicht benötigt wird. Bedeutsamer noch ist jedoch, daß die freie Anwendung von Regeln an beliebigen Stellen für gewisse programmiersprachliche Elemente auf nichtterminierende Berechnung führen würde, obwohl eine gezieltere Steuerung der Anwendung die Terminierung garantieren kann. Typischerweise treten in Programmiersprachen Ausdrücke auf, die einen Wert $\ne \bot$ besitzen und deren

Auswertung erfolgreich terminiert, obwohl sie Teilausdrücke enthalten, deren Wert $\bot$ ist und für die nichtterminierende Berechnungen existieren. Das allgemeine Konzept der unbedingten Anwendung führt für solche Ausdrücke unweigerlich zur Existenz nichtterminierender Berechnungen.

Wir benötigen deshalb einen eingeschränkteren Begriff der Anwendung von Termersetzungsregeln. Termersetzungsregeln sollen in einem Term nicht auf beliebige Teilterme, sondern nur unter gewissen Bedingungen auf Teilterme angewendet werden. Zu diesem Zweck verwenden wir bedingte Termersetzungsregeln. Dadurch erreichen wir eine feinere Steuerung der Auswertung durch die Wahl der Anwendungsstellen für Regeln in programmiersprachlichen, applikativen Ausdrücken. Wir sprechen auch vom *Kontrollfluß*.

Bedingte Termersetzungsregeln haben folgende Gestalt:

$$t_1 \to r_1 \wedge \ldots \wedge t_n \to r_n \Rightarrow t_{n+1} \to r_{n+1} \, .$$

Für ein System R von bedingten und unbedingten Termersetzungsregeln heißt dann jede Instanz

$$t[u_1/x_1, \ldots , u_n/x_n] \to r[u_1/x_1, \ldots , u_n/x_n]$$

einer unbedingten Regel

$$t \to r$$

in R eine *kontrollflußgesteuerte (bedingte) Anwendung* der (unbedingten) Ersetzungsregel. Jede Ersetzung

$$t_{n+1}[u_1/x_1, \ldots , u_n/x_n] \to r_{n+1}[u_1/x_1, \ldots , u_n/x_n]$$

heißt ebenfalls eine kontrollflußgesteuerte Anwendung der bedingten Ersetzungsregel

$$t_1 \to r_1 \wedge \ldots \wedge t_n \to r_n \Rightarrow t_{n+1} \to r_{n+1}$$

in R, wenn für alle i, $1 \le i \le n$, die Ersetzungen

$$t_i[u_1/x_1, \ldots , u_n/x_n] \to r_i[u_1/x_1, \ldots , u_n/x_n]$$

kontrollflußgesteuerte Anwendungen von bedingten oder unbedingten Regeln sind. Durch bedingte Ersetzungssysteme lassen sich auch Terme korrekt auswerten, die gewisse nichtstrikte Funktionen enthalten.

Beispiel (Gesteuerte Auswertung für nichtstrikte Funktionen). Wir betrachten die nichtstrikte Funktion cor (*conditional or*), die der sequentiellen Disjunktion entspricht mit der Funktionalität:

fct cor = (**bool, bool**) **bool**

und der Wertetabelle:

cor	**L**	**O**	$\bot$
L	**L**	**L**	**L**
O	**L**	**O**	$\bot$
$\bot$	$\bot$	$\bot$	$\bot$

Wir verwenden folgende Auswertungsregeln:

$x \to z \Rightarrow cor(x, y) \to cor(z, y)$,
$cor(true, y) \to true$,
$cor(false, y) \to y$.

Man beachte, daß die Auswertung eines Terms cor(t1, t2) auch dann sicher terminiert, wenn die Berechnung für den Term t2 nicht terminiert, wenn nur die Auswertung für den Term t1 terminiert und true liefert.   □

Im folgenden werden für jedes Sprachelement bedingte Termersetzungsregeln definiert, die im Zusammenspiel mit den für die vorgegebene Rechenstruktur vorhandenen Regeln sicherstellen, daß für jeden geschlossenen Programmausdruck t1 (für jeden Programmausdruck, der von den Werten einer Belegung unabhängig ist) mit Interpretation $a \neq \perp$, das Termersetzungssystem die Eingabe t1 auf die Ausgabe t2 abbildet, wobei t2 die eindeutige Normalform von t1 bezüglich R ist. Allerdings wird für gewisse Terme t mit Interpretation $\perp$ die Auswertung nicht terminieren. Der angemessene Umgang mit solchen Termen ist der Grund für die Einführung bedingter (kontrollflußgesteuerter) Termersetzungssysteme.

4.1.3 Konstanten und Identifikatoren

Bisher wurden Identifikatoren für den Aufbau von Termen verwendet. Es ist eines der entscheidenden Charakteristika von Programmiersprachen, daß auch sie Identifikatoren verwenden. Identifikatoren werden in Programmiersprachen als Namen für die verschiedenen auftretenden Elemente gebraucht. Sie dienen unter anderem zur Bezeichnung von Zwischenergebnissen, als Platzhalter („Parameter") in Ausdrücken und für die Bezeichnung von Funktionen.

Zuerst wird die Frage der konkreten syntaktischen Repräsentation von Identifikatoren behandelt. Meistens werden in Programmiersprachen zur Repräsentation von Identifikatoren Wörter über einem Alphabet (beispielsweise lateinische kleine Buchstaben und Ziffern) genommen, die zur Unterscheidung von Zahlen zumindest mit einem Buchstaben beginnen müssen. Die syntaktische Einheit ‹id› bezeichnet die Menge der Wörter, die als Identifikatoren zugelassen sind.

‹id›   ::= ‹letter› { ‹character› }*
‹letter›   ::= a | b | c | ... | z
‹character› ::= ‹letter› | 0 | 1 | ... | 9

Identifikatoren stehen in einfachen applikativen Programmiersprachen für Elemente aus den Trägermengen oder für n-stellige Funktionen (mit beliebigem $n \in \mathbb{N}$) über den Trägermengen. Die Menge der Datenelemente und der Funktionen sei – wie oben vereinbart – mit H bezeichnet. Sei nun ID die Menge der Identifikatoren zur syntaktischen Einheit ‹id›. Um Ausdrücken mit freien Identifikatoren eine Bedeutung zuordnen zu können, werden wieder Belegungen (engl. „environment") verwendet:

$ENV =_{def} \{\beta: ID \to H\}$.

Die Interpretation I ist eine Abbildung, die einem Ausdruck (hier steht ‹exp› für die Menge der Ausdrücke) seinen Wert zuordnet:

I: ‹exp› → (ENV → H) .

Wir definieren für Identifikatoren x:

$I_\beta[x] = \beta(x)$.

Eine spezielle Belegung stellt diejenige Abbildung dar, die allen Identifikatoren das Element ⊥ zuordnet. Sie wird mit Ω bezeichnet. Es gilt

Ω: ID → H

mit

$\Omega(x) = \bot$

für alle x aus ID.

Neben Identifikatoren werden häufig bestimmte Zeichen und Zeichenfolgen mit fester, (von der Belegung) unabhängiger Interpretation verwendet. Wir sprechen von *Konstanten*. Sie können als nullstellige Funktionen unserer Rechenstruktur gedeutet werden. Selbst die Abbildungen einer vorgegebenen Rechenstruktur und ihre Zuordnung zu Funktionssymbolen („Identifikatoren") könnten über Belegungen in eine Programmiersprache eingebracht werden.

Im folgenden setzen wir für die betrachtete Programmiersprache die Rechenstrukturen **BOOL, NAT, SEQ** als vorgegeben voraus. Damit können die in den entsprechenden Signaturen vorhandenen Sorten und Funktionssymbole – teilweise in Infixnotation – in den Programmen verwendet werden. Als Sorten verwenden wir demnach vorerst nur die in diesen Rechenstrukturen enthaltenen Sorten. Im Kapitel 6 werden Möglichkeiten behandelt, weitere Rechenstrukturen durch Sortendeklarationen einzuführen. Die syntaktische Einheit ‹sort› stehe für Sortenbezeichnungen (d.h. für Identifikatoren für Sorten). Zur besseren Lesbarkeit der Programme werden Sortenbezeichnungen fett gedruckt gesetzt.

4.1.4 Bedingte Ausdrücke

Sei B ein Boolescher Ausdruck (ein Ausdruck der Sorte **bool**) und seien E, E' beliebige Ausdrücke gleicher Sorte **s**, dann ist

if B **then** E **else** E' **fi**

ein *bedingter Ausdruck* der Sorte **s**. Der bedingte Ausdruck entspricht in seiner Bedeutung der Fallunterscheidung in der Mathematik. Hat der Boolesche Ausdruck B den Wert „wahr", so ist der Wert des bedingten Ausdrucks gleich dem Wert des Ausdrucks E, hat B den Wert „falsch", so ist der Wert des bedingten Ausdrucks gleich dem Wert von E'. Hat B keinen wohldefinierten Wert, so ist der Wert des bedingten Ausdrucks nicht definiert.

Es wird die folgende *Syntax* für bedingte Ausdrücke verwendet:

‹conditional expression› ::=

if ‹exp› **then** ‹exp› {**elif** ‹exp› **then** ‹exp›}* **else** ‹exp› **fi**

Die Möglichkeit, durch **elif** eine Sequenz von bedingten Ausdrücken („Entscheidungskaskade") zu schreiben, wird nur aus Gründen der Schreibabkürzung eingeführt. Die Bedeutung und die Nebenbedingungen werden durch Rückführung auf geschachtelte bedingte Ausdrücke angegeben.

Für bedingte Ausdrücke werden folgende syntaktische Nebenbedingungen voraus gesetzt:

– die Bedingung B ist ein Ausdruck der Sorte **bool**,
– die Ausdrücke E und E' haben die gleiche Sorte,
– die in B, E, E' auftretenden Identifikatoren werden konsistent mit den gleichen Sorten gebraucht.

Die Ausdrücke E und E' heißen auch *Zweige* des bedingten Ausdrucks.

Bedingte Ausdrücke können insbesondere geschachtelt werden. Wir sprechen von *Entscheidungskaskaden*. Die Notation

>   ... **elif** B **then** E **else** E' **fi**

steht abkürzend für (ist im Sinne der mathematischen und operationalen Semantik äquivalent zu)

>   ... **else if** B **then** E **else** E' **fi fi**

und erlaubt eine etwas bequemere Schreibweise für Entscheidungskaskaden.

Beispiel (Bedingte Ausdrücke)

>   **if** $1 \leq 2$ **then** 1 **else** 2 **fi**
>   **if** a **then** true **else** b **fi**
>   **if** $a \leq b$ **then** a **else** b **fi**
>   **if** $a \overset{?}{=} b$ **then** a **elif** $a < b$ **then** $b - a$ **else** $a - b$ **fi**   □

Bedingte Ausdrücke werden ausgewertet, indem wir zuerst die Bedingung und anschließend den durch den Wert der Bedingung bestimmten Zweig auswerten. Entsprechend werden folgende Termersetzungsregeln für die Auswertung von bedingten Ausdrücken verwendet:

> $B \rightarrow B' \Rightarrow$ **if** B **then** E **else** E' **fi** $\rightarrow$ **if** B' **then** E **else** E' **fi**
>   **if** true **then** E **else** E' **fi** $\rightarrow$ E
>   **if** false **then** E **else** E' **fi** $\rightarrow$ E'

Die Auswertungsregeln machen insbesondere deutlich, daß stets die Bedingung vor den Zweigen ausgewertet wird. Dies ist entscheidend, denn es wäre ja möglich, daß die Auswertung eines der Zweige des bedingten Ausdrucks nicht terminiert. Dann würde, wenn wir mit der Auswertung dieses Zweiges sofort begonnen hätten, die Berechnung des bedingten Ausdrucks nicht terminieren, obwohl die Bedingung eventuell gerade den anderen Zweig ansteuert, der zu einer terminierenden Berechnung führt. Hier wird deutlich, warum die Einführung bedingter Ersetzungsregeln erforderlich ist.

Die semantische Interpretation eines bedingten Ausdrucks wird durch folgende Fallunterscheidung beschrieben.

$$I_\beta[\textbf{if } B \textbf{ then } E \textbf{ else } E' \textbf{ fi}] = \begin{cases} I_\beta[E] & \text{falls } I_\beta[B] = \mathbf{L} \\ I_\beta[E'] & \text{falls } I_\beta[B] = \mathbf{O} \\ \bot & \text{sonst} \end{cases}$$

Man beachte, daß der bedingte Ausdruck gewissermaßen einer *nichtstrikten* Abbildung entspricht: Auch wenn ein Ausdruck in einem der Zweige zu ⊥ interpretiert wird, kann der Wert des bedingten Ausdrucks verschieden von ⊥ sein.

Die Semantik bedingter Ausdrücke wird auch durch folgende Axiome in der Gestalt von Gleichungen hinreichend genau beschrieben:

if true **then** E **else** E' **fi** = E,

if false **then** E **else** E' **fi** = E',

if B **then** E **else** E' **fi** = **if** ¬B **then** E' **else** E **fi**,

if ⊥ **then** E **else** E' **fi** = ⊥ .

Bedingte Ausdrücke können durch Formulare wie in Abb. 4.1 wiedergegeben werden:

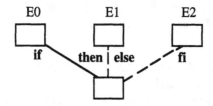

Abb. 4.1. Formular für bedingte Ausdrücke

Die gestrichelten Linien sollen ausdrücken, daß die Ausdrücke E1 und E2 nicht immer auszuwerten sind. Zuerst ist E0 auszuwerten, dann erfolgt die Auswertung entweder von E1 oder von E2 in Abhängigkeit von dem ermittelten Wert für E0.

4.1.5 Funktionsapplikation

Bezeichne F (einen Funktionsausdruck für) eine Funktion der Funktionalität

$(s_1 ... s_n) s$

und seien $E_1, ..., E_n$ beliebige Ausdrücke der Sorten $s_1, ..., s_n$, dann ist

$F(E_1, ..., E_n)$

ein Ausdruck der Sorte s, genannt *Funktionsapplikation* oder *Funktionsanwendung* (auch Funktionsaufruf). Der Wert der Funktionsapplikation ist $f(a_1, ..., a_n)$, wobei f die durch F bezeichnete Funktion sei und $a_1, ..., a_n$ die Werte der Ausdrücke $E_1, ..., E_n$. Die $E_1, ..., E_n$ heißen auch *aktuelle Parameter(ausdrücke)* (oder *Argumente*), die $a_1, ..., a_n$ *aktuelle Parameter(werte)*.

In BNF-Notation beschreiben wir die Syntax der Funktionsapplikation wie folgt:

⟨function application⟩ ::= ⟨function⟩ {(⟨exp⟩ {, ⟨exp⟩}*)}

Dabei setzen wir folgende Nebenbedingungen voraus: Die durch F bezeichnete Funktion muß n-stellig sein und die Sorten der aktuellen Parameterausdrücke $E_1, ..., E_n$

müssen der Funktionalität der Funktion entsprechen. Die in E_1, ..., E_n auftretenden Identifikatoren besitzen konsistente Sorten.

Der allgemeine Fall der Schreibweise der Funktionsapplikation ist die Präfixschreibweise mit geklammerter Folge von aktuellen Argumenten. Für eine Reihe von Funktionen verwenden wir jedoch eine Infixschreibweise. Dies ergibt jedoch nur einen syntaktischen Unterschied. Semantisch kann die Behandlung der Funktionsapplikation unabhängig von einer Infix- oder geklammerten Präfixschreibweise in gleicher Form erfolgen.

Die Interpretation der Funktionsapplikation führt auf eine einfache Anwendung der durch F beschriebenen Funktion auf die Werte der aktuellen Parameterausdrücke.

$$I_\beta[F(E_1, ..., E_n)] = \begin{cases} f(I_\beta[E_1], ..., I_\beta[E_n]) & \text{falls } \forall\, i,\ 1 \leq i \leq n: I_\beta[E_i] \neq \bot \\ \bot & \text{sonst} \end{cases}$$

Wobei f für die mit F bezeichnete Abbildung steht, d.h. f ist die Interpretation des Funktionsausdrucks F unter der Belegung β:

$$f = I_\beta[F] .$$

Die verschiedenen Möglichkeiten, Ausdrücke für Abbildungen zu schreiben, werden im folgenden Abschnitt behandelt.

Für die Auswertung der Funktionsapplikation finden folgende Termersetzungsregeln Verwendung (sei $1 \leq i \leq n$):

$$E \rightarrow E' \Rightarrow F(E_1, ..., E_{i-1}, E, E_{i+1}, ..., E_n) \rightarrow F(E_1, ..., E_{i-1}, E', E_{i+1}, ..., E_n).$$

Ein Funktionsaufruf wird nach dieser Regel ausgewertet, indem wir zuerst (in beliebiger Reihenfolge) die Argumentausdrücke auswerten („Wertaufruf", „Call-by-Value"). Die Auswertung eines Funktionsaufrufs mit ausgewerteten Argumentausdrücken behandeln wir im folgenden Abschnitt.

Es ist zu beachten, daß es auch andere Strategien zur Auswertung des Funktionsaufrufs gibt. So könnte ebenso sofort mit der Auswertung des Funktionsresultats begonnen werden („Call-by-Name"), bevor die Parameterausdrücke ausgewertet sind. Die Auswertung der Parameterausdrücke könnte dann im Rahmen der Berechnung des Funktionswertes nach Bedarf stattfinden. Dies führt in bestimmten Fällen zu subtilen Unterschieden für die Terminierung und erlaubt es schließlich auch, gewisse nichtstrikte Funktionen zu berechnen.

Ein Beispiel für eine nichtstrikte Funktion liefern bedingte Ausdrücke. Wir können **if_then_else_fi** als nichtstrikte dreistellige Funktion auffassen. In unserer Beispielsprache werden jedoch alle in Funktionsapplikationen auftretenden Funktionen als strikt vorausgesetzt. Deshalb haben wir das Sprachelement **if_then_else_fi** nicht als Funktion(ssymbol), sondern als Ausdrucksmittel (ausdruckbildendes Konstrukt) eingeführt.

4.1.6 Funktionsabstraktionen

In der Regel haben Identifikatoren nur Platzhalterfunktion. Sie stehen für Werte, die später eingesetzt werden. Es ist dabei nicht wichtig, welcher individuelle Identifikator als Platzhalter verwendet wird. Wir benötigen ihn nur lokal als Bezeichnung für ein bestimmtes, unter Umständen erst später genauer anzugebendes Element. Dies drückt sich in Mathematikbüchern durch Formulierungen aus wie: „Sei x ein Element der Menge M mit dem der Wert ...". Der Identifikator x steht dabei für irgendeinen konkreten Wert. Wir können im allgemeinen den Identifikator x konsistent durch den Identifikator y ersetzen, ohne daß sich die Bedeutung des Textes ändert. Dabei sei vorausgesetzt, daß keine Bezeichnungskonflikte für y auftreten, dadurch, daß der Identifikator y bereits verwendet wird. Oft wird bewußt angenommen, daß der Wert, für den ein Identifikator steht, später willkürlich aus einer gewissen Grundmenge gewählt werden kann. Dies drückt sich aus in Formulierungen wie „Gegeben sei x aus ...". Häufig verwenden wir Identifikatoren als Platzhalter für Parameter in Ausdrücken, um Funktionen zu beschreiben.

Beispiel (Beschreibung von Funktionen durch Ausdrücke mit Identifikatoren). Mit dem Ausdruck

$$x \cdot (x+1)$$

ist in der Mathematik häufig diejenige Funktion gemeint, die eine gegebene natürliche Zahl auf diejenige Zahl abbildet, die dem Wert des Ausdrucks nach Einsetzen der Zahl für x entspricht. Damit wird zwischen der Interpretation der Terme $x \cdot (x+1)$ und $y \cdot (y+1)$ nicht weiter unterschieden. Solange aber x und y verschiedene Identifikatoren sind, die frei vorkommen, sind die Interpretationen von beiden Ausdrücken natürlich für gegebene Belegungen allgemein verschieden. Somit sind die Ausdrücke nicht semantisch äquivalent. Sollen Ausdrücke zur Repräsentation der Funktion verwendet werden, die natürlichen Zahlen $n \in \mathbb{N}$ die Zahl $n \cdot (n+1)$ zuordnet, so sollte die Verwendung der Identifikatoren n, x oder y keinen Unterschied machen.   □

Um von unerwünschten Unterschieden zwischen Ausdrücken auf Grund der konkret „zufällig" als Platzhalter verwendeten Identifikatoren wegzukommen und zu einer abstrakteren Sicht zu gelangen, wird in der Mathematik häufig die Einführung einer Funktionsbezeichnung vorgenommen. So kann eine Funktion

(1) $f: \mathbb{N} \to \mathbb{N}$

definiert werden durch die Gleichung

(2) $f(x) = x \cdot (x+1)$ für alle $x \in \mathbb{N}$,

was natürlich völlig gleichbedeutend ist zu der Gleichung

(3) $f(y) = y \cdot (y+1)$ für alle $y \in \mathbb{N}$.

Dies läßt sich durch die explizite Angabe eines Allquantors ausdrücken:

(4) $\forall$ **nat** $x: f(x) = x \cdot (x+1)$.

Damit wird die Funktionsbeschreibung zwar von der konkreten Wahl des Identifikators x beziehungsweise y unabhängig gemacht, allerdings um den Preis der Einführung des Identifikators f für die zu beschreibende Funktion.

In Programmiersprachen findet sich die konsequentere Notation der Funktionsdeklaration der Form:

fct $f = (\textbf{nat } x) \textbf{ nat} : x \cdot (x+1)$, die die Angabe des Bereiches (1) und die definierende Gleichung (4) in einer Schreibweise zusammenfaßt. Außerdem wird dadurch deutlich gemacht, daß der Identifikator x lediglich als Platzhalter für ein frei wählbares aktuelles Argument dient. Bei dieser Schreibweise kann ganz auf die Einführung einer Bezeichnung f für die Funktion verzichtet werden, indem wir

(**nat** x) **nat** x · (x+1)

als notationelle Repräsentation der entsprechenden Abbildung (in einer Programmiersprache) verwenden. Hierbei nennen wir x im Funktionsausdruck nicht mehr *frei*, sondern *gebunden,* da x syntaktisch durch die Kennzeichnung **nat** x als Platzhalter (*formaler Parameter*) ausgezeichnet ist. Insbesondere können gebundene Identifikatoren wie bei Quantoren durch beliebige andere Identifikatoren konsistent ersetzt werden, ohne die Interpretation (die Bedeutung) eines Funktionsausdrucks zu verändern, solange keine Konflikte zu freiem Auftreten der betreffenden Bezeichnung im betrachteten Ausdruck bestehen. Wir können

(**nat** y) **nat** y · (y+1)

schreiben und bezeichnen damit die gleiche Funktion wie oben. Diese Umbenennung gebundener Bezeichnungen heißt α-*Konversion.*

E sei ein Ausdruck der Sorte s. Die Schreibweise

$(s_1\ x_1, ..., s_n\ x_n)\ s : E$

heißt *Funktionsabstraktion.* Die $x_1, ..., x_n$ heißen *formale Parameter.* Die Zeichenfolge $(s_1\ x_1, ..., s_n\ x_n)\ s$ heißt *Kopfzeile* der Funktionsabstraktion; sie gibt insbesondere die Funktionalität der Funktionsabstraktion wieder. Dadurch wird festgelegt, daß die obige Funktionsabstraktion eine Funktion aus dem Funktionsraum

$M_1 \times ... \times M_n \rightarrow M$

repräsentiert, wobei die M_i Mengen der Elemente der Sorten s_i bezeichnen. Der Ausdruck E heißt *Rumpf* (engl. *body*) der Funktionsabstraktion.

Für jede vorgegebene Belegung β definiert die obige Funktionsabstraktion eine Funktion

$f: M_1 \times ... \times M_n \rightarrow M,$

die wie folgt festgelegt ist:

$$f(a_1, ..., a_n) = \begin{cases} I_{\beta 1}[E] & \text{falls } \forall\ i,\ 1 \le i \le n:\ a_i \ne \bot \\ \bot & \text{sonst} \end{cases}$$

Dabei sei die Belegung $\beta 1$ spezifiziert durch folgende Gleichung:

$$\beta 1(y) = \begin{cases} a_i & \text{falls y und } x_i \text{ gleiche Identifikatoren sind für ein i, } 1 \le i \le n \\ \beta(y) & \text{sonst} \end{cases}$$

Es gilt $\beta 1 = \beta[a_1/x_1, ..., a_n/x_n]$. Wieder werden eine Reihe von syntaktischen Nebenbedingungen („Kontextbedingungen") für die Funktionsabstraktion vorausgesetzt:

– Alle nebeneinander als formale Parameter auftretenden Identifikatoren $x_1, ..., x_n$ sind paarweise verschieden.

– E ist ein Ausdruck der Sorte s.

- Die Identifikatoren x_i stehen in E für Ausdrücke der Sorten s_i.
- Den in den Ausdrücken auftretenden freien Identifikatoren lassen sich konsistent Sorten zuordnen.

In BNF-Notation ergibt sich die Syntax für die Notation von Funktionen wie folgt:

‹function› ::= ‹id› | (‹function abstraction›)
‹function abstraction› ::= ({ ‹sort› ‹id› {, ‹sort› ‹id›}*}) ‹sort› : ‹exp›

In klassischer mathematischer Notation kann eine Funktionsabstraktion in Verbindung mit einer Funktionsapplikation verwendet werden:

$$((s_1\ x_1, ..., s_n\ x_n)\ s : E)\ (E_1, ..., E_n)$$

wobei E_i Ausdrücke der Sorte s_i seien.

Die Interpretation eines Ausdrucks der syntaktischen Einheit ‹function› liefert stets eine Abbildung. Ist f Identifikator für eine Funktion, so kann die dem Identifikator entsprechende Abbildung der Belegung entnommen werden, d.h. es gilt

$$I_\beta[f] = \beta(f) .$$

Die Interpretation von Funktionsabstraktionen definieren wir wie folgt: Für jede Belegung β ergibt $I_\beta[(s_1\ x_1, ..., s_n\ x_n)\ s: E]$ eine Abbildung, die wie folgt definiert ist:

$$I_\beta[(s_1\ x_1, ..., s_n\ x_n)\ s: E](a_1, ..., a_n) = \begin{cases} I_{\beta 1}[E] & \text{falls } \forall\ i, 1 \le i \le n: a_i \ne \bot \\ \bot & \text{sonst} \end{cases}$$

Dabei sei Belegung $\beta 1$ spezifiziert durch:

$$\beta 1(y) = \begin{cases} a_i & \text{falls y und } x_i \text{ gleiche Identifikatoren sind für ein i, } 1 \le i \le n \\ \beta(y) & \text{sonst} \end{cases}$$

Man beachte, daß wir für die Funktionssymbole aus den als Basis verwendeten Rechenstrukturen annehmen, daß diese in der Interpretationsfunktion den entsprechenden Funktionen zugeordnet werden.

Funktionsabstraktionen sind Terme zur Darstellung von Funktionen. Es existiert allgemein kein Termersetzungssystem, das Funktionsabstraktionen in eine eindeutige Normalform überführt, so daß semantisch äquivalente Funktionsausdrücke die gleiche Normalform besitzen. Wir können jedoch Termersetzungsregeln für die Auswertung der Funktionsabstraktion in Verbindung mit der Funktionsapplikation angeben. Funktionsausdrücke werden dabei nicht selbst ausgewertet, sondern nur Aufrufe von Funktionen. Somit werden nur Berechnungsregeln für die Funktionsapplikation mit ausgewerteten Parametern (*Wertaufruf, Call-by-Value*) angegeben.

Sind alle Parameterausdrücke E_i terminal und somit in Normalform, so kann die Funktionsapplikation in Verbindung mit der Funktionsabstraktion durch folgende Termersetzungsregel ausgewertet werden:

$$((s_1\ x_1, ..., s_n\ x_n)\ s: E)(E_1, ..., E_n) \to E[E_1/x_1, ..., E_n/x_n]$$
$$\text{falls } E_i \text{ terminal für } 1 \le i \le n$$

Es werden nach dieser Regel die vollständig ausgewerteten Ausdrücke auf Argumentposition in den Rumpfausdruck der Funktionsabstraktion eingesetzt. Wir könnten unter Verwendung der Call-by-Name-Auffassung statt dessen die Argumentausdrücke auch in den Rumpf E einsetzen, ohne sie vorher auszuwerten. Dies führt jedoch für gewisse Funktionsabstraktionen auf sehr ineffiziente Auswertungsregeln, da bei einem Mehrfachauftreten von x_i in E der Parameterausdruck E_i mehrfach auszuwerten ist. Die Call-by-Name-Auffassung entspricht allerdings folgender einfacheren Definition der semantischen Interpretation:

$$f(a_1,..., a_n) = I_{\beta 1}[E]$$

wo β1 wie oben definiert sei. Allerdings kann hierbei ⊥ in der Belegung eingetragen werden. Die Funktionen können nicht strikt sein. Dazu korrespondiert folgende unbedingte Auswertungsregel:

$$((s_1\ x_1, ..., s_n\ x_n)\ s:\ E)\ (E_1, ..., E_n) \rightarrow E[E_1/x_1, ..., E_n/x_n]$$

Die Auswertung erfolgt hier also durch schlichtes Einsetzen der noch nicht auf Normalform gebrachten aktuellen Parameter. Dadurch kann in Sonderfällen ein Ergebnis ermittelt werden, selbst wenn einer der aktuellen Parameter keine Normalform besitzt (beispielsweise wenn der entsprechende formale Parameter im Rumpf E nicht auftritt). Die Auswertung nach Call-by-Name-Regel terminiert also häufiger als die Call-by-Value-Regel. Tritt ein formaler Parameter allerdings mehrfach im Rumpf auf, so wird er durch die Call-by-Name-Regel mehrfach in Nichtnormalform einkopiert und muß entsprechend mehrfach ausgewertet werden. Das Call-by-Name-Verfahren ist dann ineffizienter.

Wir entscheiden uns bei unserer Modellsprache für das Konzept der Wertaufrufinterpretation (Call-by-Value), da dies dem Vorgehen in konventionellen Programmiersprachen entspricht. Dementsprechend gelten folgende Gleichungsgesetze:

$$E_1 \neq \bot \wedge ... \wedge E_n \neq \bot \Rightarrow$$
$$((s_1\ x_1, ..., s_n\ x_n)\ s:\ E)\ (E_1, ..., E_n) = E[E_1/x_1, ..., E_n/x_n]$$

Weiter gilt die Striktheitsregel (für $1 \leq i \leq n$):

$$E_i = \bot \Rightarrow ((s_1\ x_1, ..., s_n\ x_n)\ s:\ E)\ (E_1, ..., E_n) = \bot$$

Eine Funktionsabstraktion stellt eine *Rechenvorschrift* (ein Formularschema) dar: Für jeden Satz von Parametern wird durch die Funktionsabstraktion ein bestimmtes Berechnungsschema definiert.

Sollen die Sorten der Parameter und des Resultats der Funktion nicht näher bestimmt werden oder sind sie anderweitig festgelegt, so schreiben wir häufig ohne Angabe der Sorten

$$\lambda\, x : E$$

für die Funktionsabstraktion und sprechen von λ-*Abstraktion*. Die speziellen Fragen, die mit solchen Schreibweisen verbunden sind, werden in der mathematischen Logik (Metamathematik) im Zusammenhang mit dem λ-*Kalkül* (Church 1930) untersucht.

Im Zusammenhang mit der Funktionsabstraktion ergeben sich einige Fragen bezüglich der *Bindung* und *Substitution* von Identifikatoren. Wie bereits mehrfach betont ist die konkrete Wahl des Identifikators x in Abstraktionen der Form

$$\lambda\, x : E$$

oder

$(\mathbf{m}\ x)\ \mathbf{n} : E$

unerheblich. Wir können x gegen einen beliebigen anderen Identifikator y austauschen, vorausgesetzt, y kommt selbst nicht frei in E vor („es liegen keine Bezeichnungskonflikte vor"); dann ist

$(\mathbf{m}\ y)\ \mathbf{n} : (E[y/x])$

mit dem obigen Ausdruck semantisch äquivalent. Die konsistente Umbenennung von formalen Parametern nennen wir auch α-*Reduktion* (α-*Konversion*) im λ-Kalkül. Insbesondere tritt x nicht frei (ersetzbar) in $(\mathbf{m}\ x)\ \mathbf{n}$: E auf. Solch ein Auftreten des Identifikators x heißt (analog zu der Situation bei Quantoren) *gebundenes* Auftreten.

Zur Klarheit definieren wir, wann ein Identifikator x in einem Ausdruck E frei auftritt. Der Identifikator x ist genau dann frei im Ausdruck E, wenn gilt:

- E besteht genau aus dem Identifikator x.
- E besteht aus einem Funktionsaufruf $F(E_1, ..., E_n)$ und x tritt frei in mindestens einem der Ausdrücke $E_1, ..., E_n$ oder dem Funktionsausdruck F auf.
- E ist eine Funktionsabstraktion der Form $(s_1\ x_1, ..., s_n\ x_n)\ s_{n+1}$: E' und x tritt frei in E' auf und ist verschieden von den Identifikatoren x_i für $1 \leq i \leq n$.
- E ist von der Form

    if C **then** E **else** E' **fi**

    und x tritt in C, E oder E' frei auf.

Bei der Substitution von Identifikatoren in Ausdrücken mit gebunden Identifikatoren gelten besondere Regel, wie wir sie bereits in Verbindung mit Quantoren kennengelernt haben. Falls x verschieden von y und x nicht frei in E0, dann gilt

$((\mathbf{m}\ x)\ \mathbf{n} : E)[E0/y] = (\mathbf{m}\ x)\ \mathbf{n} : (E[E0/y])$

Die Gültigkeit der obigen Bedingung „x nicht frei in E0" kann stets durch α-Reduktion, durch Umbenennung des formalen Parameters x sichergestellt werden. Analoges gilt für mehrstellige Funktionen. Wir erhalten aus obiger Regel:

$((\mathbf{m}\ x)\ \mathbf{n} : E)[E0/x] = (\mathbf{m}\ x)\ \mathbf{n} : E$

da nach α-Reduktion (sei y nicht frei in E0)

$((\mathbf{m}\ x)\ \mathbf{n} : E)[E0/x] =$	$\{\alpha\text{-Reduktion}\}$
$((\mathbf{m}\ y)\ \mathbf{n} : E[y/x])[E0/x] =$	$\{\text{Substitutionsregel}\}$
$((\mathbf{m}\ y)\ \mathbf{n} : (E[y/x][E0/x])) =$	$\{x \text{ ist nicht frei in } E[y/x]\}$
$((\mathbf{m}\ y)\ \mathbf{n} : (E[y/x]))$	

In einer Funktionsabstraktion

$(s_1\ x_1, ..., s_n\ x_n)\ s_{n+1}$: E

werden Bindungen für die formalen Parameter $x_1, ..., x_n$ bezüglich ihres Auftretens im Rumpf E erzeugt. Eine Bindung für einen Identifikator bezieht sich immer auf einen *Bindungsbereich*, beziehungsweise genau genommen auf jedes freie Auftreten des entsprechenden Identifikators im Bindungsbereich. Für die obige Funktionsabstraktion ist der Bindungsbereich für die Identifikatoren x_i der Ausdruck E.

Die Bindungen bestehen für den gesamten Ausdruck E. Damit entspricht E der sogenannten *Lebensdauer* der Bindung. Allerdings ist unter Umständen die Bindung nicht für die gesamte Lebensdauer, d.h. für den gesamten Ausdruck E gültig. Die Bindung kann durch erneute Bindungen in E *überlagert (verschattet)* werden.

Beispiel (Überlagerte Bindung). Im Ausdruck

$$(*) \qquad (\textbf{nat } x) \textbf{ nat: } (((\textbf{nat } x) \textbf{ nat: } x \cdot x) \ (x+1))$$

ist die Bindung von x in der inneren Funktionsabstraktion überlagert. Der Ausdruck (*) ist gleichwertig mit (nach Umbenennung von x im inneren Bindungsbereich)

$$(\textbf{nat } x) \textbf{ nat: } (((\textbf{nat } y) \textbf{ nat: } y \ast y) \ (x+1)) \qquad\qquad \square$$

Der *Gültigkeitsbereich* einer Bindung bestimmt sich durch die Lebensdauer abzüglich aller Teilausdrücke, in denen der entsprechende Identifikator erneut gebunden wird.

Mit Hilfe der Funktionsabstraktion lassen sich bereits gezielt auch umfangreichere Rechenvorschriften formulieren. Beispielsweise beschreibt die Funktionsabstraktion

$$(\textbf{nat } x, \textbf{nat } y) \textbf{ nat: if } x < y \textbf{ then } y \textbf{ else } x \textbf{ fi}$$

die Maximumfunktion auf natürlichen Zahlen.

Ein Polynom (im sogenannten Hornerschema) ist für gegebene Koeffizienten a_0, ..., a_n beschrieben durch die Funktion

$$(\textbf{nat } x) \textbf{ nat: } (... ((a_n \cdot x + a_{n-1}) \cdot x) ... + a_1) \cdot x + a_0$$

Die Funktionsabstraktion kann insbesondere als *Formularschema* verstanden werden. Die formalen Parameter bilden die Platzhalter für die Einträge, die für die Durchführung einer Berechnung notwendig sind.

4.2 Deklarationen in applikativen Sprachen

Deklarationen von Element- und Funktionsbezeichnungen dienen der besseren Lesbarkeit von programmiersprachlichen Ausdrücken. Eine Deklaration erlaubt die Einführung eines Identifikators und die gleichzeitige Bindung des Identifikators an ein bestimmtes Element oder eine bestimmte Abbildung, die durch einen Ausdruck gegeben wird. Wir sprechen von der „Vereinbarung" des Identifikators für das Element oder die Funktion. Durch eine Deklaration wird vereinbart, daß der Identifikator in einem begrenzten Bereich als Abkürzung für den Wert des Ausdrucks steht. Deklarationen finden sich in *Abschnitten* (engl. *section*). Ein Abschnitt dient der Begrenzung der durch eine Deklaration erzeugten Bindung.

Es werden Deklarationen für Datenelemente und Funktionen mit folgender Syntax betrachtet:

⟨section⟩ ::= ⌈ ⟨inner⟩ ⌋ |

             if ⟨inner⟩   **then** ⟨inner⟩ {**elif** ⟨inner⟩ **then** ⟨inner⟩}*

             else ⟨inner⟩ **fi**

⟨inner⟩ ::= ⟨sort declaration⟩; ⟨exp⟩ |

             ⟨element declaration⟩; ⟨exp⟩ |

{ ‹function declaration›,}* ‹exp› |
‹procedural inner›

Die syntaktische Einheit ‹procedural inner› dient der Anbindung von zuweisungsorientierten Sprachelementen an die applikative Ebene und die syntaktische Einheit ‹sort
declaration› dient der Anbindung von Sortendeklarationen an die applikative Ebene.
Beide Konstrukte werden später behandelt.

4.2.1 Elementdeklaration

Sei x ein beliebiger Identifikator, **s** eine Sorte und E ein Ausdruck dieser Sorte, dann
heißt

$\mathbf{s}\, x = E$

eine *Elementdeklaration* oder *Elementvereinbarung* für den Identifikator x. Durch die
Elementdeklaration wird der Identifikator x an den Wert des Ausdrucks E gebunden.
Durch die Deklaration wird vereinbart, daß nunmehr x für diesen Wert steht.

Der Bindungsbereich der Deklaration wird durch einen Abschnitt begrenzt. Elementdeklarationen treten am Anfang von Abschnitten auf. Sei G eine Deklaration
und E0 ein Ausdruck, so ist

⌈ G; E0 ⌋

ein Abschnitt. Die eckigen Klammern heißen Abschnittsklammern und beschränken
den *Gültigkeitsbereich* der Deklaration G, genauer den Bereich der Gültigkeit der
durch die Deklaration G erzeugten Bindung. Das heißt, daß die Vereinbarung, daß der
in G deklarierte Identifikator für den entsprechenden Wert steht, nur innerhalb der
Abschnittsklammern gültig ist.

Die Syntax der Elementdeklaration ist durch folgende BNF-Regel beschrieben:

‹element declaration› ::= ‹sort› ‹id› = ‹exp›

Es gelte folgende syntaktische Nebenbedingung für die Elementdeklaration:

- die Sorte des Ausdrucks E ist **s**,
- x tritt in E nicht frei auf.

Die zweite Bedingung zeigt auf, daß rekursive Elementdeklarationen in unserer Beispielsprache nicht zugelassen sind.

Beispiel (Elementdeklaration). Durch die Deklaration

nat x = 3+4

wird vereinbart, daß x den Wert 7 hat. In einem Abschnitt kann diese Deklaration
verwendet werden. Der Abschnitt

⌈ **nat** x = 3+4; x·x ⌋

hat dann den Wert 49. Im Inneren des Abschnitts steht x für den Wert 7.   □

In Programmiersprachen wird statt der Winkelklammern häufig auch **begin** und **end**
geschrieben. Es wird für einen Abschnitt dann entsprechend

begin **s** x = E1; E2 **end**

geschrieben. Die Abschnittsklammern **begin** beziehungsweise $\lceil$ und **end** beziehungsweise $\rfloor$ schränken den Gültigkeitsbereich der Deklaration für den (vereinbarten) Identifikator x ein. Umgekehrt werden andere, weiter außerhalb möglicherweise vorhandene Vereinbarungen *überlagert* (*verschattet*) und damit innerhalb der Klammern außer Kraft gesetzt. So ist die Bedeutung des Abschnitts

$\lceil$ **nat** x = 1; $\lceil$ **nat** x = 2; x $\rfloor$ +x $\rfloor$

völlig identisch mit der des Abschnitts

$\lceil$ **nat** x = 1; $\lceil$ **nat** y = 2; y $\rfloor$ +x $\rfloor$.

Die konsistente Umbenennung von Identifikatoren in lokalen Deklarationen in Abschnitten ändert (analog zur α-Reduktion) die Bedeutung des Abschnitts nicht.

In einem Programmausdruck kann ein Identifikator mehrfach vereinbart und damit gebunden sein und dabei mit verschiedenen Werten belegt werden. Allerdings sind alle Bindungen bis auf die aktuelle verschattet (überlagert). Deshalb muß auch bei Deklarationen zwischen dem Gültigkeitsbereich und der Lebensdauer einer Bindung beziehungsweise einer Vereinbarung für einen Identifikator unterschieden werden. In dem Abschnitt

$\lceil$ **s** x = E1; E2 $\rfloor$

ist die Bindung des Wertes von E1 an x im gesamten Bereich der Winkelklammern gültig, also insbesondere in E2, wobei diese Gültigkeit unterbrochen („überlagert") wird durch lokale Vereinbarungen für x, die in E2 auftreten. Dies verdeutlicht den Unterschied zwischen *Lebensdauer* der Bindung und ihrem *Gültigkeitsbereich*. Die Lebensdauer, d.h. der Bindungsbereich, umfaßt den gesamten Bereich zwischen den Winkelklammern (d.h. insbesondere ganz E2). Der Gültigkeitsbereich entspricht der Lebensdauer abzüglich der inneren Abschnitte mit neuen Bindungen für x.

Durch eine Elementdeklaration wird eine Belegung für den entsprechenden Identifikator festgelegt. Der Gültigkeitsbereich einer solchen Belegung wird durch Winkelklammern begrenzt. Innerhalb der Winkelklammern steht x für den Wert des Ausdrucks E1. Dies bedeutet semantisch, daß E2 mit einer für x entsprechend geänderten Belegung interpretiert wird. Die Bedeutung I[G] einer Deklaration G kann als „punktweise" Änderung einer Belegung und somit als Abbildung zwischen Belegungen verstanden werden:

I: ‹element declaration› $\rightarrow$ (ENV $\rightarrow$ ENV)

wobei I durch folgende Gleichung definiert ist:

$$I[\mathbf{s}\ x = E1](\beta) = \begin{cases} \beta[I_\beta[E1]/x] & \text{falls } I_\beta[E1] \neq \bot \\ \Omega & \text{sonst} \end{cases}$$

Hier steht Ω für die Abbildung, die für jedes Argument $\bot$ liefert. Damit läßt sich nun auch die Bedeutung eines Abschnitts festlegen. Sei G eine Deklaration, dann gilt:

$I_\beta[\ \lceil G; E1 \rfloor\ ] = I_{\beta 1}[E1]$

mit $\beta 1 = I[G](\beta)$.

Folgen von Deklarationen entsprechen geschachtelten Deklarationen:

$\lceil\ \mathbf{s}_1\ x_1 = E_1; \dots \mathbf{s}_n\ x_n = E_n; E\ \rfloor$

steht für

$\lceil s_1\ x_1 = E_1; ... \lceil s_n\ x_n = E_n; E \rfloor ... \rfloor$

Weiter stehen

if ... **then** ... **else** s x = E_1; E **fi**

beziehungsweise

if ... **then** s x = E_1; E **else** ... **fi**

beziehungsweise

if s x = E_1; E **then** ... **else** ... **fi**

für

if ... **then** ... **else** $\lceil$ s x = E_1; E $\rfloor$ **fi**

beziehungsweise

if ... **then** $\lceil$ s x = E_1; E $\rfloor$ **else** ... **fi**

beziehungsweise

if $\lceil$ s x = E_1; E $\rfloor$ **then** ... **else** ... **fi**

Eine Deklaration besitzt kein einfaches Datenelement als Wert. Sie wird deshalb auch nicht direkt durch Termersetzungsregeln ausgewertet. Im folgenden wird lediglich eine Regel für die Auswertung eines Ausdrucks angegeben, in dem eine Deklaration vorkommt. Ein solcher Ausdruck wird ausgewertet, indem wir ihn auf die Funktionsanwendung zurückführen (sei E1 ein Ausdruck der Sorte **s** und E2 ein Ausdruck der Sorte **r**):

$\lceil s\ x = E1; E2 \rfloor \rightarrow ((s\ x)\ \mathbf{r}: E2)(E1)$.

Ein Abschnitt (mit Ausdruck E der Sorte **n**)

$\lceil s\ x = E1; E2 \rfloor$

ist demnach gleichwertig zur Funktionsapplikation (unter der Annahme, daß x in E1 nicht auftritt). Es gilt die Gleichung

$\lceil s\ x = E1; E2 \rfloor = ((s\ x)\ \mathbf{n}: E2)(E1)$.

Die Deklaration läßt sich aber auch direkt auf Existenzquantoren zurückführen (seien x und y verschiedene Identifikatoren und x nicht frei in E1):

$y = \lceil s\ x = E1; E2 \rfloor \quad \Leftrightarrow \quad \exists s\ x: x = E1 \wedge y = E2$

Alles über Bindung, Gültigkeit, Lebensdauer und Freiheit oder Gebundenheit von Identifikatoren für die Funktionsabstraktion Gesagte gilt damit sinngemäß auch für Deklarationen.

4.2.2 Funktionsdeklaration

Identifikatoren werden nicht nur als Platzhalter und Namen für Elemente verwendet, sondern auch als Bezeichnungen für Funktionen. Analog zur Elementdeklaration deklarieren („vereinbaren") wir Identifikatoren für Funktionen durch

fct $f = (s_1\ x_1,\ ...,\ s_n\ x_n)$ **s**: E

und sprechen von einer *Funktionsdeklaration* oder auch von einer *Funktionsvereinbarung*. In einer Funktionsdeklaration wird in einem Schritt sowohl ein Identifikator für eine Funktion eingeführt, deren Funktionalität angegeben und der Wertverlauf der Abbildung spezifiziert.

Beispiel (Funktionsdeklarationen)

(1)   Der Identifikator abs wird für die Betragsfunktion durch folgende Deklaration vereinbart (se **int** die Sorte der ganzen Zahlen):

> **fct** abs = (**int** x) **int**:
>> **if** $0 \le x$ **then**   x
>>> **else** $- x$ **fi**

(2)   Der Identifikator max wird für die Maximumfunktion durch folgende Deklaration vereinbart:

> **fct** max = (**nat** a, **nat** b) **nat**:
>> **if** $a \le b$ **then** b
>>> **else** a **fi**

(3)   Der Identifikator f wird für eine Funktion, die die Werte eines Polynoms der Ordnung 3 berechnet, durch folgende Deklaration vereinbart:

> **fct** f = (**nat** x) **nat**: $((a \cdot x + b) \cdot x + c) \cdot x + d$ □

Die Syntax der Funktionsdeklaration ähnelt stark der Elementdeklaration. Es wird allerdings verlangt, daß die rechte Seite stets eine Funktionsabstraktion ist. Die genaue Funktionalität braucht auf der linken Seite der Deklaration nicht angegeben zu werden, da sie aus der rechten Seite unmittelbar ersehen werden kann. Es genügt, das Schlüsselwort **fct** anzugeben.

> ⟨function declaration⟩ ::= **fct** ⟨id⟩ = ⟨function abstraction⟩

Allerdings sind im Gegensatz zu der obigen Einschränkung für Elementdeklarationen rekursive Funktionsdeklarationen zugelassen.

Definition. (Rekursive Funktionsdeklaration) Eine Funktionsdeklaration heißt *rekursiv*, wenn der zu deklarierende Funktionsidentifikator auf der rechten Seite der Deklaration auftritt.   □

Die Behandlung der Semantik rekursiver Funktionen wird im folgenden Abschnitt vorgenommen. Durch eine (möglicherweise rekursive) Funktionsdeklaration wird eine *Rechenvorschrift* zur Berechnung der entsprechenden Funktion festgelegt. Deshalb sprechen wir auch von der *Deklaration einer Rechenvorschrift*, um den algorithmischen Charakter der Funktionsdeklaration zu betonen.

   Die Funktionsdeklaration unterscheidet sich in ihrer Interpretation nicht grundsätzlich von der Elementdeklaration. Wie Elementdeklarationen stehen Funktionsdeklarationen für die Vereinbarung von Funktionen. Wie die Elementvereinbarung bewirken sie eine Bindung des Funktionsidentifikators an die Abbildung, die durch die rechte Seite bezeichnet wird.

Für (nichtrekursive) Funktionsdeklarationen wird die funktionale Semantik durch folgende Gleichung festgelegt:

$$I[\textbf{fct } f = F](\beta) = \beta[f'/f]$$

wobei die Funktion f' für die durch F bezeichnete Funktion steht, mathematisch ausgedrückt f' $=_{\text{def}} I_\beta[F]$. Bei dieser Form der Definition der Bedeutung von Funktionsdeklarationen handelt es sich um eine klassische Technik der funktionalen Semantik (man vergleiche Abschnitt 3.2).

Für Folgen von Funktionsdeklarationen (soweit keine verschränkte Rekursion vorliegt) und Funktionsdeklarationen im Inneren von Zweigen von bedingten Ausdrücken gelten analoge Festlegungen wie für Elementdeklarationen.

Operational kann die (nichtrekursive) Funktionsdeklaration in einem Abschnitt einfach durch Substitution (*Entfalten*, engl. *Unfold*) erklärt werden:

$$\lceil \textbf{ fct } f = F \; ; E \; \rfloor \rightarrow E[F/f]$$

Diese Regel darf nicht für rekursive Funktionsdeklarationen verwendet werden, also nicht für Funktionsvereinbarungen, bei denen der Identifikator f im Rumpf von F vorkommt. Im Fall der Rekursion würden nämlich sonst im entstehenden Ausdruck nach der Substitution noch weitere Aufrufe von f existieren, wobei f nicht mehr durch die Deklaration gebunden wäre. Rekursive Funktionsvereinbarungen werden im nächsten Abschnitt behandelt.

Bei der Durchführung der Substitution müssen in E lokal vereinbarte Identifikatoren umbenannt werden, falls sie in F frei auftreten. Wird dies nicht beachtet, so führt die Schachtelung von Funktionsdeklarationen auf Probleme bei der Zuordnung von Bindungen. Dies soll an einem Beispiel erläutert werden. Für das Programm

$$\lceil \textbf{ nat } x = 1; \lceil \textbf{ fct } f = (\textbf{nat } y) \textbf{ nat: } x+y; \lceil \textbf{ nat } x = 2; f(3) \rfloor \rfloor \rfloor$$

stellt sich die Frage, ob der Aufruf f(3) den Wert 4 oder den Wert 5 ergibt. Dies ist abhängig von der Zuordnung des Auftretens des Identifikators x im Rumpf von f zu einer der beiden Deklarationen von x.

Nach unseren Definitionen hat f(3) den Wert 4, denn x ist im Rumpf von f durch die erste Deklaration an den Wert 1 gebunden. Wir sprechen von *statischer Bindung* (engl. *static scoping*): Identifikatoren x, die frei in Rechenvorschriften auftreten, werden durch die in der Aufschreibung („statisch") nächstäußere Deklaration von x gebunden, die die Deklarationsstelle der Rechenvorschrift umfaßt. Dies drückt sich auch in der obigen Auswertungsregel aus durch die Forderung nach Umbenennung lokaler Identifikatoren bei Namenskonflikten.

Das angegebene Programmbeispiel entspricht dem durch Umbenennung des lokal vereinbarten Identifikators x in z entstandenen Programm:

$$\lceil \textbf{ nat } x = 1; \lceil \textbf{ fct } f = (\textbf{nat } y) \textbf{ nat: } x+y; \lceil \textbf{ nat } z = 2; f(3) \rfloor \rfloor \rfloor$$

Im Gegensatz zur statischen Bindung liefert die *dynamische Bindung* (engl. *dynamic scoping*) im obigen Beispiel für f(3) den Wert 5. Freie Identifikatoren x im Rumpf von Rechenvorschriften werden bei der dynamischen Bindung jeweils durch die nächstäußere Deklaration von x gebunden, die die Aufrufstelle der Rechenvorschrift umfaßt. Es gibt Programmiersprachen, die – im Gegensatz zur eingeführten Sprache – eine dynamische Bindung für Identifikatoren vornehmen. Dies führt jedoch zu komplizierten Regeln für die Analyse von Programmen und wird inzwischen allgemein als ungünstig angesehen.

4.3 Rekursive Funktionsdeklarationen

Alle Sprachelemente, die bisher eingeführt wurden, gestatten insgesamt lediglich die Aufschreibung von Ausdrücken, die stets auf terminierende („endlich beschränkte") Berechnungen führen, soweit nur alle Berechnungen für die Funktionen der Basissignatur terminieren. Die Länge der Berechnungssequenzen ist damit stets statisch beschränkt. Um Rechenvorschriften mit unbeschränkt langen Berechnungen formulieren zu können, wird das Konzept der rekursiven Deklaration von Funktionen verwendet.

Beispiele (Rekursive Rechenvorschriften)

(1) *Addition:* Über der Rechenstruktur der natürlichen Zahlen mit den Operationssymbol zero (abgekürzt durch 0), succ, pred und dem Prädikat $\overset{?}{=}$ definiert die folgende rekursive Deklaration die Addition:

> **fct** add = (**nat** x, **nat** y) **nat**:
> **if** x $\overset{?}{=}$ 0 **then** y
>   **else** succ(add(pred(x), y)) **fi**

Hier erscheint der Name der deklarierten Funktion auch auf der rechten Seite der Deklaration. Man beachte die Ähnlichkeit zu den entsprechenden Termersetzungsalgorithmen.

(2) *Multiplikation:* Die Multiplikation kann durch Rekursion auf die Addition zurückgeführt werden:

> **fct** mult = (**nat** x, **nat** y) **nat**:
> **if** x $\overset{?}{=}$ 0 **then**   0
>   **else**   add(y, mult(pred(x), y)) **fi**

In analoger Weise können wir weitere arithmetische Funktionen deklarieren.

(3) *Division mit Rest:* Die Division mit Rest läßt sich durch Rekursion über der Subtraktion ausdrücken:

> **fct** div = (**nat** x, **nat** y: y > 0) **nat**:
> **if** x < y **then**   0
>   **else**   div(x–y, y)+1 **fi**

Die Restriktion y > 0 in der Kopfzeile drückt aus, daß die Funktion sinnvollerweise nur für Parameter x, y mit y > 0 aufgerufen werden sollte. Wir schreiben div(x, y) in der Regel in Infixschreibweise durch x ÷ y.

Die Funktion mod berechnet den Rest der Division:

> **fct** mod = (**nat** n, **nat** m: m > 0) **nat**:
> **if** n < m **then**   n
>   **else**   mod(n–m, m) **fi**

(4) *Binomialkoeffizient:* Binomialkoeffizienten lassen sich durch folgende rekursiv deklarierte Funktion berechnen:

fct binom = (**nat** n, **nat** k: $n \geq k$) **nat:**
  if $n \stackrel{?}{=} k \vee k \stackrel{?}{=} 0$ **then** 1
        else binom(n–1, k–1) + binom(n–1, k) **fi**

(5) *Spiegelung einer Zahl in Dezimaldarstellung:*

fct spiegel = (**nat** n) **nat:**
  if $n < 10$ **then**   n
      else   mod(n, 10) · h(n) + spiegel(n÷10) **fi**

Die Funktion h berechnet im Aufruf h(n) die Zahl 10^k, wobei k so gewählt wird, daß h(n) die gleiche Anzahl an Dezimalstellen besitzt wie die Zahl n, d.h. $10^k \leq n < 10^{k+1}$:

fct h = (**nat** n) **nat:**
  if $n < 10$ **then**   1
      else   10 · h(n÷10) **fi**

(6) Feststellung, ob eine Zahl in Dezimaldarstellung ein Palindrom ist (eine Sequenz heißt Palindrom, wenn sie rückwärts gelesen mit sich selbst übereinstimmt):

fct palindrom = (**nat** n) **bool:** (spiegel(n) $\stackrel{?}{=}$ n)

(7) Feststellung, ob eine Zahl n in Dezimaldarstellung genau einer Permutation der Ziffern $\{1, ..., z\}$ entspricht ($1 \leq z \leq 9$):

fct permutation = (**nat** n, **nat** z: $1 \leq z \leq 9$) **bool:**
  if $n \stackrel{?}{=} 0$ **then**   false
       else   **if** $n \stackrel{?}{=} 1$ **then** $z \stackrel{?}{=} 1$
            else permutation(delete(n, z), z–1) $\wedge$ occurs(n, z)
         fi
  fi,

fct delete = (**nat** n, **nat** z: $1 \leq z \leq 9$) **nat:**
  if $n \stackrel{?}{=} 0$ **then**   0
  elif   mod(n, 10) $\stackrel{?}{=}$ z **then**   n÷10
            else   delete(n÷10, z)·10 + mod(n, 10)
  fi,

fct occurs = (**nat** n, **nat** z: $1 \leq z \leq 9$) **nat:**
  if $n \stackrel{?}{=} 0$ **then**   false
       else   occurs(n÷10, z) $\vee$ (mod(n, 10) $\stackrel{?}{=}$ z)
  fi

(8) Berechnung der Länge einer Sequenz:

fct length = (**seq nat** s) **nat:**
  if s $\stackrel{?}{=}$ empty **then**   0
        else   length(rest(s))+1
  fi

(9)   Feststellung, ob eine Sequenz von Zahlen absteigend sortiert ist:

fct sorted = (**seq nat** s) **bool**:
if	length(s) $\leq$ 1	**then**	true
elif	first(s) < first(rest(s))	**then**	false
		else	sorted(rest(s))

fi

(10)   Mischen zweier absteigend sortierter Sequenzen von Zahlen in eine absteigend sortierte Sequenz:

fct merge = (**seq nat** s, **seq nat** r: sorted(s) $\wedge$ sorted(r)) **seq nat**:
if	s $\overset{?}{=}$ empty	**then**	r
elif	r $\overset{?}{=}$ empty	**then**	s
elif	first(s) $\geq$ first(r)	**then**	⟨first(s)⟩ ∘ merge(rest(s), r)
		else	⟨first(r)⟩ ∘ merge(s, rest(r))

fi

(11)   Herauslösen einer über Indexangaben spezifizierten Teilsequenz aus einer gegebenen Sequenz: Der Aufruf part(s, a, b) liefert die Teilsequenz von s, die mit dem a-ten Element von s beginnt und mit dem b-ten Element endet. Dabei wird $0 < a \leq b \leq$ length(s) vorausgesetzt.

fct part = (**seq nat** s, **nat** a, **nat** b: $0 < a \leq b \leq$ length(s)) **seq nat**:
if	a > 1	**then**	part(rest(s), a–1, b–1)
elif	a $\overset{?}{=}$ b	**then**	⟨first(s)⟩
		else	⟨first(s)⟩ ∘ part(rest(s), a, b–1)

fi

(12)   Sortieren einer Sequenz durch Mischen:

fct mergesort = (**seq nat** s) **seq nat**:
if length(s) $\leq$ 1	**then**	s
	else	**nat** h = length(s) ÷ 2;
		seq nat lpart = part(s, 1, h);
		seq nat rpart = part(s, h+1, length(s));
		merge(mergesort(lpart), mergesort(rpart))

fi   □

Rekursive Funktionsdeklarationen führen allgemein auf Rechenvorschriften mit unbeschränkt langen Berechnungen und stellen somit ein mächtiges Werkzeug der Programmierung dar. Dementsprechend ist das Verständnis der semantischen Interpretation rekursiver Deklarationen besonders wichtig, aber auch schwieriger als die Behandlung nichtrekursiver Deklarationen. Schon aus den obigen Beispielen geht hervor, daß es nicht immer einfach ist, herauszufinden, welche Funktion durch eine rekursive Deklaration dargestellt wird.

Im folgenden wird eine semantische Deutung für rekursive Funktionsvereinbarungen angegeben. In einer rekursiven Deklaration

fct f = (**m** x) **n** : E

tritt das Funktionssymbol f wieder auf der rechten Seite in E auf. Damit kann die Abstraktion

(m x) n : E

nicht als Definition verstanden werden. Versuchen wir die Abstraktion naiv als Definition für f aufzufassen, dann führt dies auf eine „zirkuläre" Definition. Damit ist es zunächst völlig unklar, welche Funktion mit dem Identifikator f schließlich verbunden werden soll.

Entsprechend kann für rekursive Deklarationen die Bedeutung nicht wie für nichtrekursive Rechenvorschriften einfach durch die Festlegung

I[**fct** f = (m x) n : E] (β) = β[f1/f]

mit

f1 = I[(m x) n : E] (β)

erfolgen, da in E das Funktionssymbol f wieder auftritt und damit die Funktion f1 nicht bestimmt werden kann, ohne daß in β ein Wert für f gegeben ist. Diese Definition ist ebenfalls zirkulär: Ein Wert für f kann ermittelt werden, falls ein Wert für f vorliegt. Aus der rekursiven Deklaration läßt sich demnach zunächst lediglich eine Vorschrift ableiten, die jeder gegebenen Funktion f eine Funktion f1 zuordnet.

Abgestützt auf diese Beobachtung gibt es zwei grundlegende Techniken, rekursive Funktionsvereinbarungen zu deuten und damit rekursiv vereinbarten Funktionsidentifikatoren in eindeutiger Weise eine Abbildung zuzuordnen:

– die induktive Deutung,
– die Deutung durch Fixpunktgleichungen.

In der induktiven Deutung wie in der Fixpunktdeutung wird eindeutig festgelegt, mit welcher Abbildung ein Identifikator durch eine rekursive Deklaration belegt wird.

Bevor eine genaue Beschreibung der Bedeutung rekursiver Deklarationen erfolgt, soll zunächst eine kurze Erläuterung der Art und Weise erfolgen, wie rekursive Deklarationen operational behandelt werden können. Sei die Funktion mod wie folgt deklariert:

fct mod = (**nat** a, **nat** b) **nat**:
  if a < b **then** a
      else mod(a–b, b) **fi**

Ein Aufruf mod(a, b) berechnet a modulo b. Somit ergibt mod(a, b) den Rest bei der Division von a durch b. Die Deklaration suggeriert, daß die durch den Identifikator mod bezeichnete Funktion und die durch die Funktionsabstraktion auf der rechten Seite der Deklaration beschriebene Funktion identisch sind. Dies bedeutet, daß für alle natürlichen Zahlen a, b die Gleichung

mod(a, b) = **if** a < b **then** a **else** mod(a–b, b) **fi**

gelten soll. Dies können wir für die Ermittlung des Wertes eines Aufrufes von mod verwenden. Wir betrachten als Beispiel den Funktionsaufruf

(1) mod(11, 4) .

Der Ausdruck (1) ist nach obiger Regel nach Einsetzen der rechten Seite gleichwertig mit

(2) ((**nat** a, **nat** b) **nat**: **if** a < b **then** a **else** mod(a–b, b) **fi**) (11, 4) ,

da mod und die rechte Seite der Deklaration gleichwertig sind. Nach der Bedeutung der Funktionsapplikation ist der obige Ausdruck (2) gleichbedeutend mit

(3) **if** 11 < 4 **then** 11 **else** mod(11–4, 4) **fi** ,

was nach den Gesetzen der Arithmetik und den Regeln für bedingte Ausdrücke gleichwertig ist mit

(4) mod(7, 4) .

Wieder kann mod durch die Funktionsabstraktion auf der rechten Seite der Deklaration von mod ersetzt werden. Dies ergibt:

(5) ((**nat** a, **nat** b) **nat**: **if** a < b **then** a **else** mod(a–b, b) **fi**) (7, 4),

was gleichwertig ist zu

(6) **if** 7 < 4 **then** 7 **else** mod(7–4, 4) **fi**

und schließlich zu

(7) mod(3, 4)

Durch Einsetzen der Abstraktion aus der Deklaration von mod führt dies auf

(8) ((**nat** a, **nat** b) **nat**: **if** a < b **then** a **else** mod(a–b, b) **fi**) (3, 4) .

Dies liefert

(9) **if** 3 < 4 **then** 3 **else** mod(3–4, 4) **fi**

und nach der Regel bedingter Ausdrücke ergibt dies schließlich 3 als Wert für mod(11, 4).

Das Einsetzen der rechten Seite einer Funktionsdeklaration für die Funktion nennen wir *Expansion* oder *Entfalten* (engl. *unfold*) des Aufrufs der rekursiven Funktion. Durch wiederholtes Anwenden der Regel der Expansion kann unter gewissen Umständen ein rekursiver Aufruf auf einen Wert reduziert werden. Dies gelingt nicht immer, wie der Aufruf mod(11, 0) zeigt. Die Idee der Auswertung durch Expansion ist die Leitlinie für die operationale Deutung rekursiver Funktionsdeklarationen.

In der funktionalen Deutung verbinden wir mit einer rekursiven Deklaration wieder die Bindung einer Funktion an den deklarierten Identifikator. Welche Funktion dies genau ist, wird in den folgenden zwei Abschnitten erklärt.

4.3.1 Induktive Deutung rekursiver Funktionsdeklarationen

Rekursion tritt in vielen Bereichen der Informatik auf. Bereits die Beschreibung von formalen Sprachen durch die Deklaration von nichtterminalen Hilfsbezeichnungen für BNF-Ausdrücke stellt ein Beispiel für Rekursion dar. Weitere Beispiele bilden rekursive Sortendeklarationen, wie sie im Kapitel 8 behandelt werden. Wegen der zentralen Bedeutung der Rekursion für die Informatik behandeln wir die Deutung rekursiver Deklarationen mit besonderer Ausführlichkeit. Man beachte, daß Rekursion nicht nur in Programmiersprachen bei der rekursiven Deklaration von Rechenvorschriften auftritt, sondern auch in anderen Bereichen. Ein Beispiel für Rekursion bilden Systeme von BNF-Deklarationen von Nichtterminalen, die auf der rechten Seite der Definitionen wieder auftreten.

Wir geben im folgenden eine mathematische Behandlung rekursiver Deklarationen. Eine ausführliche Behandlung mit der umfassenden Definition und Erklärung aller verwendeten Begriffe findet sich in LOECKX, SIEBER 1984.

Sei die rekursive Funktionsdeklaration

fct f = (**m** x) **n**: E

gegeben. In E darf das Funktionssymbol f also wieder frei auftreten. Seien M und N die Trägermengen, die wir mit den Sorten **m** und **n** verbinden. Man beachte, daß vereinbarungsgemäß beide Mengen M und N das Element $\perp$ enthalten. Für eine gegebene Belegung β wird mit der rechten Seite der Deklaration, d.h. mit der Abstraktion

(**m** x) **n**: E,

ein Funktional τ verbunden, eine Abbildung zwischen Abbildungen:

τ: (M $\to$ N) $\to$ (M $\to$ N).

Das Funktional τ liefert für Funktionen g: M $\to$ N durch $\tau[g]$ wieder eine Funktion. Für Argumente a $\in$ M ist die Funktion $\tau[g]$ wie folgt definiert:

$$\tau[g](a) = \left\{ \begin{array}{ll} I_{\beta 1}[E] & \text{falls } a \neq \perp \\ \perp & \text{sonst} \end{array} \right.$$

wobei $\beta 1 = \beta[g/f, a/x]$ gelte. Die Fallunterscheidung entspricht wieder dem Striktheitsprinzip. Die Schreibweise $\tau[g](x)$ deutet an, daß τ für jede Funktion g durch $\tau[g]$ eine Funktion ergibt, die für jeden Wert x der Sorte **m** einen Wert $\tau[g](x)$ der Sorte **n** liefert. τ heißt das der rekursiven Deklaration zugeordnete Funktional.

Mit Hilfe von τ läßt sich induktiv eine Folge $(f_i)_{i \in N}$ von Funktionen

$f_i : M \to N$

durch die folgenden Gleichungen (für alle x $\in$ M) definiert:

$f_0(x) = \perp,$
$f_{i+1}(x) = \tau[f_i](x).$

Die Folge von Funktionen f_i ist ausschließlich durch die iterierte Anwendung des Funktionals τ auf die Funktion f_0 gegeben. Es gilt:

$f_i = \tau^i[f_0],$

wobei f_0 die Abbildung ist, die jedem Argument den Wert $\perp$ zuordnet.

Beispiel (Induktive Deutung für die rekursiv vereinbarte Fakultätsfunktion). Betrachtet wird die rekursive Deklaration:

fct fac = (**nat** x) **nat** :
    if x $\overset{?}{=}$ 0 **then**   1
               else   x·fac(x−1) **fi**

Wir erhalten hierbei folgendes Funktional τ:

$$\tau[g](x) = \begin{cases} \bot & \text{falls } x = \bot, \\ 1 & \text{falls } x = 0, \\ x \cdot g(x-1) & \text{sonst.} \end{cases}$$

Es gilt gemäß unserer Definition für $x \in \mathbf{N}^{\bot}$:

$$fac_0(x) = \bot, \text{ d.h. } fac_0 = \Omega.$$

$$fac_{i+1}(x) = \tau[fac_i](x) = \begin{cases} \bot & \text{falls } x = \bot, \\ 1 & \text{falls } x = 0, \\ x \cdot fac_i(x-1) & \text{sonst.} \end{cases}$$

Somit erhalten wir für die Funktion fac_i die nichtrekursive Gleichung:

$$fac_i(x) = \begin{cases} \bot & \text{falls } (x \in \mathbf{N} \wedge i \leq x) \vee x = \bot, \\ x! & \text{sonst.} \end{cases}$$

Dies läßt sich durch Induktion über $i \in \mathbf{N}$ beweisen:

(1) $i = 0$, dann ist die Behauptung trivial.

(2) Sei die Behauptung richtig für fac_i

$$fac_{i+1}(x) = \tau[fac_i](x)$$

$$= \begin{cases} \bot & \text{falls } x = \bot, \\ 1 & \text{falls } x = 0, \\ x \cdot fac_i(x-1) & \text{sonst.} \end{cases}$$

$$= \begin{cases} \bot & \text{falls } x = \bot, \\ 1 & \text{falls } x = 0, \\ x \cdot \bot & \text{falls } x \in \mathbf{N} \wedge i \leq (x-1), \\ x \cdot ((x-1)!) & \text{sonst.} \end{cases}$$

$$= \begin{cases} \bot & \text{falls } (x \in \mathbf{N} \wedge i+1 \leq x) \vee x = \bot, \\ x! & \text{sonst.} \end{cases} \qquad \square$$

Die Folge $(f_i)_{i \in \mathbf{N}}$ ist für wachsende $i \in \mathbf{N}$ im folgenden Sinn *monoton* steigend:

$$i \leq j \implies (f_i(x) = \bot \vee f_i(x) = f_j(x)).$$

Wir erhalten eine eindeutig definierte Funktion f_∞ durch die folgende Festlegung:

$$f_\infty(x) = \begin{cases} \bot & \text{falls für alle } i \in \mathbf{N} : f_i(x) = \bot, \\ f_j(x) & \text{falls für } j \in \mathbf{N} : f_j(x) \neq \bot. \end{cases}$$

f_∞ heißt die induktive Deutung der rekursiven Funktionsdeklaration.

Man beachte, daß nach dieser Konstruktion $f_\infty(x)$ genau dann verschieden von $\bot$ ist, wenn durch endliche, iterierte Anwendung des Funktionals τ auf die Funktion f_0 schließlich eine Abbildung f_j entsteht mit Wert $f_j(x) \neq \bot$ für das Argument x.

Etwas mathematischer ausgedrückt, definieren wir auf der Menge N eine partielle Ordnung $\sqsubseteq$ vermöge (für x1, x2 $\in$ N):

$$x1 \sqsubseteq x2 \quad \Leftrightarrow_{def} \quad x1 = \bot \vee x1 = x2 .$$

Diese Ordnung heißt aufgrund ihrer einfachen Struktur *flach* (engl. *flat* oder auch *discrete*). Sie induziert eine partielle Ordnung auf Abbildungen

$f, g: M \to N$,

die wir ebenfalls mit $\sqsubseteq$ bezeichnen, durch elementweisen Vergleich der Resultate:

$f \sqsubseteq g \Leftrightarrow_{def} \forall x \in M : f(x) \sqsubseteq g(x)$.

Wiederum bildet $\sqsubseteq$ für die Menge der Funktionen von M nach N eine partielle Ordnung.

Für eine partiell geordnete Menge Z heißt dabei eine nichtleere Teilmenge $Z0 \subseteq Z$ *gerichtet*, wenn für jedes Paar x, y $\in$ Z0 eine obere Schranke z $\in$ Z0 existiert. Mit anderen Worten existiert z $\in$ Z0 mit x $\sqsubseteq$ z $\wedge$ y $\sqsubseteq$ z. Spezielle gerichtete Mengen sind Mengen der Form $\{x_i: i \in \mathbb{N}\}$ mit

$x_i \sqsubseteq x_{i+1}$ für alle i.

Wir nennen solche Mengen (abzählbare) *Ketten* und schreibt für sie abkürzend $(x_i)_{i \in \mathbb{N}}$.

Eine partiell geordnete Menge heißt *vollständig*, wenn es zu jeder gerichteten Menge eine kleinste obere Schranke (ein Supremum, abgekürzt sup) existiert. Mit der oben eingeführten Ordnung ist die Menge der Funktionen f: M $\to$ N *vollständig*.

Beispielsweise ist jede durch $\sqsubseteq$ flach geordnete Menge M vollständig. In flach geordneten Mengen gibt es nämlich nur zwei Klassen gerichteter Mengen: Einelementige Mengen und Mengen der Form $\{\bot, a\}$ mit a $\in$ M\$\{\bot\}$ beliebig. Für die natürlichen Zahlen $\mathbb{N}$ mit der üblichen Ordnung $\leq$ ist jede Teilmenge gerichtet. $\mathbb{N}$ ist bezüglich der Ordnung $\leq$ aber nicht vollständig, da jede unendliche Teilmenge von $\mathbb{N}$ zwar gerichtet ist, aber kein Supremum hat. Erweitern wir $\mathbb{N}$ um das „größte" Element ∞ (für „unendlich") zu $\mathbb{N} \cup \{\infty\}$, so erhalten wir eine bezüglich der Ordnung $\leq$ vollständige Menge.

Ein Funktional τ heißt *monoton*, wenn für alle Funktionen f und g folgende Aussage gilt:

$f \sqsubseteq g \Rightarrow \tau[f] \sqsubseteq \tau[g]$,

Ist τ monoton, so ist für jedes Argument a die Menge (die f_i bezeichnen wie oben definiert die durch Iteration des Funktionals τ aus der Funktion Ω gewonnenen Funktionen):

$(f_i(a))_{i \in \mathbb{N}}$

eine Kette. Dies ergibt sich aus $f_i \sqsubseteq f_{i+1}$, wie durch Induktion bewiesen werden kann. Es gilt (Induktionsanfang):

$f_0(a) = \bot \sqsubseteq f_1(a)$

für alle a, da $f_0(a) = \bot$ kleinstes Element ist. Also gilt $f_0 \sqsubseteq f_1$. Gilt die Induktionsvoraussetzung

$f_i \sqsubseteq f_{i+1}$,

so gilt nach der Monotonie von τ:

$\tau[f_i] \sqsubseteq \tau[f_{i+1}]$,

was nach der Definition der f_i gleichbedeutend ist mit

$f_{i+1} \sqsubseteq f_{i+2}.$

Damit läßt sich f_∞ wie folgt definieren (da $(f_i)_{i \in \mathbb{N}}$ eine gerichtete Menge bildet, vorausgesetzt τ ist monoton):

$f_\infty = \sup \{f_i \colon i \in \mathbb{N}\},$

was gleichbedeutend ist für $x \in M$ mit

$f_\infty(x) = \sup \{f_i(x) \colon i \in \mathbb{N}\}.$

f_∞ ist demnach als das Supremum aller Funktionen definiert, die sich durch endliche Iteration unter Verwendung des Funktionals τ mit Startwert f_0 ergeben.

Die Funktion f_∞ kann verwendet werden, um der betrachteten rekursiven Deklaration eine Bedeutung zu geben. Die betrachtete rekursive Deklaration bindet den Identifikator f an die Abbildung f_∞.

4.3.2 Deutung als kleinster Fixpunkt

Neben der induktiven Deutung können wir eine rekursive Deklaration einer Funktion

fct f = (**m** x) **n**: E

auch über eine Lösung der Funktionalgleichung

$(*) \quad f = \tau[f]$

deuten, wobei τ wie eben definiert ist. Mit anderen Worten suchen wir eine Abbildung

f: M $\rightarrow$ N

mit der Eigenschaft, daß für alle $x \in M$

$f(x) = \tau[f](x)$

gilt. Wir nennen f dann *Fixpunkt* von τ und $(*)$ die zur rekursiven Deklaration von f gehörige *Funktionalgleichung*. Daß die Funktionalgleichung stets eine Lösung besitzt, wird im folgenden gezeigt. Dazu werden einige ordnungstheoretische Begriffe benötigt.

Definition. (Montone Funktion) Seien $(M_i, \sqsubseteq_i)$ für $i = 1, 2$ geordnete Mengen. Eine Funktion

f: $M_1 \rightarrow M_2$

heißt *monoton*, falls für alle x1, x2 $\in M_1$ gilt:

$x1 \sqsubseteq_1 x2 \quad \Rightarrow \quad f(x1) \sqsubseteq_2 f(x2).$

Die Menge der monotonen Abbildungen bezeichnen wir mit

$[M_1 \rightarrow M_2].$ $\square$

Für beliebige Funktionale τ ist weder die Existenz noch die Eindeutigkeit eines Fixpunkts, einer Lösung der Funktionalgleichung, gesichert. Auf Grund der Struktur der vorliegenden Programmiersprache gilt jedoch, daß das Funktional τ monoton ist. Für monotone Funktionale τ ist auf vollständigen Mengen mit kleinstem Element die

Existenz eines Fixpunkts, d.h. einer Lösung der obigen Gleichung (∗) gesichert. Darüber hinaus gibt es stets einen eindeutig bestimmten *kleinsten Fixpunkt* von τ.

Theorem (nach Knaster-Tarski). *Ist τ eine monotone Abbildung über einer geordneten, vollständigen Menge A mit kleinstem Element, so ist die Gleichung*

$$x = \tau[x]$$

lösbar und es existiert ein eindeutig bestimmter kleinster Fixpunkt von τ.

Beweis (nach Knaster-Tarski). Seien die Mengen PRE und Z wie folgt definiert:

PRE $=_{\text{def}} \{x \in A: \tau(x) \sqsubseteq x\}$,
Z $=_{\text{def}} \{y \in A: \forall x \in PRE: y \sqsubseteq x \wedge y \sqsubseteq \tau(y)\}$.

Da $\bot \in Z$, gilt $Z \neq \emptyset$. Nach dem Lemma von Zorn gilt: Z besitzt ein maximales Element, da für jede Kette $B \subseteq Z$ stets sup $B \in Z$ gilt:

(1)   sup $B \sqsubseteq$ sup $\{\tau(y): y \in B\} \sqsubseteq \tau(\text{sup } B)$,
(2) $\forall x \in PRE: \forall y \in B: y \sqsubseteq x$, also $\forall x \in PRE:$ sup $B \sqsubseteq x$.

Sei $y_0 \in Z$ ein maximales Element in Z. $y_0 \sqsubseteq \tau(y_0)$ impliziert, da τ monoton ist,

$$\tau(y_0) \sqsubseteq \tau(\tau(y_0)),$$

also gilt $\tau(y_0) \in Z$ und $y_0 \sqsubseteq \tau(y_0)$. Weil y_0 maximal ist, gilt $y_0 = \tau(y_0)$. Da $y_0 \in Z$ und jeder Fixpunkt in PRE ist, ist y_0 kleinster Fixpunkt.   ☐

Der Satz verwendet das Lemma von Zorn, das wie folgt lautet:

Zorns Lemma. *Sei M eine partiell geordnete Menge, die für jede Kette $B \subseteq M$ auch sup B enthält, dann besitzt M ein maximales Element.*   ☐

Der Satz von Knaster-Tarski ist nicht nur für rekursiv definierte Rechenvorschriften bedeutungsvoll, sondern auch für viele andere Bereiche der Informatik und Mathematik.

Beispiel (Der kleinste Fixpunkt zum Funktional der Fakultätsfunktion). Die Funktion

$$\text{fac}: \mathbb{N}^\bot \to \mathbb{N}^\bot$$

mit

$$\text{fac}(n) = n!$$

ist kleinster Fixpunkt von τ. Sie ist die kleinste (und in diesem Fall einzige) Lösung der Funktionalgleichung

$$\tau[f] = f$$

mit

$$\tau[f](x) = \begin{cases} \bot & \text{falls } x = \bot, \\ 1 & \text{falls } x = 0, \\ x \cdot f(x-1) & \text{sonst.} \end{cases}$$ ☐

Die Abbildung, die den kleinsten Fixpunkt eines monotonen Funktionals τ darstellt, bezeichnen wir auch mit

fix τ

(in der Literatur findet sich auch $Y\tau$ oder $\mu\,z.\tau[z]$). Die Funktion **fix** (und entsprechend **Y** und μ) nennen wir *Fixpunktoperator*.

Der kleinste Fixpunkt des Funktionals τ kann ebenfalls verwendet werden, um einem, in einer rekursiven Funktionsdeklaration

fct $f = (\mathbf{m}\ x)\ \mathbf{n}\colon E$

(mit zugeordnetem Funktional τ) vereinbartem Identifikator eine Abbildung zuzuordnen. Damit stehen uns zwei Deutungen für rekursive Deklarationen von Rechenstrukturen zur Verfügung: Die induktive Deutung und die Fixpunktdeutung. Natürlich ist die Frage von Interesse, ob sich beide Deutungen unterscheiden. Es gilt:

$$\sup\{f_i\colon i \in \mathbb{N}\} \sqsubseteq \mathbf{fix}\ \tau.$$

Dies zeigen wir, indem wir durch Induktion $f_i \sqsubseteq \mathbf{fix}\ \tau$ beweisen. Den Induktionsanfang

$$f_0 \sqsubseteq \mathbf{fix}\ \tau,$$

erhalten wir sofort, da f_0 das kleinste Element ist. Ferner folgt aus $f_i \sqsubseteq \mathbf{fix}\ \tau$ und der Monotonie von τ:

$$f_{i+1} = \tau[f_i] \sqsubseteq \tau[\mathbf{fix}\ \tau] = \mathbf{fix}\ \tau.$$

Induktion ergibt $f_i \sqsubseteq \mathbf{fix}\ \tau$ für alle $i \in \mathbb{N}$. Daraus folgt

$$\sup\{f_i\colon i \in \mathbb{N}\} \sqsubseteq \mathbf{fix}\ \tau.$$

Auf flachen Bereichen stimmen demnach die Resultate der Funktion $\sup\{f_i\colon i \in \mathbb{N}\}$, die verschieden von $\bot$ sind, mit den Werten der Funktion **fix** τ überein. Ferner hat die Funktion $\sup\{f_i\colon i \in \mathbb{N}\}$ den Wert $\bot$, wenn die Funktion **fix** τ den Wert $\bot$ hat.

Das Funktional τ heißt *(ketten)stetig*, wenn für monoton aufsteigende Folgen $(f_i)_{i\in\mathbb{N}}$ (d.h. für alle $i \in \mathbb{N}$ gilt: $f_i \sqsubseteq f_{i+1}$) von Funktionen f_i stets gilt:

$$\sup\{\tau[f_i] : i \in \mathbb{N}\} = \tau[\sup\{f_i : i \in \mathbb{N}\}]\ .$$

Die induktive Deutung $\sup\{f_i\colon i \in \mathbb{N}\}$ und die Fixpunktdeutung **fix** τ sind völlig identisch, falls das Funktional τ Stetigkeitseigenschaften besitzt. Der kleinsten Fixpunkt stimmt mit dem Supremum der in der induktiven Deutung auftretenden Kette von Funktionen überein.

Satz (nach Kleene). *Ist τ stetig, so ist der kleinste Fixpunkt f von $\tau[f]$ identisch mit dem Supremum der Kette der Abbildungen* $(f_i)_{i\in\mathbb{N}}$

$$f_\infty = \sup\{f_i\colon i \in \mathbb{N}\},$$

wo $f_0(x) = \bot$, $f_{i+1} = \tau[f_i]$, d.h. es gilt:

$$\mathbf{fix}\ \tau = \sup\{\tau^i[f_0]\colon i \in \mathbb{N}\},$$

wobei τ^i die i-fache funktionale Komposition des Funktionals τ mit sich selbst bezeichnet.

Beweis. Die Stetigkeit von τ impliziert, daß f_∞ Fixpunkt von τ ist:

$\tau[f_\infty] =$	(nach Definition)
$\tau[\sup\{f_i\colon i \in \mathbb{N}\}] =$	(Stetigkeit von τ)
$\sup\{\tau[f_i]\colon i \in \mathbb{N}\} =$	(Definition von f_i)

$$\sup \{f_{i+1}: i \in \mathbb{N}\} = \quad \text{(da } f_0 \sqsubseteq f_1 \text{ und } f_{i+1} = \tau[f_i])$$
$$\sup \{f_i: i \in \mathbb{N}\} = \quad \text{(Definition von } f_\infty)$$
$$f_\infty .$$

Also ist f_∞ Fixpunkt. Ist f Fixpunkt von τ, so gilt ferner

$$f_\infty \sqsubseteq f,$$

da für jeden Fixpunkt f: $f_i \sqsubseteq f$ für alle $i \in \mathbb{N}$, wie wir durch Induktion über i zeigen:

(0) $f_0 \sqsubseteq f$ gilt trivialerweise, da f_0 kleinstes Element ist;

(1) gilt $f_i \sqsubseteq f$, so gilt wegen der Monotonie von τ

$$\tau[f_i] \sqsubseteq \tau[f] .$$

Nach Definition ist $f_{i+1} = \tau[f_i]$ und die Fixpunkteigenschaft $\tau[f] = f$ ergibt

$$f_{i+1} \sqsubseteq f .$$

Also ist f_∞ kleinster Fixpunkt. Da **fix** τ ebenfalls kleinster Fixpunkt ist, gilt **fix** $\tau \sqsubseteq f_\infty$ und ebenso gilt $f_\infty \sqsubseteq$ **fix** τ. Also gilt (Antisymmetrie der partiellen Ordnung $\sqsubseteq$):

$$f_\infty = \textbf{fix } \tau . \qquad\qquad \Box$$

Alle in unserer Sprache formulierbaren Funktionale sind kettenstetig. Dies kann gezeigt werden, indem bewiesen wird, daß mit den Elementen der vorliegenden applikativen Sprache nur monotone und stetige Funktionale entstehen können. Dies ist letztlich eine Konsequenz des folgenden Lemmas.

Lemma. *Sei* β *eine Belegung, die nur strikte Funktionen enthält, dann gilt für jedes Funktional*

$$\tau: [M \to N] \to [M \to N] :$$

(1) *Gilt für die strikte Abbildung* g, *den Identifikator* x *und für alle* a ∈ M *und alle strikten Abbildungen* f

$$\tau[f](a) = \begin{cases} \bot & \textit{falls } a = \bot, \\ \beta(x) & \textit{sonst,} \end{cases}$$

oder gilt für alle a ∈ M

$$\tau[f](a) = g(a),$$

so ist τ *stetig.*

(2) *Gilt für stetige Funktionale*

$$\tau1, \tau2: [M \to N] \to [M \to N],$$
$$\tau0: [M \to N] \to [M \to \mathbb{B}^\bot],$$

$$\tau[f](a) = \begin{cases} \tau1[f](a) & \textit{falls } \tau0[f](a) = \textbf{L}, \\ \tau2[f](a) & \textit{falls } \tau0[f](a) = \textbf{O}, \\ \bot & \textit{sonst,} \end{cases}$$

so ist τ *stetig.*

(3) *Ist* g *eine strikte Abbildung*

$$g: M_1 \times \ldots \times M_n \to N$$

und sind $\tau_1, \ldots, \tau_n$ stetige Abbildungen

$$\tau_i: [M \to N] \to [M \to M_i],$$

und gilt für alle $a \in M$ und alle strikten Abbildungen f

$$\tau[f](a) = g(\tau_1[f](a), \ldots, \tau_n[f](a)),$$

so ist τ stetig.

(4) *Gilt mit den Bezeichnungen und Voraussetzungen aus (2)*

$$\tau[f] = \tau2[\tau1[f]]$$

für alle f, so ist τ stetig. Die Komposition stetiger Funktionale ergibt demnach stetige Funktionale.

Beweis: Sei $F \subseteq [M \to N]$ eine gerichtete Menge

(1) Im ersten Fall erhalten wir

$$\tau[\sup F](a) \quad = \quad \begin{cases} \bot & \text{falls } a = \bot \\ \beta(x) & \text{sonst} \end{cases}$$

$$= \sup \begin{cases} \{\bot\} & \text{falls } a = \bot \\ \{\beta(x)\} & \text{sonst} \end{cases}$$

$$= (\sup \{\tau[f]: f \in F\})(a).$$

Im zweiten Fall erhalten wir

$$\tau[\sup F](a) = g(a) = \sup \{g(a)\} = \sup \{\tau[f](a): f \in F\} = (\sup \{\tau[f]: f \in F\})(a)$$

(2) Gelte die Bedingung (2). Dann gilt

$$\tau[\sup F](a) =$$

$$= \begin{cases} \tau1[\sup F](a) & \text{falls } \tau0[\sup F](a) = \mathbf{L} \\ \tau2[\sup F](a) & \text{falls } \tau0[\sup F](a) = \mathbf{O} \\ \bot & \text{sonst.} \end{cases}$$

Das ist, da $\tau1, \tau2, \tau0$ stetig sind, äquivalent zu:

$$\begin{cases} \sup \{\tau1[f](a): f \in F\} & \text{falls } \sup \{\tau0[f](a): f \in F\} = \mathbf{L} \\ \sup \{\tau2[f](a): f \in F\} & \text{falls } \sup \{\tau0[f](a): f \in F\} = \mathbf{O} \\ \bot & \text{sonst.} \end{cases}$$

Dies ist äquivalent zu (F ist gerichtet):

$$\sup \begin{cases} \tau1[f](a) & \text{falls } \tau0[f](a) = \mathbf{L} \\ \tau2[f](a) & \text{falls } \tau0[f](a) = \mathbf{O} \\ \bot & \text{sonst,} \end{cases}$$

und damit äquivalent zu

$$(\sup \{\tau[f]: f \in F\})(a).$$

(3) Gelte die Bedingung (3). Dann gilt

$\tau[\sup F](a) =$
$g(\tau_1[\sup F](a), ..., \tau_n[\sup F](a)) =$ $\qquad$ (da die τ_i stetig)
$g((\sup \{\tau_1[f]: f \in F\})(a), ..., (\sup \{\tau_n[f]: f \in F\})(a)) =$
$g(\sup \{\tau_1[f](a): f \in F\}, ..., \sup \{\tau_n[f](a): f \in F\}).$

Da g als strikt angenommen ist, unterscheiden wir zwei Fälle: Gilt für ein i, $1 \leq i \leq n$:

$\sup \{\tau_i[f](a): f \in F\} = \bot$

d.h.

$\forall f \in F: \tau_i[f](a) = \bot$

so gilt

$g(\sup \{\tau_1[f](a): f \in F\}, ..., \sup \{\tau_n[f](a): f \in F\}) =$ $\qquad$ (g ist strikt)
$\bot =$
$\sup \{g(\tau_1[f](a), ..., \tau_n[f](a)): f \in F\} =$
$(\sup \{\tau[f]: f \in F\})(a).$

Gilt jedoch für alle i, $1 \leq i \leq n$, daß eine Funktion $f_i \in F$ existiert mit

$\tau_i[f_i](a) \neq \bot,$

so existiert, da F gerichtet ist, eine Funktion $f' \in F$ mit

$f_i \sqsubseteq f'$

für alle i, $1 \leq i \leq n$. Also gilt

$g(\sup \{\tau_1[f](a): f \in F\}, ..., \sup \{\tau_n[f](a): f \in F\}) = g(\tau_1[f'](a), ..., \tau_n[f'](a)).$

Wegen der Striktheit von g und der Gerichtetheit von F gilt:

$\forall f \in F: g(\tau_1[f](a), ..., \tau_n[f](a)) \sqsubseteq g(\tau_1[f'](a), ..., \tau_n[f'](a))$

und da $f' \in F$, ist $g(\tau_1[f'](a), ..., \tau_n[f'](a))$ äquivalent zu

$\sup \{g(\tau_1[f](a), ..., \tau_n[f](a)): f \in F\}$

und somit zu

$(\sup \{\tau[f]: f \in F\})(a).$

(4) Es gilt für alle gerichteten Mengen F:

$\tau[\sup F] =$
$\tau2[\tau1[\sup F]] =$ $\qquad$ Stetigkeit von $\tau1$
$\tau2[\tau1[\sup \{\tau1[f]: f \in F\}]] =$ $\qquad$ Stetigkeit von $\tau2$
$\sup \{\tau2[\tau1[f]]: f \in F\} =$
$\sup \{\tau[f]: f \in F\}$ $\qquad\qquad\qquad\qquad\qquad\qquad\qquad$ $\square$

Aus diesem Lemma und den semantischen Definitionen der betrachteten funktionalen Sprache ergibt sich, daß alle in der Sprache formulierbaren rekursiven Deklarationen zu stetigen Funktionalen führen. Also gilt für die vorliegende applikative Sprache allgemein

fix $\tau = \sup \{f_i: i \in \mathbb{N}\}$

mit $f_0(x) = \bot$ für alle x und $f_{i+1} = \tau[f_i]$. Die Interpretationsfunktion sei für rekursive Deklarationen definiert durch:

I[**fct** f = (**m** x) **n**: E](β) = β[**fix** τ/f],

wobei τ wie eben definiert sei.

Für die vorliegende applikative Sprache fallen die induktive Deutung und die Fixpunktdeutung rekursiver Deklarationen zusammen. Dies hat den Vorteil, daß beide Deutungen gleichermaßen herangezogen werden können, um Aussagen und Beweise über die rekursiven Deklarationen zugeordneten Abbildungen abzuleiten. Am Ende dieses Kapitels wird dies erneut aufgegriffen.

4.3.3 Rekursion und Termersetzung

Sei wieder die rekursive Funktionsdeklaration

fct f = (**m** x) **n**: E

gegeben. Für einen Ausdruck, der f verwendet, wird die folgende Termersetzungsregel verwendet:

f(E1) → ((**m** x)**n**: E)(E1),

Entsprechend dieser Regel wird zur Auswertung der Identifikator f durch die rechte Seite der rekursiven Vereinbarung ersetzt. Eine rekursiv vereinbarte Funktion entspricht demnach einer weiteren Termersetzungsregel, die zu den vorhandenen Ersetzungsregeln hinzugenommen wird.

Beispiel (Reduktion mit rekursiv vereinbarten Funktionen). Für die rekursive Definition

> **fct** fac = (**nat** x) **nat**:
>   **if** x $\overset{?}{=}$ 0   **then**   1
>   **else**   x · fac(x–1) **fi**

ergibt sich die Berechnung (2 stehe für succ(succ(zero)) etc.):

fac(2) →

((**nat** x) **nat**: **if**...**fi**)(2) →

if 2 $\overset{?}{=}$ 0 **then** 1 **else** 2 · fac(2–1) **fi** → ...   □

Daß durch diese Ersetzungsregeln tatsächlich die Werte berechnet werden, die in der funktionalen Semantik (Fixpunktdeutung) spezifiziert werden, läßt sich aufgrund der Eigenschaften der induktiven Deutung beweisen.

4.3.4 Formulare für rekursive Funktionsdeklarationen

Der rekursiven Deklaration

fct f = (m_1 x_1,..., m_k x_k) **n** : E

entspricht ein Formularschema. Dies soll an einem Beispiel erläutert werden.

Beispiel (Formular für die rekursiv deklarierte Fakultätsfunktion). Die rekursive Deklaration

fct fac = (**nat** x) **nat**:
  if x $\overset{?}{=}$ 0 **then** 1
    else x · fac(x–1) **fi**

entspricht dem in Abb. 4.2 angegebenen Formularschema.   □

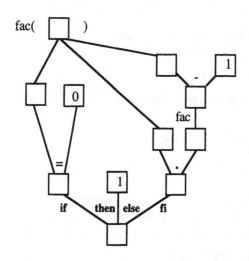

Abb. 4.2. Formularschema zur rekursiven Berechnung der Fakultätsfunktion

In einer Berechnung mit Formularen wird für jeden rekursiven Aufruf (jedes Entfalten der Rekursion) ein neues Formular angelegt.

Die Verwaltung der Formulare kann kellerartig erfolgen: Jedes neu angelegte Formular wird ausgefüllt, bis ein rekursiver Aufruf erfolgt. Dann wird zur Auswertung des rekursiven Aufrufs ein neues Formular angelegt. Die angefangenen, aber noch nicht vollständig ausgefüllten Formulare werden dabei übereinander gestapelt. Sobald ein Formular, das einem rekursiven Aufruf entspricht, vollständig ausgefüllt ist und der gesuchte Funktionswert eingetragen werden konnte, wird der ermittelte Wert des Aufrufs auf das darunterliegende Formular übertragen und auf diesem Formular weitergerechnet. Die Rechnung dauert an, bis alle Formulare ausgefüllt sind.

Die Verwaltung der Formulare in Stapeln ist typisch für die Abarbeitung von rekursiven deklarierten Funktionen in der Maschine. Dies wird unter dem Stichwort stapelartige oder kellerartige Verarbeitung im Zusammenhang mit der maschinennahen Realisierung von Rekursion wieder aufgegriffen.

4.4 Rekursionsformen

Mit Hilfe der Rekursion und den soweit angegebenen programmiersprachlichen Mitteln lassen sich prinzipiell alle Algorithmen repräsentieren. Soweit bildet die bisher eingeführte programmiersprachliche Notation bereits eine „universelle" Programmiersprache. Die verschiedenen Typen von Rekursionen in Rechenvorschriften lassen sich wie folgt klassifizieren.

4.4.1 Lineare Rekursion

Tritt in einer rekursiven Funktionsdeklaration

fct f = (m x) **n**: E

in E ein Aufruf der Funktion f in jedem Zweig einer Fallunterscheidung höchstens einmal auf, so heißt die Rechenvorschrift f *linear rekursiv*.

Beispiel (Lineare Rekursion)

(1) Das folgende Programm realisiert die natürlichzahlige Division und ist linear rekursiv.

fct div = (**nat** x, **nat** y: y > 0) **nat**:
  if x < y **then** 0
            else   div(x–y, y)+1 **fi**

(2) Die folgenden Programme spalten für eine gegebene Zahl a eine Sequenz in die Teilsequenzen auf, die kleiner, gleich, beziehungsweise größer als das als zweiter Parameter angegebene Element a sind. Sie sind linear rekursiv.

fct lp = (**seq nat** s, **nat** a) **seq nat**:
  if s $\stackrel{?}{=}$ empty   **then**   s
  elif first(s) < a   **then**   ⟨first(s)⟩ ∘ lp(rest(s), a)
                   else   lp(rest(s), a)   **fi**,

fct ep = (**seq nat** s, **nat** a) **seq nat**:
  if s $\stackrel{?}{=}$ empty   **then**   s
  elif first(s) = a   **then**   ⟨first(s)⟩ ∘ ep(rest(s), a)
                   else   ep(rest(s), a)   **fi**,

fct hp = (**seq nat** s, **nat** a) **seq nat**:
  if s $\stackrel{?}{=}$ empty   **then**   s
  elif first(s) > a   **then**   ⟨first(s)⟩ ∘ hp(rest(s), a)
                   else   hp(rest(s), a)   **fi**.   ☐

In der linearen Rekursion führt jeder rekursive Aufruf unmittelbar auf höchstens einen weiteren rekursiven Aufruf. Es entsteht eine lineare Folge von rekursiven Aufrufen. Ein Spezialfall der linearen Rekursion ist die *repetitive Rekursion*.

4.4.2 Repetitive Rekursion

Erscheint in einer linear rekursiven Funktionsvereinbarung

fct f = (m x) **n**: E

in allen rekursiven Aufrufen in Zweigen einer Fallunterscheidung der rekursive Aufruf als äußerste (letzte) Aktion, heißt die Funktionsdeklaration *repetitiv rekursiv* (engl. *tail recursion*).

Beispiel (Repetitive Rekursion). Ein Programm zur Division könnte sich auf folgende Rechenvorschrift in repetitiver Rekursion stützen.

fct div1 = (**nat** x, **nat** y, **nat** r: y > 0) **nat**:
  if x < y   **then** r
        else div1(x–y, y, r+1) **fi**

Es gilt mit der Vereinbarung des vorangegangenen Beispiels

  div(x, y) = div1(x, y, 0).   ☐

Die repetitive Rekursion führt bei Wertaufruf (Call-by-Value) auf eine besonders einfache Abarbeitungsstruktur: Bevor mit der Auswertung eines neuen rekursiven Aufrufs begonnen wird, wird die Auswertung des davorliegenden rekursiven Aufrufs völlig abgeschlossen. Werte der Identifikatoren aus lokalen Deklarationen oder aktuelle Parameter müssen nicht weiter aufbewahrt werden. Sie werden nicht mehr benötigt. Im Sinn der Formulare zur Auswertung heißt das, daß ein Formular bis auf den Eintrag des Wertes des rekursiven Aufrufs ganz ausgefüllt ist, bevor es auf den Stapel gelegt wird. Die Einträge werden also nach Rückkehr aus der Rekursion nicht mehr benötigt, können gelöscht werden und es kann somit immer wieder das gleiche Formular benutzt werden. Dies erlaubt eine Optimierung der Speicherbelegung.

4.4.3 Kaskadenartige Rekursion

Treten in mindestens einem Zweig einer Fallunterscheidung im Rumpf einer rekursiven Funktionsdeklaration zwei oder mehr rekursive Aufrufe auf, so sprechen wir von *kaskadenartiger (baumartiger, nichtlinearer) Rekursion.*

Beispiel (Kaskadenartige Rekursion)

(1) *Binomialkoeffizient:* Die folgende Rechenvorschrift ist nichtlinear rekursiv und berechnet Binominalkoeffizienten.

fct binom = (**nat** n, **nat** m: n ≥ m) **nat**:
  if m $\overset{?}{=}$ 0 ∨ n $\overset{?}{=}$ m   **then** 1
                else binom(n–1, m) + binom(n–1, m–1) **fi**

Die Richtigkeit des Programms (d.h. der zugrunde liegenden Funktionalgleichung) können wir durch folgende einfache Beziehungen für die Binomialkoeffizienten nachweisen. Der Binomialkoeffizient ist gegeben durch (sei n ≥ m):

$$\binom{n}{m} = \frac{n!}{m! \, (n-m)!}$$

Es gilt:

$$\binom{n-1}{m} + \binom{n-1}{m-1} =$$

$$\frac{(n-1)!}{m! \, (n-m-1)!} + \frac{(n-1)!}{(m-1)! \, (n-m)!} =$$

$$\frac{(n-1)! \, (n-m) + (n-1)! \, m}{m! \, (n-m)!} = \frac{(n-1)! \, n}{m!(n-m)!} = \frac{n!}{m! \, (n-m)!}$$

Aus diesen Beziehungen folgt die partielle Korrektheit des obenstehenden Programms.

(2) *Fakultät durch Bisektion:* Die folgende Rechenvorschrift

fct fbi = (**nat** x, **nat** y) **nat**:
> **if**   x > y   **then**   1
> **elif**   x $\overset{?}{=}$ y   **then**   x
>   **else**   fbi(x, (x+y)÷2) · fbi(1+(x+y)÷2, y)
> **fi**

erfüllt die Gleichungen

> x > y $\Rightarrow$ fbi(x, y) = 1,
> x = y $\Rightarrow$ fbi(x, y) = x,
> x < y $\Rightarrow$ fbi(x, y) = x·(x+1)·(x+2)·...·(y−1)·y.

Insbesondere gilt fac(n) = fbi(1, n).

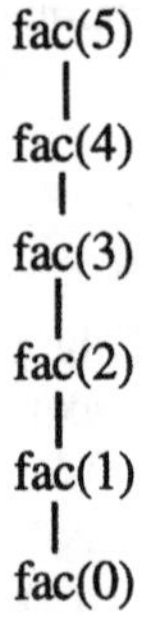

$$
\begin{array}{c}
fac(5) \\
| \\
fac(4) \\
| \\
fac(3) \\
| \\
fac(2) \\
| \\
fac(1) \\
| \\
fac(0)
\end{array}
$$

Abb. 4.3. Aufrufstruktur der Fakultätsfunktion

(3) *Sortieren durch Aufspalten (Quicksort):* Die folgende Rechenvorschrift

fct qs = (**seq nat** s) **seq nat**:
> **if** length(s) ≤ 1   **then**   s
>   **else**   qs(hp(s, first(s))) ∘ ep(s, first(s)) ∘ qs(lp(s, first(s)))
> **fi**

sortiert eine Sequenz absteigend durch Aufspalten in Teilsequenzen, deren Elemente kleiner, gleich oder größer sind als das erste Element. Die verwendeten Hilfsfunktionen hp, lp, ep sind die im Abschnitt über lineare Rekursion deklarierten Rechenvorschriften.   ☐

Bei der linearen Rekursion ist die rekursive Aufrufstruktur linear, da jeder rekursive Aufruf unmittelbar höchstens einen weiteren rekursiven Aufruf nach sich zieht. Im

Gegensatz dazu führt die nichtlineare Rekursion zu einer baumartigen Aufrufstruktur. Die Aufrufe führen lawinenartig zu einem exponentiellen Anwachsen der anfallenden rekursiven Aufrufe („Kaskade von Aufrufen").

Generell lassen sich Muster für rekursive Aufrufe durch Graphen darstellen. Eine Kante zwischen f(a) und f(b) bedeutet jeweils, daß ein Aufruf f(a) unmittelbar zum rekursiven Aufruf f(b) führt. Für lineare Rekursion ergeben sich lineare Graphen. So liefert der Aufruf der Fakultätsfunktion fac mit Argument 5 die in Abb. 4.3 angegebene Aufrufstruktur.

Ein Aufruf der Funktion fbi mit Argumentsatz (1, 5) liefert die in Abb. 4.4 angegebene Aufrufstruktur.

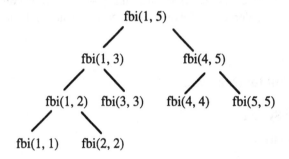

Abb. 4.4. Aufrufstruktur der Berechnung der Fakultätsfunktion durch fbi

Die Graphen geben die rekursive Aufrufstruktur für jeweils einen Satz aktueller Parameter wieder. Dies entspricht jeweils einem anzulegenden Formular.

4.4.4 Vernestete Rekursion

Treten im Rumpf einer rekursiven Funktionsdeklaration für f in den aktuellen Parameterausdrücken eines rekursiven Aufrufs von f weitere rekursive Aufrufe von f auf, so heißt die Rekursion *vernestet*.

Beispiele (Vernestete Rekursion)

(1) Die *Ackermannfunktion*: Die von Hilbert und Ackermann aus berechnungstheoretischen Gründen angegebene sogenannte Ackermannfunktion ist durch folgende vernestet rekursive Rechenvorschrift definiert:

fct ackermann = (**nat** m, **nat** n) **nat**:
    if   m $\overset{?}{=}$ 0 **then**   n+1
    elif   n $\overset{?}{=}$ 0 **then**   ackermann(m−1, 1)
                   else   ackermann(m−1, ackermann(m, n−1))
    fi

Aufrufe der Ackermannfunktion terminieren immer. Ihre Werte wachsen jedoch bei Vergrößerung der Argumente außerordentlich schnell.

(2) *Quersumme*: Die iterierte Quersumme einer natürlichen Zahl in Dezimaldarstellung wird durch die Funktion Quersumme Modulo 9 berechnet.

fct qsum = (**nat** n) **nat**:
    if   n < 9   **then**   n
    elif   n $\overset{?}{=}$ 9   **then**   0
                   else   qsum(qsum(n÷10)+ (n **mod** 10))
    fi   □

Vernestete Rekursion führt wie kaskadenartige Rekursion auf baumartige, nichtlineare Aufrufstrukturen. Allerdings sind die aktuellen Parameter für gewisse rekursive Aufrufe selbst wieder von den Funktionswerten abhängig. Dies macht auch Beweise für Eigenschaften vernestet rekursiver Funktionen, insbesondere den Beweis der Terminierung, komplizierter. Vernestete Rekursion ist jedoch nicht von hoher praktischer Bedeutung.

4.4.5 Verschränkte Rekursion

Betrachten wir ein System

    fct f_1 = (m_1 x) n_1: E_1,
    ...
    fct f_k = (m_k x) n_k: E_k

von rekursiven Funktionsdeklarationen, wobei die Funktionsbezeichnungen f_1, ..., f_k frei in den E_i auftreten, so sprechen wir für $k \geq 2$ von *verschränkter Rekursion*. Auch Systemen von verschränkt rekursiven Funktionsdeklarationen können wir analog zu dem bereits behandelten Vorgehen für einfach rekursive Funktionsdeklarationen sowohl durch induktive, als auch durch Fixpunktdeutung eine Semantik zuordnen.

Beispiel (Verschränkte Rekursion). Ein einfaches Beispiel für verschränkt rekursive Funktionsdeklarationen stellt die binäre Quersumme dar. Der Aufruf qis0(n) beantwortet die Frage, ob die Zahl n eine geradzahlige Anzahl von Binärziffern **L** in Binärdarstellung besitzt:

fct qis1 = (**nat** n) **bool**:
    if   n $\overset{?}{=}$ 0   **then**   false
    elif   even(n)   **then**   qis1(n÷2)
                    else   qis0(n÷2)
    fi,

fct qis0 = (**nat** n) **bool**:
    if   n $\overset{?}{=}$ 0   **then**   true
    elif   even(n)   **then**   qis0(n÷2)
                    else   qis1(n÷2)
    fi.

Ein Aufruf qis0(n) liefert die Antwort auf die Frage, ob die iterierte binäre Quersumme von n der Boolesche Wert **O** ist.   □

Verschränkt rekursive Systeme lassen sich schematisch auf geschachtelte Systeme einfacher Rekursion zurückführen. Die Deklaration der Funktion f1 in der verschränkten Rekursion

fct f1 = (**m1** x) **n1**: E1,

fct f2 = (**m2** x) **n2**: E2,

entspricht der folgenden geschachtelten rekursiven Deklaration:

fct f1 = (**m1** x) **n1**:
⌈ **fct** f2 = (**m2** x) **n2** : E2; E1 ⌋.

Allerdings sind verschränkte rekursive Systeme oft übersichtlicher und besser lesbar als Systeme mit geschachtelter Rekursion. Verschränkte Rekursion ist durchaus von praktischer Bedeutung.

Bei komplizierten verschränkt rekursiven Systemen von Funktionen ist es oft hilfreich, den *Stützgraph* zu zeichnen. Im Stützgraph wird angegeben, welche Funktionen im Rumpf einer deklarierten Funktion unmittelbar aufgerufen werden. Für die fac, mult und add Funktionen erhalten wir den in Abb. 4.5 angegebenen Stützgraph.

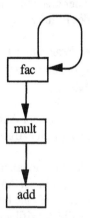

Abb. 4.5. Stützgraph für die Funktion fac

Der Stützgraph ist ein wichtiger Teil der Dokumentation von komplizierten rekursiven Programmsystemen. Er beschreibt die in der Aufrufstruktur möglichen Aufrufbeziehungen. Diese Dokumentation ist auch für umfangreichere nichtrekursive Systeme von Funktionsdeklarationen nützlich.

4.5 Techniken applikativer Programmierung

In der applikativen Programmierung wird eine gegebene Problemstellung auf die Form gebracht: „Gesucht ist eine Rechenvorschrift, die eine bestimmte Funktion berechnet". Zur Lösung der Problemstellung ist demnach ein System von (rekursiven) Funktionsdeklarationen anzugegeben, das eine Funktionsdeklaration für die gesuchte

Funktion umfaßt. Im folgenden werden wesentliche Prinzipien beschrieben, die bei der Lösung einer Programmieraufgabe beachtet werden sollten. Es werden insbesondere Grundregeln für die Entwicklung applikativer Programme angegeben.

4.5.1 Spezifikation der Aufgabenstellung

Am Anfang der systematischen Erstellung eines Programms hat stets die Erarbeitung einer präzisen (d.h. im allgemeinen formalen) Spezifikation der Aufgabenstellung zu stehen, genannt *Anforderungsspezifikation* oder *Anforderungsbeschreibung.* Die Anforderungsspezifikation ist zweckmäßigerweise in schriftlicher Form zu erarbeiten. Im Idealfall wird sie in einer formalen Sprache, einer *Spezifikationssprache,* formuliert.

Unpräzise oder fehlerhafte Aufgabenbeschreibungen haben fatale Folgen. Der gesamte Programmieraufwand ist vergebens, wenn sich nachträglich herausstellt, daß die falsche Aufgabe gelöst wurde. Mißverständliche Aufgabenstellungen führen darüber hinaus leicht zu Programmierfehlern, deren Beseitigung mühsam und zeitaufwendig ist. Der für die Spezifikation benötigte Aufwand zahlt sich in der Regel durch die Verringerung des Aufwands bei der eigentlichen Programmierung um ein Vielfaches aus. Daraus ergibt sich folgendes Prinzip:

Erstes Prinzip der disziplinierten Programmierung: Niemals sollte mit der eigentlichen Programmierung begonnen werden, bevor die Aufgabenstellung genau verstanden und beschrieben ist.

Man beachte, daß das genaue Verständnis einer Aufgabenstellung allgemein mit (der Erstellung) einer exakten Beschreibung („Spezifikation") der Aufgabenstellung einhergeht.

Im Rahmen der applikativen oder funktionalen Programmierung besteht die Lösung einer einfachen Programmieraufgabe in der Angabe einer Rechenvorschrift (oder eines Systems von Rechenvorschriften), die eine bestimmte Funktion berechnet. Die Aufgabenstellung ist demnach durch die Spezifikation der Funktion gegeben, die das gesuchte Programm zu berechnen hat. Es existieren viele verschiedene Methoden, eine Aufgabenstellung (eine zu berechnende Funktion) zu beschreiben. Ein formale, mathematische Beschreibung einer Aufgabenstellung im Sinne der Programmierung nennen wir *formale Spezifikation.*

Beispiel (Spezifikation der Aufgabenstellung). Bei der Aufgabenstellung, eine Rechenvorschrift div zur Division anzugeben, sind die natürlichen Zahlen x, y als Eingaben gegeben. Gesucht ist somit eine Funktion

$$\text{div} : \mathbb{N} \times \mathbb{N} \to \mathbb{N} \; .$$

Die Angabe der Funktionalität, d.h. der Sorten des Definitions- und Wertebereichs, kann auch durch programmiersprachliche Formulierungen wie

fct div = (**nat**, **nat**) **nat**

erfolgen. Durch die Angabe der Funktionalität ist die Aufgabenstellung allerdings in der Regel erst sehr grob umrissen. ☐

Allgemein spezifizieren wir die Funktionalität durch Angabe des Definitionsbereichs und Wertebereichs einer Funktion f in der Mathematik wie folgt:

$$f : M_1 \times ... \times M_n \to M_{n+1}$$

Dadurch führen wir gleichzeitig einen Namen ein.

Die Angabe der Funktionalität kann auch durch programmiersprachliche Formulierungen wie etwa

fct $f = (m_1, ..., m_n)\ m_{n+1}$

erfolgen. Damit ist der Funktionenraum beschrieben, in dem die zu spezifizierende Funktion liegt. Häufig existiert für gewisse Parameterwerte einer zu spezifizierende Funktion kein sinnvolles Ergebnis. Entsprechend sagen wir dann, daß die Funktionsapplikation für diese Werte nicht definiert ist.

Beispiel (Spezifikation der Parameterbeschränkung). Für die Division div(x, y) ist ein Parametersatz mit $y = 0$ nicht sinnvoll. Die Angabe der Einschränkungen der zulässigen Parameter kann durch programmiersprachliche Formulierungen wie

fct div = (**nat** x, **nat** y: y > 0) **nat**

erfolgen. Dies ist gleichwertig mit der folgenden Aussage:

$$\forall\ \textbf{nat}\ x,\ \textbf{nat}\ y\colon \neg(y > 0) \Rightarrow div(x, y) = \bot.$$ ☐

Einschränkungen für die zulässigen Parameter können in der Angabe der Funktionalität in programmiersprachlichen Formulierungen durch Angabe einschränkender Prädikate erfolgen. Wir schreiben

fct $f = (m_1\ x_1, ... , m_n\ x_n\colon Q(x_1, ... , x_n))\ m_{n+1}$

Dies ist gleichwertig mit der Aussage

$$\forall\ m_1\ x_1, ..., m_n\ x_n\colon \neg Q(x_1, ..., x_n) \Rightarrow f(x_1, ..., x_n) = \bot$$

Hier sei $Q(x_1, ..., x_n)$ eine beliebige prädikatenlogische Formel. Wir sprechen von *Parameterrestriktion* oder *Parameterbeschränkung*. Ist die Funktion f rekursiv deklariert, dann muß natürlich sichergestellt sein, daß die beschränkende Bedingung für die Parameter auch in den rekursiven Aufrufen nicht verletzt wird.

Über Parameterbeschränkung hinaus sind wir daran interessiert, den Wertverlauf der gewünschten Funktion zu charakterisieren. Dies kann durch logische Formeln geschehen.

Beispiel (Spezifikation des Wertverlaufs (Aufgabenstellung Division, Fortsetzung)). Der Wertverlauf der Funktion div läßt sich wie folgt charakterisieren: Für $y > 0$ mit

$$z = div(x, y)$$

gelte

$$(*)\quad x = y \cdot z + r \qquad \text{wobei} \quad r \in \mathbb{N} \text{ und } y > r \geq 0$$

Durch diese Aufgabenstellung ist die gesuchte Funktion div eindeutig bestimmt; für gegebene aktuelle Parameter $x, y \in \mathbb{N}$ mit $y > 0$ sind durch die Forderung (*) die

Werte von r, z ∈ **N** eindeutig bestimmt. In einer prädikatenlogischen Formel zusammengefaßt fordern wir für div:

$$\forall \; \mathbf{nat} \; x, \mathbf{nat} \; y : y > 0 \Rightarrow \exists \; \mathbf{nat} \; r : x = y \cdot \text{div}(x, y) + r \wedge y > r \geq 0 \qquad \qquad \square$$

Allgemein besteht eine prädikative Spezifikation für eine gesuchte Rechenvorschrift f in der Angabe einer prädikatenlogischen Formel, die Eigenschaften der zu realisierenden Funktion f beschreibt. Für viele Problemstellungen ist es dabei nicht erforderlich – und zur Vermeidung einer „Überspezifikation" dann auch nicht ratsam – eine Funktion eindeutig zu spezifizieren. Es wird dann eine Klasse von Funktionen durch die Spezifikation charakterisiert. Jede Rechenvorschrift, die eine Funktion aus dieser Klasse realisiert, bildet eine Lösung der Aufgabenstellung.

Häufig werden speziellere Formalismen und Techniken der mathematischen Logik herangezogen, um Aufgabenstellungen zu beschreiben. Beispielsweise können wir alle wesentlichen Teile der Spezifikation in einer programmiersprachlichen Form zusammenfassen.

Beispiel (Spezifikation der Aufgabenstellung Division (Fortsetzung)). Eine kompakte Spezifikation für div wäre etwa von der Form

> **fct** div = (**nat** x, **nat** y: y > 0) **nat**:
>   **some nat** z: $\exists \; \mathbf{nat} \; r : x = y \cdot z + r \wedge y > r \geq 0$.

Dies ist gleichwertig zu der Kombination der oben spezifizierten Aussagen über div.

□

Allgemein kann eine Funktion f in kompakter Form

> **fct** f = ($m_1 \; x_1, ..., m_n \; x_n : Q(x_1, ... , x_n)$) m_{n+1}:
>   **some** $m_{n+1} \; y : R(x_1, ..., x_n, y)$

spezifiziert werden. Hier sei $R(x_1, ... , x_n, y)$ wieder eine prädikatenlogische Formel. Die kompakte Spezifikation ist gleichwertig mit den folgenden einzelnen Spezifikationen: Gesucht ist eine Funktion f mit Funktionalität

> **fct** f = ($m_1 \; x_1, ... , m_n \; x_n$) m_{n+1}

so daß gilt:

$$\forall \; m_1 \; x_1, ..., m_n \; x_n : \neg Q(x_1, ... , x_n) \Rightarrow f(x_1, ... , x_n) = \bot$$

sowie

$$\forall \; m_1 \; x_1, ..., m_n \; x_n : Q(x_1, ... , x_n) \Rightarrow R(x_1, ... , x_n, f(x_1, ... , x_n)) \; .$$

Haben wir die Aufgabenstellung präzise beschrieben, so ist es möglich, über die Korrektheit einer Rechenvorschrift in Beziehung auf diese Aufgabenstellung zu sprechen.

Definition (Partielle und totale Korrektheit). Eine Rechenvorschrift heißt *partiell korrekt bezüglich einer Aufgabenstellung,* wenn sie für alle zulässigen Argumente, für die sie terminiert, ein bezüglich der Aufgabenstellung korrektes Resultat liefert. Terminiert die Rechenvorschrift zusätzlich in allen durch die Aufgabenstellung geforderten Fällen mit einem Resultat ($\neq \bot$), so heißt sie *total korrekt bezüglich der Aufgabenstellung.*

□

In dieser Definition wird bewußt nicht gefordert, daß eine total korrekte Rechenvorschrift dann nicht terminiert, wenn dies in der Aufgabenstellung so spezifiziert ist. Total korrekte Rechenvorschriften dürfen also auch in Fällen terminieren, in denen die Aufgabenstellung ⊥ als Resultat vorsieht.

Für umfangreichere Aufgabenstellungen umfaßt die Spezifikation häufig eine genauere Beschreibung der im Anwendungsgebiet auftretenden Sorten und Funktionen als Basis für die Beschreibung der eigentlich zu erstellenden Programme. Häufig stehen auch die genauen Anforderungen an ein umfangreiches zu erstellendes Programmsystem zu Beginn nicht im einzelnen fest. Die Spezifikationsphase muß diese Anforderungen festlegen und eindeutig beschreiben. In einer *Validierungsphase* ist zu überprüfen, ob die erarbeiteten Anforderungen auch den anwendungsspezifischen Erfordernissen gerecht werden. In der späteren Entwicklung kann es nötig sein, gewisse Anforderungen zu revidieren. Es ist allerdings ratsam, solche Revisionen zu dokumentieren und konsistent auf alle vorliegenden Teile eines Programms anzuwenden. Über Methoden, die Korrektheit einer Rechenvorschrift für auf eine vorgegebene Aufgabenstellung zu zeigen, wird im letzten Abschnitt dieses Kapitels gesprochen.

4.5.2 Einbettung der Aufgabenstellung

Es existieren Aufgabenstellungen, für die es schwieriger ist, unmittelbar eine Rechenvorschrift als Lösung anzugeben, als für verwandte, aber allgemeinere Aufgabenstellungen, die als Spezialfall eine Lösung für die Ausgangsfragestellung einschließen[1]. In solchen Fällen ist es sinnvoll, die Aufgabenstellung zu verallgemeinern. Dies kann durch die Einführung weiterer Parameter in die Aufgabenstellung oder durch das Fallenlassen gewisser Parameterrestriktionen geschehen. Wir sprechen auch von *Einbettung* der Aufgabenstellung.

Beispiel (Einbettung). Die Aufgabenstellung Primzahltest kann durch Einbettung wie folgt verallgemeinert werden. Die Aufgabe isprim(n):

„Stelle fest, ob die gegebene Zahl n eine Primzahl ist"

ist formal spezifiziert durch

fct isprim = (**nat** n) **bool**:
$\quad n \geq 2 \wedge \neg \exists$ **nat** m: $1 < m < n \wedge \mod(n, m) = 0$.

Diese Aufgabe kann auf die allgemeinere Aufgabe isdiv(k, n) zurückgeführt werden. Die Aufgabe isdiv(k, n):

„Stelle fest, ob die Zahl n von einer Zahl m mit $1 < m \leq k$ geteilt wird"

ist formal spezifiziert durch

fct isdiv = (**nat** k, **nat** n) **bool**:
$\quad \exists$ **nat** m: $1 < m \leq k \wedge \mod(n, m) = 0$.

---

[1] Hier findet sich eine gewisse Analogie zu Induktionsbeweisen in der Mathematik, bei denen gelegentlich die Induktionshypothese etwas verallgemeinert werden muß, damit wir den Induktionsbeweis führen können. Die ursprüngliche Behauptung ergibt sich in diesen Fällen als Spezialfall.

Es gilt, wie wir leicht zeigen:

$\forall$ **nat** n : isprim(n) = (n $\geq$ 2 $\wedge$ $\neg$isdiv(n+2, n)).

Die folgenden Rechenvorschriften lösen die gestellte Aufgabe.

fct isprim = (**nat** n) **bool**: n $\geq$ 2 $\wedge$ $\neg$isdiv(n+2, n)

fct isdiv = (**nat** k, **nat** n) **bool**:
  if k $\leq$ 1 **then** false
              else mod(n, k) $\stackrel{?}{=}$ 0 $\vee$ isdiv(k–1, n)
  fi $\square$

Viele Algorithmen beruhen auf dem Prinzip der Einbettung.

Beispiele (Sortieren als Beispiel für Einbettung)

(1) Sortieren durch Einsortieren
     Die Sortieraufgabe läßt sich durch Einbettung auf das Einsortieren in eine gege-
     bene absteigend sortierte Sequenz zurückführen:

fct insertsort = (**seq nat** s) **seq nat**: insertseq(empty, s),

fct insertseq = (**seq nat** s, **seq nat** r: sorted(s)) **seq nat**:
  if r $\stackrel{?}{=}$ empty **then** s
                     else insertseq(insert(s, first(r)), rest(r))
  fi,

fct insert = (**seq nat** s, **nat** a: sorted(s)) **seq nat**:
  if   s $\stackrel{?}{=}$ empty **then** ⟨a⟩
  elif a $\geq$ first(s) **then** ⟨a⟩ ∘ s
                         else ⟨first(s)⟩ ∘ insert(rest(s), a)
  fi.

(2) Sortieren durch Auswählen
     Die Sortieraufgabe läßt sich durch die Einbettung auf das Sortieren durch Aus-
     wählen und Anfügen an eine gegebene (absteigend sortierte) Sequenz zurückfüh-
     ren. Man beachte, daß alle auftretenden Rechenvorschriften repetitiv sind.

fct selectsort = (**seq nat** s) **seq nat**: appsortseq(empty, s),

fct appsortseq = (**seq nat** s, **seq nat** r: sorted(s)) **seq nat**:
  if r $\stackrel{?}{=}$ empty **then** s
                     else **nat** max = selmax(rest(r), first(r));
                             appsortseq(s ∘ ⟨max⟩, del(r, max))
  fi ,

fct selmax = (**seq nat** s, **nat** a) **nat**:
  if   s $\stackrel{?}{=}$ empty **then** a
  elif a $\geq$ first(s) **then** selmax(rest(s), a)
                         else selmax(rest(s), first(s))
  fi ,

fct del = (**seq nat** s, **nat** a) **seq nat**:
if   s $\stackrel{?}{=}$ empty **then** s
elif   a $\stackrel{?}{=}$ first(s) **then** rest(s)
            else   ⟨first(s)⟩ ∘ del(rest(s), a)
fi .   □

Die Einbettung durch die Einführung von zusätzlichen Parametern in eine Problemstellung stellt eine oftmals nützliche Technik der Programmierung dar. Sie ist nicht
nur angebracht, um einfachere Rekursionsformen zu finden. Sie ist auch aus ökonomischen Gründen bedeutungsvoll. Kann eine Aufgabenstellung sinnvoll verallgemeinert werden, so daß schließlich eine Aufgabe gelöst wird, deren Lösung auch für
andere Aufgabenstellungen hilfreich sein kann, so wird unter Umständen ein beträchtlicher Aufwand bei späteren Aufgabenlösungen eingespart. Dies steigert die *Wiederverwendbarkeit* eines Programms. Um so allgemeiner die Aufgabenstellung ist, die
ein Programm löst, um so wahrscheinlicher ist die Möglichkeit einer Wiederverwendung.

Die Technik der Einbettung kann auch hilfreich sein, um nichtrepetitive Rekursion in repetitive Rekursion zu überführen.

Beispiel (Repetitive Rekursion durch Einbettung). Die Fakultätsfunktion läßt sich
durch die Einbettung auf repetitive Form bringen:

fct fac = (**nat** n) **nat**: h(1, n),

fct h = (**nat** x, **nat** n) **nat**:
    if n $\stackrel{?}{=}$ 0 **then** x
              else   h(x·n, n−1) **fi**.   □

Die Technik der Einbettung hat noch eine weitere Bedeutung für den Programmentwurf. Sollen viele ähnliche Aufgabenstellungen gelöst werden, so ist es manchmal
möglich, alle diese Aufgabenstellungen als Spezialfall einer geschickt gewählten Verallgemeinerung in Gestalt einer Einbettung zu sehen. Mit einer Rechenvorschrift, die
die durch Einbettung entstandene Aufgabenstellung löst, sind damit auch die übrigen
Aufgabenstellungen gelöst.

4.5.3 Zur Strukturierung von Aufgabenstellungen

Umfangreichere Aufgaben werden zweckmäßigerweise in kleinere Teilaufgaben zerlegt ("Divide-and-Conquer"). Dabei ist die Wahl der Zerlegung ein entscheidender
Schritt im Programmentwurf.

Beispiel (Zerlegung der Aufgabenstellung). Als Teilaufgabe des Primzahltests ist festzustellen, ob eine Zahl n durch eine Zahl k geteilt wird. Die Berechnung des Wahr-
heitswertes von divides(k, n) ist spezifiziert durch:

fct divides = (**nat** k, **nat** n : k > 0) **bool**:
    mod(n, k) $\stackrel{?}{=}$ 0

Die Berechnung von divides(k, n) können wir als Teilaufgabe der vorangegangenen Aufgabenstellung zum Primzahltest auffassen und durch eine eigene Rechenvorschrift lösen:

fct divides = (**nat** k, **nat** n : k > 0) **bool**:
    if n < k   **then**   n $\overset{?}{=}$ 0
             else   divides(k, n–k)
    fi   □

Die *Strukturierung der Aufgabenstellung* bedeutet allgemein die Zerlegung einer Problemstellung in eine Menge unabhängiger Teilprobleme, aus deren Lösungen sich die Lösung des Gesamtproblems komponieren läßt. Auf der Ebene der applikativen Programmierung ist diese Strukturierung in sehr einfacher Weise durch die Angabe unabhängiger Funktionsdeklarationen möglich.

Die Strukturierung der Aufgabenstellung hat

– die angemessene Zerlegung der Aufgabenstellung in kleine, unabhängige Programmeinheiten („Module") und
– eine klare Struktur des Gesamtprogramms als System von Aufrufen der Module zum Ziel.

Damit werden folgende Aspekte der Programmierung positiv beeinflußt:

– Lesbarkeit und Verifizierbarkeit,
– Dokumentation und Dokumentierbarkeit,
– unabhängige Bearbeitbarkeit der Teilaufgaben im Programmierteam,
– leichtere Wart-, Änder- und Wiederverwendbarkeit.

Einzelne Programmkomponenten, die eine Teilaufgabe lösen, heißen *Module*. In der funktionalen Programmierung entsprechen Rechenvorschriften und Rechenstrukturen Modulen. Wird eine Menge von Modulen zur Lösung einer Aufgabenstellung zusammengesetzt, so heißen die Verbindungspunkte zwischen diesen Modulen *Schnittstellen*. Bei der Untergliederung eines Programms in Module sind folgende Gesichtspunkte zu beachten:

– überschaubare, beherrschbare Größe der einzelnen Module,
– in sich geschlossene, präzise dokumentierte Funktion der Module (Schnittstellenbeschreibung).

Die angemessene Gliederung eines Systems in eine Familie von Modulen, deren Klassifizierung und Wiederverwendung ist ein besonderes Anliegen der *objektorientierten Programmierung*.

Abhängig von den verwendeten Programmierstilen finden sich unterschiedliche Modulkonzepte. In der rein applikativen Programmierung werden Schnittstellen allgemein durch die Parameterübergabemechanismen und die Rückgabe von Resultaten repräsentiert, beziehungsweise durch die wechselseitigen Aufrufe der verschiedenen Funktionen (verschränkte Rekursion). Die Beschreibung der Schnittstellen geschieht durch die Angabe der Funktionalitäten der auftretenden Rechenvorschriften und durch die Spezifikation der Aufgabenstellung (der zu berechnenden Funktion), die durch die jeweilige Rechenvorschrift gelöst wird. Auf der Ebene der Realisierung durch rekursive Systeme von Rechenvorschriften ist es aus Dokumentationsgründen auch wichtig, für jede Rechenvorschrift (beispielsweise in einem Stützgraph) die von ihr aufgerufenen weiteren Rechenvorschriften anzugeben, sowie deren Spezifikation.

4.5.4 Ableitung von Rekursion aus Spezifikationen

Ist eine Problemstellung genau beschrieben, so läßt sich diese Beschreibung nicht nur für den Nachweis der Korrektheit nach Erstellung eines Programms verwenden, sondern von Anfang an zur Grundlage des weiteren Vorgehens machen. Um von einer gegebenen Aufgabenstellung zu einem rekursiven Programm zu gelangen, werden zweckmäßigerweise aus der Spezifikation geeignete bedingte Gleichungen abgeleitet. Wir erhalten die Korrektheit durch die Form der Konstruktion.

Beispiel (Ableitung von bedingten Gleichungen). Für die in Abschnitt 4.5.1 spezifizierte Abbildung div lassen sich folgende Gleichungen zeigen:

$$x < y \;\Rightarrow\; \text{div}(x, y) = 0,$$
$$x \geq y \;\Rightarrow\; \text{div}(x, y) = \text{div}(x{-}y, y){+}1.$$

Wir erhalten daraus die folgende rekursive Deklaration:

fct div = (**nat** x, **nat** y) **nat**:
  if x < y   **then**   0
             else   div(x–y, y)+1 **fi**   □

Die partielle Korrektheit (die Korrektheit der errechneten Werte im Falle der Terminierung) eines rekursiven Programms läßt sich bereits aus dem Umstand folgern, daß die in der Problemstellung spezifizierte Funktion die mit der rekursiven Definition verbundene Funktionalgleichung erfüllt und somit einen Fixpunkt (wenn auch nicht notwendigerweise den kleinsten Fixpunkt) des entsprechenden Funktionals bildet. Dieser Umstand wird unter dem Stichwort „Verifikation" im letzten Abschnitt dieses Kapitels noch einmal aufgegriffen.

4.5.5 Parameterunterdrückung

Ist eine Rechenvorschrift im Rumpf einer anderen Rechenvorschrift vereinbart und damit unter der entsprechenden Bezeichnung nur in diesem Bindungsbereich verfügbar, so wird sie eine *untergeordnete Rechenvorschrift* genannt. Formale Parameter untergeordneter Rechenvorschriften, für die die gleichen Identifikatoren wie für die formalen Parameter der übergeordneten Rechenvorschriften gewählt worden, *verschatten* diese. Dies entspricht dem Prinzip der statischen Bindung.

Beispiel (Unterordnung von Rechenvorschriften). Wir können isdiv als untergeordnete Rechenvorschrift von isprim deklarieren und divides als untergeordnete Rechenvorschrift von isdiv.

fct isprim = (**nat** n) **bool**:
⌐   **fct** isdiv = (**nat** k, **nat** n: k > 0) **bool**:
    ⌐   **fct** divides = (**nat** k, **nat** n: k > 0) **bool**:
            if n < k   **then** $(n \stackrel{?}{=} 0)$

$$\text{else} \quad \text{divides}(k, n–k) \textbf{ fi};$$
$$\textbf{if } k \leq 1 \quad \textbf{then} \quad \text{false}$$
$$\text{else} \quad \text{divides}(k, n) \vee \text{isdiv}(k–1, n) \textbf{ fi }\rfloor;$$
$$\neg\text{isdiv}(n \div 2, n) \wedge n \geq 2 \qquad\qquad \rfloor \qquad\qquad \square$$

Zur Vermeidung zu langer Parameterlisten werden häufig untergeordnete Rechenvorschriften g im Rumpf anderer Rechenvorschriften f definiert, so daß gewisse Parameter von g, die sich in rekursiven Aufrufen von g nicht ändern, unterdrückt werden können. Dies heißt, daß der entsprechende Parameter aus der Liste der formalen und aktuellen Parameter gestrichen wird und seine Bindung aus der Parameterliste der übergeordneten Rechenvorschrift erhält. Diese Technik wird *Parameterunterdrückung* genannt.

Beispiel (Parameterunterdrückung). In der folgenden Rechenvorschrift sind gewisse Parameter untergeordneter Rechenvorschriften unterdrückt.

$\textbf{fct}$ isprim = ($\textbf{nat}$ n) $\textbf{bool}$:

$\lceil \quad \textbf{fct}$ isdiv = ($\textbf{nat}$ k: k > 0) $\textbf{bool}$:

$$\textbf{if } k \leq 1 \quad \textbf{then} \quad \text{false}$$
$$\text{else} \quad \lceil \quad \textbf{fct} \text{ divides} = (\textbf{nat } n) \textbf{ bool}:$$
$$\textbf{if } n < k \quad \textbf{then} \quad n \stackrel{?}{=} 0$$
$$\text{else} \quad \text{divides}(n–k)$$
$$\textbf{fi };$$
$$\text{divides}(n) \qquad\qquad \rfloor \vee \text{isdiv}(k–1) \textbf{ fi};$$
$$\neg\text{isdiv}(n \div 2) \wedge n \geq 2 \qquad\qquad\qquad\qquad \rfloor$$

Durch Vergleich der Rechenvorschriften und insbesondere der Parameterlisten und Funktionalitäten mit den anderen oben angegebenen Versionen ergibt sich:

(1) in der Parameterliste von isdiv ist der formale Parameter n unterdrückt,
(2) in der Parameterliste von divides ist der formale Parameter k unterdrückt,
(3) in der Deklaration von isdiv kommt n frei (im Aufruf von divides) und gebunden vor (in der Vereinbarung von divides). $\square$

Die Parameterunterdrückung führt auf kürzere Parameterlisten. Dies erscheint im ersten Augenblick angenehm. Es ist jedoch folgende Warnung angebracht: Die Parameterunterdrückung macht Programme nicht unbedingt besser lesbar, da die Zuordnung der Parameteridentifikatoren nicht mehr lokal möglich ist. Dadurch wird die Programmierung fehleranfälliger. Das Prinzip der modularen Programmierung steht gewissermaßen im Widerspruch zur Parameterunterdrückung. Andererseits sind Parameterlisten ab einer bestimmten Länge kaum mehr lesbar und beherrschbar. Es muß also ein Kompromiß gefunden werden. In jedem Fall ist die Parameterunterdrückung zu dokumentieren.

Wie wir schon den verwendeten Beispielen entnehmen können, gibt es eine Vielzahl von unterschiedlichen Möglichkeiten, ein Programm, das eine bestimmte Aufgabenstellung löst, selbst bei Beibehalten der algorithmischen Grundidee, aufzuschreiben. Die konkrete Aufschreibung ist dabei von großer Bedeutung für die Lesbarkeit und Änderbarkeit von Programmen. Die Wahl der Programmstruktur durch die Zerlegung der Aufgabenstellung in Teilaufgaben stellt einen entscheidenden Entwurfsschritt dar. Die adäquate und sorgfältige Durchführung dieser Wahl ist Ziel der *strukturierten Programmierung*.

Für den geschickten Einsatz der einzelnen Stilmittel der Programmierung gibt es zwar einige Prinzipien, aber keine festen (formalen) Regeln. Es existieren insbesondere unterschiedliche Programmierstile.

4.5.6 Effizienz applikativer Programme

Neben der Korrektheit von Programmen ist allgemein deren Effizienz, bestimmt durch den bei ihrer Ausführung benötigten Speicher- und Rechenaufwand, von Bedeutung. Wir unterscheiden folgende Maßzahlen für die Effizienz:

– Speicheraufwand,
– Rechenaufwand (identisch mit Rechenzeit bei sequentieller Verarbeitung),
– Rechenzeit („Antwortzeit“).

Aus vielerlei Gründen sind möglichst effiziente Programme erwünscht, also Programme, die einen möglichst geringen Aufwand bei der Auswertung erfordern. Zum einen sind dafür ökonomische Gründe zu nennen. Rechenzeit und Speicherplatz kosten Geld. Andererseits sind Rechenzeit und Speicherplatz aus technologischen Gründen nicht unbegrenzt verfügbar. Somit sind bestimmte Aufgabenstellungen überhaupt nur dann durch Programme zu behandeln, wenn es gelingt, diese Programme so effizient zu gestalten, daß sie mit der verfügbaren Technologie abgearbeitet werden können. Schließlich sind überlange Rechenzeiten aus praktischen Gründen (Wartezeiten) nicht akzeptabel. Dies gilt verschärft für den Einsatz von Programmen in zeitkritischen Anwendungen oder für umfangreiche Aufgaben (Hochleistungsrechnen).

Die Effizienz von Programmen, die das gleiche Problem lösen (die gleiche Abbildung berechnen), kann sehr unterschiedlich sein. Allerdings kann die Effizienz von Programmen, die eine gegebene Aufgabenstellung lösen, nicht über bestimmte Schranken gesteigert werden. Die Schranken ergeben sich aus der *Komplexität der Problemstellung*. Wir kommen darauf ausführlich in Teil IV zurück.

Beispiel (Effizienzverbesserung). Die Berechnungseffizienz des Programms für die Primzahldarstellung läßt sich noch verbessern. Ein Beispiel dafür liefern die folgenden Rechenvorschriften.

fct isprim = (**nat** n) **bool**: $\neg$ isdiv(sqrt(n), n) $\wedge$ n $\geq$ 2,

fct isdiv = (**nat** k, **nat** n) **bool**:
    if   k $\leq$ 1   **then**   false
    elif   divides(k, n) **then**   true
                                else   isdiv(k–1, n)
    fi.

Die Funktion sqrt(n) berechnet die größte ganze Zahl y mit $y^2 \leq n$, und damit die größte ganze Zahl y mit $y \leq \sqrt{n}$. Dies entspricht der Spezifikation:

fct sqrt = (**nat** n) **nat**:
    some nat y: $y^2 \leq n < (y+1)^2$

Eine rekursive Rechenvorschrift für sqrt lautet wie folgt:

fct sqrt = (**nat** n) **nat:**
  if n $\overset{?}{=}$ 0 **then** 0
        else   **nat** x = sqrt(n–1)+1;
              if x·x ≤ n **then**   x
                    else   x–1
              fi
  fi

Die ganzzahlige Wurzel kann allerdings erheblich effizienter durch Binarisierung berechnet werden (die Korrektheit dieser Rechenvorschrift wird im Abschnitt 4.6.1 gezeigt):

fct bisqrt = (**nat** n) **nat:**
  if n $\overset{?}{=}$ 0 **then** 0
        else   **nat** x = 2·bisqrt(n÷4)+1;
              if x·x ≤ n **then**   x
                    else   x–1
              fi
  fi

Ein Aufruf der Rechenvorschrift bisqrt führt für große Zahlen als Parameter auf erheblich weniger rekursive Aufrufe als sqrt.   □

Der tatsächliche Speicheraufwand und Rechenzeitbedarf für die Auswertung eines Aufrufs einer Rechenvorschrift hängt natürlich auch stark von der Effizienz der Implementierung der Programmiersprache und den Leistungsdaten der verwendeten Rechenanlage ab. Allerdings können Programmen unabhängige Maßzahlen zugeordnet werden, die Anhaltspunkte für die Größenordnung des Speicher- und Rechenzeitbedarfs ergeben. Im folgenden werden für applikative Programme solche von Maschinen unabhängige Bewertungen der Effizienz eingeführt.

Üblicherweise werden drei Bewertungskriterien für den Auswertungsaufwand eines Programmausdrucks betrachtet:

(a) Anzahl der bei der Berechnung auszuwertenden Grundoperationen (Operationen aus der zugrundeliegenden Rechenstruktur, der algorithmischen Basis),

(b) (maximale) Anzahl der (geschachtelten, gleichzeitig andauernden, überlagerten oder gültigen) Bindungen von Identifikatoren an Datenelemente (in Funktionsaufrufen oder Elementdeklarationen),

(c) Aufruftiefe bei rekursiven Funktionen.

Das Kriterium (a) liefert einen Anhaltspunkt für den Rechenaufwand, (b) und (c) geben Anhaltspunkte für den Speicheraufwand. Für eine Rechenvorschrift zur Berechnung der Funktion

f: $\mathbb{N} \rightarrow \mathbb{N}$

ist der Berechnungsaufwand für f(n) allgemein sehr unterschiedlich für verschiedene Zahlen n ∈ $\mathbb{N}$. Häufig steigt der Berechnungsaufwand mit der Größe des Parameters n an. Dabei sind asymptotische Abschätzungen für dieses Ansteigen des Aufwands von Interesse. Dies wird durch eine spezielle Notation ausgedrückt. Sei

f_a: $\mathbb{N} \rightarrow \mathbb{N}$

der Berechnungsaufwand für eine spezielle Rechenvorschrift f. $f_a(n)$ bezeichnet den Aufwand für die Berechnung von $f(n)$, gemessen durch die Anzahl der bei der Auswertung anfallenden elementaren Operationen. Es wird

$$f_a(n) \approx O(g(n))$$

(gesprochen $f_a(n)$ ist von der Ordnung $g(n)$) für eine Funktion

$$g: \mathbb{N} \to \mathbb{N}$$

geschrieben, falls gilt:

$$\exists\, k, i, j \in \mathbb{N}, i > 0, k > 0: \forall\, n \in \mathbb{N}, j \leq n: g(n) \leq i \cdot f_a(n) \leq k \cdot g(n).$$

Die Formel drückt aus, daß der Wert $f_a(n)$ für wachsendes n asymptotisch unter einem Vielfachen von $g(n)$ liegt.

Beispiel (Aufwand bei der Berechnung der Division). Es wird wieder die rekursive Rechenvorschrift div betrachtet:

```
fct div = (nat x, nat y: y > 0) nat:
    if x < y    then   0
                else   1+ div(x–y, y)
    fi .
```

Die Anzahl von elementaren Operationen (einschließlich der Auswertung der Bedingung) bei der Auswertung von $div(x, y)$ ist gegeben durch $div_a(x, y)$, wobei div_a durch folgende rekursive Deklaration bestimmt sei:

```
fct diva = (nat x, nat y: y > 0) nat:
    if x < y    then   1
                else   3+ diva(x–y, y)
    fi .
```

Wichtig ist vor allem die Größenordnung, mit der $div_a(x, y)$ in Abhängigkeit von den Parametern x und y wächst. Es gilt:

$$div_a(x, y) = 3 \cdot (x + y)+1 \approx O(x + y) .$$

Die maximale Anzahl der (geschachtelten) Bindungen wird angegeben durch die Rechenvorschrift

```
fct divb = (nat x, nat y: y > 0) nat:
    if x < y    then   2
                else   2+divb(x–y, y)
    fi .
```

Es gilt:

$$div_b(x, y) = 2 \cdot (x + y)+2 \approx O(x + y).$$

Die Rekursionstiefe bestimmt sich durch die Rechenvorschrift:

```
fct divc = (nat x, nat y: y > 0) nat:
    if x < y    then   1
                else   1+divc(x–y, y)
    fi.
```

Es gilt:

$$div_c(x, y) = x+y+1 \approx O(x + y)$$

Die Effizienz der Division läßt sich weiter verbessern: Ein Beispiel stellt die *schnelle Division* durch Binarisierung dar:

fct bidiv = (**nat** x, **nat** y : y > 0) **nat:**
   if x < y   **then**   0
            else   **nat** d = 2·bidiv(x, 2·y);
                  if x − d·y < y   **then** d
                                 else d+1
                  fi
  fi

Den Rechenaufwand von bidiv wird durch die Rechenvorschrift $bidiv_a$ berechnet:

fct $bidiv_a$ = (**nat** x, **nat** y: y > 0) **nat:**
   if x < y   **then**   1
            else   **nat** d = 2·bidiv(x, 2·y);
                  if x − d·y < y   **then** $bidiv_a$(x, 2·y)+7
                               else $bidiv_a$(x, 2·y)+8
                  fi
  fi

Es gilt (für y > 0):

$$bidiv_a(x, y) \approx O(\log_2(x \div y))$$

Gleiches gilt für $bidiv_b$ und $bidiv_c$.   ❑

Andere Komplexitätsbewertungen ergeben sich bei der Auswertung mit speziellen Maschinenmodellen. Durch die angegebenen Bewertungen lassen sich auch Problemstellungen Komplexitäten zuordnen. Wir können insbesondere untersuchen, mit welchem Aufwand eine Rechenvorschrift für die Berechnung der gegebenen Funktion im günstigsten Fall auskommt. Dieser Aufwand ist gegeben durch die effizientesten Programme, die wir für eine Problemstellung finden können.

Häufig stehen Maßnahmen zur Steigerung der Effizienz im Gegensatz zu den Prinzipien der guten Verständlichkeit, Lesbarkeit und Einfachheit. Eine Steigerung der Effizienz bedingt in der Regel auch eine Erhöhung des Programmieraufwands. Deshalb müssen weiterreichende Forderungen nach erhöhter Effizienz immer sorgfältig begründet sein.

4.5.7 Dokumentation

In der Praxis werden einmal erstellte Programme in der Regel nicht nur verwendet, um sie von einer Maschine abarbeiten zu lassen. Häufig werden Programme in anderen Anwendungen wiederverwendet oder auf Grund geänderter Anforderungen oder auftretender Fehler modifiziert und an neue Erfordernisse angepaßt. Diese Wartungsarbeiten für Programme bringen es mit sich, daß Programmierer, die die entsprechenden Programme nicht selbst geschrieben haben, diese lesen und verstehen müssen, um sie korrigieren und ändern zu können. Dazu ist eine umfassende Dokumentation hilfreich. Die Dokumentation ist auch ein entscheidendes Hilfsmittel bei der Programmerstellung selbst.

Gehen wir von Programmsystemen aus, die applikativ sind, und die in der Regel aus einer sehr umfangreichen Familie von teilweise verschränkt rekursiven Funktionsdeklarationen bestehen, so ist jede auftretende Funktionsdeklaration mit folgenden zusätzlichen Angaben zur Dokumentation zu versehen:

- erforderliche Beschränkung des Parameterbereichs,
- Spezifikation des Wertverlaufs,
- Angaben über Effizienz (Zeit- und Speicherbedarf),
- Angaben über unterdrückte Parameter,
- Angaben über im Rumpf aufgerufene Rechenvorschriften (Funktionsbezeichnungen, Angabe des Stützgraphen),
- Hinweise über verwendete algorithmische Konzepte.

Durch eine umfassende Dokumentation ist ein Programmsystem erheblich einfacher zu verstehen, zu warten, zu ändern und wiederzuverwenden.

4.5.8 Test und Integration von Programmen

Ein in der Praxis gängiges Verfahren, sich der Korrektheit eines Programms zu vergewissern, besteht im *Testen*. Das Programm wird mit einer Reihe von Parametersätzen ausgeführt. Für das jeweilige Ergebnis wird überprüft, ob es mit dem geforderten Ergebnis übereinstimmt. Ist das der Fall, so ist der Test erfolgreich, andernfalls ist das vorliegende Programm als fehlerhaft nachgewiesen. Zum Testen ist das Vorliegen einer Spezifikation erforderlich und eine Methode, die es erlaubt festzustellen, ob ein geliefertes Ergebnis die gegebene Spezifikation erfüllt. Insbesondere die zweite Forderung ist bei komplexen Aufgabenstellungen oft nur schwer zu realisieren.

Für Programme mit unendlichem Parameterbereich können erfolgreiche Tests niemals die Korrektheit eines Programms zeigen. Sie können nur die Inkorrektheit eines Programms zeigen und damit ein Programm falsifizieren. Trotzdem werden Tests in der Praxis vielfältig eingesetzt. Wir versuchen dabei systematisch die Testparametersätze so zu wählen, daß alle Zweige von Fallunterscheidungen zumindest einmal durchlaufen werden (*vollständige Testüberdeckung*). Umfassendere Tests versuchen nicht nur alle Zweige zu überdecken, sondern auch alle Zweige in gewissen Kombinationen (*Pfadüberdeckung*). Davon erhoffen wir uns, daß noch enthaltene Fehler eher entdeckt werden. Aber auch hier können Tests die Korrektheit nicht garantieren. Dies zeigt sich nicht nur durch grundsätzliche Überlegungen, sondern gilt gemäß praktischer Erfahrung: Viele Programme enthalten nach erfolgreichem Abschluß der Testphase immer noch Fehler. Trotzdem werden Tests in der Praxis weiter eingesetzt. Oftmals wird der Nachweis der Korrektheit durch eine Verifikation für zu aufwendig gehalten, oder die zur Verfügung stehenden Programmierer sind nicht dafür ausgebildet, oder aber es wird mit Sprachen und Systemen gearbeitet, für die keine Verifikationsmethoden zur Verfügung stehen. Testen ist aber auch sehr aufwendig. Es kostet bis zu 50% des gesamten Programmieraufwands.

Grundsätzlich kann Testen helfen, das Zutrauen in die Korrektheit eines Programmsystems zu erhöhen. Es kann jedoch im Sinne zuverlässiger Programmierung sorgfältige Korrektheitsargumente niemals ersetzen.

Eine für die Praxis bedeutsame Teilaufgabe der Programmentwicklung ist die Integration eines Programms in eine vorgegebene Umgebung. Eine Integration ist auch erforderlich, um unabhängig erstellte Module zu einem Gesamtsystem zusammenzufügen. Testläufe von Programmen dienen in diesem Zusammenhang auch der Erprobung der Schnittstellen. Wir sprechen von *Integrationstests*. Es wird dabei überprüft, ob das erstellte Teilprogramm sich korrekt in das vorhandene Programmsystem einfügt. Hierbei kann ein Test für das Aufdecken gewisser inkonsistenter Schnittstellen hilfreich sein.

4.6 Korrektheitsbeweise für rekursive Programme

Programme können als Formeln aufgefaßt werden. Da diese Formeln, selbst für die Maßstäbe der Mathematik, ungewöhnlich umfangreich und komplex sein können und in der Praxis häufig auch sind, ist die sorgfältige Prüfung der Frage, ob ein Programm die geforderten Eigenschaften aufweist, durchaus berechtigt. Um solche Fragen zuverlässig beantworten zu können, greifen wir zum mathematischen Beweis. Beweise sind insbesondere im Zusammenhang mit rekursiv deklarierten Rechenvorschriften angebracht, da deren Eigenschaften in der Regel alles andere als offensichtlich sind.

Im folgenden wird stets eine rekursive Deklaration einer Rechenvorschrift f der Form

fct f = (**m** x) **n**: E

betrachtet. Die Verallgemeinerung der im folgenden beschriebenen Techniken auf mehrstellige Funktionen und Systeme von Rechenvorschriften ist problemlos möglich.

4.6.1 Induktion und Rekursion

Wie schon die induktive Deutung rekursiver Funktionsvereinbarungen deutlich gemacht hat, sind Rekursion und Induktion eng verwandt. Zuerst wird deshalb eine Beweistechnik behandelt, die sich auf die induktive Deutung rekursiver Deklarationen stützt. Wir sprechen von *Berechnungsinduktion*. Sei

fct f = (**m** x) **n**: E

eine gegebene rekursive Vereinbarung. Die durch die Rechenvorschrift f dargestellte Funktion ist total korrekt bezüglich einer spezifizierten Abbildung f_s, falls für alle zulässigen Parameter x gilt:

$$f(x) = f_s(x),$$

Um dies durch Berechnungsinduktion zu zeigen, beweisen wir (seien die f_i so definiert, wie im Abschnitt über die induktive Deutung von rekursiven Deklarationen):

(1) falls $f_s(x) = \perp$, dann $\qquad \forall i \in \mathbb{N}: f_i(x) = \perp$,
(2) falls $f_s(x) = a$ und $a \neq \perp$, dann $\quad \exists i \in \mathbb{N}: f_i(x) = a$.

Daß dies ein zuverlässiges Beweisverfahren ist, ergibt sich unmittelbar aus der induktiven Deutung rekursiver Funktionsdeklarationen.

Beispiel (Beweis durch Berechnungsinduktion). Wir betrachten die Rechenvorschrift

fct even = (**nat** x) **bool**:
    if x ≤ 1 **then** (x $\overset{?}{=}$ 0)
              else even(x–2) **fi**

und die Spezifikation

$$even_s(x) = (\exists \text{ } \textbf{nat } n: n \cdot 2 = x)$$

Mit den Definitionen, wie sie im Abschnitt über die induktive Deutung von Deklarationen verwendet wurden, gilt (sei x ∈ **N**)

$$even_i(x) = \begin{cases} \bot & \text{falls } x \geq 2 \cdot i, \\ \exists \text{ } \textbf{nat } n: n \cdot 2 = x & \text{falls } x < 2 \cdot i. \end{cases}$$

Die Korrektheit dieser Gleichung für $even_i$ beweisen wir unschwer durch Induktion über i. Die Anwendung der Berechnungsinduktion ergibt sofort, daß even der Spezifikation $even_s$ entspricht. ☐

Die partielle Korrektheit von rekursiven Rechenvorschriften läßt sich auch durch allgemeine Induktion beweisen, wenn wir die induktive Deutung zugrunde legen. Zu beweisen ist für die partielle Korrektheit:

$$f \sqsubseteq f_s .$$

Sind wir in der Lage, für alle i ∈ **N** zu beweisen:

$$f_i \sqsubseteq f_s \implies f_{i+1} \sqsubseteq f_s ,$$

dann ergibt die induktive Deutung sofort

$$f = f_\infty = \sup \{f_i: i \in \textbf{N}\} \sqsubseteq f_s .$$

Eine andere Möglichkeit, die partielle Korrektheit einer Rechenvorschrift für eine spezifizierte Aufgabenstellung, die der Funktion f_s entspricht, zu beweisen, liefert die Fixpunktdeutung. Ist f_s (nicht notwendigerweise kleinster) Fixpunkt des durch den Rumpf E der Rechenvorschrift gegebenen Funktionals τ, d.h. gilt

$$f_s = \tau[f_s]$$

mit

$$\tau[f_s](a) = I_{\beta'}[E] \text{ mit } \beta' = \beta[f_s/f, a/x],$$

so gilt ebenfalls

$$f \sqsubseteq f_s,$$

da die mit der Rechenvorschrift verbundene Funktion f kleinster Fixpunkt ist.

Beispiel (Partielle Korrektheit durch Fixpunkteigenschaft der Spezifikation). Die Funktion

$$sqrt_s: \textbf{N} \to \textbf{N},$$

die die ganzzahlige Wurzel einer Zahl berechnet, ist spezifiziert durch die Formel

$$\mathrm{sqrt}_s(n) = y \Leftrightarrow y^2 \leq n < (y+1)^2.$$

Die Funktion sqrt_s erfüllt die Gleichung

$$\mathrm{sqrt}_s(4{\cdot}n{+}i) = \begin{cases} 2{\cdot}\mathrm{sqrt}_s(n){+}1 & \text{falls } (2{\cdot}\mathrm{sqrt}_s(n){+}1)^2 \leq 4{\cdot}n{+}i \\[2mm] 2{\cdot}\mathrm{sqrt}_s(n) & \text{sonst} \end{cases}$$

mit $0 \leq i \leq 3$. Die Korrektheit dieser Gleichung ergibt sich durch folgende Schlußfolgerungen:

$$\mathrm{sqrt}(n) = y \Leftrightarrow y^2 \leq n < (y+1)^2 \qquad \text{(Problemspezifikation)}.$$

Sei $n > 0$. Mit $n' = n{\div}4$ existiert ein i, so daß $n = 4{\cdot}n'{+}i$ und $0 \leq i \leq 3$. Für $r = \mathrm{sqrt}_s(n')$ gilt:

$$r^2 \leq n' < (r+1)^2.$$

Multiplikation mit 4 liefert:

$$(2{\cdot}r)^2 \leq 4{\cdot}n' < (2{\cdot}r+2)^2.$$

Sei nun $x = 2{\cdot}r{+}1$. Dann gilt:

$$(x-1)^2 \leq 4{\cdot}n' < (x+1)^2 .$$

Diese Aussage ist äquivalent zu:

$$(x-1)^2 \leq 4{\cdot}n'{+}i < x^2 \vee x^2 \leq 4{\cdot}n'{+}i < (x+1)^2.$$

Dies entspricht im wesentlichen der Fixpunktgleichung, die der Rechenvorschrift

```
fct sqrt ≡ (nat n) nat:
   if n =? 0   then   0
              else   nat x = 2·sqrt(n÷4)+1;
                     if x·x ≤ n   then   x
                                  else   x–1
                     fi
   fi
```

zugrunde liegt. Allein schon aus der Fixpunktgleichung ergibt sich die partielle Korrektheit der rekursiv deklarierten Rechenvorschrift sqrt bezüglich der gegebenen Spezifikation.   ☐

Andere Beweise lassen sich durch *strukturelle Induktion (Parameterinduktion)* über den Definitionsbereich der Funktion führen. Sei folgende rekursive Deklaration der Rechenvorschrift f gegeben:

fct f = (**nat** x) **m**: E.

Wir beweisen dann eine Aussage über den Wert des Aufrufs $f(n)$ für $n \in \mathbb{N}$ durch Induktion über n. Im einzelnen sind folgende Teilaussagen zu beweisen:

(1) Die Aussage gilt für $n = 0$.
(2) Gilt die Aussage für n (Induktionsannahme), so läßt sich die Aussage auch für $n+1$ beweisen.

Die Wahl der Beweismethode hängt jeweils stark von der Struktur der Aufgabenstellung und der vorliegenden Rechenvorschrift ab und bleibt dem Geschick des Programmierers überlassen.

Beispiel (Beweis der Korrektheit der Rechenvorschrift qsum). Die iterierte Quersumme einer natürlichen Zahl in Dezimaldarstellung wird durch die Funktion Quersumme Modulo 9 berechnet.

fct qsum = (**nat** n) **nat:**
>   **if**   n < 9   **then**   n
>   **elif**   n $\stackrel{?}{=}$ 9   **then**   0
>   **else**   qsum(qsum(n÷10)+ (n **mod** 10))
>   **fi**

Es gilt für n ∈ IN:

9 teilt n genau, falls qsum(n) = 0.

Dies läßt sich beweisen, indem wir zeigen:

qsum(n) = n **mod** 9.

Der Beweis wird durch Induktion über n geführt:

Für n < 10 ist die Behauptung offensichtlich.
Für n ≤ 17 ergibt sich die Behauptung ebenfalls durch einfaches Nachrechnen.
Gilt die Behauptung für n' < n, und ist n ≥ 10, so gilt insbesondere

>   qsum(n÷10) = (n÷10) **mod** 9 .

Ferner gilt:

>   n **mod** 9 =
>   (9 · (n÷10) + n÷10 + (n **mod** 10)) **mod** 9 =
>   ((9 · (n÷10)) **mod** 9 + ((n÷10) **mod** 9) + ((n **mod** 10) **mod** 9)) **mod** 9 =
>   ((n÷10) **mod** 9 + (n **mod** 10)) **mod** 9 .

Da ((n÷10) **mod** 9) + (n **mod** 10) ≤ 17, ist dieser Ausdruck äquivalent zu:

>   qsum(((n÷10) **mod** 9) + (n **mod** 10)) .

Nach Induktionsvoraussetzung ist dies gleichwertig zu:

>   qsum(qsum(n÷10) + (n **mod** 10)) .   □

Wichtige Eigenschaften, die wir für rekursiv deklarierte Funktionen beweisen möchten, sind partielle und totale Korrektheit. Deshalb werden wir sie im folgenden gesondert behandeln.

4.6.2 Partielle Korrektheit

Wir nennen wir ein Programm *partiell korrekt*, wenn es keine falschen Resultate produziert. Dies ist insbesondere gewährleistet, wenn alle die bedingten Gleichungen, die dem rekursiven Programm zugrunde liegen, insoweit korrekt sind, daß sie für die spezifizierten Funktionen gelten.

Man beachte: Ein Programm, das niemals terminiert und somit keinerlei Resultate produziert (formal, alle Resultate sind ⊥), ist (stets) für jede Aufgabenstellung entsprechender Funktionalität partiell korrekt.

Wir können formal die partielle Korrektheit einer durch eine Rechenvorschrift gegebenen Abbildung f für die spezifizierte Abbildung (Aufgabenstellung) f_s durch

$$f \sqsubseteq f_s$$

ausdrücken. Dabei sei $\sqsubseteq$ die im Abschnitt über die Deutung rekursiver Funktionen eingeführte Ordnung.

Beispiel (Partielle Korrektheit der Division). Der rekursiven Funktionsvereinbarung

fct div = (**nat** x, **nat** y) **nat**:
    if x $\stackrel{?}{=}$ 0 **then** 0
               else div(x–y, y)+1 **fi**

liegen die bedingten Gleichungen

$$x = 0 \qquad \Rightarrow \ div(x, y) = 0,$$
$$\neg(x = 0) \ \Rightarrow \ div(x, y) = div(x–y, y)+1$$

zugrunde. Die Rechenvorschrift div ist für die folgende Spezifikation der Division ohne Rest (nur) partiell korrekt:

$$div_s: \ \mathbb{N} \times \mathbb{N} \ \rightarrow \ \mathbb{N}$$

sei die Funktion, die die folgenden Gleichungen erfüllt:

$$div_s(0, y) = 0,$$
$$div_s(x, y) = d,$$

wobei für $d \in \mathbb{N}$ gilt: Es existiert $r \in \mathbb{N}$ mit $0 \leq r < y$ und

$$x = d \cdot y + r.$$

Für mod(x, y) $\neq$ 0 terminiert die obige Rechenvorschrift div nicht.[1] $\square$

Beweistechniken für die partielle Korrektheit von rekursiv deklarierten Rechenvorschriften hängen eng mit der semantischen Behandlung der Rekursion zusammen. Partielle Korrektheit einer Rechenvorschrift beweisen wir besonders einfach mit Fixpunkteigenschaften der Spezifikation für das der Rechenvorschrift zugeordnete Funktional.

4.6.3 Terminierungsbeweise

Ist die partielle Korrektheit einer rekursiv definierten Funktion nachgewiesen, so ist damit noch nicht sichergestellt, daß die Auswertung der Funktionsanwendung für einen gegebenen Parametersatz terminiert. Die Terminierung ist für viele Rechenvorschriften offensichtlich. Terminierungsbeweise können aber auch sehr schwierig sein.
    Wir betrachten die rekursive Funktionsvereinbarung:

fct f = (**m** x) **n**: E

Sei M die Trägermenge zur Sorte **m** und $M^- = M \setminus \{\bot\}$. Wir sagen, daß die Funktion f für das Argument $x \in M$ terminiert, wenn

---

[1] Man beachte, daß wir aus Gründen der Einfachheit nicht zwischen Nichtterminierung im Sinne unendlicher Berechnungen und Abbruch der Berechnung bei endlichem Fehler unterscheiden.

$$f(x) \neq \bot$$

Eine Methode, die Terminierung einer Rechenvorschrift durch Induktion nachzuweisen, besteht in der Angabe einer *Abstiegsfunktion* (auch *Terminierungsfunktion* genannt). Diese Methode werden wir im folgenden erläutern. Die Abstiegsfunktion ist eine Abbildung

$$h \colon M^- \to \mathbb{N}$$

die so gewählt wird, daß für $x \in M^-$ der Wert $h(x)$ eine Abschätzung (obere Schranke) für die Aufruftiefe der rekursiven Aufrufe bei der Abarbeitung von $f(x)$ gibt und daß wir für alle $k \in \mathbb{N}$ die Aussage $T(k)$ mit

$$T(k) = (\forall\, x \in M^- \colon h(x) \leq k \Rightarrow f(x) \neq \bot)$$

durch Induktion zeigen können. Zu zeigen ist in diesem Induktionsbeweis also für alle $x \in M^-$:

$$h(x) = 0 \Rightarrow f(x) \neq \bot \qquad \{\text{Induktionsanfang}\} \qquad (0)$$

und (hier ist $T(k)$ die Induktionsvoraussetzung):

$$T(k) \wedge h(x) \leq k{+}1 \Rightarrow f(x) \neq \bot \qquad \{\text{Induktionsschluß}\} \qquad (1)$$

Dabei verwenden wir die folgende Gleichung für f, die sich aus der Fixpunktdeutung ergibt:

$$\forall\, x \in M^- \colon f(x) = E$$

Wenn wir die Abbildung h geschickt wählen, können wir die Beweisschritte wie folgt durchführen:

(0)   Den Induktionsanfang zeigen wir, indem wir den Ausdruck E in der Gleichung $f(x) = E$ unter der Voraussetzung $h(x) = 0$ in einen Ausdruck ohne rekursive Aufrufe umformen. Dies gelingt nur, wenn für $h(x) = 0$ der Aufruf $f(x)$ ohne weitere rekursive Aufrufe zu einem Resultat ($\neq \bot$) führt.

(1)   Den Induktionsschluß zeigen wir, indem wir den Ausdruck E in der Gleichung $f(x) = E$ unter der Voraussetzung $h(x) \leq k{+}1$ in einen Ausdruck E' umformen, in dem nur noch rekursive Aufrufe $f(E_i)$ auftreten, für die $h(E_i) \leq k$ gilt. Daraus können wir durch die Induktionsvoraussetzung schließen, daß $f(E_i) \neq \bot$. Gelingt es, aus dieser Aussage zu zeigen, daß $E' \neq \bot$ gilt, so ist der Beweis erbracht. Das Kernstück des Terminierungsbeweises ist also der Nachweis, daß für alle $x \in M^-$ für rekursive Aufrufe $f(E_i)$ im Rumpf E, die unter der Bedingung C_i stattfinden, folgende Aussage gilt:

$$C_i \Rightarrow h(x) > h(E_i)$$

(und die Werte der Ausdrücke C_i und E_i verschieden von $\bot$ sind).

Die Funktion h liefert dann eine obere Schranke $h(x)$ für die Höhe des Baums der rekursiven Aufrufe für $f(x)$. Die Bedingung stellt sicher, daß für jeden rekursiven Aufruf diese Schranke abnimmt und somit der Baum endlich ist.

Beispiel (Terminierungsbeweis für die binarisierte Wurzelfunktion). Wir betrachten erneut die Rechenvorschrift:

fct sqrt = (**nat** n) **nat**:
  if n $\stackrel{?}{=}$ 0 **then** 0
             else **nat** x = 2·sqrt(n÷4)+1;
                    if x·x $\leq$ n **then** x
                              else x–1
                fi
  fi

Die Rechenvorschrift sqrt enthält nur einen rekursiven Aufruf, der nur unter der Bedingung n > 0 angestoßen wird. Die Fixpunktgleichung liefert für n $\in$ $\mathbb{N}$:

sqrt(n) = **if** n $\stackrel{?}{=}$ 0 **then** 0
             else **nat** x = 2·sqrt(n÷4)+1;
                    if x·x $\leq$ n **then** x
                            else x–1
              fi
        fi.

Wir erhalten daraus die Aussagen

n = 0 $\Rightarrow$ sqrt(n) = 0   (1)

n > 0 $\Rightarrow$ sqrt(n) = **if** x·x $\leq$ n **then** x   (2)
                          else x–1
        fi where nat x = 2·sqrt(n÷4)+1

Wir definieren die Terminierungsfunktion

h: $\mathbb{N} \rightarrow \mathbb{N}$

mit

h(n) = n.

Zu zeigen ist nun gemäß den obigen Forderungen:

h(n) = 0 $\Rightarrow$ sqrt(n) $\neq \bot$ {Induktionsanfang}

und unter der Voraussetzung, daß sqrt(n) $\neq \bot$ für h(n) $\leq$ k, gilt:

h(n) $\leq$ k+1 $\Rightarrow$ sqrt(n) $\neq \bot$ {Induktionsschluß}

Der Induktionsanfang ergibt sich sofort aus (1). Der Induktionsschluß folgt aus (2), da

n > 0 $\Rightarrow$ n > n÷4   (3)

gilt und somit die Induktionsvoraussetzung sqrt(n÷4) $\neq \bot$ liefert. Die Korrektheit von (3) liefert ein einfacher Induktionsbeweis.   □

Wollen wir die Terminierung nicht für alle Argumente der rekursiven Rechenvorschrift, sondern nur für eine Teilmenge U des Parameterbereichs M^- beweisen, um etwa Parameterrestriktionen zu berücksichtigen, so wählen wir eine Abstiegsfunktion

h: U $\rightarrow \mathbb{N}$

Wir zeigen nun induktiv die Aussage

T(k) = ($\forall$ x $\in$ U: h(x) $\leq$ k $\Rightarrow$ f(x) $\neq \bot$)

Dementsprechend muß nun im Rahmen des induktiven Beweises gezeigt werden, daß für einen rekursiven Aufruf f(x) mit einem Argument $x \in U$ auch alle weiteren rekursiven Aufrufe f(E') im Rumpf E mit Argumenten aus $U \subseteq M^-$ stattfinden. Es ist demnach für alle $x \in M^-$ zu zeigen:

$$x \in U \Rightarrow E' \in U.$$

Damit ist sichergestellt, daß für alle $x \in U$ der Funktionswert h(E') wohldefiniert ist.

Beispiel (Binarisierte Division). Betrachtet wird die Rechenvorschrift der binarisierten Division:

fct bidiv = (**nat** m, **nat** n: n > 0) **nat**:
 if m < n **then** 0
     else **nat** d = 2·bidiv(m, 2·n);
       if m – d·n < n **then** d
            else d+1
      fi
 fi

Die Rechenvorschrift bidiv enthält nur einen rekursiven Aufruf, der unter der Bedingung $m \geq n$ angestoßen wird. Wir definieren die Terminierungsfunktion

$$h: \mathbb{N} \times \mathbb{N} \setminus \{0\} \to \mathbb{N}$$

mit (sei n > 0)

$$h(m, n) = \begin{cases} m{-}n{+}1 & \text{falls } m \geq n \\ 0 & \text{sonst} \end{cases}$$

Der Induktionsanfang ist trivial. Zu zeigen ist beim Induktionsschluß:

$$m \geq n \Rightarrow h(m, n) > h(m, 2{\cdot}n).$$

Dies ist nach der Definition von h gleichwertig zu:

$$m{-}n{+}1 > m{-}2n{+}1,$$

und nach arithmetischen Umformungen zu

$$0 > -n,$$

was für n > 0 trivialerweise gilt.   □

Wie bereits bemerkt, liefert die Abstiegsfunktion Schranken für die Rekursionstiefe. Allerdings brauchen diese Schranken nicht scharf zu sein. In der Regel gestalten sich die Terminierungsbeweise sogar einfacher, wenn wir die durch die Terminierungsfunktion für die Rekursionstiefe gegebene Abschätzung großzügig wählen.

Natürlich läßt sich die Terminierung auch allgemein durch Berechnungsinduktion oder durch strukturelle Induktion beweisen.

5. Zuweisungsorientierte Programmierung

Die heute gebräuchlichen Rechnerarchitekturen, nach dem Mathematiker John von Neumann auch *von-Neumann-Maschinen* genannt, besitzen linear angeordnete Speicher, in denen Programme, wie auch Daten abgelegt sind. Die Inhalte des Speichers (und gewisser Register) kennzeichnen den Zustand der Berechnung der Maschine. Die Abarbeitung von Programmen durch diese Maschinen ist streng zustandsorientiert. In den Maschinen werden Schritt für Schritt gewisse Anweisungen ausgeführt, die im Speicher stehen, und mit jedem Schritt ändert sich der Zustand des Speichers, genauer die Inhalte gewisser Speicherzellen. Damit bestimmt der Speicherzustand die Folge der Berechnungsschritte, die Berechnungsschritte beeinflussen wiederum den Speicherzustand.

Sequentielle Maschinen mit linear angeordneten Speichern arbeiten besonders effizient für die Klasse von Programmen, die – grob gesagt – äquivalent sind zu der Klasse applikativer Programme, die höchstens repetitive Rekursion verwenden. Da die entsprechenden Sprachelemente besonders effizient auf diesen Maschinen ausgeführt werden können und die typischen Einzelschritte der Maschinen widerspiegeln, wird dafür auch eine besondere Schreibweise verwendet. Diese Schreibweise unterstreicht die besondere Form der Abarbeitung.

5.1 Anweisungen

Zuweisungsorientierte Programme setzen sich aus Anweisungen zusammen. Die Verwendung von Anweisungen zur Kontrolle und Steuerung von Abläufen ist jedermann wohlvertraut. Deshalb wird bei einem naiven Zugang zur Programmierung die zuweisungsorientierte Programmierung häufig als einfacher angesehen als die applikative Programmierung.

Anweisungen werden häufig in Abhängigkeit von der gegebenen Situation (dem Zustand) erteilt. Durch die Ausführung einer Anweisung ändert sich der Zustand. In zuweisungsorientierten Sprachelementen ist somit der Begriff des Speicher- und Ablaufzustands (auch Daten- und Kontrollzustand genannt) zentral. Jede Ausführung einer Anweisung ändert gewisse Teile des Speicher- und Ablaufzustands.

5.1.1 Syntax

Für *Anweisungen* (engl. *statement*) verwenden wir die folgende Syntax, die sich in ähnlicher Form in nahezu allen konventionellen Programmiersprachen findet:

⟨statement⟩ ::= **nop** |
            abort |
            ⟨sequential composition⟩ |
            ⟨assignment statement⟩ |
            ⟨conditional statement⟩ |
            ⟨while statement⟩ |
            ⟨block⟩ |
            ⟨procedure call⟩

Diese Syntax stellt eine mittlerweile klassische Auswahl gut beherrschbarer Anweisungen für die Formulierung sequentieller, zuweisungsorientierter Programme dar. Später werden wir noch eine Reihe von maschinennahen, in ihrer Wirkungsweise schwerer zu verstehenden Anweisungen kennenlernen.

5.1.2 Programmvariable und Zuweisung

Verwenden wir die klassische Notation der Funktionsabstraktion, so können wir die Mehrfachverwendung von Zwischenergebnissen durch die hilfsweise Einführung gebundener Bezeichnungen ausdrücken. Wir schreiben für den Ausdruck

$E1 \cdot E1 - E2 \cdot E2$

beispielsweise

((**nat** a, **nat** b) **nat**: a·a − b·b) (E1, E2)

um sicherzustellen, daß jeder Ausdruck nur einmal ausgewertet wird. Mit Deklarationen (wobei die Identifikatoren a und b nicht frei in E1 und E2 vorkommen dürfen) schreiben wir

⌈ **nat** a = E1; ⌈ **nat** b = E2; a·a − b·b ⌋ ⌋.

Dadurch vermeiden wir, daß die Ausdrücke E1 und E2 zweifach ausgewertet werden. Ein typisches Beispiel, bei dem diese Problematik auftritt, sind Polynome. In der klassischen Schreibweise

$a_n x^n + a_{n-1} x^{n-1} + \ldots + a_1 x + a_0$

treten die x^i mehrfach auf. So tritt x^{i1} in x^i auf und wird auch mehrfach berechnet. Dies umgeht das Hornerschema zur Berechnung der Werte von Polynomen durch die Form:

$(\ldots(a_n \cdot x + a_{n-1}) \cdot x + \ldots + a_1) \cdot x + a_0.$

Für das Hornerschema liefert das „Aufbrechen der Formel" in eine Folge von Vereinbarungen eine übersichtlichere Darstellung der Berechnung:

⌈ **nat** $y_{n+1} = 0$;
    nat $y_n = y_{n+1} \cdot x + a_n$;

$$\dots$$
$$\textbf{nat } y_0 = y_1 \cdot x + a_0;$$
$$y_0 \qquad\qquad \rfloor$$

Wir erhalten ein gestaffeltes System von Deklarationen. Jeder der Hilfsidentifikatoren y_i wird nach seiner Einführung ausschließlich in der darauffolgenden Zeile verwendet. Es erscheint bequem, immer wieder den gleichen Identifikator zu verwenden. Dadurch werden geschachtelte Bindungen vermieden und der für all die Bindungen erforderliche Speicherplatz gespart.

Wir schreiben für das obige System der gestaffelten Deklarationen in zuweisungsorientierter Darstellung wie folgt:

$\lceil$ **var nat** $v := 0;$ Variablendeklaration

     $v := v \cdot x + a_n;$ Zuweisung

     $\dots$

     $v := v \cdot x + a_0;$

     v $\rfloor$

Hierbei nennen wir v eine *Programmvariable*, Anweisungen der Form

$v := E$

nennen wir *Zuweisungen*.

Man beachte, daß das häufig intuitiv so einfach und klar empfundene Konzept der Programmvariablen und Zuweisung mit seiner Schreibweise wie

$x := x+1$

bei naiver Betrachtungsweise in der klassischen Mathematik auf Schwierigkeiten bei der Interpretation stößt. Das Gleichheitszeichen suggeriert die Gleichheit der linken und rechten Seite der Zuweisung, was mathematisch unmöglich ist. Die richtige Deutung erfordert es, von einem „alten" Wert von x (auf der rechten Seite) und einem „neuen" Wert von x auf der linken Seite des Zuweisungszeichens := zu sprechen. Die obige Anweisung besagt also: der neue Wert von x ergibt sich aus dem alten Wert von x plus 1. Damit entspricht die obige Zuweisung der Aussage

$x_{neu} = x_{alt}+1$.

Wir können uns auch zwei Zustände vorstellen und von dem Wert von x im alten Zustand und von dem Wert von x im neuen Zustand sprechen. Anweisungen ändern demnach Zustände. Wir ordnen ihnen deshalb als Bedeutung eine Zustandsänderungsfunktion zu. Dies ist eine Funktion, die Zustände auf Zustände abbildet.

5.1.3 Zustände

Um die Bedeutung von Anweisungen fassen zu können, führen wir das Konzept des *Zustands* (engl. *State*) ein. In der Informatik werden viele unterschiedliche Mengen von Zuständen betrachten. Für unsere Zwecke reicht ein einfaches Zustandskonzept aus. Die im folgenden betrachteten Zustände sind die Belegungen der Identifikatoren, die als Programmvariable auftreten. Wir fügen jedoch zu der bereits eingeführten Menge ENV der Belegungen einen speziellen „Zustand" $\perp$ hinzu, der wieder den fiktiven „Endzustand" nichtterminierender Programme symbolisiert, so daß die wie folgt spezifizierte Zustandsmenge STATE betrachten wird.

$$STATE = ENV \cup \{\bot\}\,.$$

Für die Menge STATE wird wieder ein partielle Ordnung $\sqsubseteq$ eingeführt; für die Zustände $\sigma 1, \sigma 2 \in$ STATE definieren wir die Ordnung wie folgt:

$$\sigma 1 \sqsubseteq \sigma 2 \quad \Leftrightarrow_{def} \quad \sigma 1 = \sigma 2 \vee \sigma 1 = \bot\,.$$

Man beachte, daß für gebräuchliche Programmiersprachen wie Pascal oder ALGOL die Struktur der Zustände im allgemeinen weit komplizierter gewählt werden muß, da die Überlagerung von Variablendeklarationen in geschachtelten Blöcken schwierigere Zustandsstrukturen erfordert.

Das eingeführte Zustandskonzept bezieht sich ausschließlich auf die Datenzustände eines Programms. Neben dem Datenzustand können wir noch über den Kontrollzustand eines Programms reden. Darauf wird im Kapitel 7 eingegangen.

5.1.4 Funktionale Bedeutung von Anweisungen

Die Ausführung einer Anweisung bewirkt funktional gesehen die Änderung eines Zustands. Dementsprechend kann ihre Bedeutung durch folgende Interpretationsfunktion angegeben werden:

$$I: \langle statement \rangle \ \rightarrow \ (STATE \ \rightarrow \ STATE)\,.$$

Wir betrachten also als Semantik einer Anweisung die Zustandsabbildung, die für jeden Anfangszustand („Zustand vor Ausführung der Anweisung") einen Endzustand („Zustand nach Ausführung der Anweisung") erzeugt.

5.1.5 Operationale Semantik von Anweisungen

Um die charakteristischen Eigenschaften der operationalen Semantik von Anweisungen im Rahmen der Termersetzung voll zur Geltung zu bringen, ist es notwendig, die Rechenstruktur der Zustände in allen Einzelheiten zu beschreiben und ein Termersetzungssystem dafür anzugeben. In der Regel wird die operationale Semantik zuweisungsorientierter Sprachen jedoch nicht durch Termersetzungssysteme, sondern durch abstrakte Maschinenmodelle beschrieben. Dabei treten Kontrollzustände und Zustände für den Speicher explizit auf. Wir verzichten im folgenden darauf, ein solches Maschinenmodell explizit anzugeben. Dies werden im Zusammenhang mit maschinennahen Programmiersprachen in Teil II nachholen.

5.2 Einfache Anweisungen

Im folgenden werden drei Arten von einfachen Anweisungen eingeführt. Die Bedeutung einfacher Anweisungen kann durch die Angabe der damit verbundenen Zustandsänderungsabbildung erklärt werden.

5.2.1 Die „leere" Anweisung nop

Die leere Anweisung

nop

(„no operation", manchmal auch **skip** genannt) steht für die Anweisung, deren Ausführung den vorhandenen Zustand unverändert läßt. Für jeden Zustand $\sigma \in$ STATE gilt:

$\quad$ I[**nop**]$(\sigma) =_{\text{def}} \sigma.$

Somit entspricht **nop** der leeren Anweisung. Diese steht semantisch für die Identitätsabbildung auf dem (Daten-)Zustandsraum.

5.2.2 Die nichtterminierende Anweisung abort

Die Anweisung

abort

steht für die Anweisung, deren Ausführung jeden gegebenen Zustand in den „undefinierten" Zustand $\perp$ überführt. Für jeden Zustand $\sigma \in$ STATE gilt:

$\quad$ I[**abort**]$(\sigma) =_{\text{def}} \perp.$

Die Anweisung **abort** steht demnach für die nicht „erfolgreich" ausführbare Anweisung und damit für die Anweisung, bei deren Ausführung kein wohldefinierter Folgezustand erreicht wird. Wir können auch sagen: Die Ausführung von **abort** terminiert nicht. Für die praktische Programmierung ist **abort** natürlich wenig sinnvoll. Wir betrachten die Anweisung **abort** lediglich aus Gründen der Systematik.

5.2.3 Die Zuweisung

Die *kollektive Zuweisung* hat folgende Form:

$\quad x_1, ..., x_n := E_1, ..., E_n$

Das Symbol := nennen wir *Zuweisungssymbol*. Identifikatoren, die in Anweisungen auf der linken Seite vom Zuweisungssymbol auftreten, nennen wir *Programmvariable*.

$\quad$ Die Syntax der (kollektiven) Zuweisung wird durch folgende BNF-Regel formal beschrieben:

$\quad$ ‹assignment statement› ::= ‹id› { , ‹id› }* := ‹exp› { , ‹exp› }*

Wir setzen die folgenden Kontextbedingungen voraus:

- Die Identifikatoren auf der linken Seite der Zuweisung sind paarweise verschieden.
- Die Anzahl der Identifikatoren auf der linken Seite des Zuweisungssymbols stimmt mit der Anzahl der Ausdrücke auf der rechten Seite überein.
- Jedem auftretenden Identifikator läßt sich konsistent eine Sorte zuordnen, so daß die Sorten von x_i und E_i übereinstimmen.

Die Zuweisung ist für den in diesem Kapitel betrachteten Programmierstil das beherrschende Sprachelement. Wir sprechen deshalb auch von *zuweisungsorientierter (prozeduraler) Programmierung.*

Beispiel (Zuweisungen)

(1) Seien x, y verschiedene Identifikatoren. Die Zuweisung

   x, y := y, x

bewirkt ein Vertauschen der Werte von x und y.

(2) Die Zuweisung

   x := x+1

bewirkt, daß ausgehend vom gegebenen Zustand (einer Belegung σ mit $\sigma(x) = n$) ein neuer Zustand σ' erzeugt wird mit

$$\sigma'(x) = \sigma(x)+1, \quad \text{d.h.} \quad \sigma'(x) = n + 1,$$

und

$$\sigma'(y) = \sigma(y) \qquad \text{für Identifikatoren y verschieden von x.} \qquad \square$$

Die Zuweisung x := E bewirkt eine Zustandsänderung, die einen gegebenen Zustand (Ausgangszustand) in einen neuen Zustand (Nachfolgezustand) überführt, der mit dem gegebenen Ausgangszustand für alle Identifikatoren übereinstimmt, die verschieden von x sind, und für x den Wert von E liefert. Formal läßt sich das durch die folgende Definition (sei $\sigma \in$ STATE) ausdrücken:

$$I[x := E](\sigma) = \begin{cases} \sigma[I_\sigma[E]/x] & \text{falls } \sigma \neq \bot \wedge I_\sigma[E] \neq \bot \\ \bot & \text{falls } \sigma = \bot \vee I_\sigma[E] = \bot \end{cases}$$

Die Verallgemeinerung dieser Semantikdefinition auf kollektive Zuweisung ist offensichtlich. Allgemein bestehen zuweisungsorientierte Programme aus einer Folge von Zustandsänderungen, die einer Folge von Zuweisungen entsprechen.

5.3 Zusammengesetzte Anweisungen

Aus gegebenen Anweisungen können wir durch verschiedene Formen der Komposition wieder Anweisungen erhalten. Die im vorangegangenen Abschnitt eingeführten Anweisungen nennen wir *einfach* (oder Einzelanweisungen), die durch Komposition von Anweisungen erhaltenen Anweisungen nennen wir *zusammengesetzt*.

5.3.1 Sequentielle Komposition

Sind S1 und S2 Anweisungen, so ist

   S1 ; S2

eine zusammengesetzte Anweisung mit folgender operationaler Bedeutung: Wir führen zuerst die Anweisung S1 aus und anschließend die Anweisung S2. Wir sprechen von der *sequentiellen Komposition* von S1 und S2.

Die Syntax der sequentiellen Komposition ist durch folgende BNF-Regel formal beschrieben:

‹sequential composition› ::= ‹statement› ; ‹statement›

Dabei setzen wir als Nebenbedingungen nur voraus, daß die Sorten der freien Identifikatoren in beiden Anweisungen verträglich sind.

Beispiel (Sequentielle Komposition). Die Anweisung

x := x+1; x := x·x

hat die gleiche Wirkung wie die Anweisung

x := (x+1) · (x+1) .   ☐

Als semantische Interpretation definieren wir:

$I[S1 ; S2](\sigma) =_{def} I[S2](I[S1](\sigma))$

Die sequentielle Komposition von Anweisungen entspricht exakt der Funktionskomposition der mit den Anweisungen verbundenen Zustandsabbildungen.

Da die Komposition von Funktionen assoziativ ist, ist es gerechtfertigt, die sequentielle Komposition ohne Klammern zu schreiben: Die Folge von Anweisungen

S1 ; S2 ; S3

ist äquivalent zu

(S1 ; S2) ; S3 ,

aber auch zu

S1 ; (S2 ; S3).

Es ist somit unnötig und in vielen Sprachen sogar syntaktisch unzulässig, die Klammern zu schreiben.

5.3.2 Bedingte Anweisungen

Seien S1 und S2 Anweisungen und C ein Boolescher Ausdruck, dann ist

if C **then** S1 **else** S2 **fi**

eine *bedingte Anweisung*. Die Syntax der bedingten Anweisung ist analog zur Syntax der bedingten Ausdrücke definiert:

‹conditional statement› ::= **if** ‹exp› **then** ‹statement› **else** ‹statement› **fi**

Für bedingte Anweisungen werden die folgenden Nebenbedingungen vorausgesetzt:

- der Ausdruck C hat die Sorte **bool**,
- den im Ausdruck C und den Anweisungen S1 und S2 enthaltenen Identifikatoren können wir konsistent Sorten zuordnen.

Bedingte Anweisungen sind eng verwandt mit bedingten Ausdrücken.

Beispiel (Bedingte Anweisungen). Die bedingte Anweisung

if x < 0 **then** y := –x **else** y := x **fi**

hat die gleiche Wirkung wie die Zuweisung

y := **if** x < 0 **then** –x **else** x **fi**   □

Wie bedingte Ausdrücke führen wir bedingte Anweisungen in ihrer Bedeutung auf die Fallunterscheidung zurück. Hat der Ausdruck C im Zustand unmittelbar vor Ausführung der bedingten Anweisung den Wert true, so wird die Anweisung im **then**-Zweig ausgeführt, hat sie den Wert false, wird der **else**-Zweig ausgeführt. Ist der Wert von C für den Anfangszustand weder true noch false, so ist der Endzustand der bedingten Anweisung der undefinierte Zustand $\perp$.

$$I[\textbf{if } C \textbf{ then } S1 \textbf{ else } S2 \textbf{ fi}](\sigma) =_{def}$$
$$= \begin{cases} I[S1](\sigma) & \text{falls } \sigma \neq \perp \text{ und } I_\sigma[C] = \textbf{L}, \\ I[S2](\sigma) & \text{falls } \sigma \neq \perp \text{ und } I_\sigma[C] = \textbf{O}, \\ \perp & \text{sonst.} \end{cases}$$

Es gibt eine Vielzahl von Spielarten der bedingten Anweisung in Programmiersprachen. Beispiele hierfür sind:

(1) Die *bedingte Anweisung mit einem Zweig*

if C **then** S1 **fi**

steht in Programmiersprachen in der Regel für

if C **then** S1 **else nop fi**.

Wir gebrauchen die bedingte Anweisung mit einem Zweig in diesem Sinn. In gewissen Programmiersprachen allerdings steht die bedingte Anweisung mit einem Zweig auch für

if C **then** S1 **else abort fi**

(2) Case-Anweisung

In manchen Programmiersprachen schreiben wir etwa

case E **of**
$E_1: S_1$
...
$E_n: S_n$ **endcase**

für

if $E \stackrel{?}{=} E_1$ **then** S_1 **else**
...
if $E \stackrel{?}{=} E_n$ **then** S_n **else nop fi** ... **fi**

Dadurch wird ein bestimmter Sonderfall der bedingten Anweisung ausgezeichnet und Schreibaufwand reduziert.

(3) Geschachtelte bedingte Anweisungen (analog geschachtelte bedingte Ausdrücke)

Betrachten wir Sequenzen von Fallunterscheidungen:

if C_1 **then** S_1
else   **if** C_2 **then** S_2

    ...

else   **if** C_n **then** S_n
        else S_{n+1} **fi** ... **fi**,

so schreiben wir in gewissen Programmiersprachen abkürzend etwa:

if C_1 **then** S_1
elif C_2 **then** S_2

    ...

elif C_n **then** S_n
        else S_{n+1} **fi**.

Die Einführung spezieller Notationen für gewisse Fälle kann Schreibaufwand reduzieren helfen und die Lesbarkeit von Programmen verbessern. Allerdings kann eine zu große Vielfalt an Notationen eine Programmiersprache zu unübersichtlich erscheinen lassen.

5.3.3   Wiederholungsanweisungen

Häufig soll eine gegebene Anweisung S wiederholt ausgeführt werden, solange der erreichte Zustand gewisse Eigenschaften hat (eine gewisse Bedingung erfüllt). Ist C ein Boolescher Ausdruck und ist S eine Anweisung, so bildet

while C **do** S **od**

eine Anweisung, genannt *Wiederholungsanweisung*. Der Ausdruck C heißt *Bedingung* und die Anweisung S der *Rumpf* der Wiederholungsanweisung. Die Wiederholungsanweisung wird ausgeführt, indem der Rumpf S wiederholt ausgeführt wird, solange die Bedingung C den Wert true liefert.

Die Syntax der Wiederholungsanweisungen ist gegeben durch die folgende BNF-Regel:

‹while statement› ::= **while** ‹exp› **do** ‹statement› **od**

Die folgenden Nebenbedingungen werden dabei vorausgesetzt:

– der Ausdruck C hat die Sorte **bool**,
– Die Sorten der freien Identifikatoren in C und S stimmen überein.

Durch die Wiederholungsanweisung können wir – ähnlich wie durch Rekursion – die wiederholte Ausführung gewisser Anweisungen programmieren.

Beispiel (Wiederholungsanweisung). Die Anweisung (seien x, y, r Programmvariable von der Sorte **nat**)

while $x \geq y$ **do** r, x := r+1, x–y **od**

hat die gleiche Wirkung wie die Zuweisung

r, x := r+div(x, y), mod(x, y) ,

wobei div wie im vorangegangenen Kapitel definiert ist, und mod durch folgende Rechenvorschrift definiert ist

fct mod = (**nat** x, **nat** y) **nat**:
   if $x \geq y$ **then**   mod(x–y, y)
           else   x
   fi.   □

Insbesondere ist die Wiederholungsanweisung zu einer einfachen Form der Rekursion, der repetitiven Rekursion, verwandt. Dementsprechend wird die Wiederholungsanweisung semantisch gedeutet, indem sie auf eine rekursive Definition (Fixpunktdefinition) zurückgeführt wird:

   I[**while** C **do** S **od**] = **fix** τ ,

wobei **fix** τ den kleinsten Fixpunkt von τ bezeichnet. Dabei sei τ ein Funktional auf Zustandsabbildungen:

   τ: (STATE $\to$ STATE) $\to$ (STATE $\to$ STATE).

τ ist definiert durch

$$\tau[f](\sigma) = \begin{cases} f(I[S](\sigma)) & \text{falls } \sigma \neq \perp \text{ und } I_\sigma[C] = \mathbf{L} \\ \sigma & \text{falls } \sigma \neq \perp \text{ und } I_\sigma[C] = \mathbf{O} \\ \perp & \text{sonst} \end{cases}$$

Die **while**-Wiederholung genügt demnach der „Fixpunktgleichung"

   while B **do** S **od** = **if** B **then** S; **while** B **do** S **od else nop fi** ,

wobei = für die semantische Äquivalenz von Anweisungen, für die Relation zwischen Anweisungen „hat gleiche Wirkung auf den Zustand", steht.

   Grundsätzlich entspricht die Wiederholungsanweisung der repetitiven Form der Rekursion. Sei x Programmvariable der Sorte **m**. Die spezielle Wiederholungsanweisung

   while C **do** x := E **od**

ist stets wirkungsgleich mit der Zuweisung

   x := f(x),

wobei die Rechenvorschrift f durch die folgende Deklaration gegeben sei:

   fct f = (**m** x) **m**: **if** C **then** f(E) **else** x **fi** .

Die Wiederholung entspricht einem eingeschränkten Gebrauch der Rekursion in einer Form, die sich besonders einfach und effizient abarbeiten läßt.

   Natürlich lassen sich Wiederholungsanweisungen auch schachteln. Im Rumpf einer Wiederholungsanweisung darf wieder eine Wiederholungsanweisung auftreten.

Beispiel (Programme mit geschachtelten Wiederholungsanweisungen). Die folgende Anweisung, die eine geschachtelte Wiederholungsanweisung enthält,

   a, b := x, y;
   while $\neg(a \overset{?}{=} b)$ **do**   **while** a < b **do** b := b–a **od**;
                     a, b := b, a   **od**

berechnet den größten gemeinsamen Teiler („ggT") von x und y (sofern x > 0, y > 0). Nach Beendigung der Ausführung des Programms enthalten sowohl die Programmvariable a als auch die Programmvariable b den ggT von x und y.   □

Neben der **while**-Wiederholung, die wohl die fundamentalste Form der Wiederholungsanweisung darstellt, gibt es noch eine Reihe von anderen Versionen von Wiederholungsanweisungen. So finden sich beispielsweise folgende Spielarten von Wiederholungsanweisungen. Die *„nichtabweisende" Wiederholung*

> **repeat** S **until** C

ist bedeutungsgleich mit der zusammengesetzten Anweisung, die die **while**-Wiederholung verwendet:

> S; **while** ¬ C **do** S **od**

Es wird bei der nichtabweisenden Wiederholungsanweisung der Rumpf stets einmal ausgeführt, bevor die Bedingung C überprüft wird. Die nichtabweisende Wiederholungsanweisung wird abgebrochen, sobald C erfüllt ist.

Beispiel (Mischung aus **while**-Wiederholung und nichtabweisender Wiederholung). Das Programm

> **while** ¬(a $\overset{?}{=}$ b) **do**   **if** a < b **then**   **repeat** b := b–a **until** b ≤ a
> **else**   **repeat** a := a–b **until** a ≤ b **fi od**

berechnet den ggT der Anfangswerte von a, b (sofern am Anfang a > 0, b > 0).   ☐

Die *gezählte Wiederholung* ist eine besondere Form der Wiederholungsanweisung, die über natürlichen Zahlen arbeitet. Seien E1, E2 Ausdrücke der Sorte **nat**. Die Anweisung

> **for** i := E1 **to** E2 **do** S **od**

steht für folgende zusammengesetzte Anweisung (i darf in der Regel in E2 nicht auftreten und in S nicht geändert werden; es empfiehlt sich auch nur Anweisungen S zu verwenden, die sicherstellen, daß der Wert von E2 durch Anweisungen in S nicht geändert wird):

> i := E1; **while** i ≤ E2 **do** S; i := i+1 **od**.

Hat E1 den Wert a und E2 den Wert b (a, b ∈ ℕ), so wird durch die gezählte Wiederholung der Rumpf S (b–a+1)-mal ausgeführt (falls a ≤ b), wobei die Programmvariable i die Werte a, a+1, ..., b durchläuft. Gilt a > b, so wird der Rumpf der Wiederholungsanweisung überhaupt nicht ausgeführt.

Unter der angeführten Nebenbedingung, daß i in E2 nicht auftritt und in S nicht geändert wird, ergibt sich für die **for**-Anweisung, daß vor ihrer Ausführung am Wert von E2-E1+1 (falls nur E1 ≤ E2; sonst wird der Rumpf überhaupt nicht ausgeführt) abgelesen werden kann, wie oft der Rumpf S ausgeführt wird. Dies macht deutlich, daß die **for**-Anweisung insbesondere immer terminiert. Für die **while**-Anweisung gilt dies nicht.

In manchen Programmiersprachen muß die Zählvariable i vorher vereinbart werden, in anderen wird durch die **for**-Wiederholung die Vereinbarung implizit mit vorgenommen. Man beachte, daß in manchen Programmiersprachen und deren Realisierungen die Zählvariable i nach Abarbeitung der Wiederholung einen anderen Wert hat, als nach der obigen Erklärung zu erwarten wäre.

Beispiel (Gezählte Wiederholung). Die Berechnung der Fakultät von n auf der Programmvariablen r kann durch eine gezählte Wiederholung ausgedrückt werden:

$r := 1;$ **for** $i := 1$ **to** n **do** $r := i \cdot r$ **od** ☐

Die gezählte Wiederholung findet insbesondere bei Programmen, die bestimmte Aufgaben aus der linearen Algebra (in der Numerischen Mathematik) lösen, Verwendung.

5.4 Variablendeklarationen und Blöcke

Programmvariablen werden häufig nur hilfsweise in begrenzten Programmabschnitten verwendet. Diese Eingrenzung der Verwendung von Programmvariablen wird durch die Deklaration einer Programmvariablen und der Begrenzung des Gültigkeitsbereichs durch einen Block ermöglicht.

Eine einfache *initialisierende Variablendeklaration* hat folgende Form (E sei ein Ausdruck der Sorte **m**):

var m $x := E.$

Dabei darf x nicht frei in E vorkommen. Die kollektive (initialisierende) Variablendeklaration hat die Form

var m$_1$ $x_1, \dots ,$ **var m**$_n$ $x_n := E_1, \dots, E_n.$

Dabei seien die E_i Ausdrücke der Sorte m_i und die Identifikatoren x_i paarweise verschieden und nicht frei in den E_j.

Beispiel (Initialisierende Variablendeklaration). Eine einfache Variablenvereinbarung für eine natürliche Zahl hat folgende Form:

var nat $x := 1.$

Eine kollektive Vereinbarung einer Variablen b für Boolesche Werte und einer Variablen n für natürliche Zahlen hat die Form:

var bool b, **var nat** n := true, 5. ☐

Für die Vereinbarung von Programmvariablen gilt folgende Syntax:

‹variable declaration› ::= **var** ‹sort› ‹id› {, **var** ‹sort› ‹id›}* {:= ‹exp› {, ‹exp›}*}

Folgende Nebenbedingung wird für Variablendeklarationen vorausgesetzt:

– Die deklarierten Identifikatoren treten nicht auf der rechten Seite (in E) auf.

Ansonsten werden die gleichen Nebenbedingungen wie bei der Zuweisung vorausgesetzt.

Wir unterscheiden initialisierende und nichtinitialisierende Variablendeklarationen. Nichtinitialisierende Variablendeklarationen haben die folgende Form:

var nat x .

Es ist im Fall der nichtinitialisierenden Variablendeklaration in vielen Programmiersprachen nicht festgelegt, welchen Wert eine durch eine nichtinitialisierende Variablendeklaration vereinbarte Variable x vor der Ausführung der ersten Zuweisung an x hat. In manchen Implementierungen solcher Sprachen hat x einen willkürlich festgelegten Wert, in manchen Implementierungen hat x einen artifiziellen Wert (vergleichbar zu ⊥), so daß ein Zugriff auf den Wert der Variablen x, bevor ein erster definierter Wert zugewiesen wird, zu einem Abbruch des Programms mit Fehlermeldung führt.

Nichtinitialisierende Variablendeklarationen sind somit mit Vorsicht zu verwenden, da sich das Verhalten von Programmen von Implementierung zu Implementierung ändern kann. Dies ist der Fall, wenn auf eine nichtinitialisierte Programmvariable zugegriffen wird, bevor sie eine Zuweisung erfährt, und die Implementierungen unterschiedliche Initialisierungskonzepte für nichtinitialisierte Programmvariablen verwenden.

Um die Bedeutung einer Variablendeklaration als Zustandsabbildung ausdrücken zu können, würden kompliziertere Versionen von Zuständen benötigt als wir bisher betrachtet haben. Wir benötigen dafür ein Konzept von Zuständen, in denen beispielsweise vermerkt ist, ob ein Identifikator deklariert ist oder nicht. Im folgenden wird auf die explizite Einführung solch eines komplizierteren Zustandskonzepts verzichtet und auch auf eine Angabe einer formalen Semantik für die Variablendeklaration.

Deklarationen stehen allgemein am Beginn von *Blöcken*. Ein Block hat die folgende Form

$$\lceil \ D \ ; \ S1 \ \rfloor,$$

wobei D eine (Sequenz von) Deklaration(en) darstellt und S1 eine Anweisung. Die in D deklarierten Programmvariablen heißen *lokale Variable* des Blocks. Die übrigen im Block auftretenden, nicht im Block deklarierten Variablen heißen *globale Variablen* des Blocks.

Beispiel (Verwendung lokaler Variablen). Das Vertauschen der Werte der Programmvariablen x und y ohne Verwendung einer kollektiven Zuweisung wird durch folgenden Block erzielt:

$$\lceil \ \textbf{var nat} \ h := x; \ x := y; \ y := h \rfloor$$

Dieser Block ist semantisch äquivalent zu der kollektiven Zuweisung x, y: = y, x. ☐

Die Blockklammern begrenzen die Lebensdauer und den Gültigkeitsbereich einer lokalen Bindung für eine Programmvariable völlig analog zu Elementdeklarationen.

Die Syntax von Blöcken ist durch folgende BNF-Regeln gegeben:

⟨block⟩ ::=	$\lceil$ ⟨inner block⟩ $\rfloor$	
	while ⟨inner⟩ **do** ⟨inner block⟩ **od** |	
	if ⟨inner⟩ **then** ⟨inner block⟩ **else** ⟨inner block⟩ **fi**	
⟨inner block⟩ ::=	{ ⟨declaration⟩ ; }* ⟨statement⟩	
⟨declaration⟩ ::=	⟨variable declaration⟩ |	
	⟨procedure declaration⟩ |	
	⟨element declaration⟩ |	
	⟨function declaration⟩ |	
	⟨sort declaration⟩	

Folgende Nebenbedingungen setzen wir für Blöcke und Deklarationen voraus:

– Die Sorten der auftretenden Variablen und Identifikatoren sind konsistent und stimmen mit den in der Deklaration angegebenen Sorten überein.

- Ein Identifikator für eine deklarierte Variable wird erst nach der Deklarationsstelle gebraucht.
- Jeder Identifikator wird in einem Block höchstens einmal deklariert.

Blockstrukturierte Sprachen erlauben die geschachtelte Deklaration von Variablen. Dies führt auf ganz besondere Formen der Realisierung auf Rechenanlagen durch das „Kellerprinzip". Dabei werden Speicherplätze für die Werte der lokalen Programmvariablen (und der Konstantenbezeichnungen) beim Betreten eines Blocks (Beginn der Ausführung eines Blocks) reserviert und beim Verlassen des Blocks (Beendigung der Ausführung des Blocks) wieder freigegeben.

5.5 Prozeduren

Sollen gewisse (zusammengesetzte) Anweisungen des öfteren ausgeführt werden, so können wir für sie abkürzend eine *Prozedur* einführen. Eine Prozedur ist eine zuweisungsorientierte Rechenvorschrift.

5.5.1 Prozedurdeklaration

Wie Funktionen können Prozeduren deklariert werden. Allerdings ist es unnötig eine Resultatssorte anzugeben, da eine Prozedur kein explizites Resultat besitzt. Prozeduren entsprechen Abkürzungen für Anweisungen. Prozeduren können parameterisiert sein.

Beispiel (Prozedurvereinbarung). Eine Vereinbarung der Prozedur vertausche lautet:

proc vertausche = (**var m** x, **var m** y): $\lceil$ m h = x; x := y; y := h $\rfloor$ $\square$

Eine Prozedurvereinbarung hat die allgemeine Form

proc p = (**m**$_1$ x$_1$, ..., **m**$_n$ x$_n$): S

wobei S eine beliebige Anweisung darstellt und die **m**$_1$, ..., **m**$_n$ entweder für Sorten stehen oder für **var** s$_i$ mit gewissen Sorten s$_i$.

Die Syntax der Prozedurdeklaration wird durch folgende BNF-Regeln beschrieben:

⟨proc declaration⟩ ::= **proc** ⟨id⟩ = {(⟨par⟩ {, ⟨par⟩}*) }: ⟨statement⟩
⟨par⟩ ::= {**var**} ⟨sort⟩ ⟨id⟩

Als Nebenbedingungen werden vorausgesetzt:

- Die Sorten der Identifikatoren x$_1$, ..., x$_n$ in S müssen den Angaben in der Parameterliste entsprechen (insbesondere dürfen in S Zuweisungen an x$_i$ nur erfolgen, wenn **m**$_i$ von der Form **var** s$_i$ ist, d.h. als Programmvariable gekennzeichnet ist).
- Die Parameteridentifikatoren sind paarweise verschieden.

Treten in einer Prozedur Programmvariable als Parameter auf, so können wir für sie drei Verwendungsarten unterscheiden:

(1) *Eingabeparameter*: Die Programmvariable tritt im Rumpf der Prozedur nicht auf der linken Seite von Zuweisungen auf, sondern nur in Ausdrücken. Insbesondere wird sie durch den Aufruf nicht geändert.

(2) *Ausgabeparameter* (*Resultatparameter*): Die Programmvariable tritt im Rumpf der Prozedur nur auf der linken Seite von Zuweisungen auf. Insbesondere ist der Wert der Programmvariablen vor Ausführung der Prozedur bedeutungslos.

(3) *Transiente Parameter*: Die Programmvariable tritt im Rumpf der Prozedur sowohl in Ausdrücken als auch auf der linken Seite von Zuweisungen auf.

Manche Programmiersprachen erlauben oder fordern sogar eine zusätzliche Kennzeichnung der Verwendungsart der Parameter. Dies ist aus Gründen der Dokumentation und für die Lesbarkeit sicherlich hilfreich. In der Regel kann sonst nur eine gründliche Analyse des Rumpfes einer Prozedur die Zuordnung eines Variablenparameters zu einer der obigen Kategorien klären.

Beispiel (Verwendungsarten von Parametern). Gegeben sei die Prozedurvereinbarung

proc p = (**var nat** x, **var nat** y, **var nat** z): $\lceil$ z := x+z; y := x $\rfloor$

Hier ist x Eingabeparameter, y Ausgabeparameter und z transienter Parameter. $\square$

Man beachte, daß es neben den hier erwähnten Parametermechanismen (Programmvariable oder Konstantenbezeichnung) noch eine Vielzahl von Spielarten von Parameterbehandlungen in zuweisungsorientierten Sprachen gibt.

Programmvariable, die im Rumpf einer Prozedur auftreten, und die nicht im Rumpf der Prozedur deklariert oder formale Parameter sind, heißen *globale* Variable.

5.5.2 Prozeduraufruf

Ist eine Prozedur wie folgt vereinbart

proc p = (m_1 x_1, ..., m_n x_n): S

so kann sie innerhalb des Blocks, in dem sie vereinbart ist, beziehungsweise genauer gesagt innerhalb ihres Gültigkeitsbereichs, durch einen *Prozeduraufruf* der folgenden Form aufgerufen werden:

p(E_1, ..., E_n)

Dabei muß E_i (ein Identifikator für) eine Programmvariable der Sorte s_i sein, falls m_i von der Form **var** s_i ist, und ein Ausdruck der Sorte s_i, falls m_i von der Form s_i ist. Ein Prozeduraufruf stellt wiederum eine Anweisung dar.

Die Ausführung eines Prozeduraufrufs ist gleichbedeutend mit der Ausführung des Rumpfes der Prozedur nach Umbenennung der formalen Variablenparameter in die aktuellen Programmvariablen und der Einführung entsprechender Deklarationen für Konstantenparameter. Sei die Prozedurvereinbarung (seien s und m beliebige Sorten):

proc p = (**var** s v, **m** x): S

gegeben. Der Aufruf

p(w, E)

ist nur syntaktisch korrekt, wenn w eine Programmvariable der Sorte s ist und E ein Ausdruck der Sorte m ist. Dieser Aufruf ist semantisch äquivalent zu dem Block

$\lceil$ m x = E; S[w/v] $\rfloor$

Der Aufruf ist semantisch äquivalent zu dem Block, der eine Deklaration von x der Sorte m mit Bindung an den Wert von E (falls E weiter außen gebundene Auftreten des Identifikators enthält, muß x in der Deklaration und in S lokal umbenannt werden) und die Anweisung enthält, die durch Ersetzen der Programmvariablen v in S durch w entsteht.

Beispiel (Prozeduraufrufe). Der Block

$\lceil$ **proc** vertausche = (**var m** a, **var m** b): a, b := b, a;
   vertausche(x, y); vertausche(y, z) $\rfloor$

ist semantisch äquivalent zu der Anweisung

x, y, z := y, z, x $\square$

Die Syntax für den Aufruf einer Prozedur ist durch folgende BNF-Regel gegeben:

‹procedure call› ::= ‹id› {(‹exp› {,‹exp› }*)}

Als Nebenbedingungen werden vorausgesetzt:

- Die Sorten der Identifikatoren sind konsistent.
- Die Sorten der aktuellen Parameter entsprechen den Sorten der formalen Parameter der Prozedur.
- Für formale Variablenparameter werden als aktuelle Parameter Variable (keine Ausdrücke) eingesetzt.
- Die Variablenidentifikatoren, die für Variablenparameter eingesetzt werden, sind paarweise verschieden und verschieden von den globalen Variablen im Prozedurrumpf (Aliastabu, Gleichbesetzungsverbot).

Der Aufruf vertausche(x, x) für die Prozedur aus obigen Beispiel verstößt gegen das Gleichbesetzungsverbot.

Wir setzen bei Prozeduraufrufen einen ähnlichen Parameterübergabemechanismus voraus, wie bei Funktionsaufrufen: Aktuelle Parameter (Ausdrücke auf Parameterposition) werden ausgewertet, bevor mit der Auswertung des Rumpfes begonnen wird („Wertaufruf", „Call-by-Value").

In manchen Programmiersprachen gelten allerdings andere Regeln: Manchmal werden Parameterausdrücke nicht sofort beim Aufruf ausgewertet, sondern jeweils, wenn der Wert des entsprechenden formalen Parameters bei der Ausführung des Rumpfes benötigt wird („Call-by-Name"). Dies kann bei mehrfachen Auftreten des formalen Parameters zu unterschiedlichen Werten führen, wenn der Ausdruck Programmvariablen enthält, deren Wert sich während der Ausführung des Rumpfes ändern kann (vgl. die Programmiersprache ALGOL 60).

5.5.3 Globale Programmvariablen in Prozeduren

Wie bei Funktionen können wir auch in Prozeduren Parameter unterdrücken. Werden Parameter für Programmvariable unterdrückt, so sprechen wir von *globalen Programmvariablen* oder *globalen Parametern*. Globale Programmvariable sind also Programmvariable im Rumpf von Prozeduren, die nicht lokal vereinbart und nicht in der Parameterliste aufgeführt sind.

Beispiel (Globale Programmvariable in Prozedurdeklarationen). Gegeben sei der folgende Block mit der Prozedurvereinbarung für die Prozedur vertausche:

$\lceil$ **var nat** h := 0;
   proc vertausche = (**var nat** a, **var nat** b): $\lceil$ h := a; a := b; b := h $\rfloor$;
   vertausche(x, y) $\rfloor$

Hier ist h eine globale Programmvariable in der Prozedur vertausche.   □

Besondere Vorsicht ist bei der Verwendung von globalen Programmvariablen in Prozedurrümpfen geboten, da dann Aufrufe diese Programmvariable ändern können, ohne daß dies an der Aufrufstelle sichtbar wird. Unbedingt zu vermeiden sind aus Gründen der Durchsichtigkeit von Programmen Aufrufe von Prozeduren mit aktuellen Variablenparametern, die gleichzeitig globale Programmvariable der Prozedur sind. Dies würde dazu führen, daß bei der Abarbeitung des Rumpfes die gleiche Programmvariable unter unterschiedlichen Bezeichnungen auftritt (*Aliasing*, Verletzung des *Aliastabus*). Beim Gebrauch von globalen Variablen ist folgende Warnung angebracht:

- Globale Variable führen leicht zu Programmfehlern, da beim Aufruf die Änderung der globalen Variablen durch das fehlende Auftreten der Variablen im Aufruf nicht explizit sichtbar wird.
- Tritt eine globale Variable gleichzeitig als aktueller Parameter auf (im obigen Beispiel bei Aufruf vertausche(h, x)), dann besitzt die Variable bei Ausführung des Rumpfes zwei „Identifikatoren" (*Aliasing*). Dies kann zu unerwarteten Effekten führen und sollte deshalb vermieden werden. Wir haben Aliasing durch Nebenbedingungen als syntaktisch unzulässig ausgeschlossen.

Häufig werden globale Variable in Kauf genommen, um überlange (und schwer überschaubare) Parameterlisten zu vermeiden. Dann sollte allerdings die Verwendung globaler Variablen entsprechend dokumentiert sein.

5.5.4 Rekursive Prozeduren

Wie Funktionen können wir auch Prozeduren rekursiv definieren.

Beispiel (Division durch eine rekursive Prozedur). Folgendes Programm berechnet unter Verwendung der rekursiven Prozedur pdiv den Wert der Division von a durch b auf der Variablen r sofern $a \geq 0$, $b > 0$.

   x, y, r := a, b, 0;
   proc pdiv =:

if x < y **then nop**

       else   x, r := x–y, r+1; pdiv **fi**;

pdiv

Hier sind x und r unterdrückte (globale) Programmvariable in der Prozedur pdiv. Der Identifikator y steht für einen unterdrückten Eingabeparameter.   □

Analog zu rekursiv definierten Funktionen können wir rekursiv definierten Prozeduren durch Fixpunktdeutung eine Semantik zuordnen. Wir verzichten an dieser Stelle jedoch bewußt auf die Durchführung dieser technisch aufwendigeren Definition.

5.6 Abschnitt, Bindung, Gültigkeit, Lebensdauer

Wir können Anweisungen auch lokal in Ausdrücken verwenden. Dabei ist eine sinnvolle Forderung, daß in Anweisungen in einem Ausdruck nur lokale (das sind innerhalb des Ausdrucks deklarierte) Variable durch Zuweisungen geändert werden dürfen (Verbot von *Seiteneffekten* in Ausdrücken).

Beispiel (Abschnitte). Die Funktion mod läßt sich durch Anweisungen berechnen:

fct mod = (**nat** x, **nat** y : y > 0) **nat:**

   ⌈ **var nat** z := x;

     while z ≥ y **do** z := z–y **od**;

     z   ⌋

Man beachte, daß die einzige auftretende Programmvariable z lokal ist.   □

Die Syntax des Inneren eines zuweisungsorientierten Abschnitts wird durch folgende BNF-Regel beschrieben:

   ‹procedural inner› ::= { ‹declaration›;}* { ‹statement›;} ‹exp›

Die folgenden Nebenbedingungen werden vorausgesetzt:

- Alle deklarierten Identifikatoren sind verschieden. Ihre Verwendung ist konsistent in bezug auf ihre Sorten.
- Es treten keine Zuweisungen an globale Programmvariable auf.

In vielen Programmiersprachen wird die genannte Forderung, daß in Ausdrücken keine Zuweisungen an globale Variable erfolgen dürfen, nicht erhoben. Tritt dann in einem Ausdruck eine Zuweisung an eine nicht lokal vereinbarte Variable auf, so sprechen wir von einem *Seiteneffekt*.

Beispiel (Seiteneffekte). Im folgenden Abschnitt tritt ein Seiteneffekt für die Programmvariable y auf.

   ⌈ **var nat** x := y·y; y := 1; x ⌋

Dieser Abschnitt erfüllt die geforderten Nebenbedingungen nicht.   □

Man beachte, daß Seiteneffekte nur schwer zu kontrollieren und daher ein Musterbeispiel für fehleranfällige Programmierung sind. Auch Eingabe- und Ausgabeanweisungen in Ausdrücken (vgl. Abschnitt 8.1.2) müssen als Seiteneffekte verstanden werden. Seiteneffekte in Ausdrücken sind besonders unangenehm, da in vielen Fällen ihres Auftretens eine eindeutige Semantik nur durch sehr spezielle Festlegung der Abarbeitungsreihenfolge von Ausdrücken angegeben werden kann.

Beispiel (Seiteneffekte in arithmetischen Ausdrücken). Der Wert des Ausdrucks

$$\lceil\ x := x{+}1;\ x\ \rfloor + \lceil\ y := 2{\cdot}x;\ y\ \rfloor$$

hängt von der Reihenfolge der Auswertung der auftretenden Anweisungen ab. Dabei ist völlig unklar, in welcher Reihenfolge die auftretenden Zuweisungen ausgeführt werden. Eine willkürliche Festlegung (wie Ausführung von links nach rechts) würde der Kommutativität des Operators + widersprechen. Dieser Abschnitt erfüllt die geforderten Nebenbedingungen nicht.   □

Besonders tückisch sind Seiteneffekte in Funktionsaufrufen auf unterdrückte Variablenparameter von Funktionen. Deshalb haben wir diese durch Nebenbedingungen ausgeschlossen.

Abschnitte stellen die Verbindung zwischen Anweisungen und Ausdrücken her. Jedes applikative Programm mit lokalen Anweisungen (Abschnitten) läßt sich durch eine Reihe einfacher Umformungen in ein semantisch äquivalentes, rein applikatives Programm transformieren. Man beachte, daß wir dabei voraussetzen, daß keine Seiteneffekte auftreten.

Wie bereits ausführlich demonstriert, können wir uns Programmvariable durch mehrfach geschachtelte Vereinbarungen eines Identifikators entstanden denken. Bei Identifikatoren ist die Lebensdauer der Bindung durch Abschnittsklammern begrenzt.

Beispiel (Lebensdauer und Gültigkeit in Deklarationen). Für folgendes Programm sind Lebensdauer und Gültigkeitsbereich angegeben.

	Lebensdauer			Gültigkeitsbereich		
	x	y	x	x	y	x
$\lceil$ **nat** x = 1;	●			●		
$\lceil$ **nat** y = 2;	●	●		●	●	
$\lceil$ **nat** x = 4;	●	●	●	●	●	
x·x ⌋	●	●	●	●	●	
+y ⌋	●	●		●	●	
+x ⌋	●			●		

□

Wir sind auch bei Programmvariablen daran interessiert, die Lebensdauer von Bindungen zu beschränken, weil bei der Abarbeitung des Programms nur für den Zeitraum der Abarbeitung des entsprechenden Abschnitts (für die Lebensdauer) Speicherplatz bereitgestellt werden muß. Darüber hinaus ist es aus Gründen der Lesbarkeit und Übersichtlichkeit hilfreich, den Gültigkeitsbereich von Programmvariablen zu begrenzen. Dadurch ergeben sich auch Schutzmöglichkeiten, da bei statischer Bindung eine außerhalb des Gültigkeitsbereichs vereinbarte Prozedur oder Funktion nicht auf eine Programmvariable zugreifen kann, ohne daß diese explizit im Aufruf als aktueller Parameter in der Parameterliste aufgeführt wird.

Identifikatoren treten in Programmen als Platzhalter für Datenelemente, Funktionen, Programmvariable und Prozeduren auf. Ein Identifikator tritt entweder frei auf, oder er ist gebunden, und wird nur eingeschränkt („lokal") verwendet. Bindungen werden durch Deklarationen und formale Parameterlisten erzeugt. Jeder in einer Anweisung oder einem Ausdruck auftretende Identifikator ist entweder frei (ungebunden) oder es existiert genau eine gültige Deklaration oder eine gültige Angabe in einer Parameterliste, durch die der Identifikator gebunden ist.

Jede Bindung bezieht sich auf einen genau beschränkten Bereich, genannt *Bindungsbereich* oder *Lebensdauer der Bindung*. Für Deklarationen ist die Lebensdauer gegeben durch die unmittelbar umfassenden Block- oder Abschnittsklammern, für formale Parameter durch den Rumpf der Funktion oder Prozedur. Der Gültigkeitsbereich einer Bindung entspricht ihrer Lebensdauer, ausgenommen sind dabei jedoch jene Teile der Lebensdauer, in denen neue Bindungen für den betreffenden Identifikator auftreten. Jedem gebundenen Identifikator können wir nach obiger Regel genau eine Bindung zuordnen, nämlich die Bindung, in deren Gültigkeitsbereich das Auftreten zu finden ist. Diese Regel für die Zuordnung von Bindungen entspricht dem Prinzip der statischen Bindung.

Beispiel (Zuordnung der Bindungen). Diese Zuordnung von auftretenden Identifikatoren zu Bindungen ist an einem Beispiel durch Pfeile in Abb. 5.1 illustriert.   □

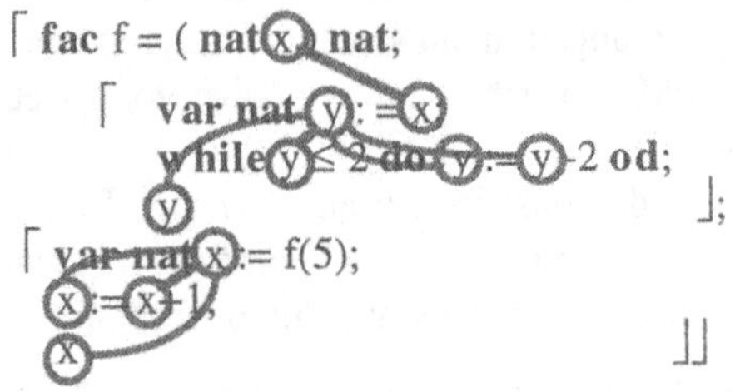

Abb. 5.1. Zuordnung von Identifikatoren zu Bindungen

Es ist ein Anliegen der strukturierten Programmierung, die Bindungsstruktur so einfach und durchschaubar wie nur möglich zu halten.

5.7 Programmiertechniken für Zuweisungen

Grundsätzlich lassen sich die für applikative Programme angegebenen Programmiertechniken auf zuweisungsorientierte Programme übertragen. Allerdings bringen in vielen gängigen Programmiersprachen Seiteneffekte und die Überlagerung von Bezeichnungen eine Reihe von Schwierigkeiten. Zusätzlich zu den für applikative Programme beschriebenen Verfahren existieren sehr spezielle Formen von Programmiertechniken für zuweisungsorientierte Programme, insbesondere für deren Spezifikation und Verifikation.

5.7.1 Die Methode der Zusicherung

Bei der Methode der Zusicherung werden in zuweisungsorientierten Programmen Prädikate als formale Kommentare eingestreut. Diese Prädikate enthalten Programmvariablen als freie Identifikatoren. Die Kommentare sind gültig, falls diese Prädikate für jeden an der entsprechenden Stelle möglicherweise auftretenden Zustand erfüllt sind (C.A.R. HOARE 69, R. FLOYD 66/67).

Beispiel (Formale Kommentare durch Zusicherungen). Reichern wir ein Programm zur Berechnung der Division durch Zusicherungen an, so erhalten wir etwa (die Zusicherungen werden in geschweifte Klammern gesetzt) unter der Annahme $x \geq 0$ und $y > 0$ das folgende „*annotierte*" Programm:

r := x;	$\{r = x\}$
q := 0;	$\{q = 0 \wedge r = x\}$
	$\{r \geq 0 \wedge x \div y = (r \div y) + q\}$
while r ≥ y	
do	$\{r \geq y \wedge x \div y = (r \div y) + q\}$
r := r–y;	
	$\{r \geq 0 \wedge x \div y = (r \div y) + 1 + q\}$
q := q+1	
	$\{r \geq 0 \wedge x \div y = (r \div y) + q\}$
od	
	$\{0 \leq r < y \wedge x \div y = (r \div y) + q\}$
	$\{x \div y = q\}$

Die auftretenden Zusicherungen (Prädikate) sind Aussagen über Zustände, die nach (beziehungsweise vor) Ausführung der davor stehenden (beziehungsweise der danach stehenden) Anweisung für die entsprechenden Zustände gelten.   □

Seien Q, R beliebige Boolesche Ausdrücke in denen unter anderem die Programmvariablen aus der Anweisung S frei auftreten dürfen, und sei S eine Anweisung. Wir schreiben

$\{Q\}\ S\ \{R\}$

für die Aussage:

„Für jeden (Eingangs-)Zustand, für den vor Ausführung der Anweisung S die Zusicherung Q gilt, gilt bei Terminierung der Ausführung von S für den (Nachfolge-)Zustand die Zusicherung R"

oder formaler für die Aussage

$$\forall\ \sigma, \sigma' \in STATE:\ I_\sigma[Q] = L \wedge I[S](\sigma) = \sigma' \wedge \sigma' \neq \bot \ \Rightarrow\ I_{\sigma'}[R] = L.$$

Man beachte, daß hier nur die partielle Korrektheit betrachtet wird; terminiert die Ausführung von S nicht, so ist die obige Aussage trivialerweise richtig.

Die Einstreuung formaler Kommentare in der Form von Zusicherungen stellt ein nützliches Hilfsmittel für die Programmdokumentation dar. Insbesondere können Zusicherungen zu Spezifikationszwecken benutzt werden. Beispielsweise können wir eine Programmieraufgabe für die Erstellung eines zuweisungsorientierten Programms wie folgt formulieren: Gesucht ist ein Programm S, das unter Verwendung der Programmvariablen x, y, z, ... folgende Zusicherung erfüllt:

$\{Q\}\ S\ \{R\}.$

Wir nennen Q auch die *Vorbedingung* und R die *Nachbedingung* zur Anweisung S.

Beispiel (Spezifikation durch Zusicherungen). Ein Programm, das die Fakultät berechnet, könnte wie folgt spezifiziert werden:

> Das Programm S erfüllt unter Verwendung der Programmvariablen x und y der Sorte **nat** für beliebige natürliche Zahlen a die im folgenden angegebenen Zusicherungen:
>
> $$\{x = a\}\ S\ \{y = a!\} \qquad\qquad\qquad\qquad \square$$

Allerdings ist durch die reine Anreicherung eines Programms mit Zusicherungen keineswegs sichergestellt, daß der durch die Zusicherungen gegebene formale Kommentar auf das Programm zutrifft. Den Nachweis, daß gewisse Zusicherungen („Spezifikationen") für ein zuweisungsorientiertes Programm gelten, nennen wir *Programmverifikation*. Die Programmverifikation entspricht einem mathematischen Beweis, einer Ableitung. Für die Durchführung der Beweisschritte verwenden wir spezielle Ableitungsregeln. Diese Regeln werden für eine Reihe einfacher zuweisungsorientierter Sprachkonstrukte im folgenden angegeben.

Seien R und Q beliebige Prädikate. Es gelten die folgenden Ableitungsregeln („Zusicherungsaxiome") für Zusicherungen:

Axiom für die leere Anweisung

$\{R\}$ **nop** $\{R\}$

Die leere Anweisung **nop** ändert den Zustand nicht. Vor und nach Ausführung gelten die gleichen Zusicherungen.

Axiom für die nichtterminierende Anweisung

$\{Q\}$ **abort** $\{false\}$

Die nichtterminierende Anweisung **abort** terminiert für keinen Anfangszustand. Für beliebige Vorbedingungen gelten nach Terminierung beliebige Nachbedingungen, da es nie zur Terminierung kommt. Also gilt auch für jede Vorbedingung Q die stärkste Nachbedingung false.

Zuweisungsaxiom

$\{R[E/x]\}$ $x := E$ $\{R\}$

Das Zuweisungsaxiom führt die Zuweisung auf die Substitution zurück. Dabei wird vereinfachend angenommen, daß der Wert von E im Anfangszustand verschieden von $\perp$ ist.

Beispiel (Anwendung des Zuweisungsaxioms). Es gilt

$$\{x+1 = a\}\ x := x+1\ \{x = a\} \qquad\qquad\qquad \square$$

Das Zuweisungsaxiom ordnet jeder Nachbedingung eine „schwächste" Vorbedingung zu, die ausreicht, um die Nachbedingung zu garantieren.

> *Regel für die Abschwächung von Zusicherungen (Rule of Consequence):*
>
> $$\frac{Q1 \Rightarrow Q \qquad \{Q\}\ S\ \{R\} \qquad R \Rightarrow R1}{\{Q1\}\ S\ \{R1\}}$$

Die Regel der Abschwächung spiegelt eine Beobachtung wieder, die sich aus der Definition der Bedeutung der Aussage $\{Q\}\ S\ \{R\}$ ergibt: Q ist eine Prämisse („Voraussetzung"). Wenn wir Q durch eine stärkere Voraussetzung Q1 ersetzen, ist mit Q1 auch Q erfüllt. R ist eine Schlußfolgerung. Wenn wir R durch eine schwächere Aussage R1 ersetzen, ist dies ein zulässiger Schritt im Sinne der Schlußfolgerung.

Durch die Regel für die Abschwächung von Zusicherungen lassen sich für alle bisher behandelten Sprachkonstrukte durch Abschwächung der Nachbedingung oder Verstärkung der Vorbedingung weitere Zusicherungen ableiten.

Beispiel (Anwendung der Regel für die Abschwächung von Zusicherungen). Es gelten folgende Aussagen:

$$x = a \Rightarrow x^2 = a^2$$
$$\{x^2 = a^2\}\ x := x^2\ \{x = a^2\}$$
$$x = a^2 \Rightarrow x \geq 0$$

Nach der Abschwächungsregel gilt somit auch:

$$\{x = a\}\ x := x^2\ \{x \geq 0\} \qquad\qquad \square$$

> *Regel für die sequentielle Komposition*
>
> $$\frac{\{Q\}\ S1\ \{R1\} \qquad\qquad \{R1\}\ S2\ \{R\}}{\{Q\}\ S1\ ;\ S2\ \{R\}}$$

In der Regel für die sequentielle Komposition wird die Nachbedingung der zuerst auszuführenden Anweisung mit der Vorbedingung der anschließend auszuführenden Anweisung gleichgesetzt.

Beispiel (Anwendung der Regel für die sequentielle Komposition). Es gilt

$$\{x+1 = a\}\ x := x+1;\ \{x = a\}\ x := 2 \cdot x\ \{x = 2 \cdot a\} \qquad\qquad \square$$

Durch die Anwendung der Regel für die sequentielle Komposition erhalten wir über Zusicherungen für Zwischenzustände Zusicherungen für die zusammengesetzte Anweisung. Es ist dabei sehr bequem, die Zusicherungen für die auftretenden Zwischenzustände einfach als formale Kommentare in das Programm aufzunehmen. Es entsteht ein annotiertes Programm, wie es am Anfang dieses Abschnitts angegeben ist. Durch die Regeln können die Zusicherungen im annotierten Programm als korrekt, also als zutreffend, nachgewiesen werden.

Regel für die bedingte Anweisung

$\{C \wedge Q\}$ S1 $\{R\}$ $\{\neg C \wedge Q\}$ S2 $\{R\}$

$\{Q\}$ **if** C **then** S1 **else** S2 **fi** $\{R\}$

In der Regel für die bedingte Anweisung betrachten wir den Fall, daß die Bedingung gilt, sowie den Fall, daß die Negation der Bedingung gilt. Dies kann zur Vorbedingung der Zweige hinzugenommen werden.

Beispiel (Anwendung der Regel für die bedingte Anweisung). Es gilt

$\{x = a\}$ **if** $x > 0$ **then** $y := x$
                    else $y := -x$ **fi** $\{x = a \wedge y = |a|\}$ ☐

In der Regel für die bedingte Anweisung werden die Bedingungen bedingter Anweisungen in Zusicherungen umgewandelt. Man beachte, daß hier genaugenommen die Definiertheit dieser Bedingungen gegeben sein muß. Wieder wird vereinfachend angenommen, daß der Wert des Ausdrucks C stets wohldefiniert ($\neq \perp$) ist.

Regel für die Wiederholungsanweisung

$\{C \wedge R\}$ S $\{R\}$

$\{R\}$ **while** C **do** S **od** $\{R \wedge \neg C\}$

Die Regel für die Wiederholungsanweisung beruht auf folgender Beobachtung: Gilt die Zusicherung R vor Ausführung der Wiederholungsanweisung und gilt ferner, daß die Anweisung S einen Zustand erzeugt (falls S terminiert), für den R gilt, falls für den Eingangszustand R $\wedge$ C gilt, so ist sichergestellt, das nach jeder Ausführung des Rumpfes S der Wiederholungsanweisung die Zusicherung R gilt. Man beachte, daß die Zuweisung S nur ausgeführt wird, wenn C gilt. Terminiert die Wiederholungsanweisung, so gilt $\neg$C (andernfalls hätte kein Abbruch der Wiederholung stattgefunden) und R (da R nach jedem Durchlauf gilt). Die Zusicherung R heißt dann auch *Invariante* für die Wiederholungsanweisung.

Beispiel (Anwendung der Regel für die Wiederholungsanweisung). Mit der Invariante $x+y = a$ erhalten wir für folgende Wiederholungsanweisung die eingestreuten Zusicherungen:

	$\{x+y = a\}$
while $x > 0$	$\{x+y = a\}$
do	$\{x+y = a \wedge x > 0\}$
$\quad x := x-1;$	$\{x+y = a-1\}$
$\quad y := y+1$	$\{x+y = a\}$
od	$\{x \leq 0 \wedge x+y = a\}$

Ein weiteres Beispiel für eine Invariante liefert das eingangs angegebene, mit Zusicherungen versehene Programm für die Division.   ☐

Das Finden einer geeigneten Invarianten stellt in der Programmverifikation in der Regel den schwierigsten Schritt dar.

Ein Korrektheitsbeweis für ein Programm besteht nach der Methode der Zusicherung darin, daß wir für jede im Programmtext auftretende Anweisung entsprechende Vor- oder Nachbedingungen einfügen und zeigten, daß alle eingestreuten Zusicherungen sich aus den oben angegebenen Ableitungsregeln ergeben. Wir sprechen von einem *korrekt annotierten* Programm. Folgen in dem annotierten Programm zwei Zusicherungen R1 und R2 unmittelbar aufeinander, ohne durch eine Anweisung getrennt zu sein, so muß R1 $\Rightarrow$ R2 gelten. Dies entspricht einer Anwendung der Abschwächungsregel. Dadurch ist sichergestellt, daß die dabei entstandene Vorbedingung des Programms und die dabei entstandene Nachbedingung korrekte (zutreffende) Zusicherungen für das Programm darstellen.

Wie bereits gesagt, kann mit obigen Regeln nur die partielle Korrektheit von Anweisungen bewiesen werden. Die totale Korrektheit erfordert den Nachweis, daß die Werte aller auftretenden Ausdrücke definiert sind und die Wiederholungsanweisungen terminieren.

5.7.2 Terminierungsbeweise

Analog zu Terminierungsbeweisen in applikativen Programmen kann auch die Terminierung von Wiederholungsanweisungen bewiesen werden. Der Nachweis der Terminierung der Wiederholungsanweisung

while C **do** S **od**

unter der Vorbedingung Q kann wie folgt erbracht werden: Benötigt wird ein beliebiger ganzzahliger Ausdruck E, eine Invariante R und ein Identifikator i der Sorte **nat**, der nicht in E und in der Wiederholungsanweisung auftritt. Für E und i sind folgende Aussagen zu zeigen:

(0) $Q \Rightarrow R$
(1) $E \leq 0 \wedge R \Rightarrow \neg C$
(2) $\{E = i+1 \wedge C \wedge R\}\ S\ \{E \leq i \wedge R\}$.

Gelten diese Aussagen, so terminiert die Wiederholungsanweisung, falls nur jede Ausführung von S terminiert. Der Ausdruck E ist hierbei der Terminierungsfunktion h beim Terminierungsbeweis rekursiver Funktionen vergleichbar.

Beispiel (Terminierungsbeweis für die schnelle (binarisierte) Division)

```
fct div = (nat a, b: b > 0) nat:
⌐ var nat x, y, d := a, b, 0;
   while x ≥ y    do  y := 2·y od;
   while y > b    do  d := 2·d;  y := y÷2;
                      if x ≥ y then x := x−y; d := d+1 fi
                  od;
   d                                                    ⌟
```

Wir wählen für die erste Wiederholungsanweisung unter der durch die Restriktion gültigen Voraussetzung b > 0:

x−y−1

für den Terminierungsausdruck E. Als Invariante wählen wir $y > 0$. Trivialerweise gilt:

(0) $y > 0 \Rightarrow y > 0$,

(1) $x–y–1 \leq 0 \wedge y > 0 \Rightarrow \neg(x \geq y)$,

(2) $\{x–y–1 = i+1 \wedge x \geq y \wedge y > 0\}$
        $\{x–2\cdot y–1 \leq i \wedge 2\cdot y > 0\}$
        $y := 2\cdot y$
        $\{x–y–1 \leq i \wedge y > 0\}$.

Wir beweisen die Terminierung für die zweite Wiederholungsanweisung unter der Voraussetzung $y > 0 \wedge b > 0$ und wählen den Ausdruck $y–b$ für E. Als Invariante wählen wir $y \geq 0 \wedge b > 0$.

(0) $y \geq 0 \wedge b > 0 \Rightarrow y \geq 0 \wedge b > 0$,

(1) $y–b \leq 0 \wedge y \geq 0 \wedge b > 0 \Rightarrow \neg(y > b)$,

(2) $\{y–b = i+1 \wedge y > b \wedge y \geq 0 \wedge b > 0\}$
        $\{(y\div2)–b \leq i \wedge y\div2 > 0 \wedge b > 0\}$
        $d = 2\cdot d; y := y\div2;$
        $\{y–b \leq i \wedge y > 0 \wedge b > 0\}$
        if $x > y$ **then** $x: = x–y; d: = d+1$ **fi**
        $\{y–b \leq i \wedge y > 0 \wedge b > 0\}$ □

Man beachte, daß die obige Technik der Zusicherungen vereinfachend voraussetzt, daß alle in einem Programm auftretenden Ausdrücke stets definierte Werte haben. Darüberhinaus wird angenommen, daß das Gleichbesetzungstabu gilt. Verschiedene Identifikatoren stehen für verschiedene Programmvariable. Diese Annahmen gelten in den meisten Programmiersprachen nicht und müssen gesondert sichergestellt werden, wenn mit der Zusicherungslogik gearbeitet werden soll. Allerdings existieren kompliziertere Versionen des Zusicherungskalküls, die die Abprüfung der Definiertheit von Werten der auftretenden Ausdrücke mitbehandeln.

6. Sortendeklarationen

Neben den bisher eingeführten Rechenstrukturen wie BOOL, NAT und SEQ gibt es noch eine große Reihe weiterer grundlegender Rechenstrukturen, die in der Programmierung Verwendung finden. Diese Rechenstrukturen und ihre Varianten können allgemein nicht sämtlich in einer Programmiersprache direkt vorgegeben werden. Vielmehr sehen problemorientierte Programmiersprachen Rechenstrukturschemata vor, die es erlauben, eine Vielzahl von individuellen Rechenstrukturen durch Kombination der Rechenstrukturschemata mit Hilfe von Sortendeklarationen zu erzeugen. Mit der Deklaration neuer Sorten werden gleichzeitig bestimmte Funktionen implizit mitdeklariert, die dann zur Verfügung stehen, um mit den Elementen der deklarierten Sorten entsprechend rechnen zu können.

6.1 Deklarationen von Sorten

Viele Programmiersprachen erlauben die Deklaration neuer Sorten (und damit neuer Elementmengen) abgestützt auf die bereits verfügbaren. Allgemein werden im folgenden Sortendeklarationen betrachtet, die nachstehenden BNF-Regeln entsprechen:

‹sort declaration› ::=	**sort** ‹sort› = ‹sort construct›
‹sort construct› ::=	‹enumeration sort› |
	‹product sort› |
	‹sum sort› |
	‹subrange sort› |
	‹array sort› |
	‹set sort› |
	‹file sort› |
	‹sort›

Durch eine Sortendeklaration wird nicht nur eine neue Sorte vereinbart, sondern es werden in der Regel gewisse Funktionssymbole implizit mitdeklariert. Eine der einfachsten Möglichkeiten, eine neue Sorte zu deklarieren, besteht in der Enumeration der zu ihr gehörigen Elemente.

6.1.1 Skalare Elemente durch Enumeration

Rechenstrukturen mit endlichen Trägermengen können durch einfache Aufzählung der Elemente eingeführt werden. Seien $x_1, ..., x_n$ beliebige, paarweise verschiedene Identifikatoren, dann wird durch die Deklaration

sort s = $\{x_1, ..., x_n\}$

eine Sorte s vereinbart. Die Trägermenge zur Sorte s besteht aus einer Menge von n Elementen, die durch $x_1, ..., x_n$ bezeichnet werden, und dem Element $\bot$. Durch die Deklaration der Sorte s durch obige Aufzählung werden implizit auch die Identifikatoren $x_1, ..., x_n$ als Bezeichnungen für die Elemente der Sorte deklariert. Die x_i sind im Gültigkeitsbereich der Deklaration *keine* freien Identifikatoren mehr, sondern deklarierte Konstante („nullstellige Funktionssymbole").

Beispiel (Sortendeklaration durch Aufzählung). Eine Einführung der Sorte **color** und von Identifikatoren für Farben wird durch folgende Deklaration erreicht:

sort color = {blue, red, green, yellow}.

In der Programmiersprache Pascal schreiben wir beispielsweise ganz ähnlich

type color = (blue, red, green, yellow) .   ☐

Auf den durch Enumeration eingeführten Sorten sind die Gleichheit $\overset{?}{=}$ und die lineare Ordnung $\leq$, festgelegt durch die Aufschreibungsreihenfolge der x_i in der Sortendeklaration, verfügbare Operationen. Für die Sorte s gilt demnach

$$(x_i \overset{?}{=} x_j) \Leftrightarrow (i = j) \qquad \text{und} \qquad (x_i \leq x_j) \Leftrightarrow (i \leq j)$$

Klassische Beispiele für Enumerationssorten sind Alphabete und Zeichensätze. So können wir uns die Sorte aller Zeichen als wie folgt deklariert denken:

sort char = {'+', '–', '0', ..., '9', 'a', 'b', 'c', 'd', ..., 'z', ...}.

Die Anführungszeichen werden benötigt, um die Verwendung von a als Identifikator von der Verwendung von a als Zeichen zu unterscheiden.

Für die Angabe einer Sorte durch Enumeration ist die Syntax durch folgende BNF-Regel festgelegt:

‹enumeration sort› ::= $\underline{\{}$ { ‹id› {, ‹id› }* } $\underline{\}}$.

Als Nebenbedingung für die Sortenvereinbarung durch Enumeration wird lediglich gefordert, daß alle auf der rechten Seite auftretenden Identifikatoren paarweise verschieden sind.

6.1.2 Direktes Produkt und Tupelsorten

Seien $s_1, ..., s_n$ Sorten, seien $sel_1, ..., sel_n$ paarweise verschiedene Identifikatoren und sei construct ein weiterer, von diesen verschiedener Identifikator; dann wird durch die Sortendeklaration

sort product = construct(s_1 sel_1, ..., s_n sel_n)

die Produktsorte **product** deklariert sowie die Funktionssymbole sel_1, ..., sel_n und construct. Zur Sorte **product** gehört die Trägermenge, die durch die folgende Menge

$$(M_1^- \times ... \times M_n^-) \cup \{\bot\}$$

gegeben ist, wobei die M_1, ..., M_n die Mengen der Elemente der Sorten s_1, ..., s_n seien und die M_i^- wie folgt definiert seien:

$$M_i^- =_{def} M_i \backslash \{\bot\}.$$

Die Sorte **product** entspricht dem direkten Produkt (auch Mengenprodukt oder Kartesisches Produkt genannt) der Trägermengen M_1^-, ..., M_n^-. Mit der Deklaration der Sorte **product** werden implizit gleichzeitig die Funktionssymbole construct und sel_i ($1 \leq i \leq n$) eingeführt. Diese Funktionssymbole haben die folgenden Funktionalitäten:

fct construct $= (s_1, ..., s_n)$ **product** ,

fct $sel_i = ($**product**$) s_i$.

Sind die Elemente $t_1, ... , t_n$ der Sorten $s_1, ..., s_n$ gegeben, dann bezeichnet

construct$(t_1, ... , t_n)$

ein Element der Sorte **product**. Das Funktionssymbol construct bezeichnen wir als *Konstruktor*. Gilt $t_i = \bot$ für wenigstens ein i, $1 \leq i \leq n$, so gilt nach dem Striktheitsprinzip auch construct$(t_1, ... , t_n) = \bot$. Damit sind Tupel, in denen $\bot$ als Komponente auftritt, ausgeschlossen. Sobald versucht wird, ein Tupel mit $\bot$ als Komponente zu bilden, kollabiert das Resultat zu $\bot$ (wir sprechen vom „Smash-Product").

Für beliebige Elemente $a_1, ..., a_n$ mit $a_1 \in M_1^-$, ..., $a_n \in M_n^-$ ergibt die Funktionsanwendung

construct$(a_1, ..., a_n)$

das n-Tupel $(a_1, ..., a_n) \in M_1^- \times ... \times M_n^-$. Die Funktionssymbole sel_i bezeichnen wir als *Selektoren*. Es gilt (mit $a_j \neq \bot$ für alle $1 \leq j \leq n$):

$sel_i($construct$(a_1, ..., a_n)) = a_i$ \qquad für $1 \leq i \leq n$.

Ferner gilt:

$sel_i(\bot) = \bot.$

Durch eine Sortendeklaration werden somit gleichzeitig die Sortenbezeichnung und die Bezeichnungen für Konstruktor und Selektoren eingeführt.

Die Syntax der Produktsortenbildung ist durch folgende BNF-Regel formal beschrieben:

‹product sort› ::= ‹id›({ ‹sort› {‹id›} {, ‹sort› ‹id›}* })

Wieder setzen wir als Nebenbedingung voraus, daß alle auftretenden Identifikatoren (Funktionssymbole) für Konstruktor und Selektoren paarweise verschieden sind.

Beispiel (Produktsorten: Rationale Zahlen als Tripel). Mit der Deklaration

sort bruch = strich(**bool** vorz, **nat** zähler, **nat** nenner)

steht

strich(true, 1, 2)

für das Tripel $(L, 1, 2) \in \mathbb{B} \times \mathbb{N} \times \mathbb{N}$; mit der Deklaration

bruch p = strich(true, 1, 2)

liefert zähler(p) die Zahl 1 und nenner(p) die Zahl 2. Eine Rechenvorschrift, die einen Bruch auf gekürzte Normalform bringt, hat die Form:

fct kürze = (**bruch** x: nenner(x) $\neq$ 0 $\land$ zähler $\neq$ 0) **bruch** :
$\lceil$ **nat** y = ggt(nenner(x), zähler(x));
strich(vorz(x), zähler(x)÷y, nenner(x)÷y) $\rfloor$ $\square$

Verwenden wir Produktsorten in Variablendeklarationen ohne Initialisierung wie etwa in

var product x,

so können wir auch auf die Einführung expliziter Konstruktorfunktionen verzichten und die Komponenten $sel_i(x)$ selbst wie Programmvariable auf der linken Seite von Zuweisungen verwenden. Wir schreiben dann etwa

$sel_i(x) := E.$

Dies hat die gleiche Wirkung wie

$(*)$ x := construct($sel_1(x),..., sel_{i-1}(x), E, sel_{i+1}(x),..., sel_n(x)$).

Wir sprechen von *selektiver Änderung* (engl. *selective updating*) von Programmvariablen für Elemente aus Produktsorten.

Die Schreibweise des selektiven Änderns verwenden wir einmal als Schreibabkürzung, aber auch, um den Umgang mit Programmvariablen, die für große Strukturen stehen, effizient gestalten zu können: Wollen wir nur eine Komponente eines Elements einer Produktsorte ändern, so ist es ineffizient, die gesamte Elementstruktur neu aufzubauen, wie das durch die Zuweisung $(*)$ bewirkt wird.

Man beachte, daß bei der nichtinitialisierten Variablendeklaration mit selektivem Ändern naturgemäß Zustände auftreten, bei denen gewisse Komponenten einen wohldefinierten Wert besitzen, während dies auf andere nicht zutrifft (falls nicht eine bestimmte implizite Initialisierung stets vorgegeben ist). Ein Zugriff auf nicht besetzte Komponenten führt in der Regel zum Abbruch der Programmausführung.

Beispiel (Produktsorten mit selektivem Ändern). Sei folgende Deklaration der Sorte **gz** gegeben, die wir zur Repräsentation ganzer Zahlen verwenden können (die Komponente p gibt an, ob das Vorzeichen positiv ist oder nicht):

sort gz = g(**bool** p, **nat** n).

Wir schreiben dann beispielsweise

var gz x;
p(x) := true;
n(x) := 5;

statt der initialisierenden Deklaration

var gz x := g(true, 5).

Anschließend hat x den Wert g(true, 5) $\square$

In der Programmiersprache Pascal schreiben wir (unter Vertauschung der Reihenfolge von Selektoren und Sortenbezeichnungen):

type product = **record** $sel_1: m_1$;

$$\dots$$

$$sel_n: m_n$$
      end

Für die Anwendung von Selektoren schreiben wir (sei x von der Sorte product) $x.sel_i$ statt $sel_i(x)$. Dadurch läßt sich insbesondere die mehrfache Anwendung von Selektoren elegant schreiben (ohne Klammern). Man beachte, daß Pascal keine Bezeichnungen für Konstruktoren kennt.

Eine besondere Rolle wird häufig dem *leeren Produkt* zugewiesen. Dazu wird folgende Sortendeklaration verwendet:

sort empty = empty().

Im weiteren wird beim Aufruf vom Konstruktor empty unter Weglassung der (leeren) Aufrufklammern einfach empty für das leere Tupel geschrieben werden. Zur Vereinfachung schreiben wir für das einstellige Produkt statt

sort product = construct(**s** sel)

auch

sort product = construct(**s**).

Damit wird die Einführung eines expliziten Selektors vermieden. Für Elemente der Sorte **product** schreiben wir statt sel(x) dann construct : x. Diese Möglichkeit ist insbesondere im Zusammenhang mit Variantensorten von Bedeutung.

6.1.3 Direkte Summe und Variantensorten

Seien s_i^j beliebige, nicht notwendigerweise verschiedene Sorten und $construct_j$, sel_i^j paarweise verschiedene Identifikatoren, und ferner $product_j$ Produktsorten der Form

$$construct_j(s_1^j\ sel_1^j, \dots, s_{k_j}^j\ sel_{k_j}^j)\ ,$$

dann wird durch

sort sum = $product_1$ | ... | $product_n$

eine Sorte **sum** und die Funktionssymbole $construct_j$, sel_i^j deklariert. Für jeden Satz von Elementen x_i^j der Sorte s_i^j ergibt

$$construct_j(x_1^j, \dots, x_{k_j}^j)$$

dann ein Element der Sorte **sum**. Die $product_j$ sind also die Konstruktorfunktionen für die Sorte **sum**.

Neben den Funktionssymbolen $construct_j$, sel_i^j werden folgende weitere Funktionsbezeichnungen als durch die Deklaration vereinbart vorausgesetzt. Für jedes Element y der Sorte **sum** kann die Frage nach der Variante des Elements y durch

y **in** $construct_j$

formuliert und eindeutig beantwortet werden. Dabei gilt:

$\text{construct}_j(x_1^j , \ldots, x_{k_j}^j) \text{ in construct}_i \Leftrightarrow (i \overset{?}{=} j).$

Ist y ein Element der Sorte **sum**, so ist $\text{sel}_i^j(y)$ ein Element der Sorte s_i^j, wobei

$$\text{sel}_i^j(y) = \begin{cases} x_i^j & \text{falls } y \text{ in construct}_i = \text{true} \wedge y = \text{construct}_j(x_1^j , \ldots, x_{k_j}^j), \\ \bot & \text{sonst.} \end{cases}$$

Durch $\text{sel}_i^j(y)$ wird also das Element y der Sorte **sum** wieder in seine Komponenten zerlegt. Das Resultat ist aber höchstens dann verschieden von $\bot$, falls y durch den Konstruktor construct_j konstruiert wurde. Sind $M_1, \ldots, M_n$ die Trägermengen zu den Produktsorten $\text{product}_1, \ldots, \text{product}_n$, so steht **sum** für die Sorte mit Trägermenge

$$\{y: 1 \leq i \leq n \wedge y \in M_i^-\} \cup \{\bot\}.$$

Folgende Funktionssymbole sind also auf Summensorten verfügbar (j = 1, ..., n):

fct $\text{construct}_j = (s_1^j , \ldots, s_{k_j}^j)$ **sum**   *Injektion,*
fct . **in** $\text{construct}_j = (\text{sum}) \text{ bool}$ *Diskriminator* zum*Variantentest,*
fct $\text{sel}_i^j = (\text{sum}) s_i^j$ *Projektion.*

Diese Operationen werden implizit durch Deklaration von der Sorte **sum** eingeführt.

Für (abgesehen von $\bot$) paarweise disjunkte Mengen $M_1, \ldots, M_n$ entspricht die Variantensorte der Vereinigung der Mengen $M_1, \ldots, M_n$.

Beispiel (Variantensorte). Sei folgende Vereinbarung einer Variantensorte

sort currency = dollar(**nat** do) I dmark(**nat** dm) I pound(**nat** po) I ...

gegeben. Damit können wir ein Element x vereinbaren durch:

currency x = dollar(5).

Danach können wir fragen

x **in** dollar   (ergibt true)
x **in** dmark   (ergibt false)

und durch

do(x)

die Zahl 5 zurückzubekommen, während dm(x) = $\bot$ gilt. Wollen wir die vorliegende Währung in D-Mark umrechnen, so können wir dafür folgende Funktion verwenden.

fct change_to_dmark = (**currency** x) **currency**:
    if   x **in** dollar **then**   dmark(do(x)·aktueller_dollar_kurs)
    elif x **in** dmark **then**   x   ...
    fi   ☐

Besonders häufig kommen Kombinationen von Produkt- und Summensorten vor.

Beispiel (Kombination von Produkt- und Summensorten). Die Sorte von Zahlen mit oder ohne Vorzeichen könnte vereinbart werden durch

sort zahl = number(**nat** n) I signed(**bool** b, **nat** y) ,

dann liefert

signed(true, 1)

ein Element der Sorte **zahl**. Die Abfrage der Variante lautet

x **in** signed .

Die Aufrufe b(x) beziehungsweise y(x) liefern dann die Komponenten, falls die Variante zutrifft, d.h. x **in** signed gilt. Zum Beispiel für

zahl x = signed(true, 1)

gilt

x **in** signed = true,
x **in** number = false,
b(x) = true,
y(x) = 1.   □

Allgemein lautet die Syntax für Variantensorten wie folgt:

⟨sum sort⟩ ::= ⟨product sort⟩ { | ⟨product sort⟩ }*

Man beachte, daß durch die folgende Deklaration einer Sortenbezeichnung **copynat** für eine einstellige Produktsorte

sort copynat = copy(**nat** n)

eine neue Trägermenge entsteht, die von der Trägermenge $\mathbb{N}$ zur Sorte **nat** verschieden ist. Das durch den Ausdruck

copy(1)

repräsentierte Element ist keine Zahl, wir können keine arithmetischen Operationen darauf anwenden. Es entsteht mit der Trägermenge der Sorte **copynat** eine Kopie der natürlichen Zahlen, auf der die klassischen Operationen der Zahlen nicht verfügbar sind.

Es sei auf den Unterschied zwischen Produktsorte und Variantensorte hingewiesen. Bei Produkten zweier Sorten s_1 und s_2 mit Trägermengen M_1 und M_2

sort product = construct(s_1 sel_1, s_2 sel_2)

wird die Menge der Paare

$\{(x, y): x \in \overline{M_1} \wedge y \in \overline{M_2}\} \cup \{\bot\}$

gebildet, bei der Variantensorte

sort variant = construct$_1$(s_1 sel_1) | construct$_2$(s_2 sel_2)

erhalten wir als Trägermenge die disjunkte Vereinigung

$\{construct_1(x) : x \in \overline{M_1}\} \cup \{construct_2(x) : x \in \overline{M_2}\} \cup \{\bot\}$.

Man beachte, daß hier die Bezeichnungen construct$_1$ und construct$_2$ auch dazu verwendet werden, um für $\overline{M_1}$ und $\overline{M_2}$ durch Kopien disjunkte Mengen zu erzeugen.

Beispiel (Unterschied zwischen Produktsorte und Variantensorte). Sei folgende Vereinbarung einer Enumerationssorte **color1** gegeben:

sort color1 = {red, green, blue}

Die Produktsorte **product** sei gegeben durch die Vereinbarung:

sort product = construct(**bool** b, **color1** c)

Die Trägermenge zur Sorte **product** umfaßt (neben $\bot$) die sechs Elemente:

construct(true, red),   construct(false, red),
construct(true, green),   construct(false, green),
construct(true, blue),   construct(false, blue).

Die Variantensorte **variant** sei gegeben durch die Sortenvereinbarung:

sort variant = vb(**bool** b) | vc(**color1** c)

Die Trägermenge zur Sorte **variant** umfaßt (neben $\bot$) die 5 Elemente:

vb(true), vb(false), vc(red), vc(green), vc(blue).   □

Insbesondere können wir Variantensorten durch Produktsorten darstellen. Dazu führen wir nur eine Komponente ein, die die gültige Variante anzeigt. Dazu wird eine Enumerationssorte für die Diskriminatoren eingeführt. Diese Darstellung findet sich in der Programmiersprache Pascal.

In Pascal vereinbaren wir statt der einfachen Angabe der Projektionsfunktionen zuerst eine Enumerationssorte:

type discriminator = (construct$_1$, ..., construct$_n$)
     sum = **record**   **case** dis: discriminator **of**
                construct$_1$: (sel$_1$: s$_1$);
                ...
                construct$_n$: (sel$_n$: s$_n$)
          end

Wir schreiben dann

var x: sum

für die Deklaration und (sei y von der Sorte s$_i$)

x.dis = construct$_i$ für   x **in** construct$_i$

x.sel$_i$ für   sel$_i$(x)

x.dis := construct$_i$; x.sel$_i$:= y   für   x := sel$_i$(y)

Man beachte, daß in Pascal die Diskriminatoren, genauer die Elemente der Sorte **discriminator**, wie Komponenten einer Produktsorte behandelt werden und auch durch selektive Zuweisung gesetzt werden müssen.

6.1.4 Teilbereiche

Häufig wollen wir nur einen *Teilbereich*, wie beispielsweise ein Intervall, einer gegebenen Menge M, beispielsweise einer Enumerationssorte oder der Zahlen, in einer Sorte zusammenfassen. Wichtig ist dabei nur, daß auf der gegebenen Sorte eine lineare Ordnung definiert ist.

Sind x_1 und x_2 die Interpretationen der Ausdrücke E_1 und E_2 (und verschieden von $\perp$), so bezeichnet die Teilbereichssorte

$E_1 : E_2$

die Menge $\{y \in M: x_1 \leq y \leq x_2\}$.

Beispiel (Teilbereichssorten). Die Menge der Ziffern als Teilbereich der Zahlen

sort digit $= 0 : 9$.   ☐

Die Syntax für Teilbereiche lautet:

‹subrange sort› ::= ‹exp› : ‹exp›

Beispiel (Teilbereichssorten)

sort letter $=$ 'a' : 'z'

sort nat $= 0 : 2^{48} - 1$

sort tage $= \{$sonntag, montag, dienstag, mittwoch, donnerstag, freitag, samstag$\}$

sort werktag $=$ montag : freitag   ☐

Teilbereiche sind von besonderem Interesse für die Indexierung von Feldern. Auf Teilbereichen nehmen wir in der Regel an, daß sich alle auf den Grundbereichen verfügbaren Operationen auf die Teilbereiche vererben.

6.2 Felder

Um größere Mengen gleichartiger Elemente einfach speichern und verarbeiten zu können, verwenden wir zusammengesetzte Elementstrukturen. Die für heutige Rechenanlagen typische Struktur sind *Felder*. Sie entsprechen Tabellen oder Vektoren, auf deren Elemente über Indexwerte zugegriffen werden kann.

6.2.1 Einstufige Felder

Sei s eine beliebige Sorte und seien i und j ganze Zahlen mit $i \leq j$. Dann bezeichnet

[i : j] **array s**

die Sorte der Felder über s der Länge $j-i+1$ falls $i \leq j$ (beziehungsweise 0 falls $j < i$), auf die durch Indizes aus $\{i, i+1, ..., j\}$ zugegriffen werden kann. Sei M die Menge der Elemente der Sorte s. Ein Feld a $(\neq \perp)$ dieser Sorte ist durch folgende Informationen repräsentiert:

(i) Feldgrenzen: die „obere Grenze" j und die „untere Grenze" i,
(ii) Eine Abbildung $\{i, i+1, ..., j\} \rightarrow M$, wobei M die Menge der Elemente einschließlich $\perp$ der Sorte s, bezeichne.

Felder gestatten es, Abbildungen mit einfachen endlichen Definitionsbereichen als Elemente zu verwenden. Wir verwenden folgende grundlegende Funktionen für Felder (sei **int** die Sorte der ganzen Zahlen)

fct init = [i : j] **array s,**
fct get = ([i : j] **array s, int**) **s,**
fct update = ([i : j] **array s, int, s**) [i : j] **array s.**

Die nullstellige Funktion init liefert das Feld ohne definierte Komponenten. Durch get(a, i) wird die i-te Komponente des Feldes a selektiert. Durch update(a, i, m) wird aus a ein neues Feld á erzeugt, das sich von a genau in der i-ten Komponente unterscheidet, wobei die i-te Komponente des Feldes á den Wert m hat.

Sei a ein Element ($\neq \perp$) von der Sorte [i : j] **array s,** seien ferner k, n Elemente der Sorte **int** und x ein Element der Sorte **s.** Dann gilt:

get(init, k) = $\perp$,

$$get(update(a, n, x), k) = \begin{cases} x & \text{falls } k = n \wedge k \neq \perp \wedge i \leq n \leq j \\ get(a, k) & \text{falls } k \neq n \wedge x \neq \perp \wedge k \neq \perp \wedge i \leq n \leq j \\ \perp & \text{sonst} \end{cases}$$

Wir können uns ein Feld der Sorte

[i : j] **array s**

als eine Tabelle, wie in Abb. 6.1 angegeben, vorstellen.

i	i+1	...	j–1	j
a_i	a_{i+1}		a_{j-1}	a_j

Abb. 6.1. Darstellung eines Feldes als Tabelle

Für jeden Index k $\in$ {i, i+1, ..., j–1, j} existiert ein Eintrag a_k in der Tabelle. Im Feld init haben alle Einträge a_k den Wert $\perp$. Durch update(a, k, x) wird aus a eine neue Tabelle á geschaffen, die sich (für a $\neq \perp$, k $\neq \perp$, x $\neq \perp$) genau beim k-ten Eintrag von a unterscheidet. Es gilt $a_n = á_n$, falls n $\neq$ k, und $á_k$ = x.

In der Mathematik schreiben wir häufig a_i statt get(a, i), in Programmiersprachen schreiben wir a[i]. In Pascal schreiben wir für die Sorte des Feldes **array** [i..j] **of** m.

Beispiel (Feldvereinbarung). Gegeben sei die Elementvereinbarung

[1:29] **array nat** mw = update(update(update(init, 1, 67), 4, 66), 3, 67).

Dann gilt

get(mw, 1) = 67,	d.h.	mw[1] = 67,
get(mw, 4) = 66,	d.h.	mw[4] = 66,
get(mw, 17) = $\perp$,	d.h.	mw[17] = $\perp$.

Wir erhalten als mögliche Repräsentation für mw die in Abb. 6.2 angegebene Tabelle. □

1	2	3	4	5	...	29
67	$\perp$	67	66	$\perp$	...	$\perp$

Abb. 6.2. Darstellung eines Feldes als Tabelle

Beispiel (Sortieren in Feldern durch Auswählen). Sei n von der Sorte **nat** fest gegeben (als „unterdrückter Parameter"). Folgendes Programm sortiert ein gegebenes Feld der Länge n durch wiederholtes Auswählen des maximalen Elements im jeweils restlichen Feld:

> **fct** insort = ([1:n] **array int** a) [1:n] **array int**: insert(a, 1),

> **fct** insert = ([1:n] **array int** a, **nat** i)[1:n] **array int**:
>   **if** i < 1 ∨ n ≤ i   **then**   a
>   **else**   **nat** m = maxindex(a, i, i+1);
>   insert(exch(a, i, m), i+1)
>   **fi**,

> **fct** exch = ([1: n] **array int** a, **int** i, **int** j: 1 ≤ i, j ≤ n) [1:n] **array int**:
>   update(update(a, i, a[j]), j, a[i]),

> **fct** maxindex = ([1: n] **array int** a, **int** max, **int** j: 1 ≤ max ≤ n ∧ 1 ≤ j) **int**:
>   **if** j > n   **then**   max
>   **else**   **if** a[j] > a[max]   **then** maxindex(a, j, j+1)
>   **else** maxindex(a, max, j+1) **fi fi**.

Der Funktionsaufruf exch(a, i, j) liefert ein Feld, in dem die Werte der Komponenten i und j des Feldes a vertauscht sind. Die Funktion maxindex(a, i, j) liefert den Index eines maximalen Elements des Feldes a im Bereich [j:n], falls dieser Wert größer ist als a[i], und i sonst. ◻

Felder sind typische Rechenstrukturen für zuweisungsorientierte Sprachen, da für sie das selektive Ändern durch Zuweisungen besonders naheliegend ist.

6.2.2 Felder und selektives Ändern

In vielen zuweisungsorientierten Sprachen schreiben wir nichtinitialisierende Vereinbarungen der Form

> **var** [i : j] **array m** a

Wir verbinden damit die Vorstellung, daß jede Komponente von a eine *eigenständige Programmvariable* darstellt. Wir schreiben beispielsweise

> a[k] := E

statt

> a := update(a, k, E).

Wir sprechen wieder von *selektivem Ändern* (komponentenweiser Zuweisung).

Beispiel (Sortieren durch Auswählen (in zuweisungsorientierter Form)). Das Feld

> [1 : n] **array int** a

sei gegeben. Folgendes Programm erzeugt ein sortiertes Feld auf der Programmvariablen va zum gegebenen Feld a:

```
⌈  var [1 : n] array int va := a;
   for i := 1 to n
   do  var int max := i;
        for j := i+1 to n
        do   if va[j] > va[max] then max := j fi
        od;
        if ¬(i ≟ max) then va[i], va[max] := va[max], va[i] fi
   od;
   va                                                ⌋          □
```

Man beachte, daß für diese Schreibweise des selektiven Änderns die einfachen Verifikationsregeln für Zusicherungen nicht mehr ohne weiteres anwendbar sind. Der Grund dafür ist, daß bei dieser Notation a[i] und a[j] die gleiche Programmvariable bezeichnen können, falls nur die Werte von i und j gleich sind. Deshalb wird das Zuweisungsaxiom, das sich auf die Variablensubstitution abstützt, in seiner einfachen Form inkorrekt. Betrachten wir die Zuweisung mit Vor- und Nachbedingung:

$$\{x = a[j]\} \qquad a[i] := a[i]+1 \qquad \{x = a[j]\},$$

so sind diese Zusicherungen natürlich unzutreffend für i = j und somit die Regeln für den Nachweis von Zusicherungen unbrauchbar. Wir benötigen offensichtlich kompliziertere Zusicherungsregeln. Verwenden wir hingegen die ausführliche Notation für Zuweisungen an Felder, so erhalten wir (für die äquivalente Nachbedingung):

$$\{x = get(update(a, i, get(a, i)+1), j)\}\ a := update(a, i, get(a, i)+1)\ \{x = get(a, j)\}$$

Für diese Form der Zuweisung arbeitet die Methode der Zusicherungen korrekt. Allerdings ist diese explizite Notation aufwendiger und schwerer lesbar.

Felder werden insbesondere verwendet, um Vektoren zu repräsentieren. Für die Darstellung von endlichdimensionalen Matrizen verwenden wir mehrstufige Felder.

6.2.3 Mehrstufige Felder und allgemeine Indexmengen

Häufig erlauben wir auch weitere Indexmengen als gerade nur endliche Intervalle ganzer Zahlen. Im Prinzip können wir jede endliche Menge als Indexmenge für Felder verwenden.

Beispiel (Felder mit Wahrheitswerten als Indexmenge). Der Sortenausdruck

[bool] array s

ergibt Felder der Länge 2, die durch die Wahrheitswerte indiziert werden.   □

Von besonderer Bedeutung insbesondere für die numerische Mathematik sind mehrstufige Felder. Seien $n_1, ..., n_k, m_1, ..., m_k$ ganze Zahlen. Die Sorten mehrstufiger Felder entsprechen dem Schema

$[n_1 : m_1, ..., n_k : m_k]$ **array** s

Elemente von Feldern a dieser Sorte können durch

$a[i_1, ..., i_k]$

angesprochen werden.

Beispiel (Mehrstufiges Feld). Die Sorte zweidimensionaler Felder führt auf eine Darstellung von Matrizen. So kann die Sorte **matrix** wie folgt vereinbart werden:

sort matrix = [1: n, 1: m] **array** s   □

Allgemein ist die Syntax der Feldsorte durch folgende BNF-Regeln beschrieben:

‹array sort› ::=   [‹index› {, ‹index› }*] **array** ‹sort›.

‹index› ::= ‹subrange sort› | ‹sort›

Als Nebenbedingung für Felder wird vorausgesetzt: Ein Sortenidentifikator in den Klammern [...] einer Feldsorte steht für eine Enumerationssorte beziehungsweise eine Sorte mit endlicher Trägermenge.

Mehrstufige Felder und Felder über Enumerationssorten werden in Pascal analog behandelt.

Beispiel (Felder in Pascal). In Pascal vereinbaren wir Felder mit Hilfe von Sortenausdrücken der Form:

array [1..n, 1..m] **of** integer
array [boolean] **of** integer   □

Zuweisungsorientierte Algorithmen für mehrstufige Felder enthalten typischerweise geschachtelte gezählte Wiederholungen.

Beispiel (Algorithmen mit mehrstufigen Feldern). Das Transponieren einer Matrix kann für gegebenes n durch folgende Prozedur vorgenommen werden

```
proc transpose = (var [1: n, 1 : n] array m a):
    for i := 1 to n do
        for j := i+1 to n do
            a[i, j], a[j, i] := a[j, i], a[i, j]
        od
    od.                                                □
```

Mehrstufige Felder lassen sich auf einstufige Felder abbilden. Wir sprechen vom *Linearisieren* eines Feldes. Wir kommen darauf in Teil II zurück. Beim Programmieren mit Feldern muß insbesondere darauf geachtet werden, daß kein Index verwendet wird, der außerhalb der Feldgrenzen liegt. Abschließend werden kurz Implementierungsfragen für Felder behandelt.

6.2.4 Dynamische und flexible Felder

In zuweisungsorientierten Sprachen ist es für die Fragen der Implementierung wichtig, zu welchem Zeitpunkt der Ausführung eines Programms die Indexgrenzen eines Feldes als explizite Werte berechnet werden. Wir unterscheiden folgende Techniken der Angabe und Berechnung der Feldgrenzen:

(1) *statisch*, vor Ausführung des Programms sind alle Feldgrenzen durch Zahlenwerte festgelegt (dies gilt in Pascal),

(2) *dynamisch*, die Indexgrenzen einer Feldvereinbarung sind durch Ausdrücke gegeben, die auch Programmvariablen enthalten können, und bei Auswertung zur Ausführungszeit einen Wert ergeben; diese so während der Auswertung der Felddeklaration festgelegten Indexgrenzen ändern sich während der Lebensdauer der deklarierten Feldvariablen nicht (vgl. ALGOL 60),

(3) *flexibel*, die Indexgrenzen einer Programmvariablen der Sorte **array** können sich während des Programmablaufs ändern (vgl. die Programmiersprache ALGOL 68).

Die Frage, welche Form von Feldern in einer Programmiersprache vorgesehen ist, ist in erster Linie auch eine Implementierungsfrage: Statische Felder sind erheblich leichter zu implementieren als dynamische- und diese wiederum erheblich leichter als flexible. Allerdings erlauben statische Felder und auch dynamische Felder gewisse, gelegentlich nützliche Programmausdrucksformen nicht.

6.3 Endliche Mengen als Rechenstrukturen

Mengen sind grundlegende Strukturen in der Mathematik, die in der Informatik beim Programmentwurf und der Formulierung gewisser abstrakter Programme eine bedeutsame Rolle spielen. Wir betrachten in der Regel in der Informatik mit Mengensorten nur *endliche* Mengen über einer Sorte.

Sei **m** eine beliebige Sorte. Dann bezeichnet **set m** die Sorte der endlichen Mengen mit Elementen aus $M \setminus \{\bot\}$. Genauer gesagt gilt: Bezeichnet die Sorte **m** die Elemente der Menge M, so bezeichnet **set m** die Sorte der Elemente aus der Menge

$$\{s \subseteq M \setminus \{\bot\}: s \text{ endlich}\} \cup \{\bot\} .$$

Folgende Grundoperationen sind auf Mengen verfügbar:

fct emptyset	= **set m**	leere Menge
fct singleton	= (**m**) **set m**	einelementige Menge
fct union, meet	= (**set m**, **set m**) **set m**	Vereinigung, Durchschnitt
fct iselem	= (**m**, **set m**) **bool**	Elementrelation

Der Wertverlauf dieser Funktionen ist durch folgende Gleichungen gegeben (sei x von der Sorte **m**, seien s, s1, s2 von der Sorte **set m** und verschieden von $\bot$):

emptyset = $\emptyset$,
singleton(x) = {x},
union(s1, s2) = s1 $\cup$ s2, meet(s1, s2) = s1 $\cap$ s2,
iselem(x, s) = (x $\in$ s)

Sämtliche Operationen sind wieder strikt:

singleton($\bot$) = $\bot$,
union($\bot$, s) = union(s , $\bot$) = $\bot$.

Weitere Funktionen sind die Mengendifferenz:

fct diff = (**set m**, **set m**) **set m**

und der Test auf Teilmenge und Gleichheit:

fct issubset, iseq = (**set m, set m**) **bool**

Ihr Wertverlauf wird durch folgende Gleichungen beschrieben (seien s1 und s2 Mengen):

$$diff(s1, s2) = \{x \in s1 : \neg(x \in s2)\},$$

$$issubset(s1, s2) = \begin{cases} L & \text{falls für alle } x \in s1 \text{ gilt } x \in s2 \\ O & \text{sonst.} \end{cases}$$

$$iseq(s1, s2) = (issubset(s1, s2) \wedge issubset(s2, s1)).$$

Auch die Kardinalität ist eine nützliche Operation auf (endlichen) Mengen:

fct card = (**set m**) **nat** ,
card(s) = |s| .

Aus Gründen der besseren Lesbarkeit schreiben wir in Programmen die üblichen Symbole der Mathematik für Mengenoperationen in Infixschreibweise.

Es ist natürlich möglich, noch eine Anzahl weiterer Operationen auf Mengen einzuführen. Wir können als weitere Konstruktoren die Funktionen Enumeration und Subrange einführen. Sie werden notiert durch

$$\{E_1, E_2, ..., E_n\} \qquad \text{beziehungsweise} \qquad \{E1..E2\}$$

mit den Eigenschaften $(a_1, ... , a_n \neq \perp)$

$$\{a_1, a_2, ... , a_n\} = \{a_1\} \cup ... \cup \{a_n\},$$

$$\{a_1..a_2\} = \{x \in M : a_1 \leq x \leq a_2\} .$$

Durch die Verwendung von Mengen als Datenelemente lassen sich eine Reihe von Algorithmen erfreulich abstrakt notieren. Häufig ist es dabei nützlich, eine Auswahlfunktion

fct any = (**set m**) **m**

für Mengen zur Verfügung zu haben. Eine Funktion any heißt *Auswahlfunktion*, wenn sie folgende Gesetze für die Menge s erfüllt:

$$any(\emptyset) = \perp ,$$
$$any(s) \in s \qquad \text{für } s \neq \emptyset, s \neq \perp .$$

Es gibt viele Funktionen, die diese Gleichungen erfüllen. Für viele Aufgabenstellungen ist es jedoch unwichtig, welche dieser Funktionen verwendet wird. Jede Funktion, die die gegebenen Bedingungen erfüllt, kann als Auswahlfunktion dienen.

Beispiel (Programme über der Rechenstruktur Menge). Sei **m** eine Sorte mit endlicher Trägermenge. Sei die Funktion

fct g = (**m**) **set m**

gegeben, die für jedes Element x der Sorte **m** die endliche Menge g(x) seiner Nachfolgerknoten liefert. Die Funktion g definiert damit einen gerichteten Graphen. Wir nennen eine Sequenz ‹$x_0 ... x_n$› von Knoten $x_0, ..., x_n$ der Sorte **m** einen *Pfad* von x_0 nach x_n in dem durch g repräsentierten Graphen, falls für alle i, $0 \leq i < n$, gilt

$x_{i+1} \in g(x_i)$.

Gesucht sei für einen gegebenen Knoten x die Menge derjenigen Knoten y, für die ein Pfad von x nach y in g existiert. Der Graph ist endlich, da die Trägermenge zur Sorte **m** als endlich vorausgesetzt ist. Der Aufruf tfc({x}, emptyset) berechnet für jedes Element x die Menge der von x aus erreichbaren Elemente. Dabei sei tfc definiert durch:

fct tfc = (**set m** n, **set m** m) **set m**:
    if   n $\stackrel{?}{=} \varnothing$ **then**   m
    elif any(n) $\in$ m   **then**   tfc(n\{any(n)}, m)
                           else   tfc(n $\cup$ g(any(n)), m $\cup$ {any(n)})
    fi

Die Korrektheit des angegeben Verfahrens beweisen wir, indem wir folgenden Satz durch Induktion zeigen: Ist die Trägermenge zur Sorte **m** endlich, so gilt für beliebige Mengen s1, s2 der Sorte **set m**: Der Aufruf tfc(s1, s2) berechnet die Menge der Elemente x der Sorte **m**, für die gilt:

(1) x $\in$ s2 oder
(2) es existiert ein y $\in$ s1 und ein Pfad in g von y nach x, der nur Elemente enthält (einschließlich y), die nicht aus s2 sind.

Sei k die Anzahl der Elemente der Sorte **m**. Wir beweisen den Satz durch Induktion über

$n = k - |s2|$ □

In vielen Programmiersprachen kommen Mengen als Rechenstruktur nicht explizit vor oder können nur sehr eingeschränkt verwendet werden. Häufig werden deshalb Algorithmen auf Mengen durch Algorithmen über anderen Strukturen (wie beispielsweise Feldern) dargestellt, die zur Repräsentation von Mengen dienen können. Neben Mengen existieren noch eine Vielzahl weiterer, für die Programmierung hilfreicher Rechenstrukturen. Einige von ihnen werden in Kapitel 7 behandelt.

7. Sprünge und Referenzen

Heutige Maschinen verwenden im wesentlichen für die Speicherorganisation einen linearen Speicher (ähnlich einer Variablen der Sorte **array**), in dem sowohl Programme in der Form von Folgen von Befehlen (Anweisungen), als auch Datenelemente, beides repräsentiert durch Bitmuster, abgelegt sein können. Diese Form der Darstellung von Programmen führt auf sehr spezielle Programmstrukturen. Wir kommen darauf ausführlich im Teil II zurück.

7.1 Kontrollfluß

Für ein Programm in einer zuweisungsorientierten (prozeduralen) Sprache wird bei der Abarbeitung im allgemeinen streng sequentiell eine Anweisung nach der anderen ausgeführt. Welche Anweisung jeweils als nächstes auszuführen ist, wird über spezielle Bedingungen gesteuert. Das Überwechseln von Anweisung zu Anweisung während der Ausführung eines Programms heißt *Programmablauf* oder auch *Kontrollfluß*. Bisher wurden vor allem bedingte Anweisungen und Wiederholungsanweisungen als Sprachelemente für die Steuerung des Programmablaufs behandelt. Im folgenden werden eine Reihe spezieller ablaufbestimmender Elemente eingeführt.

7.1.1 Marken und Sprünge

Wenn wir einzelne Anweisungen durch einen Identifikator m kennzeichnen, können wir eine spezielle Anweisung **goto** m (genannt *Sprung*) formulieren. Die Abarbeitung eines Programms nach Ausführung der Anweisung **goto** m wird mit der entsprechend durch m markierten Anweisung (und den im Programmablauf folgenden) fortgesetzt. Ein für die Kennzeichnung einer Anweisung eingesetzter Identifikator m heißt *Marke* (engl. *label*).

Beispiel (Suchen in einem Feld). Zu erstellen ist ein Programm, das in einem Feld

    [1 : n] **array nat** a

nach einem Element x sucht, so daß die Programmvariable y den Wert des entsprechenden Index zugewiesen bekommt, und den Wert 0, falls x nicht in a ist.

       y := 1;
  m : **if** y ≤ n

then   **if** a[y] $\overset{?}{=}$ x
         then   **nop**
         else   y := y+1; **goto** m
         fi
else   y := 0
fi $\square$

Allgemein werden markierte Anweisungen wie folgt eingeführt. Ist S eine Anweisung, so ist für jeden Identifikator m

   m: S

eine durch die Marke m markierte Anweisung. Durch diese Schreibweise einer Anweisung wird für ein Programm auch die Marke m eingeführt. Innerhalb eines Blocks
darf eine Marke (außer in inneren Blöcken) höchstens einmal vereinbart werden. Für
einen Identifikator m ist

   goto m

eine *Sprunganweisung*, deren Ausführung bewirkt, daß mit der Abarbeitung derjenigen Anweisung fortzusetzen ist, die in einem, die Sprunganweisung umfassenden
Block, mit m markiert ist. Existieren mehrere solche Marken, so wird jene im nächst-
umfassenden Block angesprungen.

Das „Hineinspringen" in Blöcke ist durch Nebenbedingungen ausgeschlossen.
Dies stellt sicher, daß Deklarationen nicht übersprungen werden können: Jeder Block
kann nur regulär über die Deklarationen betreten werden. Allerdings können Blöcke
durch Sprünge „irregulär" verlassen werden. Durch Sprünge und Marken können andere Anweisungsformen ersetzt werden. Jede Art von Wiederholungsanweisungen ist
durch bedingte Anweisungen, Sprünge und Marken ausdrückbar.

Beispiel (Die **while**-Wiederholung als Programm mit Sprungbefehlen). Die Wiederholungsanweisung

   while B **do** S **od**

entspricht (S enthalte keine Marken und keine Sprünge auf die Marke m, m1) dem
Programm

   m : **if** B **then** S; **goto** m **fi**

oder dem Programm:

   m1: **if** ¬B **then** **goto** m **fi**;
        S;
        goto m1;
   m: **nop**

In ähnlicher Weise werden **while**-Wiederholungen in heutigen Rechenanlagen realisiert. Wir kommen darauf ausführlich im Teil II zurück. $\square$

Wird verzichten darauf, eine explizite BNF-Syntax für markierte Anweisungen und
Sprünge anzugeben. Die Nebenbedingungen fordern im allgemeinen: Innerhalb eines
Blocks tritt für jeden Identifikator m eine mit m markierte Anweisung – außer in inneren Blöcken – höchstens einmal auf. Damit ist der Gültigkeitsbereich von Marken gegeben und es ist eindeutig festgelegt, auf welche Marke sich ein Sprung bezieht.

Vom umfangreichen Gebrauch von Sprüngen in Programmen ist abzuraten, da dies die Lesbarkeit und Überschaubarkeit drastisch verschlechtert. Empirische Untersuchungen haben gezeigt, daß die Fehlerhäufigkeit von Programmen mit der Zahl der enthaltenen Sprunganweisungen signifikant ansteigt.

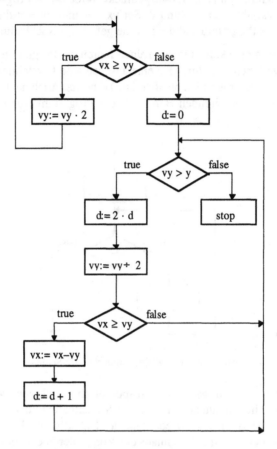

Abb. 7.1. Ablaufdiagramm

Die Zuordnung einer funktionalen Semantik (einer Interpretation durch eine semantische Funktion) zu Programmen mit Sprüngen erfordert komplexe mathematische Konzepte. Es wird deshalb auf die Angabe einer formalen semantischen Interpretation für Programme mit Sprunganweisungen im weiteren verzichtet. Die Komplexität der semantischen Behandlung gibt einen weiteren Hinweis auf die schwer beherrschbare Komplexität von Programmen mit Sprüngen und Marken.

7.1.2 Kontrollflußdiagramme

Eine graphische Darstellung des Kontrollflusses kann durch sogenannte Kontrollflußdiagramme (Ablaufdiagramme) angegeben werden. Mathematisch gesehen ist ein

Kontrollflußdiagramm ein gerichteter Graph mit Knoten, die mit bestimmten Ausdrücken beziehungsweise Anweisungen markiert sind.

Beispiel (Kontrollflußdiagramm). Die schnelle binäre Division kann durch das Kontrollflußdiagramm in Abb. 7.1 ausgedrückt werden. Das Programm arbeitet mit den Programmvariablen vx, vy und d. Sei vx = x und vy = y die gegebene Vorbedingung für das Programm und d = x+y die geforderte Nachbedingung.   □

Kontrollflußdiagramme kamen in den frühen Jahren der Programmierung häufig zur Anwendung, weil man sich durch sie eine anschauliche Darstellung der Programmstruktur (genauer der Programmablaufstruktur) erhoffte. Auch heute noch finden sich in sehr pragmatisch arbeitenden Bereichen der Programmierung Kontrollflußdiagramme.

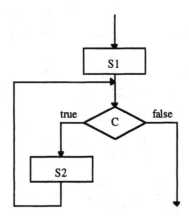

Abb. 7.2. Ablaufdiagramm der n+1/2-Schleife

Entscheidend für den heutigen nur noch sporadischen Gebrauch von Kontrollflußdiagrammen ist ein fundamentaler Mangel: Sie enthalten zu wenig Struktur, und insbesondere keine graphische Wiedergabe des Datenflusses. Bei etwas umfangreicheren Programmen geht darüber hinaus der Vorteil der übersichtlichen Darstellung des Kontrollflusses sofort verloren.

Deshalb werden Programmstrukturen besser textuell mit Wiederholungsanweisungen und bedingten Anweisungen ausgedrückt. Allerdings sind nicht alle Kontrollflußdiagramme problemlos direkt durch Wiederholungsanweisungen formulierbar. Im allgemeinen müssen dazu Sprünge verwendet oder zusätzliche Kontrollvariable eingeführt werden.

Beispiel (n+1/2-Schleife). Das Ablaufdiagramm aus Abb. 7.2 gibt das Programmschema für die sogenannte n+1/2-Schleife wieder. Die n+1/2-Schleife kann auf verschiedene Weise in ein Programm in textueller Aufschreibung umgesetzt werden. Mit Sprüngen kann ein Programm gleicher Wirkung geschrieben werden:

m: S2; **if** C **then** S1; **goto m else nop fi** .

Für eine Formulierung durch while-Wiederholung ist jedoch eine Duplizierung der Anweisung S2 nötig:

S2; **while** C **do** S1; S2 **od** .

Manche Programmiersprachen unterstützen Konzepte von Wiederholungsanweisung-
en, die das Herausspringen aus den Wiederholungschleifen erlauben. Dann ist die
n+1/2-Schleife direkt ausdrückbar.   □

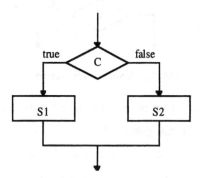

Abb. 7.3. Ablaufdiagramm für die bedingte Anweisung

Ein Kontrollflußdiagramm für ein zuweisungsorientiertes Programm läßt sich schematisch aus dem Programm ableiten. Hier wird

if C **then** S1 **else** S2 **fi**

durch das in Abb. 7.3 angegebene Ablaufdiagramm für die bedingte Anweisung ausgedrückt. Zuweisungen (und auch Prozeduraufrufe) werden in Kästen geschrieben,
Boolesche Ausdrücke, die den Ablauf steuern, werden in Rauten geschrieben. Linien-
führungen entsprechen Sprüngen mit Marken.

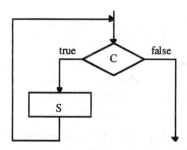

Abb. 7.4. Ablaufdiagramm für die Wiederholungsnweisung

Die sequentielle Komposition S1; S2 entspricht der Verbindung der S1 beziehungsweise S2 entsprechenden Kontrollflußdiagramme mit einer Kante von S1 nach S2.
    Die Wiederholungsanweisung

while C **do** S **od**

entspricht dem in Abb. 7.4 angegebenen Kontrollflußdiagramm.
    Ablaufdiagramme können umgekehrt systematisch in lineare Schreibweise mit
Sprüngen und Marken überführt werden. Für jede Eingangs- und Ausgangskante

wird eine Marke eingeführt und die Knoten werden in beliebiger Reihenfolge hintereinander geschrieben.

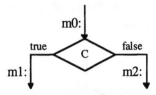

Abb. 7.5. Bedingte Verzweigung

Dabei wird für die in Abb. 7.5 angegebene bedingte Verzweigung die Anweisung

m0: **if** C **then goto** m1 **else goto** m2 **fi**

und für die in Abb. 7.6 angegebene Anweisung die Anweisung

m0: S; **goto** m1

geschrieben.

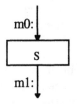

Abb. 7.6. Anweisung

Dies ergibt bei der Umsetzung von Ablaufdiagrammen in textuelle Programme eine sehr uniforme Programmstruktur der folgenden Gestalt:

m_0: S_0; **if** C_0 **then goto** n_0 **else goto** k_0 **fi**;
m_1: S_1; **if** C_1 **then goto** n_1 **else goto** k_1 **fi**;
m_2: S_2; **if** C_2 **then goto** n_2 **else goto** k_2 **fi**;
m_3: S_3; **if** C_3 **then goto** n_3 **else goto** k_3 **fi**;

Diese Programmstruktur macht die Struktur des linearen Speichers (eine array-artige Struktur, die Marken m_i entsprechen Indizes, die Anweisungen bilden die Feldelemente) sichtbar. Allerdings ist bei dieser Repräsentation eines Programms die Programmstruktur (Ablaufstruktur) durch die Schreibweise keinesfalls unmittelbar wiedergegeben. Die Reihenfolge der Aufschreibung ist unerheblich.

Ablaufdiagramme hingegen machen die Ablaufstruktur graphisch sichtbar. Allerdings ist die graphische Repräsentation mit großen („unstrukturierten") Ablaufdiagrammen wenig nützlich. Sie werden unübersichtlich und somit weitgehend unbrauchbar. Nur gute Strukturierungstechniken und eine geschickte Wahl des Aufbaus der Diagramme und ihrer Gliederung liefern übersichtliche Darstellungen von Algorithmen.

7.2 Referenzen und Zeiger

Bisher wurden (abgesehen von der Kurzschreibweise für das selektive Ändern von Elementen von Produktsorten und Feldern) nur Identifikatoren als Namen für Elemente und Programmvariable verwendet. Dabei ist die Menge der in einem Programm auftretenden Identifikatoren statisch, durch die Aufschreibung, festgelegt. In gewissen Fällen soll eine anonyme Menge von (dynamisch, während der Ausführung nach Bedarf erzeugbaren) Namen zur Verfügung stehen. Dazu können *Referenzen* oder *Verweise* verwendet werden.

Ohne daß das Referenzkonzept explizit in eine Programmiersprache eingeführt wird, kann diese Idee bereits bei Feldern angewendet werden. Dies soll an einem einfachen Beispiel demonstriert werden.

Beispiel (Referenztechniken durch Felder). Ein Feld a der Sorte

[1: n] **array nat**

mit Einträgen a[i], mit $1 \le a[i] \le m$ für $1 \le i \le n$, kann als Feld von „Verweisen" auf ein Feld b der Sorte

[1: m] **array s**

aufgefaßt werden. Dann kann für jeden Index i, mit $1 \le i \le n$, die Zahl a[i] als *Verweis* (*Referenz*) auf das Element

b[a[i]]

der Sorte s aufgefaßt werden. Der Übergang von i zu b[a[i]] entspricht dem *Dereferenzieren*, dem Zugriff auf das durch die Referenz i verwiesene Element. Die Zahl 0 kann als „leerer" Verweis verwendet werden. Bei klassischen Referenzstrukturen fallen die Felder a und b zusammen. An dem Beispiel können alle Techniken und Probleme des Programmierens mit Referenzen demonstriert werden.   □

In vielen Programmiersprachen sind Referenzen allerdings als eigenständiges Konzept vorgegeben. Dabei wird das eben im Beispiel über Felder mit a benannte Feld nicht explizit eingeführt, sondern implizit gehalten. Im folgenden wird das Konzept der Referenzen, wie es sich in ähnlicher Form in vielen Programmiersprachen findet, eingeführt.

Sei REF die Menge der Referenzen („Verweise") auf Elemente der Menge M mit Sorte **m**. Dabei wird bewußt darauf verzichtet, eine Struktur oder spezielle Operationen auf REF vorauszusetzen. REF wird zur Menge von Verweisen durch die Angabe von Bezügen. Der Bezug der Referenzen ist gegeben durch eine Abbildung

deref: $REF \to M$.

Für jede Referenz $x \in REF$ bezeichnet deref(x) das Element, auf das x verweist. deref wird weder als surjektiv noch als injektiv angenommen. Die Elemente der Menge REF, d.h. der Verweise oder Referenzen auf Elemente der Sorte **m** haben die Sorte

ref m

Für Referenzen, d.h. für Elemente x der Sorte **ref m**, sind nur drei Operationen verfügbar:

- *Dereferenzieren*: deref(x) liefert das Element der Sorte **m**, auf das x verweist.
- *Identitätsvergleich*: Seien x und y Elemente der Sorte **ref m**, dann kann durch

$$x \overset{?}{=} y$$

die Identität der Verweise x und y abgefragt werden. Falls x und y gleiche Identität besitzen (der gleiche Name sind), so folgt deref(x) = deref(y) aus der Annahme, daß deref eine Funktion ist. Die Umkehrung stimmt nicht. Es können verschiedene Referenzen auf das gleiche Element existieren.

- *Generieren (Erzeugen) von Referenzen:* Im allgemeinen wird keinerlei zusätzliche Struktur auf der Menge von Referenzen vorausgesetzt. Jede Angabe von Funktionen zur Erzeugung von Referenzen würde eine zusätzliche Struktur implizieren. Deshalb existieren in Programmiersprachen spezielle Konstruktionen für das Erzeugen von „neuen" Referenzen, d.h. für das Bereitstellen eines frischen (bisher nicht gebrauchten) Elements aus der Menge REF. Ein Beispiel dazu wird anschließend behandelt.

Eine besondere Rolle spielt die Referenz **nil**. Die Referenz **nil** bezeichnet ein vorgegebenes Referenzelement, dessen Bezugselement undefiniert ($\bot$) ist. Es gilt:

deref(**nil**) = $\bot$

Die Referenz **nil** hat kein wohldefiniertes Bezugselement. Allerdings können wir **nil** mit anderen Referenzen vergleichen.

Referenzen erlauben insbesondere die Realisierung komplexer Datenstrukturen auf Maschinen mit linear organisierten Speichern. Deshalb werden Referenzen meistens in der Kombination mit Programmvariablen verwendet. Referenzen auf Programmvariable nennen wir auch *Zeiger* (engl. *pointer*). Statt

ref var m

wird abkürzend

pt m

oder auch (in Pascal) $\uparrow$**m** geschrieben. In Pascal wird ferner statt deref(x) kürzer x$\uparrow$ geschrieben. Referenzen kommt eine besondere Bedeutung bei der Darstellung von Sorten in Speichern (in „array-artigen" Strukturen) zu.

Beispiel (Pointer in Pascal). Sei **m** eine gegebene Sorte. Sei ferner (in Pascal-Notation)

var v: $\uparrow$**m**

eine Deklaration für eine Programmvariable. Der Prozeduraufruf

new(v)

weist v die „nächste freie" (bisher nicht benutzte) Referenz auf eine im bisherigen Programmablauf nicht verwendete Programmvariable zu. Somit wird durch new(v) nicht nur eine neue Referenz an v zugewiesen, sondern über diese Referenz ist auch eine bisher im Programm nicht aufgetretene Programmvariable verfügbar.

Sei α_n, α_{n+1}, ... eine Sequenz von anonymen Programmvariablen der Sorte **nat**. Dies sind Programmvariable, die nicht durch einen in Programmen gebrauchten expliziten Identifikator bezeichnet werden (können). α_{n+1} sei die nächste auf Anforderung durch new freizugebende Programmvariable. Sei adref(v_i) ein Verweis auf die Programmvariable v_i. Um für jeden Zustand des Programms die nächste freie, bisher nicht gebrauchte, anonyme Variable erkennen zu können, wird eine verdeckte Programmvariable vorausgesetzt, die nicht explizit im Programm auftritt. Sei *neu* eine implizite Programmvariable der Sorte **nat** mit *neu* = n.

Die Wirkungsweise des Referenzmechanismus kann wie folgt beschrieben werden: Mit

var v1, v2: $\uparrow$integer

gilt (sei zum Zeitpunkt des Aufrufs der Wert von *neu* gleich n):

new(v1)   bewirkt   v1:= adref(α_{neu}); *neu* := *neu*+1

Nun ist α_{neu}, d.h. α_{n+1}, die nächste freizugebende Programmvariable. Der Aufruf new(v1) der Prozedur new bewirkt, daß eine Referenz auf die nächste verfügbare (bisher nicht verwendete) implizite Programmvariable α_n an v1 zugewiesen wird und die implizite Variable *neu* den Wert n+1 bekommt, da α_{n+1} die nächste freie (noch nicht verwendete) implizite Programmvariable bildet. Die anonyme Programmvariable kann (über den Bezug) in Zuweisungen verwendet werden:

v1$\uparrow$:= 1   bewirkt α_n := 1

Der Bezug auf die anonyme Programmvariable kann auch an eine Programmvariable zugewiesen werden. Die Zuweisung

v2 := v1

bewirkt, daß der Wert von v2 in dem Verweis auf α_n besteht. Zuweisungen an die anonyme Variable können dann über v1 oder v2 vorgenommen werden (Aliasing). Die Zuweisung

v2$\uparrow$:= 2   bewirkt α_n := 2.

Es läßt sich ein neuer Bezug auf eine neue anonyme Programmvariable an v1 zuweisen.

new(v1)   bewirkt   v1 := adref(α_{neu}); *neu* := *neu*+1
            (α_{n+1} wird nächste freie anonyme Programmvariable)
v1$\uparrow$:= 2   bewirkt α_n := 2

Nach der Ausführung dieser Programmsequenz liefert die Abfrage

v1 $\overset{?}{=}$ v2   (Pointervergleich in Pascal)

den Wert „falsch" und das Prädikat

v1$\uparrow$ $\overset{?}{=}$ v2$\uparrow$

den Wert „wahr".   □

Bei der Programmierung mit Zeigern ist sorgfältig zu unterscheiden, ob die Referenzen selbst oder die Werte der Bezugselemente (in unserem Fall die Werte der anonymen Variablen) verglichen werden.

Die Art und Weise, wie in Pascal Referenzen auf anonyme Programmvariable generiert und Programmvariable mit Zeigern als Wert verwendet werden können, führt auf einen sorgfältig beschränkten Gebrauch. So können keine verschiedenen Referenzen für die gleiche anonyme Programmvariable existieren. Diese Beschränkung des Gebrauchs von Verweisen und Zeigern begründet sich in der Tatsache, daß Programme, die mit Verweisen und Zeigern arbeiten, häufig nur sehr schwer zu durchschauen sind. Verweise führen – ähnlich wie Sprünge bei Kontrollstrukturen – bei Datenstrukturen zu sehr schwer beherrschbaren Programmkonzepten. Allerdings können wir bei der Erstellung effizienter Programme nach dem heutigen Stand der Technik nicht auf das Konzept der Referenzen verzichten.

Verweise werden häufig in Verbindung mit rekursiven Datenstrukturen gebraucht. Darauf wird am Ende des folgenden Abschnitts ausführlich eingegangen. Die Bedeutung der Referenzen erklärt sich aus der speziellen Struktur heutiger Rechenanlagen. Sie stellen wie Sprünge ein maschinenorientiertes Konzept dar. Langfristig muß es ein Anliegen neuartiger Programmiersprachen und Programmiermethoden sein, den expliziten Umgang mit Referenzen auf das Nötigste zu beschränken oder – besser noch – dem Programmierer völlig zu ersparen, und damit eine entscheidende Fehlerquelle zu umgehen.

8. Rekursive und dynamische Sorten

Alle bisher behandelten zusammengesetzten Sorten (mit Ausnahme der Sequenzen und flexibel erweiterbaren Felder) haben die Eigenschaft, daß die (maximale) Anzahl der in einem Element einer solchen Sorte enthaltenen („gespeicherten") einfachen Elemente stets statisch beschränkt ist und schon zum Zeitpunkt der Deklaration feststeht. Im folgenden werden Sorten betrachtet, die diese Eigenschaft nicht besitzen. Diese Sorten enthalten zusammengesetzte Datenelemente, die in einer strukturierten Weise aus gewissen einfachen Elementen aufgebaut sind. Die Form dieses Aufbaus ergibt sich aus den Zugriffsstrukturen. Diese sind wiederum durch die charakteristischen Funktionen festgelegt.

8.1 Sequenzartige Rechenstrukturen

Es gibt eine Vielzahl von Rechenstrukturen, die zu einer gegebenen Menge M die Menge M^* der endlichen Sequenzen als Trägermenge enthalten. Im folgenden werden Spielarten der Rechenstruktur der Sequenzen eingeführt.

8.1.1 Die Rechenstruktur der Sequenzen

Wir betrachten Rechenstrukturen, die zu einer gegebenen Menge M die Menge M^* der endlichen Sequenzen als Trägermenge enthalten. Sei eine beliebige Menge M von Elementen der Sorte **m** gegeben. Wie bereits als Beispiel für Rechenstrukturen eingeführt wird die Sorte der Sequenzen über M durch die Sorte **seq m** bezeichnet. Mit dieser Sorte wird die Trägermenge $(M \setminus \{\bot\})^* \cup \{\bot\}$ verbunden.

Beispiele (Funktionen über Sequenzen)

(1) *Revertieren einer Sequenz*

In einer Sequenz s wird die Reihenfolge der Elemente durch den Aufruf rev(s) der folgenden Rechenvorschrift revertiert (umgekehrt):

fct rev = (**seq m** s) **seq m**:
    if s $\overset{?}{=} \varepsilon$ **then** ε
                else   rev(rest(s)) ∘ ⟨first(s)⟩ **fi**

Die Wirkungsweise der Funktion rev wird durch folgendes Beispiel demonstriert:

rev($\langle$1 2 3 4$\rangle$) = $\langle$4 3 2 1$\rangle$

Es gilt allgemein das Gesetz:

rev(rev(s)) = s,

wie wir einfach durch Induktion über die Länge der Sequenz s beweisen.

(2) *Minimum in einer Sequenz über den natürlichen Zahlen*

Das minimale Element in einer Sequenz von natürlichen Zahlen wird durch folgende Rechenvorschrift berechnet:

fct seqmin = (**seq nat** s: $\neg$(s = ε)) **nat:**
  if rest(s) $\overset{?}{=}$ ε **then** first(s)
                  else min(first(s), seqmin(rest(s))) **fi**,

wobei die Funktion min definiert wird durch:

fct min = (**nat** x1, **nat** x2) **nat:**
  if x1 ≤ x2   **then** x1
            else x2 **fi**

In zuweisungsorientierter Form liest sich das Programm wie folgt:

fct seqmin = (**seq nat** s: $\neg$(s = ε)) **nat:**
  ⌈ **var seq nat** v, **var nat** x: = rest(s), first(s);
    while $\neg$ (v $\overset{?}{=}$ ε) **do** v, x: = rest(v), min(first(v), x) **od**
    x   ⌋   □

Eine effiziente Implementierung von Sequenzen, bei der die Funktionen first, rest, last, lrest und die Konkatenation (unabhängig von der Länge der Sequenz) nur konstanten Aufwand benötigen, erhalten wir durch zweifach verkettete Listen mit Listenkopftechnik (vgl. Abschnitt 8.4.4). Allerdings führt dies auf gemeinsame Teilstrukturen und destruktive Operationen (d.h. auf zuweisungsorientierte Rechenvorschriften, die beim Aufruf die Werte ihrer Variablenparameter modifizieren).

Durch die Einschränkung der Rechenstruktur der Sequenzen auf gewisse Operationen und die Hinzunahme gewisser anderer Operationen erhalten wir eine Reihe praktisch wichtiger Rechenstrukturen. Man beachte, daß die Wahl der Zugriffsfunktionen eine Rechenstruktur grundlegend prägt, da eine spezielle Wahl der Datenstruktur effiziente Realisierungen gewisser Zugriffsfunktionen zuläßt oder aber ausschließt.

8.1.2 Die Rechenstruktur der Stapel und Keller

Sei eine beliebige Menge M von Elementen der Sorte **m** gegeben. Die Sorte **stack m** der *Stapel* über M steht wieder für die Menge (M\{⊥})* ∪ {⊥}. Folgende charakteristische Funktionen sind für Stapel verfügbar:

fct empty   = **stack m,**
fct append   = (**m, stack m**) **stack m,**

fct first   = (**stack m** s: ¬ isempty(s)) **m**,
fct rest   = (**stack m** s: ¬ isempty(s)) **stack m**,
fct isempty   = (**stack m**) **bool** .

Die Wirkungsweise der Funktion append ist durch folgende Gleichung beschrieben:

append(a, s) = ‹a› ∘ s.

Die Wirkungsweise der übrigen Funktionen beschreiben folgende Gleichungen:

first(append(m, s)) = m,
rest(append(m, s)) = s,
isempty(empty) = true,
isempty(append(m, s)) = false .

Die Werte der Aufrufe first(empty) und rest(empty) liefern ⊥, ihr Resultat ist undefiniert.

Natürlich kann die Struktur der Stapel durch Hinzunahme rekursiv definierter Operationen wieder um die typischen Sequenzoperationen angereichert werden:

fct conc = (**stack m** x, **stack m** y) **stack m** :
   if isempty(x)   **then**   y
               else   append(first(x), conc(rest(x), y) **fi** .

Allerdings benötigt die Konkatenation dann einen Berechnungsaufwand, der proportional zur Länge des ersten Parameters ist.

Programmvariable für Elemente der Rechenstruktur Stapel heißen auch *Keller*. Stapel sind nach dem sogenannten LIFO-Prinzip aufgebaut („Last-in-first-out"). Aufgrund der gegebenen Zugriffsoperationen wird durch first auf das jeweils zuletzt eingefügte Element zugegriffen.

Die Rechenstruktur der Stapel wird in vielen Anwendungsbereichen als Hilfsstruktur verwendet. Beispiele dafür sind:

– Auswertung arithmetischer und Boolescher Ausdrücke,
– Auflösung von Rekursionen in Iteration,
– Abarbeitung rekursiver Funktionen und Prozeduren.

Stapel dienen dem systematischen Ablegen einer Folge von Elementen und dem Zugriff in der umgekehrten Reihenfolge des Ablegens.

Beispiel (Nichtrekursive Variante von Quicksort). Gegeben sei das Feld

var [1 : n] **array m** a,

wobei auf der Sorte **m** eine lineare Ordnung ≤ gegeben sei. Wir sortieren das Feld durch folgendes nichtrekursives Programm nach dem Prinzip des Quicksort. Dazu verwenden wir die Hilfsprozedur partition. Diese Prozedur nimmt ein Feld mit Indexbereich [1 : n] als Eingabe, sowie natürliche Zahlen min und max, wobei wir

$1 \le \min < \max \le n$

voraussetzen. Die Variable r dient als Resultatparameter. Nach Abarbeitung des Aufrufs

partition(a, min, max, r)

gelte: Die Einträge im Feld werden im Bereich [min, max] so permutiert, daß für den Ergebnisparameter r

$$\text{min} \le r \le \text{max}$$

und für alle k

$$\text{min} \le k < r \;\Rightarrow\; a[k] \le a[r],$$
$$r < k \le \text{max} \;\Rightarrow\; a[r] \le a[k].$$

gilt. Die Deklaration der Rechenvorschrift partition lautet wie folgt:

proc partition = (**var** [1 : n] **array m** a, **nat** min, **nat** max, **var nat** r:

$$1 \le \text{min} \le \text{max} \le n):$$

```
⌈  var nat i, j, x := min+1, max, a[min];
   while i ≤ j
   do    if      a[i] ≤ x    then    i := i+1
         elif    x ≤ a[j]    then    j := j-1
                             else    a[i], a[j]:= a[j], a[i]
         fi
   od;
   if min < j
   then   a[min], a[j], r := a[j], a[min], j
   else   r := min
   fi                                                            ⌋
```

Die Terminierung der Wiederholungsanweisung ergibt sich aus dem Umstand, daß in jedem Durchlauf eine Vertauschung vorgenommen wird oder der Wert von j–i abnimmt.

Nun geben wir eine Rechenvorschrift quicksort an, die ein gegebenes Feld durch schrittweise Partitionierung aufsteigend sortiert.

proc quicksort = (**var** [1 : n] **array m** a):

```
⌈  var nat r, min, max;
   var stack nat s := append(1, append(n, empty));
   while ¬isempty(s)
   do    s, min, max := rest(rest(s)), first(s), first(rest(s));
         partition(a, min, max, r);
         if min < r–1    then s := append(min, append(r-1, s)) fi;
         if r+1 < max    then s := append(r+1, append(max, s)) fi
   od                                                            ⌋
```

Der Stapel s in der Rechenvorschrift quicksort enthält eine Folge von Zahlen, die paarweise disjunkte Intervalle spezifizieren. In jedem Durchlauf nimmt die Menge der Zahlen aus [1 : n], die in einem der Intervalle in s enthalten sind, ab. Daraus ergibt sich die Terminierung. Weiter gilt folgende Invariante: Das Feld a kann sortiert werden, indem wir die durch die Intervalle in s aufgeführten Teilabschnitte des Feldes in sich sortieren. Daraus ergibt sich die Korrektheit des Programms.

Sortieren durch Quicksort ist für größere Felder eines der besten Verfahren. Zwar benötigt die Rechenvorschrift im ungünstigsten Fall (wenn in der Partition das Schnittelement a[min] stets zufällig das kleinste oder das größte Element im Bereich a[min], a[min+1], ... , a[max-1], a[max] ergibt) in der Ordnung n^2 Schritte. Im Durchschnitt aber werden nur n·log n Schritte benötigt. □

Klassische Implementierungen für die Rechenstruktur Stapel sind

- einfach verkettete Listen der folgenden Form (rekursive Sortenvereinbarungen werden am Ende dieses Kapitels im Detail besprochen):

    sort stack = **empty** | append(**m** first, **stack** rest),

- Felder mit Pegeln.

Listen haben den Vorteil, daß der Speicherplatzbedarf dynamisch angepaßt wird, benötigen aber mehr Speicher für Verwaltungsinformation, da sie in der Regel über Zeiger realisiert werden.

Beispiel (Implementierung von Stapeln durch Felder). Felder sind verwandt zu sequenzartigen Rechenstrukturen. Insbesondere können wir sie verwenden, um Stapel zu realisieren. Beispielsweise lassen sich in der Länge durch die natürliche Zahl max beschränkte Stapel wie folgt durch Felder realisieren:

sort stack = const([1:max] **array m** feld, **nat** pegel),

fct empty = **stack**: const(init, 0),

fct append = (**m** x, **stack** s) **stack**:
   if pegel(s) < max **then**   const(update(feld(s), pegel(s)+1, x), pegel(s)+1)
                 else   error
  fi,

fct first = (**stack** s: ¬isempty(s)) **m**: get(feld(s), pegel(s)),

fct rest = (**stack** s: ¬isempty(s)) **stack**: const(feld(s), pegel(s)–1),

fct isempty = (**stack** s) **bool**: (pegel(s) $\overset{?}{=}$ 0).

Diese Form der Implementierung läßt sich graphisch wie folgt illustrieren: Der Stapel

    append(s5, append(s4, append(s3, append(s2, append(s1, empty)))))

durch das Feld mit Pegel dargestellt, das in Abb. 8.1 gegeben ist. □

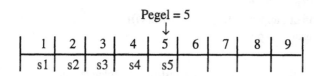

Abb. 8.1. Darstellung von Stapeln durch Felder mit Pegeln

8.1.3 Die Rechenstruktur der Warteschlangen

Schlangen über einer gegebenen Sorte **m** sind Elemente der Sorte **queue m**. Wieder wird mit der Sorte **queue m** als Trägermenge die Menge $(M\backslash\{\bot\})^* \cup \{\bot\}$ verbunden. Als charakteristische Funktionen dienen empty, first, rest und isempty und die

Funktion stock. Die Wirkungsweise wird durch das First-in-first-out-Prinzip (FIFO) charakterisiert. Die Rechenstruktur der Schlangen umfaßt folgende Funktionen:

fct empty   = **queue m**,
fct stock   = (**queue m, m**) **queue m**,
fct first   = (**queue m** s: $\neg$ isempty(s)) **m**,
fct rest   = (**queue m** s: $\neg$ isempty(s)) **queue m**,
fct isempty   = (**queue m**) **bool**.

Die Funktion stock ist definiert durch:

stock(s, x) = s $\circ$ ⟨x⟩.

Damit ergeben sich folgende Gesetze:

first(stock(empty, m)) = m,
rest(stock(empty, m)) = empty,
first(stock(stock(s, m1), m2) = first(stock(s, m1)),
rest(stock(stock(s, m1), m2) = stock(rest(stock(s, m1)), m2),
isempty(empty) = true,
isempty(stock(s, m)) = false.

Die Resultate der Aufrufe first(empty) und rest(empty) sind undefiniert, ergeben also $\perp$.

Ein wichtiges Anwendungsbeispiel für Schlangen sind Warteschlangen in Programmen zur Verwaltung und Steuerung parallel ablaufender Prozesse.

Beispiel (Aufbau von Warteschlangen und Stapeln). Eine Warteschlange kann ausgehend von der leeren Sequenz wie folgt aufgebaut werden (seien c, g, h vorgegebene Funktionen):

fct construct = (**m** x) **queue m**:
⌠   **var m** v, **var queue** q := x, empty ;
     while c(v) **do** q, v := stock(q, g(v)), h(v) **od**;
     q   ⌡

Auf diese Weise wird (wegen der Assoziativität der Konkatenation) die gleiche Sequenz erzeugt wie durch:

fct construct = (**m** x) **stack m**:
    if c(x)   **then**   append(g(x), construct(h(x)))
                else   empty
    fi.   ▢

Klassische Implementierungen für die Rechenstruktur Schlange sind

– (einfach verkettete) Listen (vgl. die rekursive Deklaration von Sorten am Ende dieses Kapitels):

   sort queue = empty | append(**m** first, **queue** rest).

Diese Sorten werden im Abschnitt 8.3 ausführlich besprochen.

– Felder mit Pegeln.

Allerdings muß bei Schlangen im Gegensatz zu Stapeln die Operation stock im Falle der einfach verketteten Listen durch eine Rechenvorschrift hinzugefügt werden. Soll diese Rechenvorschrift nur konstanten Aufwand kosten, so bieten sich Listenkopftechniken an.

Beispiel (Implementierung von Schlangen durch Felder mit Pegeln realisiert)

sort queue = const([0: max-1] **array m** feld, **nat** fe, **nat** le)

Ein Element x der Sorte **queue m** repräsentiert eine Warteschlange der maximalen Länge max nach folgenden Konventionen:

- fe(x) bezeichnet den Index des ersten Elements in der Warteschlange (falls das Feld nicht leer ist),
- le(x)–1 bezeichnet den Index des letzten Elements in der Schlange,
- Die Schlange hat die Länge (max-fe(x)+le(x)) **mod** max.

In graphischer Darstellung kann die Darstellung der Warteschlange

stock(stock(stock(stock(stock(empty, s1), s2), s3), s4), s5)

durch die Tabelle aus Abb. 8.2 veranschaulicht werden.

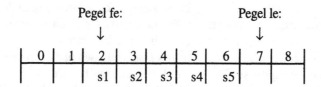

Abb. 8.2. Darstellung von Warteschlangen durch Felder mit Pegeln

Die charakteristischen Funktionen von Warteschlangen seien dabei wie folgt vereinbart:

fct empty = **queue**: const(init, 0, 0),
fct isempty = (**queue** q) **bool**: fe(q) $\overset{?}{=}$ le(q),
fct stock = (**queue** q, **m** x) **queue**:
   if (le(q)+1) **mod** max $\overset{?}{=}$ fe(q)
   then error
   else const(update(feld(q), le(q), x), fe(q), (le(q)+1) **mod** max),
   fi,
fct first = (**queue** q: ¬isempty(q)) **m**: feld(q)[fe(q)],
fct rest = (**queue** q: ¬isempty(q)) **queue**:
   const(feld(q), (fe(q)+1) **mod** max, le(q)) .

Zu dieser Realisierung sind folgende Bemerkungen zu machen: Die vorliegende Implementierung ist nur eingeschränkt korrekt, da die Länge des Feldes unter Umständen nicht ausreicht um die Warteschlange aufzunehmen. Wird die Fehlerabfrage in stock weggelassen, so werden Fehlerfälle unter Umständen nicht berücksichtigt. In unzulässiger Weise werden Elemente überschrieben. Die Implementierung wäre dann nicht einmal eingeschränkt korrekt.   ☐

Neben Stapeln und Schlangen existiert eine Vielzahl von sequenzartigen Rechenstrukturen.

8.1.4 Ein-/Ausgabe und externe Rechenstrukturen

Durch Deklarationen können in Programmen auf flexible Weise Datenstrukturen und Funktionen darauf eingeführt werden. Diese Rechenstrukturen sind dann während der Abarbeitung (zur „Laufzeit") der entsprechenden Programme verfügbar. Aus naheliegenden Gründen sind wir jedoch daran interessiert, zumindest für gewisse Sorten Datenelemente von außen in Programme eingeben und nach außen ausgeben zu können.

Zusätzlich sollen häufig Daten über das Ende von Programmläufen hinaus in Rechnern gespeichert werden, so daß in späteren Programmläufen darauf wieder zugegriffen werden kann. Dazu dienen Dateien. Eine *Datei* ist eine Verwaltungseinheit zur langfristigen Speicherung von Daten nach gewissen Organisationsformen, die auch den Zugriff auf die gespeicherten Daten festlegen. Zur Speicherung von Daten können in Rechensystemen in der Regel Dateien unter Einführung von Namen angelegt werden. Auf die angelegten Dateien können Daten abgespeichert werden und auf diese Daten kann dann durch Programme zugegriffen werden. Spezielle Programme, die dem Benutzer ein interaktives Eintragen, Ändern und Löschen von Daten, insbesondere von Texten in Dateien ermöglichen heißen *Editoren*.

Programme, die während der Laufzeit Daten einlesen und ausgeben, so daß diese bereits extern verfügbar sind, bevor der Programmlauf beendet ist, heißen *interaktiv*. Interative Programme werden ausführlich in Teil III behandelt. Zur Formulierung interaktiver Programme finden spezielle Prozeduren Verwendung, die den Datenaustausch zwischen dem Programm und seiner Umgebung regeln. Allerdings ist in den meisten Programmiersprachen der Datenaustausch nur für eine stark eingeschränkte Klasse von vorgegebenen Sorten wie Zeichen, Zahlen und gegebenenfalls Strings möglich. Im folgenden geben wir ein einfaches Beispiel für die Integration von Ein- und Ausgabe in eine Programmiersprache mittels spezieller Prozeduren.

Beispiel (Prozeduren für den Datenaustausch). Wir setzen voraus, daß in dem betrachteten Rechensystem eine Anzahl von Dateien gegeben ist, die über Namen identifiziert werden können. Ein Name für eine Datei sei durch ein Element der Sorte **string** gegeben. Dabei gilt:

> **sort string = seq char**

Wir nehmen an, daß die in Dateien gespeicherten Informationen als Paare von Sequenzen einer Sorte **m** organisiert sind. Die Inhalte von Dateien sind Elemente der Sorte **file**, wobei

> **sort file** = datei(**bool** available, **seq m** old, **seq m** new) .

Das Dateisystem mit Namen files sei durch folgende Vereinbarung gegeben:

> **var [string] array file** files .

Man beachte, daß nicht für alle Strings Dateien verfügbar sein brauchen. Dies wird dadurch angezeigt, daß die durch available bezeichnete Komponente den Wert false hat. Gewisse Dateinamen können auch für technische Geräte (wie Drucker, Bildschirm, Tastatur) stehen. So setzen wir einen speziellen Namen i_o voraus, der die Eingabe beziehungsweise Ausgabe über die Tastatur beziehungsweise den Bildschirm identifiziert. Wir setzen voraus, daß für jedes Benutzerprogramm zwei Programmvariable durch

var string actual, **var bool** open_file := i_o, false;

global deklariert sind und die Variable actual mit bestimmten Eingabe- beziehungsweise Ausgabemedien (Tastatur und Bildschirm) vorbesetzt ist (Voreinstellung). Dabei entspricht new(files[i_o]) der Sequenz von Eingaben über die Tastatur und old(files[i_o]) der Sequenz von Ausgaben auf dem Bildschirm.

Für die Bearbeitung der Dateien des Dateisystem lassen sich folgende Prozeduren verwenden:

proc open = (**string** datei_name, **var bool** success):
   if available(files[datei_name]) ∧ ¬open_file
     then   success := true;
             open_file := true;
             available(files[datei_name]) := false;
             actual := datei_name
     else   success := false
   fi;

proc read = (**var m** x, **var bool** success):
   if ¬(new(files[actual]) $\overset{?}{=}$ empty)
     then   success := true;
             x := first(new(files[actual]));
             new(files[actual]) := rest(new(files[actual]))
     else   success := false
   fi;

proc write = (**m** x):
   old(files[actual]) := old(files[actual]) ∘ ⟨x⟩;

proc reset = (**var bool** success):
   if open_file
     then   success := true;
             new(files[actual]) := old(files[actual]) ∘ new(files[actual]);
             old(files[actual]) := empty;
     else   success := false
   fi;

proc close = (**string** datei_name, **var bool** success):
   if open_file
     then   success := true;
             open_file := false;
             available(files[actual]) := true;
             actual := i_o
     else   success := false
   fi;

Die Prozedur open ändert die Voreinstellung für die Eingabe und Ausgabe, so daß die Ein-/Ausgabe anschließend auf die angegebene Datei umgeleitet wird. Falls eine Datei unter diesem Namen nicht existiert oder noch eine offene Datei existiert, ändert sich die Voreinstellung nicht. Dies wird durch die Variable success angezeigt.

Die Prozeduren read und write erlauben die Eingabe von dem beziehungsweise die Ausgabe auf das voreingestellte Medium. Man beachte, daß die Prozedur read(x) die gelesenen Datensätze löscht. Sollen diese auf der Datei erhalten bleiben, so können sie durch ein anschließendes write(x) wieder auf das Medium geschrieben werden (auch das Echo der Eingaben auf den Bildschirm kann so erzeugt werden).

Die Prozedur reset setzt die Lese/Schreibmarke der Datei auf den Anfang. Für die durch i_o identifizierte Ein-/Ausgabe über Tastatur/Bildschirm ist der Aufruf reset wirkungslos. Dies wird durch die Variable success angezeigt.

Die Prozedur close schließt eine offene Datei und stellt die Voreinstellung wieder her. Existiert keine offene Datei, dann ist der Aufruf von close wirkungslos. Dies wird durch die Variable success angezeigt.   ☐

Die Prozeduren zur Ein-/Ausgabe dienen der Verbindung zwischen der Programmiersprache und den auf einer Rechenanlage vorgegebenen technischen Geräten sowie dem Dateisystem. Die angegebene Familie von Prozeduren stellt nur ein einfaches Beispiel unter vielen Möglichkeiten dar, die Ein-/Ausgabe zu organisieren. Bei vielen Konzepten für interaktive Programme unterscheiden wir beim Datenaustausch streng zwischen reinen Eingabe- und reinen Ausgabemedien. Konsequenterweise sind dann jeweils nur gewisse Prozeduraufrufe (wie read oder write) zulässig, da gewisse Geräte für den Datenaustausch reine Eingabe- oder reine Ausgabemedien sind.

Aus technischen Gründen unterscheiden wir häufig auch zwischen Ein-/Ausgabemedien in der Form gewisser technischer Geräte, wie Tastatur oder Maus (für die Eingabe) und Bildschirm oder Drucker (für die Ausgabe), und der Ein-/Ausgabe über Dateien, die Teil der Betriebssystemstruktur eines Rechensystems bilden. Für die Verwendung von interaktiven Prozeduren in Programmen ist allerdings weniger bedeutsam, ob die Eingabe oder Ausgabe über eine Datei oder über ein technisches Gerät erfolgen, als vielmehr welche Sorten von Daten ausgetauscht werden, und in welcher Form sie im Eingabe- oder Ausgabemedium organisiert und zugreifbar sind.

Dateien dienen der Speicherung großer Mengen von Daten. Im einfachsten Fall repräsentieren Dateien Sequenzen gewisser Elemente. Oft sind sehr spezielle Zugriffsstrukturen für Dateien verfügbar.

Beispiel (Die Rechenstruktur FILE). Die hier beschriebene Dateistruktur ist eine sehr spezielle Version von Dateien, wie sie sich in Pascal finden.

Sei **m** gegebene Sorte mit Trägermenge M. Die Rechenstruktur FILE der Dateien enthält die Sorte **pascal_file m** und folgende Operationen:

fct initfile	= **pascal_file m**,
fct actual	= (**pascal_file m** f: not(endoffile(f))) **m**,
fct back	= (**pascal_file m**) **pascal_file m**,
fct move	= (**pascal_file m** f: not(endoffile(f))) **pascal_file m**,
fct endoffile	= (**pascal_file m**) **bool**,
fct putlast	= (**pascal_file m** f, **m** x: endoffile(f)) **pascal_file m** .

Die Trägermenge FL zur Sorte **pascal_file m** sei gegeben durch

$$FL = \{(s1, s2): s1 \in (M \setminus \{\bot\})^*, s2 \in (M \setminus \{\bot\})^* \cup \{\bot\}\}$$

Die Wirkungsweise der charakteristischen Funktionen ist definiert durch:

$$initfile = (\varepsilon, \varepsilon),$$
$$actual((s1, s2)) = first(s2),$$
$$back((s1, s2)) = (\varepsilon, s1 \circ s2),$$

$$move((s1, s2)) = \begin{cases} (s1 \circ \langle x \rangle, s2') & \text{falls } s2 = \langle x \rangle \circ s2' \\ \bot & \text{sonst (falls } s2 = \varepsilon), \end{cases}$$

$$endoffile((s1, s2)) = \begin{cases} \mathbf{L} & \text{falls } s2 = \varepsilon \\ \mathbf{O} & \text{sonst,} \end{cases}$$

$$putlast((s1, s2), x) = \begin{cases} (s1 \circ \langle x \rangle, \varepsilon) & \text{falls } s2 = \varepsilon \\ \bot & \text{sonst.} \end{cases}$$

In Pascal steht beispielsweise die Vereinbarung

f: **file of m**

für die Vereinbarung einer Variablen für ein Paar:

sort paar = pair(**pascal_file m** x, **m** y),
var paar f,

wobei in Pascal für Dateien statt x(f) abkürzend f und statt y(f) abkürzend f↑ geschrieben wird. In zuweisungsorientierten Sprachen (wie auch Pascal) geschieht auch die Dateibearbeitung zuweisungsorientiert. Es werden (für eine als global vorausgesetzte Programmvariable f der Sorte **paar**) in Pascal folgende Prozeduraufrufe geschrieben:

eof(f)	für	endoffile(x(f)),
get(f)	für	f := pair(move(x(f)), actual(move(x(f)))),
put(f)	für	f := pair(putlast(x(f), y(f)), y(f)),
reset(f)	für	f := pair(back(x(f)), actual(back(x(f)))),
rewrite(f)	für	f := pair(initfile, undefined).

In Pascal gelten folgende Einschränkungen:

- es gibt keine „file"-Konstante,
- Zuweisungen an „file"-Variable sind unzulässig,
- die Operation put(f) ist nur bei eof(f) erlaubt.

In Pascal werden Dateien eingesetzt, um Datenmengen zu bearbeiten, die in externen Einheiten (Dateien) abgelegt sind, die durch das Programm bearbeitet werden und nach Ausführung des Programms weiterbestehen.

Beispiel (Dateibearbeitung in Pascal). Ein Programm zum Mischen zweier aufsteigend geordneter Dateien liest sich in Pascal wie folgt:

```
procedure merge (f, g, h: file of integer);
    begin
    reset(f);
```

```
reset(g);
rewrite(h);
while not eof(f) ∧ not eof(g) do
    begin
    if f ↑ < g↑
    then  begin
              h↑ := f↑; get(f)
          end
    else  begin
              h↑ := g↑; get(g)
          end;
    put(h)
    end;
while not eof(f) do
    begin
    h ↑ := f ↑;
    get(f);
    put(h)
    end;
while not eof(g) do
    begin
    h ↑ := g↑;
    get(g);
    put(h)
    end
end                                             □
```

Die Dateistruktur in Pascal ist aus Implementierungsüberlegungen bewußt sehr maschinennah angelegt und daher ist die Programmierung mit Dateioperationen in Pascal schwierig, unübersichtlich und auch fehleranfällig.

8.2 Baumartige Rechenstrukturen

Baumartige Strukturen entsprechen hierarchisch gegliederten Strukturen mit eindeutigen Zugriffspfaden (für jedes Element existiert genau ein Zugriffspfad). In der Graphentheorie heißen solche Strukturen gerichtete, zusammenhängende, azyklische Graphen, bei denen jeder Knoten höchstens eine Eingangskante hat. Im Gegensatz zur Graphentheorie werden im folgenden Bäume stärker über ihre Zugriffsstruktur definiert.

Strukturen, die allgemein in eine (möglicherweise leere) einfache Informationskomponente und eine (möglicherweise leere) Menge von unabhängigen gleichartigen Teilstrukturen zerlegt werden können, nennen wir – angelehnt an die Verzweigungsvorstellung – *Bäume*. Sei M eine beliebige Menge. Die Menge TREE(M) der *endlichen, beblätterten Binärbäume* über M ist induktiv wie folgt definiert:

(1) der leere Baum ε ist Element von TREE(M),

(2) für endliche Bäume t1, t2 ∈ TREE(M) ist das Tripel (t1, x, t2) für jedes x ∈ M ein endlicher Baum. x heißt dann *Wurzel* des Baumes (t1, x, t2), t1 heißt *linker Teilbaum*, t2 *rechter Teilbaum*.

Bäume spielen in nahezu allen Bereichen der Informatik eine beherrschende Rolle. Terme sowie Programme lassen sich strukturiert als Bäume repräsentieren.

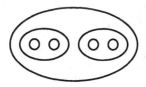

Abb. 8.3. Baumdarstellung durch ein Euler-Venn-Diagramm

Beispiel (Binärbäume). Die Menge der Binärbäume über den natürlichen Zahlen **N** ist wie folgt strukturiert

TREE(**N**) = {   ε,
   (ε, 0, ε), (ε, 1, ε), ...
   ((ε, 0, ε), 0, ε), ((ε, 0, ε), 1, ε), ...
   (ε, 0, (ε, 0, ε)), (ε, 1, (ε, 0, ε)), ... }

Es existieren folgende gebräuchliche Möglichkeiten der anschaulichen Darstellung von Bäumen:

- Graphen (vgl. Abb. 8.5 und Abb. 8.6),
- Euler-Venn-Diagramme (vgl. Abb. 8.3),
- Klammerstrukturen (siehe oben).   □

Induktiv läßt sich die Menge TREE(M) der Binärbäume über M definieren durch

TREE(M) = {t ∈ T_i : i ∈ **N**} ∪ {⊥},

wobei

T_0 = {ε},

T_{i+1} = (T_i × M × T_i) ∪ T_i.

Dabei bezeichnet T_i jeweils die Menge der Bäume bis zur maximalen Tiefe (Höhe) i.

Sei **m** eine beliebige Sorte und M die Menge der Elemente der Sorte **m**. Die Sorte **tree m** bezeichne die Sorte der Elemente der Menge TREE(M⁻). Hier sei wieder

M⁻ = M\{⊥}.

Die folgenden charakteristischen Funktionen werden auf Bäumen verwendet:

fct emptytree	= **tree m**,
fct cons	= (**tree m, m , tree m**) **tree m**,
fct left	= (**tree m** t : ¬isempty(t)) **tree m**,
fct right	= (**tree m** t : ¬isempty(t)) **tree m**,
fct root	= (**tree m** t : ¬isempty(t)) **m**,
fct isempty	= (**tree m**) **bool**.

Dabei sind emptytree und cons die Konstruktoren für Bäume (sei t1, t2 $\in$ TREE(M$^-$), m $\in$ M$^-$):

emptytree = ε,
cons(t1, m, t2) = (t1, m, t2).

Die übrigen Funktionen sind hinreichend genau durch die folgenden Gesetze M$^-$:

isempty(emptytree) = true,
isempty(cons(t1, m, t2)) = false,
left(cons(t1, m, t2)) = t1,
right(cons(t1, m, t2)) = t2,
root(cons(t1, m, t2)) = m,
left(emptytree) = $\bot$,
right(emptytree) = $\bot$,
root(emptytree) = $\bot$.

Diese Gesetze können auch bei der Konstruktion von Programmen über Bäumen und deren Verifikation hilfreich sein.

Beispiele (Programmieren mit Bäumen)

(1) Umformen von Bäumen in Sequenzen:
Beim Umformen von Bäumen in Sequenzen gibt es eine Vielzahl von Möglichkeiten, die im Baum auftretenden Elemente in Form einer Sequenz anzuordnen. Darunter sind drei Vorgehensweisen von besonderer Bedeutung. Sie sind durch folgende Rechenvorschriften gegeben.

(1a) *Vorordnung* (engl. *preorder*)
fct pre = (**tree m** t) **seq m**:
if isempty(t) **then** empty
else ‹root(t)› ◦ pre(left(t)) ◦ pre(right(t)) **fi**.

(1b) *Inordnung* (engl. *inorder*)
fct in = (**tree m** t) **seq m**:
if isempty(t) **then** empty
else in(left(t)) ◦ ‹root(t) › ◦ in(right(t)) **fi**.

(1c) *Nachordnung* (engl. *postorder*)
fct post = (**tree m** t) **seq m**:
if isempty(t) **then** empty
else post(left(t)) ◦ post(right(t)) ◦ ‹root(t)› **fi**.

(2) Testen, ob ein Baum ein Auswahlbaum ist:
Ein Baum t über den natürlichen Zahlen M heißt *Auswahlbaum*, wenn er selbst und alle seine Teilbäume folgende Eigenschaft besitzen: Entweder ist t leer oder beide Teilbäume left(t) und right(t) sind leer, oder beide Teilbäume sind nicht leer und die Wurzel von t ist das Maximum der Knoten in den Teilbäumen left(t) und right(t). Folgende Rechenvorschrift überprüft, ob ein Baum ein Auswahlbaum ist.

fct ischoicetree = (**tree nat** t) **bool**:
    if   isempty(t)   **then**   true

	elif	isempty(left(t))	**then**	isempty(right(t))
	elif	isempty(right(t))	**then**	isempty(left(t))

$$\text{else} \quad root(t) \overset{?}{=} max(root(left(t)), root(right(t))) \land$$
$$ischoicetree(left(t)) \land ischoicetree(right(t))$$

fi

(3) Konstruieren von Auswahlbäumen

Durch den Aufruf der im folgenden deklarierten Rechenvorschrift mctree wird aus einer Sequenz ein Auswahlbaum erzeugt.

fct mctree = (**seq nat** s) **tree nat**:

    if   isempty(s)   **then**   emptytree

    elif length(s) $\overset{?}{=}$ 1 **then**   cons(emptytree, first(s), emptytree)

                    else   **nat** h = length(s)÷2;

                             cctree(mctree(part(s, 1, h)),

                                      mctree(part(s, h+1, length(s)))))

fi,

fct cctree = (**tree nat** l, **tree nat** r) **tree nat**:

    if   isempty(r)   **then** l

    elif isempty(l)   **then** r

    elif root(r) > root(l) **then** cons(l, root(r), r)

                         else cons(l, root(l), r)

fi.

Die Rechenvorschrift part ist im Kapitel 4 wie folgt deklariert.

fct part = (**seq nat** s, **nat** a, **nat** b: 0 < a ≤ b ≤ length(s)) **seq nat**:

    if   a > 1 **then** part(rest(s), a–1, b–1)

    elif a $\overset{?}{=}$ b **then** ⟨first(s)⟩

                 else ⟨first(s)⟩ ∘ part(rest(s), a, b–1)

fi.

Die Funktion deltree entfernt das maximale Element aus einem Auswahlbaum und liefert den verbleibenden Auswahlbaum als Resultat:

fct deltree = (**tree nat** t : ischoicetree(t)) **tree nat**:

    if   isempty(t)   **then** emptytree

    elif isempty(right(t))   **then** deltree(left(t))

    elif isempty(left(t))   **then** deltree(right(t))

    elif root(right(t)) $\overset{?}{=}$ root(t) **then** cctree(left(t), deltree(right(t)))

                                      else cctree(deltree(left(t)), right(t))

fi

(4) Sortieren durch Auswahlbäume (heapsort)

Mit Hilfe von Auswahlbäumen können wir auch effizient sortieren.

fct heapsort = (**seq nat** s) **seq nat**:

    treeinsort(empty, mctree(s)),

fct treeinsort = (**seq nat** s, **tree nat** t) **seq nat**:
   if isempty(t) **then**   s
                else   treeinsort(s ∘ ‹root(t)›, deltree(t))
   fi.

Diese Methode des Sortierens durch das Umformen einer Sequenz in eine Baumstruktur ist eine effizientere Variante des Sortierens durch Auswählen. Sie benötigt O(n log n) Rechenschritte.   ☐

Bäume können auch dazu dienen, Mengen von Elementen nach gewissen Gesichtspunkten übersichtlich anzuordnen.

Beispiel (Bäume über den Binärzahlen). Der Baum t, der gegeben ist durch den Term

```
cons( cons( cons(  empty,
                   100,
                   cons(  empty,
                          1001,
                          empty)),
            10,
            cons(  empty,
                   101,
                   empty)),
      1,
      cons( cons(  empty,
                   110,
                   empty),
            11,
            cons(  empty,
                   111,
                   cons(  empty,
                          1111,
                          empty))))
```

entspricht der graphischen Darstellung aus Abb. 8.4 .

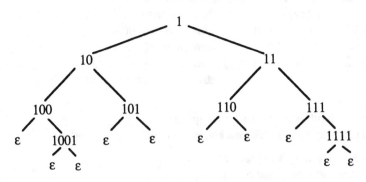

Abb. 8.4. Baumdarstellung durch Graphen

Bei Anwendung der eben definierten Funktionen zur Umwandlung von Bäumen in Sequenzen ergeben sich für den gegebenen Baum folgende Resultate:

pre(t) = ‹1 10 100 1001 101 11 110 111 1111›,
in(t) = ‹100 1001 10 101 1 110 11 111 1111›,
post(t) = ‹1001 100 101 10 110 1111 111 11 1›.   □

Ist die Stelligkeit der Knoten (die Anzahl der Teilbäume pro Knoten) im Baum bekannt oder wird der leere Baum unter Angabe eines besonderen Symbols in die erzeugte Sequenz aufgenommen, so läßt sich im Falle der Vor- beziehungsweise Nachordnung der Baum eindeutig aus der erzeugten Sequenz rekonstruieren. Im Falle der Inordnung gilt das nicht!

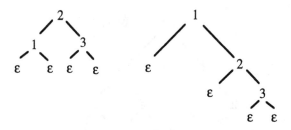

Abb. 8.5. Zwei unterschiedliche Bäume mit gleicher Inordnung

Die in Abb. 8.5 gegebenen zwei Bäume ergeben die jeweils gleiche Sequenz bei Anordnung in Inordnung:

ε 1 ε 2 ε 3 ε   ε 1 ε 2 ε 3 ε

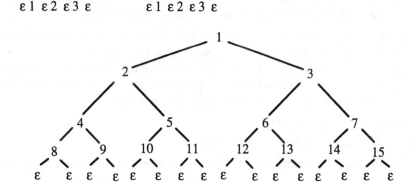

Abb. 8.6. Baumdarstellung des Baumes gen(4) durch Graphen

Beispiel (Vollständige Bäume). Der Baum, der alle echt positiven Zahlen mit Binärdarstellung bis zur Binärwortlänge n enthält, wird durch folgende Rechenvorschrift erzeugt:

fct gen = (**nat** n) **tree nat**: h(n, 1),
fct h = (**nat** n, **nat** i) **tree nat**:
    if n $\overset{?}{=}$ 0 **then**   ε

else   cons(h(n–1, i·2), i, h(n–1, i·2+1)) **fi**

Der Aufruf gen(4) liefert den Baum aus Abb. 8.6.   □

Bei der bisher betrachteten Art von Bäumen wird auch *markierter Binärbaum* genannt. In markierten Binärbäumen stehen die Informationen im Inneren des Baumes, die Blätter (Endknoten) sind stets leer (tragen keine Information). Statt der Bezeichnung „binärer Baum" wird auch die Bezeichnungen *Arboreszenz* oder *Kaskade* verwendet.

Beispiel (Bäume über natürlichen Zahlen). Der Baum

cons(cons(cons(ε, 4, ε), 2, ε), 1, cons(ε, 3, cons(ε, 5, ε)))

besitzt die in Abb. 8.7 angegebene graphische Darstellung.   □

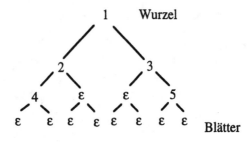

Abb. 8.7. Baumdarstellung durch Graphen

Wie Sequenzen können Sorten zur Darstellung von Bäumen durch rekursive Sortenvereinbarungen definiert werden. Terme entsprechen in ihrer Struktur ebenfalls Bäumen, wobei dann die Wurzeln die jeweiligen Funktionssymbole sind.

Beispiel (Auswertung arithmetischer Ausdrücke in Postfixnotation). Ein arithmetischer Ausdruck, der aus Zahlen und den zweistelligen Operationssymbolen +, -, ·, / aufgebaut ist, läßt sich als Baum darstellen, bei dem die mit Zahlen markierten Bäume nur leere Teilbäume besitzen und die mit Operationssymbolen markierten Bäume nichtleere Teilbäume besitzen. Seien folgende Sorten vereinbart:

sort op = {'+', '–', '·', '/'},
sort entry = operand(**nat** n) | operator(**op** o).

Die folgende Rechenvorschrift prüft, ob ein Baum einen arithmetischen Ausdruck darstellt:

fct is_arith_exp = (**tree entry** t) **bool**:
    if   isempty(t)   **then**   false
    elif root(t) **in** operator **then**   is_arith_exp(left(t)) ∧ is_arith_exp(right(t))
                                else   isempty(left(t)) ∧ isempty(right(t))
    fi.

Die Auswertung eines Ausdrucks leistet folgende Rechenvorschrift:

fct eval = (**tree entry** t : is_arith_exp(t)) **nat**:
    if   root(t) **in** operand   **then**   n(root(t))
    elif root(t) $\stackrel{?}{=}$ operator('+') **then**   eval(left(t)) + eval(right(t))

   . . .

fi

Wir können einen Ausdruck auch in klammerfreier Schreibweise als Sequenz von Zahlen und Operationszeichen schreiben, indem wir zuerst die beiden Operandenausdrücke angeben und anschließend den Operator. Gegeben sei der folgende Ausdruck:

 $(6 - 5) + (3 \cdot 8)$

Dieser Ausdruck entspricht in Postfixnotation, bei der die Klammern weggelassen werden und jede Schreibweise der Form t1+ t2 umgeformt wird zu t1 t2 +, der Sequenz:

 ‹6 5 − 3 8 · +›.

Die Umformung eines Ausdrucks in Postfixschreibweise leistet folgende Rechenvorschrift:

 fct postfix = (**tree entry** t) **seq entry**:
  if isempty(t) **then** empty
        else postfix(left(t)) ∘ postfix(right(t)) ∘ ‹root(t)›
 fi

Wir geben nun eine Rechenvorschrift an, die Ausdrücke in Postfixnotation auswertet, wobei Stapel als Hilfsstrukturen auftreten.

  Die folgende Rechenstruktur corexp prüft, ob eine gegebene Sequenz von Zahlen und Operationssymbolen in korrekter Weise einen arithmetischen Ausdruck in Postfixform darstellt (alle Operationssymbole sind als zweistellig angenommen).

 fct corexp = (**stack entry** e) **bool**: parse(e, 0),

 fct parse = (**stack entry** e, **nat** k) **bool**:
  if   isempty(e)   **then** $k \overset{?}{=} 1$
  elif first(e) **in** operand **then** parse(rest(e), k+1)
  elif first(e) **in** operator **then** **if** k < 2 **then** false
                   else parse(rest(e), k−1)
               fi
            else false
 fi

Nun wird die Rechenvorschrift eval vereinbart, die für einen gegebenen Ausdruck e in Postfixnotation, d.h. für ein Element e der Sorte **stack entry**, den Wert des durch e dargestellten Ausdrucks als Resultat liefert, wobei der zweite Parameter des Aufrufs mit dem leeren Stapel vorbesetzt wird. Somit liefert

 eval(e, empty)

den Wert des Ausdrucks e in Postfixdarstellung.

 fct value = (**stack entry** e: corexp(e)) **nat**: eval(e, empty),

 fct eval = (**stack entry** e, **stack nat** k) **nat**:
  if   isempty(e)   **then** first(k)
  elif first(e) **in** operand   **then** eval(rest(e), append(first (e), k))
  elif first(e) $\overset{?}{=}$ operator('+') **then** eval(rest(e),

$$\text{append}(\text{first}(\text{rest}(k))+\text{first}(k), \text{rest}(\text{rest}(k)))$$

elif first(e) $\stackrel{?}{=}$ operator('–') **then** ...

...

fi.

eval setzt für die Eingabe eine korrekte Repräsentation eines arithmetischen Ausdrucks in Postfixform voraus. Die Folge der rekursiven Aufrufe für das obige Beispiel illustriert die Wirkungsweise der Rechenvorschrift eval:

eval(‹6 5 – 3 8 • +›, ε)   →
eval(‹5 – 3 8 • +›, ‹6›)   →
eval(‹– 3 8 • +›, ‹5 6›)   →
eval(‹3 8 • +›, ‹1›)   →
eval(‹8 • +›, ‹3 1›)   →
eval(‹• +›, ‹8 3 1›)   →
eval(‹+›, ‹24 1›)   →
eval(ε, ‹25›)   →
25   □

Manchmal ist es vorteilhaft, in den „inneren" Knoten von Bäumen keine Informationen zu speichern, sondern diese nur in den Endknoten unterzubringen. Bäume dieser Form werden nach der gleichnamigen Programmiersprache, die im wesentlichen mit dieser Baumstruktur als grundlegender Rechenstruktur arbeitet, auch als LISP-Bäume bezeichnet.

Beispiel (LISP-Baum). LISP-Bäume können durch Diagramme (vgl. Abb. 8.8) dargestellt werden.

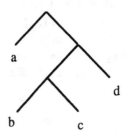

Abb. 8.8. Darstellung eines LISP-Baums durch einen Graph

In LISP-Bäumen tragen nur die Endknoten (Blätter) Informationen.   □

Ein LISP-Baum über einer Menge M ist wie folgt induktiv definiert:

(1) der leere Baum repräsentiert einen LISP-Baum,
(2) jedes Element x ∈ M repräsentiert einen LISP-Baum,
(3) jedes Paar von LISP-Bäumen repräsentiert einen LISP-Baum.

Induktiv lassen sich LISP-Bäume über der Menge M in folgender Weise definieren:

LISPTREE(M) = {t ∈ L_i: i ∈ ℕ} ∪ {⊥} ,

wobei

$$L_0 = \{\varepsilon\} \cup M\setminus\{\bot\}, \quad L_{i+1} = (L_i \times L_i) \cup L_i.$$

Die Sorte **lisp m** bezeichnet die Sorte der Elemente der Menge LISPTREE(M). Die charakteristischen Funktionen für die Rechenstruktur LISP-Bäume sind mit ihren Funktionalitäten im folgenden angegeben:

fct elisp	= **lisp m**,
fct lispcons	= (**lisp m, lisp m**) **lisp m**,
fct car	= (**lisp m** t : ¬(isempty(t) ∨ isatom(t))) **lisp m**,
fct cdr	= (**lisp m** t : ¬(isempty(t) ∨ isatom(t))) **lisp m**,
fct makeatom	= (**m**) **lisp m**,
fct isatom	= (**lisp m**) **bool**,
fct proj	= (**lisp m** t : isatom(t)) **m**,
fct iselisp	= (**lisp m**) **bool** .

Hier sind elisp, makeatom und lispcons die Konstruktorfunktionen. Mit ihnen lassen sich alle LISP-Bäume erzeugen. Die Wirkungsweise der verbleibenden Funktionen ergibt sich aus den folgenden Gesetzen:

iselisp(elisp) = true,
iselisp(makeatom(x)) = false,
iselisp(lispcons(t1, t2)) = false,
isatom(elisp) = false,
isatom(makeatom(x)) = true,
isatom(lispcons(t1, t2)) = false,
car(elisp) = $\bot$,
car(makeatom(x)) = $\bot$,
car(lispcons(t1, t2)) = t1,
cdr(elisp) = $\bot$,
cdr(makeatom(x)) = $\bot$,
cdr(lispcons(t1, t2)) = t2,
proj(elisp) = $\bot$,
proj(lispcons(t1, t2)) = $\bot$,
proj(makeatom(x)) = x .

In LISP-Bäumen befinden sich Informationen nur an den Blättern.

Beispiel (Suchen in LISP-Bäumen). Die Funktion contains stellt fest, ob in einem LISP-Baum t ein gegebenes Element x enthalten ist:

fct contains = (**lisp m** t, **m** x) **bool**:
    if   iselisp(t)   **then**   false
    elif   isatom(t)   **then**   x $\stackrel{?}{=}$ proj(t)
                     else   contains(car(t), x) ∨ contains(cdr(t), x) **fi**.

Die Funktion tipsum berechnet die Summe der Knoten in einem LISP-Baum.

fct tipsum = (**lisp nat** t) **nat**:
    if   iselisp(t)   **then**   0
    elif   isatom(t)   **then**   proj(t)
                     else   tipsum(car(t))+tipsum(cdr(t))
    fi.

LISP-Bäume heißen auch beblätterte Bäume. LISP-Bäume können durch binäre Bäume dargestellt werden und umgekehrt.

Beispiel (Umformen von Binärbäumen in LISP-Bäume). Jeder Binärbaum kann in einen LISP-Baum umgeformt werden.

fct trans = (**tree m t**) **lisp m** :
    if isempty(t) **then**   elisp
              else   lispcons(trans(left(t)),
                                   lispcons(makeatom(root(t)), trans(right(t)))))
    fi.

Jeder LISP-Baum, der auf diese Weise erzeugt wurde, läßt sich wieder eindeutig in den Binärbaum umformen, aus dem er entstanden ist.

fct retrans = (**lisp m t**) **tree m**:
    if iselisp(t)   **then**   emptytree
                 else   cons(retrans(car(t)),
                              proj(car(cdr(t))),
                              retrans(cdr(cdr(t)))))
    fi.   □

Umgekehrt ist die Darstellung von LISP-Bäumen durch Binärbäume (etwa unter Hinzunahme einer Standardmarkierung für die inneren Knoten) ebenso einfach möglich.

Beispiel (Umformen eines LISP-Baums in einen Auswahlbaum (der gegebene LISP-Baum enthalte keine leeren Bäume))

fct sorttree = (**lisp nat t**) **tree nat**:
    if   iselisp(t)   **then**   emptytree
    elif isatom(t)   **then**   cons(emptytree, proj(t), emptytree)
                      else   **tree int** x = sorttree(car(t));
                              tree int y = sorttree(cdr(t));
                              if   isempty(x) **then** y
                              elif isempty(y) **then** x
                                        else cons(x,max(root(x),root(y)),y)
                              fi
    fi   □

LISP-Bäume sind die beherrschende Rechenstruktur der Programmiersprache LISP, in der sowohl Programme als auch Daten durch LISP-Bäume dargestellt werden.

Neben binären Bäumen mit oder ohne Elementen in inneren Knoten findet sich eine Vielzahl von baumartigen Strukturen. Dies schließt Bäume mit beliebiger Stelligkeit ein. Jedoch lassen sich all diese Spielarten auf die grundlegenden Baumklassen der binären Bäume und der LISP-Bäume abbilden. Allgemeine Bäume finden Verwendung, um Terme und Programme in strukturierter Form durch Rechenstrukturen darzustellen. Die Umformung einer Stringdarstellung eines Programmes in die entsprechende Baumdarstellung, die die innere Struktur des Programmes wiedergibt, nennen wir *zerteilen* (oder *parsen*); der entsprechende Baum heißt *Zerteilbaum* (engl. *parsetree*). Programme zum Parsen behandeln wir ausführlich in Teil III.

8.3 Rekursive Sortenvereinbarung

Wie Funktionen und Prozeduren lassen sich auch Sorten rekursiv deklarieren. Dies ergibt ein sehr mächtiges Konzept für die Vereinbarung von Sorten, das es im Prinzip erlaubt, alle bislang eingeführten speziellen Sorten wie Bäume oder Sequenzen darzustellen.

Beispiele (Rekursive Sortendeklarationen).

(1) LISP-Bäume
Die Sorte **lisp m** der LISP-Bäume über einer Sorte **m** läßt sich wie folgt rekursiv deklarieren:

> **sort lisp m =**   lispcons(**lisp m** car, **lisp m** cdr)
> | makeatom(**m** proj)
> | elisp

Die Funktionen isatom und iselisp können nun durch die Diskriminatoren ersetzt werden.

(2) Arithmetische Ausdrücke
Die Sorte **exp** erlaubt die Repräsentation arithmetischer Ausdrücke. Sie ist deklariert durch

> **sort exp =**   nat(**nat** n) |
> pair(**mop** mop, **exp** ex) |
> triple(**exp** ex1, **dop** dop, **exp** ex2)
> **sort mop =**   {neg, abs },
> **sort dop =**   {plus, star }.

Beispielsweise repräsentiert nach der Deklaration

> **exp** x = triple(nat(1), plus, triple(nat(2), star, pair(neg, nat(3))))

der Identifikator x den Ausdruck

> $1 + (2 \cdot (-3))$.   □

Wie Sprachen in BNF-Notation lassen sich rekursive Sortenvereinbarungen als Gleichungen für Mengen deuten. Und wie bei rekursiven Funktionsvereinbarungen lassen sich rekursive Sortenvereinbarungen sowohl durch Fixpunkte als auch induktiv deuten. Sei

> **sort s = G**

eine Sortenvereinbarung, wobei im Sortenausdruck G neben **s** nur Sorten auftreten, für die Trägermengen gegeben sind. Für jede Trägermenge M, die wir mit der Sorte **s** verbinden, erhalten wir eine eindeutig bestimmte Menge

> $\Delta(M)$

als Trägermenge für den Ausdruck G. Die Abbildung

> $\Delta: \wp(D) \to \wp(D)$

ist ausschließlich durch G bestimmt. Hier bezeichnet D das Universum der Datenelemente unserer Sprachen und $\wp(D)$ die Potenzmenge über (Menge der Teilmengen von) D.

Beispiel (Mengenabbildung zur rekursiven Sortendeklaration). Betrachten wir die Deklaration

sort s = empty(**empty**) | paar(**nat** ft, **s** rt) ,

so definiert die rechte Seite eine Abbildung Δ zwischen Mengen. Für jede gegebene Menge M zur Sorte s ist $\Delta(M)$ gegeben durch

$$\Delta(M) = \{\varepsilon\} \cup \{(n, m): n \in \mathbb{N} \wedge m \in M \setminus \{\bot\}\} \cup \{\bot\} .$$

Die Abbildung Δ erhalten wir also durch Interpretation der rechten Seite der Sortendeklaration entsprechend der Bedeutung der auftretenden sortenbildenden Konstruktionen. □

Im folgenden gehen wir davon aus, daß die rechte Seite der rekursiven Sortendeklaration aus Produkt- und Variantensorten aufgebaut ist. Δ ist also eine Abbildung von der Menge der Trägermengen in die Menge der Trägermengen. Insbesondere ist Δ dann $\subseteq$-monoton. Dies heißt, daß für beliebige Mengen M_1, M_2 folgende Aussage gilt:

$$M_1 \subseteq M_2 \Rightarrow \Delta(M_1) \subseteq \Delta(M_2)$$

Damit existiert nach dem Satz von Knaster-Tarski ein kleinster Fixpunkt für Δ.

8.3.1 Induktive Deutung rekursiver Sortendeklarationen

Seien die Mengen M_i für $i \in \mathbb{N}$ definiert durch

$$M_0 =_{\text{def}} \{\bot\}, \; M_{i+1} =_{\text{def}} \Delta(M_i).$$

Es kann gezeigt werden:

$$M_i \subseteq M_{i+1}.$$

Dies ergibt sich aus der $\subseteq$-Monotonie von Δ.

   Damit definieren wir die Trägermenge M, die wir mit der rekursiv definierten Sorte s verbinden, durch

$$M = \bigcup_{i \in \mathbb{N}} M_i .$$

Man beachte, daß durch diese Definition auch eine bestimmte Struktur auf M gegeben ist. Wir verbinden die Trägermenge M mit der rekursiv vereinbarten Sorte s.

Beispiel (Induktive Deutung rekursiver Sortendeklarationen). Sei folgende Sortenvereinbarung von Binärbäumen gegeben:

sort m = empty(**empty**) | cons(**m** left, **nat** root, **m** right).

Schreiben wir ε für das einzige Element der Sorte empty, so erhalten wir für beliebige Trägermengen M.

$$\Delta(M) = \{\varepsilon\} \cup \{(l, x, r): l \in M \setminus \{\bot\} \wedge x \in \mathbb{N} \wedge r \in M \setminus \{\bot\}\} \cup \{\bot\}.$$

Dies führt auf folgende Trägermengen:

$M_0 = \{\perp\}$,
$M_{i+1} = \{\epsilon\} \cup \{(l, x, r): l \in M_i \setminus\{\perp\} \wedge x \in \mathbb{N} \wedge r \in M_i \setminus\{\perp\}\} \cup \{\perp\}$,

Dies ergibt

$M_1 = \{\perp, \epsilon\}$,
$M_2 = \{\perp, \epsilon, (\epsilon, 0, \epsilon), (\epsilon, 1, \epsilon), ...\}$,
$M_3 = \{\perp, \epsilon, (\epsilon, 0, \epsilon), ... ((\epsilon, 0, \epsilon), 0, \epsilon), ... \}$.

Wir erhalten also eine zu TREE($\mathbb{N}$) äquivalente Menge.   □

Man beachte, daß das Vorgehen bei der induktiven Deutung genau den im Zusammenhang mit der Definition von Sequenzen und Bäumen bereits verwendeten Techniken entspricht.

8.3.2 Fixpunktdeutung rekursiver Sortendeklarationen

Wir können mit der rekursiv definierten Sorte s auch die in der Inklusionsordnung kleinste Trägermenge M (die zumindest $\perp$ enthält, also insbesondere nicht leer ist) verbinden, für die gilt:

$M = \Delta(M)$.

Mit Hilfe dieser Definition verbinden wir mit der Sorte s den in der Inklusionsordnung kleinsten Fixpunkt von Δ. Es läßt sich

$$M = \bigcup_{i \in \mathbb{N}} M_i$$

zeigen, da Δ sich aus den Konstrukten der Sprache zusammensetzt und stets bezüglich der Vereinigung kettenstetig ist.

Beispiel (Fixpunktdeutung für Binärbäume in rekursiver Sortendeklaration). Seien die Definitionen wie im obigen Beispiel. Für die Menge M mit

$$M = \bigcup_{i \in \mathbb{N}} M_i$$

gilt:

$$M = \{\epsilon\} \cup \{(l, x, r): l \in M \setminus\{\perp\} \wedge x \in \mathbb{N} \wedge r \in M \setminus\{\perp\}\} \cup \{\perp\} \qquad (*)$$

Die Menge M ist Lösung der Gleichung $M = \Delta(M)$. M ist auch kleinster Fixpunkt von Δ, denn für jede Menge M', die Lösung der Gleichung ist, und für jedes $i \in \mathbb{N}$ läßt sich (durch Induktion über i) zeigen:

$M_i \subseteq M'$,

also gilt

$M \subseteq M'$.   □

Wie bei rekursiv deklarierten Rechenvorschriften fallen bei rekursiven Sortendeklarationen induktive Deutung und Fixpunktdeutung zusammen. Wieder lassen sich beide Deutungen für Beweisprinzipien verwenden. Besonders die induktive Deutung ist für Induktionsbeweise geeignet. Wir sprechen auch von struktureller Induktion, da im Beweis die Struktur der Bäume das Induktionsprinzip liefert.

8.3.3 Verwendung rekursiver Sortendeklarationen

Durch rekursiv deklarierte Sorten gewinnen wir ein sehr mächtiges Instrument für die Einführung von Sorten oder genauer gesagt von Rechenstrukturen. Wie bereits erwähnt, lassen sich alle behandelten grundlegenden Rechenstrukturen durch rekursiv deklarierte Sorten repräsentieren. Auch verschränkte Rekursion ist ein hilfreiches Mittel für die Deklaration von Sorten.

Beispiel (Verallgemeinerte Bäume über M). Bäume mit einer beliebigen (unbeschränkten), aber endlichen Anzahl von Verzweigungen (Kindern) lassen sich durch folgende rekursive Vereinbarung definieren:

> **sort gtree** = gcons(**m** root, **forest** children) I empty(**empty**),
> **sort forest** = fcons(**gtree** first, **forest** rest) I empty(**empty**).

Das Suchen im Baum nach einem Teilbaum mit Wurzel x hat dann die folgende Form (existiert solch ein Teilbaum nicht, so sei das Resultat der leere Baum):

> **fct** gsearch = (**gtree** t, **m** x) **gtree**:
>   **if**   t **in** empty **then**   empty
>   **elif** x $\stackrel{?}{=}$ root(t) **then**   t
>   **else**   fsearch(children(t), x)
>   **fi**,
>
> **fct** fsearch = (**forest** f, **m** x) **gtree**:
>   **if** f **in** empty **then**   empty
>   **else**   **gtree** t = gsearch(first(f), x);
>   **if** t **in** empty   **then**   fsearch(rest(f), x)
>   **else**   t
>   **fi**
>   **fi**

Hierbei ist zu beachten, daß die Sortendeklaration verschränkt rekursiv ist und deshalb auch die klassischen Algorithmen dafür verschränkt rekursiv sind.   □

In vielen Programmiersprachen dürfen rekursive Sortendeklarationen nur in Verbindung mit Referenzen verwendet werden. Dies führt auf Geflechte.

8.4 Geflechte

Durch das Voranstellen des Schlüsselworts **ref** vor die Identifikatoren in rekursiven Strukturen kann eine einfache Abbildung auf lineare Speicher („array-artige" Strukturen) erreicht werden. In vielen Programmiersprachen ist die Definition von rekursiven Sortenvereinbarungen nur in Verbindung mit Referenzen vorgesehen. Wir sprechen bei Elementen möglicherweise rekursiv deklarierter Tupelsorten unter Einschluß von Referenzen als Einträge von *Geflechten*.

8.4.1 Einfache Geflechte

In ihrer einfachsten Form helfen Geflechte die Duplizierung gewisser Informationen in Speichern zu vermeiden. Statt Information, die mehrfach auftritt, auch mehrfach abzuspeichern, wird die Information nur einmal gespeichert und an den verschiedenen Stellen werden nur Verweise auf die Information abgespeichert. Dies ist insbesondere vorteilhaft, wenn die Information öfter konsistent aktualisiert werden soll.

Beispiel (Wagenverwaltung eines Autoverleihs durch Geflechtstrukturen). In stark vereinfachter Form können wir uns eine Datenstruktur zur Verwaltung einer Autoverleihfirma wie folgt vorstellen. Es werden zwei Sorten eingeführt. Die Sorte **wagen** kennzeichnet die Datenelemente, die die wichtigsten Kenndaten eines Wagens enthalten, wie seine Nummer und den Verweis auf einen Standort, an dem er sich momentan befindet (weitere spezifische Daten können natürlich hinzugefügt werden). Die Sorte **ort** enthält die Kenndaten der Standorte von Wagen. Dies umfaßt die Adresse und die aktuelle Zahl von Wagen, die an einem Standort verfügbar sind.

> **sort wagen** = status(**int** nummer, **ref var ort** sto),
> **sort ort** = sta(**string** stadt, **string** strasse, **int** nummer, **int** wagenzahl).

Die Überführung eines Wagens x vom gegebenen zu einem neuen Standort z entspricht der Prozedur:

> **proc** moveto = (**var wagen** x, **ref var ort** z):
> ⌈ wagenzahl(deref(sto(x))) := wagenzahl(deref(sto(x)))–1;
>   wagenzahl(deref(z)) := wagenzahl(deref(z))+1;
>   sto(x) := z   ⌋

Man beachte, daß es durch die Verwendung eines Verweises auf Standorte als Komponenten bei Elementen der Sorte **wagen** möglich ist, nur einmal die Zahl der Wagen der betroffenen Standorte zu aktualisieren und trotzdem sicher zu sein, daß alle Wagen über die aktualisierte Komponente verfügen. □

Insbesondere in Verbindung mit Programmvariablen gestatten Geflechte eine effiziente Behandlung von sich häufig ändernden Zuordnungen.

Beispiel („Inverse Baumstruktur" als Geflecht).
Ein Beispiel für Geflechte sind „inverse" Baumstrukturen. Dies sind Bäume, in denen nicht die Kinder über die Endknoten erreichbar sind (Top-Down-Aufbau), sondern ausgehend von einem Kind die Eltern erreicht werden können. Ein Beispiel für eine solche Struktur ist eine Bibliothek, bei der jedem Buch ein Regal zugeordnet ist, jedem Regal ein Saal (Standort) usw.

> **sort buch** = cbuch(**string** titel, **ref var regal** platz),
> **sort regal** = cregal(**nat** nummer, **ref var saal** ort),
> **sort saal** = csaal(**nat** nummer, **ref var stockwerk** x).

Auch hier lassen sich Änderungen einfach vermerken. Wird ein Regal in einen anderen Saal gebracht, so ist nur der entsprechende Verweis im Element der Sorte **regal** zu ändern. Die Einträge der Bücher bleiben unverändert. □

In den bisherigen Beispielen traten keine zyklischen Verweisketten auf. Durch Anwendung von Dereferenzieren und Selektion können wir nicht wieder auf die Ausgangsreferenz kommen. Zyklische Verweisketten entstehen im Zusammenhang mit rekursiv deklarierten Sorten mit Referenzen.

8.4.2 Rekursiv vereinbarte Geflechtsorten

Betrachten wir Strukturen, wie sie in der Realität auftreten, so finden wir sehr schnell Beispiele für Sorten zusammengesetzter Elemente, bei denen in den Elementen Bezüge auf Elemente gleicher Sorte auftreten.

Beispiel (Rekursive Geflechtsorten zur Darstellung von Personaldaten). Die Verwaltung von Personendaten kann durch die Sorte **person** erfolgen, die durch folgende Sortenvereinbarung vereinbart wird:

> **sort person** = persdaten(**string** name, **ref var person** vater) .

Damit sind beispielsweise folgende Variablendeklarationen möglich:

> **var person** x := persdaten(„huber emil", **nil**),
> **var person** y := persdaten(„huber hans", adref(x)).

Hierbei handelt es sich wiederum um rekursive Sortenvereinbarungen, die im Prinzip wie die schon behandelten rekursiven Vereinbarungen von Sorten ohne Referenzen behandelt werden können.   ☐

Betrachten wir dieses Beispiel, so wird deutlich, daß zyklische Bezüge sinnvoll wohl kaum auftreten können: niemand ist sein eigener Vater oder Großvater. Ziehen wir jedoch statt des Verweises auf den Vater andere Beziehungen in Betracht, so lassen sich schnell Beispiele für zyklische Bezüge finden: Jemand kann beispielsweise sehr wohl sein eigener Chef sein.

8.4.3 Sequenzen durch verkettete Listen

Die Darstellung sequenzartiger Strukturen durch lineare Speicher (**array**-artige Strukturen) bringt folgende Probleme. Das Einfügen von Elementen kann das Verschieben von Teilen der Sequenz im Feld nötig machen. Eine Sequenz kann unbeschränkt wachsen, so daß das gewählte Feld nicht ausreicht. Wir ziehen es deshalb häufig vor, durch Referenztechniken die Darstellung von Sequenzen durch Felder in Programmiersprachen zu umgehen.

Eine spezielle Darstellung von Sequenzen liefern *einfach verkettete Listen*. Einfach verkettete Listen sind Elemente der rekursiv deklarierten Sorte **evl**:

> **sort evl** = append(**m** first, **evl** rest) | empty(**empty**),

beziehungsweise der Geflechtsorte **revl**:

> **sort revl** = **ref pevl** ,
> **sort pevl** = pair(**m** first, **revl** rest) .

In der Deklaration der Sorte **revl** kann die Variante **empty** aus der Deklaration von **stack** weggelassen werden. Sie wird durch **nil** ersetzt. Graphisch dargestellt haben einfach verkettete Listen die in Abb. 8.9 angegebene Form.

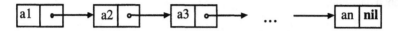

Abb. 8.9. Einfach verkettete Liste

Wieder können wir sowohl eine induktive Deutung als auch eine Fixpunktdeutung für die obige Deklaration verwenden.

Beispiel (Einfach verkettete Listen in Pascal). Eine Sorte für einfach verkettete Listen ganzer Zahlen wird in Pascal durch folgende zwei Sortenvereinbarungen eingeführt.

```
type   ref_elist  =  ↑elist;
       elist      =  record  first: integer;
                             rest: ref_elist
                     end.
```

Man beachte, daß in Pascal eine eigene Bezeichnung für die Sorte der Referenzen eingeführt werden muß.

Als Beispiel für eine Prozedur über einfach verketteten Listen in Pascal geben wir die Rechenvorschrift push an, die der Abbildung append auf der zuweisungsorientierten Ebene entspricht.

```
proc push (n: integer; var v: ref_elist);
    var h: ref_elist;
    begin new(h);
            h↑.first := n;
            h↑.rest := v;
            v := h
    end
```

Der Aufruf push(n, v) entspricht im Sinne der Rechenstruktur Stapel der Zuweisung

$$v := append(n, v).$$

Man beachte, daß der alte Wert von v hierbei überschrieben wird.   ☐

Einfach verkettete Listen können wir als Implementierung von Sequenzen oder Stapeln verwenden.

8.4.4 Zweifach verkettete Listen

Soll auf die Liste von beiden Seiten zugegriffen werden, so ist es günstiger, statt einer einfach verketteten Liste zweifach verkettete Listen zur Darstellung von Sequenzen zu verwenden. Dazu bietet sich die folgende Sortendeklaration an:

sort zvl = tripel(**zvl** body, **m** elem, **zvl** rest) | empty(**empty**),

beziehungsweise unter Einbezug von Referenzen:

sort rzvl = **ref tzvl** ,
sort tzvl = tripel(**rzvl** body, **m** elem, **rzvl** rest).

Graphisch können wir zweifach verkettete Listen der Sorte **tzvl** wie in Abb. 8.10 beschrieben darstellen:

Abb. 8.10. Zweifach verkettete Liste

Der Aufbau von mehrfach verketteten Strukturen ist komplizierter, allerdings läßt sich dafür der Zugriff auf Elemente häufig effizienter gestalten. So kann ein Element der Rechenstruktur „Deck" (engl. „double-ended queue") effizient durch eine zweifach verkettete Liste dargestellt werden, wobei es günstig ist, einen „Listenkopf" einzuführen, der jeweils Verweise auf das erste und auf das letzte Element der Liste enthält.

Beispiel (Zweifach verkettete Listen mit Listenkopf in Pascal). Zur Darstellung von zweifach verketteten Listen in Pascal verwenden wir die folgende Sortenvereinbarung.

```
type  rhead  = ↑ head;
      rzvl   = ↑ zvl;
      head   = record  first: rzvl;
                       last: rzvl
               end;
      zvl    = record  vor: rzvl;
                       elem: integer;
                       nach: rzvl
               end;
```

Der Aufbau einer Sequenz von Zahlen 0, ..., n in zweifach verketteter Darstellung mit Listenkopftechniken ist in Pascal durch folgende Prozedur gegeben:

```
procedure build (n : integer; var r : rhead);
    var   h, a: rzvl;
          k: integer;
    begin
          new(a);
          new(r);
          k := 1;
          r↑.first := a;
          a↑.elem := 0;
          while k ≤ n do
                begin
                new(h);
                h↑.vor := a;
                a↑.nach := h;
                h↑.elem := k;
```

```
        a := h;
        k := k+1
        end;
    r↑.last := a
  end                                                         □
```

Es ist bemerkenswert, um wieviel aufwendiger die Programmierung von verketteten Darstellungen im Vergleich zu der einfachen Handhabung der Sequenz mit ihren charakteristischen Grundoperationen ist.

8.4.5 Zyklische Geflechte

Geflechtstrukturen bestehen aus Tupeln von Elementen und Verweisen zwischen ihnen. Dies schließt zyklische Verweisketten nicht aus.

Eine Geflechtstruktur heißt *zyklisch*, wenn sie eine Referenz x enthält, von der ausgehend durch Anwenden von Dereferenzieren und durch die Anwendung von Selektoren die Referenz x wieder erreicht werden kann. Beispielsweise enthalten zweifach verkettete Ringlisten Zyklen. Für eine zweifach verkettete Ringliste x der Länge 2 gilt die Gleichung

$$rest(x) = rest(deref(body(deref(rest(x)))).$$

Bei der Verwendung von zyklischen Geflechten ist deshalb besondere Vorsicht geboten, da beispielsweise naives Durchsuchen von Geflechten mit Zyklen auf nichtterminierende Programme führen kann. Probleme können insbesondere beim „Kopieren" von Geflechten entstehen, die Zyklen enthalten. Der Versuch, einen Zyklus zu kopieren, führt bei naiver Vorgehensweise auf eine nichtterminierende Rechenvorschrift.

Beispiel (Ringlisten). Im Zusammenhang mit Sequenzen wurden bereits verkettete Listen erwähnt. Aus den Bausteinen für verkettete Listen lassen sich auch zyklische Elemente aufbauen.

sort rlist = rl(**int** elm, **ref var rlist** nxt)

Eine einfache Ringliste der in Abb. 8.11 angegebenen Form

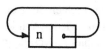

Abb. 8.11. Einelementige Ringliste

wird durch die Prozedur form erzeugt.

```
proc form = (ref var rlist v, nat n):
  ⌈ elm(deref(v)) := n;
    nxt(deref(v)) := v ⌋ .
```

Weitere Elemente lassen sich in eine zyklische Ringliste durch die Prozedur include einfügen.

proc include = (**ref var rlist** v, **nat** n):
⌜ **var rlist** h := deref(v);
   elm(deref(v)) := n;
   nxt(deref(v)) := adref(h)   ⌟ .

Graphisch dargestellt haben Ringlisten die in Abb. 8.12 angegebene Form.

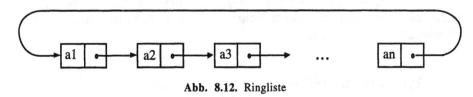

Abb. 8.12. Ringliste

Man beachte, daß wir mit Hilfe der Sorte **rlist** auch andere Strukturen bilden können, wie einfach verkettete Listen, aber auch allgemeine Strukturen. Grundsätzlich enthalten zusammenhängende Elementstrukturen aus Elementen der Sorte **rlist** höchstens einen Ring. An den Ringelementen können invertierte Bäume hängen.   ☐

Zyklische Geflechtstrukturen haben die Eigenschaft, daß unbeschränkt viele Anwendungen von Selektorfunktionen (kombiniert durch Anwendungen der **deref**-Operation) möglich sein können, ohne daß wir ein einfaches (nicht zusammengesetztes) Element erhalten. Das Suchen in Geflechten ist deshalb im allgemeinen aufwendig, das Sicherstellen der Terminierung schwierig.

Beispiel (Kaskadenartige Geflechte). Betrachten wir folgende Sorte **refcasc**, die Bausteine für Binärbäume, aber auch eine Vielzahl von anderen zyklischen und nichtzyklischen Strukturen umfaßt, so wird deutlich, daß das Suchen nach einem Element in solch einer Struktur sehr aufwendig zu organisieren ist.

sort refcasc   = **ref casc**,
sort casc   = rc(**refcasc** left, **nat** root, **refcasc** right).

Im Gegensatz zu endlichen Binärbäumen, bei denen wir wissen, daß jeder Zugriffspfad endlich ist, können hier zyklische Pfade und somit unbeschränkte Verweisketten auftreten.   ☐

In gewissen Programmiersprachen wie Pascal dürfen rekursiv deklarierte Sorten nur in der Form über Referenzen auf der rechten Seite der rekursiven Deklaration auftreten. Dies spiegelt die Implementierung wieder. Wir kommen darauf in Teil II zurück.

Abschließend wird nun ein Beispiel für verallgemeinerte Bäume in Pascal-Notation behandelt. Ein verallgemeinerter Baum ist eine Baumstruktur, bei der jeder Knoten im Baum eine beliebige Anzahl von Teilbäumen enthalten kann. Eine Darstellung für solch eine Struktur erhalten wir durch eine verschränkt rekursive Sortenvereinbarung. Ein Knoten im Baum besteht dann aus einem Wert und einer Sequenz von Nachfolgebäumen.

Beispiel (Verallgemeinerte Bäume in Pascal-Notation). In Pascal etwa können wir folgende Sortenvereinbarungen verwenden:

type rgtree   = ↑ gtree;
      rforest = ↑ forest;

```
gtree    =  record  root : integer;
                    children : rforest
            end;
forest   =  record  first : rgtree;
                    rest : rforest
            end;
```

Es wird nun eine Prozedur angegeben, die in einem Element der Sorte **gtree** einen Teilbaum sucht, der eine bestimmte Wurzel x besitzt und diesen Teilbaum dem Resultatparameter r zuweist. Hier wird vorausgesetzt, daß der Parameter einen entsprechenden Teilbaum, aber keine Zyklen im Geflecht enthält. Dann gibt es keine Terminierungsprobleme. Man beachte, daß in der Programmiersprache Pascal verschränkte Rekursion die Technik der „Forward"-Deklaration erfordert. Dadurch wird verhindert, daß ein rekursiver Aufruf auftritt bevor der entsprechende Identifikator vereinbart worden ist.

procedure fsearch (f: rforest; x: integer; **var** r: rgtree); **forward**;

procedure gsearch (t: rgtree; x: integer; **var** r: rgtree);
    begin
        if t = nil   **then** r := nil
    else **if** t$\uparrow$.root = x **then** r := t
                  else fsearch(t$\uparrow$.children, x, r)
    end;

procedure fsearch;
    begin
    if f = nil **then** r := nil
            else **begin**
                gsearch(f$\uparrow$.first, x, r);
                if r = nil **then** fsearch(f$\uparrow$.rest, x, r)
                end
    end.

Nun wird eine Prozedur build für den Aufbau eines Baums der Sorte gtree der in Abb. 8.13 angegebenen Gestalt deklariert.

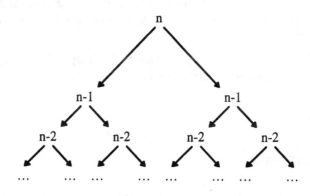

Abb. 8.13. Geflechtstruktur

Die Prozedur build verwendet die Prozedur fbuild als Hilfsrechenvorschrift. Die beiden Rechenvorschriften werden analog zur Rekursion der Sortendeklaration für rgtree und rforest verschränkt rekursiv deklariert.

procedure fbuild(n: integer; **var** r: rforest); **forward**;

procedure build(n : integer; **var** r : rgtree);
    var h: rforest;
    begin   new(r);
             fbuild(n, h);
             $r\uparrow$.root := n;
             $r\uparrow$.children := h
    end

procedure fbuild;
    var h1: rgtree, h2: rforest
    begin if n = 0 **then**   r := nil
                       else   **begin** build(n–1, h1);
                                   fbuild(n–1, h2);
                                   new(r);
                                   $r\uparrow$.first := h1;
                                   $r\uparrow$.rest := h2
                             end
    end

Hier treten zum Beispiel keine Verweise mehrfach auf und insbesondere keine zyklischen Verweise. Allerdings treten bei dem erzeugten Baum immer wieder die gleichen Muster in den Teilbäumen auf. Diese Tatsache können wir ausnutzen, um Teilbäume mit gleichen Knoteninformationen nur einmal abzuspeichern.   ☐

Besonders effiziente Speicherstrukturen arbeiten mit Geflechten unter Einbeziehung gemeinsamer Teilstrukturen.

8.4.6 Gemeinsame Teilstrukturen

Geflechte bestehen aus Systemen von Verweisen auf Programmvariable. Können wir in einer Geflechtstruktur über unterschiedliche Zugriffspfade (Selektorketten) auf die gleiche Programmvariable zugreifen, so sprechen wir von *gemeinsamen Teilstrukturen* (engl. *sharing*).

Beispiel (Gemeinsame Teilstrukturen). Ersetzen wir im Beispiel des vorangegangenen Abschnitts in der Prozedur fbuild den **else**-Zweig durch

    begin
    build(n–1, h1);
    new(r);
    $r\uparrow$.first := h1;
    $r\uparrow$.rest := $h1\uparrow$.children
    end

so erhalten wir Strukturen der Form, wie sie in Abb. 8.14 angegeben sind.

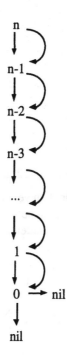

Abb. 8.14. Geflechtstruktur mit gemeinsamen Teilstrukturen

Solange wir die Identität der im Geflecht auftretenden Programmvariablen beziehungsweise Referenzen nicht abprüfen, kann beim lesenden Zugriff auf Geflechtstrukturen kein Unterschied zwischen Strukturen mit gemeinsamen Unterstrukturen und solchen ohne gemeinsame Unterstrukturen gefunden werden. Sobald wir jedoch in Geflechten schreibende Zugriffe vornehmen (oder die Identität von Programmvariablen beziehungsweise Referenzen abfragen), treten die Unterschiede klar hervor. □

Das Ändern des Wertes einer Programmvariablen in einer gemeinsamen Teilstruktur kann einen wohl erwünschten Effekt haben (alle Zugriffspfade erreichen stets den „aktuellen" Wert) oder aber bei Fehlern in der Programmierung auch einen unbeabsichtigten Effekt: Die über einen bestimmten Zugriffspfad erreichbare Programmvariable ändert ihren Wert, ohne daß der Zugriffspfad explizit verwendet wurde.

Beispiel (Baumartige Strukturen mit gemeinsamen Unterstrukturen (in Pascal)). Betrachten wir die folgende Sortendeklarationen in Pascal und das darauf folgende Programm, so finden wir ein Beispiel für Änderungen in Geflechten mit gemeinsamen Teilstrukturen.

```
type   rtree = ↑ tree;
       tree =   record left : rtree;
                       root : integer;
                       right : rtree
             end;
var t, h: rtree;
```

```
begin  new(t); new(h);
       h↑.left := nil;
       h↑.root := 0;
       h↑.right := nil;
       t ↑.left := h;
       t ↑.root := 1;
       t ↑.right := h;
(*)    t ↑.left ↑.root := 2
       · · ·
end.
```

Die Anweisung (*) ändert auch den rechten Teilbaum von t.   □

Besonders komplexe, aber auch effizient zu verwaltende Strukturen entstehen, wenn wir gemeinsame Teilstrukturen und zyklische Verweise kombinieren. Ein wichtiges Beispiel sind „gefädelte" Bäume. Sie enthalten zusätzliche Verweise in den Knoten auf Eltern beziehungsweise Geschwisterknoten.

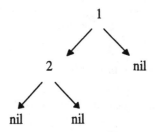

Abb. 8.15. Baumstruktur t

Beispiel (Gefädelte Bäume in Pascal-Notation). Binärbäume werden durch Elemente der folgenden Sorte repräsentiert:

```
type   rtree = ↑ tree;
       tree = record
                    left: rtree;
                    root: integer;
                    right: rtree
              end
```

Wir können nun eine weitere Komponente zum Baum hinzufügen, den Verweis auf den Vater:

```
type   rttree = ↑ ttree;
       ttree = record    left: rttree;
                         root: integer;
                         father: rttree;
                         right: rttree
              end
```

Die Prozedur gen erzeugt zu einem einfachen Binärbaum t den entsprechenden gefädelten Baum auf der Programmvariablen r:

```
procedure gen(t: rtree; f: rttree; var r: rttree);
    var h: rttree;
    begin if t = nil    then    r := nil
                        else    begin new(r);
                                    gen(t↑.left, r, h);
                                    r↑.left := h;
                                    r↑.root := t↑.root;
                                    gen(t↑.right, r, h);
                                    r↑.right := h;
                                    r↑.father := f
                        end
    end
```

Bei Eingabe des Baums t der in Abb. 8.15 angegebenen Form erhalten wir durch gen(t, **nil**, r) für r die in Abb. 8.16 angegebenen zyklische Geflechtstruktur.   □

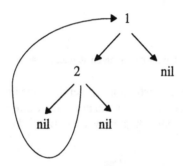

Abb. 8.16. Geflechtstruktur des gefädelten Baums

Ermöglicht ein Element x in einer Geflechtstruktur mit einer (nichttrivialen) Selektorkette den Zugriff auf sich selbst, so nennen wir x *zyklisch* (vgl. Beispiel Ringlisten). Zyklische Geflechtsstrukturen lassen sich auf zwei Weisen interpretieren und darstellen:

(1)   als endliche, gerichtete, zyklische Graphen (siehe Beispiel oben), oder aber
(2)   als Darstellung unendlicher Bäume, die durch die Technik der gemeinsamen Teilstrukturen endlich repräsentiert werden können. Dementsprechend kann der gefädelte Baum aus Abb. 8.16 durch Auffalten zu dem in Abb. 8.17 angegebenen, unendlicher Baum transformiert werden.

Unvorsichtiges Durchlaufen endlicher, zyklischer Graphen terminiert nicht, da – anschaulich gesprochen – der dargestellte unendliche Baum durchlaufen wird.

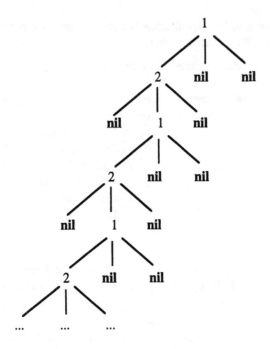

Abb. 8.17. Durch Auffalten entstandener unendlicher Baum

Beispiel (Kopieren von Geflechtstrukturen). Sei rtree wie im vorigen Beispiel. Bäume (das heißt „nichtzyklische Geflechte"), die durch die Sorte rtree gegeben sind können durch folgende Rechenvorschrift kopiert werden. Es wird ein Geflecht aufgebaut, das die gleiche Struktur hat.

```
procedure copy (t: rtree; var r: rtree);
    var h: rtree;
    begin
    if t = nil    then      r := nil
                  else      begin
                            new(r);
                            copy(t↑.left, h);
                            r↑.left := h;
                            r↑.root := t↑.root;
                            copy(t ↑.right, h);
                            r↑.right := h
                            end
    end
```

Betrachten wir das Programm

```
var t, r : rtree;
    begin
    new(t);
    t↑.left := t;
    t↑.root := 1;
```

t↑.right := t;
copy(t, r)
end,

so können wir unschwer feststellen, daß der Aufruf von copy nicht terminiert: copy versucht tatsächlich, den in Abb. 8.18 angegebenen unendlichen Baum zu generieren, den wir durch das Geflecht darstellen.   ❑

Programme, die zyklische Geflechte kopieren, ohne in nichtterminierende Rekursionen zu geraten, oder Geflechte mit gemeinsamen Teilstrukturen kopieren, unter Erhalt der Eigenschaft gemeinsame Teilstrukturen zu besitzen, sind ungleich schwieriger zu schreiben. Sie erfordern Algorithmen, die sich bereits besuchte Knoten abspeichern, um ein mehrfaches Durchlaufen von Zyklen zu verhindern, wie das durch die Methode des Fadens der Ariadne bewerkstelligt wird.

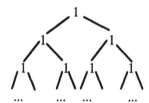

Abb. 8.18. Durch Kopieren entstehender unendlicher Baum

Grundsätzlich sei noch einmal betont, daß Programme, die mit zyklischen Geflechtsstrukturen und gemeinsamen Unterstrukturen arbeiten, sehr schwer durchschaubar sein können. Bei ihrer Erstellung ist besondere Sorgfalt geboten.

9. Objektorientierte Programmierung

Objektorientierte Programmiersprachen sind eine Weiterentwicklung prozeduraler Sprachen unter besonderer Berücksichtigung methodischer Gesichtspunkte. Typischerweise unterstützen diese Sprachen folgende Konzepte:

- Klassen zur Kapselung von Daten und Prozeduren,
- Objekte als Instanzen von Klassen (dynamisches Erzeugen neuer Objekte),
- Persistenz,
- Vererbung und Polymorphie.

Hinzu kommt als methodisches Anliegen das Geheimnisprinzip. Sein Ziel ist die Trennung von Nutzungssicht und Implementierungssicht. Nutzer einer Programmeinheit müssen und sollen die Realisierungsdetails für eine Rechenstruktur nicht kennen und dürfen diese auch nicht verwenden. Sie kennen nur die Schnittstelle. Dies schafft eine Unabhängigkeit zwischen Realisierung und Nutzung. Die Realisierung kann arbeitsteilig von einem Team getrennt von der Nutzung vorgenommen werden.

Im folgenden geben wir einfache Beispiele für Klassen, um die wesentlichen Begriffe der objektorientierten Programmierung (vgl. BUDD, CLAUSSEN, MEYER, MÖSSENBÖCK) zu erläutern.

9.1 Klassen und Objekte

Ein objektorientiertes Programm besteht aus einer Familie von Klassen. Eine Klasse ist eine benannte Programmeinheit. Zur Laufzeit eines objektorientierten Programms werden mit Hilfe der Klassen sogenannte Objekte nach Bedarf erzeugt. Objekte sind Einheiten gekapselter Daten (genauer Programmvariablen), auf die durch Methodenaufrufe zugegriffen wird.

Die Klassenstruktur eines objektorientierten Programms ist somit statisch. Objekte existieren erst zur Laufzeit und bestimmen die Dynamik. Wir können deshalb zur Laufzeit mit einer Klasse die Menge der Objekte dieser Klasse verbinden, die für diese Klasse erzeugt wurden.

9.1.1 Klassen

Typischerweise wird in der Objektorientierung eine etwas andere Terminologie verwendet (Jargon). In der objektorientierten Programmierung sind die Begriffe *Klasse* und *Objekt* zentral. Eine Klasse ist eine Beschreibungseinheit (ähnlich einer axiomatischen Spezifikation oder einem Modul), in der Deklarationen von Programm-variablen und Konstantenbezeichnungen (in der objektorientierten Programmierung spricht man von *Attributen*) sowie Funktionen und Prozeduren (in der objektorien-tierten Programmierung spricht man von *Methoden*) zusammengefaßt (gekapselt) werden. Somit beschreibt eine Klasse eine Zusammenfassung von

- Funktionen, Prozeduren (in der Objektorientierung *Methoden* genannt),
- Konstanten, Programmvariablen (in der Objektorientierung *Attribute* genannt).

Eine Klasse trägt eine Bezeichnung. Wir sprechen vom *Klassennamen*.

Beispiele (Klasse).

(1) Punkt: Wir beschreiben eine Klasse mit Namen Point zur Darstellung eines Punk-tes in einem dreidimensionalen Raum.

class Point =:

    var real x1, x2, x3;

    method create =   (**real** y1, y2, y3):
                            x1, x2, x3 := y1, y2, y3,

    method shift =   (**real** y1, y2, y3):
                            x1, x2, x3 := x1+y1, x2+y2, x3+y3,

    method dist =   (**var real** d):
                            d := real_sqrt(x1·x1 + x2·x2 + x3·x3)

endclass

Die Klasse führt drei Attribute x1, x2, x3 der Sorte **real** ein und stellt drei Methoden zur Verfügung, die es erlauben, für die Klasse Objekte zu erzeugen und auf deren Attribute in festgelegter Weise zuzugreifen.

(2) Konto: Wir beschreiben eine Klasse Account zur Darstellung eines Bankkontos.

class Account =:

    var nat kontonr;
    var string inhaber;
    var nat stand;

    method create =   (**nat** nr, **string** x):
                            kontonr, inhaber, stand := nr, x, 0,

    method buche =   (**nat** nr, **string** x, **nat** betrag, **var string** report):
                    if   kontonr ≠ nr
                          then   report := "falsche Kontonummer"
                  elif   inhaber ≠ x
                          then   report := "falscher Inhaber"
                  elif   stand+betrag < 0
                          then   report := "Kontostand ungenügend"
                          else   stand := stand+betrag;
                                  report := "Buchung durchgeführt"
                  fi,

method abfrage = **(nat** nr, **string** x, **var nat** betrag, **var string** report):
        if   kontonr ≠ nr
            then   report := "falsche Kontonummer"
        elif inhaber ≠ x
            then   report := "falscher Inhaber"
            else   betrag := stand;
                     report := "Abfrage durchgeführt"
    fi

endclass

Die Klasse führt die typischen Attribute für ein Konto ein. Diese Klasse stellt drei Methoden zur Verfügung, die es erlauben, auf die Attribute zuzugreifen. Dabei werden Fehlerabfragen durchgeführt und entsprechende Informationen über die erfolgreiche Durchführung der Methode im Resultatparameter report abgelegt.

(3) Warteschlangen: Die folgende Klasse Queue beschreibt Warteschlangen.

class Queue =:

    var seq data s,

    method create =:   s := empty;

    method enq =   **(data** x): s := s ° ‹x›;

    method deq =   **(var data** x): s, x := rest(s), first(s);

    method isempty =   **bool**: s $\overset{?}{=}$ empty

endclass

Hier findet sich auch eine Methode mit Resultat.

(4) Zweiseitige Warteschlangen: Die folgende Klasse Deque beschreibt zweiseitige Warteschlangen

class Deque =:

    var seq data s,

    method create =:   s := empty,

    method enq =   **(data** x): s := s ° ‹x›,

    method deq =   **(var data** x): s, x := rest(s), first(s),

    method isempty =   **bool**: s $\overset{?}{=}$ empty,

    method enqr =   **(data** x): s := ‹x› ° s,

    method deqr =   **(var data** x): s, x := lrest(s), lfirst(s)

endclass

Man beachte die Ähnlichkeit zur Klasse Queue.   □

In Klassen sind also Daten (Attribute) und Algorithmen (Methoden) zusammengefaßt (gekapselt). Jede Klasse enthält eine ausgezeichnete Methode create zum Erzeugen von Objekten.

9.1.2 Erzeugung von Objekten aus Klassen

Jede Klassendeklaration führt neben den Methoden über ihren Klassennamen auch eine Sorte ein. Dabei handelt es sich um die Sorte der Objektidentifikatoren für Objekte der Klasse. Diese Sorte trägt die gleiche Bezeichnung wie die Klasse. Zur Unterscheidung schreiben wir den Klassennamen fett, wenn wir ihn als Sorte verwenden.

Beispiel (Klassennamen als Sorten). Die oben beschriebene Klasse Point zur Darstellung eines Punktes in einem dreidimensionalen Raum führt implizit die Sorte

Point

ein. Die Klasse Account führt implizit die Sorte

Account

ein. Die Klasse Queue der Warteschlangen führt implizit die Sorte

Queue

ein.   ☐

Ein Objekt und ein Objektidentifikator werden durch den Aufruf der create-Methode einer Klasse erzeugt, vergleichbar mit dem Erzeugen eines Zeigers auf einen Record und dem Erzeugen des Records selbst. Ein Objektidentifikator stellt einen Verweis auf das erzeugte Objekt dar. Dieser Verweis identifiziert das Objekt eindeutig und wird eben deshalb der *Identifikator des Objekts* genannt. Der Objektidentifikator wird wie ein Datenelement behandelt. Er hat als Sorte den Klassennamen.

Beispiel (Objektidentifikatoren). Wir beschreiben die Ein-/Ausgabe auf Dateien mit Klassen (vgl. das Beispiel in Abschnitt 8.1.2):

class File =:

    var bool open_file,
    var seq m old,
    var seq m new,

    method create =:
       open_file, old, new := false, empty, empty,

    method open = (**var bool** success):
      if ¬open_file
        then   success := true;
              open_file := true
        else   success := false
      fi,

    method read = (**var m** x, **var bool** success):
      if ¬(new $\stackrel{?}{=}$ empty) ∧ open_file
        then   success := true;
              x := first(new);
              new := rest(new)

```
          else    success := false
       fi,
method write = (m x):
   if open_file
       then    success := true;
               old := old ∘ ‹x›
       else    success := false
   fi,

method reset = (var bool success):
   if open_file
       then    success := true;
               new := old ∘ new;
               old := empty
       else    success := false
   fi,

method close = (var bool success):
   if open_file
       then    success := true;
               open_file := false
       else    success := false
   fi
```

endclass

Man beachte, daß wir hier das Konzept des Dateinamens nicht mehr brauchen. An seine Stelle tritt der Objektidentifikator. □

Ein Objekt entspricht einem Record, auf den durch den Objektnamen verwiesen wird, mit den Attributen als Komponenten, auf die aber von außen nur über Methoden und nicht über Selektoren zugegriffen wird.

Die Sorte, die implizit durch eine Klassenvereinbarung eingeführt wird, hat als Werte die Verweise auf Objekte der Klasse. Diese Werte heißen *Objektidentifikatoren* und entsprechen Referenzen. Wie bei Referenzen gibt es für Objektidentifikatoren den leeren Verweis **nil** und als Operation den Identitätsvergleich. Allerdings ist ein Dereferenzieren für Objektidentifikatoren nicht möglich. Objektidentifikatoren dienen ausschließlich zur Identifikation von Objekten in Methodenaufrufen. Attribute können als Werte auch Referenzen auf Objekte enthalten. Dies führt auf Geflechtsstrukturen zwischen Objekten.

Beispiel (Erzeugen von Objekten aus Klassen). Ein Objekt für die oben beschriebene Klasse zur Darstellung eines Punktes in einem dreidimensionalen Raum wird wie folgt erzeugt (sei x Variable der Sorte **Point**):

   x := Point.create(1, 2, 3)

Ein Konto wird wie folgt erzeugt (sei y Variable der Sorte **Account**):

   y := Account.create(1, "Meier")

Eine Warteschlange wird erzeugt durch (sei z Variable der Sorte **Queue**) z := Queue.create

Durch jede dieser Zuweisungen wird ein neues Objekt der entsprechenden Klasse (vergleiche die Prozedur new im Abschnitt über Referenzen und Zeigern) erzeugt. □

Eine Klassenvereinbarung führt dazu, daß der Klassenname als Sorte der Objektidentifikatoren der Klasse und die zum Export freigegebenen Methoden zur Bearbeitung der Objekte zur Verfügung stehen. Wir sprechen von der *syntaktischen Schnittstelle* einer Klasse.

Beispiele (Syntaktische Schnittstellen von Klassen).

(1) Punkt: Wir beschreiben die syntaktische Schnittstelle der Klasse zur Darstellung eines Punktes in einem dreidimensionalen Raum wie folgt.

class Point =:

> **method** create =   (**real** y1, y2, y3)
> **method** shift =   (**real** y1, y2, y3)
> **method** dist =   (**var real** d)

endclass

Die Klasse stellt die Sorte **Point** und drei Methoden zur Verfügung, die es erlauben, Objekte der Klasse zu erzeugen und auf ihre Attribute zuzugreifen.

(2) Konto: Wir beschreiben die syntaktische Schnittstelle der Klasse zur Darstellung eines Kontos wie folgt.

class Account =:

> **method** create =   (**nat** nr, **string** x)
> **method** buche =   (**nat** nr, **string** x, **nat** betrag, **var string** report)
> **method** abfrage =   (**nat** nr, **string** x, **var nat** betrag, **var string** report)

endclass

Diese Klasse Account stellt die Sorte **Account** und drei Methoden zur Verfügung, die es erlauben, auf ihre Attribute zuzugreifen.

(3) Warteschlangen: Die folgende syntaktische Schnittstelle beschreibt die Methoden einer Warteschlange.

class Queue =:

> **method** create
> **method** enq =   (**data** x)
> **method** deq =   (**var data** x)
> **method** isempty =   **bool**

endclass

(4) Zweiseitige Warteschlangen: Die folgende syntaktische Schnittstelle beschreibt die Methoden einer zweiseitigen Warteschlange.

class Deque =:

> **method** create

```
method enq =      (data x)
method deq =      (var data x)
method isempty =  bool
method enqr =     (data x)
method deqr =     (var data x)
```

endclass   □

Wir betrachten hier die Attribute nicht als Teil der syntaktischen Schnittstelle im engeren Sinn, da auf sie (außer durch Methodenaufrufe) nicht zugegriffen werden kann. Man beachte die Ähnlichkeit der Konzepte der syntaktischen Schnittstelle und der Signaturen. Die Kenntnis der syntaktische Schnittstelle reicht zwar aus, um syntaktisch korrekt auf die Methoden einer Klasse zugreifen zu können. Sie legt aber die Wirkung der Methoden und damit die Semantik der Klasse nicht fest. Dazu sind Spezifikationstechniken erforderlich.

Die für ihre Nutzung wichtigsten Bestandteile einer Klasse sind die Methoden, die sie zur Verfügung stellt. Die Methodenaufrufe entsprechen Prozeduraufrufen, die durch die Klassendeklaration verfügbar gemacht werden. Abgesehen von der Methode create, die auf den Klassennamen Bezug nimmt, wird eine Methode p eines Objekts mit Objektidentifikator b durch

b.p(...)

aufgerufen. Ein Methodenaufruf identifiziert also das betroffene Objekt und die angesteuerte Methode. Im Rumpf einer Methode kann auf das Objekt, für das die Methode aufgerufen wird, durch das Schlüsselwort self verwiesen werden. Der Methodenaufruf lautet dann wie folgt:

self.b(...)

In Methodenrümpfen können beliebig Methodenaufrufe vorgenommen werden.

Beispiel (Klasse mit Methodenaufrufen und Objekterzeugung). Ein für die objektorientierte Programmierung typisches Beispiel einer Klasse für Warteschlangen mit Objekterzeugung ist nachfolgend beschrieben:

class Queueref =:

   var bool isempq,
   var data d,
   var Queueref s,

   method create =:
      isempq, s := true, **nil**,

   method enq = (**data** x):
      if   isempq
      then isempq, d := false, x;
      elif   s = **nil**
      then s := Queueref.create(x)
      else s.enq(x)
      fi,

```
method deq = (var data x: ¬isempq):
    if      s = nil
    then    isempq, x := true, d
    elif    s.isempty
    then    isempq, x, s := true, d, nil
    else    x := d;
            s.deq(d)
    fi,

method isempty = bool: isempq
```

endclass

Man beachte, daß die Klasse Queueref hinsichtlich ihrer syntaktischen Schnittstelle und ihrer Wirkung nach außen sich nicht von der Klasse Queue unterscheidet. Sie ist jedoch völlig anders realisiert.   □

Eine Klasse A heißt zu einer Klasse B *funktional ersetzbar*, wenn A die syntaktische Schnittstelle von B umfaßt und in beliebigen Programmen die Klasse B durch die Klasse A ersetzt werden kann, ohne daß sich die Ergebnisse der Programme ändern. Die Klassen Queue und Queueref sind wirkungsgleich, obwohl sie sehr unterschiedlich realisiert sind. Ist A durch B funktional ersetzbar und B durch A, so heißen A und B *wirkungsgleich* .

Das obige Beispiel zeigt, daß durch objektorientierte Programme Objektgeflechte aufgebaut werden können. Objektgeflechte sind sehr ähnlich zu Geflechtstrukturen, wie sie mit Referenzen geschaffen werden können. Eine Formalisierung der Geflechte von Klassen und Objekten wird durch eine explizite Darstellung von Referenzen und der Erzeugung von Objekten möglich. Dies führt auf einen Zustandsbegriff in Analogie zum organisierten Speicher und zu Geflechten (vgl. Kap. 7).

9.1.3 Kapselung und Persistenz

Die besondere Idee der Klassen und ihrer Objekte ist die Kapselung von Daten (Programmvariablen) und Algorithmen (Methoden) in eine Einheit. In konventionellen prozeduralen Programmen können Prozeduren auf globale Programmvariable und auf aktuelle Parameter zugreifen. Sehen wir von der Verschattung von Variablen durch überlagernde lokale Deklarationen ab, so umfaßt ihr Gültigkeitsbereich die gesamte Lebensdauer, abgesehen von Prozeduren, die außerhalb des Blocks deklariert sind, in dem die Variable vereinbart wurde. Damit ist mit syntaktischen Mitteln nicht sicherzustellen, daß Prozeduren nur auf die ihnen zugeordneten Programmvariablen zugreifen.

Hier bietet die Objektorientierung eine konsequentere Regelung. Methoden und Attribute sind zusammengefaßt. Die Namen der Attribute sind nur innerhalb des Klassenrumpfes gültig, ihre Lebensdauer ist mit der Lebensdauer des Objekts gleichgesetzt. Damit können sie ausschließlich durch Zuweisungen im Rumpf von Methoden des Objekts verändert werden, in dem auch das Attribut angesiedelt ist und auch nur dort gelesen werden. Die Lebensdauer der Attribute, der lokalen Daten, eines Objekts und damit seiner Methoden besteht über die Dauer des Aufrufs einer Methode fort. Wir sprechen von *Persistenz*, insbesondere, wenn Objekte über die Laufzeit von Programmen weiterexistieren. Ein Objekte hat in der Regel einen Zustand, der durch die Werte seiner Attribute bestimmt ist. Ein Objekt ist damit eine persistente Datenkapsel und enthält in Gestalt seiner Attribute permanent existierende Programmvariablen, die nur über seine Methoden (Zugriffsfunktionen und -prozeduren) zugänglich sind.

Operational können wir persistente Objekte modellieren, indem wir einen großen globalen Zustandsraum spezifizieren, der die Zustände der einzelnen Objekte als Teilzustände enthält. Jede Methode kann entsprechende Teile des Zustandsraums ändern.

Die Kapselung von Programmvariablen in Objekten durch Attribute führt also genaugenommen aus der Sicht konventionellen Programmiersprachen syntaktisch nur auf spezielle Sichtbarkeitsregeln für Programmvariable. Die Datenkapselung erlaubt dabei jedoch eine *Datenabstraktion* im folgenden Sinn. Es ist weniger die konkrete Struktur der lokalen Daten, der Attribute einer Klasse von Interesse. Wichtiger sind die Methoden und ihre Wirkung. Wir können eine Klasse durch eine wirkungsgleiche ersetzen. Wir dürfen dabei andere Attribute zur Darstellung der Daten wählen, ohne daß bei der Benutzung der Klasse ein Unterschied zu merken ist. Der Programmierer, der vorgegebene Klassen nutzt, braucht deren Realisierung nicht zu kennen, sondern nur ihre Wirkung. Dies nennen wir auch *Geheimnisprinzip*.

9.2 Vererbung

Programmiertechniken, die auf Klassen und Objekten im eben beschriebenen Sinn beruhen, nennen wir auch *objektbasiert*. Objektbasierte Programme bestehen aus einer Familie von Klassen. In diesem Abschnitt behandeln wir ein zweites wesentliches Merkmal objektorientierter Programmierung, die *Vererbung*. Die Vererbung definiert eine Relation zwischen Klassen und erlaubt dadurch auszudrücken, daß eine Klasse ein Spezialfall einer anderen Klasse ist. Durch Vererbung wird die Übernahme von Attribut- und Methodendeklarationen durch andere Klassen ausgedrückt (Wiederverwendung von Code, Codereuse). Die Vererbung führt auf den Aufbau von Beziehungshierarchien für Klassen mit Hilfe der Beziehung „ist_ein". Dies hat sich besonders bei der Gestaltung von Bedienoberflächen bewährt, da dort immer wieder ähnliche Datenstrukturen und Rechenvorschriften auftreten.

9.2.1 Vererbungsbeziehung

Häufig treten in Anwendungen Klassen auf, die sehr ähnlich aufgebaut sind, bei denen etwa die eine Klasse Spezialfall der anderen Klasse ist. In diesen Fällen möchte man gern einerseits die überflüssige, mehrfache Aufschreibung der gleichen Methoden vermeiden und zum anderen die Ähnlichkeiten der Klassen zur Strukturierung des Programms ausnützen.

Beispiel (Vererbungsbeziehung zwischen Klassen). Die oben beschriebene Klasse Deque enthält alle Attribute und Methoden der Klasse Queue und noch einige weitere. Wir können deshalb die Deklaration dieser Klasse in folgender Weise abkürzen:

class Deque =:

    extends Queue,

    method enqr = (**data** x): s := ⟨x⟩ ° s,

    method deqr = (**var data** x): s, x := lrest(s), lfirst(s)

endclass

Durch das Schlüsselwort **extends** wird ausgedrückt, daß die Klasse Deque Erbe der Klasse Queue ist. Sie enthält alle Attribute und Methoden der Klasse Queue und noch zusätzlich die weiteren eingeführten. Ähnlich kann eine Klasse Dequeref als Erbe der Klasse Queueref beschrieben werden.   ☐

Wie man sieht, wird soweit durch die Vererbung kein neues Konzept für die Programmierung eingeführt sondern lediglich eine nützliche Abkürzung. Der Programmtext wird kürzer, übersichtlicher und der Erstellungsaufwand wird geringer.

Eine Klasse A erbt von einer Klasse B, wenn in der Klassendeklaration von A die Angabe

    extends B

enthalten ist. B heißt dann *Oberklasse* von A, A heißt *Unterklasse* von B. Die Vererbungsrelation ist *transitiv*. Erbt A von B und erbt B von C, dann erbt A indirekt auch von C.

Die Vererbungsrelation drückt aus, daß ein Objekt der Klasse A stets auch ein Objekt der Klasse B ist. Technisch heißt das, daß die Klasse A alle Bestandteile und Eigenschaften (alle Attribute und Methoden) besitzt, die die Klasse B hat, und gegebenenfalls noch weitere. Die Klasse A erbt die Bestandteile der Klasse B.

Insbesondere erbt eine Klasse alle Methoden der syntaktischen Schnittstelle und zusätzlich die Attribute. Unter der *erweiterten syntaktischen Schnittstelle* einer Klasse verstehen wir die Bestandteile der syntaktischen Schnittstelle und ihre Attribute. Die erweiterte syntaktische Schnittstelle enthält alle vererbten Bestandteile einer Klasse.

Wir unterscheiden zwischen

- einfacher (singulärer) und
- mehrfacher (multipler)

Vererbung. Bei singulärer Vererbung erbt eine Klasse von höchstens einer anderen Klasse. Bei multipler Vererbung erbt eine Klasse möglicherweise von mehreren Klassen. Multiple Vererbung ist mächtiger, führt aber auf Komplikationen, beispielsweise bei Namenskonflikten in den syntaktischen Schnittstellen der Oberklassen.

Vererbung heißt, daß alle Attribute und Methoden einer Klasse auch in der erbenden Klasse verfügbar sind. Nicht immer können alle Methoden aus der Elternklasse unverändert übernommen werden. Dies demonstriert folgendes Beispiel.

Beispiel (Klassen mit gleichen syntaktischen Schnittstellen). Wir betrachten folgende zwei Klassen zur Darstellung von LISP-Bäumen und Binärbäumen:

class Lisptree =:

    var bool isempty, isatom;

    var Lisptree car, cdr;

var m atom;

method create =:
      isempty, isatom := true, false,

method makeatom = (**m** x):
      isempty, isatom, atom := false, true, x,

method getatom = (**var m** x):
      if isatom **then** x := atom **fi**;

method makecons = (**Lisptree** a, **Lisptree** d):
      isempty, isatom, car, cdr := false, false, a, d,

method getcar = (**var Lisptree** x):
      if $\neg$isatom $\wedge$ $\neg$isempty **then** x := car **fi**,

method getcdr = (**var Lisptree** x):
      if $\neg$isatom $\wedge$ $\neg$isempty **then** x := cdr **fi**

endclass

Ein Binärbaum wird durch folgende Klasse beschrieben:

class Tree =:

    var bool isempty, isatom;
    var Tree car, cdr;
    var m atom;

    method create =:
          isempty, isatom := true, false,

    method makeatom = (**m** x):
          isempty, isatom, atom := false, true, x,

    method getatom = (**var m** x):
          if $\neg$isempty **then** x := atom **fi**,

    method makecons = (**Tree** a, **Tree** d):
          if isatom **then** isempty, isatom, car, cdr := false, false, a, d **fi**,

    method getcar = (**var Tree** x):
          if $\neg$isatom $\wedge$ $\neg$isempty **then** x := car **fi**,

    method getcdr = (**var Tree** x):
          if $\neg$isatom $\wedge$ $\neg$isempty **then** x := cdr **fi**

endclass

Obwohl die syntaktischen Schnittstellen der Klassen Lisptree und Tree, abgesehen vom Klassennamen übereinstimmen, sind Sie nicht wirkungsgleich. Wir können nicht einfach durch Erben alle Methoden von einer Klasse übernehmen, da beispielsweise die Methoden getatom und makecons der Klasse Tree sich von den gleichbenannten Methoden der Klasse Lisptree unterscheiden.   □

In vielen Sprachen können ererbte Methoden deshalb auch neu deklariert (überschrieben) werden. In der Regel wird dabei jedoch gefordert, daß sich die syntaktischen Schnittstellen (die Kopfzeilen der Methoden) nicht ändern.

Beispiel (Erben mit Überschreiben der Methoden). Die oben beschriebene Klasse zur Darstellung eines LISP-Baums kann wie folgt durch erben mit Überschreiben definiert werden:

class Lisptree' =:

extends Tree,

method getatom = (**var m** x):
        if isatom **then** x := atom **fi**,

method makecons = (**Lisptree'** a, **Lisptree'** d):
        isempty, isatom, car, cdr := false, false, a, d,

endclass

Hier werden die Methoden getatom und makecons überschrieben. Die entstehende Klasse ist nicht mehr wirkungsgleich zur Oberklasse.   □

Werden keine Methoden überschrieben, sind Unterklassen immer funktional ersetzbar für ihre Oberklassen. Bei überschriebenen Methoden gilt das in der Regel nicht. Das Überschreiben von Methoden ist also mit Vorsicht zu genießen. Die Idee der Wirkungsgleichheit von Klasse und Unterklasse kann verletzt werden.

9.2.2 Polymorphie

Die Vererbung definiert eine Relation auf Klassen. Da Klassennamen auch Sorten sind, wird auch eine Relation auf diesen Sorten induziert. Eine Sorte einer Klasse, die Erbe ist, heißt auch *Untersorte* (*Subtype*) der Sorte der Elternklasse.

Beispiel (Untersortenrelation). Die Sorte **Lisptree'** ist eine Untersorte der Sorte **Tree**. Jeder Objektidentifikator der Sorte **Lisptree'** ist auch Objektidentifikator der Sorte **Tree**. Die Umkehrung gilt nicht.   □

Wird eine Methode, die bei der Vererbung überschrieben wurde, für ein Objekt der Obersorte aufgerufen, so hängt die Wahl der auszuführenden Methode von der Frage ab, ob das Objekt Element der Untersorte ist oder nicht. Ist das Objekt in der Untersorte, wird die Methode aufgerufen, die neu eingeführt wurde, sonst die alte.

Beispiel (Methodenidentifikation in polymorphen Aufrufen). Die Sorte **Lisptree'** ist eine Untersorte der Sorte **Tree**. Wird für einen Objektidentifikator x der Sorte **var Tree** der Aufruf

        x.getatom(v)

ausgewertet, so hängt es von der Frage ab, ob x ein Element der Sorte **Lisptree'** ist, ob die Methode getatom der Klasse Lisptree' oder die Methode der Klasse Tree ausgeführt wird.   □

Eine Programmvariable v der Sorte **var Tree** kann Werte der Sorte **Tree** oder der Sorte **Lisptree'** haben. Somit erfolgt ein Aufruf der Methode cons in Abhängigkeit von der Sorte. Hat der Wert von v die Sorte **Lisptree'**, so entspricht cons dem Aufruf Methode cons in der Klasse Lisptree', sonst nicht. Wir sprechen dann von *Polymorphie* und von *dynamischer Bindung* (engl. late binding, „späte Bindung").

9.2.3 Erweiterungen der Objektorientierung

Wir behandeln abschließend kurz einige weitere Konzepte, wie sie in objektorientierten Sprachen in der Praxis Verwendung finden. Dabei handelt es sich in der Regel um Erweiterungen, die eine gezielte methodische Unterstützung, gewisse Schreibabkürzungen und notationelle Erleichterungen erlauben.

Ein verbreitetes Konzept ist das der *abstrakten Klasse*. Eine abstrakte Klasse ist eine Klasse, die nur als Vorlage für die Vererbung dient, für die aber keine Objekte erzeugt werden können. Abstrakte Klassen können Methoden enthalten, für die kein Rumpf angegeben ist. Dieser muß dann in den Unterklassen ergänzt werden. Diese Methoden heißen *abstrakt* und erhalten den Zusatz **abstract**. Im Gegensatz dazu heißen die Methoden, deren Rumpf nicht überschrieben werden darf, *final* und erhalten den Zusatz **final**.

Beispiel (Abstrakte Klasse, die Queues nach speziellen Elementen durchsucht). Wir führen die abstrakte Klasse Queue_Filter ein, die die Objekte der Klasse Queues nach speziellen Elementen durchsucht und diese ändert; zählt mit, wie viele dieser Elemente auftreten.

abstract class Queue_Filter =

    var nat specialElemCount;

    final method create =: specialElemCount := 0;

    method isSpecialElem = (**nat** x) **bool**: true,

    final method getSpecialElemCount = **nat**: specialElemCount,

    abstract method handleSpecialElem = (**var nat** x),

    final method filter = (**Queue** q):
```
      var m x;
      p := Queue.create;
      while ¬ q.isempty
      do   q.deq(x);
           if isSpecialElem(x)
                 then    handleSpecialElem(x);
                         specialElemCount := specialElemCount+1
                 else    p.enq(x);
             fi
      od;
      while ¬ p.isempty()
      do   p.deq(x);
```

                    q.enq(x);
         od   ⌋

endclass

Diese Klasse können wir wie folgt zur Vererbung verwenden:

class AbsQueueFilter =

>   **extends** Queue_Filter
>
>   **method** isSpecialElem = (**nat** x): x < 0,
>
>   **method** handleSpecialElem = (**var nat** x): x := abs(x),

endclass

Genauso aber ist auch eine ganz andere Wahl der beiden Methoden isSpecialElem und
handleSpecialElem möglich.   □

Ein besonderer Vorteil der objektorientierten Programmierung besteht darin, daß wir
Frameworks aufbauen können. Ein Framework entspricht einem Programmgerüst. Es
besteht meist aus mehreren, teilweise abstrakten Klassen. Es gibt durch finalen Methoden eine Struktur vor, die immer gleich bleibt und vom Programmierer nicht überschrieben werden kann. Daneben existieren aber auch vorgegebene Einhängepunkte
(engl. hooks), an denen ein Programmierer erweitern und ändern kann oder sogar
muß. Es handelt sich also um Halbfertigprodukte. Im obigen Beispiel ist das die abstrakte Methode handleSpecialElem. Sie ist nur vorgesehen, aber nicht ausformuliert
und muß vom Programmierer gestellt werden, der die abstrakte Klasse nutzt. Die
Methode isSpecialElem hat ein voreingestelltes Verhalten, das jedoch bei Bedarf
angepaßt werden kann.

Für eine abstrakte Klasse können keine Objekte erzeugt werden. Sie dient nur zur
Strukturierung von Programmen. Für Unterklassen können natürlich Objekte erzeugt
werden. Es ergibt sich in unserem Beispiel, daß für die Methode handleSpecialElem
und insbesondere auch für isSpecialElem kein Verhalten gegeben ist. Ihre Wahl ist offen und kann angepaßt werden.

Eine weitere notationelle Erweiterung betrifft die Attribute. Nicht immer möchten
wir alle Attribute kapseln. Manchmal möchten wir frei Lesezugriffe auf und Zuweisungen an Attribute zulassen. In der objektorientierten Programmierung können wir
solche Zugriffe durch zwei entsprechende Methoden zwar immer realisieren, eine die
auf das entsprechende Attribut lesend zugreift und eine weitere, die eine Zuweisung
an das Attribut vornimmt. Bequemer ist es jedoch, wenn wir durch Angabe eines
Schlüsselworts (in Java „public") ein Attribut a zur Verwendung freigeben können.
Für ein Objekt b der entsprechenden Klasse kann dann mit b.a von außen auf das
Attribut wie auf eine globale Variable zugegriffen werden. Umgekehrt sollen nicht immer alle Methoden von außen verfügbar sein. So kennzeichnet man eine Methode
durch ein Schlüsselwort (in Java „private") um anzudeuten, daß sie nur im Inneren
der Klasse aufgerufen werden kann.

Nicht immer wollen wir alle Attribute und Methoden vererben. In vielen objektorientierten Sprachen gibt es Möglichkeiten, durch Schlüsselwörter zu kennzeichnen,
welche der Attribute und Methoden von außen zugänglich sind und welche vererbt
werden.

Wie unsere Beispiele zeigen, sind Methodenaufrufe nicht immer erfolgreich. In der Klasse Account haben wir einen Parameter report vorgesehen, an dem wir den Effekt eines Methodenaufrufs ablesen können. Um das Scheitern von Methodenaufrufen gezielt behandeln zu können, enthalten objektorientierte Sprachen Sprachmittel für die *Ausnahmebehandlung* (engl. *exception handling*). Wir gehen darauf in Teil III ein.

Die in diesem Abschnitt angesprochenen syntaktischen Erweiterungen objektorientierter Programmiersprachen sind nur ein kleiner Ausschnitt der vielfältigen Ideen in objektorientierten Programmiersprachen. Die Objektorientierung zielt auf eine bessere Strukturierung der Programme und auf Wiederverwendung. Dazu gehört ein festgelegtes Vorgehen, darauf abgestimmter Modelle, Beschreibungsmittel und Programmiersprachen. Aufgeteilt in die üblichen Phasen der Programmentwicklung finden sich folgende Techniken des objektorientierten Vorgehens:

- objektorientierte Analyse,
- objektorientierter Entwurf,
- objektorientierte Programmierung.

In der *Analysephase* wird eine Anwendung erschlossen mit dem Ziel, die Anforderungen an ein Softwaresystem zu erfassen. In der *Entwurfsphase* wird die Struktur des Softwaresystems (die Architektur) festgelegt. In der *Implementierungsphase* werden die im Entwurf vorgesehenen Systemteile ausprogrammiert. Wir haben soweit ausschließlich die Implementierungsphase und damit die objektorientierte Programmierung behandelt. Die objektorientierte Analyse und der objektorientierte Entwurf werden in Teil IV behandelt. Die Objektorientierung ist ein aktuelles Beispiel für das Bestreben, effektive, adäquate Beschreibungsverfahren, Modelle, Methoden und Werkzeuge in der Softwaretechnik einzusetzen (vgl. POMBERGER/BLASCHEK).

Historisch geht die Objektorientierung auf die Programmiersprachen Simula 67 und Smalltalk zurück. Heute ist C++ eine der in der Praxis gebräuchlichsten objektorientierten Sprachen. Inzwischen hat die Sprache Java eine schnelle Verbreitung gefunden und große Erwartungen geweckt.

Literaturangaben zu Teil I

R.L. BACKHOUSE: The Syntax of Programming Languages: Theory and Practice. London: Prentice-Hall International 1979

J. BACKUS: Can Programming be Liberated from the von Neumann Style? A Functional Style and its Algebra of Programs. Commun. ACM **21**, 613–641 (1978)

F.L. BAUER, G. GOOS: Informatik. Eine einführende Übersicht, Bände 1, 2. Berlin Heidelberg New York: Springer-Verlag, 4. Aufl. 1991, 1992

F.L. BAUER, H. WÖSSNER: Algorithmische Sprache und Programmentwicklung. Berlin Heidelberg New York: Springer-Verlag, 2. Aufl. 1984

F.L. BAUER, M.WIRSING: Elementare Aussagenlogik. Mathematik für Informatiker. Berlin Heidelberg New York: Springer-Verlag 1991

B. BUCHBERGER, F. LICHTENBERGER: Mathematik für Informatiker – Die Methode der Mathematik. Berlin Heidelberg New York: Springer-Verlag 1981

T. BUDD: An Introduction to Object-Oriented Programming. Reading, Mass.: Addison-Wesley 1996

U. CLAUSSEN: Objektorientiertes Programmieren. Berlin Heidelberg New York: Springer-Verlag 1993

N.J. CUTLAND: Computability: An Introduction to Recursive Function Theory. Cambridge: Cambridge University Press 1980

J. DAHL, E.W. DIJKSTRA, C.A.R. HOARE: Structured Programming. London New York: Academic Press 1972

P. DEUSSEN: Halbgruppen und Automaten. Heidelberger Taschenbücher, Bd. 99. Berlin Heidelberg New York: Springer-Verlag 1971

E.W. DIJKSTRA: A Discipline of Programming. Englewood Cliffs, N.J.: Prentice-Hall 1976

W. DÖRFLER, W. PESCHEK: Einführung in die Mathematik für Informatiker. München Wien: Carl Hanser Verlag 1988

D. FLANAGAN: Java in a Nutshell. Sebastopol: O'Reilly & Associates, 2. Aufl. 1997

R.W. FLOYD: Assigning Meanings to Programs. Proc. of Symposia in Applied Mathematics of the Amer. Math. Soc. **19**, 19–32 (1967)

S. GINSBURG: The Mathematical Theory of Context-Free Languages. New York: McGraw-Hill 1966

L. GOLDSCHLAGER, A. LISTER: Informatik – Eine moderne Einführung. München Wien London: Hanser/Prentice-Hall International, 3. Aufl. 1990

D. GRIES: Compiler Construction for Digital Computers. New York: Wiley 1971

D. GRIES: The Science of Programming. Berlin Heidelberg New York: Springer-Verlag 1981

A.N. HABERMANN: Introduction to Operating System Design. Chicago: Science Research Associates 1976

D. HAREL: Algorithmics – The Spirit of Computing. Reading: Addison-Wesley 1987

H. HERMES: Aufzählbarkeit, Entscheidbarkeit, Berechenbarkeit. Heidelberger Taschenbücher, Bd. 87. Berlin Heidelberg New York: Springer-Verlag, 3. Aufl. 1978

C.A.R. HOARE: An Axiomatic Basis for Computer Programming. Commun. ACM **12**, 576–583 (1969)

C.A.R. HOARE: Proof of Correctness of Data Representations. Acta Informatica **1**, 271–281 (1972)

C.A.R. HOARE, N. WIRTH: Axiomatic Definition of the Programming Language Pascal. Acta Informatica **2**, 335–355 (1973)

G. HOTZ, V. CLAUS: Automatentheorie und Formale Sprachen. III. Formale Sprachen. Mannheim Wien Zürich: Bibliographisches Institut 1972

M. JACKSON: Principles of Program Design. London: Academic Press 1975

E. JESSEN: Architektur digitaler Rechenanlagen. Heidelberger Taschenbücher, Bd. 175. Berlin Heidelberg New York: Springer-Verlag 1975

P. KANDZIA, H. LANGMAACK: Informatik: Programmierung. Stuttgart: Teubner 1973

U. KASTENS: Übersetzerbau. München Wien: Oldenbourg 1990

H. KLAEREN: Vom Problem zum Programm – Eine Einführung in die Informatik. Stuttgart: Teubner 1990

D.E. KNUTH: The Art of Computer Programming. Vols. I/II/III. Reading: Addison-Wesley 1973/1969/1973

L. LEMAY, CH.L. PERKINS: Java 1.1 in 21 Tagen. Haar bei München: SAMS 1997

A.M. LISTER: Fundamentals of Operating Systems. London: Macmillan 1979

J. LOECKX: Algorithmentheorie. Berlin Heidelberg New York: Springer-Verlag 1976

J. LOECKX, K. SIEBER: The Foundations of Program Verification. Wiley-Teubner Series in Computing Science. Wiley/Teubner, 2nd ed. 1987

J. LOECKX, K. MEHLHORN, R. WILHELM: Grundlagen der Programmiersprachen. Stuttgart: Teubner 1986

Z. MANNA: Mathematical Theory of Computation. New York: McGraw-Hill 1974

J. MCCARTHY: Towards a Mathematical Science of Computation. Proc. IFIP Congress 62, München, S. 21–28. Amsterdam: North-Holland 1962

K. MEHLHORN: Data Structures and Algorithms. EATCS Monographs on Theoretical Computer Science, Vols. 1–3. Berlin Heidelberg New York: Springer-Verlag 1984

B. MEYER: Object-Oriented Software Construction. Englewood Cliffs: Prentice-Hall 1997

H.-P. MÖSSENBÖCK: Objektorientierte Programmierung in Oberon-2. Berlin Heidelberg New York: Springer-Verlag 1994

M. NAGL: Softwaretechnik: Methodisches Programmieren im Großen. Springer Compass. Berlin Heidelberg New York: Springer-Verlag 1990

H. NOLTEMEIER: Informatik I – Einführung in Algorithmen und Berechenbarkeit. München Wien: Carl Hanser Verlag, 2. Aufl. 1993

H. NOLTEMEIER: Informatik III – Einführung in Datenstrukturen. München Wien: Carl Hanser Verlag, 2. Aufl. 1988

H. NOLTEMEIER, R. LAUE: Informatik II – Einführung in Rechnerstrukturen und Programmierung. München Wien: Carl Hanser Verlag, 2. Aufl. 1991

G. POMBERGER, G. BLASCHEK: Software Engineering – Prototyping und objektorientierte Software-Entwicklung. München Wien: Carl Hanser Verlag 1996

U. REMBOLD: Einführung in die Informatik für Naturwissenschaftler und Ingenieure. München Wien: Carl Hanser Verlag 1987

K. SAMELSON, F.L. BAUER: Sequentielle Formelübersetzung: Elektron. Rechenanlagen 1, 176–182 (1959). Englische Übersetzung: Commun. ACM 3, 76–83 (1960)

D. SCOTT: Outline of a Mathematical Theory of Computation, Proc. 4th Annual Princeton Conference on Information Sciences and Systems 1970, p. 169–176. Auch: Oxford University Computing Laboratory, Programming Research Group, Technical Monograph PRG-2, 1970

G. SEEGMÜLLER: Einführung in die Systemprogrammierung. Reihe Informatik, Bd. 11. Mannheim Wien Zürich: Bibliographisches Institut 1974

J.E. STOY: Denotational Semantics: The Scott-Strachey Approach to Programming Language Theory. Cambridge, Mass.: MIT Press 1977

E.H. WALDSCHMIDT, H. WALTER: Grundzüge der Informatik I, II. Mannheim Wien Zürich: Bibliographisches Institut 1992

J. WEIZENBAUM: Die Macht der Computer und die Ohnmacht der Vernunft. Frankfurt/Main: Suhrkamp Taschenbuch Verlag 1977

N. WIRTH: The Programming Language Pascal. Acta Informatica 1, 35–63 (1971)

N. WIRTH: Systematisches Programmieren. Stuttgart: Teubner 1972

N. WIRTH: Algorithmen und Datenstrukturen. Stuttgart: Teubner 1975

W. WULF, W.M. SHAW, P. HILFINGER, L. FLON: Fundamentals of Computer Science. Reading, Mass.: Addison-Wesley 1981

E. YOURDON: Techniques of Program Structure and Design. Englewood Cliffs, N.J.: Prentice-Hall 1975

Teil II Rechnerstrukturen und maschinennahe Programmierung

In diesem zweiten Teil beschäftigen wir uns mit dem Grundthema der Darstellung und Verarbeitung von Informationen durch technische Mittel. Dazu gehören die Darstellung von Informationen durch Zeichen und Zeichenfolgen über einem zweistelligen Alphabet und damit Aspekte der Binärcodierung. Während sich Teil I auf die problemnahe Programmierung und die abstrakte Darstellung von Information richtet, steht im Mittelpunkt von Teil II die technische Realisierung von Informationsverarbeitungsvorgängen im Sinne der Informatik.

Wir beschäftigen uns, ausgehend von Codierung und insbesondere Binärcodierung, mit Schaltnetzen, Schaltwerken und Booleschen Funktionen. Es wird eine für den Informatiker angemessen abstrakte Sicht auf Schaltungen gegeben, die deren Funktionsweise deutlich macht. Schaltungen stellen ein vorzügliches Beispiel für verteilte informationsverarbeitende Systeme dar. So fallen bei der Behandlung von Schaltungen viele der Begriffsbildungen an, die für den Informatiker auch im Zusammenhang mit verteilten Systemen von allgemeiner Bedeutung sind.

Das Studium der Schaltnetze und Schaltwerke vermittelt das Verständnis der Bausteine zum Verarbeiten, Speichern und Übertragen von Informationen und der Realisierung dieser Bausteine. Auf dieser Grundlage können wir die Funktionsweise der Komponenten von Rechnern erklären. Die Rechnerarchitektur verzichtet jedoch auf eine schaltungstechnische Darstellung und bedient sich einer abstrakten, auf die Programmierung ausgerichteten Sicht. Gemäß dieser Auffassung behandeln wir in Kapitel 3 die grundlegenden Strukturen der von-Neumann-Rechnerarchitektur.

Exemplarisch wird eine spezielle Rechnerarchitektur beschrieben, die hypothetische Rechenmaschine MI. Die MI ist eine Abstraktion der Rechnerarchitektur VAX der Firma Digital Equipment (DEC). Die abstrakte Maschine MI wurde an der Technischen Universität München als Basis für die Erklärung von Rechnerstrukturen im Informatikstudium von meinen Kollegen H.-G. Hegering und H.-J. Siegert eingeführt. Die in diesem Buch verwendeten Strukturen der MI zielen auf ein genaues Verständnis der Funktionsweise und der maschinennahen Programmierung von Rechenanlagen. Aufbauend auf diesen maschinennahen Programmstrukturen werden schrittweise abstrakte Programmierkonzepte entwickelt, und es wird gezeigt, wie sich diese in die maschinennahen Sprachkonzepte umsetzen lassen.

Ausgehend von den grundlegenden Fragen der Codierung von Information durch Binärwörter behandeln wir also alle Aspekte der technischen Informationsverarbeitung, von Schaltungen über Maschinenarchitekturen bis hin zur maschinennahen und problemnahen Programmierung. Wichtig und nützlich sind dabei für den Informatiker nicht allein die konkret beschriebenen Strukturen, sondern auch die Schichtung in Abstraktionsebenen, die typisch für die Arbeitsweise der Informatik ist.

1. Codierung und Informationstheorie

Information muß für die Zwecke der maschinellen Speicherung und Verarbeitung stets durch exakt festgelegte Formen der Repräsentation dargestellt werden. Die in unserem Kulturkreis verbreitete Form der Repräsentation von Information ist die Schrift. Aus der Sicht der Informatik sind Schriften Zeichenfolgen, oder genauer endliche Sequenzen von Zeichen. Es existieren viele unterschiedliche Repräsentationssysteme, die auf Zeichenfolgen basieren. Neben Zeichenfolgen gibt es noch viele andere Möglichkeiten der Repräsentation von Information. In diesem Kapitel beschäftigen wir uns jedoch ausschließlich mit der Darstellung von Informationen aus einer in der Regel endlichen Grundmenge durch Zeichenfolgen über einem endlichen Zeichensatz.

Für Zwecke der maschinellen Informationsverarbeitung sind Repräsentationssysteme unterschiedlich gut geeignet. Die Suche nach einfachen und ökonomischen Repräsentationen von Informationen durch Zeichenfolgen führt auf Fragen der *Codierung* von Information und der *Codes*. Eine Codierung oder ein Code erlaubt den Übergang von einem gegebenen Repräsentationssystem für die betrachteten Informationen durch Zeichen und Zeichenfolgen zu einer anderen Repräsentation der gleichen Informationen durch Zeichen oder Zeichenfolgen.

Bei der Auswahl der Codes und deren Beurteilung stehen zwei Ziele im Vordergrund: die Ökonomie der Darstellung und der Verarbeitung sowie ein hohes Maß an Fehlersicherheit. Einmal sind wir aus naheliegenden Effizienzgründen an möglichst kurzen Codewörtern interessiert, so daß die Repräsentation von Information durch den Code möglichst kompakt, wenig aufwendig und übersichtlich wird. Zusätzlich sollte die Verarbeitung von Information in der gewählten Repräsentation einfach und ökonomisch sein. Andererseits möchten wir in der Lage sein, durch Übertragungs– oder Verarbeitungsfehler geringfügig veränderte („gestörte") Codewörter zumindest als gestört zu erkennen oder gar trotz der Störung wieder zutreffend zu decodieren. Unterstellen wir eine gegebene mittlere Häufigkeit („Wahrscheinlichkeit") für das Auftreten der zu codierenden Informationen und somit eine mittlere Häufigkeit für das Auftreten der einzelnen Zeichen in der Repräsentation der zu codierenden Information, so ist es naheliegend, den Code geschickt so zu wählen, daß die mittlere Länge des Codes möglichst klein wird. Darüber hinaus ist es angebracht, aus den Angaben über die Wahrscheinlichkeit einer Störung Codes so festzulegen, daß die Wahrscheinlichkeit für nicht erkannte Störungen hinreichend klein wird.

1.1 Codes und Codierung

Wir setzen im folgenden stets eine endliche Menge A von Zeichen voraus. Die Menge A heißt auch *Zeichenvorrat*. Ist die Menge A der Zeichen linear geordnet, so nennen wir A auch *Alphabet*. Einen besonders elementaren Zeichenvorrat bildet die Menge $\mathbb{B}$ definiert durch

$$\mathbb{B} = \{L, O\}$$

Ein Element der Menge $\mathbb{B}$ nennen wir ein *Binärzeichen* oder *Bit* (<u>Bi</u>nary Digi<u>t</u>).

Die Menge A^* der endlichen Zeichenfolgen über einem Zeichenvorrat A nennen wir auch die Menge der *Wörter* über A. Bei der Menge $\mathbb{B}^* = \{L, O\}^*$ sprechen wir von *Binärwörtern*. Die Elemente der Menge

$$\mathbb{B}^n$$

heißen auch *n-Bit-Wörter* oder *Binärwörter der Länge n*. Häufig wird die Menge der n-Bit-Wörter selbst wieder als Zeichenvorrat verwendet.

Abbildungen zwischen Zeichenvorräten A und B und insbesondere auch zwischen den Wörtern über Zeichenvorräten heißen *Codes* oder auch *Codierung*. Ein Code ist eine Abbildung

$$c: A \to B$$

oder im Falle der Codierung ganzer Wörter eine Abbildung

$$c: A^* \to B^*$$

Spezialfälle von Codes sehen nicht für alle Wörter aus A^* Darstellungen vor. Solche Codes entsprechen partiellen Abbildungen oder Abbildungen der Form:

$$c: A' \to B' \quad \text{wobei } A' \subseteq A^* \text{ und } B' \subseteq B^* \text{ (oder auch } A' \subseteq A \text{ und } B' \subseteq B)$$

Häufig wählen wir eine Zahl $n \in \mathbb{N}$ und die Zeichenmengen $A' = A^n$ und $B' = B^n$.

Besteht der Zeichenvorrat A aus Einzelzeichen, so sprechen wir auch von *Chiffrierung* und nennen die Bildmenge *Chiffren*.

Im allgemeinen setzen wir für einen Code voraus, daß sie eine injektive Abbildung ist: Verschiedene Zeichen und Wörter werden dann auf verschiedene Codewörter abgebildet. Damit ist jeder Code

$$c: A \to B$$

auf ihrer Bildmenge umkehrbar. Die Umkehrabbildung

$$d: \{c(a): a \in A\} \to A$$

zur Codierungsabbildung c nennen wir *Decodierung* oder *Dechiffrierung*. Es gilt dann für alle Zeichen $a \in A$:

$$d(c(a)) = a.$$

Wir betrachten im folgenden fast ausschließlich *Binärcodierungen* von Alphabeten. Dies sind Codes der Form

$$c: A \to \mathbb{B}^*$$

wobei A ein vorgegebenes Alphabet sei.

Auf der Menge A^* der Wörter über einem Alphabet A ist durch die lexikographische Ordnung eine lineare Ordnung definiert. Sei $\leq$ die lineare Ordnung auf A. Für Wörter w_1, $w_2 \in A^*$ definieren wir die *lexikographische Ordnung* $\leq_{lex}$ induktiv durch folgende Festlegungen:

$\epsilon \leq_{lex} w$ für alle Wörter $w \in A^*$

$\langle a_1 \rangle \circ w_1 \leq_{lex} \langle a_2 \rangle \circ w_2 \Leftrightarrow (a_1 < a_2) \vee (a_1 = a_2 \wedge w_1 \leq_{lex} w_2)$

Die lexikographische Ordnung bildet eine lineare Ordnung auf A^*. Auf der Menge der Binärzeichen definieren wir eine lineare Ordnung durch $O \leq L$.

1.1.1 Codes einheitlicher Länge

Bei Binärcodierungen, die jedes zu codierende Zeichen auf ein Binärwort gleicher Länge abbilden, sprechen wir auch von *Codes einheitlicher Länge*. Codes einheitlicher Länge entsprechen also Abbildungen der Form

$c: A \rightarrow \mathbb{B}^n$

Da häufig durch technische Gegebenheiten (wie etwa der Länge der Register einer Rechenanlage) eine einheitliche Anzahl von Bits für die Repräsentation eines Codewortes zur Verfügung steht, sind in der Informatik heute Codes einheitlicher Länge gebräuchlich. Wir betrachten im folgenden eine Reihe einfacher Codes einheitlicher Länge und diskutieren deren Eigenschaften.

Seien a, b Binärwörter gleicher Länge; die Anzahl der Zeichen, in denen sich die Wörter a und b unterscheiden, nennen wir ihren *Hammingabstand*. Der Hammingabstand entspricht somit mathematisch einer Abbildung

Ham_dis: $\mathbb{B}^n \times \mathbb{B}^n \rightarrow \mathbb{N}$

Der Wertverlauf dieser Abbildung ist durch folgende Gleichung festgelegt:

$$\text{Ham\_dis}(\langle a_1 ... a_n \rangle, \langle b_1 ... b_n \rangle) = \sum_{i=1}^{n} d_i, \text{ wobei } d_i = \begin{cases} 1 & \text{falls } a_i \neq b_i \\ 0 & \text{sonst} \end{cases}$$

Der Hammingabstand einer Codierungsabbildung

$c: A \rightarrow \mathbb{B}^n$

der Codelänge n ist durch den kleinsten Hammingabstand zwischen zwei verschiedenen Codewörtern definiert:

Ham_dis(c) = min { Ham_dis(c(a), c(b)): $a, b \in A \wedge a \neq b$ }

Ein großer Hammingabstand eines Codes erlaubt das Erkennen von Fehlern, oft sogar die Korrektur von Fehlern, benötigt aber längere Codewörter und damit einen zusätzlichen Darstellungsaufwand. Dies führt auf den Begriff der „Redundanz", der im folgenden Abschnitt genauer erläutert wird.

Für ein Alphabet A, also für einen Zeichensatz A, auf dem eine lineare Ordnung gegeben ist, heißt ein Code einheitlicher Länge ein *Gray-Code* (auch *einschrittiger Code*), wenn sich die Codes zweier in der Ordnung aufeinanderfolgender Zeichen in

A stets in genau einer Stelle (einem Bit) unterscheiden. Dann hat auch die Codierung den Hammingabstand 1.

Beispiel (4-Bit-Gray-Code für Dezimalziffern). Ein 4-Bit-Gray-Code für Dezimalziffern entspricht einer Codierung

$$c: \{0, ..., 9\} \to \mathbb{B}^4$$

Die Abbildung ist durch die Tabelle 1.1. beschrieben.

Tabelle 1.1. 4-Bit-Gray-Code

z	c(z)
0	**OOOO**
1	**OOOL**
2	**OOLL**
3	**OOLO**
4	**OLLO**
5	**OLLL**
6	**OLOL**
7	**OLOO**
8	**LLOO**
9	**LOOO**

Man beachte den Hammingabstand zwischen den in der Tabelle aufeinanderfolgenden Codewörtern.   □

Unterscheiden sich (wie im obigen Beispiel) in einem Gray-Code die Codes des ersten und des letzten Zeichens ebenfalls nur in einer Stelle, so sprechen wir von einem *zyklischen Gray-Code*.

Große Hammingabstände können beispielsweise durch die Verlängerung der Codewörter um zusätzliche Zeichen erreicht werden. Sei beispielsweise

$$c_1: A \to \mathbb{B}^n$$

eine Codierung mit Hammingabstand 1. Wir konstruieren einen Code

$$c_2: A \to \mathbb{B}^{n+1}$$

mit Hammingabstand 2 durch die Festlegung (die Bezeichnung pb steht für „Paritätsbit")

$$c_2(a) = c_1(a) \circ pb(c_1(a)),$$

wobei die Abbildung

$$pb: \mathbb{B}^n \to \mathbb{B}^1,$$

die jedem Wort aus $\mathbb{B}^n$ ein Paritätsbit zuordnet, wie folgt definiert sei:

$pb(b) = \langle L \rangle$ falls qs(b) gerade,

$pb(b) = \langle O \rangle$ falls qs(b) ungerade.

Die Zahl qs(b) bezeichne hierbei die Anzahl der Zeichen L in b, also die binäre Quersumme des Binärworts b. Mit „$\circ$" bezeichnen wir wie im Teil I die Konkatenation zweier Wörter.

Die Abbildung c_2 definiert einen Code für den Zeichenvorrat A mit Hammingabstand 2. Dies läßt sich wie folgt zeigen: Seien $a_1, a_2 \in A$, $a_1 \neq a_2$, gegeben. Ist der Hammingabstand von $c_1(a_1)$ zu $c_1(a_2)$ größer als eins, so gilt dies nach unserer Konstruktion auch für $c_2(a_1)$ und $c_2(a_2)$. Sei nun also der Hammingabstand von $c_1(a_1)$ und $c_1(a_2)$ genau 1. Dann unterscheiden sich beide Binärwörter in genau einem Zeichen. Somit ist $qs(c_1(a_1))$ gerade, falls $qs(c_1(a_2))$ ungerade ist und umgekehrt. Nach der Konstruktion von c_2 haben $c_2(a_1)$ und $c_2(a_2)$ somit den Hammingabstand zwei. Das zu $c_1(a_1)$ hinzugefügte Bit nach $pb(c_1(a_1))$ heißt auch *Paritätsbit*.

Tabelle 1.2. Direkter 4-Bit-Code für die Dezimalziffern

z	c(z)
0	OOOO
1	OOOL
2	OOLO
3	OOLL
4	OLOO
5	OLOL
6	OLLO
7	OLLL
8	LOOO
9	LOOL

Verwenden wir die lexikographische Ordnung auf Binärwörtern direkt für die Codierung einer linear geordneten Zeichenmenge, so sprechen wir von *direktem Code*.

Beispiel (Direkter 4-Bit-Code für die Dezimalziffern). Wir definieren die Codierungsabbildung

$$c: \{0, ..., 9\} \rightarrow \mathbb{B}^4$$

durch Tabelle 1.2.   ☐

Sollen nicht Dezimalziffern sondern allgemein ganze Zahlen binär codiert werden, so verwenden wir häufig Gewichtsfunktionen g_i für die Binärstellen (*Stellenwertsystem*) im Binärwort. Für Binärzeichen definieren wir die Gewichte $w(L) = 1$ und $w(O) = 0$. Sei für jede Stelle i, mit $1 \leq i \leq n$, Gewichte $g_i \in \mathbb{Z}$ vorgegeben ($\mathbb{Z}$ steht für die Menge der ganzen Zahlen). Wir ordnen dann dem Binärwort

$$d = \langle d_n ... d_0 \rangle \qquad \text{mit } d_i \in \{L, O\}$$

eine ganze Zahl zu, die durch folgende Formel beschrieben wird:

$$\sum_{i=0}^{n} g_i * w(d_i)$$

Die Gewichte $g_i \in \mathbb{Z}$ definieren den *Wert der i-ten Stelle des Binärworts*.

Der in Tabelle 1.2 angegebene direkte 4-Bit-Code für die Dezimalziffern ist ein Beispiel für eine Codierung von Zahlen durch Gewichtsfunktionen, wobei $g_i = 2^i$. Codes mit negativen Gewichten werden im Kapitel 2 verwendet.

Ein *Kettencode* ist ein Binärcode, der durch schrittweises Vorbeiwandern einer Zeichenfolge an einem Ablesefenster erzeugt werden kann.

Beispiel (Vierstelliger Kettencode). Verwenden wir folgende Zeichenfolge in (zyklisch geschlossener) Ablesereihenfolge mit einem Fenster mit 4 Stellen:

O O O L L L O L

so erhalten wir für A = {1, ..., 8} den in Tabelle 1.3 angegebene Code.   □

Tabelle 1.3. 4-Bit-Ketten-Code

z	c(z)
1	**OOOL**
2	**OOLL**
3	**OLLL**
4	**LLLO**
5	**LLOL**
6	**LOLO**
7	**OLOO**
8	**LOOO**

Mathematisch ausgedrückt gilt bei einem Kettencode für ein Alphabet A für die Codierungen c(a), c(b) zweier aufeinanderfolgender Zeichen a, b ∈ A (wir verwenden die in Teil I eingeführten Funktionen rest und lrest auf Sequenzen, wobei für ein nichtleeres Binärwort b mit rest(b) das Binärwort ohne das erste (linke) Zeichen bezeichnet wird und mit lrest(b) das Binärwort ohne das letzte (rechte) Zeichen) stets

rest(c(a)) = lrest(c(b)) .

Tritt in einem n-stelligen Binärwort genau k-mal das Zeichen **L** auf und verwenden wir für die Codierung nur solche Wörter, so sprechen wir von einem *k-aus-n-Code*. Ein 1-aus-n-Code kann bei entsprechender Anordnung sofort wieder als Kettencode aufgefaßt werden.

Beispiel (1-aus-10-Code für Dezimalziffern). Tabelle 1.4 ergibt eine einfache Codierung der Dezimalziffern durch einen 1-aus-10-Code.   □

Die Festlegung einer Codierung hängt unter Umständen davon ab, ob die Codierung für die gegebene technische Anwendung gut geeignet ist. Dabei können unterschiedliche technische Aspekte eine Rolle spielen. Benötigt beispielsweise die Verarbeitung der Codewörter unterschiedlich viel Aufwand (beispielsweise Energie) für die Darstellung der Binärzeichen **L** und **O**, so wählen wir Repräsentationen, die möglichst wenig der Binärzeichen enthalten, die viel Energie benötigen.

Tabelle 1.4. 1-aus-10-Code

z	c(z)
0	OOOOOOOOOL
1	OOOOOOOOLO
2	OOOOOOOLOO
3	OOOOOOLOOO
4	OOOOOLOOOO
5	OOOOLOOOOO
6	OOOLOOOOOO
7	OOLOOOOOOO
8	OLOOOOOOOO
9	LOOOOOOOOO

1.1.2 Codes variierender Länge

Codes variierender Länge sind technisch schwieriger zu handhaben als Codes fester Länge. Sie finden sich, bedingt durch die heute gängigen einheitlichen Wortlängen in Rechenmaschinen, zumindest in Rechnern nicht mehr häufig.

Tabelle 1.5. Code für das Fernsprechwählsystem

Ziffer	Code
1	LO
2	LLO
3	LLLO
4	LLLLO
5	LLLLLO
6	LLLLLLO
7	LLLLLLLO
8	LLLLLLLLO
9	LLLLLLLLLO
0	LLLLLLLLLLO

Beispiel (Codes variierender Länge).

(1) Der Morsecode in Binärcodierung
Der Morsecode ist aus drei Zeichen aufgebaut. Diese entsprechen „kurze", beziehungsweise „lange" Übertragung und „Lücke". Eine Binärcodierung

$$c : \{ \ ., -, \text{„Lücke"} \} \to \{ \ \text{OL, OLLL, OOO} \}$$

erhalten wir durch die Festlegungen

$$c(.) \qquad = \text{OL}$$

$$c(-) \qquad = \textbf{OLLL}$$
$$c(\text{„Lücke“}) = \textbf{OOO}$$

(2) Der Code für das Fernsprechwählsystem

Das Fernsprechsystem benutzt einen Code für die Ziffern der Wählscheibe. Dieser in Tabelle 1.5 angegebene Code wird bei der Wahl der entsprechenden Ziffer erzeugt und an die Vermittlungseinheit übertragen. □

Codes variierender Länge haben folgenden Vorteil. Verfügen wir über Angaben über die mittlere Häufigkeit des Auftretens der Zeichen aus A, so können wir für häufig auftretende Zeichen kurze Codewörter wählen, für selten auftretende Zeichen lange Codewörter und somit die durchschnittliche Länge der Codewörter klein halten. Wir kommen auf diese Möglichkeit im Abschnitt 1.2 ausführlich zurück.

Schwierigkeiten bei Codes variierender Länge werden deutlich, wenn wir berücksichtigen, daß im allgemeinen nicht nur ein Einzelzeichen sondern Zeichenfolgen zu codieren sind. Codieren wir Zeichenfolgen, indem wir die Zeichen einzeln codieren und die Codewörter konkatenieren, so ist es bei Codes variierender Länge schwieriger, die Trennfugen zu erkennen.

1.1.3 Serien- und Parallelwortcodierung von Zeichenfolgen

Wollen wir nicht nur einzelne Zeichen aus einem Zeichenvorrat A codieren, sondern Wörter über A und die codierte Information durch Leitungen übertragen, so können ausgehend von einer Codierung für Einzelzeichen aus A zwei grundsätzlich unterschiedliche Möglichkeiten Verwendung finden.

(1) *Serienwortcodierung*: Wir betrachten für den gegebenen Code:

$$c: A \rightarrow \mathbb{B}^*$$

der Einzelzeichen eine Erweiterung auf Wörter über A. Das heißt, wir betrachten die auf A^* durch c induzierte Codierung c^*:

$$c^*: A^* \rightarrow \mathbb{B}^*$$

gegeben durch die Gleichungen

$$c^*(\varepsilon) = \varepsilon$$
$$c^*(\langle a_1 \ldots a_m \rangle) = c(a_1) \circ \ldots \circ c(a_m)$$

In der Serienwortcodierung codieren wir also Wörter w über A durch Konkatenation der Codes der Einzelzeichen von w.

(2) *Parallelwortcodierung*: Wir betrachten für die gegebene Codierung c mit einheitlicher Länge:

$$c: A \rightarrow \mathbb{B}^n$$

die induzierte Abbildung c':

$$c': A^* \rightarrow (\mathbb{B}^n)^*,$$

die definiert wird durch die folgenden Gleichungen:

$$c'(\varepsilon) = \varepsilon$$

$$c'(\langle a_1...a_m \rangle) = \langle c(a_1) \ ... \ c(a_m) \rangle.$$

In der Serienwortcodierung werden also die Codewörter für die einzelnen Zeichen des zu codierenden Worts konkateniert, während in der Parallelwortcodierung die Codewortstruktur erhalten bleibt.

Beispiel (Serien- und Parallelwortcodierung). Tabelle 1.2. zeigt den direkten Code für Binärziffern. Für die Ziffernfolge $\langle 253 \rangle$ erhalten wir in Serienwortcodierung die Codierung:

$\langle$OOLOOLOLOOLL$\rangle$

Für die gleiche Ziffernfolge $\langle 253 \rangle$ erhalten wir in Parallelwortcodierung die folgende Sequenz von Binärwörtern:

$\langle\langle$OOLO$\rangle \ \langle$OLOL$\rangle \ \langle$OOLL$\rangle\rangle$

Etwas angemessener wird die Parallelcodierung in folgendem Format in Vektorschreibweise dargestellt:

$$\begin{bmatrix} O \\ O \\ L \\ O \end{bmatrix} \quad \begin{bmatrix} O \\ L \\ O \\ L \end{bmatrix} \quad \begin{bmatrix} O \\ O \\ L \\ L \end{bmatrix} \qquad \qquad \square$$

Die Frage der Wortcodierung tritt insbesondere bei der Übertragung von codierter Information durch Leitungen auf. Dabei gehen wir davon aus, daß auf einer Leitung pro Zeiteinheit („Takt") genau ein Zeichen übertragen werden kann. Auf einer Leitung wird über einen längeren Zeitraum somit nicht nur der Code eines Zeichens geschickt, sondern es werden Folgen von Zeichen, dargestellt durch Folgen von Codewörtern, übertragen. Analog zur Serienwortcodierung und Parallelwortcodierung sprechen wir von *Serienübertragung* und *Parallelübertragung*.

Die Parallelübertragung eines n-stelligen Codes einheitlicher Länge benötigt technisch ein Bündel von n Einzelleitungen vom Sender zum Empfänger. Dabei wird in einem Takt ein ganzes Wort übertragen. Die Übertragung in Serie benötigt lediglich eine Leitung, aber n Takte (Einzelschritte für die Übermittlung von je einem Bit) für die Übermittlung eines Codewortes der Länge n. Natürlich sind Mischformen der Serienübertragung und Parallelübertragung möglich, wie beispielsweise bei der seriellen Übertragung von Binärwortgruppen in der Fernschreibcodierung.

Für die serielle Übertragung sind auch Codes mit unterschiedlichen Wortlängen geeignet, für die parallele Übertragung eignen sich allgemein nur Codes mit gleichen Codewortlängen. Bei störungsfreier Parallelübertragung ist die Decodierung trivialerweise (falls die gegebene Codierungsfunktion zumindest injektiv ist) möglich. Das gilt jedoch nicht für die Serienübertragung.

Lesen oder empfangen wir in der Serienübertragung die übertragenen Codewörter zeichenweise (seriell) von links nach rechts, so enthält jedes gelesene Bit neue Informationen über das durch das vorliegende oder das gerade übertragene Codewort codierte Zeichen. Jedes Bit gestattet, die Menge der in Frage kommenden Zeichen weiter einzuengen. Es entsteht ein Entscheidungsbaum für die schrittweise Decodierung, den wir auch *Codebaum* nennen. Endliche Binärcodierungen lassen sich übersichtlich durch einen Codebaum darstellen. Auch die Codierung und Decodierung kann mit Hilfe von Codebäumen vorgenommen werden.

Tabelle 1.6. Codetabelle

Zeichen	Code
A	**L**
B	**LO**
C	**LL**
D	**O**

Beispiel (Codebaum). Durch Tabelle 1.6 ist ein Code gegeben. Wir erhalten zu dieser Tabelle den in Abb. 1.1 angegebenen *Codebaum.*   ❑

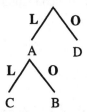

Abb. 1.1. Codebaum zur Tabelle 1.6.

Bei der Serienübertragung von Codes variierender Wortlänge kann die Rückabbildung (Decodierung) nicht mehr eindeutig möglich sein.

Beispiel (Code ohne eindeutige Decodierung bei Serienwortcodierung). Bei der durch die Tabelle 1.7 gegebenen injektiven Binärcodierung des Zeichenvorrats {1, 2, 3} kann bei Seriencodierung das Binärwort ‹LLL› für die Codierung von ‹111›, von ‹21›, aber auch von ‹12› stehen.   ❑

Tabelle 1.7. Codetabelle

z	c(z)
1	**L**
2	**LL**
3	**O**

Die Eindeutigkeit der Decodierung ist auch im Falle der Serienübertragung sicherge-stellt, wenn der verwendete Code der folgenden Forderung, genannt *Fano-Bedin-gung*, genügt:

Kein Codewort darf der Anfang eines anderen Codewortes sein.

Im Codebaum sind dann zu codierende Zeichen nur an den Blättern, nicht aber im In-nern des Baums angeordnet.

Daß die Fano-Bedingung hinreichend ist, die Injektivität der Serienwortcodierung und damit deren Decodierung zu garantieren, sehen wir durch folgende Argumentation: Angenommen das Wort a = $\langle a_1 \dots a_n \rangle$ und das Wort b = $\langle b_1 \dots b_m \rangle$ mit a ≠ b besitzen die gleiche Codierung. Dann gilt:

$$c^*(a) = c^*(b)$$

Es existiert ein Index i, $1 \leq i \leq n$, $i \leq m$, so daß gilt

$$\langle a_1 \dots a_i \rangle = \langle b_1 \dots b_i \rangle$$

und i = n oder i = m oder $a_{i+1} \neq b_{i+1}$. Die Fälle i = n und i = m können wir ausschließen, da aus i = n und $c^*(a) = c^*(b)$, die Aussage $c^*(\langle b_{i+1} \dots b_m \rangle) = \varepsilon$ folgt. Daraus folgt m = i oder $c(\langle b_{i+1} \rangle) = \varepsilon$. Die Aussage m = i steht im Widerspruch zur Annahme a ≠ b. Die Aussage $c(\langle b_{i+1} \rangle) = \varepsilon$ steht im Widerspruch zur Fano-Bedingung. Der Fall i = m führt analog auf einen Widerspruch. Es gilt also i < m und i < n und $a_{i+1} \neq b_{i+1}$. Dann gilt:

$$c^*(\langle a_{i+1} \dots a_n \rangle) = c^*(\langle b_{i+1} \dots b_m \rangle)$$

und $c(a_{i+1})$ ist Anfang von $c(b_{i+1})$ oder $c(b_{i+1})$ ist Anfang von $c(a_{i+1})$. Dies ist ein Widerspruch zur Fano-Bedingung.

Man beachte, daß die Fano-Bedingung zwar eine hinreichende, nicht aber eine notwendige Voraussetzung dafür ist, daß die Codierungsabbildung bei Serienübertragung umkehrbar ist.

1.2 Codes und Entscheidungsinformation

Besondere Gesichtspunkte ergeben sich für die Wahl einer Codierungsfunktion, wenn wir für die gegebene Zeichenmenge A gewisse, zeitunabhängige Wahrscheinlichkeiten („mittlere Häufigkeiten") für das Auftreten der Zeichen aus A in den betrachteten Zeichenfolgen aus A^* kennen. Eine Quelle von Zeichenfolgen mit diesen Eigenschaften (zu jedem Zeitpunkt entsprechen die Wahrscheinlichkeiten für das jeweils neu zu sendende Zeichen genau den angegebenen mittleren Häufigkeiten), nennen wir *stochastische* oder *Shannonsche Nachrichtenquelle*.

Beispiel (Stochastische Nachrichtenquelle). Eine stochastische Nachrichtenquelle für ein gegebenes Alphabet A erhalten wir beispielsweise wie folgt: Wir nehmen eine beliebige Anzahl von Kugeln und markieren jede Kugel mit einem Zeichen aus dem Alphabet A (dasselbe Zeichen darf dabei auf mehreren Kugeln auftreten). Die Kugeln mischen wir in einem Korb. Aus diesem Korb ziehen wir zufällig eine Kugel, notieren das Zeichen auf der Kugel, werfen die Kugel in den Korb zurück, mischen und wählen wieder eine Kugel und so weiter.

Auf diese Weise erhalten wir eine stochastische Nachrichtenquelle. Die mittlere Häufigkeit („Wahrscheinlichkeit") für das Auftreten eines Zeichens in den erzeugten Nachrichten entspricht dann dem Quotienten aus der Anzahl der Kugeln, die das Zeichen tragen, und der Gesamtzahl der Kugeln. □

Man beachte, daß Zeichenfolgen, wie sie in natürlichen Sprachen auftreten, nicht im obigen Sinn stochastisch sind. Die Wahrscheinlichkeit, daß gewisse Buchstaben auf einen bestimmten gegebenen Buchstaben folgen, ist beispielsweise in der deutschen Sprache nicht unabhängig vom gegebenen Buchstaben. Wir sprechen von der *Kontakthäufigkeit.*

Wir geben im folgenden ein Verfahren zur Codierung von Zeichenfolgen stochastischer Nachrichtenquellen an mit dem Ziel, die mittlere Wortlänge von Nachrichten möglichst klein zu halten. Durch das nachfolgende Verfahren lassen sich auch nichtstochastische Nachrichtenquellen (wie natürliche Sprachen) mit Erfolg codieren.

Bevor wir uns der eigentlichen Codierungsfrage zuwenden, diskutieren wir den Begriff des Informationsgehalts eines Zeichens, das in der Zeichenfolge einer stochastischen Nachrichtenquelle auftritt. Wir können die *Entscheidungsinformation* oder den *Informationsgehalt* eines Zeichens etwa mit dem Kehrwert der Häufigkeit des Auftretens dieses Zeichens gleichsetzen. Dies entspricht auch anschaulich unserer Vorstellung vom Informationsgehalt von Nachrichten:

- Nachrichten über das tatsächliche Eintreten fast immer eintretender Ereignisse haben wenig Informationsgehalt.
- Nachrichten über das tatsächliche Eintreten seltener Ereignisse haben dagegen hohen Informationsgehalt.

Mit anderen Worten, um so seltener eine Nachricht auftritt, um so höher ist ihr Informationsgehalt.

Beispiel (Informationsgehalt seltener und häufiger Ereignisse). Die Information:

„x hat wieder nicht im Lotto gewonnen"

hat bedeutend weniger Informationsgehalt als die Information:

„x hat im Lotto gewonnen".   ❑

Sei A eine Menge von Zeichen und sei p_a die Wahrscheinlichkeit (mittlere Häufigkeit) für das Auftreten des Zeichens a in der Zeichenfolge einer stochastischen Nachrichtenquelle. Wir definieren den *Entscheidungsgehalt* eines Zeichens a ∈ A durch die Zahl ld $(1/p_a)$. Der *mittlere (durchschnittliche) Entscheidungsgehalt* pro Zeichen beträgt dann (hier bezeichnet ld den Logarithmus zur Basis 2)

$$H = \sum_{a \in A} p_a \, ld \, (1/p_a).$$

H heißt auch *Entropie* der Nachrichtenquelle. Die Entropie gibt ein Maß für die Schwankung der mittleren Häufigkeit der Zeichen. Ist die Schwankung groß, das heißt, sind die Wahrscheinlichkeiten der Zeichen sehr unterschiedlich, so ist die Entropie klein und umgekehrt. Den höchsten Wert nimmt die Entropie für einen vorgegebenen Zeichenvorrat an, wenn alle Zeichen gleichwahrscheinlich sind.

Aus Gründen der Ökonomie sind wir daran interessiert, mit Binärcodierungen zu arbeiten, bei denen die mittlere Wortlänge der Codierung möglichst klein und damit der mittlere Entscheidungsgehalt pro Bit möglichst groß ist. Entsprechend groß ist nämlich die in einem Codewort im Verhältnis zur Länge durchschnittlich enthaltene Information. Dadurch wird die Länge codierter Texte im Durchschnitt klein. Aus der Definition der Entropie H folgt, daß es für einen hohen mittleren Entscheidungsgehalt günstig ist, wenn alle Zeichen etwa gleich wahrscheinlich sind.

Beispiel (Mittlerer Entscheidungsgehalt). Wir betrachten das Alphabet A = {a, b}. Abhängig von der Wahrscheinlichkeit des Auftretens der einzelnen Zeichen erhalten wir unterschiedliche Werte für den mittleren Entscheidungsgehalt H. Dabei zeigt sich, daß die Entropie am größten ist, wenn alle Zeichen des Alphabets gleichwahrscheinlich sind.

(1) Gleichverteilung der Zeichen: Haben alle n Zeichen des gegebenen Alphabets die gleiche Wahrscheinlichkeit 1/n, so hat der mittlere Entscheidungsgehalt H den Wert ld(n). Für das Alphabet A mit nur zwei Zeichen erhalten wir folgende Tabelle der Häufigkeiten.

Zeichen i	p_i
a	0.5
b	0.5

Wir erhalten als Entropie H = 1.

(2) Ungleiche Verteilung der Wahrscheinlichkeiten der Zeichen: Haben die Zeichen des gegebenen Alphabets unterschiedliche Wahrscheinlichkeiten, so erhalten wir einen niedrigeren mittleren Entscheidungsgehalt. Für das Alphabet A mit nur zwei Zeichen betrachten wir folgende Tabelle der Häufigkeiten.

Zeichen i	p_i
a	0.75
b	0.25

Wir erhalten als Entropie H ≈ 0.8. □

Im folgenden studieren wir Binärcodierungen für Wörter, die von einer stochastischen Nachrichtenquelle erzeugt werden. Gegeben Sei eine stochastische Nachrichtenquelle, die Zeichen aus dem Zeichenvorrat A erzeugt. Wir betrachten Codes der Form

$$c: A \rightarrow \mathbb{B}^*$$

für den Zeichenvorrat A. Dabei nehmen wir an, daß das Zeichen $a_i \in$ A mit der Wahrscheinlichkeit p_i auftritt.

Jede Binärcodierung c für Zeichen in A induziert eine „*Entscheidungskaskade*", wie sie durch den Codebaum beschrieben ist. Wir nehmen an, daß wir im Sinne einer seriellen Übertragung für ein unbekanntes Zeichen a ∈ A die Codierung c(a) Bit für Bit (von links nach rechts) übermittelt bekommen. Jedes neu übermittelte Bit gestattet uns, die noch in Frage kommende Zeichenmenge aus A weiter einzuengen. Somit ergibt sich für einen bestimmten Zustand beim Lesen eines Codeworts, daß für das nächste zu lesende Zeichen eine gewisse Wahrscheinlichkeit für das Auftreten von **L** oder **O** besteht.

Beispiel (Codierung mit Wahrscheinlichkeiten für Zeichen). Sei durch den in Abb. 1.2 dargestellten Entscheidungsbaum (Codebaum) eine Codierung für den folgenden Zeichenvorrat Z = { A, B, C, D, E, F } gegeben.

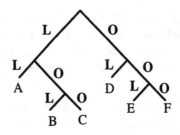

Abb. 1.2. Codebaum

Tabelle 1.8 gibt eine Wahrscheinlichkeitsverteilung für die Zeichen aus Z.

Tabelle 1.8. Tabelle der Wahrscheinlichkeitsverteilung

Zeichen i	A	B	C	D	E	F
p_i	0.125	0.125	0.25	0.0625	0.1875	0.25

Damit ergeben sich auch Wahrscheinlichkeiten beispielsweise für das Auftreten der Zeichen **L** und **O** als erstes Zeichen eines Codeworts. Gleichzeitig ergeben sich mittlere Häufigkeiten für **L** und **O** in Codewörtern.   □

Für eine Codierung:

$$c: A \to \mathbb{B}^*$$

erhalten wir eine mittlere Wortlänge L durch

$$L = \sum_{a \in A} p_a \, |c(a)|$$

wobei $|c(a)|$ die Wortlänge (Anzahl der Zeichen) des Binärworts $c(a)$ und p_a die mittlere Häufigkeit des Zeichens a bezeichnet. Wir können nun versuchen, die Binärcodierung c so zu wählen, daß die mittlere Wortlänge L klein wird. Allerdings stoßen wir dabei sehr schnell an Grenzen, wie wir uns am Trivialbeispiel einer zweielementigen Menge klarmachen können. Die mittlere Wortlänge L ist für einen Code, der die Fano-Bedingung erfüllt, nie kleiner 1. Bessere Werte erhalten wir, wenn wir nicht nur Einzelzeichen aus A, sondern Wörter über A codieren. Ein Wort über A wird dann codiert, indem wir seine Zeichen zu Gruppen zusammenfassen und diese codieren.

Für eine Zeichenmenge A mit Häufigkeiten p_a werden dann Wörter (mit einer Länge, die ein Vielfaches von m beträgt) aus A^* mit Hilfe einer Codierungsfunktion:

$$c': A^m \to \mathbb{B}^*$$

codiert. Wir sprechen von *Wortcodierung*. Für eine beliebige Wortcodierung, bei der das Wort $w \in A^m$ durch ein Binärwort der Länge N_w codiert wird, gilt: Die mittlere Wortlänge des Codes pro Zeichen des Ausgangswortes ist durch die folgende Formel gegeben:

$$L = \frac{1}{m} \sum_{w \in A^m} q_w \cdot N_w$$

Hier berechnet sich die Wahrscheinlichkeit q_w des Wortes w aus dem Produkt der Wahrscheinlichkeiten der Einzelzeichen. Die Wahrscheinlichkeiten der Einzelzeichen bestimmen also bei gegebener Codierung, wie auch bei einer Wortcodierung, die mittlere Wortlänge.

Wir sind aus Gründen der Platzersparnis daran interessiert, die Wortcodierung so zu wählen, daß die mittlere Wortlänge klein wird. Das folgende Theorem gibt Aufschluß über die unteren Grenzen für die mittleren Wortlängen auch im Fall der Wortcodierungen.

Lemma (Shannonsches Codierungstheorem). Seien die Bezeichnungen wie oben definiert.

(1) Für beliebige binäre Wortcodierungen gilt:

$$H \leq L$$

(2) Jede Nachrichtenquelle kann durch binäre Wortcodierungen so codiert werden, daß der positive Wert

$$L - H$$

beliebig klein wird.   □

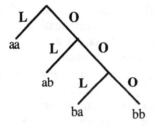

Abb. 1.3. Codebaum

Die Entropie H stellt also die untere Grenze für die mittlere Wortlänge dar, die durch die geschickte Wahl einer Codierung erreicht werden kann. Liegt die durch eine Codierung erreichte mittlere Wortlänge höher, so sprechen wir von der *Redundanz* der Codierung. Die Differenz L−H heißt auch *Coderedundanz* und 1−H/L heißt *relative Coderedundanz*.

Die mittlere Wortlänge wird klein, wenn es gelingt, die Codierung so zu wählen, daß für jedes neu zu betrachtende Bit die Wahrscheinlichkeit für **L** und **O** gleich groß wird. Dann hat zu jedem Zeitpunkt jedes Bit die Wahrscheinlichkeit 0.5 und damit einen gleichen Entscheidungsgehalt. Dies wird erreicht, wenn jedes neu übertragene Bit die verbleibende Zeichenmenge in etwa gleichwahrscheinliche Teilmengen zerlegt.

Beispiel (Entropie und mittlere Wortlänge für das Alphabet A = {a, b}). Die Wahrscheinlichkeit der Zeichen a und b sei gegeben durch $p_a = 0.75$ und $p_b = 0.25$. Die mittlere Wortlänge bei Einzelzeichencodierung ergibt im günstigsten Fall 1.

Für eine Paarcodierung ergeben sich die Wahrscheinlichkeiten, wie sie in Tabelle 1.9 angegeben sind.

Tabelle 1.9. Tabelle der Wahrscheinlichkeiten bei Paarcodierung

i	q_i
aa	9/16
bb	1/16
ab	3/16
ba	3/16

Bei einer Binärcodierung von je zwei Zeichen („Paarcodierung"), die durch den in Abb. 1.3 gegebenen Codebaum beschrieben ist, ergibt sich die mittlere Wortlänge des Codes pro codiertes Zeichen wie folgt:

$$L = (1 \cdot 9/16 + 2 \cdot 3/16 + 3 \cdot 4/16)/2 \approx 0.84$$

Die Entropie H berechnet sich wie folgt:

$$H = \sum p_i \, \text{ld} \, 1/p_i = 3/4 \, \text{ld} \, 4/3 + 1/4 \, \text{ld} \, 4 \approx 0.8 \qquad \square$$

Wir erhalten also bereits durch die geschickte Wahl einer Paarcodierung unter Umständen eine beträchtliche Verbesserung der mittleren Wortlänge gegenüber der Einzelzeichencodierung.

Wichtig für die Informatik ist in diesem Zusammenhang insbesondere der Begriff der *Redundanz*. Ist die Darstellung von Information, die Codierung, so gewählt, daß sie minimale Wortlänge besitzt (das heißt, daß die mittlere Wortlänge der Entropie entspricht), so ist die Darstellung nicht redundant; jedes Weglassen von Teilen (Bits) der Codierung einer Zeichenfolge macht es unmöglich, die Zeichenfolge korrekt zu rekonstruieren. Ist die Darstellung jedoch redundant, so ist beim Weglassen geringfügiger Teile die Information noch eindeutig rekonstruierbar. Redundanz ist also ein wichtiges Sicherheitskriterium. Durch bewußt in einer Codierung eingebaute Redundanz können einfache Fehler erkannt und manchmal auch korrigiert werden. Umgekehrt erlaubt die Redundanz in gewissen Fällen durch geschicktes Ausnützen von Regelmäßigkeiten in der codierten Information die Decodierung von codierter Information selbst dann, wenn wir die Codierungs- und Decodierungsvorschrift nicht kennen. Im Zusammenhang mit Datensicherung vor unbefugtem Zugriff durch Codierung erhöht Redundanz das Risiko der unbefugten Entschlüsselung.

Strenggenommen macht es nur Sinn, von Redundanz zu sprechen, wenn eine Wahrscheinlichkeitsverteilung für die betrachtete Menge von Informationen gegeben ist. Allerdings enthalten bestimmte Codes für beliebige Wahrscheinlichkeitsverteilungen ein gewisses Maß an Redundanz. Werden beispielsweise mehr Bits, als für die Eindeutigkeit der Codierung nötig, verwendet (etwa durch Hinzufügung gewisser Paritätsbits), so ist die Codierung stets (für beliebige Wahrscheinlichkeitsverteilungen) redundant.

Die Darstellung von Informationen, wie sie bei der Kommunikation zwischen Menschen typischerweise verwendet werden, ist gewöhnlich redundant. Dies hat gute Gründe. Menschen unterlaufen Fehler. Redundanz erlaubt es, gewisse Fehler zumindest zu erkennen und häufig auch zu korrigieren. Alle natürlichen Sprachen enthalten dementsprechend eine beträchtliche Redundanz. Die Entropie der Deutschen Sprache liegt bei etwa 4.75 [bit/Zeichen] auf der Basis von 27 Zeichen einschließlich Zwischenraum. Die Redundanz natürlicher Sprache beträgt damit etwa 80%. Man beachte, daß bei der Wahl von Repräsentationen für Informationen immer zu prüfen ist, wieviel Redundanz nötig und wünschenswert ist.

Das Konzept des Entscheidungsgehalts erklärt auch eine Reihe von biologischen Phänomenen. Ein Beispiel dafür sind die Reaktionszeiten bei der Auswahl von Zeichen, die durch das folgende Gesetz beschrieben sind.

Gesetz von Merkel:
Die Reaktionszeit T, die eine Versuchsperson benötigt, um aus n Gegenständen einen auszuwählen, wächst logarithmisch mit n. Es gilt:

$$T \approx 200 + 180 \cdot \text{ld } n \text{ [msec]}$$

Auch dieses Gesetz zeigt, in welchem Zusammenhang Entscheidungsinformation mit der Logarithmusfunktion steht: Wir können uns Entscheidungen stets als Durchlaufen eines Entscheidungsbaums vorstellen. Bei etwa ausgeglichenen Bäumen mit einheitlichem, maximalem Verzweigungsgrad ist die Baumtiefe etwa der Logarithmus der Anzahl der Blätter.

1.3 Sicherung der Übertragung von Nachrichten

Das Konzept der Redundanz kann nicht nur für die Reduzierung von Fehlübertragungen bei der Kommunikation zwischen Menschen verwendet werden. Es kann auch im technischen Nachrichtenaustausch erfolgreich eingesetzt werden, um codierte Information gegen Störungen und Fehler abzusichern. Folgende Situation ist typisch für die Übertragung von Nachrichten. Von einem Sender werden parallel Nachrichten über ein Leitungsbündel an einen Empfänger übertragen.

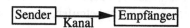

Abb. 1.4. Schema der Übertragung

Durch Übertragungsfehler („Störungen") können die übertragenen Nachrichten verfälscht werden. Im einfachsten Fall nehmen wir an, daß jedes Bit mit einer gewissen Wahrscheinlichkeit gegen Störungen anfällig ist, und zwar unabhängig von der Übertragung vorhergehender Zeichen. Wir sprechen von einem *diskreten Kanal ohne Speicher*. Wir beschränken uns im folgenden auf die Behandlung dieses einfachen Falls. Wichtige Spezialfälle davon sind im folgenden charakterisiert.

Beim sogenannten *Binärkanal* entstehen durch Übertragungsfehler stets wieder Binärzeichen. Beide Zeichen **O** und **L** haben Irrtumswahrscheinlichkeiten p_O beziehungsweise p_L. Spezialfälle sind der Fall der *einseitigen Störung*, bei der gilt $p_O = 0$ oder aber $p_L = 0$ und der Fall der *symmetrischen Störung*, bei der gilt $p_O = p_L$. Im Fall der symmetrischen Störung mit Störwahrscheinlichkeit p = 1/2 ist für jedes übermittelte Zeichen die Wahrscheinlichkeit für einen Fehler und für die korrekte Übertragung gleich groß. Das empfangene Zeichen läßt keinerlei Schlüsse auf das gesendete Zeichen zu. Es wird keine Information übertragen.

Beim *Kanal mit Verlustzeichen* entstehen durch Übertragungsfehler verfälschte Zeichen, die allerdings als gestörte Zeichen erkennbar sind und etwa durch das Verlustzeichen $\perp$ dargestellt werden können. Solch ein Zeichen kommt etwa bei Übertragungen, die durch Rauschen gestört sind, zustande. Der Kanal nimmt also Wörter über der Zeichenmenge $\{L, O\}$ als Eingabe und gibt Wörter über der Zeichenmenge $\{L, O, \perp\}$ aus.

1.3.1 Codesicherung

Ein wichtiges Anliegen der Informatik ist die *Fehlererkennung* und *Fehlerkorrektur* bei der Übertragung von Nachrichten. Wir sprechen von *Codesicherung*. Redundanz kann zur Codesicherung ausgenutzt werden. Zusätzliche Redundanz entsteht beispielsweise, wenn bei Codes einheitlicher Länge nicht sämtliche Bitkombinationen zur Codierung verwendet werden. Die Teilmenge der zur Codierung benutzten Binärwörter kann so gewählt werden, daß

1) die Wahrscheinlichkeit, ein falsches Zeichen zu erhalten, möglichst gering wird,

2) die Wahrscheinlichkeit, daß Fehler erkannt werden, möglichst hoch wird,

3) die Wahrscheinlichkeit, daß aufgetretene Fehler korrigierbar sind, möglichst hoch wird.

Beim Binärkanal führt im Fall einseitiger Störungen bei m-aus-n-Codes jede Störung zu einem Wort, das kein Codewort ist, und kann erkannt werden.

Bei symmetrischen Störungen ist für das Erkennen von Störungen eine Erhöhung des Hammingabstandes nützlich. Wir erhalten das folgende, einfach zu beweisende Lemma.

Lemma (Erkennung von Störungen). Hat ein Code den Hammingabstand h, so können alle Störungen, die weniger als h Bits betreffen, erkannt werden. $\square$

Unter der Voraussetzung, die im obigen Lemma formuliert ist, gilt, daß alle Störungen, die weniger als h/2 Bits betreffen, erfolgreich behoben werden können, falls für erkannte Fehler das Codewort mit dem geringsten Hammingabstand zur Fehlerkorrektur verwendet wird. Es ergeben sich folgende einfache Konsequenzen: Ist der Hammingabstand 2, dann kann ein fehlerhaftes Bit erkannt werden. Allerdings kann der Fehler nicht eindeutig korrigiert werden. Ist der Hammingabstand 3, so können zwei fehlerhafte Bits erkannt werden. Dann kann ein fehlerhaftes Bit erfolgreich korrigiert werden. Die Korrektur einer Übertragung mit zwei fehlerhaften Bits führt zu einem unsicheren, beziehungsweise inkorrekten Ergebnis.

Um eine ausreichende Codesicherung zu erreichen, werden gegebenen Codes oft weitere Bits („Paritätsbits" oder auch „Prüfbits") hinzugefügt.

Beispiel (Flexowriter-Code). Zu jedem Codewort wird ein Prüfbit hinzugefügt. Das Prüfbit ergänzt die Anzahl der L in einem Codewort zu einer geraden Zahl. Wird in einem Codewort mit Prüfbit nur ein Bit verfälscht, so ist das Prüfbit für das entstehende Wort inkorrekt. Der Fehler ist erkennbar.   □

Man beachte, daß die geschickte Wahl der Prüfbits und die geeignete Anzahl stark von den zu befürchtenden Störungen bestimmt ist.

1.3.2 Übertragungssicherung

Wir betrachten einen binären Kanal auf dem Binärwörter übertragen werden, über die (und über deren Redundanz) wir nichts wissen. Für den Kanal liege eine symmetrische Störung vor. Dies bedeutet, daß es eine gegebene Irrtumswahrscheinlichkeit p gibt, mit der bei einem Zeichen die Ausgabe verschieden von der Eingabe ist.

Weiterhin nehmen wir im Hinblick auf die Übertragungsgeschwindigkeit an, daß der Sender eine gewisse Anzahl s_0 von Zeichen pro Zeiteinheit übertragen soll und der Kanal s_1 Zeichen pro Zeiteinheit übertragen kann. Dann heißt $R = s_0/s_1$ *Quellen-* oder *Senderate*. Falls $R < 1$ gilt, ist es möglich, durch entsprechende Codierung der Eingabe vor der Übertragung noch zusätzliche Redundanz und damit Fehlersicherheit zu erlangen. Damit erfolgt die Übertragung nach dem in Abb. 1.5 angegebenen Schema:

Abb. 1.5. Schema der Nachrichtenübertragung

Im Falle einer Senderate $R < 1$ können wir die Überkapazität des Kanals ausnutzen, um durch mehrfache Übertragung der Information Störungen eher zu erkennen und zuverlässiger zu korrigieren.

Beispiel (Sicherheit durch Redundanz). Gilt beispielsweise $R = 1/3$, dann kann der Kanal pro Zeiteinheit dreimal so viele Zeichen übertragen, wie der Sender übertragen will. Jedes Zeichen kann durch Verdreifachung vor der Übertragung codiert werden und muß anschließend wieder decodiert werden:

gesendetes Wort   **LOLOO**

Codierung   **LLLOOOLLLOOOOOO**

Nehmen wir hierbei beispielsweise an, daß durch Rauschen das 2., 5., 6., 12. und 13. Bit gestört wird (Fehlerrate 1/3), dann erhält der Empfänger die Bitfolge:

LOLOLLLLLOOLLOO

Die beste Strategie zur fehlerkorrigierenden Decodierung erhalten wir durch ein Mehrheitsvotum bei den drei übertragenen Bits. Für das obige Beispiel führt das für den Empfänger zu folgender Zeichenfolge:

LLLOO

Lediglich der Fehler bei der Übertragung des zweiten Bits wird nicht korrekt beseitigt und tritt in der decodierten Nachricht noch auf. Die Fehlerrate ist dann durch die Formel $3p^2-2p^3$ gegeben, also für eine kleine Fehlerwahrscheinlichkeit p erheblich besser als die Fehlerwahrscheinlichkeit p für die Einzelübertragung. Ein Fehler entsteht für den Empfänger nur, falls 2 oder 3 Bits der Codierung eines Zeichens verfälscht werden.   □

Ist die Senderate größer als 1/2, dann ist die Vervielfachungsstrategie nicht mehr ohne weiteres möglich. Dann können wir mit zusätzlichen Bits, wie etwa Paritätsbits, arbeiten, die jedoch geschickt gewählt werden müssen. Folgende Paritätsbitstrategie wird als *Hammingcode* bezeichnet: Gilt R = n/(n+1), so ist nur ein Bit pro n-Bit-Wort zusätzlich möglich. Zur Übertragung des Binärworts

$$\langle x_1 \ldots x_n \rangle$$

wählen wir das Bit x_{n+1} so, daß mit w(L) = 1 und w(O) = 0 gilt:

(*) $(w(x_1) + \ldots + w(x_n) + w(x_{n+1}))$ **mod** 2 = 0

Somit wird jedes Binärwort so durch ein Zeichen ergänzt, daß die Anzahl der Zeichen L in jedem Codewort gerade wird. Der Hammingabstand eines (n+1, n)-Hammingcodes, der wie folgt definiert ist:

$$c(\langle x_1 \ldots x_n \rangle) = \langle x_1 \ldots x_n \, x_{n+1} \rangle \text{ wobei (*) gelte,}$$

beträgt damit mindestens zwei. Für diesen Code ist ein einfacher Fehler erkennbar, aber nicht korrigierbar.

Beispiel. Gilt beispielsweise R = 4/7 und werden Wörter der Länge 4 gesendet, so sind drei Paritätsbits frei wählbar. Soll das Wort

$$\langle x_0 \ldots x_3 \rangle$$

übertragen werden, so werden beim (7,4)-Hammingcode zusätzlich die Bits x_4, x_5, x_6 als Paritätsbits gewählt. Wir definieren beispielsweise

$$w(x_4) = (w(x_1) + w(x_2) + w(x_3)) \text{ \textbf{mod} } 2,$$
$$w(x_5) = (w(x_0) + w(x_2) + w(x_3)) \text{ \textbf{mod} } 2,$$
$$w(x_6) = (w(x_0) + w(x_1) + w(x_2)) \text{ \textbf{mod} } 2.$$

Permutationen der Bits x_4, x_5, x_6 beziehungsweise x_0, x_1, x_2, x_3 bei der Übertragung werden nicht als Fehler erkannt. Der Hammingabstand eines (7,4)-Hammingcodes beträgt 3. Beim (7,4)-Hammingcode kann ein einfacher Fehler pro Codewort korrigiert werden.   □

Bei der Decodierung kann unter der Annahme, daß höchstens ein Fehler auftritt, wie folgt verfahren werden. Der Empfänger erhält beim Senden eines Binärworts x = $\langle x_0 \ldots x_6 \rangle$ ein eventuell gestörtes Binärwort y = $\langle y_0 \ldots y_6 \rangle$. Ist y kein Codewort, das heißt, erfüllt y insbesondere nicht die obigen Gleichungen, so nehmen wir an, daß ein Übertragungsfehler vorliegt und wählen als Übertragungswort dasjenige Wort aus dem Hammingcode, das sich von dem Wort y nur in einem Bit unterscheidet. Existiert solch ein Binärwort nicht, so ist das ursprünglich übertragene Wort nicht eindeutig rekonstruierbar.

Wir erhalten also neben der Irrtumswahrscheinlichkeit[1] p für den Kanal pro übertragenem Bit bei einer Senderate R < 1 der Übertragung unter Ausnützung von Redundanz eine geringere Irrtumswahrscheinlichkeit p_e < p pro zu übermittelndem Zeichen. Gilt R > 1, so erwarten wir p_e > p.

Ist die Senderate R größer als 1, so sind mehr Bits zu übertragen als der Kanal bewältigt. Dann können nicht alle Bits des Senders übertragen werden. Die einfachste Methode zur Decodierung ist dann, daß der Empfänger für die nicht übertragenen Bits eine Münze wirft und so die Werte für die nicht übertragenen Bits errät. Die Irrtumswahrscheinlichkeit p_e pro Bit im zu übertragenden Wort ergibt sich dann aus folgender Formel:

$$p_e = p/R + (R-1)/(2R).$$

Eine bessere Rate der korrekt übertragenen Bits erhalten wir durch das Packen in Übertragungsblöcke. Wir demonstrieren dies an einem Beispiel.

Beispiel. Für R = 3 teilt der Sender die Nachricht in Blöcke von dreistelligen Binärwörtern und übermittelt den Mehrheitswert. Der Empfänger verdreifacht jedes übertragene Bit. Wir erhalten dann insgesamt die Irrtumswahrscheinlichkeit:

$$p_e = (2p+1)/4$$

Es werden bei der Irrtumswahrscheinlichkeit p = 0 etwa 3/4 der Zeichen korrekt übertragen.   □

Die oben beschriebene Idee zur Verbesserung des Wertes p_e läßt sich auch in anderen Fällen anwenden, wenn für die Senderate R > 0 gilt. Wir können stets versuchen, mehrere Bits des zu übertragenden Worts in ein Bit (oder eine kleinere Zahl von Bits) zu verdichten, dies zu übertragen und pauschal zur zu übertragenden Nachricht zu ergänzen. Dies führt auf die Frage: Wie weit läßt sich bei gegebener Senderate R und gegebener Bit-Irrtumswahrscheinlichkeit p durch Codierung bei der Übertragung die Irrtumswahrscheinlichkeit p_e pro zu übertragendem Bit verbessern? Grundsätzlich läßt sich sagen: Im Falle R = 1 ist sicher p_e = p das erreichbare Optimum, im Falle R < 1 ist sicher p_e < p, im Falle R > 1 ist sicher p_e > p.

Eine genaue Aussage über die erreichbare Irrtumswahrscheinlichkeit bei vorgegebener Senderate und Störungswahrscheinlichkeit läßt sich wie folgt machen. Wir führen dazu die *binäre Entropiefunktion* $H_2(p)$ ein. Sie ist durch die Formel

$$H_2(p) = p \cdot ld(1/p) + (1-p) \, ld(1/(1-p))$$

definiert. Insbesondere gilt:

$$H_2(0) = H_2(1) = 0.$$

Ein Maß für die erreichbare Übertragungssicherheit liefert die Kanalkapazität. Die *Kanalkapazität* gibt an, welche Fehlerwahrscheinlichkeit bei gegebener Senderate und Bit-Irrtumswahrscheinlichkeit bestenfalls erreicht werden kann. Die Kanalkapazität C eines binären symmetrischen Kanals ist definiert durch

$$C(p) = 1 - H_2(p).$$

---

[1]Wir verzichten darauf, die Herleitung der im folgenden angegebenen Formeln zu erläutern, und verweisen auf einschlägige Literatur über Wahrscheinlichkeitstheorie.

Zum Abschluß geben wir das *Kanalcodierungstheorem* an: Eine geforderte Irrtums-wahrscheinlichkeit p_e $(0 \leq p_e \leq 1/2)$ kann für R und p erreicht werden, falls folgende Aussage gilt:

$$C(p) > R \cdot (1-H_2(p_e))$$

Gilt diese Aussage nicht, so kann die gewünschte Irrtumswahrscheinlichkeit nicht erreicht werden.

2. Binäre Schaltnetze und Schaltwerke

Für die Realisierung von Informationsverarbeitungsvorgängen durch technische Maschinen benötigen wir eine physikalische Darstellung von Informationen und den entsprechenden Verarbeitungsvorgängen. Dazu können sehr unterschiedliche Techniken verwendet werden. Im Prinzip lassen sich Licht, Strom, Wasser, Dampf, Moleküle, Atome, aber auch mechanische Einrichtungen einsetzen.

Technische Maschinen zur Informationsverarbeitung nehmen Informationen in bestimmter Repräsentation als Eingabe und erzeugen Informationen in bestimmter Repräsentation als Ausgabe. Die informationsverarbeitenden Vorgänge werden durch Umformungen auf den physikalischen Repräsentationen für Informationen realisiert. Damit steht die Frage der physikalischen Darstellung von Information und deren technische Umformung im Vordergrund.

Eine elementare Form der Darstellung von Informationen erhalten wir durch zweielementige Mengen und Wörter darüber. Ein Beispiel für eine zweielementige Menge ist die Menge der Booleschen Werte $\mathbb{B} = \{O, L\}$. Die Repräsentation von Information durch Sequenzen von Booleschen Werten ist das beherrschende Prinzip in den heute gebräuchlichen Rechenanlagen. Die Verarbeitung so dargestellter Informationen in Rechenanlagen läßt sich somit durch Funktionen beschreiben, die auf Booleschen Werten, Tupeln von Booleschen Werten („Binärwörtern") oder Sequenzen von Binärwörtern operieren.

Somit liefern die Booleschen Funktionen die Grundlage für die Beschreibung von Vorgängen der Informationsverarbeitung. Komplexe Operationen auf Binärwörtern lassen sich technisch durch Schaltnetze und Schaltwerke darstellen, die aus einfachen Bausteinen, die elementaren Booleschen Funktionen entsprechen, durch geeignete Kombination zusammengesetzt werden. Elektrische Schaltungen, wie sie in Rechenanlagen Verwendung finden, realisieren solche Schaltnetze und Schaltwerke. Sie dienen somit zur technischen Realisierung Boolescher Funktionen.

Im folgenden wird zuerst der Raum der Booleschen Funktionen eingeführt. Anschließend werden Schaltnetze, Schaltwerke und deren Zusammenhang mit Booleschen Funktionen behandelt.

2.1 Boolesche Algebra und Boolesche Funktionen

In der Booleschen Algebra (vergleiche Teil I) betrachten wir zwei zweistellige Operationen $\vee$ und $\wedge$, die den Kommutativ-, Assoziativ-, Idempotenz- und Absorptionsgesetzen genügen, und damit einen Verband bilden. Zusätzlich fordern wir das Distributivgesetz und erhalten so einen distributiven Verband. Schließlich nehmen wir noch eine einstellige involutorische Operation ¬ (Negation) hinzu und fordern die Gültigkeit der Gesetze von De Morgan und des Neutralitätsgesetzes. Wir erhalten einen *Booleschen Verband* oder eine *Boolesche Algebra*.

Die Menge der Wahrheitswerte mit den charakteristischen aussagenlogischen Verknüpfungen bildet eine Boolesche Algebra. Aber auch Tupel (Binärwörter gleicher Länge) von Wahrheitswerten und Räume von Funktionen, die Wahrheitswerte als Resultate abliefern, bilden eine Boolesche Algebra. Die Gesetze der Booleschen Algebra haben wir ausführlich in Teil I besprochen.

2.1.1 Boolesche Funktionen

Eine *n-stellige Boolesche Funktion* oder *Schaltfunktion* ist eine n-stellige Abbildung auf den Wahrheitswerten:

$$f: \mathbb{B}^n \to \mathbb{B}$$

Wie wir sehen werden, lassen sich durch Boolesche Funktionen alle Formen der maschinellen Informationsverarbeitung darstellen. Verfügen wir über Darstellungs- oder gar über Realisierungsmöglichkeiten für Boolesche Funktionen, so können wir damit auch Vorgänge der Informationsverarbeitung darstellen beziehungsweise realisieren.

Wie in der Programmierung allgemein verschiedene Darstellungen ein und derselben Funktion durch unterschiedliche Rechenvorschriften existieren, gibt es für eine gegebene Boolesche Funktion sehr unterschiedliche mathematische und technische Repräsentationen (Darstellungen). Das Studium der Möglichkeiten der Repräsentation ist für Boolesche Funktionen von besonderem Interesse, da auch digitale Schaltungen zur Verarbeitung von Informationen als technische Realisierung Boolescher Funktionen verstanden werden können. Signale dienen dabei der technischen Repräsentation Boolescher Werte. Einrichtungen zur Signalverarbeitung entsprechen in einer angemessenen Abstraktion Booleschen Funktionen. Der technische Aufbau digitaler Schaltungen kann durch Schaltnetze und Schaltwerke wiedergegeben werden.

Eine syntaktische Darstellung Boolescher Funktionen liefern Boolesche Terme mit freien Identifikatoren (vgl. Teil I). Wir sprechen von *Termrepräsentationen*. Termdarstellungen korrespondieren zu Schaltnetzen und Schaltwerken und damit zur Realisierung von Booleschen Funktionen durch Schaltungen. Wir wenden uns zunächst kurz Fragen der Termdarstellung Boolescher Funktionen zu, um die Darstellung und Realisierung von Booleschen Funktionen durch Schaltnetze und Schaltwerke vorzubereiten.

Gegeben sei ein Boolescher Term t mit den freien Identifikatoren $x_1, ..., x_n$ der Sorte **bool**. Der Term t stellt eine Abbildung

$$f: \mathbb{B}^n \to \mathbb{B}$$

dar, wenn wir folgende Festlegung (mit $x_i \in \mathbb{B}$):

$$f(x_1, ..., x_n) = t$$

verwenden.

Durch den Term t wird jedem Tupel von Booleschen Werten $b_1, ..., b_n$ durch Einsetzen der Werte $b_1, ..., b_n$ für die Identifikatoren $x_1, ..., x_n$ in t und durch die anschließende Auswertung des entstehenden Terms ein Boolescher Wert zugeordnet. Damit lassen sich Boolesche Terme über einer vorgegebenen linear geordneten, endlichen Menge von Identifikatoren als Darstellungen von n-stelligen Booleschen Funktionen interpretieren. Die lineare Ordnung auf den Identifikatoren dient dabei lediglich der Festlegung der Reihenfolge der Argumente der Funktion.

Sei $W_{BOOL}(ID)$ die Menge der Booleschen Terme mit Identifikatoren aus der Menge ID. ID enthalte die n Elemente $x_1, ..., x_n$. Dann ist die Interpretation I von Termen $t \in W_{BOOL}(ID)$ durch die *Boolesche Funktion*

$$I[t] : \mathbb{B}^n \to \mathbb{B}$$

gegeben mit

$$I[t](x_1, ..., x_n) = t.$$

Für gegebene Stelligkeit n ist die Anzahl der Funktionen des Funktionsraums

$$\mathbb{B}^n \to \mathbb{B}$$

endlich. Der Funktionsraum enthält $2^{(2^n)}$ Boolesche Funktionen.

Beispiel (Null-, ein- und zweistellige Boolesche Abbildungen).

(0) Die Menge der nullstelligen Booleschen Funktionen[1] ist durch folgende Terme ohne freie Identifikatoren gegeben

true	Konstante **L**
false	Konstante **O**

(1) Die Menge der einstelligen Abbildungen ist durch folgende Boolesche Terme gegeben, welche höchstens einen Identifikator x enthalten:

true	Konstante **L**
false	Konstante **O**
x	Identität
$\neg$ x	Negation

(2) Die Menge der zweistelligen Abbildungen ist durch folgende Boolesche Terme gegeben, welche höchstens die zwei Identifikatoren x und y enthalten:

true	Konstante **L**
false	Konstante **O**
x	Identität auf x, Linksprojektion
y	Identität auf y, Rechtsprojektion
$\neg$ x	Negation auf x
$\neg$ y	Negation auf y
x $\vee$ y	Disjunktion, Adjunktion
x $\wedge$ y	Konjunktion
x $\vee$ $\neg$ y	inverse Implikation x $\Leftarrow$ y, Subjunktion
$\neg$ x $\vee$ y	Implikation x $\Rightarrow$ y, Subjunktion

---

[1] Nullstellige Funktionen sind Abbildungen, die keine Parameter benötigen und damit genau ein Resultat besitzen.

$(\neg x \wedge \neg y) \vee (y \wedge x)$ Äquivalenz $x \Leftrightarrow y$, Bisubjunktion
$(\neg x \wedge y) \vee (y \wedge \neg x)$ Antivalenz $x \not\Leftrightarrow y$
$\neg (x \vee y)$ Peirce, „nor"
$\neg (x \wedge y)$ Sheffer, „nand"
$x \wedge \neg y$ Bisubtraktion
$\neg x \wedge y$ Bisubtraktion

(3) Dreistellige Boolesche Abbildungen können durch Ausdrücke dargestellt werden, welche höchstens die drei Identifikatoren x, y, z enthalten. Wir geben nur ein Beispiel:

$(x \wedge y) \vee (\neg x \wedge z)$ durch x bedingter Ausdruck in y und z.

Eine Wertetafel für eine dreistellige Boolesche Abbildungen enthält 2^3 Einträge. Es gibt $2^{(2^3)}$ verschiedene Wertetafeln und somit 256 dreistellige Boolesche Funktionen. ☐

Die n-stelligen Booleschen Funktionen lassen sich also durch Boolesche Ausdrücke mit (freien) Identifikatoren beschreiben. Boolesche Funktionen lassen sich aber auch durch *Tabellen* oder *Wertetafeln* darstellen, da die Definitionsbereiche endlich sind.

Beispiel (Beschreibung einer Booleschen Funktion durch eine Wertetabelle). Sei die Boolesche Abbildung

f: $\mathbb{B}^3 \to \mathbb{B}$

durch die folgende Gleichung

$f(x, y, z) = x \vee \neg y \vee z$

festgelegt. Für f erhalten wir die in Tabelle 2.1 angegebene Wertetabelle.

Tabelle 2.1. Wertetafel für die Funktion f

x	O	O	O	O	L	L	L	L
y	O	O	L	L	O	O	L	L
z	O	L	O	L	O	L	O	L
f(x, y, z)	L	L	O	L	L	L	L	L

Die Wertetabelle beschreibt die Funktion f eindeutig. ☐

Die Menge der n-stelligen Funktionen über einer Booleschen Algebra bildet selbst wieder eine Boolesche Algebra. Die Verknüpfungen auf den Funktionen ergeben sich durch punktweise Verknüpfung der Funktionswerte:

$(f_1 \wedge f_2)(b_1, ..., b_n)$ $= f_1(b_1, ..., b_n) \wedge f_2(b_1, ..., b_n)$
$(f_1 \vee f_2)(b_1, ..., b_n)$ $= f_1(b_1, ..., b_n) \vee f_2(b_1, ..., b_n)$
$(\neg f)(b_1, ..., b_n)$ $= \neg (f_1(b_1, ..., b_n))$

Insbesondere erhalten wir für Funktionen, die durch Boolesche Terme repräsentiert sind, durch Verknüpfung der Terme mit den entsprechenden Operatoren Termdarstellungen für die Ergebnisse der Verknüpfung der Funktionen.

2.1.2 Ordnungen auf Booleschen Abbildungen

Die charakteristischen Verknüpfungen auf Booleschen Algebren und ihre Eigenschaften sind in Teil I ausführlich behandelt. Nun zeigen wir, daß diese charakteristischen Verknüpfungen eine partielle Ordnung induzieren. In einer Booleschen Algebra wird für Elemente f, g durch folgende Festlegung eine partielle Ordnung $\geq$ definiert:

$$f \geq g \qquad \text{falls} \quad f = f \wedge g.$$

Wie wir nachfolgend zeigen, stimmt diese Ordnung mit der Implikation überein. Aufgrund des Absorptionsgesetzes ist die Aussage

$$f = f \wedge g \qquad \text{gleichbedeutend mit} \qquad f \vee g = g.$$

Daß die Relation $\geq$ in der Tat eine partielle Ordnung ist, ergibt sich aus folgendem Satz.

Satz (Ordnungseigenschaft der Relation $\geq$). Sei in einer Booleschen Algebra die Relation $\geq$ wie oben definiert. Dann ist die Relation $\geq$

(i)   reflexiv,
(ii)   transitiv,
(iii)   antisymmetrisch.

Beweis: Wir führen den Beweis durch Bezugnahme auf die entsprechenden Gesetze der Booleschen Algebra.

(i)	$f = f \wedge f$	(Idempotenz)
(ii)	$f1 = f1 \wedge f2, \ f2 = f2 \wedge f3$	(Einsetzen)
	$f1 = f1 \wedge f2 \wedge f3$	(Voraussetzung, Assoziativität)
	$f1 = f1 \wedge f3$	
(iii)	$f = f \wedge g, \ g = g \wedge f$	(Kommutativität)
	$f = g$	□

In einer Booleschen Algebra existiert stets bezüglich der Ordnung $\geq$ ein kleinstes und ein größtes Element. Dies ergibt sich aus folgendem Satz.

Satz (Größtes und kleinstes Element für $\geq$). Stets gilt für beliebige Elemente g und f einer Booleschen Algebra:

$$(f \wedge \neg f) \geq g \geq (f \vee \neg f)$$

Beweis: Eine einfache Anwendung der Gesetze der Booleschen Algebra ergibt:

$g \wedge (f \vee \neg f) = g$	(Neutralität)
$(f \wedge \neg f) \vee g = g$	(Neutralität) □

In der Booleschen Algebra der Aussagen gilt:

$$f \vee \neg f = \mathbf{L},$$
$$f \wedge \neg f = \mathbf{O}.$$

Also ist $\mathbf{L}$ ist das kleinste und $\mathbf{O}$ das größte Element bezüglich der Ordnung $\geq$.

Die Ordnung $\geq$ entspricht der Implikation. Den genauen Zusammenhang beschreibt der folgende Satz.

Satz (Gleichwertigkeit von $\geq$ zur Implikation). Die Aussage $f \geq g$ ist gleichwertig mit

$$(f \Rightarrow g) = (f \vee \neg f)$$

Beweis: Sei zunächst $f \geq g$. Nach den Gesetzen der Booleschen Algebra gilt:

$f = f \wedge g$	(Definition von $\geq$)
$f \vee \neg f = (f \wedge g) \vee \neg f$	(Anfügen von $\vee \neg f$)
$f \vee \neg f = (f \vee \neg f) \wedge (g \vee \neg f)$	(Distributivität)
$f \vee \neg f = (f \Rightarrow g)$	(Neutralität, Definition von „$\Rightarrow$").

Gilt umgekehrt $(f \Rightarrow g) = (f \vee \neg f)$, das heißt, es gilt:

$$(\neg f \vee g) = (f \vee \neg f)$$

dann ergibt das Gesetz der Neutralität folgende Ableitung:

f	$=$ $\quad f \wedge (f \vee \neg f)$	(Voraussetzung)
	$=$ $\quad f \wedge (\neg f \vee g)$	(Distributivität)
	$=$ $\quad (f \wedge \neg f) \vee (f \wedge g)$	(Neutralität)
	$=$ $\quad f \wedge g$	$\square$

Aus diesem Theorem ergibt sich sofort folgendes Korollar.

Korollar: Die Aussage $f = g$ ist gleichwertig mit der Aussage $(f \Leftrightarrow g) = (f \vee \neg f)$ $\quad \square$

Die Abbildung $f \vee \neg f$ repräsentiert die Boolesche Abbildung, die konstant das Ergebnis $\mathbf{L}$ liefert. Diese Abbildung nennen wir auch *Tautologie* oder *allgemeingültig*. Es gilt: Die Tautologie ist das in der Ordnung $\geq$ kleinste Element (die „schwächste Aussage"), die Negation der Tautologie das größte Element (die „stärkste Aussage").

Man beachte, daß für n-stellige Boolesche Funktionen f allgemein folgender Zusammenhang zur Prädikatenlogik mit Quantoren besteht: Die Aussage

$$\forall \, x_1, ..., x_n \colon f(x_1, ..., x_n)$$

ist gleichwertig mit der Aussage „f ist die Tautologie". Die Aussage

$$\exists \, x_1, ..., x_n \colon f(x_1, ..., x_n)$$

ist wahr, falls f *erfüllbar* ist. Dies ist gleichwertig mit der Aussage „$\neg f$ ist nicht Tautologie". Für n-stellige Boolesche Abbildungen f und g gilt:

$$f \geq g$$

falls

$$\forall \, b_1, ..., b_n \in \mathbb{B} \colon (f(b_1, ..., b_n) = g(b_1, ..., b_n)) \vee (f(b_1, ..., b_n) = \mathbf{O}).$$

Damit entspricht die Ordnung $\geq$ auf Funktionen der punktweisen Verallgemeinerung der partiellen Ordnung $\mathbf{O} \geq \mathbf{L}$ auf $\mathbb{B}$ auf den Raum der Booleschen Funktionen.

Für die Ordnung $\geq$ existiert für beliebige Elemente f und g einer Booleschen Algebra eine kleinste obere Schranke, gegeben durch f $\wedge$ g, und eine größte untere Schranke, gegeben durch f $\vee$ g. Die Boolesche Algebra der Booleschen Funktionen bildet somit einen vollständigen Verband. Abbildungen zwischen Booleschen Funktionen, die monoton bezüglich der Ordnung $\geq$ sind, besitzen somit Fixpunkte. Man beachte die Ähnlichkeit der Ordnung zur flachen Ordnung, die im Zusammenhang mit der Fixpunkttheorie verwendet wird.

Die angegebene Ordnung ist auch auf Aussagen und Prädikaten definiert. Sie erlaubt es von *stärkeren (größeren) Aussagen* und *schwächeren (kleineren) Aussagen* zu sprechen. Gilt beispielsweise

$$x = O \text{ und } y = L,$$

so ist

$$\neg x \wedge y$$

die stärkste gültige Aussage über x und y. Alle anderen gültigen Aussagen über x und y sind schwächer und werden von dieser Aussage impliziert. Der im Teil I besprochene Kalkül der Zusicherungen besitzt eine Ausprägung, bei der wir von der schwächsten Vorbedingung (englisch „weakest precondition") für eine gegebene Anweisung und eine gegebene Nachbedingung sprechen (vgl. DIJKSTRA).

2.2 Normalformen Boolescher Funktionen

Es existieren viele verschiedene Boolesche Terme, die die gleiche Funktion darstellen. In diesem Abschnitt wenden wir uns der Frage zu, wann durch unterschiedliche Boolesche Terme unterschiedliche Funktionen dargestellt werden. Diese Frage ist für Darstellungen in eindeutiger Normalformen einfach zu beantworten. Sind für die Darstellungen von Booleschen Funktionen eindeutige Normalformen gegeben, so besitzt jede Funktion genau eine Darstellung in Normalform. Zwei verschiedene Darstellungen in Normalform repräsentieren dann verschiedene Funktionen.

Wir zielen im folgenden Absatz auf Normalformen Boolescher Terme mit freien Identifikatoren ab und damit auf Termnormalformen Boolescher Funktionen. Wertetabellen bilden ebenfalls eindeutige Normalformdarstellungen für Boolesche Funktionen. Zu jeder Booleschen Funktion existiert genau eine Wertetabelle.

2.2.1 Das Boolesche Normalform-Theorem

Wir wollen nun für gegebene Boolesche Terme mit freien Identifikatoren, beziehungsweise für die durch sie definierten Abbildungen, eine eindeutige Darstellungsform betrachten. Sei t ein Term mit den n Identifikatoren $x_1, ..., x_n$. Wir schreiben abkürzend

$$\bigwedge_{i=1}^{n} x_i \qquad \text{für} \qquad (x_1 \wedge ... \wedge x_n)$$

und

$$\bigvee_{i=1}^{n} x_i \qquad \text{für} \qquad (x_1 \vee \ldots \vee x_n)$$

und ebenso für endliche Mengen $M = \{m_1, \ldots, m_n\}$:

$$\bigwedge_{x \in M} f(x) \qquad \text{für} \qquad f(m_1) \wedge \ldots \wedge f(m_n)$$

$$\bigvee_{x \in M} f(x) \qquad \text{für} \qquad f(m_1) \vee \ldots \vee f(m_n)$$

Wir schreiben im folgenden abkürzend häufig auch in Termen **L** für true und **O** für false.

Wie bereits einleitend bemerkt, gibt es für eine gegebene n-stellige Boolesche Funktion

$$f: \mathbb{B}^n \to \mathbb{B}$$

viele verschiedene Boolesche Terme t mit den Identifikatoren $x_1, \ldots, x_n$, so daß gilt:

$$f(b_1, \ldots, b_n) = I[t[b_1/x_1, \ldots, b_n/x_n]].$$

Wir geben im folgenden eindeutige Normalformen für Boolesche Terme an. Zunächst betrachten wir einen einfachen Hilfssatz:

Lemma (Darstellung Boolescher Funktionen). Für jede n-stellige Boolesche Funktion f gilt (für natürliche Zahlen $i \in \mathbb{N}$ mit $1 \leq i \leq n$):

$$f(b_1, \ldots, b_n) =$$

$$(b_i \wedge f(b_1, \ldots, b_{i-1}, \mathbf{L}, b_{i+1}, \ldots, b_n)) \vee (\neg b_i \wedge f(b_1, \ldots, b_{i-1}, \mathbf{O}, b_{i+1}, \ldots, b_n))$$

Beweis: Wir führen den Beweis durch Fallunterscheidung über den Wert von b_i. Falls $b_i = \mathbf{O}$, dann gilt:

$$(b_i \wedge f(b_1, \ldots, b_{i-1}, \mathbf{L}, b_{i+1}, \ldots, b_n)) \vee (\neg b_i \wedge f(b_1, \ldots, b_{i-1}, \mathbf{O}, b_{i+1}, \ldots, b_n)) =$$

$$(\mathbf{O} \wedge f(b_1, \ldots, b_{i-1}, \mathbf{L}, b_{i+1}, \ldots, b_n)) \vee (\mathbf{L} \wedge f(b_1, \ldots, b_{i-1}, \mathbf{O}, b_{i+1}, \ldots, b_n)) =$$

$$f(b_1, \ldots, b_{i-1}, \mathbf{O}, b_{i+1}, \ldots, b_n) =$$

$$f(b_1, \ldots, b_n).$$

Für $b_i = \mathbf{L}$ erfolgt der Beweis analog. □

Mit Hilfe dieses Lemmas läßt sich ein fundamentales Boolesches Normalform-Theorem beweisen. Es besagt, daß jeder Boolesche Term, der nur die freien Identifikatoren $x_1, \ldots, x_n$ enthält, auf disjunktive Normalform gebracht werden kann. Ein Term ist in *disjunktiver Normalform* (auch *adjunktive Normalform* genannt), wenn er gleich **L** oder **O** ist oder die folgende Gestalt besitzt:

$$(t_1 \vee \ldots \vee t_k),$$

wobei die Terme t_i folgende Gestalt haben:

$$(v_1 \wedge \ldots \wedge v_n),$$

wobei die Terme v_j von der Gestalt x_j oder $\neg x_j$ sind. Abgesehen von den Nebenbedingungen läßt sich diese Gestalt durch eine Beschreibung der syntaktischen Form in
BNF ausdrücken:

⟨disjunktive_normal_form⟩ ::= ⟨konjunktion⟩ { ∨ ⟨konjunktion⟩ }* | **O** | **L**

⟨konjunktion⟩ ::= ⟨literal⟩ { ∧ ⟨literal⟩ }*

⟨literal⟩ ::= { ¬ } ⟨id⟩

Die syntaktische Einheit ⟨id⟩ steht für die Booleschen Identifikatoren $x_1, ..., x_n$. Zusätzlich fordern wir, daß keiner der Terme t_i mit einem Term t_j ($i \neq j$) übereinstimmt.

Zur Formulierung des Normalform-Theorems führen wir sogenannte *Minterme*
ein. Ein *n-stelliger Minterm* für die Booleschen Werte $b_1, ..., b_n$ ist ein Boolescher
Term, der wie folgt definiert ist:

$$\text{minterm}(b_1, ..., b_n) = (v_1 \wedge ... \wedge v_n)$$

Dabei seien die Terme v_i wie folgt definiert:

$$v_i = \left\{ \begin{array}{ll} x_i & \text{falls } b_i = \mathbf{L} \\ \neg x_i & \text{falls } b_i = \mathbf{O} \end{array} \right.$$

Im Beweis des Normalform-Theorems stützen wir uns auf folgendes Lemma.

Lemma (Darstellung Boolescher Funktionen). Für jede n-stellige Boolesche Funktion f gilt (für n > 0):

$$f(x_1, ..., x_n) = \bigvee_{b_1 ... b_n \in \mathbf{B}} (f(b_1, ..., b_n) \wedge \text{minterm}(b_1, ..., b_n))$$

Beweis: Den Beweis führen wir durch Induktion über n.

Für n = 1 ist die Aussage trivial. Sei nun n > 1 und die Aussage richtig für alle k
mit k < n. Es gilt nach obigem Lemma

$$f(x_1, ..., x_n) = (x_n \wedge f(x_1, ..., x_{n-1}, \mathbf{L})) \vee (\neg x_n \wedge f(x_1, ..., x_{n-1}, \mathbf{O}))$$

Nach Induktionsvoraussetzung erhalten wir:

$$(x_n \wedge f(x_1, ..., x_{n-1}, \mathbf{L})) \vee (\neg x_n \wedge f(x_1, ..., x_{n-1}, \mathbf{O})) =$$

$$(x_n \wedge \bigvee_{b_1...b_{n-1} \in \mathbf{B}} (f(b_1, ..., b_{n-1}, \mathbf{L}) \wedge \text{minterm}(b_1, ..., b_{n-1}))) \vee$$

$$(\neg x_n \wedge \bigvee_{b_1...b_{n-1} \in \mathbf{B}} (f(b_1, ..., b_{n-1}, \mathbf{O}) \wedge \text{minterm}(b_1, ..., b_{n-1}))) =$$

$$\bigvee_{b_1...b_n \in \mathbf{B}} (f(b_1, ..., b_n) \wedge \text{minterm}(b_1, ..., b_n)) \qquad \square$$

Auf dieses Lemma kann der Beweis für das Boolesche Normalform-Theorem abgestützt werden.

Satz (Boolesches Normalform-Theorem). Jede n-stellige Boolesche Funktion f läßt
sich durch eine disjunktive Normalform darstellen.

Beweis: Für den Fall n = 0 ist die Aussage trivial. Sei nun n > 0. Nach obigem
Lemma gilt:

$$f(x_1, ..., x_n) = \bigvee_{b_1...b_n \in \mathbf{B}} (f(b_1, ..., b_n) \wedge minterm(b_1, ..., b_n))$$

Alle Booleschen Terme der Gestalt

$f(b_1, ..., b_n) \wedge minterm(b_1, ..., b_n)$

lassen sich für $f(b_1, ..., b_n) = \mathbf{L}$ auf

$minterm(b_1, ..., b_n)$

vereinfachen und für $f(b_1, ..., b_n) = \mathbf{O}$ einfach weglassen. Fallen alle Terme weg, so bleibt nur der Term $\mathbf{O}$ übrig. Wir erhalten eine disjunktive Normalform.   □

Die so entstehende Termdarstellung für f nennen wir auch *vollständige disjunktive Normalform*. In einer vollständigen disjunktiven Normalform kommt in jedem der Konjunktionsterme jeder der Identifikatoren genau einmal vor. Für jeden Booleschen Term t mit freien Identifikatoren $x_1, ..., x_n$ existiert (bis auf Vertauschungen der Operanden) genau eine solche vollständige disjunktive Normalform. Diese ist selbst wieder ein Boolescher Term, in dem höchstens $x_1, ..., x_n$ als freie Identifikatoren vorkommen. Wir bezeichnen diesen Term mit DNF(t).

2.2.2 Vereinfachte Normalformen

Allerdings kann die vollständige disjunktive Normalform häufig noch weiter vereinfacht werden. Treten in einer DNF beispielsweise Teilterme der Form

$... \vee (t_1 \wedge ... \wedge t_{i-1} \wedge x_i \wedge t_{i+1} \wedge ... \wedge t_n) \vee ...$

$\vee (t_1 \wedge ... \wedge t_{i-1} \wedge \neg x_i' \wedge t_{i+1} \wedge ... \wedge t_n) \vee ...$

auf, so können diese Teilterme nach den Regeln der Booleschen Algebra durch den Booleschen Term

$... \vee (t_1 \wedge ... \wedge t_{i-1} \wedge t_{i+1} \wedge ... \wedge t_n) \vee ...$

ersetzt werden. Durch das Anwenden dieser Regel können Teilterme der folgenden Form entstehen:

$... \vee (t_1 \wedge t_2) \vee ... \vee (t_1) \vee ...$

Diese können durch den Term

$... \vee (t_1) \vee ...$

ersetzt werden. Wenden wir diese vereinfachenden Regeln sooft wie möglich an, so erhalten wir die *vereinfachte disjunktive Normalform*. Bleibt schließlich nur ein Term der Form $x \vee \neg x$ übrig, so kann dieser durch $\mathbf{L}$ ersetzt werden.

Ist eine Boolesche Funktion in Form einer Wertetabelle gegeben, so läßt sich daraus schematisch ihre Darstellung in DNF ableiten. Dies wird durch das folgende Beispiel erläutert.

Beispiel (Normalform einer dreistelligen Booleschen Funktion). Sei f durch Tabelle 2.2 gegeben.

Tabelle 2.2. Wertetafel der Funktion f

x_1	**L**	**O**	**L**	**O**	**L**	**O**	**L**	**O**
x_2	**L**	**L**	**O**	**O**	**L**	**L**	**O**	**O**
x_3	**L**	**L**	**L**	**L**	**O**	**O**	**O**	**O**
$f(x_1,x_2,x_3)$	**L**	**O**	**L**	**O**	**O**	**O**	**O**	**L**

Wir erhalten für $f(x_1, x_2, x_3)$ aus der Tabelle 2.2 schematisch folgende Termdarstellung:

$(\mathbf{L} \wedge x_1 \wedge x_2 \wedge x_3)$ $\qquad \vee$

$(\mathbf{O} \wedge \neg x_1 \wedge x_2 \wedge x_3)$ $\qquad \vee$

$(\mathbf{L} \wedge x_1 \wedge \neg x_2 \wedge x_3)$ $\qquad \vee$

$(\mathbf{O} \wedge \neg x_1 \wedge \neg x_2 \wedge x_3)$ $\qquad \vee$

$(\mathbf{O} \wedge x_1 \wedge x_2 \wedge \neg x_3)$ $\qquad \vee$

$(\mathbf{O} \wedge \neg x_1 \wedge x_2 \wedge \neg x_3)$ $\qquad \vee$

$(\mathbf{O} \wedge x_1 \wedge \neg x_2 \wedge \neg x_3)$ $\qquad \vee$

$(\mathbf{L} \wedge \neg x_1 \wedge \neg x_2 \wedge \neg x_3)$

Mit der ersten Vereinfachung (Weglassen der konjunktiven Ausdrücke, die **O** enthalten) ergibt sich folgende Termdarstellung

$(\mathbf{L} \wedge x_1 \wedge x_2 \wedge x_3) \vee (\mathbf{L} \wedge x_1 \wedge \neg x_2 \wedge x_3) \vee (\mathbf{L} \wedge \neg x_1 \wedge \neg x_2 \wedge \neg x_3)$

und schließlich durch Weglassen der **L** die vollständige disjunktive Normalform

$(x_1 \wedge x_2 \wedge x_3) \vee (x_1 \wedge \neg x_2 \wedge x_3) \vee (\neg x_1 \wedge \neg x_2 \wedge \neg x_3)$.

Die Anwendung der angegebenen Vereinfachungsregel liefert schließlich die vereinfachte disjunktive Normalform:

$(x_1 \wedge x_3) \vee (\neg x_1 \wedge \neg x_2 \wedge \neg x_3)$ $\qquad\qquad\qquad$ □

Wir können einen Booleschen Term, der aus den drei Operationen $\wedge$, $\vee$ und $\neg$ aufgebaut ist, auch durch die Anwendung von Termersetzungsregeln in disjunktive Normalform bringen. Treten andere Boolesche Operationen auf, so ersetzen wir diese durch entsprechende mit $\wedge$, $\vee$ und $\neg$ aufgebaute Terme.

Analog zur DNF definieren wir eine *konjunktive Normalform* (KNF). Die konjunktive Normalform ist dual zur disjunktiven Normalform, nur vertauschen sich die Rollen der Booleschen Verknüpfungen $\wedge$ und $\vee$ und der Wahrheitswerte **L** und **O**. Es lassen sich (vollständige) konjunktive Normalformen Boolescher Terme und Boolescher Funktionen definieren. Wir können also von einer konjunktiven Normalform eines Terms und (bei gegebenem Satz von Identifikatoren für die Parameter) ebenso von der konjunktiven Normalform einer Booleschen Funktion reden.

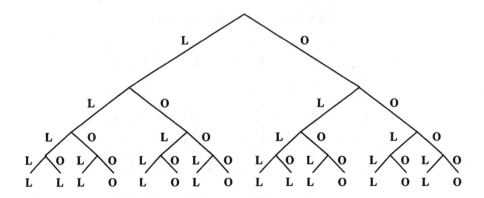

Abb. 2.1. Binärer Entscheidungsbaum

Man beachte, daß wir mit Hilfe des Normalform-Theorems für eine durch eine Tabelle gegebene Boolesche Funktion eine Termdarstellung erhalten. Verwenden wir die Termersetzungsregeln, so können wir bei einem gegeben Booleschen Term auf die Aufstellung der Tabelle verzichten und ausschließlich mit Ersetzungsregeln auf Termen arbeiten.

2.2.3 Binäre Entscheidungsdiagramme

Im ersten Kapitel haben wir Codebäume für die Darstellung der Binärcodierung von Alphabeten verwendet. Ersetzen wir die Zeichen in den Blättern durch Wahrheitswerte, erhalten wir Entscheidungsbäume zur Darstellung Boolescher Funktionen. Zu einer n-stelligen Booleschen Funktion definieren wir einen Entscheidungsbaum (engl. binary decision tree vgl. BRYANT) durch Induktion wie folgt:

(0) Für eine nullstellige Funktion f ist der Entscheidungsbaum L, falls f die Konstante true ist und O, falls f die Konstante false ist.

(1) Für die n+1-stellige Funktion f ist der Entscheidungsbaum durch den Baum

$$ \begin{array}{ccc} \mathbf{L} & \diagdown & \mathbf{O} \\ t1 & & t2 \end{array} $$

gegeben, wobei t1 der Entscheidungsbaum zur n-stelligen Funktion f1 ist mit

$$ f1(x_1, ..., x_n) = f(\mathbf{L}, x_1, ..., x_n) $$

und t2 der Entscheidungsbaum zur n-stelligen Funktion f2 mit

$$ f2(x_1, ..., x_n) = f(\mathbf{O}, x_1, ..., x_n). $$

Wir können nun den Baum in einen gerichteten Graph (dargestellt durch ein Geflecht) umformen, indem wir alle Teilbäume gleicher Gestalt nur durch einen Knoten darstellen. Wir erhalten einen binären Entscheidungsgraphen (engl. binary decision diagram). Sowohl der Entscheidungsbaum wie der Entscheidungsgraph sind für eine Boolesche Funktion eindeutig.

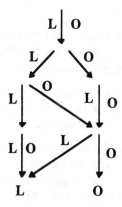

Abb. 2.2. Binärer Entscheidungsgraph

Der binäre Entscheidungsgraph kann noch weiter reduziert werden, indem wir Kantenpfade, auf denen alle Entscheidungswege zum gleichen Resultat führen, durch eine Kante ersetzen. Abb. 2.2 gibt den Entscheidungsgraph zum Entscheidungsbaum aus Abb. 2.1 und Abb. 2.3 zeigt den dazugehörigen reduzierten Entscheidungsgraph.

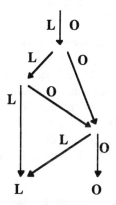

Abb. 2.3. Reduzierter binärer Entscheidungsgraph

Um die Gleichheit zweier Funktionen in Entscheidungsbaumform zu überprüfen wird in der Regel exponentieller Aufwand benötigt. Dies gilt allgemein auch für Entscheidungsgraphen. Für gewisse Aufgaben und die dabei auftretenden Booleschen Funktionen aber sind Entscheidungsgraphen jedoch sehr effizient, sowohl für die Darstellung von Booleschen Funktionen, wie auch für die Überprüfung auf Gleichheit.

2.3 Schaltnetze

Zur Realisierung von Booleschen Funktionen (wir sprechen ab jetzt von Schaltfunktionen) können *Schaltnetze* verwendet werden. Schaltnetze entsprechen gerichteten, *azyklischen* Graphen mit *Eingängen* und *Ausgängen* (auch Anschlüsse genannt).

Definition. Ein *Schaltnetz* mit n Eingängen und m Ausgängen ist ein gerichteter, azyklischer Graph, mit n Eingangskanten und m Ausgangskanten, dessen Knoten mit den Namen Boolescher Funktionen markiert sind.   □

Schaltnetze sind mit Booleschen Termen eng verwandt. Jeder Boolesche Term läßt sich als ein Schaltnetz darstellen. Die so entstehenden Schaltnetze haben jedoch die Eigentümlichkeit, daß jede Kante genau ein Ziel hat. Deshalb führen wir im folgenden neben Booleschen Termen eine Funktionaltermdarstellung für Boolesche Funktionen ein, durch die beliebige Schaltnetze mit Kanten mit Mehrfachzielen (Verzweigungen) dargestellt werden können.

Abb. 2.4. n-stellige Komponente mit m-stelligem Ergebnis

Im folgenden behandeln wir eine Reihe Boolescher Funktionen, ihre Darstellung durch Boolesche Terme und durch Funktionsterme (funktionale Terme). Funktionsterme sind durch Verknüpfungen aus Grundfunktionen aufgebaut. Die Verknüpfungen entsprechen der graphischen Darstellung durch Schaltnetze. Schaltnetze schließlich können als schematische Darstellungen von digitalen Schaltungen verstanden werden, und modellieren die prinzipielle elektrotechnische Realisierung von Schaltfunktionen.

2.3.1 Schaltfunktionen und Schaltnetze

Eine *Schaltfunktion* f mit n *Eingängen* und m *Ausgängen* ist eine Abbildung folgender Funktionalität:

$$f: \mathbb{B}^n \to \mathbb{B}^m$$

Wir sprechen von einer n-stelligen Schaltfunktion mit einem m-stelligen Ergebnis. Solche Schaltfunktionen beschreiben das Verhalten von „Komponenten" in Schaltnetzen. Sie werden in Schaltnetzen durch einen „schwarzen Kasten" (engl. black box) mit n Eingangsleitungen und m Ausgangsleitungen graphisch dargestellt. Eine solche Darstellung ist in Abb. 2.4 gegeben.

Besondere Sinnbilder verwenden wir für die graphische Repräsentation derjenigen Schaltfunktionen in Schaltnetzen, die den klassischen logischen Verknüpfungen entsprechen. Die Abb. 2.5 zeigt einige Beispiele.

Die in Abb. 2.5 angegebenen Sinnbilder entsprechen den folgenden Schaltfunktionen:

AND, OR: $\mathbb{B}^2 \to \mathbb{B}$

NOT: $\mathbb{B} \to \mathbb{B}$

AND_n, OR_n: $\mathbb{B}^n \to \mathbb{B}$

Der Wertverlauf dieser Funktionen wird durch die folgenden Gleichungen definiert:

$$\text{AND}(a, b) = a \wedge b, \qquad \text{AND}_n(a_1, ..., a_n) = a_1 \wedge ... \wedge a_n,$$

$$\text{OR}(a, b) = a \vee b, \qquad \text{OR}_n(a_1, ..., a_n) = a_1 \vee ... \vee a_n,$$

$$\text{NOT}(a) = \neg a$$

Man findet auch andere Sinnbilder für die graphische Darstellung der logischen Grundfunktionen (vgl. Abb. 2.6).

Konjunktion   Disjunktion   Negation

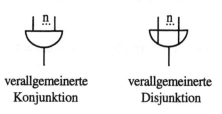

verallgemeinerte   verallgemeinerte
Konjunktion   Disjunktion

Abb. 2.5. Sinnbilder von Schaltfunktionen

Die aufgeführten Sinnbilder und ihre Schaltfunktionen entsprechen Verknüpfungsgliedern in Schaltnetzen. Wir nennen sie auch *Gatter* und die ihnen entsprechenden Funktionen *Gatterfunktionen*.

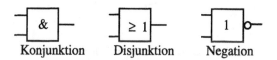

Konjunktion   Disjunktion   Negation

Abb. 2.6. Deutsche Norm DIN IEC 407000 (neu)

Wie bei Schaltfunktionen sprechen wir bei Schaltnetzen von *Eingängen* und *Ausgängen*. Ein Schaltnetz mit n Eingängen und m Ausgängen repräsentiert genau eine Schaltfunktion mit n Eingängen und m Ausgängen. Ein *Schaltnetz* mit n Eingängen und m Ausgängen ist ein gerichteter, azyklischer Graph, dessen Knoten mit (den Namen von) Schaltfunktionen markiert sind. Jeder Knoten hat soviele Eingänge, wie die

Schaltfunktion, mit der er markiert ist, Parameter hat und soviele Ausgänge, wie die Funktion, mit der er markiert ist, Resultate liefert. Die Mengen der Ausgänge und Eingänge eines Knotens sind geordnet. Eine Ausgangskante kann sich verzweigen und zu mehreren Eingängen von Knoten führen. Die Eingänge des Schaltnetzes entsprechen Kanten ohne Ausgangsknoten, die Ausgänge entsprechen Kanten ohne Eingangsknoten. Die einfachste Form des Schaltnetzes („Grundbaustein") ist der in Abb. 2.4 gezeigte „schwarze Kasten".

Ein gerichteter, azyklischer Graph besteht aus einer Menge von Knoten und einer Menge von gerichteten Kanten.

In einem Schaltnetz besitzt jeder Knoten wieder eine Menge von *Eingängen* und *Ausgängen*. Jeder Knoten ist mit einer Schaltfunktion markiert. Kanten führen von den Eingängen des Netzes oder den Ausgängen der Knoten zu Knoteneingängen oder Netzausgängen. Jeder Kante ist genau ein Netzeingang oder ein Knotenausgang, genannt *Quelle der Kante*, zugeordnet, von dem sie ausgeht. Jeder Kante sind ein oder mehrere Knoteneingänge oder Netzausgänge, genannt *Ziele der Kante*, zugeordnet, zu denen sie hinführt. Die Knoten sind mit Schaltfunktionen markiert. Die Zahl der Eingänge und Ausgänge eines Netzes entspricht der Stelligkeit der Funktion, beziehungsweise der Stelligkeit der Resultate der Funktion, die durch das Netz dargestellt werden.

Beispiel (Schaltnetz). Abb. 2.7 zeigt ein einfaches Schaltnetz. Es realisiert die Boolesche Funktion f: $\mathbb{B}^2 \to \mathbb{B}$, die wie folgt definiert ist:

$\quad$ f(a, b) = (a ∨ b) ∧ a

Die Struktur des Booleschen Terms (a ∨ b) ∧ a ergibt das Schaltnetz aus Abb. 2.7. □

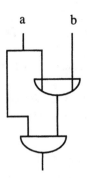

Abb. 2.7. Beispiel für ein einfaches Schaltnetz

Schaltnetze weisen eine starke Ähnlichkeit mit den Formularen zur Berechnung der Werte (Interpretationen) von Termen auf, wie sie in Teil I Verwendung finden. Man beachte jedoch hierbei, daß Boolesche Terme Schaltnetze und die durch sie gegebenen Algorithmen zur Berechnung der dargestellten Schaltfunktionen nicht eindeutig beschreiben, da Zwischenwerte an Ausgängen, die in mehreren Eingängen Verwendung finden, in Booleschen Termen nicht adäquat wiedergegeben werden.

Beispiel (Mehrfachverwendung von Zwischenresultaten). Das in Abb. 2.8 angegebene Schaltnetz läßt sich textuell unter Verwendung der Hilfsbezeichnung z durch folgenden Booleschen Term wiedergeben:

$(c \lor z) \land (c \land z)$ wobei $z = a \land b$

In λ-Notation (siehe Teil I) schreiben wir kompakter für die durch diesen Term dargestellte Funktion:

$(\lambda z: (c \lor z) \land (c \land z))(a \land b)$

In dieser Schreibweise kann die Mehrfachverwendung von Zwischenresultaten durch die gebundenen Bezeichnungen der λ-Notation ausgedrückt werden. Der dazu logisch äquivalente Term

$(c \lor (a \land b)) \land (c \land (a \land b))$

gibt die Struktur des Schaltnetzes in bezug auf die Mehrfachverwendung von Zwischenresultaten nicht wieder.   ☐

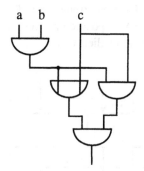

Abb. 2.8. Einfaches Schaltnetz mit Mehrfachverwendung von Zwischenresultaten durch Verzweigung von Leitungen

Deshalb führen wir im folgenden eine spezielle funktionale (kombinatorische) Notation ein, die es erlaubt Schaltnetze direkt durch funktionale Terme zu repräsentieren. Funktionale Terme zur Darstellung von Schaltnetzen sind durch folgende Syntax beschrieben:

‹net› ::=	‹basic function› |	*Basisfunktionen*
	(‹net› || ‹net›) |	*parallele Komposition*
	(‹net› · ‹net›) |	*sequentielle Komposition*
	[‹net›, ‹net›]	*Tupeling*

Als Basisfunktionen verwenden wir im wesentlichen NOT, AND und OR. Ein Schaltnetz ist in dieser Syntax also im wesentlichen aus den Basisfunktionen NOT, AND und OR durch zwei Formen der Komposition, der parallelen und der sequentiellen Komposition von Schaltnetzen, aufgebaut. Die dritte Verknüpfungsform, das Tupeling, wird nur aus Gründen der übersichtlicheren Schreibweise eingeführt.
    Wir können durch diese Kompositionsformen mit den angegebenen Sinnbildern eine Vielzahl von Schaltnetzen (in der Form azyklischer gerichteter Graphen) auf-

bauen. Die Kompositionsformen und weitere Basisfunktionen sind im folgenden genauer definiert.

(1) *Parallele Komposition*
Seien

   $f1: \mathbb{B}^{n1} \to \mathbb{B}^{m1}, f2: \mathbb{B}^{n2} \to \mathbb{B}^{m2}$

gegebene Schaltfunktionen (die auch durch Schaltnetze repräsentiert seien). Dann liefert die parallele Komposition (f1 ∥ f2) von f1 und f2 einen funktionalen Ausdruck für eine Schaltfunktion

   $(f1 \parallel f2): \mathbb{B}^{n1+n2} \to \mathbb{B}^{m1+m2}$

Ihr Wertverlauf ist durch die folgende Gleichung definiert:

   $(f1 \parallel f2)\ (a_1, ..., a_{n1}, b_1, ..., b_{n2}) = f2(a_1, ..., a_{n1}) \circ f1(b_1, ..., b_{n2}).$

Hier bezeichnet der Operator ∘ wieder die Konkatenation von Binärwörtern. Die graphische Darstellung der parallelen Komposition von Schaltnetzen entspricht dem in Abb. 2.9 gegebenen Schema. Die Schaltfunktion f1 ∥ f2 repräsentiert das Verhalten des Netzes, das durch parallele Komposition zweier Netze entsteht, deren Verhalten durch die Funktionen f1 und f2 modelliert wird.

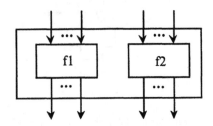

Abb. 2.9. Parallele Komposition

Durch die parallele Komposition erhalten wir aus zwei gegebenen Schaltnetzen, die die Schaltfunktionen f1 und f2 realisieren, ein neues Schaltnetz, das aus den zwei unzusammenhängenden Schaltnetzen für die Schaltfunktionen f1 und f2 aufgebaut ist. Dieses Schaltnetz realisiert die Funktion f1 ∥ f2.

(2) *Sequentielle Komposition (Funktionskomposition)*
Seien

   $f1: \mathbb{B}^{n} \to \mathbb{B}^{k}, f2: \mathbb{B}^{k} \to \mathbb{B}^{m}$

gegebene Schaltfunktionen (für die auch Schaltnetze gegeben seien). Dann liefert die sequentielle Komposition (f1 · f2) der Schaltfunktionen f1 und f2 die Schaltfunktion

   $(f1 \cdot f2): \mathbb{B}^{n} \to \mathbb{B}^{m}$

definiert durch die Gleichung

   $(f1 \cdot f2)\ (a_1, ..., a_n) = f2(f1(a_1, ..., a_n))$

Die graphische Darstellung der sequentiellen Komposition von Schaltnetzen entspricht dem in Abb. 2.10 gegebenen Schema.

Sind Schaltnetze für f1 und f2 gegeben, so erhalten wir durch die sequentielle Komposition ein neues Schaltnetz für die Schaltfunktion f1 · f2.

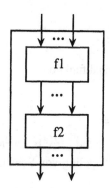

Abb. 2.10. Sequentielle Komposition

Beide Formen der Komposition sind assoziativ. Wir schreiben deshalb oft unter Vermeidung von Klammern für die parallele Komposition von n Funktionen

$(f_1 \| \ldots \| f_n)$ statt $((\ldots (f_1 \| f_2) \| \ldots f_{n-1}) \| f_n)$

und für die sequentielle Komposition von n Funktionen

$(f_1 \cdot \ldots \cdot f_n)$ statt $((\ldots (f_1 \cdot f_2) \cdot \ldots f_{n-1}) \cdot f_n)$

(3) *Projektionsfunktionen*

Als weitere Basisschaltfunktionen verwenden wir die *Projektionen*. Dies sind für gegebene Zahlen $n, i \in \mathbb{N}$, $1 \leq i \leq n$, Schaltfunktionen

$\Pi_i^n : \mathbb{B}^n \to \mathbb{B}$,

die definiert sind durch die Gleichung:

$\Pi_i^n(a_1, \ldots, a_n) = a_i$

Die Projektion blendet aus n Eingangsleitungen alle Werte bis auf den i-ten Wert aus und liefert diesen als Ergebnis. In graphischer Darstellung von Schaltnetzen kann die Projektion durch das in Abb. 2.11 gegebenen Schema veranschaulicht werden.

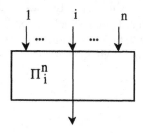

Abb. 2.11. Projektion

Die Projektionen werden in Schaltnetzen häufig nicht explizit angegeben, sondern nur durch die entsprechende Kantenführung dargestellt.

Aus den bisher gegebenen Kompositionsformen für Schaltnetze lassen sich weitere Kompositionsformen aufbauen, die aus Abkürzungsgründen hilfreich sind.

(4) Tupeling
Seien die Schaltfunktionen

$$f1: \mathbb{B}^n \to \mathbb{B}^{m1}, \; f2: \mathbb{B}^n \to \mathbb{B}^{m2}$$

gegeben. Dann ist die n-stellige Schaltfunktion

$$[f1, f2]: \mathbb{B}^n \to \mathbb{B}^{m1+m2}$$

definiert durch folgende Gleichung:

$$[f1, f2] (a_1, ..., a_n) = f1(a_1, ..., a_n) \circ f2(a_1, ..., a_n)$$

Die graphische Darstellung des Tupeling von Schaltnetzen entspricht dem in Abb. 2.12 gegebenen Schema.

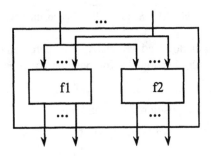

Abb. 2.12. Tupeling

Tupeling ist wiederum assoziativ. Wir schreiben deshalb häufig

$$[f_1, ..., f_n]$$

statt

$$[... [f_1, f_2], ..., f_{n-1}], f_n].$$

Es gilt folgende Gleichung

$$[f1, f2] = [\; \Pi_1^n, ..., \Pi_n^n, \Pi_1^n, ..., \Pi_n^n \;] \cdot (f1 \parallel f2).$$

Damit kann Tupeling als eine Abkürzung für das in der Gleichung angegebene Termschema verstanden werden. Durch Tupeling von Projektionsfunktionen lassen sich auch die n-stellige Identitätsfunktion und Permutationen ausdrücken. Wir verwenden für sie folgende einfache Abkürzungen.

(5) Identität:
Die Schaltfunktionen

$$I: \mathbb{B} \to \mathbb{B} \qquad\qquad I_n: \mathbb{B}^n \to \mathbb{B}^n$$

sind definiert durch die Gleichungen

$$I(a) = a, \qquad I_n(a_1, ..., a_n) = \langle a_1 ... a_n \rangle$$

Die graphische Darstellung der Identitäten von Schaltnetzen entspricht den in Abb. 2.13 gegebenen Schemata.

$$\downarrow \qquad \downarrow \cdots \downarrow$$

Abb. 2.13. Identität I und I_n

Insbesondere gilt

$$I = \Pi_1^1, \qquad I_n = [\Pi_1^n, ..., \Pi_n^n]$$

Als Spezialfall der Projektionsfunktion ist die Identitätsfunktion insbesondere hilfreich, um Formen der Leitungsführung in Netzen auszudrücken.

(6) *Permutation:*
Die Schaltfunktionen

$$P: \mathbb{B}^2 \to \mathbb{B}^2 \qquad P_n: \mathbb{B}^n \to \mathbb{B}^n$$

zur Permutation von Leitungen sind definiert durch die Gleichungen

$$P(a_1, a_2) = \langle a_2 \, a_1 \rangle, \qquad P_n(a_1, ..., a_n) = \langle a_2 ... a_n \, a_1 \rangle$$

Die graphische Darstellung der Permutationen von Leitungen in Schaltnetzen entspricht dem in Abb. 2.14 gegebenen Schema.

Abb. 2.14. Permutation P und P_n

Insbesondere gelten für die Permutation folgende Gleichungen:

$$P = [\Pi_2^2, \Pi_1^2], \qquad P_n = [\Pi_2^n, ..., \Pi_n^n, \Pi_1^n]$$

Durch die parallele und sequentielle Komposition der Permutationsfunktionen P_n und der Identitätsfunktionen I_n lassen sich beliebige Permutationen erzeugen.

(7) *Verzweigung:*
Die Schaltfunktionen

$$V: \mathbb{B} \to \mathbb{B}^2 \qquad V_n: \mathbb{B}^n \to \mathbb{B}^{2n}$$

sind definiert durch die Gleichungen

$$V(a) = \langle a \, a \rangle, \qquad V_n(a_1, ..., a_n) = \langle a_1 ... a_n \, a_1 ... a_n \rangle$$

Die graphischen Darstellungen der Verzweigungen von Leitungen in Schaltnetzen entspricht den in Abb. 2.15 gegebenen Schemata.

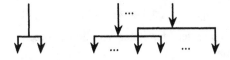

Abb. 2.15. Verzweigung V und V_n

Insbesondere gilt:

$$V = [\Pi_1^1, \Pi_1^1], \qquad V_n = [\Pi_1^n, ..., \Pi_n^n, \Pi_1^n, ..., \Pi_n^n]$$

Durch die Verzweigung läßt sich der mehrfache Gebrauch eines Tupels in einem Schaltnetz bequem ausdrücken.

(8) Senken
Manchmal möchten wir die Werte gewisser Ausgänge unterdrücken. Dazu können wir eine Funktion mit dem leeren Wort als Resultat verwenden:

$$U: \mathbb{B} \to \mathbb{B}^0 \qquad U_n: \mathbb{B}^n \to \mathbb{B}^0$$

Diese Funktionen sind charakterisiert durch die Gleichungen

$$U(a) = \varepsilon, \qquad U_n(a_1, ..., a_n) = \varepsilon$$

Senken sind neutrale Elemente bezüglich der Tupelbildung. Sei f eine n-stellige Funktion. Es gilt:

$$[U_n, f] = [f, U_n] = f$$

(9) Nullstellige Konstante
Manchmal wird konstant ein Boolescher Wert als Eingabe oder als Ausgabe in einem Schaltnetz benötigt. Dazu verwenden wir die Funktionen:

$$K(L), K(O) : \mathbb{B}^0 \to \mathbb{B} \qquad K_n(L), K_n(O): \mathbb{B}^0 \to \mathbb{B}^n$$

Diese Funktionen sind charakterisiert durch die Gleichungen

$$K(L)(\varepsilon) = L \qquad K(O)(\varepsilon) = O$$

$$K_n(L)(\varepsilon) = \langle L ... L \rangle \qquad K_n(O)(\varepsilon) = \langle O ... O \rangle$$

Damit haben wir alle Basisfunktionen und Kompositionsformen eingeführt, die wir zum Aufbau und zur Beschreibung von Schaltnetzen im folgenden verwenden wollen.

2.3.2 Der Halbaddierer

Die Schaltfunktionen lassen sich grob in arithmetische Schaltfunktionen zur Darstellung der arithmetischen Operationen auf Zahlen in Binärdarstellung, in logische Schaltfunktionen zur Darstellung der typischen Operationen der Logik auf Binärwörtern und in Schaltfunktionen mit Steuerleitungen zur Übertragung von Information einteilen. Wir beginnen die Behandlung der Schaltfunktionen mit dem Beispiel des Halbaddierers, der einen wichtigen Baustein für arithmetische Schaltungen darstellt.

Beispiel (Halbaddierer HA). Der Halbaddierer ist eine Schaltfunktion mit zwei Eingängen und zwei Ausgängen:

HA: $\mathbb{B}^2 \rightarrow \mathbb{B}^2$

Die Schaltfunktion des Halbaddierers ist durch Tabelle 2.3 gegeben. Wir bezeichnen dabei die Eingänge mit a und b, die Ausgänge mit s (für Summe modulo 2) und ü (für Übertrag). Der Ausgang s entspricht der einstelligen Addition (modulo 2), der Ausgang ü stellt den Übertrag dar.

Tabelle 2.3. Tabelle der Schaltfunktion des Halbaddierers

a	O	O	L	L
b	O	L	O	L
s	O	L	L	O
ü	O	O	O	L

Wir erhalten die folgende vereinfachte DNF für die beiden Ausgänge:

s = (¬a ∧ b) ∨ (a ∧ ¬b),

ü = a ∧ b

Daraus folgt:

s = (a ∨ b) ∧ (¬a ∨ ¬b) = (a ∨ b) ∧ ¬(a ∧ b) = ¬(¬(a ∨ b) ∨ (a ∧ b))

Nach dieser Formel ergibt sich das in Abb. 2.16 angegebene Schaltnetz für den Halbaddierer. Dabei können wir ausnutzen, daß der Boolesche Term a ∧ b sowohl in der Berechnung von s wie von ü auftritt.

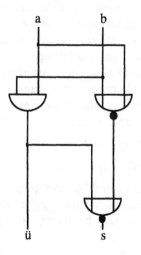

Abb. 2.16. Halbaddierer

Eine Funktionstermdarstellung ergibt sich für den Halbaddierer wie folgt. Durch Aufteilung des Netzes in Schichten und einfaches Umschreiben des Schaltnetzes erhalten wir eine erste Funktionstermdarstellung:

$$HA = (V \parallel V) \cdot (I \parallel P \parallel I) \cdot (AND \parallel OR) \cdot (V \parallel NOT) \cdot (I \parallel OR) \cdot (I \parallel NOT)$$

Diese können wir durch Anwendung der Gesetze der Booleschen Algebra wie folgt umformen:

$$HA = (V \parallel V) \cdot (I \parallel P \parallel I) \cdot (AND \parallel OR) \cdot (V \parallel I) \cdot (I \parallel NOT \parallel I) \cdot (I \parallel AND)$$

Man beachte, daß die Funktionstermdarstellung von Schaltfunktionen unter ausschließlicher Verwendung von paralleler und sequentieller Komposition, Identität, Verzweigung, Permutation und von Grundfunktionen eine Termdarstellung liefert, die sehr unmittelbar der graphischen Darstellung durch Schaltnetze entspricht.

Durch die parallele und sequentielle Verknüpfung von Grundfunktionen und die Permutation und Verzweigung von Leitungen lassen sich beliebige Schaltnetze erzeugen und damit beliebige Schaltfunktionen darstellen. Die angegebenen Schaltelemente und die Schaltnetzkompositionen entsprechen Schaltfunktionen und Kompositionsformen von Schaltfunktionen.

2.3.3 Konstruktion von Schaltnetzen

In diesem Abschnitt beschäftigen wir uns kurz mit einem Verfahren zur systematischen Konstruktion eines Schaltnetzes aus der Wertetabelle oder Termdarstellung einer Schaltfunktion. Dazu gehen wir wie folgt vor. Ausgehend von einer Tabelle können wir für alle Ausgänge über die DNF Boolesche Terme ableiten. Wir überführen die Booleschen Terme für die Werte der Ausgänge einer Schaltfunktion in einen Funktionsterm, aus dem wir durch Anwendung von Gesetzen der Algebra der Schaltfunktionen das Schaltnetz gewinnen.

Unter Anwendung von Umformungsregeln für funktionale Terme wie der folgenden Gesetze der „Schaltfunktionsalgebra" lassen sich Funktionsterme in äquivalente Funktionsterme umformen. Dadurch läßt sich ein Funktionsterm, der aus Booleschen Grundfunktionen und Projektionsfunktionen durch die Anwendung von Tupeling und sequentieller Komposition zusammengesetzt ist (logische Darstellung), in einen funktional äquivalenten Funktionsterm überführen, der aus den Booleschen Grundfunktionen, Identitätsfunktionen, Permutationsfunktionen und Verzweigungen durch Anwendung von paralleler und sequentieller Komposition aufgebaut ist (physikalische Darstellung). Wir verwenden Gesetze der folgenden Form:

$$[f_1 \cdot g_1, f_2 \cdot g_2] = [f_1, f_2] \cdot (g_1 \parallel g_2)$$

$$[f \cdot g_1, f \cdot g_2] = f \cdot [g_1, g_2]$$

Hierbei wird unterstellt, daß die Anzahl der Ausgangskanten von f_1 beziehungsweise von f_2 mit der Anzahl der Eingangskanten von g_1 beziehungsweise g_2 übereinstimmt. Analoges unterstellen wir für f und g_1 beziehungsweise g_2.

Zur Transformation der Funktionstermdarstellung von Schaltnetzen können unter anderem folgende Gesetze verwendet werden. Sei g eine Funktion mit n Ausgängen, dann gilt

$$[g, g] = g \cdot V_n$$

Seien nun f und g n-stellig, dann gilt:

$$[f, g] = V_n \cdot (f \parallel g)$$

$$V_n = (V \parallel V_{n-1}) \cdot (I \parallel P_n \parallel I_{n-1})$$

Sei f eine Schaltfunktion mit m Eingängen und n Ausgängen, dann gilt

$$f = I_m \cdot f = f \cdot I_n$$

Sind f, g einstellig, dann gilt:

$$[\Pi_1^2 \cdot f, \Pi_2^2 \cdot g] = f \parallel g$$

Alle diese Gesetze erlauben es, die äußere Gestalt der Funktionstermdarstellung und damit die Form der Schaltnetze zu verändern, ohne daß sich die entsprechenden Schaltfunktionen ändern.

Beispiel (Umformung von Funktionstermdarstellungen Boolescher Funktionen). Ausgehend von der logischen Darstellung des Halbaddierers können wir beispielsweise eine netzorientierte Funktionstermdarstellung ableiten:

$$[AND, [AND \cdot NOT, OR] \cdot AND] =$$

$$[AND, [AND \cdot NOT, OR \cdot I] \cdot AND] =$$

$$[AND, [AND, OR] \cdot (NOT \parallel I) \cdot AND] =$$

$$[AND, [AND, OR]] \cdot (I \parallel ((NOT \parallel I) \cdot AND)) =$$

$$[AND \cdot V, OR] \cdot (I \parallel ((NOT \parallel I) \cdot AND)) =$$

$$V_2 \cdot (AND \cdot V \parallel OR) \cdot (I \parallel ((NOT \parallel I) \cdot AND)) =$$

$$(V \parallel V) \cdot (I \parallel P \parallel I) \cdot (AND \parallel OR) \cdot (V \parallel I) \cdot (I \parallel NOT \parallel I) \cdot (I \parallel AND) \qquad \square$$

Bei der Wahl einer Schaltnetzdarstellung für eine Schaltfunktion stehen Effizienzgesichtspunkte im Vordergrund. Dazu gehören etwa die Minimierung der Anzahl der Verknüpfungen, die Minimierung der Anzahl der von den Signalen durchlaufenen Verknüpfungsglieder oder die Minimierung der Länge der Leitungen. Welche Darstellung optimal im Sinne der ökonomischen Realisierbarkeit, technischen Zuverlässigkeit oder Leistung (wie Schaltgeschwindigkeit) ist, hängt von der eingesetzten Technologie ab. Wir gehen auf Fragen der technischen Realisierung nur kurz am Ende dieses Abschnitts ein.

Die angegebenen Verknüpfungen zum Aufbau von Schaltnetzen lassen sich auch auf andere Arten von Funktionen übertragen. So können wir für Funktionen über natürlichen Zahlen oder über beliebigen Datenelemen in Analogie zu Schaltnetzen sogenannte Datenflußnetze aufbauen. Wir kommen darauf in Teil IV unter dem Stichwort verteilte Systeme zurück.

2.3.4 Arithmetische Schaltnetze

Eine wichtige Rolle für die Informationsverarbeitung spielen Schaltfunktionen, die arithmetische Funktionen repräsentieren. Diese werden wir im vorliegenden Abschnitt ausführlich behandeln.

Für die Realisierung arithmetischer Funktionen durch Schaltnetze ist entscheidend, auf welche Weise die Zahlen, mit denen arithmetische Operationen auszuführen sind, durch Binärwörter dargestellt werden. Wir betrachten im folgenden natürliche und ganze Zahlen. Die Darstellung von Approximationen für reelle Zahlen durch sogenannte Gleitpunktzahlen behandeln wir im folgenden Kapitel über Rechnerarchitektur im Zusammenhang mit der Zahldarstellung in Rechnern.

Wir führen zwei Formen einer Komplementdarstellung für ganze Zahlen ein, die wir, neben der bereits beschriebenen Binärdarstellung für natürliche Zahlen, für die Realisierung arithmetischer Funktionen durch Schaltnetze verwenden. Wir behandeln die Addition, die Subtraktion, die Multiplikation, die Division und den Größenvergleich auf Binärdarstellungen von Zahlen. Dabei spezifizieren wir jeweils die entsprechenden Schaltfunktionen und beschreiben Schaltnetze für ihre Realisierung.

Das erste Beispiel für eine Boolesche Funktion, die einer einfachen arithmetischen Funktion entspricht, ist der bereits behandelte Halbaddierer. Nun betrachten wir den *Volladdierer*, der drei Eingänge und zwei Ausgänge besitzt. Er addiert drei Bits (drei einstellige Zahlen in Binärschreibweise) und liefert ein zweistelliges Ergebnis in Binärschreibweise. Das Resultat der Addition ist eine zweistellige Binärzahl, die sich aus den zwei Resultatbits ergibt. Der Volladdierer ist somit eine Schaltfunktion der Funktionalität

$$VA: \mathbb{B}^3 \to \mathbb{B}^2 .$$

Sei $(s, ü) = VA(a, b, c)$; die Schaltfunktion VA wird durch Tabelle 2.4 beschrieben.

Tabelle 2.4. Tabelle der Schaltfunktion des Volladdierers

a	O	O	O	O	L	L	L	L
b	O	O	L	L	O	O	L	L
c	O	L	O	L	O	L	O	L
s	O	L	L	O	L	O	O	L
ü	O	O	O	L	O	L	L	L

Für die Ausgänge ü und s erhalten wir die folgenden Gleichungen für eine Termdarstellung des Volladdierers (in vereinfachter DNF):

$$ü = (a \wedge b) \vee (a \wedge c) \vee (b \wedge c)$$

$$s = (\neg a \wedge \neg b \wedge c) \vee (\neg a \wedge b \wedge \neg c) \vee (a \wedge \neg b \wedge \neg c) \vee (a \wedge b \wedge c)$$

Der Volladdierer entspricht dem in Abb. 2.17 angegebenen Schaltnetz, das aus zwei Halbaddierern aufgebaut ist.

In funktionaler Schreibweise erhalten wir dem Schaltnetz entsprechend die folgende Funktionstermdarstellung

$$VA = (HA \parallel I) \cdot (I \parallel HA) \cdot (OR \parallel I)$$

Die Korrektheit des Schaltnetzes ergibt sich aus folgender Ableitung (sei im obigen Schaltnetz $ü_1$ der Übertrag und s_1 die Summe des ersten Halbaddierers und $ü_2$ der Übertrag des zweiten Halbaddierers):

$$
\begin{aligned}
ü \; &= ü_1 \vee ü_2 \\
&= (a \wedge b) \vee (s_1 \wedge c) \\
&= (a \wedge b) \vee (\, (((\neg a \wedge b) \vee (a \wedge \neg b)) \wedge c) \\
&= (a \wedge b) \vee (\neg a \wedge b \wedge c) \vee (a \wedge \neg b \wedge c) \\
&= (a \wedge b \wedge c) \vee (a \wedge b \wedge \neg c) \vee (\neg a \wedge b \wedge c) \vee (a \wedge \neg b \wedge c) \\
&= \; (a \wedge b \wedge c) \vee (a \wedge b \wedge \neg c) \vee \\
&\quad\; (a \wedge b \wedge c) \vee (\neg a \wedge b \wedge c) \vee \\
&\quad\; (a \wedge b \wedge c) \vee (a \wedge \neg b \wedge c) \\
&= (a \wedge b) \vee (b \wedge c) \vee (a \wedge c)
\end{aligned}
$$

Analog zeigt man die Korrektheit der Schaltnetzdarstellung für den Ausgang s.

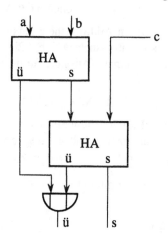

Abb. 2.17. Volladdierer

Wir definieren nun die Darstellung der Addition durch die Verknüpfung $+_2$ auf Zahlen in direkter Binärcodierung modulo 2^n. Die *Binäraddition* hat folgende Funktionalität:

$$+_2 : (\mathbb{B}^n)^2 \to \mathbb{B}^n$$

Ihr Wertverlauf ergibt sich aus der Gleichung

$$\langle a_n \dots a_1 \rangle +_2 \langle b_n \dots b_1 \rangle = \langle s_n \dots s_1 \rangle$$

wobei sich (die s_i sind in DNF angegeben) die Booleschen Terme zur Definition der Werte s_i aus der Definition des Volladdierers ergeben:

$$s_i = (a_i \wedge \neg b_i \wedge \neg \ddot{u}_i) \vee (\neg a_i \wedge b_i \wedge \neg \ddot{u}_i) \vee (\neg a_i \wedge \neg b_i \wedge \ddot{u}_i) \vee (a_i \wedge b_i \wedge \ddot{u}_i)$$

Hierbei sind die Überträge $\ddot{u}_i$ wie folgt bestimmt:

$$\ddot{u}_1 = O,\ \ddot{u}_{i+1} = (a_i \wedge b_i) \vee (b_i \wedge \ddot{u}_i) \vee (a_i \wedge \ddot{u}_i),\ 1 \le i < n.$$

Wir erläutern die Addition an einem einfachen Beispiel.

Beispiel (Binäraddition). Wir betrachten folgende 8-stellige Binärwörter:

$$a = \langle LOOLOLOL \rangle, \qquad\qquad b = \langle OLOLOLOL \rangle.$$

Das Byte a ist die Binärdarstellung der Zahl 149, b ist die Binärdarstellung der Zahl 85. Wir erhalten mit den obigen Definitionen folgenden Übertrag $\ddot{u}$ und folgende Summe s:

$$
\begin{aligned}
a &= \quad \langle LOOLOLOL \rangle \\
b &= \quad \langle OLOLOLOL \rangle \\
\ddot{u} &= \langle OOOLOLOLO \rangle \\
s &= \quad \langle LLLOLOLO \rangle
\end{aligned}
$$

Das Byte s ist die Binärdarstellung der Zahl 234.   ☐

Den Übertrag $\ddot{u}_{n+1}$ können wir auch als Indikatorbit für einen Überlauf der Arithmetik verwenden. Es zeigt an, daß das Ergebnis der Binäraddition nicht dem Ergebnis der Addition der dargestellten Zahlen entspricht, sondern der Addition modulo 2^n.

Die Addition $+_2$ läßt sich durch ein Additionsnetz darstellen. In kombinatorischer Schreibweise erhalten wir das Additionsnetz AN_i mit $2i+1$ Eingängen und $i+1$ Ausgängen (jeweils ein zusätzlicher Eingang/Ausgang für den Übertrag) durch folgende induktive Definition:

$$AN_1 = VA, \qquad AN_{i+1} = (I_2 \parallel AN_i) \cdot (VA \parallel I_i)$$

Um die Eingänge nach den Eingangsbündeln vorzusortieren, können wir das folgende ebenfalls induktiv definierbare Schaltnetz BS_i verwenden:

$$BS_i = [\Pi_1^{2i+1}, \Pi_{i+1}^{2i+1}, \Pi_2^{2i+1}, \Pi_{i+2}^{2i+1}, ..., \Pi_i^{2i+1}, \Pi_{2i}^{2i+1}, \Pi_{2i+1}^{2i+1}]$$

Es ergibt sich folgende induktive Definition für die BS_i:

$$BS_0 = I$$

$$BS_1 = [\ \Pi_1^3, \Pi_2^3, \Pi_3^3\ ] = I_3$$

$$BS_{i+1} = (I_i \parallel P_{i+1} \parallel I_2) \cdot (BS_i \parallel I_2)$$

Aus Volladdierern lassen sich, wie die Formeln für AN_i verdeutlichen, induktiv Addiernetze aufbauen. Beispielsweise erhalten wir auf diese Weise das Addiernetz $BS_4 \cdot AN_4$ für 4-stellige Dualzahlen. Eine Darstellung des 4-stelligen Addiernetzes ist in Abb. 2.18 gegeben.

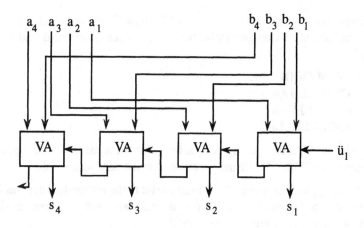

Abb. 2.18. 4-stelliges Addiernetz

Insbesondere gilt

$$\langle a_n \ldots a_1 \rangle +_2 \langle b_n \ldots b_1 \rangle = (BS_n \cdot AN_n \cdot (U_1 \| I_n))(a_n, \ldots, a_1, b_n, \ldots, b_1, \mathbf{O})$$

Analog zur Binäraddition definieren wir die *Binärsubtraktion* $-_2$ auf Zahlen in direkter Binärcodierung modulo 2^n durch die Schaltfunktion

$$-_2 : (\mathbb{B}^n)^2 \to \mathbb{B}^n$$

vermöge der Gleichung

$$\langle a_n \ldots a_1 \rangle -_2 \langle b_n \ldots b_1 \rangle = \langle s_n \ldots s_1 \rangle$$

Dabei sind die s_i für alle i, $1 \le i < n$, wie folgt festgelegt:

$$s_i = (a_i \wedge \neg b_i \wedge \neg ü_i) \vee (\neg a_i \wedge b_i \wedge \neg ü_i) \vee (\neg a_i \wedge \neg b_i \wedge ü_i) \vee (a_i \wedge b_i \wedge ü_i)$$

Der Wert des jeweiligen Übertrags ergibt sich für alle i, $1 \le i \le n$, aus folgenden Gleichungen:

$$ü_1 = \mathbf{O}, \; ü_{i+1} = (\neg a_i \wedge b_i) \vee (\neg a_i \wedge ü_i) \vee (b_i \wedge ü_i)$$

Man beachte, daß die $ü_i$ hier einen „negativen" Übertrag repräsentieren, da $ü_{n+1} = \mathbf{L}$ genau dann gilt, wenn die Zahl, die durch das Binärwort $\langle a_n \ldots a_1 \rangle$ in direkter Codierung dargestellt ist, kleiner ist als die Zahl, die dem Binärwort $\langle b_n \ldots b_1 \rangle$ entspricht. Dementsprechend definieren wir den Größenvergleich $<_2$ (echt kleiner) auf Zahlen in direkter Binärcodierung durch die Schaltfunktion

$$<_2 : (\mathbb{B}^n)^2 \to \mathbb{B}$$

vermöge der Gleichung

$$\langle a_n \ldots a_1 \rangle <_2 \langle b_n \ldots b_1 \rangle = ü_{n+1}$$

wobei der Wert $ü_{n+1}$ wie eben bei der Subtraktion definiert sei. Der Größenvergleich ist ein Nebenresultat des Schaltnetzes für die Subtraktion.

Beispiel (Binärsubtraktion). Wir betrachten folgende 8-stellige Binärwörter:

a = ⟨**LOOLOLOL**⟩,   b = ⟨**OLOLOLLO**⟩.

Das Byte a ist die Binärdarstellung der Zahl 149, b ist die Binärdarstellung der Zahl 86. Wir erhalten mit den obigen Definitionen folgenden Übertrag ü und folgende Summe s:

$$a = \quad \langle \text{LOOLOLOL} \rangle$$
$$b = \quad \langle \text{OLOLOLLO} \rangle$$
$$ü = \quad \langle \text{OLLLLLLOO} \rangle$$
$$s = \quad \langle \text{OOLLLLLL} \rangle$$

Das Byte s ist die Binärdarstellung der Zahl 63. Das Bit $ü_9$ ist O. Dies zeigt, daß die durch a dargestellte Zahl nicht kleiner ist als die durch b dargestellte Zahl.   ☐

Den Übertrag $ü_{n+1}$ können wir auch als Indikatorbit dafür verwenden, daß das Ergebnis der Binärsubtraktion nicht dem Ergebnis der Subtraktion der dargestellten Zahlen entspricht, sondern der Subtraktion modulo 2^n.

2.3.5 Zahldarstellung

Bisher haben wir mit der üblichen Zahldarstellung für Binärwörter durch direkten Code gearbeitet. Diese Codierung ist jedoch nicht immer die günstigste, wenn wir auch negative Zahlen darstellen und durch möglichst einfache und möglichst wenige Schaltnetze die gebräuchlichen arithmetischen Operationen realisieren wollen. Wir wenden uns nun der Frage zu, welche Binärdarstellung für negative und positive Zahlen in einem Intervall $[-2^n+1, 2^n-1]$ für die Realisierung der Arithmetik durch Schaltnetze besonders geeignet ist.

Es gibt eine Vielzahl von Möglichkeiten, die ganzen Zahlen aus dem endlichen Intervall $[-2^n+1, 2^n-1]$ durch Binärwörter festgelegter Länge zu repräsentieren. Unterschiedlich ist dabei insbesondere die Darstellung negativer Zahlen. Naheliegend ist die Binärzahldarstellung – analog zur gebräuchlichen Dezimalschreibweise für natürliche Zahlen – mit einem zusätzlichen Bit für das Vorzeichen. Technisch günstiger ist es allerdings, genau eine Stelle negativ zu gewichten. Dadurch lassen sich, wie wir später sehen werden, Addition und Subtraktion durch nur ein Schaltnetz einfach realisieren.

Eine Zahldarstellung ist jeweils durch eine Abbildung des entsprechenden Intervalls von Zahlen auf eine Menge von Binärwörtern und eine Umkehrabbildung (die „Decodierfunktion") gegeben. Die *1-Komplement-Darstellung* ganzer Zahlen in dem Intervall $[-2^n+1, 2^n-1]$ ist durch folgende Codierungsfunktion gegeben:

$$c_1: [-2^n+1, 2^n-1] \rightarrow \mathbb{B}^{n+1}$$

Die dazugehörige Decodierfunktion d

$$d_1: \mathbb{B}^{n+1} \rightarrow [-2^n+1, 2^n-1]$$

ist gegeben durch (seien die Gewichte der Binärwerte wie üblich durch $w(L) = 1$ und $w(O) = 0$ festgelegt):

$$d_1(\langle b_{n+1} \dots b_1 \rangle) = (-2^n+1) \cdot w(b_{n+1}) + \sum_{i=1}^{n} w(b_i) \cdot 2^{i-1}$$

Die Werte der Funktion c_1 sind durch die folgenden bedingten Gleichungen festgelegt:

$$m = \sum_{i=1}^{n} w(b_i) \cdot 2^{i-1} \qquad \Rightarrow \qquad c_1(m) = \langle O\ b_n\ ...\ b_1 \rangle,$$

$$m = -2^n + 1 + \sum_{i=1}^{n} w(b_i) \cdot 2^{i-1} \qquad \Rightarrow \qquad c_1(m) = \langle L\ b_n\ ...\ b_1 \rangle.$$

Nach dieser Festlegung können wir für eine gegebene Zahl $m \in [-2^n + 1, 2^n - 1]$ die 1-Komplement-Darstellung wie folgt ermitteln: Ist die Zahl m positiv, so ermitteln wir die n-stellige direkte Binärcodierung von m. Dies legt die Bits $\langle b_n\ ...\ b_1 \rangle$ fest. Das Bit b_{n+1} belegen wir mit dem Bit O. Ist die Zahl m negativ, so existiert eine positive Zahl m' mit $m = -2^n + 1 + m'$. Wir ermitteln die n-stellige direkte Binärcodierung für m'. Dies legt die Bits $\langle b_n\ ...\ b_1 \rangle$ fest. Das Bit b_{n+1} belegen wir mit L.

Für eine Zahl $m \in [-2^n + 1, 2^n - 1]$ heißt das n+1-stellige Binärwort $c_1(m)$ die *1-Komplement-Darstellung* von m der Länge n+1. Die erste Stelle der 1-Komplement-Darstellung hat ein negatives Gewicht.

Beispiel (1-Komplement-Darstellung der Länge 9). Für die Zahl 86 erhalten wir für die 1-Komplement-Darstellung der Länge 9 das Binärwort $\langle OOLOLOLLO \rangle$. Für die Zahl –107 erhalten wir für die 1-Komplement-Darstellung der Länge 9 das Binärwort $\langle LLOOLOLOO \rangle$. $\qquad\square$.

Für den Fall $m = 0$ ist $c_1(m)$ durch obige Gleichungen nicht eindeutig bestimmt. Die 1-Komplement-Darstellung besitzt folgende zwei Darstellungen der Null:

$\langle OO\ ...\ O \rangle$ „positive" Null,

$\langle LL\ ...\ L \rangle$ „negative" Null.

Die *2-Komplement-Darstellung* für Zahlen im Bereich $[-2^n, 2^n - 1]$ ist gegeben durch die Codierungsfunktion

$$c_2: [-2^n, 2^n - 1] \rightarrow \mathbb{B}^{n+1}$$

und die dazugehörige Decodierungsfunktion

$$d_2: \mathbb{B}^{n+1} \rightarrow [-2^n, 2^n - 1]$$

mit

$$d_2(\langle b_{n+1}\ ...\ b_1 \rangle) = (-2^n) \cdot w(b_{n+1}) + \sum_{i=1}^{n} w(b_i) \cdot 2^{i-1}.$$

Die Werte der Codierungsfunktion c_2 sind damit durch die folgenden bedingten Gleichungen festgelegt:

$$m = \sum_{i=1}^{n} w(b_i) \cdot 2^{i-1} \qquad \Rightarrow \qquad c_2(m) = \langle O\ b_n\ ...\ b_1 \rangle,$$

$$m = -2^n + \sum_{i=1}^{n} w(b_i) \cdot 2^{i-1} \qquad \Rightarrow \qquad c_2(m) = \langle L\ b_n\ ...\ b_1 \rangle.$$

Wir ermitteln für eine gegebene Zahl $m \in [-2^n, 2^n-1]$ ihre 2-Komplement-Darstellung wie folgt: Ist m positiv, so ermitteln wir die n-stellige direkte Binärcodierung von m. Dies legt die Werte für die Bits $\langle b_n\ ...\ b_1 \rangle$ fest. Das Bit b_{n+1} belegen wir mit O. Ist m negativ, so existiert eine positive Zahl m' mit $m = -2^n + m'$. Wir ermitteln die n-stellige direkte Binärcodierung für m'. Dies legt die Bits $\langle b_n\ ...\ b_1 \rangle$ fest. Das Bit b_{n+1} belegen wir mit L.

Für eine Zahl $m \in [-2^n, 2^n-1]$ nennen wir das n+1-stellige Binärwort $c_2(m)$ die *2-Komplement-Darstellung* von m der Länge n+1. Die erste Stelle der 2-Komplement-Darstellung hat ein negatives Gewicht.

Beispiel (2-Komplement-Darstellung der Länge 9). Für die Zahl 86 erhalten wir für die 2-Komplement-Darstellung der Länge 9 das Binärwort ‹OOLOLOLLO›. Für die Zahl −107 erhalten wir für die 2-Komplement-Darstellung der Länge 9 das Binärwort ‹LLOOLOLOL›. □

Im Gegensatz zur 1-Komplement-Darstellung besitzt die 2-Komplement-Darstellung nur eine Darstellung der Null. Der wichtigste Unterschied zwischen der 1-Komplement- und der 2-Komplement-Darstellung zeigt sich jedoch bei der Negation von Zahlen und der Subtraktion.

Diesen Unterschied wollen wir im folgenden analysieren. Dazu verwenden wir in Umformungen häufig folgende aus der Mathematik wohlbekannte Formel

$$\sum_{i=1}^{n} 2^{i-1} = 2^n - 1$$

Die Negation einer Zahl in 1-Komplement-Darstellung ist einfach. Wie der folgende Satz zeigt, ist die Negation durch elementweise Komplementbildung zu bewerkstelligen.

Satz (Negation von ganzen Zahlen in 1-Komplement-Schreibweise). Für alle ganze Zahlen $x \in [-2^n+1, 2^n-1]$ gilt:

$$c_1(-x) = \langle \neg b_{n+1}\ \neg b_n\ ...\ \neg b_1 \rangle \text{ falls } c_1(x) = \langle b_{n+1}\ b_n\ ...\ b_1 \rangle$$

Beweis: Einfaches Umformen liefert folgende Gleichungskette (wir verwenden, daß für Binärwerte $z \in \mathbb{B}$ stets $w(\neg z) = 1 - w(z)$ gilt):

$$-((-2^n+1) \cdot w(b_{n+1}) + \sum_{i=1}^{n} w(b_i) \cdot 2^{i-1}) =$$

$$(2^n-1) \cdot w(b_{n+1}) - (2^n-1) + \sum_{i=1}^{n} 2^{i-1} - \sum_{i=1}^{n} w(b_i) \cdot 2^{i-1} =$$

$$(-2^n+1) \cdot (1 - w(b_{n+1})) + \sum_{i=1}^{n} (1 - w(b_i)) \cdot 2^{i-1} =$$

$$(-2^n+1)\cdot w(\neg b_{n+1}) + \sum_{i=1}^{n} w(\neg b_i)\cdot 2^{i-1}. \qquad \square$$

Wir negieren eine Zahl in 1-Komplement-Darstellung, indem wir ihre Bits komplementieren. Dies erklärt auch die zwei Darstellungsweisen für die Null.

Die Negation von Zahlen in 2-Komplement-Darstellung ergibt folgender Satz.

Satz (Negation von ganzen Zahlen in 2-Komplement-Schreibweise). Für alle ganzen Zahlen $x \in [-2^n+1, 2^n-1]$ mit $c_2(x) = \langle b_{n+1} \ldots b_1 \rangle$ gilt:

$$c_2(-x) \quad = \langle \neg b_{n+1} \ldots \neg b_1 \rangle +_2 \langle O \ldots O\ L \rangle.$$

Beweis: Sei

$$x = -2^n \cdot w(b_{n+1}) + \sum_{i=1}^{n} w(b_i)\cdot 2^{i-1}$$

Wir erhalten folgende Ableitung (wir verwenden, daß für Binärwerte $z \in \mathbb{B}$ stets $w(\neg z) = 1-w(z)$ gilt):

$$-x =$$

$$2^n \cdot w(b_{n+1}) - \sum_{i=1}^{n} w(b_i)\cdot 2^{i-1} =$$

$$2^n \cdot w(b_{n+1}) - (2^n-1) + \sum_{i=1}^{n} 2^{i-1} - \sum_{i=1}^{n} w(b_i)\cdot 2^{i-1} =$$

$$-2^n \cdot (1-w(b_{n+1})) + \left(\sum_{i=1}^{n} (1-w(b_i))\cdot 2^{i-1}\right) +1 =$$

$$-2^n \cdot w(\neg b_{n+1}) + \left(\sum_{i=1}^{n} w(\neg b_i)\cdot 2^{i-1}\right) +1. \qquad \square$$

Wir erhalten nach obigem Satz für $x \in [-2^n+1, 2^n-1]$ mit

$$c_2(x) = \langle b_{n+1} \ldots b_1 \rangle$$

die 2-Komplement-Darstellung der Negation einer Zahl über die Komplementbildung der Zahldarstellung und anschließende Addition von eins.

$$c_2(-x) = \langle \neg b_{n+1} \ldots \neg b_1 \rangle +_2 \langle O \ldots O\ L \rangle$$

Wir sprechen in bezug auf die nach Komplementbildung erforderliche Addition vom *„Einerrücklauf"*. Für $x = -2^n$ ist das Resultat der Negation außerhalb des darstellbaren Zahlbereichs.

Positive Zahlen in 1-Komplement- und 2-Komplement-Darstellungen lassen sich wie Binärzahlen in der klassischen Stellenwertdarstellung addieren. Gilt danach für das Ergebnis, daß das führende Bit **L** ist, so ist ein Überlauf der Zahldarstellung aufgetreten.

Wir betrachten nun die Addition beliebiger Zahlen A, B in 2-Komplement-Darstellung. Es gelte

$$A = -2^n \cdot w(a_{n+1}) + \sum_{i=1}^{n} w(a_i) \cdot 2^{i-1}, \qquad B = -2^n \cdot w(b_{n+1}) + \sum_{i=1}^{n} w(b_i) \cdot 2^{i-1}$$

und wir erhalten für A und B die Darstellungen:

$$c_2(A) = \langle a_{n+1} \ldots a_1 \rangle, \qquad c_2(B) = \langle b_{n+1} \ldots b_1 \rangle.$$

Zur Durchführung der Addition in Binärdarstellung werden die Binärwörter addiert, die aus der 2-Komplement-Darstellung von A beziehungsweise B entstehen. Zur Anzeige eines Überlaufs der Arithmetik wird jedoch zuvor das führende Bit, und somit die Stelle mit dem negativen Gewicht, verdoppelt. Sei also $r \in \mathbb{B}^{n+2}$ wie folgt definiert:

$$\langle r_{n+2} \ldots r_1 \rangle = \langle a_{n+1} \, a_{n+1} \ldots a_1 \rangle +_2 \langle b_{n+1} \, b_{n+1} \ldots b_1 \rangle$$

Es gilt $A+B \in [-2^n, 2^n-1]$ genau dann, wenn

(1) A und B ungleiches Vorzeichen haben, und somit $a_{n+1} \neq b_{n+1}$, oder

(2) A und B positiv sind, und $r_{n+1} = \mathbf{O}$, oder

(3) falls A und B negativ sind, $r_{n+1} = \mathbf{L}$.

In allen drei Fällen gilt $r_{n+1} = r_{n+2}$. Ein Überlauf ist also genau dann ausgeschlossen, falls $r_{n+1} = r_{n+2}$. Dann liegt A+B im darstellbaren Bereich und wir erhalten:

$$A+B = -2^n \cdot w(r_{n+1}) + \sum_{i=1}^{n} w(r_i) \cdot 2^{i-1}.$$

Die 2-Komplement-Darstellung von A+B ergibt sich dann nach folgender Gleichung:

$$c_2(A+B) = \langle r_{n+1} \ldots r_1 \rangle = \langle a_{n+1} \ldots a_1 \rangle +_2 \langle b_{n+1} \ldots b_1 \rangle.$$

Die Addition von Zahlen in 2-Komplement-Darstellung ist demnach durch einfache Binäraddition von um eine Stelle erweiterten Binärwörtern zu realisieren, wobei durch Vergleich der führenden zwei Bits des Resultats eine Überlaufkontrolle gegeben ist.

In 1-Komplement-Darstellung ist die Addition möglicherweise negativer Zahlen A, B mit $A, B \in [-2^n+1, 2^n-1]$ komplizierter, da in gewissen Fällen ein Einerrücklauf notwendig wird. Dies wird im folgenden demonstriert. Sei die 1-Komplement-Darstellung wie folgt gegeben:

$$c_1(A) = \langle a_{n+1} \ldots a_1 \rangle, \qquad c_1(B) = \langle b_{n+1} \ldots b_1 \rangle$$

Für die Binärwörter $s, r \in \mathbb{B}^{n+2}$ seien die Binärstellen s_i und r_i definiert durch:

$$\langle s_{n+2} \ldots s_1 \rangle = \langle \mathbf{O} \, a_{n+1} \ldots a_1 \rangle +_2 \langle \mathbf{O} \, b_{n+1} \ldots b_1 \rangle.$$

$$\langle r_{n+2} \ldots r_1 \rangle = \langle a_{n+1} \, a_{n+1} \ldots a_1 \rangle +_2 \langle b_{n+1} \, b_{n+1} \ldots b_1 \rangle +_2 \langle \mathbf{O} \ldots \mathbf{O} \, s_{n+2} \rangle.$$

Es ergibt sich

$$c_1(A+B) = \langle r_{n+1} \ldots r_1 \rangle$$

falls $r_{n+2} = r_{n+1}$, sonst ergibt die Addition von A und B einen Überlauf. Sei p die Summe der positiv gewichteten Anteile von A und B:

$$p = \sum_{i=1}^{n} (w(a_i) + w(b_i)) \cdot 2^{i-1}.$$

Man beachte, daß $s_{n+2} = L$ genau dann gilt, wenn beide Zahlen A und B negativ sind, oder eine Zahl negativ ist und $p \geq 2^n$ gilt. Im ersten Fall ist das Resultat der Addition negativ und ein Überlauf der Arithmetik liegt vor, falls $p < 2^n - 1$. Weiter liegt ein Überlauf vor, wenn beide Zahlen positiv sind und $p > 2^n$ gilt. Daraus folgt, daß die Summe A+B genau dann im darstellbaren Zahlbereich $[-2^n+1, 2^n-1]$ liegt, falls $r_{n+2} = r_{n+1}$. Falls die Summe A+B $\in [-2^n+1, 2^n-1]$, erhalten wir:

A+B =

$$(-2^n+1) \cdot w(a_{n+1}) + \sum_{i=1}^{n} w(a_i)\, 2^{i-1} + (-2^n+1) \cdot w(b_{n+1}) + \sum_{i=1}^{n} w(b_i) \cdot 2^{i-1} =$$

$$(-2^n+1) \cdot (w(a_{n+1})+w(b_{n+1})) + \sum_{i=1}^{n} (w(a_i) + w(b_i)) \cdot 2^{i-1} =$$

$$(-2^n+1) \cdot w(s_{n+1}) + w(s_{n+2}) + \sum_{i=1}^{n} w(s_i) \cdot 2^{i-1} =$$

$$(-2^n+1) \cdot w(r_{n+1}) + \sum_{i=1}^{n} w(r_i) \cdot 2^{i-1}.$$

Man beachte, daß der Einerrücklauf genau dann auftritt, wenn bei der Binäraddition der Binärwörter $c_1(A)$ und $c_1(B)$ ein Überlauf auftritt.

Die Subtraktion läßt sich über die Negation einfach auf die Binäraddition zurückführen:

$$sub_2(c(x), c(y)) = c(x) +_2 c(-y).$$

Technisch realisieren wir sowohl bei der 1-Komplement-, wie bei der 2-Komplement-Darstellung die Kontrolle, ob ein Überlauf der Arithmetik eingetreten ist, in der oben dargestellten Weise durch ein zusätzliches Bit, das, solange kein Überlauf eingetreten ist mit dem Bit mit negativem Gewicht übereinstimmt. Sind nach der Binäraddition die beiden führenden Bits verschieden, so zeigt dies einen Überlauf an.

Beispiel (Arithmetik in Komplementdarstellung). Wir betrachten die Zahlen a = 149 und b = 86. In 1-Komplement-Darstellung und in 2-Komplement-Darstellung erhalten wir

$$c_1(a) = c_2(a) = \langle OLOOLOLOL \rangle, \qquad c_1(b) = c_2(b) = \langle OOLOLOLLO \rangle.$$

Das Binärwort $c_1(a)$ ist die 1-Komplement- und die 2-Komplement-Darstellung der Zahl 149, $c_1(b)$ ist die 1-Komplement- und die 2-Komplement-Darstellung der Zahl 86. Die 1-Komplement-Darstellung der Negationen der Zahlen ergibt durch einfache Komplementbildung:

$$c_1(-a) = \langle LOLLOLOLO \rangle, \qquad c_1(-b) = \langle LLOLOLOOL \rangle.$$

Die 2-Komplement-Darstellung der Negationen der Zahlen ergibt sich durch Komplementbildung und Einerrücklauf:

$$c_2(-a) = \langle LOLLOLOLL \rangle, \qquad c_2(-b) = \langle LLOLOLOLO \rangle.$$

Die Binäraddition von $c_1(a)$ und $c_1(b)$ (wie auch von $c_2(a)$ und $c_2(b)$) unter Verdoppelung des führenden Bits ergibt:

$$\langle OOLOOLOLOL \rangle +_2 \langle OOOLOLOLLO \rangle = \langle OOLLLOLOLL \rangle$$

Die führenden Bits des Resultats sind gleich. Es liegt kein Überlauf vor. Die Binäraddition von $c_1(a)$ und $c_1(a)$ (wie auch von $c_2(a)$ und $c_2(a)$) unter Verdoppelung des führenden Bits ergibt:

$$\langle OOLOOLOLOL \rangle +_2 \langle OOLOOLOLOL \rangle = \langle OLOOLOLOLO \rangle$$

Die führenden Bits des Resultats sind verschieden. Es liegt ein Überlauf vor. Die Binäraddition von $c_2(a)$ und $c_2(-b)$ unter Verdoppelung des führenden Bits ergibt:

$$\langle OOLOOLOLOL \rangle +_2 \langle LLLOLOLOLO \rangle = \langle OOOOLLLLLL \rangle$$

Die Binäraddition von $c_1(a)$ und $c_1(-b)$ unter Verdoppelung des führenden Bits ergibt:

$$\langle OOLOOLOLOL \rangle +_2 \langle LLLOLOLOOL \rangle = \langle OOOOLLLLLO \rangle$$

Es ist ein Einerrücklauf erforderlich. Wir erhalten das Resultat durch:

$$\langle OOOOLLLLLO \rangle +_2 \langle OOOOOOOOOL \rangle = \langle OOOOLLLLLL \rangle \qquad \square$$

Die Multiplikation und Division nichtnegativer Binärzahlen (Zahlen in direkter Binärcodierung) kann analog zur üblichen Rechenweise für Dezimalzahlen arbeiten. Die Multiplikation auf Dezimalzahlen wird durch eine Folge von Multiplikationen der einen Zahl mit den Ziffern der anderen Zahl und der stufenweise verschobenen Addition der Resultate durchgeführt. Bei Binärzahlen vereinfacht sich dieses Vorgehen, da nur die Ziffern L und O existieren.

Beispiel (Multiplikation in Binärdarstellung). Wir betrachten die Multiplikation der Zahlen 14 und 5. In direkter Binärcodierung erhalten wir folgende Rechnung:

```
 ‹ L L L O ›  ·₂   ‹ L O L ›
   L L L O
     O O O O
       L L L O
 L O O O L L O
```

Hier benutzen wir für Binärzahlen die übliche Anordnung, wie sie analog für Dezimalzahlen verwendet wird. $\square$

Für die Multiplikation von Binärzahlen $\langle a_m \ldots a_1 \rangle$ und $\langle b_n \ldots b_1 \rangle$ erhalten wir ein $m+n$-stelliges Resultat. Wir ermitteln das Ergebnis $\langle p_{m+n} \ldots p_1 \rangle$ der Multiplikation

$$\langle a_m \ldots a_1 \rangle \cdot_2 \langle b_n \ldots b_1 \rangle = \langle p_{m+n} \ldots p_1 \rangle$$

wie folgt. Wir verwenden eine Folge von Binärwörtern $r^i = \langle r^i_{m+n} \ldots r^i_1 \rangle$ definiert durch (für $1 \leq i \leq n$)

$$r^i_k = a_{k-i+1} \wedge b_i \qquad \text{falls } i \leq k \leq m+i-1$$

$$r_k^i = 0 \qquad \text{sonst}$$

und erhalten

$$\langle p_{m+n} \cdots p_1 \rangle = \langle r_{m+n}^n \cdots r_1^n \rangle +_2 \cdots +_2 \langle r_{m+n}^1 \cdots r_1^1 \rangle$$

Dies entspricht für den Fall $n = m = 4$ dem in Abb. 2.19 gegebenen Schaltnetz.

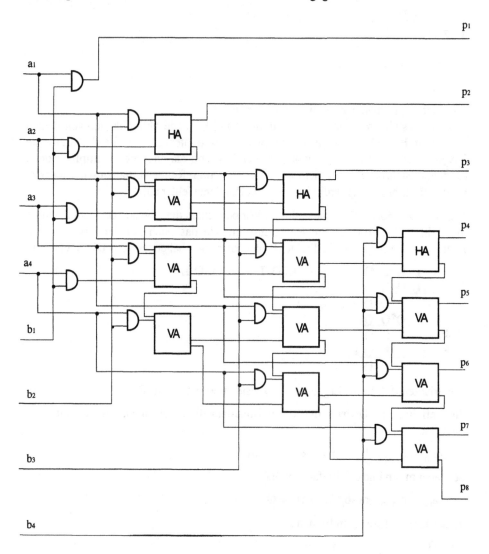

Abb. 2.19. Multipliziernetz

Die Division auf Dezimalzahlen wird durch eine Folge stufenweise verschobenen Subtraktionen geeigneter Vielfacher des Divisors von den entsprechenden Teilen des Dividenden durchgeführt. Bei Binärzahlen vereinfacht sich dieses Vorgehen, da nur die Ziffern **L** und **O** existieren.

Die Multiplikation von zwei n-stelligen Binärzahlen liefert im allgemeinen eine 2n-stellige Binärzahl. Die Zahl der Stellen verdoppelt sich.

Dies bereitet Schwierigkeiten, wenn wir mit Binärzahlen gleicher Länge arbeiten wollen. Dies können wir umgehen, indem wir sogenannte Festpunktzahlen betrachten. So können wir beispielsweise dem Binärwort

$$\langle b_n \ldots b_1 \rangle$$

die Zahl

$$\sum_{i=1}^{n} w(b_i) \cdot 2^{i-n-1}$$

zuordnen. Wir erhalten eine Binärbruchdarstellung.

Die darstellbaren Zahlen liegen im Intervall $[0, 1[$. Die Multiplikation von Zahlen aus diesem Bereich liefert wieder Zahlen aus diesem Intervall. Das Gleiche gilt für die Division a/b, falls a < b. Sowohl bei der Division als auch bei Multiplikationen entstehen Binärbrüche mit mehr als n Stellen. Durch Runden erhalten wir wieder n-stellige Binärbrüche. Allerdings treten nun Rundungsfehler auf.

Beispiel (Division in Binärdarstellung). Wir betrachten die Division der Zahl 29 durch die Zahl 5. Wir ordnen die Rechnung an, wie das auch bei der Division von Dezimalzahlen üblich ist. In direkter Binärcodierung erhalten wir folgende Rechnung:

```
 ‹ L L L O L ›  /₂ ‹ L O L ›  = ‹ L O L ›
   L O L
     L O O
     O O O
     L O O L
       L O L
       L O O
```

Wir erhalten ‹LOL› als Ergebnis der Division und ‹LOO› als Rest.   ❑

Zur Definition der Division mit Rest in Binärdarstellung setzen wir das Resultat q wie folgt fest:

$$\langle a_m \ldots a_1 \rangle \, /_2 \, \langle b_n \ldots b_1 \rangle = \langle q_{m-n} \ldots q_1 \rangle$$

Sei dabei m > n und der Einfachheit halber

$$\langle a_m \ldots a_{m-n} \rangle <_2 \langle b_n \ldots b_1 \, O \rangle = O$$

vorausgesetzt. Dies kann für den Fall

$$\langle O \ldots O \rangle <_2 \langle b_n \ldots b_1 \rangle$$

stets durch Ergänzen von a mit n führenden Nullen erreicht werden. Wir definieren nun eine Folge von Binärwörtern

$$\langle r_n^i \ldots r_1^i \, r_0^i \rangle$$

für $0 \le i < m-n$ vermöge

$$\langle r_n^0 \ldots r_0^0 \rangle = \langle a_m \ldots a_{m-n} \rangle$$

Falls gilt, daß $\langle r_n^i \ldots r_0^i \rangle$ als Binärzahl größer oder gleich ist als $\langle O\ b_n \ldots b_1 \rangle$, so definieren wir die entsprechende Stelle des Quotienten durch

$$q_{m-n-i} = L$$

und falls $i < m-n-1$

$$\langle r_n^{i+1} \ldots r_0^{i+1} \rangle = \text{rest}(\langle r_n^i \ldots r_0^i \rangle -_2 \langle O\ b_n \ldots b_1 \rangle) \circ \langle a_{m-n-i-1} \rangle$$

Gilt, daß $\langle r_n^i \ldots r_0^i \rangle$ als Binärzahl kleiner ist als $\langle O\ b_n \ldots b_1 \rangle$, so definieren wir die entsprechende Stelle des Quotienten durch

$$q_{m-n-i} = O$$

und den i-ten Rest durch

$$\langle r_n^{i+1} \ldots r_0^{i+1} \rangle = \langle r_{n-1}^i \ldots r_0^i\ a_{m-n-i-1} \rangle$$

In jedem Fall gilt also

$$q_{m-n-i} = \neg(\langle r_n^i \ldots r_0^i \rangle <_2 \langle O\ b_n \ldots b_1 \rangle),$$

Da das benötigte Resultat für den Größenvergleich von $\langle r_n^i \ldots r_0^i \rangle$ und $\langle O\ b_n \ldots b_1 \rangle$ bei der Subtraktion anfällt, führen wir in jedem Fall eine Subtraktion für die Binärwörter $\langle r_n^i \ldots r_0^i \rangle$ und $\langle O\ b_n \ldots b_1 \rangle$ durch und führen eine Korrekturaddition aus, falls das Resultat des Größenvergleichs dies erfordert. Dieses Vorgehen erläutern wir nachstehend an einem Beispiel.

Man beachte, daß aufgrund der Vorbedingung

$$\langle a_m \ldots a_{m-n} \rangle <_2 \langle b_n \ldots b_1\ O \rangle$$

stets wieder die folgende Bedingung gilt

$$\langle r_n^i \ldots r_0^i \rangle <_2 \langle b_n \ldots b_1\ O \rangle = L$$

Für die Zahlen R_i und B mit

$$R_i = \sum_{k=0}^{n} r_k^i \cdot 2^k \qquad\qquad B = \sum_{k=1}^{n} b_k \cdot 2^{k-1}$$

gilt die Beziehung $R_i < 2 \cdot B$. Falls $R_i \geq B$, gilt ferner:

$$R_{i+1} = R_i - B < 2 \cdot B - B = B$$

und falls $R_i < B$, gilt trivialerweise

$$R_i < 2 \cdot B$$

Zur Demonstration der Binärdivision betrachten wir ein Beispiel.

Beispiel (Binärdivision). Wir betrachten die Division zweier Binärzahlen für das Beispiel $a = 18$ und $b = 4$:

a		b		r
OOOLOOLO	:	**LOO**	=	**OOLOO**
18	:	4	=	4

Wir erhalten folgende Rechnung. Dabei ordnen wir das Formular für die Division an, wie das auch bei der Division von Dezimalzahlen üblich ist. Wir führen jedoch bei der

Ermittlung jeder Binärstelle eine Subtraktion aus. Wir erhalten als Nebenergebnis der Subtraktion das Resultat des Größenvergleichs. Dies bildet das Bit für das Ergebnis der Division für die aktuelle Binärstelle. Ist das Ergebnis das Bit O, so wird eine Korrekturaddition durchgeführt:

$$
\begin{array}{llll}
& O\ O\ O\ L & & r^0 \\
- & \underline{O\ L\ O\ O} & & b \\
& L\ L\ O\ L & & \text{Korrekturaddition nötig } q_5 = O \\
+ & \underline{O\ L\ O\ O} & & \text{Korrekturaddition} \\
& O\ O\ O\ L & & \\
& \quad O\ O\ L\ O & & r^1 \\
- & \quad \underline{O\ L\ O\ O} & & b \\
& \quad L\ L\ L\ O & & \text{Korrekturaddition nötig } q_4 = O \\
+ & \quad \underline{O\ L\ O\ O} & & \text{Korrekturaddition} \\
& \quad O\ O\ L\ O & & \\
& \qquad O\ L\ O\ O & & r^2 \\
- & \qquad \underline{O\ L\ O\ O} & & b \\
& \qquad O\ O\ O\ O & & \text{Keine Korrekturaddition nötig } q_3 = L \\
& \qquad \quad O\ O\ O\ L & & r^3 \\
- & \qquad \quad \underline{O\ L\ O\ O} & & b \\
& \qquad \quad L\ L\ O\ L & & \text{Korrekturaddition nötig, } q_2 = O \\
+ & \qquad \quad \underline{O\ L\ O\ O} & & \text{Korrekturaddition} \\
& \qquad \quad O\ O\ O\ L & & \\
& \qquad \qquad O\ O\ L\ O & & r^4 \\
- & \qquad \qquad \underline{O\ L\ O\ O} & & b \\
& \qquad \qquad L\ L\ L\ O & & \text{Korrekturaddition nötig, } q_1 = O \\
+ & \qquad \qquad \underline{O\ L\ O\ O} & & \text{Korrekturaddition} \\
& \qquad \qquad O\ O\ L\ O & & \text{Rest 2}
\end{array}
$$

Den beschriebenen Algorithmus für die Binärdivision kann unmittlbar in ein Schaltnetz analog zu dem für die Multiplikation umsetzen, das aus Halb- und Volladdierern aufgebaut ist.

Für die Division und Multiplikation mit Hilfe von Registern werden wir später im Zusammenhang mit speichernden Schaltwerksfunktionen noch weitere Beispiele kennenlernen.

2.3.6 Schaltnetze mit Steuerleitungen

Neben den arithmetischen Funktionen ist die Klasse der Schaltfunktionen zur Steuerung der Datenübertragung für informationsverarbeitende Systeme erforderlich. Sie geben das Verhalten von Schaltnetzen wieder, die Verbindungseinrichtungen realisieren.

Für diese Schaltfunktionen lassen sich die Eingänge in Steuer- und Datenleitungen klassifizieren. Die Werte auf den Steuerleitungen legen fest, welche der Datenleitungen mit welchen Ausgängen verbunden werden und damit auf diese „durchgeschaltet" werden.

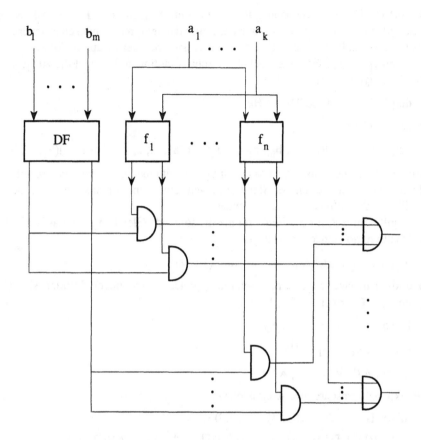

Abb. 2.20. Netz für die Multiplexfunktion

Um festzulegen, welche Binärwörter der Steuerleitungen zu welchen Verbindungen zwischen Datenleitungen und Ausgängen führen, verwenden wir eine Binärcodierung der natürlichen Zahlen und eine zugehörige Decodierfunktion. Sei

$$c: \{1, ..., n\} \rightarrow \mathbb{B}^m$$

eine beliebige Codierfunktion (beispielsweise Binärcodierung) und

$$d: \mathbb{B}^m \rightarrow \{1, ..., n\}$$

die zugehörige Decodierung. Mathematisch ausgedrückt, gilt dann:

$$d(c(i)) = i \qquad \text{für } 1 \leq i \leq n$$

In Schaltfunktionen umgesetzt, können wir uns die Funktion d beispielsweise durch die Schaltfunktion

$$DF: \mathbb{B}^m \rightarrow \mathbb{B}^n$$

realisiert denken, wobei die Schaltfunktion DF durch die folgende Gleichung

$$DF(b_1, ..., b_m) = \langle e_1 ... e_n \rangle \qquad\qquad \text{mit } e_i = (i = d(b_1, ..., b_m))$$

definiert ist. Dementsprechend gilt für den i-ten Ausgang $e_i = L$, genau falls das Binärwort $\langle b_1, ..., b_m \rangle$ die Codierung der Zahl i darstellt, mathematisch ausgedrückt, falls $i = d(b_1, ..., b_m)$ und $e_i = O$ sonst (dies entspricht einem 1-aus-n-Code).

Seien $f_1, ..., f_n : \mathbb{B}^k \to \mathbb{B}^p$ beliebige Schaltfunktionen. Dann ist die zu $f_1, ..., f_n$ und d gehörige *Multiplexfunktion*

$$mx[d; f_1, ..., f_n] : \mathbb{B}^{m+k} \to \mathbb{B}^p$$

definiert durch

$$mx[d; f_1, ..., f_n](b_1, ..., b_m, a_1, ..., a_k) = f_i(a_1, ..., a_k) \text{ wobei } i = d(b_1, ..., b_m)$$

Durch die Multiplexfunktion ist es also möglich, auf einen gegebenen Parametersatz, abhängig von den Werten der Steuerleitungen, eine Funktion aus einer gegebenen Familie von Schaltfunktionen anzuwenden.

Es gilt demnach für die Funktion mx die folgende Gleichung, die das Verhalten der Schaltfunktion eindeutig festlegt:

$$mx[d; f_1, ..., f_n](b_1, ..., b_m, a_1, ..., a_k) = \langle r_1 ... r_p \rangle,$$

wobei die Binärwerte $r_1, ..., r_p$ durch die folgenden Gleichungen definiert sind (für Zahlen i, j $\in$ $\mathbb{N}$, mit $1 \le i \le p, 1 \le j \le n$):

$$DF(b_1, ..., b_m) = \langle e_1 ... e_n \rangle,$$

$$f_j(a_1, ..., a_k) = \langle t_1^j ... t_p^j \rangle,$$

$$r_i = (e_1 \wedge t_i^1) \vee ... \vee (e_n \wedge t_i^n).$$

In Funktionaltermschreibweise erhalten wir:

$$mx[d; f_1, ..., f_n] = (DF \parallel [f_1, ..., f_n]) \cdot$$

$$[\quad [(\Pi_1^n \parallel \Pi_1^{p \cdot n}) \cdot AND, ..., (\Pi_n^n \parallel \Pi_{(n-1) \cdot p+1}^{p \cdot n}) \cdot \quad AND] \cdot OR_n, ...,$$

$$[(\Pi_1^n \parallel \Pi_p^{p \cdot n}) \cdot AND, ..., (\Pi_n^n \parallel \Pi_{n \cdot p}^{p \cdot n}) \cdot \quad AND] \cdot OR_n \qquad]$$

Dies entspricht dem in Abb. 2.20 angegebenen Netz. Weitere wichtige Beispiele für Schaltfunktionen mit Steuerleitungen sind nachfolgend aufgelistet.

(1) *Multiplexer* (MX): Die Schaltfunktion

$$MX : \mathbb{B}^{m+n \cdot k} \to \mathbb{B}^k$$

ist definiert durch die Gleichung (sei $i = d(b_1, ..., b_m)$)

$$MX(b_1, ..., b_m, a_1^1, ..., a_k^1, ..., a_1^n, ..., a_k^n) = \langle a_1^i ... a_k^i \rangle.$$

Die Schaltfunktion MX wählt aus ihren n k-fachen Eingangsbündeln das i-te als Ergebnis aus, wobei der Wert i durch die Binärwerte $b_1, ..., b_m$ auf den Steuerleitungen bestimmt wird. Der Wert ergibt sich über die Decodierfunktion d aus der Gleichung $i = d(b_1, ..., b_m)$.

(2) *Demultiplexer* (DMX): Die Schaltfunktion

$$DMX : \mathbb{B}^{m+k} \to \mathbb{B}^{n \cdot k}$$

ist definiert durch die Gleichung (sei $i = d(b_1, ..., b_m)$):

$$DMX(b_1, ..., b_m, a_1, ..., a_k) = \langle O ... O \quad a_1 ... a_k O ... O \rangle$$
$$(i \cdot k)\text{-te Stelle}$$

Die Schaltfunktion DMX schaltet ihr k-faches Eingangsbündel auf das i-te k-fache Ausgangsbündel. Die übrigen Ausgänge haben den Wert O.

(3) *Datenbus* (DB): Durch eine sequentielle Komposition eines Multiplexers, der parallel mit der m-stelligen Identität komponiert ist, mit einem Demultiplexer bekommen wir einen Datenbus. Die Schaltfunktion:

$$DB : \mathbb{B}^{2m+n \cdot k} \rightarrow \mathbb{B}^{n \cdot k}$$

ist definiert durch die Gleichung (sei $j = d(b_1, ..., b_m)$, $i = d(e_1, ..., e_m)$):

$$DB(e_1, ..., e_m, b_1, ..., b_m, a_1^1, ..., a_k^1, ..., a_1^n, ..., a_k^n) = \langle O...O \; a_1^i ... a_k^i \; O...O \rangle$$
$$(j \cdot k)\text{-te Stelle}$$

Damit gilt

$$DB = (I_m \parallel MX) \cdot DMX$$

Die Schaltfunktion DB wählt aus ihren n k-fachen Eingangsbündeln das i-te aus und schaltet es auf das j-te k-fache Ausgangsbündel, falls für die Decodierfunktion d folgende Gleichungen gelten: $d(b_1, ..., b_m) = j$ und $d(e_1, ..., e_m) = i$. Durch Anlegen der entsprechenden Steuerbits kann ein beliebiges Eingangsbündel auf ein beliebiges Ausgangsbündel geschaltet werden.

Datenbusse dienen als Übertragungsmedium zwischen Hardwareeinheiten. So können über Datenbusse Ein-/Ausgabegeräte oder Speicher angesteuert werden.

Die angegebene Beschreibung von Datenbussen durch Schaltfunktionen entspricht zwar ihrer Funktion, allerdings nicht ihrer technischen Realisierung. Technisch realisiert man Busse in der Regel durch ein Bündel von Leitungen, an denen alle beteiligten Komponenten angeschlossen sind. Sendet eine Komponente, so können alle angeschlossenen Komponenten empfangen. Die Komponenten filtern die sie betreffenden Nachrichten heraus. Das gleichzeitige Senden mehrerer Nachrichten wird durch entsprechende Regeln (wir sprechen von *Protokollen*) vermieden oder durch Kollisionsauflösungsstrategien aufgelöst.

Abschließend betrachten wir zwei speziellere Beispiele für Schaltfunktionen mit Steuerleitungen, wie wir sie durch Anwendung des Schemas der Multiplexfunktion bekommen: Einmal schalten wir eine Anzahl von logischen Funktionen zusammen und erhalten eine Logikfunktionseinheit (engl. BFU, Boolean function unit), dann schalten wir arithmetische Funktionen zusammen und bekommen eine Arithmetikfunktionseinheit (engl. ALU, Arithmetic Logic Unit), wobei letztere nicht genau ein Funktionsresultat, sondern ein ganzes Bündel von Resultaten erzeugt.

(4) *Boolean Function Unit (BFU)*: Wir geben nur ein sehr elementares Beispiel für eine BFU. Eine Codierung c und die dazugehörige Decodierung d sind gegeben durch

$$c(1) = \langle OO \rangle, \qquad c(2) = \langle OL \rangle, \qquad c(3) = \langle LO \rangle, \qquad c(4) = \langle LL \rangle.$$

Ferner seien die Schaltfunktionen

$$f_1 = AND, f_2 = OR, f_3 = NAND, f_4 = NOR$$

gegeben, wobei $NAND = AND \cdot NOT$ und $NOR = OR \cdot NOT$ gilt. Dann können wir die Schaltfunktion

BFU : $\mathbb{B}^4 \to \mathbb{B}$

durch die folgende Gleichung definieren:

BFU = mx[d; f_1, ..., f_4].

Die Funktion BFU entspricht dem in Abb. 2.21 angegebenen Schaltnetz. Es erzeugt je nach der Belegung seiner Steuerleitungen s_1 und s_2 als Ausgabe das Resultat der angesteuerten logischen Verknüpfung bezüglich der Datenleitungen a_1 und a_2.

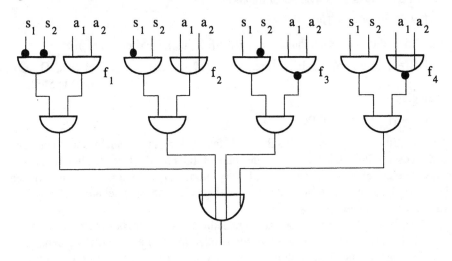

Abb. 2.21. Boolean Function Unit

(5) *Arithmetic Logic Unit (ALU)*: Sollen k i-fache Eingangsbündel komponentenweise parallel „verarbeitet" werden, so muß der Begriff der Multiplexfunktion wie folgt verallgemeinert werden:

vmx[d; f_1,..., f_n]: $\mathbb{B}^{m+k\cdot i} \to \mathbb{B}^{k\cdot j}$.

Hier seien alle f_h für $1 \le h \le n$ i-stellige Schaltfunktionen mit j-stelligen Resultaten.

vmx[d; f_1,..., f_n]$(b_1$,..., b_m, a_1^1, ..., a_i^1, ..., a_1^k, ..., a_i^k) =

$$f_e(a_1^1, ..., a_i^1) \circ ... \circ f_e(a_1^k, ..., a_i^k) \text{ mit } e = d(b_1, ..., b_m)$$

Wir definieren die Schaltfunktion ALU mit Hilfe der Multiplexfunktion vmx durch folgende Gleichungen:

ALU =

vmx[d; f_1,..., f_n] =

$((I_m \parallel [\prod {}_1^{i\cdot k}, ...,\prod {}_i^{i\cdot k}]) \cdot$ mx[d; f_1, ..., f_n])

$\parallel$ ...

$\parallel ((I_m \parallel [\prod_{i\cdot(k-1)+1}^{i\cdot k}, ...,\prod_{i\cdot k}^{i\cdot k}]) \cdot$ mx[d; f_1, ..., f_n])

Sei k = 3 und d, f_1, f_2, f_3 wie im Beispiel der BFU. Dann erhalten wir eine Parallelschaltung von 3 BFUs wie in Abb. 2.22 illustriert.

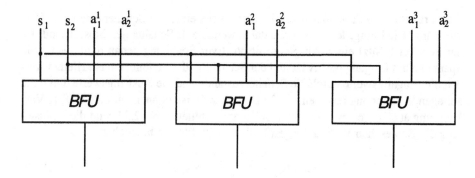

Abb. 2.22. ALU bestehend aus drei BFUs

Das in Abb. 2.22 angegebene Schaltnetz entspricht dem folgenden funktionalen Term:

$$ALU = [\Pi_1^8, \Pi_2^8, \Pi_3^8, \Pi_4^8] \cdot BFU$$
$$\| \quad [\Pi_1^8, \Pi_2^8, \Pi_5^8, \Pi_6^8] \cdot BFU$$
$$\| \quad [\Pi_1^8, \Pi_2^8, \Pi_7^8, \Pi_8^8] \cdot BFU$$

Wir erkennen, daß wir durch die Kombination entsprechender Schaltfunktionen und ihrer Netzdarstellungen komplexe Schaltfunktionen und ebenso Netze aufbauen können. Durch Multiplextechniken können wir in einem Schaltnetz eine ganze Familie von Schaltfunktionen realisieren und sogar parallel die entsprechenden Resultate erzeugen.

2.3.7 Schaltelemente als Schalter

Schaltfunktionen und Schaltnetze sind abstrakte Modelle, mit denen wir können das funktionale Verhalten mechanischer, elektromechanischer oder elektronischer, in jedem Falle technischer (physikalischer) Einheiten darstellen, die nach ihrer Funktionsweise als Realisierung von Schaltfunktionen begriffen werden können. Für jede solche Realisierung benötigen wir technische Darstellungen der Booleschen Werte **O** und **L**. Diese können, selbst innerhalb einer Realisierung, sehr unterschiedlich repräsentiert werden. So kann im einfachsten Fall die Stellung eines Schalters **O** beziehungsweise **L** repräsentieren.

Einfache Schalter haben genau zwei Zustände: Den Zustand „geschlossen" (Schalter ein) und den Zustand „offen" (Schalter aus). Wir können also etwa folgende Interpretation wählen:

L entspricht „Schalter ein",

O entspricht „Schalter aus".

In elektrotechnischer Realisierung können wir beispielsweise über die angelegte Spannung die Booleschen Werte **O** und **L** repräsentieren:

O entspricht „keine Spannung liegt an",

L entspricht „Spannung liegt an".

Damit realisiert die Hintereinanderschaltung zweier einfacher Schalter eine UND-Verknüpfung: Die Lampe leuchtet genau dann, wenn beide Schalter geschlossen sind. Jeder Schalter besitzt einen Ausgang mit positiver Spannung genau dann, wenn die Spannung am Eingang positiv ist und der Schalter in der Stellung ein ist. Hierbei werden die Eingangswerte durch die Schalterzustände und die Ausgangswerte durch die anliegende Spannung repräsentiert. In ähnlicher Weise können wir eine ODER-Verknüpfung auch durch zwei parallele Schalter darstellen. Abb. 2.23 zeigt die Realisierung der Booleschen Verknüpfungen UND und ODER durch Schalter.

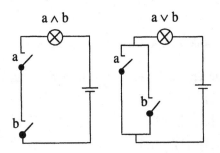

Abb. 2.23. UND- und ODER-Verknüpfung durch Schalter

Eine Realisierung allgemeiner Schaltfunktionen erhalten wir sofort, wenn auch das Schließen und Öffnen von Schaltern über die Belegungen gewisser Eingänge erreicht werden kann. Wir können dann über Eingangsbelegungen die Stellung der Schalter regeln. Durch die Eingabe gewisser Boolescher Werte (beziehungsweise elektrotechnisch durch das Anlegen gewisser Spannungen) erreichen wir dann, daß sich gewisse Schalter schließen oder öffnen. Offensichtlich können wir dadurch alle bisher beschriebenen Basisfunktionen und Verknüpfungsformen für Schaltfunktionen und somit beliebige Schaltfunktionen realisieren. Generell können Schaltnetze und die entsprechenden Schaltfunktionen als Schalter oder Regler (vgl. Regelungstechnik) verstanden werden.

2.3.8 Technische Realisierung von Schaltnetzen

Technisch stellt man die Grundelemente von Schaltnetzen wie Disjunktion, Konjunktion und Negation durch Schalterkombinationen dar. In der Praxis existiert eine Vielzahl von mechanischen, elektromechanischen und elektronischen Konzepten zur Realisierung von Schaltern. Die praktische Eignung dieser Konzepte zum Aufbau von Schaltungen ist von einer Vielzahl von Faktoren wie Abmessungen, Schaltgeschwindigkeit (Schaltzeiten), Energieaufnahme, Robustheit gegen Umwelteinflüsse und Herstellungskosten bestimmt.

Früher wurden Schalter elektromechanisch durch Relais oder elektronisch durch Kathodenröhren realisiert. Dies erfordert große Abmessungen und auch viel Energie, die zum großen Teil in Wärme umgesetzt wird. Zudem sind die Herstellungskosten entsprechend hoch und die Schaltzeiten vergleichsweise groß. Dazu kommt ein relativ schneller Verschleiß.

Inzwischen werden hauptsächlich Transistoren für die Realisierung von Schaltern eingesetzt. Beim Transistor werden elektrische Eigenschaften von Halbleitern ausgenutzt. Auf eine Siliziumoberfläche werden beispielsweise Aluminiumleiterbahnen aufgebracht. Durch Anlegen von Spannungen an gewisse Leiterbahnen können nun die Leitungseigenschaften gesteuert werden. Entscheidend ist dabei folgende Eigenschaft des Siliziums: Reines Silizium ist ein schlechter Leiter, da die Elektronen fest in seine Kristallstruktur eingebunden sind. Wird Silizium dagegen gezielt „verunreinigt", so ändern sich seine Leitungseigenschaften.

Enthält Silizium beispielsweise Spuren von Phosphor, so sind einige Elektronen frei beweglich. Damit können negative elektrische Ladungen transportiert werden. Wir sprechen dann von n-leitenden Halbleitern. Setzt man Silizium Spuren von Brom zu, so fehlen Elektronen in der kristallinen Struktur. Damit ist auch solches Silizium bis zu einem gewissen Grad leitfähig. Wir sprechen von p-leitenden Halbleitern. Siliziumdioxid ist ein sehr schlechter Leiter und kann für isolierende Schichten eingesetzt werden.

Ein Transistor ist aus 4 Schichten aufgebaut. Dazu gehören die Anschlüsse Emitter (E), Basis (B) und Kollektor (K). Die Trennschicht T erfordert keinen Anschluß. Der schematische Aufbau eines bipolaren Transistors wird in Abb. 2.24 dargestellt (p-n-p-Transistor, n-p-n-Transistor).

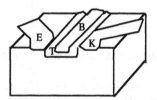

Abb. 2.24. Schematischer Aufbau eines Transistors

Wird durch die Basis B ein sehr geringer Strom geschickt, so ändert sich das Leitungsverhalten der Trennschicht T: Sie wird leitend und es kann ein Strom vom Kollektor K zum Emitter E fließen. Damit wird der Transistor als Regler einsetzbar. Der Stromfluß zwischen Kollektor und Emitter kann also durch die Basis gesteuert (geschaltet) werden. Durch den Stromfluß zwischen Kollektor und Emitter sinkt der Ausgangswiderstand des Transistors, der Schalter schließt sich. Bipolar-Transistoren entsprechen in Schaltungsdarstellungen dem in Abb. 2.25 gegebenen Sinnbild.

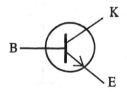

Abb. 2.25. Schaltbild eines Transistors

Eine der klassischen Realisierungen von Schaltnetzen durch Transistoren stellt die sogenannte TTL-Technik (Transistor-Transistor-Logic) dar. Dadurch erhalten wir ein relativ schnelles Schaltverhalten, das jedoch viel Energie benötigt. Außerdem bereitet es Schwierigkeiten, die Technik in kompakte Abmessungen zu bekommen. Eine andere Technik, bipolare Transistoren zu verbinden, um damit Schaltnetze aufzubauen, nennen wir ECL (Emitter-Coupled-Logic). Sie ist noch schneller als die TTL-Technik.

Transistoren und Transistorschaltungen lassen sich nicht immer unmittelbar verbinden. In der Regel müssen Arbeits- und Entkopplungswiderstände oder Dioden vor und zwischen die Transistoren geschaltet werden. Dies gilt nicht für die nach einem anderen Prinzip arbeitenden Metalloxid-Feldeffekt-Transistoren (MOS-FETs). Statt von Emitter, Basis und Kollektor, sprechen wir hier von Source (S), Gate (G) und Drain (D). Der schematischer Aufbau eines MOS-FETs ist in Abb. 2.26 gegeben.

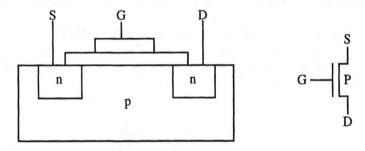

Abb. 2.26. Schematischer Aufbau und Sinnbild eines Metalloxid-Feldeffekt-Transistors

Zwischen G einerseits und S und D andererseits befindet sich ein Isolator. Durch Influenz ermöglicht eine positive Gate-Spannung einen Stromfluß zwischen S und D. Ein solcher n-MOS-Transistor wird häufig mit einem p-MOS-Transistor kombiniert hergestellt, bei dem p- und n-Schichten vertauscht sind und beim Anlegen einer positiven Gate-Spannung ein zwischen S und D vorhandener Stromfluß unterbrochen wird. Wir sprechen bei dieser Kombination von komplementärer MOS-Technik (CMOS).

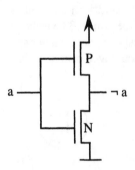

Abb. 2.27. NOT-Realisierung in CMOS

Beispiel (Schalterrealisierung in CMOS gemäß Abbildung 2.27). Wir gehen von folgenden Regeln für das Schaltverhalten eines CMOS-Transistors aus:

Gilt a = **O**, dann gilt: Der P-Transistor leitet, N-Transistor sperrt, und somit gilt

¬a = **L**.

Gilt a = **L**, dann gilt: P-Transistor sperrt, N-Transistor leitet, und somit gilt

¬a = **O**.

Dabei ist positiver Signalhub angenommen:

O ~ „niedrige Spannung"   **L** ~ „hohe Spannung".

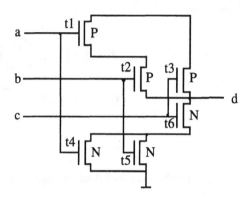

Abb. 2.28. CMOS-Schaltung

Für die in Abb. 2.28 angegebene CMOS-Schaltung ergibt sich folgende Gleichung

d = (¬a ∧ ¬b) ∨ ¬c

wie sich durch folgende Schlußfolgerung ergibt:

d = **L**   ⟺

a = b = **O** oder c = **O** ⟺

(t1 und t2 leiten, t4 und t5 sperren) oder (t3 leitet und t6 sperrt)

Durch diese Schaltung können wir nach Bedarf die Schaltfunktionen NOR und NAND realisieren.   □

Die MOS-Technik ist langsamer als bipolare Transistoren, läßt sich aber erheblich dichter packen und verbraucht wesentlich weniger Energie.

Wir können Transistoren natürlich einzeln herstellen und dann durch Drahtleitungen oder mit Hilfe von Platinen verbinden. Wirtschaftlicher ist es jedoch, mehrere Transistoren auf einer einzigen Halbleiteroberfläche unterzubringen und sie dabei gleich so zu verbinden, daß die gewünschten Schaltungen entstehen. Dies führt zu *integrierten Schaltungen.*

Neben den rein logischen Eigenschaften der Realisierung von Schaltfunktionen (dem „Ein-/Ausgabeverhalten" der realisierten Schaltfunktion) sind für eine physikalische, also insbesondere elektrotechnische Realisierung auch die Schaltzeiten (Durchlaufzeiten) von Bedeutung, wie auch die Frage, wie lange beispielsweise eine gewisse Spannung angelegt werden muß (Impulsdauer, „set-up"- und „hold"-Zeit) um ein gewünschtes Schaltverhalten zuverlässig zu realisieren. Wird beispielsweise ein Boolescher Wert (etwa **L**) durch einen positiven Impuls dargestellt und ist die Impulsdauer zu kurz, so können durch unterschiedliche Durchlaufzeiten für Teile des Schaltnetzes die entsprechenden Impulse zu unterschiedlichen Zeiten an inneren Gattern auftreten und somit unerwünschte Effekte auslösen, die zu fehlerhaften Ausgabewerten führen.

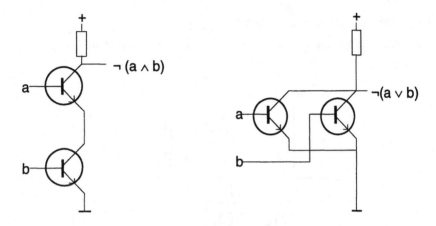

Abb. 2.29. Realisierung von NAND- und NOR-Verknüpfungen durch Transistoren

Auf die technische Realisierung von Schaltnetzen durch integrierte Schaltungen gehen wir am Ende des folgenden Abschnitts ein.

2.4 Schaltwerke

Wir können Schaltnetze erweitern, indem wir auch Rückkopplungen erlauben. Die entstehenden Graphen nennen wir *Schaltwerke*. Ein Schaltwerk hat, ähnlich wie ein Schaltnetz, eine endliche Anzahl von Eingängen und eine endliche Anzahl von Ausgängen. Es ist wie ein Schaltnetz durch einen gerichteten Graph gegeben, dessen Knoten Boolesche Verknüpfungen sind. Im Gegensatz zu Schaltnetzen erlauben wir in Schaltwerken auch Zyklen. Zyklen entsprechen der Rückführung von Leitungen. Wir sprechen deshalb auch von Rückkopplung.

Ein Schaltnetz oder -werk wird in der Praxis natürlich in der zeitlichen Abfolge nicht nur einmal für eine Eingabe verwendet. In ein n-stelliges Schaltelement mit m Ausgängen werden nacheinander immer wieder erneut n-stellige Binärwörter eingegeben und das Schaltnetz erzeugt jedesmal ein m-stelliges Binärwort als Ausgabe. Wir beziehen diese zeitlich wiederholte Ein- und Ausgabe in die Modellbildung mit ein, indem wir Sequenzen von Binärwörtern als Eingabe Sequenzen von Binärwörtern als Ausgabe zuordnen. Die Eingabesequenz dient als „Geschichte" der Eingabeaktionen und die Sequenz der ausgegebenen Wörter als „Protokoll" der Ausgabeaktionen.

Technisch erfolgt die Eingabe und Ausgabe von Schaltungen zu Zeitpunkten, die durch einen *Takt* angegeben werden. In der Regel legt der Takt eine Folge von im gleichen zeitlichen Abstand aufeinander folgenden Zeitpunkten fest. Zur Modellbildung verwenden wir Funktionen, die Sequenzen von Binärwörtern auf Sequenzen von Binärwörter abbilden. Damit können bestimmte Ausgabewörter von der Eingabevorgeschichte abhängig sein. Dies führt auf die Modellierung *speichernden Verhaltens von Schaltungen*. Durch Rückkopplungen von Ausgängen auf Eingänge können wir im Gegensatz zu Schaltnetzen, die ein nichtspeicherndes Verhalten aufweisen, Schaltwerke mit speicherndem Verhalten gewinnen.

Ordnen wir Schaltnetzen Funktionen, die Sequenzen von Binärwörtern auf Sequenzen von Binärwörtern abbilden, zur Beschreibung ihres Verhaltens zu, so erhalten wir eine spezielle Teilklasse von Funktionen: Das i-te Binärwort in der Ausgabesequenz ist genau vom i-ten Binärwort in der Eingabesequenz abhängig. Wir sprechen bei einem Schaltnetz auch von einer *kombinatorischen Schaltung*. Bei Schaltwerken mit speicherndem Verhalten sprechen wir auch von einer *sequentiellen Schaltung*.

2.4.1 Schaltwerksfunktionen

Wie Schaltnetze möchten wir Schaltwerke als Funktionseinheiten ansehen. Wie wir Schaltnetzen Schaltfunktionen zur Beschreibung ihres Verhaltens zugeordnet haben wollen wir Schaltwerken ein Verhalten in Form von Funktionen zuordnen. Dazu verwenden wir *Schaltwerksfunktionen*.

Wir betrachten eine Situation wie wir sie bereits bei der Parallelübertragung von n-Bit-Wörtern kennengelernt haben. Mit $(\mathbb{B}^n)^*$ bezeichnen wir Sequenzen von n-Bit-Wörtern: Für n-Bit-Wörter $w^1, ..., w^k \in \mathbb{B}^n$ mit $w^i = \langle w_1^i ... w_n^i \rangle$ gilt dann:

$$\langle w^1 ... w^k \rangle \in (\mathbb{B}^n)^*$$

Beispiel (Sequenz von Binärwörtern). Das folgende Beispiel zeigt eine Sequenz der Länge 3 von Binärwörtern der Länge 2.

$$\langle\ \langle OL \rangle\ \langle LO \rangle\ \langle OO \rangle\ \rangle \in (\mathbb{B}^2)^*$$

Besser lesbar schreiben wir im Sinne der Parallelübertragung auch vektorartig für die Sequenz:

$$\begin{bmatrix} O \\ L \end{bmatrix} \begin{bmatrix} L \\ O \end{bmatrix} \begin{bmatrix} O \\ O \end{bmatrix} \qquad\qquad \Box$$

Aus Gründen der einfacheren Notation und besserer Lesbarkeit führen wir auf Binärwörtern und Binärwortsequenzen eine zweistellige Abbildung & in Operatorschreibweise (das heißt, in Infixschreibweise) ein, die an eine gegebene Folge von Binärwörtern ein ebenfalls gegebenes Binärwort anfügt. Wir vereinbaren

$$\&: \mathbb{B}^n \times (\mathbb{B}^n)^* \to (\mathbb{B}^n)^*$$

Es gelte für die Wörter $w^0, w^1, ..., w^k \in \mathbb{B}^n$

$$w^0\ \&\ \langle w^1 ... w^k \rangle = \langle w^0\ w^1 ... w^k \rangle$$

Der zweistellige Operator & nimmt also als Argumente ein n-Bit-Wort $w^0 \in \mathbb{B}^n$ und eine Sequenz $s \in (\mathbb{B}^n)^*$ von n-Bit-Wörtern und liefert als Resultat eine Sequenz von n-Bit-Wörtern mit erstem Element w^0 gefolgt von den Binärwörtern der Sequenz s.

Wir verwenden Abbildungen auf Sequenzen von Binärwörtern der Funktionalität

$$f : (\mathbb{B}^n)^* \to (\mathbb{B}^m)^*$$

um das Ein-/Ausgabeverhalten von Schaltwerken zu modellieren. Dabei modelliert eine Folge

$$\langle w^0\ w^1\ ...\ w^k \rangle \in (\mathbb{B}^n)^*$$

von Binärwörtern eine Folge von Eingaben auf den n Eingangsleitungen zu den Zeitpunkten 0, 1, 2, ..., k. Der Wert

$$f(\langle w^0\ w^1\ ...\ w^k \rangle) \in (\mathbb{B}^m)^*$$

ist wieder eine Sequenz von Binärwörtern. Sie modelliert die Ausgaben auf den m Ausgangsleitungen zu den Zeitpunkten 0, 1, 2, ..., k.

Aus den Eigenschaften taktgetriebener Schaltwerke ergeben sich gewisse mathematische Eigenschaften für die Funktionen, die wir verwenden, um das Verhalten eines Schaltwerks zu modellieren. Um diese Eigenschaften zu beschreiben, führen wir folgende Definitionen ein. Sei M beliebige Menge. Auf der Menge von Sequenzen M^* definieren wir ein partielle Ordnung $\sqsubseteq_{\text{prä}}$, wie folgt: Für s, t $\in M^*$ definieren wir:

$$s \sqsubseteq_{\text{prä}} t \quad \Leftrightarrow \quad \exists\, u \in M^* : s \circ u = t$$

Eine Sequenz s ist nach dieser Definition genau dann ein Präfix für eine Sequenz t, wenn s mit einem Anfangsstück von t übereinstimmt.

Eine Abbildung der Funktionalität

$$f : (\mathbb{B}^n)^* \to (\mathbb{B}^m)^*$$

heißt *präfixmonoton*, falls für Sequenzen s, t $\in (\mathbb{B}^n)^*$ folgende Aussage gilt:

$$s \sqsubseteq_{\text{prä}} t \implies f(s) \sqsubseteq_{\text{prä}} f(t)$$

Dann gilt, falls für alle Sequenzen die Länge der Sequenz f(s) mit der Länge von s übereinstimmt, für alle Zahlen i, k $\in \mathbb{N}$, $1 \le i \le k$ und Wortsequenzen

$$\langle w^0\ w^1\ ...\ w^k \rangle \in (\mathbb{B}^n)^*, \quad \langle r^0\ r^1\ ...\ r^k \rangle \in (\mathbb{B}^m)^*$$

folgende Formel:

$$f(\langle w^0\ w^1\ ...\ w^k \rangle) = \langle r^0\ r^1\ ...\ r^k \rangle \implies f(\langle w^0\ w^1\ ...\ w^i \rangle) = \langle r^0\ r^1\ ...\ r^i \rangle$$

Die Präfixmonotonie drückt aus, daß die i-te Ausgabe (die Ausgabe zum Zeitpunkt i) einer Funktion eines Schaltwerks von allen Eingabewörtern abhängen kann, die bis zum Zeitpunkt i eingetroffen sind, aber nicht von Wörtern, die nach dem Zeitpunkt i eintreffen. Damit modelliert Präfixmonotonie eine fundamentale Eigenschaft des *Zeitflusses*. Die Ausgabe eines informationsverarbeitenden Systems zum Zeitpunkt i kann nicht von der Eingabe zum Zeitpunkt i+1 abhängen.

Eine präfixmonotone Funktion f heißt n-stellige *Schaltwerksfunktion* mit m Ausgängen, wenn für jede Eingabesequenz w $\in (\mathbb{B}^n)^*$ die Länge |w| der Eingabesequenz stets mit der Länge |f(w)| der Ausgabesequenz f(w) übereinstimmt, mathematisch ausgedrückt, für alle w $\in (\mathbb{B}^n)^*$ gilt |w| = |f(w)|.

Für Schaltwerksfunktionen gilt demnach, daß eine Eingabe einer Sequenz von k n-Bit-Wörtern eine Sequenz von k m-Bit-Wörtern erzeugt. Für jedes Eingabewort wird denau ein Ausgabewort erzeugt. Die Längen der Ein- und Ausgabesequenzen

stimmen somit überein. Insbesondere gilt nach obiger Festlegung für Schaltwerksfunktionen:

$f(\varepsilon) = \varepsilon.$

Darüberhinaus gilt aufgrund der Präfixmonotonie, daß die ersten i Ausgabewörter
ausschließlich von den ersten i Eingabewörtern abhängen. Anschaulich gesprochen
heißt das, daß eine Ausgabe nur von den bis dahin eingegebenen Werten abhängen
kann, oder genauer: Das i-te Ausgabewort hängt ausschließlich von den ersten i
Eingabewörtern ab. Damit kann das i-te Ausgabewort allerdings gegebenenfalls von
der gesamten „Eingabevorgeschichte" abhängen. Durch die Abhängigkeit der i-ten
Ausgabe von Eingaben, die früher liegen als der Zeitpunkt i läßt sich *speicherndes
Verhalten* modellieren. Typische Beispiele für Schaltwerke mit speicherndem Verhalten sind Verzögerungsglieder oder Speicherzellen. Wir werden dies im folgenden
im Detail studieren.

Entsprechend ihrer Definition gilt für eine Schaltwerksfunktion

$f: (\mathbb{B}^n)^* \to (\mathbb{B}^m)^*$

auf Grund der Präfixmonotonie stets

$f(\langle w^0\ w^1\ ...\ w^i\rangle) = q\ \&\ rest(f(\langle w^0 ...\ w^i\rangle))$

wobei die Funktion rest auf Sequenzen wie in Teil I definiert sei (rest(s) liefert für
eine Sequenz s die Sequenz ohne ihr erstes Element) und

$q \in \mathbb{B}^m$ und $f(\langle w^0\rangle) = \langle q\rangle$.

Eine Klasse besonders einfacher Schaltwerksfunktionen erhalten wir, wenn wir
Funktionen betrachten, bei denen für alle i das i-te Ausgabewort ausschließlich vom
Wert des i-ten Eingabeworts abhängt. Solche Schaltwerksfunktionen f erfüllen die
folgende Gleichung:

$(*)\ f(\langle w^1\ ...\ w^k\rangle) = f(\langle w^1\rangle) \circ ... \circ f(\langle w^k\rangle)$

Diese Gleichung ist für beliebige Schaltwerksfunktionen im allgemeinen jedoch nicht
erfüllt. So kann eine Funktion

$g : (\mathbb{B}^n)^* \to (\mathbb{B}^m)^*$

ein Verhalten modellieren, das Schaltungen beschreibt, die bei der i-ten Ausgabe von
Eingaben davor abhängen und somit ein „Gedächtnis" besitzen. Beispielsweise kann
für eine Schaltwerksfunktion g und Binärwörter w_1 und w_2 trotz

$g(\langle w_1\rangle) = g(\langle w_2\rangle)$

für ein Binärwort w_3 die folgende Ungleichung erfüllt sein:

$g(\langle w_1\ w_3\rangle) \neq g(\langle w_2\ w_3\rangle)$

Schaltwerksfunktionen, die die Eigenschaft (*) besitzen, nennen wir *kombinatorisch*.
Schaltwerksfunktionen, die die Eigenschaft (*) nicht besitzen, nennen wir *sequentiell*
oder *speichernd*.

2.4.2 Schaltfunktionen als Schaltwerksfunktionen

Kombinatorische Schaltwerksfunktionen entsprechen der elementweisen Verallgemeinerung von Schaltfunktionen auf Funktionen über Sequenzen von Binärwörtern. Jede Schaltfunktion

$$f: \mathbb{B}^n \to \mathbb{B}^m$$

induziert genau eine Schaltwerksfunktion

$$f^*: (\mathbb{B}^n)^* \to (\mathbb{B}^m)^*$$

definiert durch die Gleichung

$$f^*(\langle w^0 \, w^1 \, ... \, w^k \rangle) = f(w^0) \, \& \, f^*(\langle w^1 ... \, w^k \rangle)$$

Damit gilt:

$$f^*(\langle w^0 \, w^1 \, ... \, w^k \rangle) = \langle f(w^0) \, f(w^1) \, ... \, f(w^k) \rangle$$

Die Erweiterung der Funktion f auf Binärwörtern zu der Funktion f^* auf Sequenzen von Binärwörtern ergibt eine Schaltwerksfunktion, die nacheinander n-Bit-Wörter w^i über ihre n Eingänge empfängt und nacheinander m-Bit-Wörter $f(w^i)$ über die entsprechenden m Ausgänge ausgibt. Schaltfunktionen induzieren demnach kombinatorische Schaltwerksfunktionen.

Beispiel (AND als Schaltwerksfunktion). Das Ein-/Ausgabeverhalten der Schaltwerksfunktion AND^* ist durch folgendes Beispiel illustriert.

$$AND^*(\langle\langle LO\rangle \, \langle LL\rangle \, \langle LO\rangle \, \langle LL\rangle \, \langle LO\rangle\rangle) = \langle\langle O\rangle \, \langle L\rangle \, \langle O\rangle \, \langle L\rangle \, \langle O\rangle\rangle \qquad \square$$

Umgekehrt kann jede kombinatorische Schaltwerksfunktion als durch eine Schaltfunktion induziert verstanden werden. Wir können also die Klasse der kombinatorischen Schaltwerksfunktionen mit der Menge der Schaltfunktionen gleichsetzen.

Beispiel (Durch Schaltfunktionen induzierte Schaltwerksfunktion). Sei die Schaltfunktion

$$f: \mathbb{B}^2 \to \mathbb{B}^2$$

durch die Gleichung

$$f(a, b) = \langle or(a, b) \, and(a, b) \rangle$$

definiert. Somit gilt

$$f = [OR, AND]$$

Dann ist

$$f^*: (\mathbb{B}^2)^* \to (\mathbb{B}^2)^*$$

eine Schaltwerksfunktion mit dem in Tabelle 2.5 für ein Beispiel beschriebenen Schaltverhalten. □

Tabelle 2.5. Tabelle der Schaltwerksfunktion f^*

Eingabesequenz	w	Ausgabesequenz	$f^*(w)$
LO	w^0	LO	$f(w^0)$
OL	w^1	LO	$f(w^1)$
LL	w^2	LL	$f(w^2)$
OO	w^3	OO	$f(w^3)$
OL	w^4	LO	$f(w^4)$

Durch die beschriebene Erweiterung von Schaltfunktionen auf Schaltwerksfunktionen lassen sich Schaltnetzen ebenfalls Schaltwerksfunktionen zuordnen.

2.4.3 Schaltwerke

Schaltfunktionen lassen sich durch Schaltnetze graphisch darstellen und realisieren. In ähnlicher Weise können wir Schaltwerke verwenden, um Schaltwerksfunktionen darzustellen. Umgekehrt beschreiben Schaltwerksfunktionen das Ein-/Ausgabeverhalten von Schaltwerken.

Wir stellen in Schaltwerken Einheiten, die Schaltwerksfunktionen f entsprechen, wie Schaltfunktionen in Schaltnetzen, durch einen schwarzen Kasten, wie er in Abb. 2.30 angegeben ist, graphisch dar.

Abb. 2.30. n-stelliges Schaltwerk mit m-stelligem Ergebnis

Im Gegensatz zu Schaltnetzen, deren Verhalten durch Funktionen auf Binärwörtern modelliert wird, stellen wir uns bei Schaltwerken vor, daß Sequenzen von n-Bit-Wörtern über die n Eingänge in den schwarzen Kasten fließen und ebenso Sequenzen von m-Bit-Wörtern über die m Ausgänge von dem schwarzen Kasten erzeugt werden. Dies modelliert das Verhalten von Schaltwerken über ein endliches Zeitintervall, in dem eine Folge von Eingabewörtern in das Schaltwerk eingegeben wird und eine Folge von Ausgabewörtern erzeugt wird.

Ein *Schaltwerk* mit n Eingängen und m Ausgängen ist ein gerichteter Graph, dessen Knoten mit (den Namen von) Schaltwerksfunktionen markiert sind. Jeder Knoten in dem Graphen hat soviele Eingangskanten, wie die Schaltwerksfunktion, mit der er markiert ist, Parameter hat und soviele Ausgangskanten, wie die Funktion, mit der er markiert ist, Resultate liefert. Die Eingänge des Schaltwerks entsprechen Kanten ohne Ausgangsknoten, die Ausgänge entsprechen Kanten ohne Eingangsknoten. Die einfachste Form eines Schaltwerks ist der oben gezeigte „schwarze Kasten". Der wesentliche Unterschied zwischen Schaltwerken und Schaltnetzen besteht in der Tatsache, daß Schaltnetze zyklenfrei sind, Schaltwerke jedoch in der Regel Zyklen (sogenannte *Rückführungen*) enthalten können. Das Verhalten eines Schaltwerks mit n Eingängen und m Ausgängen beschreiben wir durch eine Schaltwerksfunktion, die Sequenzen von n-Bit-Wörtern auf Sequenzen von m-Bit-Wörtern abbildet.

Sequentielle Schaltwerksfunktionen lassen sich durch Schaltwerke mit Rückführung erhalten, selbst wenn alle Knoten mit kombinatorischen Schaltwerksfunktionen (Schaltfunktionen) markiert sind. Wir unterscheiden zwei Formen der Rückführung: Die verzögerungsfreie Rückführung und die Rückführung mit Verzögerung.

Die Definitionen der Operationen auf Schaltfunktionen (wie parallele und sequentielle Komposition etc.) und die Funktionsterme zur Beschreibung von Schaltfunktionen lassen sich direkt auf Schaltwerksfunktionen übertragen.

2.4.4 Schaltwerksfunktionen und endliche Automaten

Die einfachste Form sequentieller Schaltwerksfunktionen sind *Verzögerungsglieder*. Ein Verzögerungsglied ist eine Schaltwerksfunktion

$$D_n: (\mathbb{B}^n)^* \to (\mathbb{B}^n)^*$$

die die folgende Gleichung erfüllt (sei $w \in \mathbb{B}^n$):

$$D_n(\langle w^0\ w^1\ ...\ w^k\rangle) = \langle w\ w^0 ...\ w^{k-1}\rangle$$

Hier steht D für englisch $\underline{D}$elay, zu deutsch Verzögerung. Das (i+1)-te Ausgabewort der Funktion D_n entspricht genau dem i-ten Eingabewort. In der obigen Definition ist $w \in \mathbb{B}^n$ ein vorgegebenes Binärwort, das gewissermaßen den „Anfangszustand", die Initialisierung, des Verzögerungsgliedes bezeichnet. Es existiert für jedes Wort w genau eine Schaltwerksfunktion, die ein Verzögerungsglied darstellt und w als erstes Ausgabewort ausgibt.

Eine weitere grundlegende Form von sequentiellen Schaltwerksfunktionen erhalten wir durch Schaltwerksfunktionen, bei denen gewisse Eingabewörter Schreiboperationen entsprechen und andere Eingabewörter Leseoperationen darstellen. Zum besseren Verständnis betrachten wir als einfaches Beispiel eine Schaltwerksfunktion

$$ff: (\mathbb{B}^2)^* \to (\mathbb{B}^2)^*$$

die ein Schaltwerk mit folgendem Verhalten beschreibt. Das Schaltwerk speichert einen der Werte $\langle LO\rangle$ oder $\langle OL\rangle$. Die Eingabe des Binärworts $\langle OO\rangle$ bewirkt die Ausgabe des gespeicherten Wertes. Die Eingabe des Binärworts $\langle LO\rangle$ bewirkt die Ausgabe des Binärworts $\langle LO\rangle$ und die Speicherung des Binärworts $\langle LO\rangle$. Analog gilt, daß die Eingabe des Binärworts $\langle OL\rangle$ die Ausgabe des Binärworts $\langle OL\rangle$ und die Speicherung des Binärworts $\langle OL\rangle$ bewirkt.

Mathematisch ausgedrückt erfüllt die Funktion ff die nachstehenden Gleichungen (sei $s \in (\mathbb{B}^2)^*$):

$$ff(\langle LO\rangle\ \&\ \langle OO\rangle\ \&\ s) = ff(\langle LO\rangle\ \&\ \langle LO\rangle\ \&\ s) = \langle LO\rangle\ \&\ ff(\langle LO\rangle\ \&\ s),$$

$$ff(\langle OL\rangle\ \&\ \langle OO\rangle\ \&\ s) = ff(\langle OL\rangle\ \&\ \langle OL\rangle\ \&\ s) = \langle OL\rangle\ \&\ ff(\langle OL\rangle\ \&\ s),$$

$$ff(\langle LO\rangle\ \&\ \langle OL\rangle\ \&\ s) = \langle LO\rangle\ \&\ ff(\langle OL\rangle\ \&\ s),$$

ff(‹OL› & ‹LO› & s) = ‹OL› & ff(‹LO› & s).

Für die Eingabe des Binärworts ‹LL› (und für einen möglichen Anfangswert ‹OO›
eines Eingabestroms) wird nur angenommen, daß die Schaltwerksfunktion sich wie
bei Eingabe von ‹LO› oder wie bei Eingabe von ‹OL› verhält: Wir fordern also

ff(‹LL› & s) = ff(‹LO› & s) oder ff(‹LL› & s) = ff(‹OL› & s)

ff(‹OO› & s) = ff(‹LO› & s) oder ff(‹OO› & s) = ff(‹OL› & s)

Insbesondere gilt stets (sei $s \in (\mathbb{B}^2)^*$, $w \in \mathbb{B}^2$):

ff(w & ‹OO› & s) = ff(w & w & s)

Es gilt also, daß in der Ausgabesequenz von ff nur die Binärwörter ‹LO› und ‹OL›
auftreten. Für die Fälle ff(‹LL› & s) und ff(‹OO› & s) werden bewußt keine spezielleren Festlegungen getroffen. Somit gilt ff(‹‹OO››) beziehungsweise ff(‹‹LL››) ist entweder ‹‹LO›› oder ‹‹OL››.

Tabelle 2.6. Beispiel für Schaltverhalten der Funktion ff

Eingabesequenz w	Ausgabesequenz ff(w)
LO w^0	LO
LO w^1	LO
OO w^2	LO
OO w^3	LO
OL w^4	OL
OO w^5	OL
OO w^6	OL
LO w^7	LO
OL w^8	OL
OL w^9	OL

Wir erhalten für eine Schaltwerksfunktion ff, die die obigen Gleichungen erfüllt, beispielsweise das in Tabelle 2.6 angegebene Schaltverhalten.

Wir erkennen, daß das Eingabewort ‹OO› in der Eingabesequenz eine Wiederholung der vorangegangenen Ausgabe bewirkt und damit als Leseoperation aufgefaßt
werden kann. Die Eingabewörter ‹LO› und ‹OL› in der Eingabesequenz erzeugen
eine Ausgabe, die von allen vorherigen Eingaben unabhängig ist. Sie „überschreiben"
den Zustand und können allgemein als Schreiboperationen aufgefaßt werden.

Tritt das Eingabewort ‹LL› in der Eingabesequenz auf, so ist nicht festgelegt,
welcher „Zustand" eingenommen wird und welche Ausgabe erfolgt.

Sequentielle Schaltwerksfunktionen lassen sich anschaulich als Zustandsautomaten mit Eingabe und Ausgabe auffassen. Ein (endlicher) *Zustandsautomat mit Eingabe
und Ausgabe* ist durch eine Abbildung

$\delta: Z \times E \rightarrow Z \times A$,

genannt *Zustandsübergangsfunktion,* gegeben. Dabei sei Z eine (endliche) Zustandsmenge, E eine (endliche) Menge von Eingabezeichen und A eine (endliche) Menge

von Ausgabezeichen. Wir können die obige Schaltwerksfunktion als Zustandsautomat beschreiben.

Ein Schaltwerk mit n Eingängen, m Ausgängen und k (internen) Rückführungen stellen wir in folgender Weise als endlichen Automaten dar. Wir gehen von einer vorgegebenen Zustandsmenge aus, repräsentiert durch k-stellige Binärwörter (beispielsweise die Belegungen der Leitungen, insbesondere der Rückführungen). Dadurch erhalten wir für ein Schaltwerk mit n Eingängen und m Ausgängen Zustandsübergangsfunktionen des Typs

$$\delta \colon (\mathbb{B}^k \times \mathbb{B}^n) \quad \to \quad (\mathbb{B}^k \times \mathbb{B}^m)$$
Zustand Eingänge   Zustand Ausgänge

Die Übergangsfunktion δ definiert einen endlichen Automaten mit Ausgabe, in dem sowohl die Zustände, wie auch Eingabe und Ausgabe durch Binärwörter dargestellt werden. Dies Art eines Automaten heißt auch *Mealy-Automat*. Endliche Automaten und ihre Darstellung durch Diagramme behandeln wir ausführlich in Teil IV im Zusammenhang mit Beschreibungstechniken für formale Sprachen.

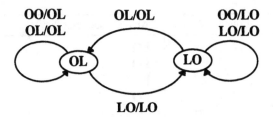

Abb. 2.31. Automat

Beispiel (Zustandsautomat). Wir geben einen endlichen Zustandsautomaten an, der das Verhalten des oben beschriebenen Schaltwerks mit die Schaltwerksfunktion ff darstellt. Wir definieren den Automaten mit Zustandsmenge

$$Z = \{ \langle LO \rangle, \langle OL \rangle \} \subseteq \mathbb{B}^2$$

und Eingabemenge $\mathbb{B}^2$ sowie Ausgabemenge $\mathbb{B}^2$. Wir legen die Übergangsfunktion des Automaten wie folgt fest:

$\delta(\sigma, \langle OO \rangle) = (\sigma, \sigma),$

$\delta(\sigma, \langle LO \rangle) = (\langle LO \rangle, \langle LO \rangle),$

$\delta(\sigma, \langle OL \rangle) = (\langle OL \rangle, \langle OL \rangle),$

$\delta(\sigma, \langle LL \rangle) \in \{ (\langle OL \rangle, \langle OL \rangle), (\langle LO \rangle, \langle LO \rangle) \}.$

In Abb. 2.31 wird der Automat graphisch dargestellt. Dabei lassen wir den Fall der Eingabe $\langle LL \rangle$ weg. Die Zustände sind durch Knoten, die Übergänge durch Pfeile dargestellt. Eine Kante vom Zustand σ zum Zustand σ' mit Markierung w/v zeigt an, daß gilt:

$\delta(\sigma, w) = (\sigma', v).$ $\qquad\qquad\qquad\qquad\qquad\qquad\qquad$ □

Jeder Zustandsautomat

$$\delta: Z \times \mathbb{B}^n \to Z \times \mathbb{B}^m$$

definiert für jeden gegebenen (Anfangs-)Zustand $\alpha \in Z$ eine Schaltwerksfunktion

$$f_\alpha: (\mathbb{B}^n)^* \to (\mathbb{B}^m)^*$$

durch die Gleichung

$$f_\alpha (\langle w^0 \dots w^k \rangle) = x \,\&\, f_\sigma (\langle w^1 \dots w^k \rangle)$$

wobei

$$(\sigma, x) = \delta(\alpha, w^0)$$

Somit definiert jeder Zustandsautomat mit Binärwörtern als Ein- und Ausgabe eine Schaltwerksfunktion. Umgekehrt definieren Schaltwerksfunktionen Zustandsautomaten.

Wir zeigen nun den Zusammenhang zwischen Schaltwerksfunktionen und Automaten. Für die oben eingeführte Funktion ff gelten die folgenden Gleichungen für $w \in \{\langle OL \rangle, \langle LO \rangle\}$ und $r = \langle OO \rangle$:

Lesegleichung:

$$\text{ff}(w \,\&\, r \,\&\, s) = w \,\&\, \text{ff}(w \,\&\, s),$$

Schreibgleichung: Sei $u \in \{\langle OL \rangle, \langle LO \rangle, \langle LL \rangle\}$

$$\text{ff}(w \,\&\, u \,\&\, s) = w \,\&\, \text{ff}(u \,\&\, s),$$

Anfangswerte: Für $u \in \{\langle OO \rangle, \langle LL \rangle\}$ existiert ein Eingabewort $a \in \{\langle OL \rangle, \langle LO \rangle\}$

$$\text{ff}(u \,\&\, s) = \text{ff}(a \,\&\, s).$$

Den Begriff des Zustandsübergangs der Schaltwerksfunktion ff können wir noch genauer fassen. Wir setzen dazu die Menge aller Schaltwerksfunktionen mit zwei Ein- und zwei Ausgängen mit dem Zustandsraum eines Automaten gleich. Begrifflich heißt das, daß jede Schaltwerksfunktion einen Zustand des Schaltwerks repräsentiert. Kennen wir die Schaltwerksfunktion, so kennen wir für jede Eingabesequenz die erzeugte Ausgabesequenz.

Mit dieser Sichtweise läßt sich auch der Begriff des Zustandsübergangs in Einklang bringen. Geben wir einem Schaltwerk ein Binärwort als Eingabe, so erhalten wir ein Binärwort als Ausgabe. Dabei können wir uns die Frage stellen, welchen Zustand das Schaltwerk anschließend einnimmt und welche Sequenzen von Binärwörtern in diesem Zustand als Ausgabe zu Eingabesequenzen erzeugt werden. Diese definieren wieder eine Schaltwerksfunktion, die den neuen Zustand des Schaltwerks beschreibt.

Zwei Zustände σ, σ' eines Zustandsautomaten heißen *verhaltensäquivalent*, wenn sie die gleichen Schaltwerksfunktionen definieren, formal wenn

$$f_\sigma = f_{\sigma'}.$$

Ein Schaltwerk heißt *bistabil*, wenn sein Verhalten durch einen Zustandsautomaten beschrieben werden kann, der genau zwei (nicht verhaltensäquivalente) Zustände besitzt. Eine Schaltwerksfunktion

$$f: (\mathbb{B}^2)^* \to (\mathbb{B}^2)^*$$

heißt *bistabil*, wenn sie das Verhalten eines bistabilen Schaltwerks beschreibt. Die oben eingeführte Beispielfunktion f ist bistabil.

Beispiel (Die Schaltwerksfunktion des Flip-Flops). Wir betrachten wieder den Automaten aus obigem Beispiel mit der Zustandsmenge

$$Z = \{\langle LO \rangle, \langle OL \rangle\} \subseteq \mathbb{B}^2$$

und Eingabemenge $\mathbb{B}^2$, sowie Ausgabemenge $\mathbb{B}^2$ und der oben angegebenen Übergangsfunktion. Wir erhalten für jeden der Zustände $\alpha \in Z$ eine Schaltwerksfunktion f_α. Diese Funktionen f_α erfüllen folgende Gleichungen:

$$f_\alpha(\langle OO \rangle \& x) = \alpha \& f_\alpha(x)$$

$$f_\alpha(\sigma \& x) = \sigma \& f_\sigma(x) \qquad\qquad \Box$$

Nun können wir mit Hilfe der eingeführten Begriffe auch präzise definieren, wann ein Eingabewort für eine Schaltwerksfunktion einen neuen Zustand erzeugt. Wir definieren für eine gegebene Schaltwerksfunktion f und $w \in \mathbb{B}^n$ die Funktion

$$RES[f, w]: (\mathbb{B}^n)^* \to (\mathbb{B}^m)^*$$

Für ein Schaltwerk, dessen Verhalten durch die Schaltwerksfunktion f gegeben ist beschreibt RES[f, w] das Verhalten des Schaltnetzes, nachdem das Binärwort w eingegeben und eine dazugehörige Ausgabe erzeugt worden ist. Mathematisch ausgedrückt gilt für RES[f, w] folgende definierende Gleichung:

$$RES[f, w](s) = rest(f(w \& s))$$

RES steht für engl. Resumption („Fortsetzung"). Man beachte, daß RES[f, w] selbst wieder eine bistabile Schaltwerksfunktion ist, falls f bistabil ist. Wir sagen dann, daß der Zustand, den RES[f, w] einnimmt, der Zustand ist, den w für f erzeugt. Damit können wir den Zustand eines Schaltwerks mit der Funktion gleichsetzen, die das Verhalten des Schaltwerks beschreibt. Entspricht ein Schaltwerk der Funktion f, dann überführt die Eingabe z das Schaltwerk in den Zustand RES[f, z].

Wir erhalten durch das Konzept der „Resumption" zu einer Schaltwerksfunktion

$$f: (\mathbb{B}^n)^* \to (\mathbb{B}^m)^*$$

den Zustandsraum

$$Z = \{RES^*[f, s]: s \in (\mathbb{B}^n)^*\}$$

wobei

$$RES^*[f, \varepsilon] = f,$$

$$RES^*[f, \langle w^0 \dots w^n \rangle] = RES[RES^*[f, \langle w^0 \dots w^{n-1} \rangle], w^n].$$

Z bezeichnet demnach die Menge der erreichbaren Fortsetzungsfunktionen. Wir definieren auf diesem Zustandsraum eine Übergangsfunktion

$$\delta: Z \times \mathbb{B}^n \to Z \times \mathbb{B}^m$$

durch

$$\delta(f, w) = (RES[f, w], f(w)).$$

Im Fall der bistabilen Funktion f aus obigem Beispiel können wir den Zustand auch mit dem bei Eingabe des Binärworts ‹OO› erzeugten Binärwort gleichsetzen. Wir sagen, daß eine bistabile Schaltwerksfunktion f den Zustand z hat (wobei z = ‹LO› oder z = ‹OL›), falls gilt:

$$f(\,«OO»\,) = ‹z›$$

Eine Schaltwerksfunktion

$$f: (\mathbb{B}^n)^* \to (\mathbb{B}^m)^*$$

heißt *stabil* bezüglich eines Eingabewortes $w \in \mathbb{B}^n$, falls die Eingabe des Binärworts $w \in \mathbb{B}^n$ keine Änderung des Zustands bewirkt und somit für alle Funktionen $f' = RES^*[f, s]$ mit $s \in (\mathbb{B}^n)^*$:

$$f' = RES[f', w]$$

gilt. Ausführlicher geschrieben heißt das, daß für alle Eingabesequenzen von Binärwörtern $s_1, s_2 \in (\mathbb{B}^n)^*$ Binärwörter $z \in \mathbb{B}^m$ und $s_3 \in (\mathbb{B}^m)^*$ existieren, so daß folgende Formel gilt:

$$f(s_1 \circ ‹w› \circ s_2) = f(s_1) \circ ‹z› \circ s_3 \Rightarrow f(s_1 \circ s_2) = f(s_1) \circ s_3.$$

In sequentiellen Schaltelementen können Eingabewörter, für die die entsprechende Schaltwerksfunktion stabil ist, als „Leseoperationen" aufgefaßt werden.

Die oben beschriebene bistabile Funktion ist stabil für die Eingabe ‹OO›. Kombinatorische Schaltelemente sind für jedes Eingabewort stabil.

Lemma (Charakterisierung sequentieller Schaltwerksfunktionen). Eine Schaltwerksfunktion $f: (\mathbb{B}^n)^* \to (\mathbb{B}^m)^*$ ist genau dann kombinatorisch, wenn für alle Wörter $w \in \mathbb{B}^n$ folgende Gleichung gilt:

$$RES[f, w] = f$$

Insbesondere ist dann der zugeordnete Zustandsraum einelementig.

Beweis: Sei $k \in \mathbb{N}$.

(1) Gilt für alle Binärwörter w die Gleichung $RES[f, w] = f$, so gilt

$$f(‹w^0 ... w^k›) =$$

$$f(‹w^0›) \circ RES[f, w^0](‹w^1 ... w^k›) =$$

$$f(‹w^0›) \circ f(‹w^1 ... w^k›) = ... = f(‹w^0›) \circ ... \circ f(‹w^k›)$$

also ist f kombinatorisch.

(2) Gilt

$$f(‹w^0 ... w^k›) = f(‹w^0›) \circ ... \circ f(‹w^k›)$$

für alle k und $w^0 ... w^k$, so gilt

$$RES[f, w^0] (‹w^1 ... w^k›) = f(‹w^1›) \circ ... \circ f(‹w^k›) = f(‹w^1 ... w^k›)$$

also ist $f = RES[f, w^0]$ für alle $w^0 \in \mathbb{B}^n$.   □

Komponieren wir kombinatorische Schaltwerksfunktionen sequentiell oder parallel, so erhalten wir kombinatorische Schaltwerksfunktionen.

Lemma (Kompositionseigenschaft kombinatorischer Schaltwerksfunktionen). Sind die Schaltwerksfunktionen f_1 und f_2 kombinatorisch, so sind auch die Schaltwerksfunktionen $f_1 \parallel f_2$ und $f_1 \cdot f_2$ kombinatorisch.

Beweis: Sei f_1 eine n_1-stellige und f_2 eine n_2-stellige Schaltwerksfunktion und seien die Binärwörter w, $w_1 \in \mathbb{B}^{n1}$, $w_2 \in \mathbb{B}^{n2}$ gegeben, dann gilt:

$$RES[f_1 \parallel f_2, w_1 \circ w_2] = RES[f_1, w_1] \parallel RES[f_2, w_2] = f_1 \parallel f_2$$

Sei $\langle u \rangle = f_1(\langle w \rangle)$, dann gilt

$$RES[f_1 \cdot f_2, w] = RES[f_1, w] \cdot RES[f_2, u] = (f_1 \cdot f_2) \qquad \Box$$

Wie sequentielle Schaltwerksfunktionen durch Netzwerke aus kombinatorischen Schaltwerksfunktionen mit verzögerungsfreien Rückführungen realisiert werden können, werden wir im folgenden Abschnitt ausführlich darstellen.

2.4.5 Schaltwerke mit verzögerungsfreier Rückkopplung

Wir können nun für gegebene Schaltwerke und Schaltwerksfunktionen neue Schaltwerke und Schaltwerksfunktionen erhalten, indem wir bestimmte Ausgänge auf gewisse Eingänge legen (verzögerungsfrei rückkoppeln). Dies ergibt eine Möglichkeit, Schaltwerke mit speicherndem Verhalten zu schaffen.

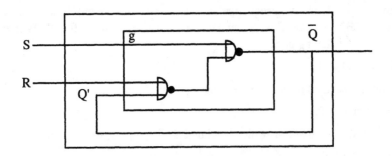

Abb. 2.32. Schaltwerk des Flip-Flops

Beispiel (Sequentielle Schaltwerke durch Rückführung: Das Flip-Flop). Das Flip-Flop ist ein Schaltwerk mit 2 Eingangsleitungen S (für „set") und R (für „reset") sowie einer Ausgangsleitung $\overline{Q}$. Es entsteht aus einem Schaltnetz mit drei Eingängen, indem die Ausgangsleitung $\overline{Q}$ auf den dritten Eingang *zurückgeführt* wird. Durch das Setzen des Flip-Flops (S = L, R = O) soll $\overline{Q}$ den Wert L annehmen und so lange *speichern*, bis das Flip-Flop zurückgesetzt wird (R = L, S = O). Einem Flip-Flop entspricht das in Abb. 2.32 angegebene Schaltwerk.

Wir ordnen dem Schaltwerk des Flip-Flops ein Verhalten in Form einer Schaltwerksfunktion zu. Wir definieren zunächst die Schaltfunktion g, die das Verhalten des Schaltnetzes im Inneren des Flip-Flops modelliert. Die Funktion g ist durch Tabelle 2.7 beschrieben.

Welche Funktion wird nun durch das Flip-Flop realisiert? Die Rückführung von $\overline{Q}$ zu Q' läßt die Forderung erwarten, daß die Gleichung

$$Q' = \overline{Q}$$

gilt. Wir stellen uns weiter vor, daß bei Eingabe eines „neuen" 2-Bit-Wortes in das Flip-Flop an dem Ausgang $\overline{Q}$ des Flip-Flops stets noch der „alte Wert" von $\overline{Q}$ auf den rückgekoppelten Leitungen vorhanden ist.

Tabelle 2.7. Wertetabelle der Funktion g

S	O	O	O	O	L	L	L	L
R	O	O	L	L	O	O	L	L
Q'	O	L	O	L	O	L	O	L
$\overline{Q}$	O	L	L	L	O	O	O	O

Das Anlegen neuer Werte an die Eingänge bewirkt eine Änderung der Werte auf den Rückkopplungsleitungen und damit eine Zustandsänderung, falls die Gleichungen mit den rückgekoppelten alten Werten nicht weiter gelten.

(1) Legen wir S = O, R = O an das Flip-Flop an, so ist die Forderung $Q' = \overline{Q}$ sofort erfüllbar, $\overline{Q}$ kann seinen alten Wert behalten.

(2) Gilt S = L, R = O, so bleibt nur $\overline{Q} = O$, um die Forderung $Q' = \overline{Q}$ zu erfüllen; **O** ist Ausgabewert. Der alte Wert von $\overline{Q}$ hat keinen Einfluß.

(3) Gilt S = O, R = L, so bleibt nur $\overline{Q} = L$, um die Forderung $Q' = \overline{Q}$ zu erfüllen; **L** ist Ausgabewert. Der alte Wert von $\overline{Q}$ hat keinen Einfluß.

(4) Gilt S = L, R = L, so bleibt nur $\overline{Q} = O$, um die Forderung $Q' = \overline{Q}$ zu erfüllen.

Wir erhalten eine Schaltwerksfunktion:

flip-flop: $(\mathbb{B}^2)^* \to \mathbb{B}^*$

mit folgendem Wertverlauf (sei $q \in \mathbb{B}$ der Anfangswert auf der Rückführungsleitung Q')

flip-flop = RES[ff, ‹q ¬q›] · Π_1^2

Wobei ff die bereits als Beispiel behandelte bistabile Schaltwerksfunktion sei.

Die Eingabe S = O, R = O bewirkt eine Wiederholung der Ausgabe des eben ausgegebenen Wertes. Die Eingabe von ‹**LO**› und von ‹**OL**› erzeugt eine vom letzten Ausgabewert unabhängige Ausgabe (Überschreiben des Wertes). ☐

Wie bereits betont, entspricht ein Schaltnetz einem gerichteten, zyklenfreien Graphen; ein Schaltwerk kann hingegen Zyklen enthalten. Diese Zyklen entsprechen Rückführungen.

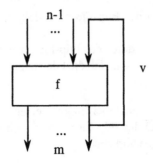

Abb. 2.33. (n-1)-stelliges Schaltwerk mit m-stelligem Ergebnis und verzögerungsfreier Rückkopplung

Die einzige Konstruktion, die wir für den Aufbau von Schaltwerken deshalb zusätzlich zu den Konstrukten für den Aufbau von Schaltnetzen einführen, ist die *verzögerungsfreie Rückführung*. Sei

$$f\colon (\mathbb{B}^n)^* \to (\mathbb{B}^m)^*$$

eine gegebene Schaltwerksfunktion, realisiert durch ein Schaltwerk. Dann ergibt das in Abb. 2.33 abgebildete Schaltwerk für einen gegebenen Wert $a \in \mathbb{B}$ auf der Rückführungsleitung v (der Wert a repräsentiert den „alten Zustand" der Rückführungsleitung v) eine Schaltwerksfunktion:

$$fb_a[f]\colon (\mathbb{B}^{n-1})^* \to (\mathbb{B}^m)^*$$

Die Schaltwerksfunktion $fb_a[f]$ entsteht durch verzögerungsfreie Rückführung (engl. „Feedback") mit Ausgangswert a aus f. Den Wertverlauf der Schaltwerksfunktion $fb_a[f]$ definieren wir wie folgt: Sei die Schaltfunktion

$$g\colon \mathbb{B}^n \to \mathbb{B}^m$$

für $w \in \mathbb{B}^n$ definiert durch $g(w) = v$, falls $f(\langle w \rangle) = \langle v \rangle$ mit $v \in \mathbb{B}^m$; formal ausgedrückt

$$g(w) = first(f(\langle w \rangle)).$$

Die Schaltfunktion g stellt das Schaltverhalten von f zum ersten Taktzeitpunkt dar. Sei für $w \in \mathbb{B}^n$ die Schaltwerksfunktion

$$RES[f, w]\colon (\mathbb{B}^n)^* \to (\mathbb{B}^m)^*$$

wie oben definiert durch

$$RES[f, w](s) = rest(f(w\&s))$$

Es gilt dann

$$f(\langle w^1 \ldots w^k \rangle) = g(w^1) \ \& \ RES[f, w^1](\langle w^2 \ldots w^k \rangle)$$

Wir definieren für die Booleschen Werte $a_1, \ldots, a_{n-1} \in \mathbb{B}$ (die Eingabewerte) eine Folge von m-Bit-Wörtern

$$y^i \in \mathbb{B}^m$$

durch

$$y^0 = g(a_1, ..., a_{n-1}, a), \qquad y^{i+1} = g(a_1, ..., a_{n-1}, y_m^i)$$

Die Binärwörter y^i repräsentieren die Iterationsfolge, die wir erhalten, indem wir auf den ersten n–1 Eingängen von f die Eingabewerte a_1, ..., a_{n-1} festhalten und jeweils den auf dem m-ten Ausgang erzielten Booleschen Ausgabewert rückkoppeln und in der nächsten Iteration als Eingabewert für den n-ten Eingang von f verwenden.

Sei $k \in \mathbb{N}$. Die Folge y^i wird nach k Schritten mit dem Binärwort $v \in \mathbb{B}^m$ *stationär*, falls gilt:

$$\forall j \in \mathbb{N}, k \leq j: y^j = v$$

Dann sagen wir, daß der Wert $fb_a[f](w^1)$ für $w^1 = \langle a_1 ... a_{n-1} \rangle$ eindeutig bestimmt ist, und definieren mit $b = v_m$ die Funktion $fb_a[f]$ wie folgt:

$$fb_a[f](\langle w^1 ... w^k \rangle) = v \& fb_b[\ RES[f, \langle a_1 ... a_{n-1} v_m \rangle]\ ](\langle w^2 ... w^k \rangle)$$

Man beachte:

(1) Wird die Folge stationär, so gilt

$$y = f(a_1, ..., a_{n-1}, v_m)$$

und somit ist y Fixpunkt der Gleichung. Es ist dabei nicht sinnvoll, vom „kleinsten" Fixpunkt zu sprechen, solange wir auf $\mathbb{B}$ keine bestimmte Ordnung voraussetzen.

(2) Wird die Folge der y^i nicht stationär, so existieren Zahlen $p, k \in \mathbb{N}$, $p \geq 1$:

$$\forall j \in \mathbb{N}, j \geq k: y^{j+p} = y^j$$

da $\mathbb{B}^m$ endlich ist. Ist p die kleinste Zahl, für die diese Gleichung gilt, so heißt p die *Periode*, mit der die Folge y^j *schwingt*. Technisch bewirken allerdings bei der elektronischen Realisierung von Schaltungen im allgemeinen kleinste Unregelmäßigkeiten in den Durchlaufzeiten der einzelnen Gatter, daß keine Schwingung in der Phase p erfolgt, sondern daß die Folge in einen durch die Gatterlaufzeiten bestimmten stabilen Zustand übergeht.

Beispiel (Flip-Flop). Als wichtigstes Beispiel für Schaltwerke mit Rückführung betrachten wir wieder Flip-Flops. Ein einfaches Beispiel für ein Flip-Flop haben wir bereits behandelt. Nun betrachten wir das in Abb. 2.34 gegebene klassische Schaltwerk für ein Flip-Flop, genannt RS-Flip-Flop, mit den zwei Ausgängen $\overline{Q}$ und Q. Seien die „alten" Werte a_1 und a_2 auf den Rückkopplungsleitungen $\overline{Q}$ und Q. Damit die Folge, die wir zur Definition der Rückkopplung definieren, stationär wird, muß ein Fixpunkt folgender Gleichungen durch die Iteration erreicht werden:

$$\overline{Q} = \neg(Q \vee s)$$

$$Q = \neg(\overline{Q} \vee r)$$

Wir betrachten nun die unterschiedlichen Fälle für die Eingabewerte s und r.

(1) Falls $s = \mathbf{O}$ und $r = \mathbf{O}$ erhalten wir aus den obigen Gleichungen

$$\overline{Q} = \neg Q$$

$$Q = \neg \overline{Q}$$

Falls die „alten" Werte a_1 und a_2 auf den Rückkopplungsleitungen $\overline{Q}$ und Q unterschiedlich sind, falls also $a_1 = \neg a_2$, wird die Iteration im ersten Schritt stationär und es gilt $\overline{Q} = a_1$ und $Q = a_2$. Gilt für die „alten" Werte $a_1 = L$ und $a_2 = L$, so wird die Folge mit $\overline{Q} = O$ und $Q = O$ stationär. Gilt für die „alten" Werte $a_1 = O$ und $a_2 = O$, so wird die Folge nicht stationär.

(2) Falls $s = O$ und $r = L$, erhalten wir die Gleichungen

$$\overline{Q} = \neg Q$$

$$Q = O$$

und damit unabhängig von den „alten" Werten a_1 und a_2 auf den Rückkopplungsleitungen $\overline{Q}$ und Q eine stationär werdende Folge und die Ausgabe $\overline{Q} = L$ und $Q = O$.

(3) Falls $s = L$ und $r = O$ erhalten wir die Gleichungen

$$\overline{Q} = O$$

$$Q = \neg \overline{Q}$$

und damit unabhängig von den „alten" Werten a_1 und a_2 auf den Rückkopplungsleitungen $\overline{Q}$ und Q eine stationär werdende Folge und die Ausgabe $\overline{Q} = O$ und $Q = L$.

(4) Der Fall $s = L$ und $r = L$ wird als unzulässig betrachtet, da er zu einer Ausgabe $\overline{Q} = O$ und $Q = O$ und bei nachfolgender Eingabe von $s = O$ und $r = O$ in eine Schwingung führt (vgl. Fall (1)).

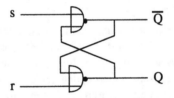

Abb. 2.34. Schaltwerk des Flip-Flops

Gemäß unserer Definition gelten folgende Gleichungen

$$\overline{Q} = \neg(Q \vee s) \qquad\qquad Q = \neg(\overline{Q} \vee r)$$

Wir erhalten die folgende Zustandsübergangstabelle für das Flip-Flop. Die Übergänge 1-3 in Tabelle 2.8 veranschaulichen die zeitliche Abfolge des Schaltvorgangs.

Die beiden Zustände (Anfangsbelegungen) $\overline{Q} = Q = O$, $\overline{Q} = Q = L$ werden als unzulässig, beziehungsweise technisch unmöglich betrachtet. Ebenso wird die Eingabe $s = r = L$ als unzulässig betrachtet. Für $\overline{Q} = Q$ und die Eingabe $r = s = O$ *schwingt* das Flip-Flop.

Das Flip-Flop ist eine bistabile Schaltwerksfunktion. Es kann als das fundamentale Beispiel für ein sequentielles Schaltwerk verstanden werden.   □

Tabelle 2.8. Zustandsübergangsdiagramm des Flip-Flops

			(nicht erlaubt)	(nicht erlaubt)
Alter Zustand	$\overline{Q} = L$ $Q = O$	$\overline{Q} = O$ $Q = L$	$\overline{Q} = O$ $Q = O$	$\overline{Q} = L$ $Q = L$
Eingabe r	O L O L	O L O L	O L O L	O L O L
s	O O L L	O O L L	O O L L	O O L L
1. Übergang $\overline{Q}$	L L O O	O O O O	L L O O	O O O O
Q	O O O O	L O L O	L O L O	O O O O
2. Übergang $\overline{Q}$	L L O O	O L O O	O L O O	L L O O
Q	O O L O	L O L O	O O L O	L O L O
3. Übergang $\overline{Q}$	L L O O	O L O O	L L O O	O L O O
Q	O O L O	L O L O	L O L O	O O L O

Nach dem beschriebenen Verfahren lassen sich beliebigen Schaltwerken Schaltwerks-funktionen zuordnen.

Wird die oben angegebene Annahme über die Eingabe verletzt und tritt theoretisch schwingendes Verhalten auf, so gilt für entsprechende elektrische Schaltwerke („Schaltungen") jedoch praktisch allgemein, daß – auf Grund der minimal unterschiedlichen Gatterlaufzeiten – das Schaltwerk zufällig wieder in einen stabilen Zustand kippt.

2.4.6 Sinnbilder für Schaltwerke und ihre Funktionen

In diesem Anschnitt betrachten wir eine Reihe von Beispielen wichtiger Schaltwerke. Alle Funktionen und Kompositionsformen für Schaltfunktionen und Schaltnetze lassen sich sofort auf Schaltwerke und Schaltwerksfunktionen übertragen. Ihre Definition und Wirkungsweise sowie graphische Notation ergibt sich sofort durch Analogie aus den Definitionen für Schaltfunktionen von Schaltnetzen und deren Erweiterung auf Schaltwerksfunktionen.

Beispiel (Sequentielle Komposition von Verzögerungsgliedern). Die Schaltwerksfunktion

$$D_n \cdot D_n$$

bewirkt eine Verzögerung um zwei Takte (sei $w \in \mathbb{B}^n$ der Anfangszustand für D_n):

$$(D_n \cdot D_n)(\langle w^0\, w^1\, ...\, w^k\rangle) =$$
$$D_n\, (D_n(\langle w^0\, w^1\, ...\, w^k\rangle)) =$$
$$D_n(\langle w\, w^0 ...\, w^{k-1}\rangle) =$$

⟨w w w^0... w^{k-2}⟩   □

Ebenso können wir die anderen Kompositionsformen der Schaltnetze auf Schaltwerksfunktionen anwenden.

Flip-Flops verwendet man häufig taktgesteuert oder auch in Verbindung mit Verzögerungsgliedern. Dadurch wird erreicht, daß unerwünschte Rückkopplungen entschärft werden. Durch einen zentralen Takt wird beispielsweise bei der Verwendung von taktgesteuerten Flip-Flops (wie etwa beim Master-Slave-Flip-Flop) erreicht, daß genau während des Anlegens des Takts (ansteigende Flanke) der Wert, der an den Eingängen anliegt, in das Flip-Flop übernommen, aber noch nicht ausgegeben wird. Erst bei abfallender Flanke wird der Wert auf den Ausgängen verfügbar.

Für ein taktgesteuertes RS-Flip-Flop, wie wir es im obigen Beispiel behandelt haben, verwendet man in Schaltwerken allgemein das in Abb. 2.31 angegebene Sinnbild.

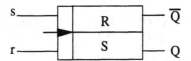

Abb. 2.35. Sinnbild des RS-Flip-Flops

Aus taktgesteuerten Flip-Flops können wir weitere Varianten von Schaltwerksfunktionen mit speicherndem Verhalten konstruieren. Ein Beispiel ist das JK-Flip-Flop. Das JK-Flip-Flop enthält ein taktgesteuertes RS-Flip-Flop, für das sichergestellt ist, daß an seinen Eingängen die unzulässige Kombination r = s = L nicht auftritt. Die Abb. 2.36 zeigt das Schaltwerk des JK-Flip-Flops.

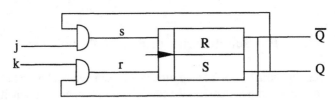

Abb. 2.36. Schaltwerk des JK-Flip-Flop

Ist das JK-Flip-Flop zu Beginn in einem zulässigen inneren Zustand (das heißt $\overline{Q}$ = ¬Q), so tritt die unzulässige Eingangsbelegung (L, L) am RS-Flip-Flop im Inneren des JK-Flip-Flops selbst nie auf. Die Eingabe j = k = L ist zulässig und bewirkt einen Wechsel der Ausgangsbelegung.

Wir können aber aus Flip-Flops auch ein Schaltwerk konstruieren, das die Ausgabe genau um einen „Takt" verzögert: Diese Schaltwerke haben wir unter dem Stichwort Verzögerungsglieder bereits kennengelernt. Eine n-stellige Schaltwerksfunktion

f: $(\mathbb{B}^n)^* \to (\mathbb{B}^n)^*$

heißt *n-stelliges Schieberegister* (der Länge k), falls eine Sequenz $w_0 \in (\mathbb{B}^n)^*$ existiert mit $|w_0| = k$ und für alle Sequenzen $w_1, w_2 \in (\mathbb{B}^n)^*$ mit $|w_2| = k$ gilt

$$f(w_1 \circ w_2) = w_0 \circ w_1$$

Die Sequenz w_0 nennen wir auch den *initialen Inhalt* des Schieberegisters.

Ist f Schieberegister, dann ist RES[f, b] für $b \in \mathbb{B}^n$ selbst wieder ein Schieberegister, allerdings mit einem in der Regel anderen initialen Inhalt. Ein Verzögerungsglied ist ein einstelliges Schieberegister der Länge 1.

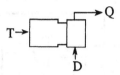

Abb. 2.37. Sinnbild für das taktgesteuerte Verzögerungsglied, ein Schieberegister der Länge 1

Ein Schieberegister der Länge k kann k Boolesche Werte speichern. Durch die sequentielle Komposition von k Verzögerungsgliedern erhalten wir *Schieberegister* der Länge k.

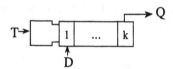

Abb. 2.38. Taktgesteuertes Schieberegister der Länge k

In einem Flip-Flop kann genau ein Bit gespeichert werden. Um größere Mengen von Informationen speichern zu können, fügen wir viele sequentielle Elemente zusammen. Die parallele Komposition von n Flip-Flops liefert ein (Merk-)*Register* der Breite n. Wir können in einem solchen Register ein n-Bit-Wort speichern. Mit der Hilfe bistabiler Schaltwerksfunktionen lassen sich Speicher aufbauen: Der lesende und schreibende Zugriff auf die einzelnen Komponenten (Speicherzellen) erfolgt dann über Adressen (engl. RAM, Random Access Memory, wahlfreier Zugriff). Die Schaltwerksfunktion

$$sp: (\mathbb{B}^2)^* \to \mathbb{B}^*$$

sei definiert durch

$$sp = V_2 \cdot (\, NOT \parallel I_3 \,) \cdot (AND \parallel AND) \cdot ff \cdot \Pi_1^2$$

wobei ff eine bistabile Schaltwerksfunktion sei. Damit kann bei der Schaltwerksfunktion sp der eine Parameter als Indikator verstanden werden, ob eine Lese- oder Schreiboperation vorliegt (**O** ~ Lesen, **L** ~ Schreiben) und der andere Eingang ergibt dem zu schreibenden Wert. Hat der erste Parameter den Wert **O** so ist der zweite Parameter bedeutungslos.

Reihen wir mehrere Schaltwerksfunktionen sp parallel aneinander und verwenden wir einen Eingang einheitlich als Lese-/Schreibanzeige, so erhalten wir die Schaltwerksfunktion storecell: $(\mathbb{B}^{k+1})^* \rightarrow (\mathbb{B}^k)^*$

einer Speicherzelle für k-Bit-Wörter durch die Gleichung

$$\text{storecell} = [[\ \Pi_1^{k+1}, \Pi_2^{k+1}]\cdot \text{sp}\ ,\ \ldots\ ,\ [\ \Pi_1^{k+1}, \Pi_{k+1}^{k+1}]\cdot \text{sp}]$$

Wir können nun viele dieser Speicherzellen aneinanderreihen und über Multiplextechniken ansteuern. Dadurch entsteht ein Speicher.

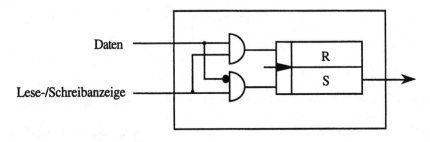

Abb. 2.39. Schaltwerk einer Speicherzelle

Um einen adressierbaren Speicher für k Wörter der Breite n zu erhalten, benötigen wir eine Decodierfunktion

$$d: \mathbb{B}^m \rightarrow \{1,\ldots,k\}$$

beziehungsweise die dazugehörige Binärversion

$$DF: \mathbb{B}^m \rightarrow \mathbb{B}^k$$

mit

$$DF(w) = \langle e_1,\ldots,e_k \rangle$$

und

$$e_i = \begin{cases} \mathbf{L} & \text{falls } d(w) = i \\ \mathbf{O} & \text{sonst} \end{cases}$$

Die Schaltwerksfunktion, die das Verhalten des Speichers beschreibt, ist gegeben durch

$$\text{store}: \mathbb{B}^{m+n+1} \rightarrow \mathbb{B}^n$$

wobei store durch eine Schaltwerksfunktion definiert ist, die wir erhalten, indem wir k Speicherzellen parallel schalten.

$$\begin{aligned}
\text{store} = \ & (DF \parallel I_{n+1}) \cdot [\ W_1,\ \ldots,\ W_k]\ \cdot \\
& ((\ I \parallel ((AND \parallel I_n) \cdot \text{storecell}\ )) \parallel \ldots \parallel (\ I \parallel ((AND \parallel I_n)\cdot \text{storecell}\ ))) \cdot \\
& (U \parallel \ldots \parallel U) \cdot \\
& [S_1,\ \ldots,\ S_n]
\end{aligned}$$

wobei die Schaltwerksfunktionen W_i, U und S_i wie folgt spezifiziert sind:

$$W_i = (\Pi_i^k \cdot V) \parallel I_{n+1}$$

$$U = [[\Pi_1^{n+1}, \Pi_2^{n+1}] \cdot AND] \parallel \dots \parallel [\Pi_1^{n+1}, \Pi_{n+1}^{n+1}] \cdot AND]]$$

$$S_i = [\Pi_i^{n \cdot k}, \dots, \Pi_{n \cdot (k-1)+i}^{n \cdot k}] \cdot OR_k$$

Hier entsprechen die ersten Argumente der Funktion store der Adresse der angesteuerten Speicherzelle und die restlichen Argumente der Angabe, ob gelesen oder geschrieben werden soll und dem zu schreibenden Wert (soll gelesen werden, sind die restlichen Argumente ohne Einfluß).

Ein erheblich geringerer Decodieraufwand ergibt sich, wenn wir die Adressen in zwei Anteile aufspalten und die sequentiellen Elemente matrixartig anordnen. Um Datenwerte der Länge k zu speichern, können wir k Ebenen dieser Anordnung übereinanderlegen. Eine solche Anordnung wird 3D-Speicher genannt.

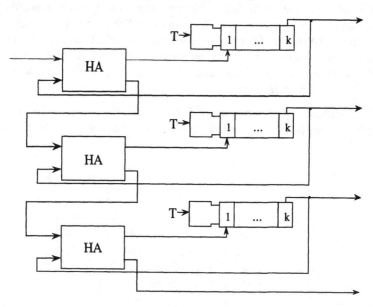

Abb. 2.40. Binärzählwerk

Wird auf Speicherzellen nicht über Adressen, sondern über Teile des Inhalts zugegriffen, so sprechen wir von *assoziativen Speichern*. Bei einem assoziativen Speicher wird somit nicht ein Binärwort als Adresse vorgegeben, über die dann über eine Multiplexfunktion eine bestimmte Speicherzelle angesteuert wird, sondern es wird ein Binärwort vorgegeben, das mit einem bestimmten Inhaltsanteil der Speicherzellen verglichen wird. Nur bei Übereinstimmung des Speicherzelleninhalts mit dem Binärwort wird der restliche Speicherzelleninhalt auf die Ausgangsleitungen geschaltet.

2.4.7 Komposition von Schaltnetzen und Schaltwerken

Bisher haben wir sequentielle Schaltwerke mit kombinatorischen Schaltwerken (genauer mit Schaltnetzen) zur Ansteuerung kombiniert. Allgemein sind wir natürlich auch an der Kombination der typischen, durch Schaltnetze vorgegebenen Verarbeitungselemente (wie ALUs) mit sequentiellen Schaltwerken interessiert. In den Rechnerkernen (CPUs, vergleiche Kapitel 4) von Rechenanlagen sind beispielsweise ALUs mit Registern kombiniert.

Ein elementares Beispiel für die Kombination sequentieller Schaltwerke und kombinatorischer Schaltnetze zu einem Schaltwerk ist ein Zähler, der eingehende Binärwerte hochzählt.

Beispiel (Binärzählwerk). Ein Binärzählwerk zählt die Anzahl der Werte L in der Eingabesequenz (modulo 2^n). Die Abb. 2.40 gibt ein Schaltwerk für ein Binärzählwerk wieder. □

Die Kombination von sequentiellen und kombinatorischen Elementen erlaubt neben der parallelen Verarbeitung von n-Bit-Wörtern durch Schaltnetze eine serielle Verarbeitung von n-Bit-Wörtern. Durch sequentielle Schaltwerke lassen sich Zwischenergebnisse speichern und immer wieder die gleichen Schaltwerke für die Berechnung des nächsten Zwischenergebnisses verwenden. Ein Beispiel für ein solche Schaltwerke stellt der Serienaddierer dar.

Beispiel (Serienaddierer). Beim Serienaddierer werden zwei Binärzahlen addiert, indem wir Schritt für Schritt beginnend bei der Stelle mit Gewicht 1 die Binärstellen addieren.

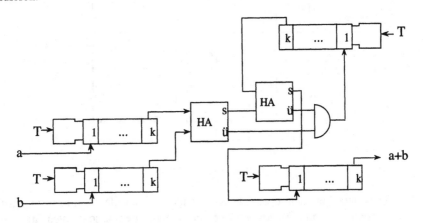

Abb. 2.41. Serienaddierer

Die Abb. 2.41 gibt ein Schaltwerk für einen Serienaddierer wieder. Im Gegensatz zu dem Paralleladdierwerk, das in Abb. 2.18 gezeigt wird, werden nur zwei Halbaddierer benötigt, um Binärwörter beliebiger Länge zu addieren. □

Die Kombination sequentieller Komponenten mit Verarbeitungselementen erlaubt insbesondere die Zahl der benötigten Gatter klein zu halten, da das gleiche Schaltnetz von Gatterfunktionen iteriert verwendet werden kann. Allerdings erhöhen sich dabei die Durchlaufzeiten, da eine höhere Anzahl von Taktschritten nötig ist, bis ein Resultat vorliegt. Die Berechnungen laufen erheblich langsamer ab.

Der Unterschied zwischen serieller Verarbeitung (Beispiel Serienaddierer) und paralleler Verarbeitung (Beispiel Addierschaltnetz) zeigt auf, daß viele Verarbeitungsvorgänge entweder in der Zeit (seriell) oder im Ort (parallel) iteriert werden können. Im ersten Fall spart man Verarbeitungselemente, muß aber mit höheren Verarbeitungszeiten rechnen. Im zweiten Fall beschleunigt sich die Verarbeitungszeit, es werden aber mehr Verarbeitungselemente benötigt.

2.4.8 Technische Realisierung von Schaltwerken

In der bisher beschriebenen Form sind Schaltnetze und Schaltwerke primär mathematische Gebilde. Ihr Verhalten wird durch ein abstraktes mathematisches Modell, gegeben durch Schaltwerksfunktionen oder durch endliche Automaten, repräsentiert.

Wie Schaltnetze entsprechen Schaltwerke Schaltern, die mit elektrotechnischen Mitteln heute hauptsächlich durch Transistoren realisiert werden. Die momentane Schalterstellung können wir uns als Repräsentation des gespeicherten Zustands vorstellen. Für eine genauere Behandlung der technischen und physikalischen Aspekte der Realisierung verweisen wir auf das Fachgebiet „elektronische und physikalische Grundlagen".

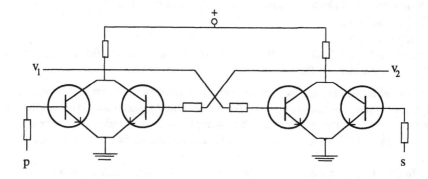

Abb. 2.42. Flip-Flop mit bipolaren Transistoren

Wie bei Schaltnetzen werden in der elektrotechnischen Realisierung von Schaltwerken die Booleschen Werte durch elektrische Impulse dargestellt. Wieder spielen – sogar noch stärker – wie bei Schaltnetzen Durchlaufzeiten und Impulsdauer eine wichtige Rolle. Die Impulsdauer muß groß genug sein. Nur dann ist sichergestellt, daß bei Einbeziehung aller im Schaltwerk auftretenden Durchlaufzeiten und bei Berücksichtigung der Zeiten, die nötig sind, daß ein Schaltwerk mit Rückführungen einen stabilen Zustand erreicht hat (eingeschwungen ist), zum Ende des Impulses das Schaltwerk die erwartete Ausgabe liefert. Die Folge der Impulse nennen wir den *Takt* eines Schaltwerks. Der Abstand zwischen den Impulsanfängen bestimmt die Frequenz eines Schaltwerks und damit seine Rechengeschwindigkeit.

Man beachte, daß Flip-Flops nur solange einen Wert speichern können, solange das Schaltnetz mit Spannung versorgt wird (von Strom durchflossen ist). Fällt die Spannung ab (durch Abschalten oder durch Stromausfall), so gehen alle gespeicherten Informationen (alle internen Zustände) unwiederbringbar verloren.

2.4.9 Höchstintegration

Heutige Techniken machen es möglich, eine hohe Zahl einzelner Schaltelemente (Transistoren) auf einem Stück Silizium „integriert" unterzubringen. Wir sprechen vom „Chip". Das Unterbringen von mehreren Gatterfunktionen auf einem Stück Silizium nennen wir *Integration*. Wir sprechen von *integrierten Schaltkreisen* (engl. integrated circuits, ICs). Bei sehr hoher Integration (engl. Very Large Scale Integration, VLSI) sind eine große Zahl von Transistoren auf einem Chip. Wir sprechen auch von LSI (engl. Large Scale Integration) und MSI (engl. Medium Scale Integration). Die Höchstintegration erlaubt die Steigerung der Leistungsfähigkeit der Hardware bei gleichzeitiger Reduktion der Produktionskosten. Die Fortschritte in der VLSI bestimmen die Zukunft und die Einsatzmöglichkeiten der Informatik entscheidend.

Moderne Rechner sind mittlerweile weitgehend aus MSI-, LSI- und VLSI-Bestandteilen aufgebaut. Beispiele dafür sind

- schnelle Speicherbausteine (engl. cache memories, „Mikroprogrammspeicher"),
- Bausteine für arithmetische oder logische Operationen,
- Bit-Slice-Bausteine (engl. RALU, Register + Arithmetic + Logical Unit),
- Multiplexer und Demultiplexer (Steuerung der Datenübergabe),
- Zählerbausteine,
- Registerbausteine,
- Random-Access-Memories (RAM), Read-Only-Memories (ROM) und Programmable Logical Arrays (PLA).

Die Herstellung elektronischer Bauteile und Baugruppen in integrierter Bauweise erfolgt über in phototechnischen Verfahren hergestellte Masken durch Aufdampfen und Eindiffundieren. Dabei werden zur Abdeckung Masken verwendet, die mit Feinheiten unter 1 μm ($\sim 10^{-6}$ m) arbeiten. Der 4-Mega-Bit-Speicher basiert auf 0.8 μm-Technik.

In CMOS-Technik erhalten wir heutzutage etwa folgende Schaltzeiten:

Gatterdurchlaufzeit	2 nsec (10^{-9} sec)
Speicherzugriffszeit	40 nsec

Weitere Fortschritte lassen sich durch den *Josephson*-Effekt erzielen, der sich das Phänomen der Supraleiter zunutze macht:

Schaltzeit $\sim$ 1 psec (10^{-12} sec)

Dabei ist jedoch Kühlung auf Nähe des absoluten Nullpunkts nötig. Allerdings lassen jüngste Erfolge auf dem Gebiet der Supraleiter hoffen, daß ähnliche Effekte auch bei bedeutend höheren Temperaturen erzielt werden können.

Im Moment liegt das Ziel der Höchstintegration bei etwa 10^6 bis 10^7 Verknüpfungs- und Speichergliedern auf einem Chip („Mega-Chips"). Erste Chips dieser Größenordnung sind verfügbar. Momentan sind etwa 10^5 Gatterfunktionen pro Chip die Regel. Dies entspricht grob der CPU der IBM 370/158 oder der PDP 10. Man erwartet bis zum Jahr 2000 bis zu 10^9 Gatterfunktionen pro Chip.

Nötig für eine gesamte Rechenanlage sind etwa 10^8 Verknüpfungsglieder. Tabelle 2.9 macht den technischen Fortschritt im Bereich integrierter Schaltungen deutlich. Sie gibt an, wieviele Flip-Flops auf einem einzigen Baustein jeweils realisiert werden konnten und welche Abmessungen die Bausteine hatten.

Tabelle 2.9. Beispiele für Speicherdichten

Jahr	Kapazität	Abmessung	Dichte
1952	1 Bit	480 cm^3	$2 \cdot 10^3$ Bit/m^3
1975	1 KBit	36 mm^3	$3 \cdot 10^{10}$ Bit/m^3
1985	1 MBit	17.5 mm^3	10^{13} Bit/m^3
1993	64 MBit	95 mm^3	10^{15} Bit/m^3
1997	264 MBit	200 mm^3	$2 \cdot 10^{15}$ Bit/m^3

Hierbei steht KBit für Kilo Bit (1024 Bit) und MBit für Mega Bit (1 048 576 Bit). Damit sind Speicherdichten erreicht, die denen des menschlichen Gehirns nahekommen. In der Hirnrinde rechnet man mit etwa 10^{14} Bit/m^3. Allerdings sind die Verknüpfungen im Gehirn unerreicht vielfältiger. Weit entfernt sind wir hingegen von der Speicherdichte im Gen, die bei etwa 10^{27} Bit/m^3 liegt.

3. Aufbau von Rechenanlagen

Eine Rechenanlage kann sowohl in ihrer technischen Realisierung als auch in ihrem logischen Aufbau prinzipiell als ein umfangreiches Schaltwerk angesehen werden. Diese Sichtweise macht es nahezu aussichtslos, die innere Struktur einer Rechenanlage zu erkennen und ihre Funktionsweise bei der Ausführung von Programmen zu verstehen. Sie ist deshalb für Fragen der Programmierung nicht adäquat.

Daher bilden wir zur Darstellung eines Rechners funktionalen Einheiten, die sein Operationsprinzip bestimmen. Wir sprechen bei dieser Sichtweise von *Rechnerarchitektur*. Insbesondere läßt sich durch diese Strukturierung die Wirkungsweise der Teilstrukturen einer Rechenanlage unabhängig voneinander beschreiben und verstehen. Im folgenden wird die innere Struktur einer Rechenanlage, die Wirkungsweise der Teilstrukturen und auch ihr Zusammenspiel beschrieben.

3.1 Zum strukturellen Aufbau von Rechnern

In Rechnern, wie sie heute vorherrschen, finden wir eine grundlegende Strukturierung in ihre Komponenten *Hauptspeicher* (engl. *main memory*) und *Rechnerkern* (*Prozessor, engl. CPU, central processing unit*). Den Ablauf der Informationsverarbeitungsvorgänge im Rechner steuern Programme. Diese Programme werden ebenso wie die Daten durch Binärwörter repräsentiert. Sowohl Daten als auch Programme werden im Speicher abgelegt. Beim Ablauf eines Programms werden durch den Prozessor nach Bedarf die Befehle und die benötigten Daten dem Speicher entnommen und umgekehrt, bei der Ausführung der entsprechenden Befehle, Werte in Speicherzellen geschrieben.

Der Speicher besteht aus einer Anzahl von Speicherzellen, die über Adressen angesteuert werden. Auch der Prozessor enthält eine kleine Anzahl spezieller Speicherzellen, die zur Zwischenspeicherung der Operandenwerte und für das Ablegen von weiteren, für die Ausführung von Befehlen benötigten Informationen dienen. Diese Speicherzellen heißen *Register*. Auch die Informationen, die den Zugriff auf den nächsten auszuführenden Befehl steuern, werden in einem speziellen Register, dem *Befehlszähler*, abgelegt.

Im folgenden wird der Aufbau einer Rechenanlage exemplarisch anhand der hypothetischen Rechenanlage MI erläutert. Diese Anlage ist eine Vereinfachung der Digital Equipment VAX Architektur.

Beispiel (Der Aufbau der MI). Die Modellmaschine MI besteht im Prinzip aus vier Rechnerkernen, zwei Prozessoren zur Behandlung von Ein- und Ausgabe (E/A-Prozessoren), dem Arbeitsspeicher und dem Bus zur Verbindung dieser Einheiten. Wir verwenden folgende Abkürzungen:

- RK[i]   bezeichnet für $i \in \mathbb{N}$, $1 \leq i \leq 4$ die 4 Rechnerkerne der Maschine MI,
- EAP1   bezeichnet den EA-Prozessor 1 zum Betrieb von zwei Plattenlaufwerken,
- EAP2   bezeichnet den EA-Prozessor 2 zum Betrieb von vier Duplexkanälen[1] (darunter Drucker- und Terminalkanäle),
- ASP   bezeichnet den Arbeitsspeicher.

Im folgenden werden wir uns allerdings auf die sequentielle Ausführung von Programmen beschränken und deshalb nur eine vereinfachte Version der Rechenanlage MI betrachten, die lediglich über einen Rechnerkern verfügt. Die allgemeinere Struktur der Rechenanlage wird unter dem Stichwort Betriebssystem und parallele Verarbeitung in Teil III wieder aufgegriffen. Die Architektur dieser vereinfachten hypothetischen Maschine MI ist in Abb. 3.2 graphisch dargestellt.   □

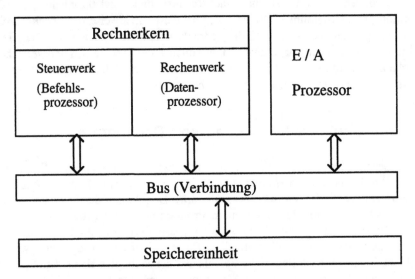

Abb. 3.1. Blockbild eines einfachen von-Neumann-Rechners

Die Komponenten einer Rechenanlage bestehen konzeptuell aus einer Reihe von Speicherzellen im Speicher und im Rechnerkern, Einrichtungen zur Ansteuerung der Speicherzellen und Übertragung von Information zwischen diesen Speicherzellen und Einrichtungen zur Ausführung gewisser Operationen auf diesen Speicherzellen. Wir beschreiben die Funktionsweise der Rechenanlage MI mit programmiersprachlichen Mitteln. Dabei werden die Speicherzellen durch Deklarationen von Programmvariablen dargestellt. Die jeweiligen Belegungen dieser Programmvariablen definieren

---

[1] Duplexkanäle entsprechen bidirektionalen Verbindungen zum Austausch von Daten.

dann den Zustand der Rechenanlage. Die Operationen der Rechenanlage werden durch Anweisungen dargestellt, die auf diesen Programmvariablen arbeiten.

3.1.1 Der Rechnerkern

Das Kernstück eines Rechners bildet der *Rechnerkern* (auch Prozessor genannt, engl. CPU, central processing unit). In ihm finden die Rechen- und Umformungsvorgänge statt. Gleichzeitig steuert und kontrolliert der Rechnerkern den Ablauf (Kontrollfluß) des Rechenvorganges.

Definition (Rechnerkern). Ein Rechnerkern oder Prozessor ist (nach SEEGMÜLLER) ein Hardware-Betriebsmittel, welches autonom sowohl den Kontrollfluß steuert, als auch die in der Rechenanlage vorgesehenen datentransformierenden Operationen ausführen kann.   □

Ein Rechnerkern besteht schaltwerkstechnisch aus Verarbeitungswerken (ALUs) und Registern (Speicherzellen), die dazu dienen, die entsprechenden Operandenwerte, beziehungsweise den Status des Rechen- und Verarbeitungsvorganges festzuhalten. Im allgemeinen gliedert sich ein Rechnerkern in das *Steuerwerk*, das den Verarbeitungsvorgang steuert, und das *Rechenwerk*, in dem die eigentlichen Umformungsschritte für die durch Binärworte dargestellten Informationen ausgeführt werden.

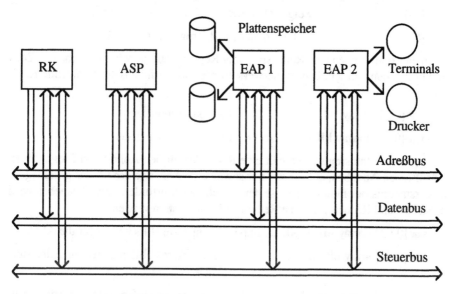

Abb. 3.2. Architektur der hypothetischen Maschine MI

Das *Steuerwerk* (Leitwerk) enthält den *Taktgeber*, die Information über den Status des Ablaufs (*Befehlszähler*, *Indexregister*, *Operationsregister*, *Indikatorregister*, *Adressenregister*) und Einrichtungen für die Erzeugung der Steuersignale zur Ausführung der einzelnen Befehle. Es bestimmt damit den Befehlsvorrat und somit den Umfang der zur Verfügung stehenden Maschinenbefehle. Das Steuerwerk erzeugt insbesondere die Steuersignale über Signalleitungen für das Rechenwerk und die Wegschalter (engl. gates) für die Datenübertragungseinrichtungen.

Das *Rechenwerk* enthält die Operandenregister und die Verknüpfungs- und Verzögerungsglieder für die eigentlichen Rechenvorgänge. Im Rechenwerk werden die entsprechenden Berechnungen und Umformungen ausgeführt. Die im Rechenwerk vorhandenen Schaltnetze und Schaltwerke realisieren die Umformungsschritte und somit den durch die Hardware vorgesehenen *Befehlsvorrat*. Die Register sind Speicherzellen mit extrem kurzen Zugriffszeiten.

Beispiel (Die hypothetische Maschine MI: Der Rechnerkern). Wir beschreiben im folgenden wesentliche Teile der Maschine MI, indem wir die Register der Maschine in der Form von Variablendeklarationen angeben. Dann werden der Befehlszyklus, die Formen der Adreßrechnung und die Befehle beschrieben.

Das Rechenwerk enthält 16 Register für 32-Bit-Wörter, die von 0 bis 15 numeriert sind und zur Ausführung der Befehle herangezogen werden. Dies entspricht folgender Variablenvereinbarung (die Notation folgt Teil I):

    var [0 : 31] **array bit** R0, ..., R15.

In Programmen schreiben wir manchmal auch R[i] zur Kennzeichnung des i-ten Registers. Die spezielle Verwendung der 16 Register ist wie folgt festgelegt:

R0 ... R13	frei für Programmierung verwendbare Register,
R14	Zeiger für Keller (engl. stack pointer, SP),
R15	Befehlszähler (engl. program counter, PC).

Daneben existiert noch eine Reihe spezieller Register, auf die wir zu gegebenem Zeitpunkt eingehen werden. Das Steuerwerk enthält darüberhinaus noch folgende Register:

var [0 : 7] **array bit** IR	Instruktionsregister
var [0 : 31] **array bit** PSL	Prozessorstatusregister

Das Prozessorstatusregister enthält eine Reihe der für den Ablauf von Programmen bedeutsamen Angaben, auf die wir nur soweit eingehen, wie das für das grundlegende Verständnis der Funktionsweise der Maschine MI erforderlich ist. Daneben wird im Steuer- und Rechenwerk eine Reihe von Hilfsregistern verwendet:

var [0 : 31] **array bit** tmp0, ..., tmp3	Temporäre Hilfsregister für die ALU,
var [0 : 7] **array bit** am	Temporäres Hilfsregister für Adressiermodus,
var [0 : 31] **array bit** adr	Temporäres Hilfsregister für Adreßrechnung,
var [0 : 31] **array bit** index	Temporäres Hilfsregister für Indexrechnung.

Diese Hilfsregister dienen zur temporären Speicherung von Zwischenergebnissen, die bei der Ausführung von Befehlen anfallen.   ☐

Neuere Rechnerarchitekturen verfügen wie die MI über mehrere Register im Rechnerkern, die meist universell einsetzbar sind. Dadurch ergibt sich eine größere Flexibilität bei der Programmierung. Jedes dieser Register kann zur Speicherung der Zwischenresultate der Berechnung herangezogen werden (wir sprechen bei dieser Verwendung von Registern von einem *Akkumulator*) und die Funktion eines Indexregisters für die Durchführung der Adreßrechnung übernehmen. Auch der Befehlszähler ist nur ein spezielles dieser Register und kann frei manipuliert werden.

Um die Rechenvorgänge des Rechnerkerns genauer beschreiben und verstehen zu können, wird zunächst der schematische Aufbau des Speichers erläutert.

3.1.2 Die Speichereinheit

Der Rechnerkern bildet die aktive Einheit eines Rechners. Die Speichereinheit kann hingegen eher als passive Einheit gesehen werden, die nur auf Anforderungen des Rechnerkerns reagiert. Im Speicher werden die Daten und Programme in Speicherzellen unter *Adressen* abgelegt. Daten und Programme sind durch Binärwörter repräsentiert. Auf die Speicherzellen greift der Rechnerkern zu, um die auszuführenden Befehle und die Operandenwerte für die anstehenden Operationen zu erhalten. Als Ergebnis der Ausführung entsprechender Befehle werden die Werte von Speicherzellen überschrieben.

Allgemein werden im Speicher Binärwörter einheitlicher Längen unter gewissen Adressen abgelegt, die wir uns als Zahlen aus einem Intervall vorstellen können. Sie werden in der Maschine selbst wiederum durch Binärwörter repräsentiert. Über die Adressen kann dann auf die gespeicherte Information und damit auf die abgelegten Binärwörter wieder zugegriffen werden. Jede Adresse bestimmt genau eine *Speicherzelle* und damit einen Speicherplatz für ein Binärwort der festgelegten Länge. Die maximale Anzahl der verfügbaren (adressierbaren) Speicherplätze bestimmt die Länge der Binärwörter, die als Adressen benutzt werden.

Die *Speichereinheit* besteht im allgemeinen aus zwei Registern für die Ansteuerung der Speicherzellen und aus dem Feld der Speicherzellen. Somit umfaßt die Speichereinheit

- das Speicherregister MBR,
- das Speicheradressenregister MAR,
- den Speicher M.

Auf die einzelnen Speicherzellen kann der Rechnerkern technisch nicht direkt zugreifen. Sie werden über den Bus durch den Rechnerkern indirekt angesteuert. Dazu wird die Adresse der betroffenen Zelle über den Bus an den Speicher gesendet und ins Speicheradressenregister eingetragen, die Speicherzelle wird über das Speicheradressenregister angesteuert und ihr Inhalt wird ins Speicherregister übertragen. Das Schreiben eines Wertes durch den Rechnerkern in eine Speicherzelle erfolgt analog.

Beispiel (Der Speicher der hypothetischen Maschine MI). Die Speichereinheit der Maschine MI enthält die Register MAR und MBR für die Ansteuerung der Speicherzellen. Der Speicher selbst besteht aus 2^{32} adressierbaren Speicherzellen, die jeweils ein Byte (ein Binärwort der Länge 8) aufnehmen können.

Den Aufbau des Speichers können wir mit programmiertechnischen Mitteln durch folgende Variablenvereinbarungen darstellen:

var [0 : 31] **array bit** MAR	Speicheradreßregister,
var [0 : 31] **array bit** MBR	Speicherregister,
var [0 : 2^{32}–1] **array** [0 : 7] **array bit** M	Speicherzellen.

Das Speicherregister erlaubt die Aufnahme von 32-Bit-Wörtern. Damit können 32-Bit-Wörter, die in vier aufeinanderfolgenden Speicherzellen abgelegt sind, einfach angesteuert werden. Wir gehen von 2^{32} Speicherzellen aus. Die realen VAX-Architekturen besitzen einen erheblich kleineren Speicher. ❑

Wird durch den Rechnerkern der Inhalt einer Speicherzelle über eine Adresse angefordert, so wird die Adresse ins Speicheradreßregister geladen, der Inhalt der entsprechenden Speicherzelle wird ins Speicherregister geladen und dann an den Rechnerkern übermittelt. Wird durch den Rechnerkern eine Speicherzelle über eine Adresse mit einem Wert überschrieben, so wird die Adresse ins Speicheradreßregister geladen, der zu schreibende Wert wird ins Speicherregister geladen und dann in die Speicherzelle übertragen. Diese Schritte sind Teil des Zyklus, der zur Interpretation der Maschinenbefehle vom Rechner durchlaufen wird. Wir sprechen vom Befehlszyklus. Wir kommen darauf ausführlich in Abschnitt 3.1.6 zurück.

3.1.3 Ein-/Ausgabe

Neben Rechnerkern und Speicher sind für Rechenanlagen Vorrichtungen erforderlich, die es erlauben, bestimmte Informationen (repräsentiert durch Binärwörter) von außerhalb in die Maschine einzubringen, beziehungsweise umgekehrt gewisse Informationen aus der Maschine nach außen verfügbar zu machen. Wir sprechen von *Ein-* und *Ausgabe*. Die entsprechenden Geräte für die Ein-/Ausgabe heißen *Peripheriegeräte*. Eine ausführliche Behandlung dieser Geräte findet sich in PROEBSTER.

Es muß auch möglich sein, die Verarbeitungsvorgänge der Maschine von außen zu kontrollieren und gegebenenfalls zu beeinflussen. Zu diesem Zweck besitzen Rechenanlagen Bedienkonsolen mit Statusanzeigen (Leuchtanzeigen, beziehungsweise Bildschirme oder Fernschreiber mit Tastaturen und/oder einer Anzahl von Bedienknöpfen). Die Statusanzeigen informieren nur sehr schematisch über den Gesamtzustand einer Rechenanlage. Bei heutigen Arbeitsplatzrechnern besteht die Bedienkonsole aus dem Bildschirm und der Tastatur. Die Statusanzeige erfolgt über den Bildschirm und/oder über gewisse Leuchtanzeigen und auch akustische Signale.

Neben der Bedienkonsole existieren bei Rechenanlagen im allgemeinen weitere Einrichtungen und Vorkehrungen für die Ein- und Ausgabe, damit neue Daten und Programme in die Rechenanlage eingegeben werden können und die Ergebnisse von Rechenvorgängen ausgegeben werden können. Technisch wird das wie folgt erreicht: Durch geeignete Maschinenbefehle und Unterprogramme lassen sich Inhalte von Speicherzellen und Registern über E/A-Kanäle auf Ausgabemedien ausgeben. Ebenso können Binärwörter (auch als Repräsentationen entsprechender Zeichen) von Eingabemedien eingelesen werden und in vorgesehene Speicherzellen geschrieben werden. Häufig sind in Rechenanlagen spezielle Prozessoren vorhanden, die die Abwicklung der Ein-/Ausgabe vornehmen.

Beispiel (Ein-/Ausgabe bei der MI). Bei der hypothetischen Rechenanlage MI setzen wir zwei Ein-/Ausgabeprozessoren voraus, die die Ein-/Ausgabevorgänge steuern und durchführen.   □

Wir verzichten insgesamt hier auf die genauere Beschreibung der Ein-/Ausgabeeinrichtungen. In Abschnitt 3.2.3 und 3.2.4 werden wir eine Reihe der gebräuchlichen Ein-/Ausgabegeräte kurz beschreiben. Auf ihre genauere Arbeitsweise gehen wir erst unter dem Stichwort Systemprogrammierung in Teil III ein.

3.1.4 Befehle und Daten auf Rechnerkernebene

Durch die Beschreibung aller in einer Maschine vorhandenen Register und Speicherzellen wird die Menge der möglichen Zustände einer Maschine beschrieben. Es ist damit noch nicht festgelegt, in welcher Weise von einem gegebenen Zustand zu einem Folgezustand übergegangen wird. Diese Übergänge werden durch die Ausführung von Befehlen bewirkt, die aus dem Speicher gelesen und im Steuerwerk abgespeichert werden. Jeder Befehl bewirkt die Änderung der Inhalte gewisser Register oder die Übertragung der Inhalte gewisser Register über Leitungen in andere Register. Die Ausführung eines Befehls entspricht einem bestimmten Zustandsübergang. Die möglichen Zustandsübergänge einer Maschine sind durch ihren *Befehlsvorrat* beschrieben. Umgekehrt wird die Wirkung eines Befehls hinreichend durch den bewirkten Zustandsübergang charakterisiert.

Ein Befehl arbeitet insbesondere auf bestimmten Speicherzellen oder Registern, genannt die *Operanden* des Befehls, deren Inhalte bei Ausführung des Befehls gelesen und/oder geschrieben werden. Die Inhalte der Operanden nennen wir *Operandenwerte*. Maschinen stellen im allgemeinen einen festen Satz von elementaren Befehlen zur Verfügung. Für jeden dieser Befehle sind entsprechende Vorrichtungen in der Hardware der Maschine für seine Ausführung vorhanden. Wir unterscheiden folgende Arten von Befehlen:

* Transport- und Ladebefehle,
* Arithmetische Befehle (binäre Festkommaarithmetik, binäre Gleitkommaarithmetik, dezimale Arithmetik),
* Logische Operationen (stellenweise auf Binärwörtern),
* Operationen mit Adressen,
* Schiebebefehle (Shiftbefehle) und organisatorische Befehle,
* Programmablaufbefehle,
* Sprungbefehle, Unterprogrammaufrufe,
* Ein-/Ausgabebefehle,
* Steuerungsbefehle (privilegierte Befehle zur Änderung des Programmstatus).

Die Befehle sind hier nach ihrer Wirkung auf die verschiedenen Bestandteile der Maschine klassifizierbar. Bevor wir die Wirkung der Befehle anhand von Beispielen erläutern, wenden wir uns Fragen der Repräsentation der Befehle zu. Ein Befehl enthält allgemein mehrere Bestandteile. Wie sich diese Bestandteile aufgliedern, ergibt sich aus dem *Befehlsformat*. Das *Befehlsformat* wiederum ist geprägt durch die Struktur des Maschinenwortes (Befehlswort). Ein *Befehlswort* (repräsentiert durch ein Binärwort) enthält allgemein

- die Angabe, welche Operation auszuführen ist (*Operationsteil*),
- die Angabe, mit welchen Operanden zu arbeiten ist (*Adreßteil*),
- zusätzliche organisatorische Information (*Indikatorteil*, der auch im Adreßteil enthalten sein kann).

Ein Befehl wird in einer Rechenanlage durch ein Binärwort repräsentiert. Die einzelnen Teile des Wortes ergeben die oben genannten Informationen. Auf Rechnerkernebene werden auch alle Daten durch Binärwörter dargestellt. Es ist deshalb bei der Angabe eines Binärwortes wichtig zu wissen, ob das Binärwort als Befehl, als Adresse oder als Datenelement, beispielsweise als Zahldarstellung, zu interpretieren ist. Dies kann durch die Einführung von *Kennungen* erfolgen.

In der Regel verwendet man auf Rechnerkernebene bestimmte Binärwörter gewisser Länge wie Bytes, 16-Bit-Wörter, 32-Bit-Wörter und 64-Bit-Wörter zur Darstellung von Daten. Diese Binärwörter dienen zur Darstellung von Adressen, Zahlen und Zeichen oder Zeichenfolgen. Über die Darstellung von ganzen Zahlen durch 1- und 2-Komplement-Darstellung haben wir im Zusammenhang mit Schaltnetzen bereits gesprochen. Wir behandeln im folgenden die Binärrepräsentation von rationalen und reellen Zahlen. Diese können in endlicher Dezimal- und in Binärschreibweise stets nur bis zu einer gewissen Genauigkeit dargestellt werden.

Multiplizieren wir ganze Zahlen in 2-Komplement-Darstellung mit 32 Stellen mit der Zahl 2^{-31}, so erhalten wir Zahlen q, mit $-1 \leq q < 1$, genannt *Festpunktzahlen*, zur Repräsentation von reellen und rationalen Zahlen im Intervall $[-1, 1[$. Fügen wir zu q eine zweite ganze Zahl als Exponent (zur Basis 2) hinzu, so erhalten wir sogenannte *Gleitpunktzahlen*.

Die Gewichtung von Binärstellen im Sinn der Festpunktarithmetik hat nur Bedeutung für die Multiplikation und Division. Man beachte, daß Produkte von Festpunktzahlen wieder zu Zahlen im Bereich $[-1, 1[$ führen, jedoch im allgemeinen mit der doppelten Anzahl von Stellen hinter dem Binärpunkt. Deshalb wird eine Rundung nötig, um die Zahlen wieder an das vorgegebene Format, etwa einer 32-Bit-Darstellung, anzupassen. Probleme der Rundung und der *Rundungsfehler* in Algorithmen und ihre oft verheerende Auswirkung auf die Genauigkeit des Resultats einer Rechnung werden im Rahmen der Numerik behandelt (vgl. HIGHAM, STOER, KAHANER-MOLER-NASH).

Rationale und reelle Zahlen können — wie ganze Zahlen — nur eingeschränkt beziehungsweise nur mit einer beschränkten Genauigkeit dargestellt werden. Für ihre Darstellung verwenden wir *Gleitpunktzahlen*. Gleitpunktzahlen entsprechen der sogenannten *halblogarithmischen Zahldarstellung*. Eine Gleitpunktzahl besteht aus Vorzeichen, Exponent und Mantisse. Das Vorzeichen benötigt ein Bit, der Exponent n Bits und die Mantisse m Bits. Eine Gleitpunktzahl wird durch ein Binärwort b der Länge n+m+1 wie folgt dargestellt.

$$b = \quad \langle b_0 \quad \big| b_1 \ldots b_n \big| \ b_{n+1} \ldots b_{n+m} \rangle$$

Vorzeichen | Exponent | Mantisse

Dabei wählen wir (falls nicht die Null dargestellt werden soll) den Exponenten so, daß die Mantisse gerade die Binärziffer **L** unmittelbar vor dem Binärpunkt hat. Diese Ziffer braucht dann natürlich nicht wirklich dargestellt (abgespeichert) zu werden. Die durch das Binärwort $\langle b_0 \ldots b_{n+m} \rangle$ dargestellte Zahl bestimmt sich wie folgt. Wir errechnen zunächst die folgenden Werte für den Exponenten exp und die Mantisse man, die die Grundlage für die Berechnung der dargestellten Zahl bilden. Die Zahlen e und v dienen als Hilfswerte:

$$e = \sum_{i=1}^{n} 2^{n-i} \cdot w(b_i)$$

$$v = \sum_{i=1}^{m} 2^{-i} \cdot w(b_{n+i})$$

Es gilt $0 \le e < 2^n$ und $0 \le v < 1$. Wir setzen

$$\text{exp} = e{-}2^{n-1}{+}1 \qquad \text{somit gilt} \quad -2^{n-1}{+}1 \le \text{exp} \le 2^{n-1}$$

$$\text{man} = 1{+}v \qquad \text{somit gilt} \quad 1 \le \text{man} < 2$$

Die Interpretation eines Binärworts $b \in \mathbb{B}^{n+m+1}$ als Binärdarstellung von Gleitpunktzahlen ist mit Hilfe der partiellen Funktion

$$\text{wt: } \mathbb{B}^{n+m+1} \times \mathbb{N} \times \mathbb{N} \to \mathbb{Q} \cup \{-\infty, +\infty\}$$

festgelegt. Wir unterscheiden folgende Fälle:

1. Normalfall: Normalisierte Gleitpunktdarstellung. Gilt

$$-2^{n-1}{+}1 < \text{exp} < 2^{n-1}$$

und gilt somit $e \ne 0$ und $e \ne e_{max} = 2^n{-}1$, dann spezifizieren wir den Wert wt(b, n, m) der dargestellten Zahl wie folgt:

$$\text{wt(b, n, m)} = (-1)^{w(b_0)} \cdot 2^{\text{exp}} \cdot \text{man}$$

2. Darstellung der Null: Die Null wird durch die kleinste darstellbare Zahl repräsentiert. Gilt e = 0 und v = 0, so definieren wir den Wert der dargestellten Zahl als 0:

$$e = 0 \wedge v = 0 \Rightarrow \text{wt(b, n, m)} = 0$$

3. Unterlauf: Gilt

$$e = 0 \wedge v \ne 0$$

so sprechen wir von *Unterlauf* der Gleitpunktarithmetik. Erhalten wir dies als Ergebnis einer arithmetischen Operation, so kann dies als Fehlerfall gedeutet werden und eine Fehlerbehandlung auslösen.

4. Überlauf: Gilt

$$e = e_{max} = 2^n - 1 \wedge v = 0$$

so sprechen wir von Überlauf. Die dargestellte Zahl entspricht der symbolischen Darstellung von unendlich. Wir definieren $wt(b, n, m) = (-1)^{w(b_0)} \cdot \infty$. Erhalten wir dies als Ergebnis einer arithmetischen Operation, so kann dies als Fehlerfall gedeutet werden und eine Fehlerbehandlung auslösen.

5. Fehlerfall: Gilt

$$e = e_{max} = 2^n - 1 \wedge v \neq 0$$

so sprechen wir von einem Fehlerfall. Der Wert von $wt(b, n, m)$ ist undefiniert.

In den Fällen 3 bis 5 wird das Binärwort nicht als gültige Darstellung einer Gleitpunktzahl angesehen. Treten solche Binärwörter für Zahlen in Algorithmen auf, wird eine Fehlerbehandlung angestoßen.

Beispiel (Kennungen und Datenstrukturen der MI). Die Datenstrukturen und Kennungen der MI sind durch folgende Vereinbarungen festgelegt:

sort type = {B, H, W, F, D}

Die Kennung bestimmt die Wortlänge und Interpretation eines Datenelements. Tabelle 3.1 gibt die Kennung der verfügbaren Sorten und die dazugehörige Wortlänge wl an.

Tabelle 3.1. Tabelle der Kennungen und Wortlängen

Sorten	Kennung	wl
sort byte = [0 : 7] **array bit**	B	8
sort half_word = [0 : 15] **array bit**	H	16
sort word = [0 : 31] **array bit**	W	32
sort floating_point = [0 : 31] **array bit**	F	32
sort double_float = [0 : 63] **array bit**	D	64

Bei der Gleitpunktdarstellung gilt für die Kennung F für den Exponenten $n = 8$ und die Mantisse $m = 23$ und für die Kennung D für den Exponenten $n = 11$ und die Mantisse $m = 52$. Ein Element der Sorte **word** kann – interpretiert als Zahl – insbesondere zur Darstellung einer Speicheradresse dienen.   □

In Rechenmaschinen werden auch Befehle durch Binärwörter dargestellt. Die Binärwörter, die Befehle darstellen, werden in der Regel in Operationsteil und Adreßteil unterteilt. Ein Programm besteht aus einer Folge von Binärwörtern. Zur Ausführung wird ein Programm im Speicher abgelegt. Der Befehlszähler enthält die Speicheradresse des jeweils anstehenden Befehls. Das Binärwort, das den Befehl repräsentiert, wird aus dem Speicher gelesen und in entsprechende Register aufgeteilt.

Binärdarstellung ist außerordentlich schwierig zu lesen. In der Oktalzahldarstellung schreiben wir für Bitgruppen bestehend aus drei Bits die entsprechende Ziffer. Tabelle 3.2 gibt die Zifferndarstellung für Oktalziffern an.

Tabelle 3.2. Tabelle der Oktalziffern

OOO	0
OOL	1
OLO	2
OLL	3
LOO	4
LOL	5
LLO	6
LLL	7

Übersichtlicher und weniger schreibaufwendig ist es, statt Binärzahlen und Oktalzahlen, Hexadezimalzahlen zur Repräsentation von Befehlen zu verwenden. Man spricht im „Jargon" auch von *Hexcode*.

In der Hexadezimaldarstellung schreiben wir für Bitgruppen bestehend aus vier Bits eine entsprechende Hexadezimalziffer. Exakter sprechen wir beim Stellenwertsystem zur Basis 16 vom *Hexadezimalsystem*. Hexadezimalziffern werden wie in Tabelle 3.3 angegeben notiert.

Tabelle 3.3. Tabelle der Hexadezimalziffern

Hexadezimalziffer	Dezimalwert	Bitmuster
0	0	**OOOO**
1	1	**OOOL**
...	...	...
9	9	**LOOL**
A	10	**LOLO**
B	11	**LOLL**
C	12	**LLOO**
D	13	**LLOL**
E	14	**LLLO**
F	15	**LLLL**

Hexadezimalziffern werden häufig zur Angabe längerer Bitmuster verwendet, da sie übersichtlicher und kürzer als Binärwörter sind. Durch den Übergang von Binärwörtern zu Hexadezimalwörtern wird der Schreibaufwand drastisch verringert und die Lesbarkeit erhöht.

Beispiel (Binär-, Hexadezimal- und Dezimalzahldarstellung).

L O O L L L L O L O L O L O O O L L	Bitmuster
9 E A 3	Hexcode
$9 \cdot 16^3 + 14 \cdot 16^2 + 10 \cdot 16^1 + 3 \cdot 16^0 = 40611$	Dezimaler Wert □

In der maschinennahen Programmierung ist es häufig notwendig, mit unterschiedlichen Zahldarstellungen zu arbeiten. Wir verwenden folgende drei Zahldarstellungen:

- Binärdarstellung durch Wörter aus $\{L, O\}^*$,
- Dezimaldarstellung durch Wörter aus $\{0, 1, ..., 9\}^*$,
- Hexadezimaldarstellung durch Wörter aus $\{0, 1, ..., 9, A, ..., F\}^*$.

Das Nebeneinander von Binär/Oktal/Dezimal/Hexadezimal kann leicht zu Fehlinterpretationen führen. Es ist deshalb an allen Stellen, an denen für eine Zahldarstellung nicht eindeutig klar ist, mit welchem Stellensystem gearbeitet wird, nötig, dies eindeutig zu kennzeichnen.

Scherzaufgabe (Zahldarstellung). Man setze die nachfolgend gegebene Folge von Zahlen in unterschiedlichen Zahlsystemen systematisch fort:

    11111111111
    1011
    102
    23
    21
    15
    14
    13
    12
    11   ☐

Um Mißverständnisse zu vermeiden, schreiben wir für Ziffernfolgen w oft $(w)_2$, $(w)_{10}$, $(w)_{16}$ für die Zahl, die durch Binärdarstellung, Dezimaldarstellung oder Hexadezimaldarstellung repräsentiert ist. So gilt

$(10)_{16} =$ $(16)_{10} =$ $(LOOO)_2$

$(9EA3)_{16} =$ $(40611)_{10} =$ $(LOOL\ LLLO\ LOLO\ OOLL)_2$

Auch Folgen von Oktal- und Hexadezimalzahlen sind schwierig zu handhaben, da sie wenig Struktur aufweisen, da auch hier die Adressen und die einzelnen Bestandteile eines Befehls uniform durch Oktal- oder Hexadezimalziffern dargestellt sind. Noch besser lesbar als Binärwörter oder Hexadezimalschreibweise für Befehle sind einfache Buchstaben oder Buchstabenfolgen als Abkürzungen für Befehle (wie **MOVE** für „transportiere"). Wir schreiben beispielsweise

MOVE 1000, 2000

für den Befehl „Lies den Inhalt der ersten Speicherzelle und schreibe ihn in die zweite Speicherzelle". Auf Rechnerkernebene werden Befehle allerdings stets durch Binärwörter repräsentiert.

Einfache Programme erhalten wir, wenn wir Befehle in genau einer Speicherzelle oder einer immer gleichen Zahl von Speicherzellen ablegen. Dies führt auf Binärwörter einer festgelegten Länge zur Repräsentation von Befehlen. Wir erhalten ein starres Befehlsformat. Es besteht wenig Flexibilität in Hinsicht auf die unterschiedliche Operandenzahl von Befehlen und unterschiedlichen Platzbedarf der Darstellung der Adreßinformation für die Operanden.

In vielen Maschinen haben deshalb Befehle in Binär- oder Hexadezimalschreibweise keine einheitliche Länge, sondern die Länge kann, abhängig von der Operandenzahl und der Operandengröße, variieren. Technisch heißt das, daß ein Befehl aus einer Folge von Bytes besteht. Das erste Byte enthält die Information über die auszuführende Operation und die Anzahl der Operanden. Die folgenden Bytes spezifizieren die Operanden. Jede Operandenspezifikation beginnt mit einem Byte, das den Adressiermodus festlegt und angibt, wieviele Bytes zur Operandenspezifikation gehören. Die verbleibenden Bytes der Operandenspezifikation repräsentieren eine Konstante oder eine Adresse. Diese Form des Befehlsformats gestattet eine flexible Maschinensprache, da die Länge der Binärwörter zur Darstellung eines Befehls nicht starr festgelegt ist. Befehle sind entsprechend nicht nur in einer Speicherzelle abgespeichert, sondern in einer Folge von Speicherzellen.

Beispiel (Aufbau der Maschinenbefehle der MI). In der MI verwenden wir folgende Syntax für Maschinenbefehle:

   ‹command› ::= ‹instruction_part› { ‹op_part› {, ‹op_part› }* }   ☐

Ein Befehl gliedert sich in Operationsteil und Operandenteil (Adreßteil). Der Operationsteil enthält (in binärer Form) die Informationen zur Operationssteuerung, und damit die Information für die Erzeugung der erforderlichen Steuersignale für das Rechenwerk. Dabei finden folgende Techniken Verwendung:

* *Funktionalbitsteuerung*: Die Bits des Operationsteils werden direkt als Steuersignale verwendet.
* *Codierte Steuerung*: Der Operationsteil wird über einen Decodierer in Steuersignale umgesetzt.
* *Mikroprogrammsteuerung*: Der Operationsteil dient zur direkten oder indirekten Adressierung von Unterprogrammen (Mikroprogrammen), die die erforderlichen Steuersignale enthalten.

Die Technik der Mikroprogrammsteuerung erlaubt insbesondere, das Befehlsrepertoire von Maschinen flexibel zu halten. Dies führt auf Techniken der *Mikroprogrammierung*. Mikroprogramme bestehen aus einer (im allgemeinen kurzen) Folge von *Mikroanweisungen*, die die Folge der Steuersignale für die Ausführung eines Befehls definieren. Mikroprogramme können als Teil des Rechnerkerns gesehen werden und sind allgemein in speziellen Mikroprogrammspeichern abgelegt, die vom ROM- (engl. read only memory) oder vom EPROM-Typ (engl. erasable programmable ROM) sind. Der Inhalt von Mikroprogrammspeichern in der Maschine kann in der Regel nur gelesen und nicht überschrieben werden. Das Überschreiben kann dann nur extern erfolgen und ist meist technisch sehr aufwendig. Mikroprogramme sind allgemein auf der Ebene der Taktgeber für Schaltwerke zu sehen.

Auf der Ebene von Mikroprogrammen verwischen sich scharfe Unterschiede zwischen Hardware und Software: Wir sprechen von *Firmware*. Techniken der Mikroprogrammierung gestatten es, den Befehlsvorrat von Rechenanlagen sehr individuell bestimmten Anforderungsprofilen anzupassen. Wir können beispielsweise durch eine entsprechende Wahl der mikroprogrammierten Befehle eine alte Maschinenarchitektur auf einer neuen simulieren, um ältere Programme weiter verwenden zu können. Wir sprechen dann auch von *Emulation*.

Neuere Hardwareentwürfe wenden sich jedoch teilweise von dem Konzept der Mikroprogrammierung ab und propagieren nur die Verwendung eines sehr eingeschränkten kleineren Satzes von Maschinenbefehlen. An die Stelle eines mikroprogrammierten tritt ein festverdrahtetes Leitwerk. Dies erlaubt schnellere Rechenoperationen und kürzere Befehlszyklen. Wir sprechen von *RISC-Architekturen* (engl. reduced instruction set computer). Dadurch hofft man, die Ausführungszeiten der einzelnen Befehle kleiner halten zu können, so daß selbst bei der Zusammensetzung komplexerer Schritte aus Einzelbefehlen eine Verkürzung der Ausführungszeit gegenüber herkömmlichen Maschinen erzielt werden kann.

3.1.5 Operandenspezifikation und Adreßrechnung

Ein Befehl enthält durch seinen Adreßteil allgemein Angaben über eine oder mehrere Speicherzellen oder Register, deren Inhalte für die Ausführung des Befehls benötigt oder durch die Ausführung des Befehls geändert werden. Diese Speicherzellen oder Register bezeichnen wir als *Operanden*. Die Angaben im Befehl zur Bestimmung der Operanden heißen *Operandenspezifikation*. Ein Operand bezeichnet also gewisse Speicherzellen oder Register des Rechnerkerns oder des Hauptspeichers.

Beispiel (Operanden in der MI). Ein Operand entspricht, abhängig von seiner Kennung, einem Ausschnitt der Register oder Speicherzellen zum Ablegen eines 8-, 16-, 32- oder 64-Bit-Worts. Wir unterscheiden zwischen dem *Wert des Operanden*, bestehend aus dem Binärwort, mit dem die Operation durchgeführt wird, und dem Operanden selbst, der *Lokation des Operanden*, gegeben durch den Platz in der Maschine, an dem der Wert des Operanden abgelegt ist. Wir sprechen auch von der *Adresse* des Operanden. Ein Operand kann wie folgt gegeben sein

(1) als Binärwort im Befehl,
(2) als Inhalt eines Registers,
(3) als Inhalt einer Speicherzelle.

Im Fall (3) besteht die Notwendigkeit einer Adreßrechnung, im Fall (2) muß das betreffende Register ermittelt werden. Der Fall (1) ist ein Spezialfall des Falls (3), da der Befehl zum Ausführungszeitpunkt im Speicher steht. Der Wert des Operanden findet sich dann als Inhalt der Speicherzelle, auf die das Register R15 (der Befehlszähler) im Augenblick der Befehlsausführung verweist. Wird über Befehlszähler indirekt adressiert, so wird das Binärwort im Programmtext als Adresse verwendet.

Ein Operand ist in der MI durch eine Kennung und eine Registerangabe oder eine Kennung und eine Speicherzellenangabe bestimmt. Damit ist ein Operand durch ein Element der folgenden Sorte gegeben:

sort operand = register(**type** k, **nat** n) | memo(**type** k, **nat** n)

Durch geeignete Kennung kann auf Teile eines Registers zugegriffen werden. So bezeichnet der Operand

register(B, 1)

das Byte R1[24 : 31] im Register 1. Elemente der Sorte **word** werden im Speicher als Quadrupel von **byte** dargestellt. So bezeichnet für die Adresse a der Operand

memo(W, a)

das 32-Bit-Wort bestehend aus der Konkatenation der Bytes $M[a\oplus 0]$, ..., $M[a\oplus 3]$. Hier bezeichnen wir für ein n-Bit-Wort a und eine natürliche Zahl k mit $a\oplus k$ das n-Bit-Wort $a+_2 b$, wobei b die Binärdarstellung von k sei. Das durch einen Operanden gegebene Binärwort ermittelt folgende Funktion (wir bezeichnen mit wl wieder die Wortlänge).

> **fct** val = (**operand** x) **seq bit**:
> > **if**   x **in** register   **then**   R[n(x)][32–wl(k(x)) : 31]
> > **else**   get(wl(k(x))÷8, n(x))
> > **fi**
>
> **fct** get = (**nat** i, **nat** n) **seq bit**:
> > **if**   i = 0   **then**   empty
> > **else**   M[n] ° get(i–1, n+1)
> > **fi**

Hier schreiben wir für Felder a auch abkürzend a[i:j] um die Sequenz der Feldelemente

> ‹a[i] ... a[j]›

zu bezeichnen.   □

In Maschinenbefehlen werden Operanden oder auch ihre Adressen in der Regel nicht unmittelbar angegeben. Um eine größere Flexibilität der Programmierung zu erreichen, werden Informationen angegeben, aus denen dann die Adressen und die Operanden im Befehlszyklus errechnet werden. Dementsprechend wird die im Adreßteil genannte Binärzahl nicht immer direkt („absolut") als Adresse interpretiert werden. Vielmehr sind häufig erst gewisse Operationen mit der im Adreßteil angegebenen Zahl durchzuführen, um die absolute Adresse zu errechnen.

Aus der im Adreßteil enthaltenen Binärzahl kann in unterschiedlicher Weise (beeinflußt durch den Indikatorteil) eine Adresse berechnet werden. Bei Verwendung eines Binärworts als Darstellung der Zahl n zur Bezeichnung der n-ten Speicherzelle sprechen wir von *absoluter Adressierung*. Wir unterscheiden folgende Techniken der Adressierung in Befehlen:

- *Direkte Adressierung*: Es wird die absolute Adresse im Adreßteil angegeben.
- *Direkte Angabe des Operandenwertes im Befehl:* Im Befehl wird der Operandenwert direkt als Binärwort, Hexadezimal- oder Dezimalzahl angegeben.
- *Relative Adressierung*: Zum Adreßteil wird stets ein fester Wert (Basis), beispielsweise der Inhalt eines Registers, addiert; der adressierte Speicherbereich wird flexibel im Speicher verschiebbar.
- *Indirekte Adressierung* und *Adreßsubstitution*: Die über den Adreßteil angesteuerte Speicherzelle enthält nicht den Operanden selbst, sondern wieder eine Adresse. Die Adreßsubstitution kann auch iteriert werden.
- *Indexierung*: Zum Adreßteil wird ein sich (im Verlaufe einer Schleife) ändernder Wert addiert; die gleiche Befehlsfolge wird mit immer neuen Adressen und den dazugehörigen Operanden durchlaufen. Dies ist ein Spezialfall der relativen Adressierung, der auftritt, wenn wir eine Folge von Befehlen für linear aufeinander folgende Speicherzellen ausführen möchten.

Eine *Operandenspezifikation* besteht aus den für die Berechnung des Operanden benötigten Angaben.

Notationelle Konvention: Im weiteren werden wir Binärwörter häufig an Stelle von Zahlen verwenden. Wir unterstellen dabei die Interpretation von Binärwörtern als Zahlen in direkter Binärcodierung.

Beispiel (Operandenspezifikation der MI). Zur besseren Lesbarkeit führen wir eine folgende Syntax für die Adressierung ein. Die BNF-Syntax der Adressierarten ist wie folgt gegeben:

```
‹op_part› ::=    ‹absolute_address›          |
                 ‹immediate_op›              |
                 ‹register›                  |
                 ‹relative_address›          |
                 ‹indexed_relative_address›  |
                 ‹indirect_address›          |
                 ‹indexed_indirect_address›  |
                 ‹stack_address›
```

Jede der syntaktischen Einheiten steht für einen bestimmten Adressiermodus. Sei K eine gegebene Kennung. Wir geben im folgenden die unterschiedlichen Arten der Spezifikation eines Operanden an. In der *absoluten Adressierung* wird eine Speicherzelle durch die Angabe der entsprechenden Adresse bezeichnet:

```
‹absolute_address› ::= ‹intexp›
```

Die steht syntaktische Einheit ‹intexp› für die Angabe einer ganzen Zahl in Binär-, Hexadezimal- oder Dezimaldarstellung. Wir verwenden im weiteren in der Regel Dezimalschreibweise.

Beispielsweise führt die Operandenspezifikation

```
1000
```

auf den Operanden memo(K, 1000).

In einem Befehl kann der Operand auch unmittelbar als Wert angegeben werden. Um dies nicht mit einer Adreßangabe zu verwechseln, wird in den Befehlen der MI das Symbol **I** vor die angegebene Zahl geschrieben.

```
‹immediate_op› ::= I ‹intexp›
```

Da auch der Befehl im Speicher steht und der Befehlszähler darauf verweist, führt dies auf folgenden Operanden:

```
memo(K, R15)
```

Bei der Angabe des Operanden durch einen Wert enthält der durch das Register 15 gegebene Befehlszähler die Adresse. Dies ist ein Spezialfall der relativen Adressierung, die wir nachstehend behandeln.

Als Operand kann auch jedes der fünfzehn Register dienen.

```
‹register› ::=    R0 I ... I R15 I PC I SP
```

Die Angaben PC und SP sind äquivalent mit den Angaben von R15 und R14. Wir erhalten bei der Operandenspezifikation Ri, für $0 \leq i \leq 15$, als Operand:

register(K, i)

In der *relativen Adressierung* werden eine Zahl und ein Register angegeben. Zur Ermittlung der Adresse wird die angegebene Zahl zum Registerinhalt addiert:

‹relative_address› ::= { ‹intexp›+ } ! ‹register›

Fehlt die Angabe einer ganzen Zahl, so wird die Zahl durch 0 ersetzt. Beispielsweise ergibt die Operandenspezifikation

5 + ! R1

den Operanden

memo(K, 1005)

falls $(R1)_2 = (1000)_{10}$ gilt. Hier bezeichnen wir mit $(R1)_2$ den Inhalt des Registers R1, als Zahl in Binärzahldarstellung interpretiert. In der *indizierten relativen Adressierung* wird zusätzlich zur relativen Adresse noch ein Index angegeben, der zur Ermittlung der Adresse zum durch die relative Adresse gegeben Adreßwert addiert wird:

‹indexed_relative_address› ::= ‹relative_address› ‹index›

‹index› ::= / ‹register› /

So ergibt die Operandenspezifikation

5 + ! R1 / R2 /

für die Kennung K den Operanden

memo (K, 1005 + 100 · (wl(K)÷8))

falls folgende Gleichungen gelten:

$(R1)_2 = (1000)_{10}$ und $(R2)_2 = (100)_{10}$

Bei indirekter Adressierung wird die über relative Adressierung ermittelte Adresse nicht als Operandenadresse genommen, sondern der Inhalt der entsprechenden Speicherzelle oder des entsprechenden Registers wird als Operandenadresse verwendet.

‹indirect_address› ::=   ! (‹relative_address›) | !! ‹register›

‹indexed_indirect_address› ::=   ‹indirect_address› ‹index›

Somit ergibt die Operandenspezifikation

! (5 + ! R1)

den Operanden

memo(K, 4000)

falls

$(R1)_2 = (1000)_{10}$ und $(M[1005] \circ M[1006] \circ M[1007] \circ M[1008])_2 = (4000)_{10}$.

Ferner ergibt für die Kennung K die Operandenspezifikation

!(5 + ! R1) / R2 /

den Operanden

$memo(K, 4000 + 100 \cdot (wl(K) \div 8))$

falls für die Belegung der Register R1 und R2 folgende Gleichungen gelten:

$(R1)_2 = (1000)_{10}$ und $(R2)_2 = (100)_{10}$

und falls für den Speicher folgende Gleichung gilt:

$(M[1005] \circ M[1006] \circ M[1007] \circ M[1008])_2 = (4000)_{10}$.

Schließlich können speziell auf Kelleroperationen ausgerichtete Adressierarten gewählt werden.

⟨stack_address⟩ ::= − ! ⟨register⟩ | ! ⟨register⟩ +

Durch diese Adressierung wird das angegebene Register für die Kennung K bei der Angabe von „−" vor Durchführung der Adreßrechnung um die Zahl $wl(K) \div 8$ verkleinert ($wl(K) \div 8$ ergibt die Anzahl von Bytes im Operanden entsprechend seiner Kennung), beziehungsweise bei der Angabe von „+" nach Durchführung der Adreßrechnung um die Zahl $wl(K) \div 8$ erhöht. Dies entspricht den typischen Operationen auf Kellern (oft push und pop genannt), bei denen in einem Schritt ein Element in den Keller geschrieben wird und der Kellerpegel hochgesetzt wird oder ein Element aus dem Keller gelesen und der Kellerpegel zurückgesetzt wird. Somit ergibt mit $(R1)_2 = (1000)_{10}$ die Operandenspezifikation

− ! R1

eine Verringerung des Registers, das heißt

$(R1)_2 = 1000 - wl(K) \div 8$

und den Operanden

$memo(K, 1000 - wl(K) \div 8)$.

Mit der Belegung $(R1)_2 = (1000)_{10}$ des Registers R1 bewirkt die Operandenangabe

! R1 +

die Erhöhung des Registers R1, das heißt, die Ausführung des Befehls führt auf folgende Belegung von R1:

$(R1)_2 = 1000 + wl(K) \div 8$

Wir erhalten den Operanden

$memo(K, 1000)$.   ❑

Auf Maschinenebene besteht die Operandenspezifikation wieder aus gewissen Binärwörtern, die die Angaben für die Adreßrechnung repräsentieren.

Beispiel (Adreßrechnung in der MI). Ein Operand wird in der Maschine MI durch eine Operandenspezifikation festgelegt, die die erforderlichen Angaben für die Adreßrechnung enthält. Aus diesen Angaben läßt sich dann der aktuelle Operand berechnen. Technisch bestehen diese Angaben aus einem Byte, das den Modus der Adreßrechnung bestimmt und aus zusätzlichen Informationen über Zahlen, die im Falle der relativen Adressierung zu addieren sind.

sort operand_spec = op_spec(**nat**   reg,
                                            bool   isr,
                                            bool   idr,
                                            incr   icr,
                                            nat   rel,
                                            index_spec ind)

sort index_spec = { – } | reg(**nat**)
sort incr = {–1, 0, +1}

Die Operandenspezifikation enthält folgende Angaben: Die Zahl reg gibt ein Register an. Falls isr = **L** wird das Register reg als Operand verwendet. Andernfalls gibt reg das Register für die relative Adressierung vor. Der Boolesche Wert idr gibt an, ob indirekte oder direkte Adressierung vorliegt. Die Zahl icr gibt das Inkrement an. Die Zahl rel gibt den Wert an, welcher bei relativer Adressierung zum Wert des Registers reg addiert wird. Die Zahl ind bezeichnet im Fall der Indexierung das Register, dessen Wert zur relativen Adresse addiert wird.

Tabelle 3.4 gibt für eine gegebene Kennung K eine Zuordnung zwischen den eingeführten Adressierarten und den in den Programmen für die Operandenspezifikation verwendeten Prädikaten an. Seien n und m Zahlen mit $0 \leq n, m \leq 15$, i eine Zahl mit $0 \leq i \leq 2^{32}-1$.

Tabelle 3.4. Tabelle der Operandenspezifikationen und der zugeordneten Attribute

Operand.spez.	reg	isr	idr	icr	rel	ind	Operand
i	15	O	L	+1	0	–	memo(K, val(memo(W, R15)))
I i	15	O	O	+1	0	–	memo(K, R15)
Rn	n	L	O	0	0	–	register(K, n)
! Rn	n	O	O	0	0	–	memo(K, Rn)
i+! Rn	n	O	O	0	i	–	memo(K, Rn⊕i)
i+! Rn/Rm/	n	O	O	0	i	m	memo(K, Rn⊕(i+Rm·wl(K)÷8))
!(i+!Rn)	n	O	L	0	i	–	memo(K, val(memo(W, Rn⊕i)))
!(i+!Rn)/Rm/	n	O	L	0	i	m	memo(K, val(memo(W,Rn⊕i))+Rm·wl(K)÷8)
!Rn +	n	O	O	+1	0	–	memo(K, Rn); Rn := Rn⊕wl(K)÷8
– ! Rn	n	O	O	–1	0	–	Rn := Rn–wl(K)÷8; memo(K, Rn)

Technisch wird im Befehl die Adressierinformation, die die Art der Adressierung bestimmt, durch ein Byte am dargestellt. Die Operationsspezifikation reg(am) beispielsweise ergibt sich durch die binäre Decodierung der Bits am[0:3]. Auf der realen VAX führen gewisse sinnlose Adressiermodi wie beispielsweise !! R15 oder Schreiben auf den Befehlszähler durch ! R15 + zu einem Fehlerhalt der Maschine. Die Registeradressierung /Rm/ wird durch ein vorgeschaltetes Bit dargestellt.   □

Die Techniken der Adressierung und allgemein die Funktionsweise und das Zusammenwirken der einzelnen Rechnerelemente wird im Befehlszyklus deutlich.

3.1.6 Der Befehlszyklus

Für die Ausführung einer Operation (eines Befehls) durchläuft eine Rechenanlage immer wieder ein festes Schema von Schritten, das der Bereitstellung des Befehls, dem Bereitstellen seiner Operanden, seiner Entschlüsselung und schließlich seiner Ausführung dient. Dieses Schema nennen wir den *Befehlszyklus*.

Der Befehlszyklus kann für unsere Beispielmaschine MI durch das nachstehend angegebene Programm beschrieben werden, das auf den Registern und Speicherzellen arbeitet. Durch die Ausführung der eizelnen Befehle ändern sich gewisse Werte in den Registern und Speicherzellen der MI. Befehle sind gegeben durch einen Operationsteil, der angibt

- welcher Befehl vorliegt,
- mit wievielen Operanden gearbeitet wird und
- ob ein Resultat zurückgeschrieben werden soll.

Darüber hinaus enthält ein Befehl die erforderlichen Operandenspezifikationen. Die MI erlaubt Befehle mit bis zu vier Operanden. Der letzte Operand kann auch das Register oder den Speicherplatz zur Abspeicherung des Resultats der Operation bezeichnen. Das Befehlsformat in 4-Adreßform hat somit folgende Gestalt:

Op_Part Operand_Spec1, Operand_Spec2, Operand_Spec3, Operand_Spec4

Der Operationsteil ist in der Maschine MI durch ein Byte codiert. Wir setzen für die Entschlüsselung dieses Bytes die folgenden Funktionen voraus:

fct args = (**byte**) **nat,**
fct kenn = (**byte**) **type,**
fct result = (**byte**) **bool.**

Die Funktion args gibt an, wieviele Argumente durch die Operation benötigt werden. Die Funktion kenn gibt die Kennung der Operanden an. Die Funktion result gibt an, ob ein Ergebnis zurückgeschrieben werden soll.

Die Interpretation des über die Operandenangabe gegebenen Binärworts ist abhängig vom angegebenen Befehl. Die fiktive Maschine MI arbeitet mit der 2-Komplement-Zahldarstellung für ganze Zahlen. Gleitpunktzahlen können in einfacher (Kennung F) und doppelter Genauigkeit (Kennung D) angegeben werden.

Der nachstehend angegebene Befehlszyklus gliedert sich in die Schritte für das Bereitstellen des Codes des anstehenden Befehls, das Bereitstellen der Operanden, die Ausführung des eigentlichen Befehls und gegebenenfalls das Rückspeichern des Resultats.

```
while ¬STOP
do  fetch_operator;
    if 1 ≤ args(IR) then fetch_operand(kenn(IR), tmp1[32−wl(kenn(IR)) : 31]) fi;
    if 2 ≤ args(IR) then fetch_operand(kenn(IR), tmp2[32−wl(kenn(IR)) : 31]) fi;
    if 3 ≤ args(IR) then fetch_operand(kenn(IR), tmp3[32−wl(kenn(IR)) : 31]) fi;
    execute(IR);
    if result(IR) then put_result fi                                         od;
```

Die verwendete Prozedur fetch_operator dient zur Bereitstellung des Operatorwerts. Sie hat folgende Gestalt:

proc fetch_operator =:
 ⌐ fetch(B, R15, IR);
  R15 := R15 ⊕1 ⌋

Die Prozeduren fetch_operand und put_result dienen zur Bereitstellung der Operandenwerte beziehungsweise für das Rückschreiben der Resultate der ausgeführten Operation in die Operanden. Sie schließen die Adreßrechnung ein. Wir geben sie nach der Einführung einer Reihe von Hilfsprozeduren an.

Für die Operandenermittlung verwenden wir folgende Hilfsprozeduren, die den lesenden beziehungsweise schreibenden Zugriff auf den Speicher erlauben (wir beschränken uns auf Kennungen K mit wl(K) ≤ 32):

proc fetch = (**type** k, [0:31] **array bit** adr, **var** [0:wl(k)−1] **array bit** r):
 ⌐ MAR := adr;
  for i := 1 **to** wl(k)÷8 **do**
    MBR[(i−1)·8 : i·8−1] := M[MAR];
    MAR := MAR+1
  od;
  r := MBR[0 : wl(k)−1]   ⌋

proc put = (**type** k, [0 : 31] **array bit** adr, **var** [0 : wl(k)−1] **array bit** r):
 ⌐ MAR := adr;
  MBR[0 : wl(k)−1] := r;
  for i := 1 **to** wl(k)÷8 **do**
    M[MAR] := MBR[(i−1)·8 : i·8−1];
    MAR := MAR+1
  od   ⌋

Welche Form der Operandenangabe vorliegt, wird durch den *Adressiermodus* festgelegt. Eine Operandenspezifikation ist in einem Befehl gegeben durch den Adressiermodus, repräsentiert durch ein Byte, und gegebenenfalls weitere Informationen, wie etwa die Angabe einer Konstante. Gewisse Bits des Adressiermodus bestimmen das Register, auf das sich der Adressiermodus bezieht.

Bei jeder Form der Adressierung sind Register einbezogen. Ein Operand wird stets über den Inhalt eines Registers ermittelt. Durch folgende Funktion wird das betroffene Register aus dem Adressiermodus ermittelt.

fct reg = (**byte**) **nat**.

Für die Adreßrechnung erfordern folgende Spezialfälle eine besondere Behandlung:

- *Indexadressierung*: Zu einer im Programmtext angegebenen Adresse wird der Wert eines Registers addiert.
- *Indirekte Adressierung*: Das unter der errechneten Adresse abgespeicherte Binärwort wird als Adresse des Operanden interpretiert.

Zusätzlich kann angegeben werden, daß der Wert des Registers, das die Adresse enthält, um wl(k)÷8 erhöht beziehungsweise erniedrigt wird. Wir sprechen vom Registerinkrement beziehungsweise Registerdekrement. Welche Formen der Adreßrechnung gewählt werden, ist wieder über das Byte bestimmt, das den Adressiermodus vorgibt. Wir verwenden dafür folgende Funktionen:

fct isr, isrel, idr, icr, isidx = (**byte**) **bool**,
fct icr = (**byte**) **incr**.

Diese Funktionen haben folgende Bedeutung für das Byte b, das den Adressiermodus vorgibt (vgl. die obige Tabelle 3.4 zu den Operandenspezifikationen):

isr(b)   Operand steht in einem Register,
isrel(b)   Relative Adressierung,
idr(b)   Indirekte Adressierung,
icr(b)   Registerinkrement beziehungsweise Registerdekrement,
isidx(b)   Indexadressierung.

Die Prozedur get_operand_address führt die Adreßrechnung durch, indem sie die Hilfsregister am, index und adr lädt und den Befehlszähler entsprechend weitersetzt:

proc get_operand_address =:
  ⌐ fetch(B, R15, am);
    R15 := R15 ⊕1;
    if isidx(am)   *Indexberechnung*
    then   index := R[reg(am)]·wl(kenn(IR))÷8;
            fetch(B, R15, am);
            R15 := R15 ⊕1
    else   index := 0
    fi;
    if isr(am)   *Registeroperand*
    then   **nop**
    else   adr := 0;
            if isrel(am)   *Relative Adressierung*
            then   fetch(kenn(am), R15, adr);
                    R15 := R15 ⊕wl(kenn(am))÷8
            fi;
            if icr(am) < 0   *Registerdekrement*
            then R[reg(am)] := R[reg(am)]⊕((wl(kenn(IR))÷8)·icr(am))
            fi;
            adr := R[reg(am)] ⊕ adr;
            if idr(am) **then** fetch(W, adr, adr) **fi**;   *Indirekte Adressierung*
            adr := adr ⊕ index;   *Indexadressierung*
            if icr(am) > 0   *Registerinkrement*
            then R[reg(am)] := R[reg(am)]⊕((wl(kenn(IR))÷8)·icr(am))
            fi
   fi   ⌐

proc fetch_operand = (**type** k, **var** [0 : wl(k)–1] **array bit** t):
⌈ get_operand_address;
if isreg(am)
    then t := val(k, R[reg(am)])
    else fetch(k, adr, t)
fi   ⌋

proc put_result =:
⌈ get_operand_address;
if isreg(am)
    then R[reg(am)][32–wl(kenn(IR)) : 31] := tmp0[32–wl(kenn(IR)) : 31]
    else put(kenn(IR), adr, tmp0[32–wl(kenn(IR)) : 31])
fi   ⌋

Der Adressiermodus am ist in der Maschine durch ein Byte gegeben. Welche Inhalte von Register- und Speicherzellen ein Befehl verändert, wird durch die Adreßrechnung ermittelt. Neben der Änderung bestimmter Register und Speicherzellen ändert jeder Befehl die Inhalte des Prozessorstatusregisters. Dadurch können nach Ausführung eines Befehls dem Prozessorstatusregister gewisse Angaben über das eben berechnete Resultat entnommen werden.

Bestimmte Bits des Prozessorstatusregisters sind von besonderer Bedeutung für die Ausführung von Befehlen. Wir bezeichnen vier dieser Bits mit C, V, Z, N. Diese Bits haben folgende Bedeutung:

C	Carry	Übertrag
V	Overflow	Überlauf
Z	Zero	Resultat ist Null
N	Negative	Resultat ist negativ

Auf diese Bits des Prozessorstatusregisters wird insbesondere in den Bedingungen von Sprungbefehlen Bezug genommen.

Die Ausführung eines Befehls mit Operatorcode x erfolgt durch die Prozedur execute. Bei der Ausführung wird stets ein Resultat auf dem Hilfsregister tmp0 berechnet, aber nicht immer abgespeichert. Zusätzlich werden die Bits 0-3 des Prozessorstatusregisters PSL gesetzt. Ob ein Resultat zurückgespeichert wird und ob dementsprechend eine Adreßrechnung für den Speicherplatz oder das Register für das Resultat durchgeführt wird, bestimmt der Boolesche Wert result(x).

Für manche Befehle wird ein Resultat zurückgeschrieben, obwohl result(x) den Wert false liefert. In diesen Fällen wird die Adresse des zuletzt berechneten Operanden als Resultatsadresse verwendet (dies entspricht einem „transienten" Parameter).

Die Wirkung der einzelnen Befehle, die durch die Rechenvorschrift

proc execute = (**byte**): ...

festgelegt ist, die den einzelnen Befehlen entsprechende Anweisungen zuordnet, ist im Abschnitt 4.1.2 beschrieben.

3.2 Überblick über heutige Hardwarekomponenten

Im folgenden wird ein kurzer Überblick über die heute gebräuchlichen Hardwarekomponenten, ihre Funktion und Leistungsdaten gegeben. Man beachte, daß diese
Daten sich durch den andauernden massiven technischen Fortschritt laufend ändern.

3.2.1 Prozessoren und Verarbeitungselemente

Wir teilen im folgenden Rechner nach ihrer Leistungsfähigkeit in folgende Klassen
ein:

- *Mikroprozessoren* und *Mikrorechner:* Sie umfassen die meisten in Geräten einge-
  bauten Rechner (beispielsweise Steuereinheiten in Waschmaschinen und Auto-
  mobilen), aber auch Taschenrechner und kleinere frei programmierbare Heim-
  computer und Tischrechner (engl. personal computer).

- *Miniprozessoren* und *Minirechner:* Sie unterscheiden sich vom Mikroprozessor vor
  allem durch höhere Speicherkapazität und höhere Verarbeitungsgeschwindigkeit.
  Sie finden in Arbeitsplatzrechnern und kleineren Mehrplatzrechensystemen
  Verwendung.

- *Großrechner* (engl. main frame) und *Hochleistungsrechner:* Sie werden in großen
  Rechenzentren eingesetzt. Sie können eine Vielzahl von Terminals betreiben. Sie
  können auch mehrere Prozessoren besitzen (Multiprozessorarchitekturen).

Die Einteilung von Rechnern in diese Klassen ist naturgemäß nicht scharf. Eine naheliegende Möglichkeit, Rechner diesen Klassen zuzuordnen, besteht in der Angabe ihrer Verarbeitungsgeschwindigkeit, ihrer Speicherkapazität und der im Rechnerkern
verwendeten Wortlänge, wie dies in Tabelle 3.5 vorgenommen wird.

Tabelle 3.5. Tabelle der Rechnerarten und ihrer Charakteristika

	Mikrorechner	Minirechner	Großrechner
Verarbeitungsgeschwindigkeit Befehle pro Sekunde	10^4 -10^5	10^5 -10^6	10^6 -10^8
Speicherkapazität Bytes im Arbeitsspeicher	10^3 -10^6	10^5 -10^7	10^7 -10^8
Wortlänge Bit	4 - 16	12 - 32	32 - 64

Allerdings ändern sich diese Werte aufgrund des rapiden technischen Fortschritts im
Hardwarebereich ständig, so daß die Klassifizierung nur ungefähr gilt. Die Unterschiede verwischen sich insbesondere durch die enormen Fortschritte im Bereich der
Hochintegration. Angebrachter scheint es deshalb, Rechner nach der Art und Weise
ihrer Verwendung zu klassifizieren:

- *Großrechner* sind typischerweise leistungsstarke Maschinen, wie sie von Rechenzentren betrieben werden. Allgemein werden Großrechner eingesetzt, um entweder

umfangreiche, speicher- und zeitaufwendige Aufgaben beispielsweise aus der Simulation, der Numerik (anschaulich spricht man von engl. number cruncher) oder aus dem Datenbankbereich zu lösen und/oder um parallel eine große Anzahl von Bildschirmstationen zu betreiben, von denen aus bis zu hundert und mehr Benutzer nebeneinander Zugriff auf den Rechner erhalten. Typischerweise sind an Großrechnern zusätzlich verschiedene spezielle Hintergrundspeicher und Ein-/Ausgabegeräte angeschlossen (Band– und Plattenspeicher, Plotter, Zeichentische, Drucker, Datenfernübertragungseinrichtungen).

- *Minirechner* sind kleinere Maschinen, wie sie beispielsweise von Arbeitsgruppen als gewidmete Rechner betrieben werden können. Allgemein werden Minirechner eingesetzt um weniger speicher- und zeitaufwendige Aufgaben zu lösen. Auch sie können parallel eine kleinere Anzahl von Bildschirmstationen (etwa bis zu 30) betreiben, von denen aus mehrere Benutzer nebeneinander auf den Rechner Zugriff erhalten. Typischerweise sind auch an Minirechner zusätzlich einige spezielle Hintergrundspeicher und Ein-/Ausgabegeräte angeschlossen (Band- und Plattenspeicher, Plotter, Zeichentische, Drucker, Datenfernübertragungseinrichtungen). Für aufwendige Aufgabenstellungen (wie zum Beispiel beim rechnergestützten Entwerfen, engl. computer aided design, CAD) werden Minirechner gelegentlich nur durch einen Benutzer betrieben.

- *Mikrorechner* sind Rechner, die oft nur für genau einen Benutzer oder eine Anwendung geeignet sind. Wir sprechen von *Einplatzsystemen* (engl. personal computer) und auch von *Arbeitsplatzrechnern* (engl. work station). Ihre Leistungsfähigkeit schwankt von den kleineren Heimrechnern bis hin zu komfortablen Arbeitsplatzrechnern mit einer Leistungsfähigkeit, die der von Minirechnern in nichts nachsteht. Typischerweise besitzen solche Einplatzrechner einen Bildschirm und eine Tastatur, daneben häufig noch ein bis zwei Laufwerke für Disketten (engl. floppy disk) und einen angeschlossenen Drucker. Meistens sind sie auch mit Festplatten ausgestattet. Heute werden Einplatzsysteme häufig untereinander vernetzt oder auch als Bildschirmstationen an Mini- oder Großrechnern eingesetzt.

Sind Mikro-, Mini- und Großrechner in Rechnernetzen zusammengebunden, so entstehen sogenannte *Client/Server-Architekturen*. Die Mikrorechner und Minirechner dienen als Arbeitsplätze und spielen die Rolle der Clients. Sie greifen auf die leistungsstärkeren Mini- und Großrechnersysteme mit hoher Plattenkapazität, die die Rolle der Server spielen, zu, um bestimmte Dienste wie Datenhaltung oder Rechenleistung in Anspruch zu nehmen. Die unterschiedlichen Möglichkeiten, Rechner intern zu strukturieren und zu Rechnernetzen zusammenzuführen, behandeln wir später unter dem Stichwort „Rechnerarchitekturen".

3.2.2 Speichergeräte

Der Speicherung von Daten kommt in Rechenanlagen zentrale Bedeutung zu. Gerade die technische Möglichkeit große Datenmengen zu speichern und gezielt darauf zugreifen zu können, ist für eine Reihe von Rechneranwendungen entscheidend. Die verschiedenen technischen Realisierungsmöglichkeiten von Speichern weisen sehr unterschiedliche spezifische Speicher- und Zugriffseigenschaften auf. Dies schließt die *Speicherkapazität*, die *Zugriffszeit* und die mögliche *Ansteuerung* (Zugriffsmöglichkeiten) der gespeicherten Daten (die Speicherorganisation) ein. Für die Praxis ist natürlich auch der Preis von Bedeutung.

Für die Klassifizierung von Speichern ist die Zugriffsart besonders wichtig. Wir unterscheiden folgende Zugriffskonzepte:

- Der *wahlfreie* oder *direkte Zugriff* erlaubt den Zugriff auf jede gespeicherte Informationseinheit (über Adressen) in annähernd gleicher Zeit (engl. random access memory, RAM). Ein typisches Beispiel für eine Rechenstruktur mit einem direktem Zugriffskonzept sind Felder.

- Der *serielle* (auch *sequentieller Zugriff* genannt) hingegen erlaubt den Zugriff auf Daten nur in einer fest vorgegebenen Reihenfolge. Wollen wir auf eine bestimmte Information zugreifen, so müssen die Daten erst in einer fest vorgegebenen Reihenfolge durchgemustert werden, bis der gewünschte Datensatz erreicht ist. Ein typisches Beispiel für eine Rechenstruktur mit einem sequentiellen Zugriffskonzept sind Files, wie sie sich in Pascal finden (vgl. Teil I). Dabei ergeben sich sehr unterschiedliche Zugriffszeiten für die verschiedenen gespeicherten Informationen.

Eine besondere Stellung nehmen sogenannte *Assoziativspeicher* ein. Hier erfolgt der Zugriff nicht über Adressen, sondern über bestimmte Eigenschaften der Inhalte der Speicherzelle („gesucht ist der Inhalt der Speicherzelle, die ein Wort enthält, das mit einer bestimmten Bitkombination beginnt").

Speicher lassen sich auch nach ihren Verwendungsarten im Rechner klassifizieren. Die Tabelle 3.6 zeigt unterschiedliche Anforderungen an Zugriffszeiten und Kapazität, die je nach Verwendung gestellt werden.

Tabelle 3.6. Tabelle der Speichergeräte und ihrer Eigenschaften

Speichertypus	Zugriffsgeschwindigkeit	Kapazität
Register	sehr schnell	gering
Pufferspeicher	schnell	klein
Hauptspeicher	langsamer	mittel bis groß
Datenspeicher	langsam	hoch
Massenspeicher	extrem langsam	hoch
Archivspeicher	off line	hoch

Für Speicher mit hoher Kapazität und niedriger Zugriffsgeschwindigkeit werden Techniken verwendet, bei denen die Kosten je Speicherplatz gering sind. Je nach Verwendungsart und Anforderungen sind demnach bestimmte technische Möglichkeiten für die Realisierung von Speichern besser oder weniger gut geeignet. Tabelle 3.7 listet eine Reihe technischer Realisierungsmöglichkeiten von Speichergeräten und ihre Charakteristika auf.

Die technische Realisierung einer speichernden Wirkung ist sehr unterschiedlich. Bei Magnetband, -platten, -trommel und -streifenspeichern wird eine speichernde Wirkung erzielt, indem eine Magnetschicht durch einen Schreibkopf beschrieben wird. Technisch heißt das, daß eine mechanisch bewegbare, ferromagnetische Schicht durch einen Magnetkopf in einer bestimmten Form magnetisiert wird, so daß diese Information durch einen Lesekopf wieder gelesen werden kann.

Tabelle 3.7. Tabelle der Speichergeräte und ihrer Eigenschaften

Speichertechnik	Zugriffsgeschwindigkeit	Kapazität
Magnetbandspeicher	langsam	hoch
Magnetplattenspeicher	mittel	hoch
Magnettrommelspeicher	mittel	hoch
Diskettenspeicher	mittel	hoch
(Floppy Disk)		
Magnetbandkassettenspeicher	langsam	hoch
Magnetkarten und		
Magnetstreifenspeicher	langsam	mittel
Halbleiterspeicher	schnell	niedrig - mittel

Für Hauptspeicher und Register werden heute hauptsächlich Halbleiterspeicher eingesetzt, die nach den Prinzipien des Flip-Flops funktionieren. Wir unterscheiden folgende *Arten von Halbleiterspeichern*:

- Schreib-/Lesespeicher (engl. RAM, random access memory),
- Festspeicher (engl. ROM, read only memory),
- programmierbare Festspeicher (engl. PROM, engl. programmable ROM),
- löschbare programmierbare Festspeicher (engl. EPROM, erasable PROM).

Neben Halbleiterspeichern finden heute auch folgende Techniken Verwendung:

- Magnetblasenspeicher (engl. bubble memories),
- Optische Speicher (Holographische Speicher).

Die Kapazität der Speicher nimmt immer noch unvermindert zu. Dies bewirkt, daß neue Rechnergenerationen mit immer größeren Speicherkapazitäten ausgestattet werden können. Dies hat wiederum Rückwirkungen auf die Organisation der Programme, Techniken für die Speicherverwaltung und den Umfang von noch sinnvoll zu bearbeitenden Aufgabenstellungen.

3.2.3 Eingabegeräte

Eingabegeräte dienen der Eingabe von Daten, Befehlen und Programmen in Rechenanlagen. Allgemein verwenden wir folgende technische Formen von Eingabegeräten:

- Terminals (mit Eingabetastatur, Lichtgriffel, „Touch Screen", Maus, etc.),
- Lochkartenleser und Lochstreifenleser,
- Klarschriftleser (engl. scanner),
- Optische und magnetische Belegabtaster und -leser (Strichcodeleser, Markierungsleser),

- Mikrophone zur Spracheingabe mit Analog-/Digitalwandler (akustisch),
- Blickmaus,
- Eingabe über externe Speichergeräte,
- Meßgeräte mit Analog-/Digitalwandlern und Sensoren.

Bei der Eingabe kommen teilweise aufwendige und technisch komplexe Verfahren zum Einsatz. Dies gilt gleichermaßen für die Hardware und die dazugehörigen Algorithmen, die die von der Hardware erzeugten digitalen Signale in die entsprechende Information umsetzen sollen. Wir verzichten auf eine genauere Beschreibung der technischen Einzelheiten.

Man beachte, daß die Art der Eingabe für die interne Weiterverarbeitung unerheblich ist, wenn erst einmal eine adäquate interne Repräsentation der eingegebenen Information vorliegt.

3.2.4 Ausgabegeräte

Ausgabegeräte dienen der Ausgabe von Daten für den menschlichen Benutzer, zur Aufbewahrung auf externen Speichermedien oder für die direkte Steuerung von Prozessen durch Steuersignale. Man verwendet heute folgende Ausgabegeräte und Ausgabetechniken:

- Bildschirme (zeilenorientierte Bildschirme für die Ausgabe von Texten und Rasterbildschirme auch für die Ausgabe von Informationen in graphischer Form),
- akustische Signale und Sprachausgabe,
- Drucker: Je nach Umfang der ausgegebenen Texteinheiten und Bilder unterscheiden wir:

    Matrixdrucker (Nadel-, Tintenstrahl-, Thermodrucker),

    Zeichendrucker (Kugelkopf-, Typenraddrucker),

    Zeilendrucker (Ketten-, Walzendrucker),

    Seitendrucker (Laserdrucker),

- Plotter und Zeichentische,
- Mikrofilmausgabe,
- Stanzer (Lochkarten, Lochstreifen),
- Ausgabe auf externe Speichermedien (Magnetband, -platte, -karte),
- Digital-/Analogwandler und Steuergeräte.

Wiederum ist die Art und technische Realisierung der Ausgabe für die interne Verarbeitung von Informationen weitgehend unerheblich. Allerdings kann die Aufbereitung der auszugebenden Information, beispielsweise zum Druck, umfangreiche Rechnungen erfordern. Auch die Geschwindigkeiten, mit der Ausgabemedien arbeiten, kann Rückwirkungen auf die Verarbeitung haben.

3.2.5 Datenübertragungsgeräte

Eine besondere Form der Ein-/Ausgabe besteht in der direkten Übermittlung gewisser Daten eines Rechners an einen anderen. Zur Übertragung von Daten von einem Rechner zum anderen benötigt man Datenübertragungseinrichtungen in der Form technischer Geräte wie etwa

- Modems (Modulatoren für die Umwandlung von analogen in digitale Signale und umgekehrt)
- Konzentratoren (Zusammenfassung der zu übertragenden Daten mehrerer Sender für eine Leitung im Sinne des Multiplexing)
- Netzknotenrechner
- Leitungen
- Sender-/Empfängereinrichtungen

Datenübertragungseinrichtungen sind insbesondere in Verbindung mit Rechnernetzen (engl. LAN, local area networks) von Bedeutung. Wir werden darauf in einem eigenen Abschnitt zurückkommen.

3.3 Rechnerarchitekturen

Die Struktur und den Aufbau eines Rechnersystems nennen wir seine *Rechnerarchitektur*, Fragen der Arbeitsweise und Strukturierung der einzelnen Komponenten von Rechnern behandelt die Informatik unter dem Stichwort *Rechnerorganisation*.

Wir können Rechnerarchitekturen insbesondere nach der Anzahl der vorhandenen Prozessoren klassifizieren. Dabei ist die Frage von Belang, inwieweit diese Prozessoren alle gleichzeitig dieselben Aktionen ausführen (Single-Instruction-Stream), jedoch mit unterschiedlichen Daten arbeiten (Multiple-Data-Stream), oder ob sie unabhängig verschiedene Instruktionen ausführen. Wir unterscheiden somit die folgenden Architekturklassen:

- SISD (engl. Single-Instruction-Single-Data-Stream; Beispiel: Klassische Monoprozessoren),
- SIMD (engl. Single-Instruction-Multiple-Data-Stream; Beispiel: Arrayprozessoren, Vektorrechner),
- MIMD (engl. Multiple-Instruction-Multiple-Data-Stream; Beispiel: Multiprozessoren, Rechnernetze),
- MISD (engl. Multiple-Instruction-Single-Data-Stream; Beispiel: Pipelineprozessoren).

Die verschiedenen Architekturklassen sind für unterschiedliche Anwendungen und Algorithmen geeignet. Als erstes wenden wir uns Rechnern mit genau einem Prozessor zu.

3.3.1 Monoprozessorrechner

Die Maschine MI ist in der Form, in der wir sie bisher behandelt haben, ein typisches *Monoprozessorsystem*: Sie enthält in der beschriebenen Form genau einen Prozessor, der sequentiell arbeitet und somit einen Berechnungsschritt nach dem anderen in einer strikt linearen zeitlichen Ordnung ausführt. Damit ergibt sich die Rechenzeit als Summe der Ausführungszeiten der einzelnen Befehle.

Waren früher die Speicherzugriffszeiten gegenüber den Ausführungszeiten von arithmetischen Operationen vernachlässigbar klein, so führen heute die neueren Techniken bei den Rechenwerken der Rechnerkerne (Bit-Slice-Techniken) dazu, daß Rechenoperationen nur noch einen Bruchteil der Speicherzugriffszeiten benötigen. Damit werden die Zeiten für die Speicherzugriffe ein einschneidendes Hindernis für die Steigerung der Rechengeschwindigkeit. Abhilfe schafft hier die Einbeziehung mehrerer Register, schnelle Pufferspeicher (engl. cache) oder die Überlappung und Verschränkung der Ausführung mehrerer aufeinanderfolgender Befehle (Befehlspipelining).

In *Mehrregistermaschinen* finden sich statt der früher üblichen drei Registern (AC, MD, MQ, vgl. die Beispielmaschine in SEEGMÜLLER) im Rechenwerk „Registerbänke" von 16 bis 32 Registern. Zwischenergebnisse brauchen damit häufig nicht im Arbeitsspeicher zwischengespeichert werden. Die Vorteile von Mehrregister- maschinen sind so gravierend, daß heute allgemein selbst Mikroprozessoren Mehrre- gistermaschinen sind (üblich sind 16 oder 32 Allzweckregister). Die Beispielmaschine MI ist typisch für eine Mehrregistermaschine.

Beim *Befehlspipelining* (Fließbandverarbeitung) werden die vier Phasen der Befehlsbearbeitung

- Befehl ins Steuerwerk laden,
- Adresse berechnen,
- Operand(en) laden,
- Operation ausführen.

von aufeinanderfolgenden Befehlen zeitlich überlappt ausgeführt (Fließbandprinzip). Dadurch wird die Gesamtausführungszeit erheblich verkürzt. Dies läßt sich nur dann durchführen, wenn die Folge der auszuführenden Befehle statisch festliegt. Im Falle von Sprungbefehlen wird allerdings das Fließband gestört und muß anschließend neu aufgebaut werden.

Um den im Umfang beschränkten Hauptspeicher umfangreicher erscheinen zu lassen, als er physikalisch ist, werden heute in nahezu allen leistungsfähigeren Syste- men Techniken des *virtuellen Speichers* verwendet. Der Hauptspeicher enthält dabei nur Abschnitte (genannt „Seiten") des gesamten logischen Adreßraums, die restlichen Seiten werden auf Hintergrundspeichern gehalten und bei Bedarf in den Haupt- speicher geladen. Diese Technik erweist sich als besonders günstig im Falle des Multiprogrammbetriebs, wo mehrere Anwendungsprogramme zeitlich verzahnt aus- geführt werden. Der für den Programmierer zur Verfügung stehende Adreßraum ist um ein vielfaches größer als der physikalisch vorgegebene. Wir werden diese Technik im Rahmen der Behandlung von Betriebssystemen in Teil III genauer beschreiben.

3.3.2 Multiprozessorrechner

In nahezu jeder Berechnung treten Operationenfamilien und Teilberechnungen auf, deren Bestandteile voneinander unabhängig sind und zeitlich nebeneinander (parallel) ausgeführt werden können.

In Monoprozessorsystemen werden diese Operationen in eine willkürliche zeit- liche Reihenfolge gebracht. Wir sprechen von *Sequentialisierung* (engl. interleaving).

In Multiprozessorsystemen mit mehreren Prozessoren können solche Operationen tatsächlich, zumindest teilweise, gleichzeitig („parallel", „nebenläufig") ausgeführt werden. Bereits Pipelining ist ein Beispiel für Parallelarbeit, allerdings beim Befehlspipelining auf der Ebene eines Prozessors. Der Befehlszyklus wird parallelisiert. Eine etwas stärkere Parallelisierung erhalten wir, indem wir mehrere Rechenwerke nebeneinander betreiben. Man verwendet für die Parallelisierung nicht mehrere eigenständige Prozessoren, sondern lediglich mehrere Rechenwerke, aber ein zentrales Leitwerk, und erhält *Feldrechner (Arrayprozessoren, Vektorrechner)*. Sie sind besonders geeignet für schnelle Matrix- und Vektoroperationen und somit für Algorithmen, wo viele gleichartige Operationen auf die Komponenten einer Matrix oder eines Vektors anzuwenden sind.

In eigentlichen Multiprozessorsystemen existieren mehrere völlig *autonome Prozessoren* mit eigenen Leitwerken, die jedoch in der Regel auf eine gemeinsame Speichereinheit zugreifen. Dadurch wird natürlich die Leistungsfähigkeit eines Rechnersystems gesteigert, es ergibt sich aber das schwierige Problem der Koordination der Prozessoren: Versuchen zwei Prozessoren gleichzeitig schreibend auf dieselbe Speicherzelle zuzugreifen, so ergibt sich ein *Konflikt*. Ebenso ergibt sich solch ein Konflikt, wenn ein Prozessor den Inhalt einer Speicherzelle zu lesen und ein anderer Prozessor auf der gleichen Speicherzelle zu schreiben versucht. Darüberhinaus ergeben sich Koordinations- und Kommunikationsprobleme, wenn die Prozessoren gleichzeitig am gleichen Problem arbeiten sollen. Die Synchronisation parallel ablaufender Rechenvorgänge und ihre Beschreibung, Programmierung und effiziente Realisierung auf Rechnerkernebene sind ein eigenständiges Gebiet der Informatik. Wir kommen darauf ausführlich in Teil III zurück.

3.3.3 Neuartige Rechnerarchitekturen

Die Möglichkeiten der Hochintegration bei Schaltwerken (vgl. „VLSI") gestatten theoretisch und praktisch völlig neue Rechnerarchitekturen. So kann eine Vielzahl von rechnenden und speichernden Hardwarekomponenten zu einer Rechnerarchitektur kombiniert werden. Damit läßt sich in vielfacher Hinsicht eine Beschleunigung der Rechnungen erreichen. Bemühungen, durch solch eine Anordnung eine optimale Ausnutzung von möglicher Parallelarbeit bei einfacher Programmierbarkeit und Beherrschbarkeit zu unterstützen, kennzeichnen die Forschungen im Bereich neuer Rechnerarchitekturen der achtziger und neunziger Jahre. Neben allgemeinen Netzwerken eigenständiger Prozessoren werden dabei folgende Konzepte ins Auge gefaßt und näher untersucht:

- *Datenflußmaschinen*: Der Ablauf wird bei diesen Maschinen nicht über einen sequentiellen Kontrollfluß gesteuert (Befehlszähler), sondern über die Verfügbarkeit der Operanden und den Bedarf an Operanden für die auftretenden Operationen.
- *Reduktionsmaschinen*: Programm(term)e werden nicht in Folgen von Maschinenbefehlen übersetzt, sondern in eine interne Termdarstellung, die durch die Anwendung von Reduktionsschritten ausgewertet (auf Normalform reduziert) wird.

- *Zellulare Automaten und systolische Netze*: Eine Vielzahl gleichartiger Rechenelemente werden zu einer Architektur zusammengefaßt. Über ein Verbindungsnetz fließen „pulsierend" Datenströme.
- *Logik-Inferenz-Maschinen*: Die Hardwarestruktur unterstützt das Auffinden von Ableitungen nach logischen Schlußregeln aus gegebenen Axiomenmengen.

Bisher konnte allerdings noch bei keiner dieser Architekturen in der Praxis ein entscheidender Durchbruch erzielt werden. Eine Änderung der vorherrschenden Rechnerarchitektur würde auch tiefgreifende Änderungen bei den Programmen und für die Programmierung nach sich ziehen. Der erforderliche Umstellungsaufwand wirkt der Bereitschaft zum Wandel entgegen.

3.4 Rechnernetze

Die Vorteile und Notwendigkeiten des direkten Datenaustausches zwischen Rechnern und die damit verbundenen Möglichkeiten des Zugriffs auf Datenbestände anderer Rechner und der Nachrichtenübertragung zwischen den Bildschirmstationen verschiedener Rechner haben Rechnernetzen (Netzwerken) eine zunehmend wachsende Bedeutung verschafft. Rechnernetze können Rechner in einem Raum oder einem Gebäude, aber auch über große Entfernungen verbinden. Wir geben im folgenden einen Überblick über die wesentlichsten Begriffe der Rechnernetze. Eine genaue Behandlung findet sich in TANENBAUM: Computer Networks (vgl. auch HALSALL und HEGERING/ABECK). Wir kommen auf gewisse Aspekte der Rechnernetze in Teil III zurück.

3.4.1 Grundbegriffe

Ein Rechnernetz besteht aus einer Anzahl von *Knoten* und *Verbindungswegen*. Bei den Knoten eines Netzes unterscheiden wir folgende Arten:

- *Anwendungsknoten* (Rechner),
- *Vermittlungsknoten* (Datenübertragungseinrichtungen zur Zwischenspeicherung),
- *Endknoten* (Datenstationsknoten).

Die Knoten stehen über Übertragungsmedien in Verbindung. Als Übertragungsmedien kommen zum einen Leitungen in Frage (Standleitungen, Wählleitungen) und auch Funk (Richtfunk, Satellitenübertragung) sowie optische Übertragungstechniken (Laser).

Ein Übertragungsmedium kann in einer der folgenden drei Betriebsarten betrieben werden:

- *simplex* (Übertragung nur in einer Richtung),
- *halbduplex* (wechselseitiges Übertragen in beiden Richtungen durch Umschalten),
- *duplex* (gleichzeitiges Übertragen in beiden Richtungen).

Wir unterscheiden bei Rechnernetzen je nach Verwendungsart folgende Klassen:

- *lokale Netze* (LAN, engl. local area network, Netzwerke über ein Gebäude oder mehrere Gebäude verteilt über eine Entfernung von wenigen Kilometern) wie firmeneigene Netze oder Campusnetze,
- *Stadtnetze* (MAN, engl. metropolitan area network, Netzwerke für Verbindungen in Städten, über eine Fläche von einigen Kilometern),
- *globale Netze* (WAN, engl. wide area network, Netze für Verbindungen zwischen Städten, weltweit),
- *globale Netzverbunde* (engl. internetwork, Netze für Verbindungen zwischen Netzen, weltweit) etwa das *Internet* oder typisch etwa eine WAN-Verbindung zwischen LANs,
- *Funknetze* (engl. wireless networks, Netze zur Verbindung mobiler Stationen wie Laptops, Rechnern in Flug- oder Fahrzeugen oder mobilen Telephonen).

Die nachstehend behandelten Fragen der Verfahren und Rahmenbildung für zu übertragende Nachrichten sind dabei jedoch — unabhängig von der Netzgröße — weitgehend gleichartig.

3.4.2 Rahmenbildung für Nachrichten

Die Übertragung von Nachrichten zwischen Rechnern erfolgt durch genau festgelegte, aufeinander abgestimmte Prozeduren für Sender und Empfänger. Zur Übermittlung von Daten bringt der Sender die Übertragungsleitung abwechselnd in die Zustände **L** oder **O** (serielle Übertragung eines Binärwortes). Realisiert wird das durch Spannungsänderungen. Es kann dabei auch mit mehr als nur zwei Übertragungswerten gearbeitet werden. Werden 0, 1, 2, 3, 4 , 5 , 6 und 7 Volt als Spannung verwendet, können pro Änderung drei Bits übertragen werden. Die Häufigkeit (Frequenz), mit der der Sender den Wert pro Sekunde ändern kann, und die Kardinalität der Menge unterschiedlicher Werte bestimmen den Umfang von Information, der pro Zeiteinheit übertragen werden kann. Die Maßeinheit für die Wechsel pro Sekunde bezeichnen wir mit baud.

Der Empfänger nimmt die vom Sender erzeugten Signale auf. Von besonderer Bedeutung ist dabei, den Beginn und das Ende eines Übertragungsvorganges zu signalisieren. Gelegentlich werden über eine Übertragungsleitung ständig Daten übertragen. Liegen für gewisse Zeiten keine zu übertragenden Nachrichten vor, so werden pauschal bestimmte Muster („Dummies") übertragen. Die Schwierigkeit des Empfängers besteht dabei darin, Anfang und Ende der eigentlichen Nachricht zu erkennen. Deshalb wird die Nachricht in einen *Übertragungsrahmen* eingebettet. Der Empfänger muß den Übertragungsrahmen erkennen und dann die Nachricht dem Rahmen entnehmen.

Beispiel (Übertragungsrahmen für das HDLC, High Level Data Link Control). Die speziell gewählte Bit-Sequenz

⟨OLLLLLLO⟩

bezeichnet Beginn und Ende einer Nachricht und bildet somit den Rahmen für die eigentliche Nachricht. Diese Binärsequenz muß natürlich in den zu übertragenden

Nachrichten selbst vermieden werden. Im Notfall erreichen wir dies durch das Ein-
schieben zusätzlicher „0"-Zeichen (Stopf-Bits). □

Man beachte, daß der Takt zwischen Sender und Empfänger geringfügig verschoben
sein kann. Trotzdem wird bei kürzeren zu übertragenden Binärsequenzen eine korrekte Übertragung im allgemeinen gewährleistet. Bei längeren Übertragungseinheiten
kann jedoch eine etwaige immer stärkere Taktverschiebung zwischen Sender und
Empfänger zu Fehlern führen. Deshalb wird bei der sogenannten *„synchronen" Übertragung* der Takt aus dem Übertragungssignal zurückgewonnen.

Zusätzlich dient die Einführung sogenannter Paritätsbits (vgl. Codes und Codierung in Kapitel 1) den Möglichkeiten der *Fehlererkennung* und der *Fehlerkorrektur*.
Dabei wird die Redundanz der Nachrichten so erhöht, daß bei Fehlererkennung eine
unmittelbare Fehlerkorrektur möglich ist oder wenigstens eine Rückmeldung
abgesetzt werden kann, die dann zu einer Wiederholung der Nachricht führt.

3.4.3 Netzwerktypen

Bei den Verbindungsarten zwischen Knoten eines Rechnernetzes unterscheiden wir:

- Punkt-zu-Punkt-Verbindung (engl. peer-to-peer),
- Mehrpunktverbindungen.

Die Grundstruktur von Netzwerken nennen wir die *Netztopologie*. Wir unterscheiden:

- Sternnetze (vorzugsweise bei Prozeßrechnern),
- Liniennetze (reduzierter Leitungsbedarf, Busnetz),
- Ringnetze (Schleifennetze),
- Maschennetze.

Im allgemeinen steht ein Übertragungsmedium (beispielsweise ein Paar von Kupfer-
kabeln, Koaxial- oder ein Glasfaserkabel) mehreren Sendern und Empfängern zur
Verfügung, die dann wechselseitig das Medium zur Übertragung nutzen. Der Betrieb
solcher Netze erfordert eine *Verbindungsdisziplin*, um Kollisionen beim Senden zu
vermeiden. Für die Auflösung der Kollisionen gibt es eine Reihe von Standardtechni-
ken.

Bei dem heute für die Rechnerkopplung häufig eingesetzten *Ethernet* empfangen
alle Stationen stets die über das Medium (ein Koaxialkabel) an alle Teilnehmer in gleicher Weise übermittelten Signale. Eine Station beginnt mit einer Übertragung nur,
wenn der Kanal frei ist, also wenn keine Übertragung stattfindet. Beginnen mehrere
Stationen nahezu gleichzeitig mit der Übertragung, so wird die dadurch entstehende
Kollision von den betroffenen Stationen anhand der Überlagerung der Signale festgestellt. Alle Stationen brechen dann die Übertragung ab und versuchen nach einer
bestimmten Wartezeit erneut die Übertragung. Die Wartezeit der einzelnen Stationen
wird jeweils zufällig bestimmt und gegebenenfalls variiert, um erneute Kollisionen
möglichst zu umgehen.

Neben der Netztopologie ist die Übertragungskapazität der Verbindungsleitung
von Bedeutung. *Breitbandnetze* werden in üblicher Fernsehkabeltechnik (Koaxial-
oder Glasfaserkabel) aufgebaut. Sie erlauben Übertragungsraten von einigen hundert

Millionen Bits pro Sekunde (Megabit pro Sekunde, abgekürzt Mbit/sec). Da solche Übertragungsraten von den meisten Endgeräten kaum verarbeitet werden können, wird über ein Frequenzteilverfahren die Kapazität in mehrere Bänder unterteilt. Die Netzwerktopologie ist oft baumförmig, die Netzelemente entsprechen technisch den Geräten, wie sie in Kabelfernsehnetzen verwendet werden.

3.4.4 Vermittlungsarten

Die Verbindung zwischen Endknoten in einem Netzwerk für die Nachrichtenübertragung kann auf folgende Weisen zustande kommen:

* *Leitungsvermittlung* (Durchschaltvermittlung): Die rufende und die gerufene Datenstation werden über einen physikalischen Übertragungskanal verbunden. Über Wählzeichenfolgen wird Stück für Stück eine Verbindung aufgebaut (durchgeschaltet).
* *Speichervermittlung*: Es besteht keine durchgehende Vermittlung. Die Übertragung erfolgt durch viele Einzelübertragungen, bei der die Nachricht über eine Reihe von Zwischenstationen an die Anfangsstation durchgereicht wird. Die Sendedaten werden immer wieder in Vermittlungsknoten zwischengespeichert und so Schritt für Schritt zum Empfänger weitergeleitet. Wird dabei die Nachricht in einem Stück übertragen, sprechen wir von *Nachrichtenübermittlung*, sonst von *Paketvermittlung* (Zerlegen der Nachricht und Übermitteln in Stücken).

Beide Vermittlungsarten können auch kombiniert werden.

3.4.5 Nachrichtenstruktur

Die in einem Netz zu übermittelnde Information muß mit technischen Mitteln repräsentiert sein. Für diese Form ist eine genaue Festlegung zu treffen, die für die Gestaltung und den Aufbau von Netzen verbindliche Vorgaben darstellt. Neben der eigentlichen Information muß die Nachricht Angaben über den Empfänger und gegebenenfalls über die zu verwendenden Wegstrecken (die Route) enthalten. Die Regeln über den Aufbau, die Form und Bedeutung der Nachrichten, die in einen Netzwerk Verwendung finden sollen, nennen wir *Protokolle*.

Protokolle werden häufig in Schichten (hierarchisch) aufgebaut, entsprechend den Abstraktionsebenen zwischen der reinen *Signalebene* und der *Anwendungsebene*. Dies entspricht Abstraktionsprinzipien der Informatik, wie sie auch bei Programmiersprachen zu finden sind. Jede Schicht repräsentiert eine gewisse Abstraktion des physikalischen Übertragungsvorgangs. Die jeweils unmittelbar unter einer Schicht A liegende Schicht B stellt eine Implementierung für A dar, die bestimmte zusätzliche Details enthält.

Beispiel (Das ISO-Protokollmodell). Das ISO-Modell (vgl. KERNER) ist ein Schema für die Strukturierung von Protokollen. Es gliedert sich in eine Hierarchie von Kommunikationsebenen (genannt „Schichten") von der Kommunikation zwischen Anwendungsprozessen bis hinunter zur physikalischen Übertragung von Signalen auf Leitungen.

Die Schichten des ISO-Protokollmodells lassen sich in Schichten grob wie folgt beschreiben:

• Applikationsschicht:	Benutzerorientierte Datenübertragung
• Präsentationsschicht:	Wahl der Datenrepräsentation für die Übertragung
• Sessionschicht:	Koordination der Kommunikationsprozesse
• Transportschicht:	Details der Datenübertragung
• Netzwerkschicht:	Wahl der Route für die Datenübermittlung
• Verbindungsschicht:	Korrektur von Übertragungsfehlern
• physikalische Schicht:	Übertragung von Bitsequenzen ☐

Protokolle bilden das Kernstück für die Konzeption der Nachrichtenübertragung in informationsverarbeitenden Netzen. Der Aufbau von umfangreichen Rechnernetzen bestimmt und prägt heute weitgehend die Einsatzmöglichkeiten der Informationsverarbeitung. Dies betrifft besonders auch den dezentralen Gebrauch großer Datenbanken sowie große Verbunde von Arbeitsplatzrechnern und den Austausch von Daten aus verschiedenen Anwendungsbereichen.

In den vergangen Jahren haben sich globale Netze wie gerade das Internet explosionsartig entwickelt. Sie erlauben die weltweite Nachrichtenübertragung durch aktives Senden von Nachrichten in der elektronischen Post (engl. e-mail) oder den Zugriff auf Nachrichten (beispielsweise über das World Wide Web). Dies eröffnet ganz neue Arbeits- und Vertriebsformen.

Man beachte, daß gerade im Zusammenhang mit Rechnernetzen eine Reihe politischer und gesellschaftlicher Fragen entstehen, die mit Datensicherung und Datenschutz zusammenhängen. Es ist Aufgabe des Informatikers, diese Fragen bei der Realisierung und Anwendung von Rechensystemen im Auge zu behalten.

4. Maschinennahe Programmstrukturen

Rechner heutiger Bauart sind in der Regel Monoprozessoren. Sie arbeiten im wesentlichen sequentiell. Die Ausführung von Programmen erfolgt durch einen sequentiell arbeitenden Rechnerkern, der mit einem sequentiellen Speicher verbunden ist, der Programme und Daten enthält. Dies führt auf Maschinenebene auf spezielle Anweisungs- und Programmstrukturen. Im vorangegangenen Abschnitt haben wir uns primär für die Struktur der Hardware interessiert. Nun wollen wir uns den Konzepten und der Struktur maschinennaher Programme zuwenden.

Die Struktur maschinennaher Programme ist geprägt durch den Befehlsvorrat der betrachteten Rechenanlage und die Folge der Abarbeitung von Befehlen. Bei den heute gebräuchlichen Rechenanlagen werden Folgen von Befehlen, die Einzeloperationen entsprechen, sequentiell durch den Rechnerkern abgearbeitet.

Da maschinennahe Programme schwer lesbar und schwer erstellbar sind, ist es vorteilhaft, sich von den maschinenspezifischen Programmstrukturen zu lösen und mit Programmen zu arbeiten, die einfacher zu handhaben sind und sich schematisch durch Algorithmen („Übersetzer") in Maschinenprogramme umsetzen lassen.

4.1 Maschinennahe Programmsprachen

Die Struktur, Form und Bedeutung von Einzelbefehlen maschinennaher Programmsprachen wird durch den Befehlsvorrat und die Maschinenwortstruktur geprägt. Bei sequentiellen Maschinen entstehen Programme durch die Aneinanderreihung von Befehlen. Da diese Befehlsfolgen im sequentiellen Speicher abgelegt werden, erhält jedes Befehlswort eine Adresse. Dies kann ausgenutzt werden, um über spezielle Befehle (Sprungbefehle) den Programmablauf flexibler zu steuern, so daß die Befehlsfolge nicht immer streng konsekutiv durchlaufen wird, sondern die Ausführung unterbrochen und an einer festgelegten Stelle fortgesetzt werden kann.

4.1.1 Maschinenwörter als Befehle

In Rechenanlagen sind Informationen in der Form von Binärwörtern gespeichert. Dementsprechend sind auch die Einzelbefehle durch Binärwörter dargestellt. Wir sprechen von *Befehlswörtern*. Da Befehle im Speicher abgelegt werden, wählt man häufig die Länge der Befehlswörter entsprechend der Länge der im Speicher ablegbaren Binärwörter. Dies führt aber auf sehr eingeschränkte Befehlsformen, da bedingt

durch die Größe der Speicherzellen oft nur eine Operandenspezifikation in einem
Befehl enthalten sein kann. Typischerweise gibt es aber auch Befehle, die gar keine
Operanden benötigen, und deshalb weniger Platz einnehmen. Eine flexiblere und
speichersparendere Vorgehensweise erlaubt es, einen Befehl in mehrere aufeinander
folgende Speicherzellen einzutragen. Dabei kann die Zahl der benötigten Speicherzellen von Befehl zu Befehl variieren.

Maschinenprogramme erhalten wir durch die Aneinanderreihung von Befehlswörtern. Strenggenommen ist für die Formulierung eines vollständigen Maschinen-
programms auch die Kenntnis seiner Lage im Speicher wichtig, da die Angabe, auf
welchen Adressen die einzelnen Befehlswörtern liegen, in Sprungbefehlen von Bedeutung ist.

Eine Maschinensprache für einen 32-Bit-Rechner, wie ihn die Maschine MI darstellt, ist durch die folgende BNF-Syntax gegeben. Ein Befehlswort ist eine Folge
von Bytes.

⟨binary machine command⟩ ::= { ⟨byte⟩ }*

Eine Adresse ist durch ein 32-Bit-Wort gegeben:

⟨binary address⟩ ::= { **O** | **L** }^{32}

Ein Maschinenprogramm ist dann von der folgenden Form:

⟨binary machine program⟩ ::= { ⟨binary address⟩ ⟨binary machine command⟩ }*

Häufig wird in Maschinenprogrammen davon ausgegangen, daß in einem Programm
die Adressen fortlaufend auftreten. Dies entspricht dem Umstand, daß das Programm
fortlaufend in aufeinanderfolgenden Speicherzellen im Rechner gespeichert ist. Dann
ist die Angabe der Anfangsadresse ausreichend, um die übrigen Adressen des
Programms festzulegen.

Das Lesen von Maschinenprogrammen, die durch Sequenzen von Binärwörtern
gegeben sind, ist natürlich äußerst schwierig. Es ist ebenso unübersichtlich und
schreibaufwendig für den Programmierer, durch Sequenzen von Bytes Programme zu
formulieren. Deshalb vermeiden wir tunlichst die Programmierung auf der Maschinenebene. Eine erste kleine Erleichterung verglichen mit Programmieren in Binärdarstellung bilden Hexadezimaldarstellungen. Ein Befehlswort ist dann eine Folge von
zweistelligen Hexadezimalwörtern.

⟨hexadecimal digit⟩ ::= 0 | 1 | 2 | 3 | 4 | 5 | 6 | 7 | 8 | 9 | A | B | C | D | E | F

⟨hexa machine command⟩ ::= { ⟨hexadecimal digit⟩ }*

Eine Adresse in Hexadezimaldarstellung ist ein achtstelliges Hexadezimalwort:

⟨hexa address⟩ ::= { ⟨hexadecimal digit⟩ }^{8}

Ein Maschinenprogramm ist dann von der Form:

⟨hexa machine program⟩ ::= { ⟨hexa address⟩ ⟨hexa machine command⟩ }*

Zur besseren Lesbarkeit repräsentieren wir Befehle nicht durch Zahlen, sondern
durch Befehlsnamen beziehungsweise Abkürzungen für Befehlsnamen. Die Adressen
notieren wir in Dezimalschreibweise.

4.1.2 Der Befehlsvorrat der MI

Der Befehlsvorrat einer Rechenanlage ist durch die Hardware vorbestimmt. Die Struktur der hypothetischen Maschine MI wurde im vorangegangenen Kapitel beschrieben. Wie ein Befehl in der Maschine MI abgearbeitet wird, wird durch den Befehlszyklus festgelegt. Im folgenden werden die in der MI verfügbaren Befehle an Beispielen erläutert. Befehle verändern den Speicher, die Register, die Hilfsregister und das Prozessorstatusregister PSL.

Der Befehl **MOVE** erlaubt es, gezielt Inhalte der über die Operandenspezifikation festgelegten Register oder Speicherzellen in Register oder Speicherzellen zu kopieren. So bewirkt der Befehl

MOVE W 1000, 2000

das Kopieren der in den Speicherzellen 1000, 1001, 1002 und 1003 abgelegten Bytes in die Speicherzellen 2000, 2001, 2002 und 2003. Die Angabe der Kennung W zeigt dabei an, mit welcher Wortlänge zu arbeiten ist. Weiter führt die Ausführung des Befehls

MOVE B 2000, R1

auf das Kopieren des in der Speicherzelle 2000 abgelegten Bytes in den Registeranteil R1[24 : 31]. Der Wert des Registeranteils R1[0 : 23] bleibt unverändert. Der **MOVE**-Befehl entspricht also grob einer Zuweisung. Er erlaubt den Transport des Inhalts von Registern oder Speicherzellen in Register oder Speicherzellen.

Der Befehl **MOVEA** bewirkt die Zuweisung der Operandenadresse an die durch die Resultatspezifikation angegebenen Register oder Speicherzellen. So führt

MOVEA 1000, 2000

auf die Zuweisung der Zahl 1000 (als 32-Bit-Wort) an die Speicherzellen 2000, 2001, 2002 und 2003. Er ist damit äquivalent zu dem Befehl

MOVE W I 1000, 2000

Der Befehl **CLEAR** bewirkt das Besetzen des durch den Operanden bezeichneten Speicher- oder Registerbereichs mit **O**. So bewirkt der Befehl

CLEAR B R1

das Kopieren des Bytes **OOOOOOOO** in den Registeranteil R1[24 : 31]. Der **CLEAR**-Befehl ist also ein Spezialfall des **MOVE**-Befehls. Generell gilt für beliebige Kennungen K: Der Befehl

CLEAR K α

ist äquivalent zu dem Befehl

MOVE K I 0, α

Die logischen Befehle bewirken eine elementweise Verknüpfung der Bits durch die entsprechenden logischen Operationen. So führt der Befehl

OR W R1, 2000, R2

auf die elementweise Disjunktion des 32-Bit-Worts in den Speicherzellen 2000, 2001, 2002 und 2003 mit dem Inhalt des Registers R1. Das Resultat wird im Register R2 abgelegt. Der Befehl

ANDNOT H 2000, R2, R2

bewirkt die elementweise Konjunktion des Komplements des 16-Bit-Worts in den Speicherzellen 2000 und 2001 mit dem „rechten" Anteil R2[16 : 31] des Inhalts des Registers R2. Das Resultat wird im Register R2 auf der Position R2[16 : 31] abgelegt.

Zur Beschreibung und zum Verständnis der arithmetischen Befehle **ADD**, **SUB**, **MULT**, **DIV** ist es erforderlich, die Zahldarstellung zu kennen. Die MI arbeitet mit 2-Komplement-Darstellung. Die Befehle entsprechen dann den jeweiligen arithmetischen Verknüpfungen. Das Resultat der Addition, Subtraktion, Multiplikation und Division von Zahlen hängt von der angegebenen Kennung ab. Tritt ein Überlauf der Arithmetik ein, so läßt sich dies am Bit V des PSL ablesen.

Der Befehl **CMP** bewirkt den Vergleich zweier Operandenwerte. Geändert werden dadurch nur gewisse Bits des PSL. Die Ausführung des Befehls

CMP W 2000, R2

im Befehlszyklus bewirkt zunächst, daß das Hilfsregister tmp1 mit den Inhalten der Speicherzellen 2000, 2001, 2002 und 2003 und das Hilfsregister tmp2 mit dem Inhalt des Registers R2 geladen wird. Dann werden die Hilfsregister tmp1 und tmp2 verglichen und die entsprechenden Bits des PSL gesetzt. Dies entspricht folgenden Zuweisungen:

$$Z := (tmp1 = tmp2); N := (tmp1 < tmp2).$$

Die durch den Befehl **CMP** gesetzten Werte im PSL lassen sich zur Steuerung von bedingten Sprungbefehlen verwenden.

Sprungbefehle dienen zur Beeinflussung des Programmablaufs. Der unbedingte Sprungbefehl

JUMP 5000

bewirkt das Besetzen des Befehlszählers mit der Adresse 5000. Man beachte, daß die Operandenangabe als direkte Angabe der Sprungadresse gewertet wird.

Sprünge können auch abhängig von gewissen Bits des PSL durchgeführt werden. Der bedingte Sprungbefehl

JEQ 5000

bewirkt das Besetzen des Befehlszählers mit der Adresse 5000, falls das Bit Z des PSL den Wert L hat. Andernfalls ist der Befehl wirkungslos. Es erfolgt nur die übliche Fortschreibung des Inhalts des Befehlszählers im Befehlszyklus. Man beachte, daß wir durch den Befehl **CMP** das Bit Z setzen können. Sprungbefehle können wir insbesondere auch relativ zum Befehlszähler adressieren. Dies hat den Vorteil, daß wir die absoluten Adressen der Befehle im Speicher des Programms nicht zu kennen brauchen.

Shiftbefehle entsprechen dem Verschieben von Binärstellen in den Operandenwerten. Dies kann bei der Binärdarstellung von Zahlen als Multiplikation oder Division der dargestellten Zahl mit einer Potenz von 2 gedeutet werden. Wir sprechen von arithmetischen Shifts. Der arithmetische Shift entspricht einer Verschiebung von Binärstellen, wobei abhängig vom Vorzeichen der Zahl gewisse Bits nachgezogen werden.

fct arith_shift = (**int** cut, [0:31] **array bit** srx) [0:31] **array bit**:
   if   cut = 0   **then** srx
   elif cut > 0   **then** *{shift nach links}*
                              if srx[0] $\neq$ srx[1] **then** V := **L fi**;
                              arith_shift(cut–1, left(srx, **O**))
                        else   arith_shift(cut+1, right(srx, srx[0]))
   fi

fct left = ([0:31] **array bit** srx, **bit** b) [0:31] **array bit**: srx[1: 31] ∘ ‹b›

fct right = ([0:31] **array bit** srx, **bit** b) [0:31] **array bit**: ‹b› ∘ srx[0 : 30]

Wieder gehen wir von einer 2-Komplement-Darstellung der Zahlen aus. Der Shift nach links bewirkt eine Verdoppelung der dargestellten Zahl. Dies führt auf einen Überlauf, wenn srx[0] $\neq$ srx[1], das heißt, wenn das Bit für das größte negative Gewicht mit dem Bit für das größte positive Gewicht nicht übereinstimmt.

Der arithmetische Shift entspricht einer k-fachen Verdopplung beziehungsweise Halbierung. Sei die Zahl n durch die 2-Komplement-Darstellung gegeben:

$$n = s_0 \cdot (-2^{31}) + \sum_{i=1}^{31} s_i \cdot 2^{31-i}$$

Wir erhalten die Zahl 2·n in 2-Komplement-Darstellung:

2·n

$$= s_0 \cdot (-2^{32}) + \sum_{i=1}^{31} s_i \cdot 2^{32-i}$$

$$= s_0 \cdot (-2^{32}) + s_1 \cdot 2^{31} + \sum_{i=2}^{31} s_i \cdot 2^{32-i}$$

$$= s_1 \cdot (-2^{31}) + \sum_{i=1}^{30} s_{i+1} \cdot 2^{31-i} + (s_1-s_0) \cdot 2^{32}$$

Falls $s_1 = s_0$ gilt, liegt kein Überlauf der Arithmetik vor und es findet durch den Shift eine korrekte Verdoppelung des dargestellten Wertes statt. Durch die Verwendung des arithmetischen Shifts kann die Verdoppelung und Halbierung von Zahlen sehr schnell vorgenommen werden. Dies erlaubt die effiziente Realisierung von Algorithmen, die mit Binarisierung arbeiten (vergleiche binarisierte Division in Teil I).

Der Rotationsshift bewirkt, daß die Bits eines Binärworts kreisförmig (zyklisch) verschoben werden. Damit kann auch gezielt auf einzelne Bits zugegriffen werden. Die folgende Rechenvorschrift beschreibt den Rotationsshift. Der Betrag des Parameters cut spezifiziert die Anzahl der Linksverschiebungen, falls cut $\geq$ 0, beziehungsweise die Anzahl der Rechtsverschiebungen, falls cut $\leq$ 0.

fct rot_shift = (**nat** cut, [0:31] **array bit** srx) [0:31] **array bit**:
   if cut = 0   **then** srx
   elif cut > 0   **then** rot_shift(cut−1, left(srx, srx[0]))
                else rot_shift(cut+1, right(srx, srx[31]))
   fi

Durch Rotationsshifts lassen sich die einzelnen Bits eines Binärwortes manipulieren. Dadurch können wir einfach auf gewisse Teilbits eines Wortes zugreifen.

Beispiel (Wirkung der Shiftbefehle). Gegeben sei das folgende Binärwort in dem Register R1:

	0 1 2 3 4 ...	28 29 30 31
R1	L L O L L ...	L O L O

Ein Shiftbefehl um 1 bewirkt je nach Art die in Tabelle 4.1 angegebene Belegung des Registers R2. ◻

Tabelle 4.1 Wirkung der Shiftbefehle

	0 1 2 3 4 ...	28 29 30 31	
SH I 1, R1, R2	L O L ...	O L O O	
SH I −1, R1, R2	L L L O L ...	L O L	
ROT I 1, R1, R2	L O L ...	L O L O L	
ROT I −1, R1, R2	O L L O L ...	L O L	
SH I 2, R1, R2	O L ...	O L O O O	overflow: V := L

Shiftbefehle gestatten insbesondere das schnelle Verdoppeln und Halbieren von Zahlen in Binärdarstellung, das Ausblenden gewisser Teile eines Binärworts und den gezielten Zugriff auf einzelne Bits. Dies kann in Algorithmen und Programmen zur Steigerung der Effizienz ausgenutzt werden.

Beispiel (Zugriff auf ein Bit durch Shiftbefehle). Wir nehmen an, daß das Binärwort

   $\langle d_0 \dots d_{31} \rangle$,

im Register R1 steht. Mit dem i-ten Bit d_i läßt sich durch folgende Befehlssequenz das gesamte Register vollschreiben.

   ROT I i, R1, R1

   SH I −31, R1, R1 ◻

Die Wirkung der MI-Befehle ist durch die Tabelle 4.2 gegeben. Dabei wird jeweils zuerst der Name des Befehls angegeben, danach gegebenenfalls die zulässigen Kennungen, die Operandenzahl (args) und die Angabe, ob ein Resultat anfällt (durch **L** oder **O**). Dann wird die Wirkung des Befehls durch einen Kommentar und durch Pseudocode beschrieben.

   Die Tabelle 4.2 gibt die Befehle für die MI und deren Wirkung wieder. Dabei geben wir an, welche Operationen auf den Hilfsregistern tmp0, tmp1, tmp2 und dem Prozessorstatusregister der Ausführung der Befehle entsprechen. Die genaue Wirkungsweise der Befehle wird dabei nur im Zusammenhang mit dem Befehlszyklus deutlich. Vor der Ausführung dieser Operationen mit den Hilfsregistern werden im Befehlszyklus, abhängig von der Zahl der Argumente des Befehls (in Spalte args angegeben), die Hilfsregister mit den entsprechenden Werten geladen. Falls ein Resultat zurückgeschrieben werden soll (dies wird durch die Spalte res festgelegt), wird nach Ausführung der Operationen auf dem Hilfsregister im Befehlszyklus die Adresse für das Resultat bestimmt und der Wert des Hilfsregisters temp0 dort hingeschrieben. Ein Befehl mit zwei Argumenten und einem Resultat benötigt demnach drei Operandenspezifikationen.

Tabelle 4.2. Tabelle der Befehle der MI

Symbol	Kennung	args	res	Bedeutung (für Kennung W)
MOVE	{ B | H | W | F | D }	1	L	$tmp0 := tmp1$ $C := C$ $V := O$ $Z := (tmp0 = 0)$ $N := (tmp0 < 0)$
MOVEA		1	L	$tmp0 := adr$ $C := C$ $V := O$ $Z := (tmp0 = 0)$ $N := (tmp0 < 0)$
CLEAR	{ B | H | W | F | D }	0	L	$tmp0 := 0$ $C := C$ $V := O$ $Z := L$ $N := O$
CMP	{ B | H | W | F | D }	2	O	**nop** $C := C$ $V := O$ $Z := (tmp1 = tmp2)$ $N := (tmp1 < tmp2)$
ADD	{ B | H | W | F | D }	2	L	$tmp0 := tmp2 +_2 tmp1$ $C := (\neg tmp1[0] \wedge \neg tmp2[0] \wedge tmp0[0]) \vee$ $\quad (tmp1[0] \wedge tmp2[0] \wedge \neg tmp0[0])$ $V := (\neg tmp1[0] \wedge \neg tmp2[0] \wedge tmp0[0]) \vee$ $\quad (tmp1[0] \wedge tmp2[0] \wedge \neg tmp0[0])$ $Z := (tmp0 = 0)$ $N := (tmp0 < 0)$

	{ B I H I W I F I D }	2	**L**	tmp0 := tmp2 $-_2$ tmp1
				C := (tmp1[0] ∧ ¬tmp2[0] ∧ tmp0[0]) ∨
				    (¬tmp1[0] ∧ tmp2[0] ∧ ¬tmp0[0])
				V := (tmp1[0] ∧ ¬tmp2[0] ∧ tmp0[0]) ∨
				    (¬tmp1[0] ∧ tmp2[0] ∧ ¬tmp0[0])
				Z := (tmp0 = 0)
				N := (tmp0 < 0)

MULT	{ B I H I W I F I D }	2	**L**	tmp0 := (tmp2 $\cdot_2$ tmp1)[32:63] C := **O** V := (tmp2 $\cdot_2$ tmp1)[0:31] ≠ **O...O** ∧ (tmp2 $\cdot_2$ tmp1)[0:31] ≠ **L...L** Z := (tmp0 = 0) N := (tmp0 < 0)
DIV	{ B I H I W I F I D }	2	**L**	**if** tmp1 = 0 ∨ (tmp2 = smallest_integer ∧ tmp1= −1) **then** tmp0 := tmp1 **else** tmp0 := (tmp2 $\div_2$ tmp1) **fi** C := **O** V := (tmp2 = smallest_integer ∧ tmp1 = −1) ∨ tmp1=0 Z := (tmp0 = 0) N := (tmp0 < 0)
AND-NOT	{ B I H I W }	2	**L**	tmp0 := tmp1 ∧ ¬tmp2 C := C V := **O** Z := (tmp0 = 0) N := (tmp0 < 0)
OR	{ B I H I W }	2	**L**	tmp0 := tmp1 ∨ tmp2 C := C V := **O** Z := (tmp0 = 0) N := (tmp0 < 0)
XOR	{ B I H I W }	2	**L**	tmp0 := ¬(tmp1 ⇔ tmp2) C := C V := **O** Z := (tmp0 = 0) N := (tmp0 < 0)
SH		2	**L**	tmp0 := arith_shift(tmp1, tmp2) C := **O** V := **O** Z := (tmp0 = 0) N := (tmp0 < 0)

ROT		2	L	tmp0 := rot_shift(tmp1, tmp2) C := C V := O Z := (tmp0 = 0) N := (tmp0 < 0)
JEQ		1	O	**if** Z **then** R15 := adr **fi**
JLE		1	O	**if** Z ∨ N **then** R15 := adr **fi**
JLT		1	O	**if** N **then** R15 := adr **fi**
JNE		1	O	**if** ¬Z **then** R15 := adr **fi**
JV		1	O	**if** V **then** R15 := adr **fi**
JUMP		1	O	R15 := adr
CALL		1	O	R14 := R14 – 4; put(W, R14, R15); R15 := adr
RET		0	O	fetch(W, R14, R15) R14 := R14 + 4

Die Wirkung der Befehle **CALL** und **RET** besprechen wir im Zusammenhang mit Unterprogrammtechniken.

Auf der realen VAX Architektur gibt es für manche der aufgeführten Befehle Versionen, bei denen eine Operandenspezifikation für ein Argument im Sinne eines transienten Parameters auch als Operandenspezifikation für das Resultat verwendet wird. Dies spart die Verdopplung der Adreßrechnung bei Befehlen wie etwa

ADD W I 1, R3, R3

indem wir stattdessen

ADD W I 1, R3

schreiben. Gewisse arithmetische und logische Befehle dürfen in diesem Sinn auch mit nur einem Operanden aufgerufen werden. Dann wird das Resultat als zweiter Operand im Sinne eines transienten Parameters verwendet.

Spezielle Ein-/Ausgabebefehle sind nicht nötigt, da wir eine Ein-/Ausgabe unterstellen, bei der die E/A-Prozessoren bestimmte Speicherbereiche auf die Ein- und Ausgabemedien übertragen. Es ist in Programmen lediglich nötig, Aufträge an diese E/A-Prozessoren abzusetzen. Wir behandeln dies in Teil III.

4.1.3 Einfache Maschinenprogramme

Im folgenden geben wir eine Reihe einfacher Maschinenprogramme für die hypothetische Maschine MI an. Hierbei ist bedeutsam, daß die Programme im Speicher abgelegt sind, und die Daten, mit denen die Programme arbeiten, ebenfalls im Speicher stehen. Dies erfordert eine angemessene Organisation des Speichers durch Aufteilung in entsprechende Speicherbereiche. Typischerweise unterscheiden wir Speicherbereiche für das Programm selbst, für die Daten und für das System (Betriebssystem).

Häufig wird in Programmen nicht auf den wirklichen Adressen des Speichers gearbeitet, sondern auf einer größeren Menge von gedachten Adressen. Wir sprechen
von *virtuellen Adressen*. Diesen virtuellen Adressen werden dann beim Ablauf eines
Programms konkrete Adressen zugeordneten. Eine genauere Erklärung des Konzepts
des virtuellen Speichers geben wir in Teil III. Ein Beispiel für die Organisation des
Speichers der MI ist durch das in Abb. 4.1 dargestellte Schema gegeben.

Virtuelle Adresse	Virtueller Adreßraum	
0000 0000	Reserviert	Benutzer-Bereich
0000 0400 ⋮ 3FFF FFF	**P0 Programm-Bereich**	
4000 0000 ⋮ 7FFF FFFF	**P1 Kontroll-Bereich** (Stack)	
8000 0000 ⋮ BFFF FFFF	**Systembereich**	System-Bereich
C000 0000 ⋮ FFFF FFFF	**Reserviert** (für Systemprogramme von DEC)	

Abb. 4.1. Virtueller Adreßraum der MI

Diese Organisation des Speichers hat den Vorteil, daß der unberechtigte oder unbeabsichtigte Zugriff aus Anwenderprogrammen auf Speicherbereiche, auf die aufgrund
der Systemstruktur kein Zugriff erlaubt ist, durch das Betriebssystem einfach überwacht werden kann.

Das Arbeiten mit absoluten oder relativen Sprungadressen ist umständlich und
fehleranfällig. Im folgenden geben wir deshalb die Programme bereits mit *symbolischen Sprungadressen* an. Symbolische Sprungadressen sind wie Marken in Programmen mit Sprüngen. Dies erspart das Abzählen von Befehlen.

Beispiel (Maschinenprogramme für die MI).
(1) Berechnen des Maximums zweier Zahlen mit Ablegen in R0
Gesucht ist ein Maschinenprogramm für die MI, das folgende Zuweisung realisiert:

$$R0 := max(val(memo(W, R1)), val(memo(W, R2)))$$

Die Adressen der Speicherzellen mit den zu vergleichenden Zahlen stehen in R1 und
R2, das Resultat kommt nach R0. Das Programm verwendet einen Vergleichsbefehl
zur Ermittlung des Maximums und Sprünge zum Ansteuern der unterschiedlichen
Fälle:

Adresse	Befehle	Bedeutung
	CMP W ! R1, ! R2	tmp1 := val(memo(W, R1))
		tmp2 := val(memo(W, R2))
		C := C
		V := O
		Z := (tmp1 = tmp2)
		N := (tmp1 < tmp2)
	JLE max2	**if** Z ∨ N **then goto** max2 **fi**
	MOVE W ! R1, R0	R0 := val(memo(W, R1))
	JUMP ende	**goto** ende
max2:	**MOVE** W ! R2, R0	R0 := val(memo(W, R2))
ende:		

Wir können auch mit nur einem Sprung auskommen. Dies ist im folgenden Programm demonstriert:

Adresse	Befehle	Bedeutung
	MOVE W ! R2, R0	R0 := val(memo(W, R2))
	CMP W ! R1, ! R2	tmp1 := val(memo(W, R1))
		tmp2 := val(memo(W, R2))
		C := C
		V := O
		Z := (tmp1 = tmp2)
		N := (tmp1 < tmp2)
	JLE ende	**if** Z ∨ N **then goto** ende **fi**
	MOVE W ! R1, R0	R0 := val(memo(W, R1))
ende:		

Man beachte, daß die Befehle des Programms unter bestimmten Adressen im Speicher stehen und die speziellen Adressen von der Größe des Platzbedarfs der einzelnen Befehle abhängen.

(2) Durchsuchen eines Speicherabschnitts

Aufgabe: Man durchsuche den Speicher von Adresse R0 bis Adresse R1 (wir nehmen an, daß der Inhalt von R0 kleiner ist oder höchstens gleich dem Inhalt von R1) nach dem Wert, der im Register R2 steht, und schreibe die Adresse der Speicherzelle, in der der Wert steht, nach R3. Falls der Wert nicht gefunden wird, schreibe 0 nach R3.

Adresse	Befehle	Bedeutung
	MOVE W R0, R3	Initialisieren R3
suche:	**CMP** W !R3, R2	Vergleich
	JEQ ende	Sprung auf ende, falls Wert gefunden
	ADD W I 4, R3	Hochzählen R3
	CMP W R3, R1	Vergleich, ob Abschnittsende erreicht
	JLE suche	Springe, falls Ende nicht erreicht
	CLEAR W R3	Setze R3 auf 0 (kein Wert gefunden)
ende:		

(3) Sortieren eines Speicherbereichs

Aufgabe: Man sortiere die Bytes im Speicherbereich zwischen R0 und R1 aufsteigend. Die Benutzung von Registern R2 ... R11 als Hilfszellen ist erlaubt.

Wir verwenden das Prinzip des Bubblesorts in einer einfachen Form, wie es durch folgendes zuweisungsorientiertes Programm wiedergegeben wird:

```
R2 := R0;
while R2 < R1
do  if M[R2] > M[R2+1]  then   M[R2], M[R2+1] := M[R2+1], M[R2];
                               if R0 < R2 then R2 := R2-1 fi
                        else   R2 := R2+1
    fi
od
```

Dieses Programm setzen wir in folgendes Programm mit Sprungbefehlen um, das bereits näher an einem Programm für die hypothetische Maschine MI ist. Dabei werden insbesondere alle zusammengesetzten Anweisungen, wie die bedingte Anweisung und die Wiederholungsanweisung, mit der Hilfe von Sprüngen in atomare Anweisungen aufgelöst.

```
            R2 := R0;
m_while:    if R1 ≤ R2 then goto ende;
            R3 := R2;
            R3 := R3+1;
            if M[R2] > M[R3] then goto m_then;
            R2 := R3;
            goto while;
m_then:     R4[24:31] := M[R2];
            M[R2] := M[R3];
            M[R3] := R4[24:31];
            if R0 = R2 then goto m_while fi;
            R2 := R2-1;
            goto m_while;
ende:
```

Dieses Programm entspricht durch die einfache Form der verwendeten Anweisungen bereits weitgehend einem Maschinenprogramm. Durch Umschreiben der Befehle in Maschinenbefehle der MI erhalten wir nachstehendes MI-Maschinenprogramm.

Adresse	Befehle	Bedeutung
	MOVE W R0, R2	Initialisieren R2
while:	**CMP** W R1, R2	Vergleich, ob Ende erreicht
	JLE ende	Springe auf Ende, falls Vergleich positiv
	MOVE W R2, R3	Besetzen R3
	ADD W I 1, R3, R3	Hochzählen R3
	CMP B ! R3, ! R2	Vergleich, ob falsche Ordnung
	JLT then	Springe, falls Vergleich positiv
	MOVE W R3, R2	Hochzählen R2
	JUMP while	Rücksprung auf **while**-Anfang

then:	**MOVE B** !R2, R4	Umspeichern M[R2]
	MOVE B !R3, !R2	Besetzen M[R2]
	MOVE B R4, !R3	Besetzen M[R3]
	CMP W R0, R2	Vergleich
	JEQ while	Springe, wenn R2 = R0
	SUB W I 1, R2	Runterzählen R2
	JMP while	Springe auf Anfang
ende:		

(4) Ein Programm zur Berechnung der Fakultätsfunktion
Das Programm

$$r := 1; \text{ res} := 1; \textbf{while } r \leq a \textbf{ do } \text{res}, r := \text{res} \cdot r, r + 1 \textbf{ od}$$

berechnet a! auf der Programmvariablen res. Es kann in folgende Sequenz von Maschinenbefehlen umgesetzt werden. Sei die Zahl a in der Speicherzelle, auf die R0 verweist, gegeben. Das Resultat steht schließlich in R2.

Adresse	Befehle	Bedeutung
	MOVE W I 1, R1	Initialisieren R1
	MOVE W I 1, R2	Initialisieren R2
while:	**CMP W** R1, ! R0	Vergleich R1, M[R0]
	JLE then	Springe auf then, falls R1 ≤ M[R0]
	JUMP ende	Springe auf Ende
then:	**MULT W** R1, R2, R2	Aufmultiplizieren
	ADD W I 1, R1, R1	Hochzählen R1
	JUMP while	
ende:		

An diesen einfachen, kurzen Beispielen erkennen wir bereits, wie umständlich, fehleranfällig und aufwendig die maschinennahe Programmierung selbst für einfachste Aufgabenstellungen ist. Dabei ist durch die Verwendung symbolischer Sprungadressen die Lesbarkeit schon deutlich verbessert. Verwendet man fortlaufende Adressen für die Anweisungen, um Sprungziele zu markieren, und eine Binärschreibweise für Befehle, so ist das Programm gänzlich unlesbar. Man ist bestrebt, auch auf Maschinenebene komfortable und lesbare Programmnotationen zur Verfügung zu haben.

4.1.4 Assemblersprachen

Assemblersprachen entstehen durch geringfügige Erweiterungen reiner Maschinensprachen. Die Umsetzung von Assemblerprogrammen in Maschinenprogramme ist allgemein durch ein Programm, genannt *Assemblierer* (engl. *Assembler*), möglich.

Assemblersprachen enthalten gegenüber reinen Maschinensprachen folgende zusätzlichen Elemente:

- mehrfache Marken (mehrere Marken für einen Befehl),
- eingeschränkte arithmetische Ausdrücke,

- direkte Aufschreibung von Konstanten (direkte Operanden, für die MI bereits auf Maschinenbefehlsebene vorhanden),
- symbolische Adressierung,
- Segmentierung (Gültigkeitsbereiche für Namen),
- Definition und Einsetzung von Substitutionstexten (Makrotechniken).

Assemblerprogramme finden sich häufig in der systemnahen Programmierung, da dort auf die spezielle Hardwarestruktur durchgegriffen werden muß. Wir kommen auf das Thema systemnahe Programmierung in Teil III zurück.

Im folgenden verwenden wir MI-Programme mit symbolischen Adressen für Operanden neben den bereits bisher benutzten symbolischen Sprungadressen.

Beispiel (Syntax einer einfachen Assemblersprache). Die folgende BNF-Syntax beschreibt eine einfache Assemblersprache.

$$\langle\text{assembler program}\rangle ::= \{ \{ \text{newline} \}^* \{\langle\text{marke}\rangle\}^* \langle\text{command}\rangle \{ \text{newline}\}^+ \}^*$$
$$Z \{ \text{newline}\}^*$$

⟨marke⟩	::=	⟨name⟩:
⟨name⟩	::=	⟨letter⟩ ⟨char⟩*
⟨command⟩	::=	⟨instruction-part⟩ {⟨name⟩	⟨op-part⟩}$_0^4$

Hier steht newline für den Zeilenvorschub. Das Zeichen Z zeigt das Programmende an. In dieser Sprache lassen sich insbesondere Identifikatoren („symbolische Adressen") als Operandenspezifikationen verwenden.   ☐

Die typische Eigenheit von Assemblerprogrammen im Gegensatz zu allgemeinen imperativen Sprachen besteht darin, daß sie in jedem Befehl nur auf eine eingeschränkte Zahl von Operanden Bezug nehmen.

4.1.5 Einadreßform und Mehradreßform

In Maschinenbefehlen tritt nur eine kleine Zahl von Operanden auf. Im Extremfall sehr eingeschränkter Befehlsformate bezieht sich ein Befehl auf höchstens eine (symbolische) Adresse und den Inhalt immer des gleichen Registers, genannt Akkumulator. Dann braucht im Befehl nur die eine Adresse aufgeführt werden. In Bezug auf die MI kann eines der Register R0 bis R13 als Akkumulator angesehen werden. Allerdings abstrahieren wir von den konkreten Adressen und berücksichtigen nicht, daß auch das Programm im Speicher steht. Seien a, b, c, ... symbolische Adressen und h[1], h[2], h[3], ..., Hilfsvariable im Speicher, die später durch einen Keller dargestellt werden. Wir beginnen mit der *Dreiadreßform*, deren Syntax in BNF wie folgt beschrieben ist.

$$\langle\text{befehl}\rangle ::= \langle\text{register}\rangle := [\; \langle\text{operand}\rangle \; |$$
$$- \langle\text{operand}\rangle \; |$$
$$AC \; |$$
$$\langle\text{operand}\rangle \; \langle\text{operator}\rangle \; \langle\text{operand}\rangle \;] \; |$$
$$\textbf{if} \; \langle\text{bedingung}\rangle \; \textbf{then goto} \; \langle\text{marke}\rangle \; \textbf{fi} \; |$$
$$\textbf{skip}$$

⟨befehlsfolge⟩ :: = {{⟨marke⟩ : }* ⟨befehl⟩}*

⟨operand⟩   :: = ⟨konstante⟩ |
                    AC | h[1] | h[2] | ...
                    a | b | c | ...

⟨bedingung⟩   :: = ⟨register⟩ = 0 | ⟨register⟩ ≠ 0 | ⟨register⟩ < 0 | ⟨register⟩ ≤ 0

⟨operator⟩   :: = {+, −, ·, ... }

⟨register⟩   :: = AC | ...

Treten in den Befehlen eines Programms außer dem Register AC höchstens ein
Operand und ein Operator auf, so sprechen wir von *Einadreßform.*

Beispiel (Berechnung der Fakultät a! in Einadreßform). Das folgende Programm berechnet die Fakultät zu der in a gegebenen Zahl in Einadreßform.

	AC := 1
	r := AC
	AC := a
while:	**if** AC = 0 **then goto** ende **fi**
	r := AC · r
	AC := (−1)+AC
	goto while
ende:	**skip** □

Eine Umsetzung der Einadreßform in Maschinenbefehlsform beziehungsweise in Assemblersprachen ist trivial. Wir arbeiten mit folgenden Befehlsmustern:

AC := a oder AC := h[1]   *Laden des Akku*

AC := a+AC oder AC := h[1]·AC   *Ausführen einer Operation*

a := AC oder h[1] := AC   *Abspeichern von Zwischenergebnissen*

In der etwas bequemeren Schreibweise der *Dreiadreßform* sind neben der Schreibweise der Einadreßform auch Zuweisungen der Form

⟨register⟩: = ⟨operand⟩ ⟨operator⟩ ⟨operand⟩

zugelassen. Daneben betrachten wir häufig auch Befehle der Form

⟨register⟩: = ⟨operator⟩ ⟨operand⟩

und sprechen von *Zweiadreßform.*

   Wir können Befehle in Zwei- und Dreiadreßform problemlos in Befehle in Einadreßform umsetzen. Aus dem Befehl

a := b ρ c

wird dann die Folge

AC := b

AC := AC ρ c

a := AC

In der Dreiadreßform ist es, verglichen mit der Einadreßform, möglich, Programme einfacher und etwas lesbarer zu schreiben.

Die Maschine MI stellt bereits auf der Ebene der Maschinenbefehle eine Dreiadreßform zur Verfügung. Dies erleichtert die Maschinenprogrammierung im Verhältnis zu Maschinen, die nur eine Einadreßform zulassen, beträchtlich.

4.1.6 Einfache Unterprogrammtechniken

Wird eine Folge von Befehlen mehrfach in einem Programmtext benötigt, so ist es zweckmäßig, die gleiche Befehlsfolge nicht mehrfach aufzuschreiben, sondern von verschiedenen Stellen im Programm aus zu benutzen. Wir sprechen von einem *Unterprogramm*. In höheren Programmiersprachen entsprechen Unterprogramme Prozeduren. Die „Ansteuerung eines Unterprogramms" (analog zum Aufruf einer Prozedur) geschieht über einen *Ansprung* des Unterprogramms und einen *Rücksprung* in das aufrufende Programm nach Beendigung des Unterprogramms. Es muß also für den Aufruf die *Ansprungadresse* bekannt sein und für den Rücksprung die *Rücksprungadresse* mit eingebracht werden.

Beim Springen in Unterprogramme müssen somit allgemein folgende Daten übergeben werden:

- die Rücksprungadresse,
- die Parameter.

Die Übergabe geschieht, technisch gesehen, durch das Abspeichern der benötigten Informationen an verabredeten Stellen im Speicher oder in den Registern. Wir unterscheiden folgende Techniken der Übergabe von Parametern und Rücksprungadresse:

- Übergabe durch Ablegen im Keller (in der Regel gibt es im Speicher einen speziellen Keller zur Ablage der Zwischenresultate, wir kommen darauf in Abschnitt 4.2.8 zurück),
- Übergabe durch Abspeichern in bestimmten Registern,
- Abspeichern in bestimmte Speicherzellen im Unter- oder im Hauptprogramm.

Beim Rücksprung sind gegebenenfalls gewisse Resultate zu übergeben. Für Resultate bestehen die gleichen Möglichkeiten der Übergabe wie für Parameter.

Ein Programmstück heißt *geschlossenes Unterprogramm*, wenn es über eine Adresse, genannt *Anfangsadresse* angesprungen wird *(Unterprogrammaufruf)*, und nach der Ausführung gewisser Befehle durch einen *Rücksprung* zu der Adresse, die auf den Unterprogrammaufruf folgt (genannt *Rückkehradresse*), abgeschlossen wird. Ein Unterprogramm heißt *rekursiv*, wenn im Unterprogramm selbst ein Aufruf des Unterprogramms auftritt. Unterprogramme werden in Maschinenprogrammen realisiert, indem wir auf den Anfang des Programmabschnitts springen, der das Unterprogramm darstellt, vorher jedoch noch die Rücksprungadresse retten. Dazu werden im Befehlsvorrat der Beispielmaschine MI die folgenden speziellen Befehle zur Verfügung gestellt.

CALL speichert den momentanen Stand des Befehlszählers (die Rückkehradresse) im „Keller" ab und setzt dann den Befehlszähler auf die angegebene Adresse des Unterprogramms (Kombination von **MOVE** und **JUMP**),

RET   holt die Rückkehradresse aus dem Keller, setzt den Befehlszähler um und den Keller zurück.

Besondere Sorgfalt ist bei rekursiven Prozeduren geboten. Sie erfordern eine kellerartige Verwaltung von Parametern und Rückkehradressen.

Ein genau festgelegtes Schema der Übergabe der Parameter, Rückkehradressen und Resultate ist angeraten, um Fehler und Mißverständnisse bei der Programmierung mit Unterprogrammen zu vermeiden. Im Unterprogramm kann dann entsprechend der Verabredung auf die erforderlichen Informationen zurückgegriffen werden.

Beispiel (Ein nichtrekursives Unterprogramm zum Berechnen der Fakultät). Die Übergabe des Parameters erfolgt im Register R0. Wir nehmen an, daß die Anfangsadresse des Unterprogramms fac ist. Das Register R1 darf vom Unterprogramm überschrieben werden. Das Resultat stehe in Register R2. Wir verwenden folgendes Schema für Unterprogrammaufrufe:

Der Aufruf hat folgende Gestalt:

MOVE W ..., R0	Argument setzen
CALL fac	Aufruf
MOVE W R2, ...	Resultat abspeichern

Das Unterprogramm selbst hat folgende Gestalt:

fac:	**MOVE W I 1, R1**	Initialisieren R1
	MOVE W I 1, R2	Initialisieren R2
while:	**CMP W R1, R0**	Vergleich R0, R1
	JLE then	Springe auf then, falls $R1 \leq R0$
	JUMP ende	Springe auf Ende
then:	**MULT W R1, R2, R2**	Aufmultiplizieren
	ADD W I 1, R1, R1	Hochzählen R1
	JUMP while	Springe auf Anfang der Schleife
ende:	**RET**	Rücksprung

Neben der Technik des geschlossenen Unterprogramms, das durch Anspringen und Rücksprung zur Ausführung kommt, wird auch der *offene Einbau* von Unterprogrammen verwendet. Dabei wird der Programmtext, der das Unterprogramm bildet, an die entsprechende Stelle im Programmtext einkopiert. Allerdings kann es dabei nötig sein, gewisse Adressen im offenen Unterprogramm den Erfordernissen des Programms anzupassen (sie zu *fixieren*). Wir sprechen bei dieser Technik von *offenen Unterprogrammen* und von *Makroaufrufen*.

Soll in Unterprogrammen mit Parametern (beziehungsweise Resultaten) gearbeitet werden, so erfolgt die Übergabe von Parametern (und Resultaten) zweckmäßigerweise nach einheitlichen Konventionen. Vor dem Aufruf werden die Parameter an einer bestimmten, vereinbarten Stelle (beispielsweise auf dem Stack, in bestimmten Registern, in bestimmten Speicherabschnitten) abgelegt, wo sie bei der Abarbeitung des Unterprogramms verwendet werden können. Für Resultate des Unterprogramms gilt analoges. Soll eine große Anzahl von Parametern in Unterprogrammen verwendet werden, so ist es angezeigt, die Werte nicht in den Keller abzulegen, sondern mit indirekter Adressierung oder Indexierung zu arbeiten. Nicht die Parameter werden übergeben, sondern deren Adressen. Die Übergabe der Parameter durch Übergabe der Adressen erfolgt wieder nach der vereinbarten Konvention.

Verändern Unterprogramme im Lauf ihrer Ausführung die Inhalte von Registern, so müssen im Programm vor dem Aufruf des Unterprogramms die aktuellen Inhalte dieser Register – zumindest, wenn später benötigt – gerettet und nach dem Aufruf zurückgeschrieben werden. Da wir mit einer möglichst schematischen Konvention für Unterprogrammaufrufe arbeiten wollen, gehen wir davon aus, daß alle Registerinhalte des Rechnerkerns gerettet werden müssen. Dann kann in Unterprogrammen ohne Einschränkungen auf den Registern gearbeitet werden.

Auf der MI sind spezielle Befehle für das Retten und das Wiederherstellen der Registerinhalte vorgegeben. Der Befehl

PUSHR

bewirkt, daß die Inhalte der Register R14, ..., R0 in dieser Reihenfolge auf dem Keller abgelegt werden. Die Werte der Register ändern sich dadurch nicht. Man beachte, daß jeder Registerinhalt 4 Byte und damit 4 Speicherplätze benötigt. Der Pegel des Kellers wird also um die Zahl 60 verringert. Man beachte, daß der Keller vom Ende des für ihn vorgesehenen Speicherabschnitts nach vorne wächst und somit der Kellerpegel beim Ablegen von Daten im Keller herabgezählt wird. Damit entspricht der Befehl **PUSHR** der Befehlssequenz:

    SUB W I 4, R14
    MOVE W R14, !R14
    SUB W I 4, R14
    MOVE W R13, !R14

    ...

    SUB W I 4, R14
    MOVE W R1, !R14
    SUB W I 4, R14
    MOVE W R0, !R14

Der Befehl

POPR

bewirkt umgekehrt, daß die Register R0, ..., R14 aus dem Keller geladen (restauriert) werden, und der Kellerpegel entsprechend zurückgesetzt wird. Damit entspricht der Befehl **POPR** der Befehlssequenz:

    MOVE W !R14, R0
    ADD W I 4, R14
    MOVE W !R14, R1
    ADD W I 4, R14

    ...

    MOVE W !R14, R13

ADD W I 4, R14
MOVE W !R14, R14
ADD W I 4, R14

Durch diese Befehle können wir die Registerinhalte (bis auf den Befehlszähler) retten und wieder restaurieren.

Ratsam ist es, in einem Maschinenprogramm die Parameterübergabe konsequent stets nach einer genau festgelegten einheitlichen Konvention durchzuführen. Für die Parameterübergabe empfiehlt sich folgende *Standardschnittstelle* für Unterprogramme:

- Im aufrufenden Programm werden die Parameter in der Reihenfolge p_n, ..., p_1 im Keller abgelegt. Ist ein Ergebnis zu erwarten, so wird für einen fiktiven n+1-ten Parameter Speicherplatz im Keller freigehalten. Dann erfolgt der Aufruf des Unterprogramms durch den Befehl **CALL**.

- Im Unterprogramm wird der Rechnerkernzustand durch Aufruf des Befehls **PUSHR** gesichert. Der so erreichte Kellerpegel wird in R13 gesichert. R13 dient als Basisadresse für im Keller abgelegte lokale Variable des Unterprogramms. In das Register R12 tragen wir die Basisadresse für die Parameter ein. Bei Rückkehr aus dem Unterprogramm wird diese Basisadresse verwendet, um den Kellerpegel wieder auf den alten Stand zu setzen. Durch Ausführung des Befehls **POPR** wird der alte Registerzustand wiederhergestellt. Dann erfolgt der Rücksprung durch die Ausführung des Befehls **RET**.

- Nach dem Rücksprung wird im aufrufenden Programm der Keller um die Parametereinträge zurückgesetzt. Ein etwaiges Resultat ist anschließend das erste Kellerelement.

Die im Keller abgelegten Parameterwerte heißen der *Versorgungsblock* des Unterprogramms.

Die beschriebene Standardschnittstelle entspricht den folgenden zwei schematischen Programmstücken für den Aufruf Hauptprogramm und die Abhandlung des Aufrufs und der Rückkehr im Unterprogramm. Sei dabei k_i die Kennung des Parameters p_i (oder eines etwaigen Resultats) und s die Summe der Wortlängen $wl(k_i)$ dividiert durch 8:

Aufruf:

MOVE k_n p_n, –!SP	Parameter p_n setzen (gegebenenfalls Platz für das Resultat lassen)
...	
MOVE k_1 p_1, –!SP	Parameter p_1 setzen
CALL up	Aufruf
ADD W I s, SP	Keller um Parameterlänge zurücksetzen
...	Gegebenenfalls Resultat abspeichern

Unterprogramm:

up:	PUSHR	Register retten
	MOVE W SP, R13	Kellerpegel in R13
	MOVEA 64+!R13, R12	Basisadresse für Parameterwerte
	...	
	MOVE W R13, SP	Kellerpegel wiederherstellen
	POPR	Register wiederherstellen
	RET	Rücksprung

Ein konkrete Verwendung dieser Standardschnittstelle für Unterprogramme wird im folgenden Beispiel gezeigt.

Beispiel (Standardschnittstelle für Unterprogramme). Am Beispiel der Funktion ggT (größter gemeinsamer Teiler) demonstrieren wir die Standardschnittstelle für Unterprogrammaufrufe. Der Aufruf des Unterprogramms ggT hat folgende Form:

MOVE W I 0, –!SP	Platz für Resultat
MOVE W ..., –!SP	Parameter 2 setzen
MOVE W ..., –!SP	Parameter 1 setzen
CALL ggT	Aufruf
ADD W I 8, SP	Keller um Parameterlänge zurücksetzen
MOVE W !SP+, ...	Resultat abspeichern

Das Unterprogramm besteht aus folgender Befehlsfolge. Bewußt ist das Unterprogramm rekursiv gewählt, um erneut die Befehlsfolge für den Aufruf zu demonstrieren.

Unterprogramm:

ggT:	PUSHR	Register retten
	MOVE W SP, R13	Kellerpegel in R13
	MOVEA 64+!R13, R12	Basisadresse für Parameterwerte
if:	CMP W 4+!R12 !R12	Vergleiche Operanden
	JNE else	Springe, falls ungleich
then:	MOVE W !R12, 8+!R12	Abspeichern Resultat
	JUMP rück	Rücksprung
else:	JLT op1lop2	Springe, falls Operand1 < Operand2
	SUB W 4+!R12, !R12	Subtrahiere Operanden
	JUMP reccall	Sprung auf rekursiven Aufruf
op1lop2:	SUB W 4+!R12, !R12	Par 1 von Par 2 abziehen
reccall:	MOVE W I 0, –!SP	Platz für Ergebnis auf Stack
	MOVE W !R12, –!SP	Par 2 auf Stack
	MOVE W 4+!R12, –!SP	Par 1 auf Stack
	CALL ggT	rekursiver Aufruf
	ADD W I 8, SP	Keller um Parameterlänge zurücksetzen
	MOVE W !SP+, 8+!R12	Ergebnis durchreichen
rück:	MOVE W R13, SP	Kellerpegel wiederherstellen
	POPR	Register wiederherstellen
	RET	Rücksprung

Gerade bei den rekursiven Aufrufen ist wichtig, daß nach Abarbeitung eines Aufrufs bis auf den Befehlszähler und das Resultat im Keller der alte Zustand der Maschine wieder hergestellt ist.   □

Die angegebene Standardschnittstelle bewältigt auch rekursive Aufrufe. Beim Vorliegen repetitiver Rekursion kann Speicher im Keller gespart werden, indem die Parameter überschrieben, beziehungsweise Rücksprungadressen der rekursiven Aufrufe nicht abgespeichert werden.

4.2 Adressiertechniken und Speicherverwaltung

Bei der Umsetzung von problemnahen Programmen in maschinennahe Programme bilden die Darstellung von Datenstrukturen, die Behandlung von Programmvariablen und die Verwaltung des Speichers wichtige Aspekte. Bereits im vorangegangenen Abschnitt haben wir Fragen der Speicherverwaltung im Zusammenhang mit Unterprogrammen, insbesondere auch im Zusammenhang mit Rekursion angeschnitten. Bei der Einführung der Maschinenbefehle haben wir die Adressiermöglichkeiten beschrieben. Nun wenden wir uns den Fragen der Adressierung, der Darstellung von Datenstrukturen und Speicherverwaltung im Zusammenhang mit maschinennaher Programmierung zu. Zunächst geben wir eine Übersicht über die zur Verfügung stehenden Adressiertechniken.

Ein Operand ist in einem Befehl durch eine Operandenspezifikation gegeben. Diese bezeichnet ein Register oder eine Speicherzelle (beziehungsweise bis zu 4 aufeinanderfolgende Speicherzellen zur Aufnahme eines Binärworts der Länge 32). Damit ist sowohl ein Speicherplatz, wie auch ein Wert (der Inhalt des entsprechenden Registers oder der entsprechenden Speicherzelle) gegeben.

4.2.1 Konstante

In der Maschine MI können Konstante in der Form von Binärwörtern, im Falle von Zahlen durch Binärwörter der Länge 32 in 2-Komplement-Darstellung, unmittelbar als Operanden angegeben werden. Wir schreiben

I LO ... LOL

oder bequemer statt Binärschreibweise Zahlen in Dezimal- oder Hexadezimalschreibweise. Technisch bedeutet das, da das Programm bei Ausführung des Befehls im Speicher steht, daß über den Befehlszähler (das heißt, das Register R15) auf die entsprechende Speicherzelle zugegriffen wird. Der Befehlszähler hält damit zu Beginn der Adreßrechnung die Adresse des Operanden. Haben Rechenmaschinen feste Befehlswortlängen, so ist es häufig nicht möglich, Konstanten direkt in Befehlen anzugeben. Sie müssen dann in gesonderten Speicherbereichen abgelegt und jeweils entsprechend über Adressen angesteuert werden.

Bei Maschinensprachen mit starrem Befehlsformat macht die Angabe von Konstanten in Befehlen auf Grund ihres Platzbedarfs oft Probleme.

4.2.2 Operandenversorgung über Register

Besonders effizient kann auf Operanden zugegriffen werden, die in Registern stehen. Die Operandenspezifikation

Rn

mit $0 \leq n \leq 15$ gibt an, daß der Befehl mit dem Register n auszuführen ist. Das Register n ist somit der Operand.

4.2.3 Absolute Adressierung

In absolut adressierten Programmen werden entsprechend dem Befehlszyklus in den Operandenspezifikationen die absoluten Adressen der Speicherzellen angegeben, mit denen operiert werden soll. Technisch wird dies erreicht, indem wir das Wort im Speicher, das über den Befehlszähler angesteuert wird als Adresse für den Operanden auffassen. Der Operand ist die Speicherzelle deren Adresse im Speicher unter der Adresse angegeben ist, auf die der Befehlszähler zeigt. Wir schreiben in der Operandenspezifikation die Adresse (in Binär-, Dezimal- oder Hexadezimaldarstellung) für die absolute Adressierung.

Insbesondere gilt dies auch für Sprungbefehle. Der Programmierer muß also genaue Kenntnis von der absoluten Lage seines Programms im Speicher der Maschine haben. Ein Verschieben des Programms im Speicher ist im allgemeinen unmöglich, ohne daß Adressen im Programm geändert werden müssen.

4.2.4 Relative Adressierung

Allgemein ist es sehr unbequem und unfexibel mit absoluter Adressierung zu arbeiten. Geringfügige Modifikationen im Programm, die zu gewissen Adreßverschiebungen führen können, erfordern unter Umständen weitreichende, fehleranfällige Änderungen in den in Befehlen verwendeten Adressen im Programm. Wir benutzen deshalb besser Techniken der relativen Adressierung; dabei werden alle im Programm angegebenen Adressen relativ zu einer beliebig über eines der Register vorgegebenen, absoluten Adresse verstanden.

Eine relative Adresse r bezieht sich auf eine beliebig vorgebbare absolute Adresse t. Wir erhalten eine absolute Adresse durch Addition von t und r. Man beachte, daß die Addition von absoluten Adressen keinen Sinn ergibt. Ein Maschinenprogramm heißt *relativ adressiert*, wenn

- es keine Adreßteile beziehungsweise zur Verwendung in Adreßteilen vorgesehene Operandenteile enthält, welche auf eine bestimmte absolute Speicherlage des Programms Bezug nehmen.

Zusätzlich ist es von Vorteil, wenn sämtliche relativen Adressen einfach zu erkennen sind; für die MI ist das dadurch gegeben, daß entsprechende Operandenspezifikationen verwendet werden. Durch einen Übersetzungsvorgang kann ein relativ adressiertes Programm in ein absolut adressiertes Programm verwandelt („*fixiert*") werden. Wir sprechen bei einem Programm, das diese Umsetzung vornimmt, von einem *Fixierer*.

In der Maschine MI wird relativ zu einer über ein Register angegebenen Adresse adressiert, indem wir

i + ! R n

schreiben. Dadurch wird als Operand diejenige Speicherzelle genommen, die wir erhalten, indem wir zu i den Inhalt des Registers Rn hinzuzählen. Techniken der relativen Adressierung sind insbesondere bei der maschinennahen Realisierung von Feldern nützlich.

4.2.5 Indexierung und Linearisierung von Feldern

Felder, wie sie in höheren Programmiersprachen auftreten, lassen sich durch eine Folge von hintereinanderliegenden Speicherzellen im Speicher darstellen. Wir betrachten ein eindimensionales Feld der Form

[n:m] **array m** a

wobei wir annehmen, daß die Objekte der Sorte **m** genau einen Speicherplatz benötigen. Im Speicher stellen wir das Feld am einfachsten durch einen Block aufeinanderfolgender Speicherzellen dar. Wir verwenden dabei das Konzept der relativen Adressierung mit Indexierung. Tabelle 4.3 zeigt ein Beispiel für die Adressierung von Feldelementen.

Tabelle 4.3. Tabelle der Speicherbelegung durch das Feld a

Speicherzelle	Inhalt	Kommentar
2001	$2001-n+1$	fiktive Adresse a_0 von a[0]
2002	a[n]	
2003	a[n+1]	
2004	...	

Die absolute Adresse der Feldkomponente a[k] beträgt also a_0+k. Man beachte, daß bei dieser Technik eine Überwachung der Einhaltung der Feldgrenzen schwierig ist. Soll das Einhalten der Feldgrenzen kontrolliert werden, so ist es zweckmäßig, auch die Feldgrenzen mit abzuspeichern.

Sei in R0 die fiktive Anfangsadresse des Feldes und in R1 der Index abgelegt. Wir können auf die Einträge über Operandenspezifikationen der Form

! R0 / R1 /

zugreifen.

Mehrstufige (mehrdimensionale) Felder der Form (es gelte $n_i \leq m_i$ für $1 \leq i \leq k$)

$[n_1 : m_1, ..., n_k : m_k]$ **array s** a

können wir ebenfalls durch Linearisieren in im Speicher aufeinanderfolgenden Zellen abspeichern. Zusätzlich zu der fiktiven Anfangsadresse a_0 werden die Feldspannen s_i (bis auf die letzte) abgespeichert. Tabelle 4.4 zeigt die Speicherbelegung des mehrdimensionalen Feldes a.

Tabelle 4.4. Tabelle der Speicherbelegung durch das n-dimensionale Feld a

Speicherzelle	Inhalt	Kommentar
2001	a_0	fiktive Anfangsadresse a_0 von $a[0, ..., 0]$
2002	s_1	⎫
...		⎬ Spannen $s_i = m_i - n_i + 1$ für $2 \leq i \leq k$
2001+k	s_{k-1}	⎭
2001+k+1	$a[n_1, ..., n_k]$	Feldelemente
...	...	...

Wir erhalten als fiktive Anfangsadresse die Adresse a_0 durch folgende Formel:

$$a_0 = 2001 + k - [n_1 + s_1 \cdot (n_2 + s_2 \cdot (n_3 + ... + s_{k-1} \cdot n_k)...)]$$

Die absolute Adresse eines Feldelements $a[j_1, ..., j_k]$ ergibt sich dann unter Bezugnahme auf die Anfangsadresse aus folgender Formel:

$$a_0 + j_1 + s_1 \cdot (j_2 + s_2 \cdot (j_3 + ... + s_{k-1} \cdot j_k) ...)$$

Die Funktion, die für das Element $a[j_1, ..., j_k]$ dem Tupel $(j_1, ..., j_k)$ seine absolute Adresse zuordnet, nennen wir *Speicherabbildungsfunktion*.

Beispiel (Adreßrechnung für ein zweistufiges Feld). Gegeben sei das Feld

nat [3:5, 5:6] **array** s a

Soll das Feld ab Speicherzelle 2001 abgespeichert werden, so erhalten wir für die Berechnung der fiktiven Anfangsadresse folgenden Wert:

$$a_0 = 2001 + 2 - [3 + 3 \cdot 5] = 1985$$

Wir erhalten die in Tabelle 4.5 angegebene Anordnung im Speicher. Die absolute Adresse von $a[3, 5]$ errechnet sich wie folgt:

$$1985 + 3 + 3 \cdot 5 = 2003 \qquad \square$$

Man beachte, daß bei der Verwendung von Feldern in Programmen häufig auch das Überschreiten der Feldgrenzen zu überprüfen ist. Wird durch $a[j_1, ..., j_k]$ mit einem unzulässigen Tupel über die Speicherabbildungsfunktion auf ein nicht vorhandenes Element des Feldes zugegriffen, so erhalten wir irgendeine „zufällige" Adresse und einen zufälligen Inhalt. Entsprechende Programmierfehler sind besonders schwierig zu finden.

Programme, die auf Feldern arbeiten, enthalten typischerweise **for**-Wiederholungen, die es erlauben, ein Feld elementweise zu durchmustern. Diese **for**-Wiederholungen werden bei Umsetzung der Programme auf Maschinenebene auf Befehlsfolgen abgebildet, die mit relativer Adressierung mit Indexierung arbeiten.

Tabelle 4.5. Tabelle der Speicherbelegung durch das Feld a

Speicherzelle	Inhalt
2001	1985
2002	3
2003	a[3, 5]
2004	a[4, 5]
2005	a[5, 5]
2006	a[3, 6]
2007	a[4, 6]
2008	a[5, 6]

Beispiel (Algorithmen über Feldern durch Indexierung). Für ein Feld

[1:n] **array nat** a

lautet ein Algorithmus, der die Summe der Feldelemente berechnet, beispielsweise wie folgt.

```
v := 0;
for i := 1 to n do
        v := v + a[i]
od
```

Ein maschinennahes Programm, das diesen Algorithmus realisiert, geben wir im folgenden an. Wir nehmen an, daß dabei das Register R0 die Anfangsadresse der Feldelemente enthält. Das Register R1 wird als Zähler verwendet und das Register R2 dient zur Aufnahme des Abbruchwertes. Das Resultat wird auf R3 berechnet.

	MOVE W I n, R2	Initialisieren Abbruchschranke
	CLEAR W R3	Initialisieren R3
	CLEAR W R1	Initialisieren Zähler
for:	**ADD** W I 1, R1	Hochzählen
	CMP W R2, R1	Vergleich
	JLT ende	Abbruch, falls R2 < R1
	ADD W !R0/R1/, R3, R3	Addieren
	JUMP for	Anspringen der **for**-Wiederholung
ende:		

Hier wird durch die Operandenspezifikation

! R0 / R1 /

der Zugriff auf Feldelemente über Indexierung realisiert.   □

Der obige Algorithmus demonstriert allgemein die Technik der Indexierung, wie sie typischerweise für Felder verwendet wird.

4.2.6 Symbolische Adressierung

Auch die relative Adressierung enthebt den Programmierer nicht der fehlerträchtigen, unangenehmen Adreßrechnung. Häufig möchten wir uns von Zahlen als Adressen ganz lösen und lieber mit symbolischen Adressen (Namen, Identifikatoren) umgehen. Symbolische Adressen entsprechen der Einbeziehung von Identifikatoren (Namen) für Adressen in maschinennahe Programme. Adressen bezeichnen Speicherzellen. Speicherzellen enthalten Informationen. Durch Befehle können diese Inhalte geändert werden. Symbolische Adressen führen auf den Begriff der Programmvariablen.

Um symbolische Adressen in relative oder gar absolute Adressen umzuwandeln, verwenden wir Übersetzungsprogramme („Assemblierer", „Compiler") und insbesondere die Technik von Symboltabellen. Jedem neu deklarierten Identifikator wird eine absolute oder relative Adresse zugeordnet und Identifikator und Adresse werden in einer Tabelle („Adreßbuch") vermerkt. So kann jedes spätere Auftreten des Identifikators über das Adreßbuch durch die entsprechende Adresse ersetzt werden. Dies wird im Teil III ausführlich behandelt.

4.2.7 Geflechtstrukturen und indirekte Adressierung

Wie wir in Teil I gesehen haben, gestatten Felder, aber auch Referenzen und Zeiger, wie wir sie in vielen höheren Programmiersprachen finden, Techniken der „indirekten Adressierung". Diese kann auch in nicht maschinennahen Programmen verwendet werden. Im Zusammenhang mit Techniken der indirekten Adressierung wird deutlich, wie stark Referenzen und Zeiger durch die Technik der indirekten Adressierung der maschinennahen Programmierung motiviert sind.

Wir demonstrieren im folgenden, wie Techniken der indirekten Adressierung verwendet werden, um Geflechtstrukturen auf Maschinenebene darzustellen. Der Verweis wird durch eine Adresse dargestellt und in dieser Darstellung in einer Speicherzelle abgelegt. Um auf die durch die Adresse bezeichnete Speicherzelle zuzugreifen, bedienen wir uns der indirekten Adressierung.

Soll eine Adresse nicht unmittelbar als Angabe des Operanden gewertet werden, sondern soll der Inhalt des Speichers wieder als Adresse verstanden werden, so kann dies durch ! (...) in der Operandenspezifikation, wobei ... für eine beliebige relative Adresse steht, ausgedrückt werden (beziehungsweise durch !! Rn für Register).

Ähnlich den Techniken mit Referenzen und Zeigern können wir in der maschinennahen Programmierung die Technik der indirekten Adressierung für folgende Zwecke verwenden:

- bei der Parameterübergabe (statt Informationen Adressen von Informationen übergeben),
- zum Aufbau von verketteten Listenstrukturen.

Dem Dereferenzieren entspricht der Durchgriff über eine indirekte Adresse.

Beispiel (Doppelt verkettete Liste). In Pascal lautet die Typvereinbarung für die Darstellung von Sequenzen durch zweifach verkettete Listen wie folgt (sei s eine beliebige Sorte):

type   rlist = ^list;

        list = **record**   nächster, letzter: rlist;
                                inhalt : s
        end

In der Maschine MI können wir für die Darstellung der Listenelemente folgende Struktur wählen. Wir verwenden für die Darstellung eines Listenelements drei aufeinanderfolgende Pakete von Speicherzellen (das heißt, im Falle von Kennung W drei im Abstand vier aufeinanderfolgende Adressen) mit folgender Interpretation

α nächster
$\alpha+4$ letzter
$\alpha+8$ inhalt

Hierbei entspricht ein Zeiger in der Typvereinbarung list einer Adresse bei der Darstellung in der Maschine MI. Der leere Verweis **nil** wird durch die Adresse 0 dargestellt.

Im folgenden demonstrieren wir, wie einfache Programme, die auf Listenstrukturen arbeiten, in Maschinenprogramme umgesetzt werden. Wir geben ein Programm in maschinennaher Form zum Durchsuchen einer verketteten Liste nach einem Element, dessen Inhalt mit dem Inhalt der Programmvariablen suchmuster übereinstimmt. Wir beginnen mit einem Programm auf Pascal-Niveau.

Zeiger := Listenanfang;
while Zeiger ≠ nil
do   **if** Zeiger^.inhalt = suchmuster **then goto** gefunden **fi**;
      Zeiger := Zeiger^.nächster

od;
goto nicht_gefunden

Dieses Programm kann durch Aufbrechen der Wiederholungsanweisung in Sprungbefehle in folgendes maschinennahes Programm umgeschrieben werden. Dabei enthalte die Speicherzelle mit Adresse in R2 das Suchmuster und R1 die Adresse des Listenanfanges.

Adresse	Befehle	Bedeutung
	MOVE W R1, R0	R0 initialisieren
loop:	**CMP** W I 0, R0	Vergleich auf nil
	JEQ nicht_gefunden	Springe falls R0 = nil
	CMP W !R2, 8+!R0	Vergleich des Inhalts mit Muster
	JEQ gefunden	Springe auf gefunden, falls Vergleich positiv
	MOVE W !R0, R0	Dereferenzieren
	JUMP loop	Wiederholung

Nun setzen wir ein Programm für das Anhängen eines neuen Listenelements „neu"
am Ende der Liste in ein Maschinenprogramm um. Wieder beginnen wir mit einem
Pascal-Programm:

```
if Listenanfang ≠ nil
    then  begin                {Die Liste ist nicht leer}
              Zeiger := Listenanfang;
                               {Zeiger zeigt auf das erste Listenelement}
              while Zeiger^.nächster ≠ nil
              do  Zeiger := Zeiger^.nächster
              od;
              Zeiger^.nächster := neu;
              neu^.letzter := Zeiger;
              neu^.inhalt := ...;
              neu^.nächster := nil;
          end
    else  begin                {Die Liste ist leer}
              Listenanfang := neu;
              neu^.nächster := nil;
              neu^.inhalt := ...;
              neu^.letzter := nil
          end
```

Wir nehmen an, daß das Register R2 die Adresse des Listenanfangs enthält, R3 die
Adresse eines neuen freien Blocks beschreibt, R4 den Wert, der geschrieben werden
soll. Die Übersetzung in ein maschinenorientiertes Programm ergibt folgende
Befehlsfolge:

Adresse	Befehle	Bedeutung
	MOVE W R2, R0	R0 initialisieren
	CMP W I 0, R0	Vergleich auf NIL
	JNE loop	Springe falls Liste nicht leer
	CLEAR W ! R3	Vorwärtsverweis auf Nil setzen
	CLEAR W 4+! R3	Rückwärtsverweis auf Nil setzen
	MOVE W R4, 8+! R3	Inhalt schreiben
	MOVE W R3, R2	Sichern des Listeninhalts
	JUMP ende	Springen auf ende
loop:	**CMP** W I 0, ! R0	Vergleich Vorwärtsverweis auf Nil
	JEQ listen_ende	Listenende gefunden
	MOVE W ! R0, R0	Dereferenzieren
	JUMP loop	Weitersuchen
listen_ende:	**MOVE** W R3, ! R0	Vorwärtsverweis setzen
	CLEAR W ! ! R0	Vorwärtsverweis auf Nil setzen
	MOVE W R0, 4+!!R0	Rückwärtsverweis setzen
	MOVE W R4, 8+!!R0	Inhalt schreiben
ende:		

☐

Programmierung mit Geflechtstrukturen führt schnell auf unübersichtliche und fehleranfällige Programme. Wir erkennen, wie komplex bereits das Pascal-Programm ist und wie unübersichtlich schließlich das maschinennahe Programm wird.

4.2.8 Speicherverteilung

Im Speicher einer Rechenanlage stehen während der Programmausführung sowohl die Programme als auch die Daten und natürlich auch die Zwischenergebnisse. Jedes Programm belegt zusammen mit den von ihm verwendeten Daten und Zwischenergebnissen eine bestimmte Familie von Speicherzellen. Die Verwaltung dieser Speicherzellen während der Programmausführung regelt ein Laufzeitsystem. Das Laufzeitsystem übernimmt die Steuerung des Ablaufs eines Programms, das durch einen Übersetzer von einer problemorientierten Programmiersprache in eine maschinennahe Sprache übersetzt wurde.

Liegt die Zuordnung von Speicherzellen zu den im Programm auftretenden Identifikatoren (Adressen) und Variablen während der ganzen Ausführungszeit unverändert vor, so sprechen wir von *statischer Speicherverteilung*.

Für bestimmte Programme (bei Rekursion, dynamischen Feldern, Geflechten) ist (ohne Kenntnis der Eingabedaten) der genaue Umfang der bei Ablauf des Programms (beispielsweise für lokal vereinbarte Objektbezeichnungen und Programmvariable) jeweils benötigten Speicherplätze nicht vorhersagbar. Unter Umständen reicht der Speicherplatz nicht aus, alle während eines Programmablaufs neu vereinbarten Größen aufzunehmen. Deshalb wird für die lokalen Größen eines Programms Speicher erst dann belegt, wenn der benötigte Speicherumfang feststeht und Speicherplatz für die Größen aktuell benötigt wird. Der belegte Speicher wird wieder freigegeben, sobald die entsprechende „Größe" für den weiteren Programmlauf nicht mehr benötigt wird. Wir sprechen von *dynamischer Speicherverwaltung*. Bei der dynamischen Speicherverwaltung ändert sich der durch ein Programm belegte Speicherbereich während des Ablaufs ständig, indem er wächst oder schrumpft.

Häufig sollen mehrere Programme und die durch sie verwendeten Daten gleichzeitig nebeneinander im Speicher stehen. Wir sind auch deshalb daran interessiert, daß ein einzelnes Programm und der durch die dazugehörigen Daten belegte Speicherbereich zu jedem Zeitpunkt möglichst klein ist.

Im allgemeinsten Fall enthält der Speicherbedarf eines Programms statische und dynamische Anteile. Die *Speicherverteilung* gliedert sich dann in drei bezüglich ihrer Verwaltung unterschiedlich zu handhabende Bereiche:

- statischer Speicher,
- dynamischer Speicher (Kellerspeicher),
- Listenspeicher (Halde).

Im *statischen Speicher* werden diejenigen Daten abgelegt und Plätze für diejenigen Daten reserviert, deren Speicherplatzbedarf bereits am Ende der Übersetzung bekannt ist und die dem Programm während der gesamten Laufzeit zur Verfügung stehen müssen. Dies trifft auf Konstanten und Programmvariablen zu, deren Lebensdauer mit der gesamten Ausführungsdauer des Programms übereinstimmt. Die Anordnung der Speicherplatzreservierung ist hier unproblematisch. Sie kann beispielsweise am

Anfang oder Ende des Speichers, beziehungsweise des durch die Daten des Programms eingenommenen Speicherabschnitts, vorgenommen werden.

Beispiel (Statischer Speicher). Variable vom äußersten Block und Konstanten in Pascal oder Modula sind im allgemeinen in statischer Weise abgelegt.   ☐

In Sprachen mit Blockstruktur und Aufrufen von Unterprogrammen mit Parametern und lokalen Deklarationen werden für Identifikatoren und Programmvariablen, die „lokal" in inneren Blöcken und Prozeduraufrufen deklariert werden, nur solange Speicherzellen bereitgehalten, solange die Abarbeitung des inneren Blocks andauert. Die Speicherzellen werden zu Beginn der Abarbeitung des entsprechenden Blocks bereitgestellt (engl. storage allocation) und beim Verlassen des Blocks wieder freigegeben (engl. storage deallocation). Wir sprechen von dynamischer Speicherverwaltung. Das Vorgehen ist hier ganz analog zur kellerartigen Speicherverwaltung beim Aufbrechen von arithmetischen Ausdrücken.

Wird bei der Speicherbelegung keine Blockdisziplin eingehalten, so kann die Speicherverteilung nicht mehr kellerartig vorgenommen werden, sondern muß in Form einer sogenannten *Halde* organisiert werden. Dies ist der Fall, wenn keine Klammerstruktur bei der Allokation/Deallokation existiert. Dann wird nicht immer der Speicher zuerst wieder freigegeben, der zuletzt belegt wurde: Das Kellerprinzip „Last-in-First-out" ist nicht mehr anwendbar, wie zum Beispiel beim Aufbau von Zeigerstrukturen. Bei der Speicherorganisation in Form einer Halde wird der Speicher wie bei einer Kellerorganisation nach und nach vollgeschrieben. Da nicht mehr benötigte Speicherabschnitte in der Regel nicht am Ende des belegten Speicherbereichs liegen, wird deren Freigabe zunächst nicht berücksichtigt. Ist der Speicher vollständig belegt, so wird bei einer Reihe von Laufzeitsystemen eine *Speicherbereinigung* (engl. garbage collection) vorgenommen. Dazu wird festgestellt, auf welche Speicherzellen (mangels existierender Zugriffspfade) nicht mehr zugegriffen werden kann („anonyme Variable") und diese werden zur erneuten Belegung freigegeben. Dabei wird häufig eine Kompaktifizierung des belegten Speichers durch Verschieben der belegten Plätze vorgenommen. Man beachte, daß dies eine Umbenennung der Adressen mit sich bringt.

4.2.9 Kellerspeicherverwaltung

Um die Speicherverwaltung von blockorientierten Sprachen präziser beschreiben zu können, führen wir folgende Kennzeichnungen für ein gegebenes Programm ein. Ein Block ist geklammert durch **begin** und **end** (oder durch andere Klammerpaare). Jeder Block kann durch folgende zwei Nummern bezüglich seiner Lage im Programm gekennzeichnet werden.

* *Blockzählnummer* BZN (durch lineares Durchzählen der **begin**-Klammern),
* *Blockschachtelungstiefe* BST (Anzahl der einen Block umfassenden Blöcke +1).

Wir kennzeichnen nun einen Block mit der BST t und der BZN b durch ein aufsteigend geordnetes t-Tupel, das aus den BZN aller umfassenden Blöcke besteht. Dieses t-Tupel heißt *Blocknummerierung*.

Beispiel (Blockschachtelungstiefe und Blockzählnummer). Tabelle 4.6 gibt für ein einfaches Beispiel einer Klammerstruktur die Blockzählnummer, die Blockschachtelungstiefe und die Blocknummerung an.   □

Tabelle 4.6. Tabelle der Blockschachtelungstiefen und Blocknummern für ein einfaches Beispiel

BZN	Klammerstruktur	BST	Blocknummerung
1	**begin**	1	1
2	**begin**	2	1.2
3	**begin**	3	1.2.3
	end		
4	**begin**	3	1.2.4
	end		
	end		
5	**begin**	2	1.5
	end		
	end		

Ein Block definiert jeweils einen *Bindungsraum* (engl. scope). Dies ist der Bereich, der die *Lebensdauer* der im Block deklarierten Bezeichnungen bestimmt. Die Lebensdauer einer Bezeichnung bestimmt bei der Ausführung den Zeitraum, für den Speicherplatz für die Bezeichnung bereitzustellen ist.

Die *Lebensdauer* einer durch eine Deklaration einer Programmvariablen oder eines Identifikators erzeugten Bindung ist bestimmt durch den nächst umfassenden Block (Block mit größter BST), in dem die Deklaration auftritt. Allerdings kann eine Bindung für einen deklarierten Identifikator in einem Block innerhalb des Bindungsbereichs verschattet werden. So definiert sich der *Gültigkeitsbereich* von Bezeichnungen als der Bindungsraum abzüglich der Bindungsräume mit Verschattung.

Wir können jeden Identifikator durch die Blocknummerung seines Bindungsraumes indizieren und dadurch eindeutig machen.

Beispiel (Lebensdauer und Gültigkeit). Tabelle 4.7 gibt für ein einfaches Programm die Lebensdauer und Gültigkeit der deklarierten Bezeichnungen an. Die auftretenden Blöcke und Bezeichnungen sind mit den Blocknummerungen indiziert.   □

Tabelle 4.7. Tabelle der Lebensdauer und Gültigkeit für ein einfaches Beispiel

BZN	Programm	Lebensdauer			Gültigkeit		
		x_1	y_1	$x_{1.2}$	x_1	y_1	$x_{1.2}$
1	**begin**$_1$ **int** x, y	I	I		I	I	
2	**begin**$_{1.2}$	I	I	I		I	I
	int x	I	I	I			I
	end$_{1.2}$	I	I		I	I	
	end$_1$						

Blockorientierte Sprachen können sehr effizient durch eine kellerartige Speicherverwaltung implementiert werden. Wir verwenden eine spezielle Speicherzelle oder ein spezielles Register, dessen Inhalt (genannt EBS für „*Ende besetzter Speicher*") die jeweils letzte momentan belegte Speicherzelle des Kellerspeichers kennzeichnet. Bei EBS+1 beginnt somit der freie Speicher. Beim Betreten eines Blocks werden jeweils Plätze für die im Block deklarierten Identifikatoren bereitgestellt. Ferner wird der alte Wert von EBS abgespeichert, so daß für das Verlassen des Blocks festgelegt ist, welche Teile des belegten Speichers wieder freigegeben werden.

Besondere Techniken erfordert die Behandlung von Prozeduren. Treten in Programmen Funktionen oder Prozeduren auf, die Blöcke enthalten, so werten wir jeden Funktionsaufruf und jeden Prozeduraufruf als Block. Parameter werden dabei wie lokale Vereinbarungen behandelt. Somit wird zu Beginn der Abarbeitung eines Aufrufs Speicherplatz für die auftretenden Parameter bereitgestellt und nach Beendigung der Abarbeitung des Aufrufs wieder freigegeben.

Über die Blocknummerung können wir die Zuordnung von „globalen" Identifikatoren im Rumpf von Funktions- und Prozedurvereinbarungen exakt beschreiben. Dazu führen wir zwei Arten von Vorgängern ein. Der *statische* Vorgänger der Inkarnation eines Blocks oder Prozeduraufrufs ist der in der Aufschreibung nächstumfassende Block beziehungsweise der Block in dem die Prozedurdeklaration steht. Der *dynamische* Vorgänger ist die Inkarnation des Blocks (beziehungsweise der Prozedur) in dem der Prozeduraufruf erfolgte.

Treten Prozeduren mit freien Identifikatoren auf („globale Variable"), so gibt es zwei Möglichkeiten der Zuordnung dieser Identifikatoren zu Deklarationen und damit zu Bindungsräumen.

- *Statische Bindung*: Die Bindung globaler Variablen in Prozedurdeklarationen richtet sich ausschließlich nach der Stelle, an der die Prozedur vereinbart ist.
- *Dynamische Bindung*: Die Bindung globaler Variablen bestimmt sich aus der Aufrufstelle.

Allgemein führen diese zwei Möglichkeiten zu unterschiedlichen Resultaten. Für Programmiersprachen ist mittlerweile das Prinzip der Statischen Bindung vorherrschend, da dies zu durchsichtigen Programmstrukturen führt.

Beispiel (Unterschied zwischen dynamischer und statischer Bindung). Wir betrachten das in Tabelle 4.8 gegebene Programmstück, wobei wieder die Blöcke und Bezeichnungen durch die Blocknummerung indiziert sind.

Im Fall statischer Bindung werden die Werte 3 und 2 und im Fall der dynamischen Bindung die Werte 4 und 1 ausgedruckt. Der statische Vorgänger des Aufrufs von add ist der Block mit Nummer 1, der dynamische Vorgänger ist der Block mit Nummer 1.2. □

Das naive Einkopieren („offener Einbau") von Prozedurrümpfen an der Aufrufstelle entspricht den Regeln des dynamischen Bindens (engl. dynamic scoping).

Allgemein gelten heute für die meisten Programmiersprachen die Regeln des statischen Bindens (engl. static scoping), da dies sich stärker an der statischen Struktur des Programms (an der „Aufschreibung") orientiert und somit für den Programmierer die naheliegende Regel bildet. Dies erfordert aber eine sorgfältige Unterscheidung zwischen Aufrufstelle („dynamische Umgebung") und Deklarationsstelle („statische

Umgebung"). Noch komplizierter wird die Bindungsstruktur in objektorientierten Sprachen, die das Konzept der Polymorphie und der späten Bindung (siehe Teil I) verwenden.

Tabelle 4.8. Statischen und dynamischen Bindung für ein einfaches Beispiel

Programm	statische Bindung		dynamische Bindung	
	n_1	$n_{1.2}$	n_1	$n_{1.2}$
begin$_1$				
var nat n := 1;	1		1	
proc add =: n:= n+1;	1		1	
begin$_{1.2}$				
var nat n := 3;	1	3	1	3
add;	2	3	1	4
print(n)	2	3	1	4
end$_{1.2}$;	2		1	
print(n)	2		1	
end$_1$				

In rein blockorientierten Sprachen können auch Prozeduraufrufe mit einer kellerartigen Speicherverwaltung implementiert werden. Damit erhalten wir folgende Speicherorganisation:

Für jeden Block mit Deklarationen und jede Prozedur sehen wir beim Betreten eine Anzahl organisatorischer Zellen vor. So belegen wir für den Aufruf einer Prozedur P in folgender Weise Speicherplatz und speichern die entsprechenden Werte ab:

1. statischer Vorgänger: Anfangsadresse von Block mit $BST_p - 1$,
2. dynamischer Vorgänger: Anfangsadresse von Block mit BST_A,
3. BST_A,
4. Rückkehradresse,
   Resultat (falls erforderlich),
   Parameter,
   lokale Variable und Hilfsgrößen.

Für jeden auftretenden Prozeduraufruf und jeden Block werden beim Betreten diese organisatorischen Zellen auf dem Keller angelegt. Beim Verlassen des Blocks wird der Keller entsprechend zurückgesetzt.

Treten globale Programmvariablen auf, so werden diese über die Verweise auf den statischen Vorgänger identifiziert. Über den Verweis auf den dynamischen Vorgänger kann die Freigabe des belegten Speichers bewerkstelligt werden. Durch diese Technik kann auch bei rekursiven Prozeduren die Verwaltung der Rückkehradressen erfolgen. Wie bereits betont, kann diese kellerartige Organisation für Geflechtstrukturen und Zeiger nicht verwendet werden, weil die Lebensdauer von über Zeiger zugänglichen Variablen in der Regel nicht durch die Blockstruktur begrenzt ist. Hierzu ist eine Halde nötig.

4.3 Techniken maschinennaher Programmierung

Die Fehleranfälligkeit und Unübersichtlichkeit maschinennaher Programme erfordern eine besondere Disziplin. Für die maschinennahe Programmierung ist eine systematische Vorgehensweise und zufriedenstellende Dokumentation deshalb besonders wichtig. In der Praxis wird nach Möglichkeit nicht maschinennah programmiert. Vielmehr wird mit problemorientierten Programmiersprachen gearbeitet, die dann durch Übersetzer in Maschinenprogramme umgesetzt werden. Ist es wegen fehlender Übersetzer oder aus Gründen besonderen Effizienzbedarfs erforderlich, von Hand ein maschinennahes Programm zu erstellen, so ist es ratsam, ein Programm zuerst in einer abstrakteren Notation zu formulieren und erst dann in eine maschinennahe Form zu übersetzen.

Im folgenden wird diese Übersetzung per Hand für die wichtigsten Sprachelemente höherer Programmiersprachen kurz demonstriert. In der Praxis wird die Übersetzung selbst im allgemeinen wieder durch Programme (Compiler, Übersetzer, siehe Teil III) vorgenommen.

4.3.1 Auswertung von Ausdrücken

Zur Umsetzung von Ausdrücken in maschinennahe Programme müssen die nichtlinearen baumartigen Strukturen von Ausdrücken in Folgen von Maschinenbefehlen aufgebrochen werden. Es werden Hilfszellen benötigt, um die anfallenden Zwischenergebnisse festzuhalten.

Beispiel (Aufbrechen eines arithmetischen Ausdrucks). Der arithmetische Ausdruck

$$\text{abs}(\ a \cdot b - c \cdot d) + ((e - f) \cdot (g - j))$$

entspricht einem Baum (vgl. Rechenformulare in Teil I)

$$
\begin{array}{c}
\text{abs}(\ \underline{\underbrace{a \cdot b}_{h1} - \underbrace{c \cdot d}_{h2}}_{\textstyle h3}) + \underbrace{(\underbrace{(e-f)}_{h5} \cdot \underbrace{(g-j)}_{h6})}_{h7} \\[2mm]
\hline
h4 \qquad\qquad\qquad h7 \\
\hline
h8
\end{array}
$$

Hierbei bezeichnen h1, h2, h3, ... die Werte der Teilausdrücke. Entsprechend kann die Auswertung des Ausdrucks in eine Folge von Deklarationen aufgebrochen werden:

```
int h1 = a · b;
int h2 = c · d;
int h3 = h1 – h2;
int h4 = abs(h3);
int h5 = e – f;
int h6 = g – j;
int h7 = h5 · h6;
int h8 = h4 + h7;
h8
```

Man beachte, daß durch die Struktur des Ausdrucks die Reihenfolge der Auswertung der Zwischenergebnisse nicht eindeutig festgelegt ist. Nur der Umstand, daß für gewisse Teilergebnisse andere Teilergebnisse benötigt werden, induziert eine partielle Ordnung für die Ausführung der Auswertung der Teilausdrücke.   □

Allgemein gilt:

(1) Ein Ausdruck definiert einen *Operatorbaum*. Ein Operatorbaum ist ein Baum mit Operanden in den Blättern und Operatoren in den inneren Knoten.
(2) Für jeden nichtterminalen („inneren") Knoten des Baumes fällt bei der Auswertung des Ausdrucks ein Zwischenergebnis an. Dafür wird jeweils ein Identifikator eingeführt, der den Wert des damit verbundenen Teilausdrucks erhält.
(3) Der Wert eines Teilausdrucks (Identifikators) kann erst berechnet werden, wenn die entsprechenden Werte seiner Unterausdrücke berechnet sind.

Die Beobachtung (3) deutet an, daß auf der Menge der Teilausdrücke eine partielle Ordnung gegeben ist, welche die Wahl der Reihenfolge der Auswertung einschränkt. Es gibt in der Regel viele lineare Ordnungen, die mit dieser partiellen Ordnung verträglich sind. Ein Beispiel ist die Nachordnung. Das Erzeugen einer linearen Ordnung, die mit einer gegebenen partiellen Ordnung verträglich ist, nennen wir *topologisches Sortieren*, oder in unserer Anwendung „Sequentialisierung".

Wir erhalten Sequentialisierungen insbesondere über das Durchlaufen von Bäumen in Vorordnung oder Nachordnung. Klammerfreie Präfixschreibweise (Vorordnung) nennen wir „polnische Notation" (engl. Polish notation) oder auch „Warschauer Normalform", Postfixschreibweise auch „umgekehrte polnische Notation" (engl. reverse Polish notation).

Setzen wir ein Feld

var [1 : n] **array int** h

von Hilfsvariablen für die Aufnahme der Zwischenergebnisse voraus, und wollen wir die Anzahl der gleichzeitig benötigten Hilfsvariablen klein halten, so können wir gewisse Zwischenergebnisse überschreiben, sobald sie nicht mehr benötigt werden. Dies führt auf eine Auswertung in Dreiadreßform.

Beispiel (Auswertung von Ausdrücken in Dreiadreßform). Auswertung des Ausdrucks aus obigem Beispiel unter Einsparung von Hilfsvariablen in Dreiadreßform ist durch folgende Anweisungsfolge gegeben:

$$h[1] := a \cdot b;$$
$$h[2] := c \cdot d;$$
$$h[1] := h[1] - h[2];$$
$$h[1] := abs(h[1]);$$
$$h[2] := e - f;$$
$$h[3] := g - j;$$
$$h[2] := h[2] \cdot h[3];$$
$$h[1] := h[1] + h[2];$$

$h[1]$ enthält schließlich den Wert des gegebenen Ausdrucks.   □

Die Anzahl der für die Auswertung eines Ausdrucks benötigten Hilfsvariablen hängt stark von der Wahl der Sequentialisierung ab. Haben wir einen Binärbaum, in dem alle Knoten genau zwei Ausgänge haben oder Endknoten sind, so ergibt sich, daß die minimale Anzahl der benötigten Hilfsidentifikatoren genau der Länge des längsten Pfades im Baum entspricht. Wir bezeichnen diese Länge auch als die *Höhe des Baums*. Diese Zahl entspricht auch der Anzahl der benötigten Hilfsvariablen bei Verwendung der Nachordnung. Ungünstig für die Zahl der benötigten Hilfsvariablen ist hingegen die „Bottom-Up Sequentialisierung", bei der wir zuerst alle Zwischenresultate auf der untersten Ebene des Baumes (an den Blättern) berechnen. Hierzu werden bereits 2^{n-1} Hilfsvariable für einen vollständigen Baum der Höhe n benötigt.

Die Verwaltung (Belegung und Freigabe) der Hilfsvariablen kann kellerartig erfolgen. Den Übergang zur kellerartigen Verwaltung demonstrieren wir in mehreren Schritten an einem Beispiel.

Beispiel (Kellerartige Verwaltung der Zwischenergebnisse). Die Auswertung des Ausdrucks aus obigem Beispiel kann durch einen Keller erfolgen. Wir repräsentieren den Keller durch das Feld h mit Pegel i. Aus schematischen Gründen führen wir auch für jeden Operanden eine Hilfsvariable ein.

```
i : = 0;
i := i+1; h[i]:= a;
i := i+1; h[i]:= b;
h[i–1]:= h[i–1] · h[i]; i := i–1;
i := i+1; h[i]:= c;
i := i+1; h[i]:= d;
h[i–1]:= h[i–1] · h[i]; i := i–1;
h[i–1]:= h[i–1] – h[i]; i := i–1;
h[i]: = abs(h[i]);
i := i+1; h[i]:= e;
i := i+1; h[i]:= f;
h[i–1]:= h[i–1] – h[i]; i := i–1;
i := i+1; h[i]:= g;
i := i+1; h[i]:= j;
h[i–1]:= h[i–1] – h[i]; i := i–1;
h[i–1]:= h[i–1] · h[i]; i := i–1;
h[i–1]:= h[i–1] + h[i]; i := i–1;
```

h[1] enthält schließlich den Wert des Ausdrucks.   □

Haben wir einen Ausdruck in Dreiadreßform gebracht, so ist der Übergang zur Einadreßform einfach.

Beispiel (Auswertung eines Ausdrucks in Einadreßform). Führen wir den Akkumulator AC als zusätzliche Programmvariable ein, die stets den Wert von h[i] beziehungsweise h[i+1] enthält, so erhalten wir für obiges Beispiel durch weiteres Aufbrechen folgendes Programm:

```
i : = 0;
AC := a;
i := i+1; h[i]:= AC; AC := b;
AC := h[i] · AC; i := i–1;
i := i+1; h[i]:= AC; AC := c;
```

```
i := i+1; h[i]:= AC; AC := d;
AC := h[i] · AC; i := i–1;
AC := h[i] – AC; i := i–1;
AC : = abs(AC);
i := i+1; h[i]:= AC; AC := e;
i := i+1; h[i]:= AC; AC := f;
AC := h[i] – AC; i := i–1;
i := i+1; h[i]:= AC; AC := g;
i := i+1; h[i]:= AC; AC := j;
AC := h[i] – AC; i := i–1;
AC := h[i] · AC; i := i–1;
AC := h[i] + AC; i := i–1
```
$\square$

Wie das Beispiel zeigt, können wir bei streng kellerartiger Verwaltung der Hilfsregister und des Indexregisters mit folgenden Grundbefehlen operieren:

inith	entspricht	$i := 0$
pushAC	entspricht	$i := i+1; h[i] := AC$
poph	entspricht	$i := i–1$
toph	entspricht	$h[i]$

Damit erhalten wir eine Reihe von einfachen Kellerbefehlen für die Verwaltung der Hilfsvariablen.

Beispiel (Auswertung eines Ausdrucks durch Kellern der Zwischenergebnisse). Schematische Umsetzung liefert für obiges Beispiel folgendes Programm in Einadreß-form für die Auswertung des Ausdrucks, wobei die Zwischenergebnisse im Keller abgelegt werden:

```
inith;
AC := a;
pushAC; AC := b;
AC := toph · AC; poph;
pushAC; AC := c;
pushAC; AC := d;
AC := toph · AC; poph;
AC := toph – AC; poph;
AC := abs(AC);
pushAC; AC := e;
pushAC; AC := f;
AC := toph – AC; poph;
pushAC; AC := g;
pushAC; AC := j;
AC := toph – AC; poph;
AC := toph · AC; poph;
AC := toph + AC; poph
```

Diese Sequenz von Befehlen ist im wesentlichen durch die Folge der Operanden und Operationszeichen bestimmt. Diese Reihenfolge entspricht der umgekehrten Polnischen Notation (Postfixschreibweise), bei der ein als Baum gegebener Ausdruck in Nachordnung durchlaufen wird. Ist die Stelligkeit der Operanden eindeutig festgelegt, so läßt sich der Baum und die Auswertung durch Kelleroperationen eindeutig daraus konstruieren. In unserem Beispiel erhalten wir für die Polnische Schreibweise die Folge:

a b · c d · – abs e f – g j – · +   □

In der MI lassen sich die verwendeten Einadreßbefehle wie folgt darstellen (sei das Register AC in der Spitze des Kellers abgespeichert; effizienter ist allerdings die Wahl eines Registers):

pushAC; AC := a	**MOVE** W a, –!SP
AC := toph · AC; poph	**MULT** W !SP+, !SP

Wir können die Umsetzung von gegebenen Ausdrücken in maschinennahe Programme für die Auswertung von Ausdrücken durch Algorithmen vornehmen. Wir betrachten beliebige Ausdrücke mit maximal zweistelligen Operatoren. Wir wählen eine Darstellung der Ausdrücke durch Elemente der Sorte **expr**, wobei **expr** folgender rekursiven Sortendeklaration entspricht:

sort expr =   nullary(**symbol** sym) |
mono(**op** op, **expr** e0) |
duo(**expr** e1, **op** op, **expr** e2)

Die Sorte **expr** beschreibt Operatorbäume. Die folgende Prozedur druckt für jeden durch einen Operatorbaum gegebenen Ausdruck ein maschinennahes Programm zur Auswertung dieses Ausdrucks durch Kellerbefehle aus. Nach Ausführung des erzeugten Programms steht das Resultat im Register AC und der Keller hat den alten Zustand:

```
proc eaf = ( expr e ):
    if   e in nullary   then   print(„AC :=", sym(e))
    elif e in mono      then   eaf(e0(e));
                               print(„AC :=", op(e), „AC")
                        else   eaf(e1(e));
                               print(„pushAC");
                               eaf(e2(e));
                               print(„AC := toph", op(e), „AC");
                               print(„poph")
    fi
```

Durch die Prozedur eaf wird das Aufbrechen von Ausdrücken in maschinennahe Programme vorgenommen, die die Werte der gegebenen Ausdrücke berechnen. Für Ausdrücke mit rekursiven Funktionsaufrufen benötigen wir komplexere Techniken, die wir später besprechen werden.

4.3.2 Maschinennahe Realisierung von Ablaufstrukturen

In prozeduralen Sprachen existieren klassische Ablaufstrukturen wie bedingte Anweisung und Wiederholungsanweisung. Sollen Programme, die solche Anweisungen enthalten, in Maschinensprache umgesetzt werden, so müssen sie durch Folgen von Maschinenbefehlen dargestellt werden.

Sei E ein arithmetischer Ausdruck und seien S1 und S2 Anweisungen. Eine Fallunterscheidung der Form

if E = 0 **then** S1 **else** S2 **fi**

kann durch eine Folge von Maschinenanweisungen realisiert werden. Sei EVAL(E) das maschinennahe Programm, das den Ausdruck E auswertet und seien EVAL(S1) beziehungsweise EVAL(S2) die maschinennahen Programme, die S1 beziehungsweise S2 entsprechen, so erhalten wir das folgende maschinennahe Programm:

	EVAL(E)	*Auswertung von E, Resultat in AC*
	if AC = 0 **then goto** t **fi**	
	EVAL(S2)	*Anweisungen entsprechend S2*
	goto ende	
t:	EVAL(S1)	*Anweisungen entsprechend S1*
ende:		

oder etwa auch:

	EVAL(E)	*Auswertung von E, Resultat in AC*
	if AC ≠ 0 **then goto** e **fi**	
	EVAL(S1)	*Anweisungen entsprechend S1*
	goto ende	
e:	EVAL(S2)	*Anweisungen entsprechend S2*
ende:		

Eine Wiederholungsanweisung der Form

while E ≠ 0 **do** S1 **od**

kann durch das folgende Maschinenprogramm mit Hilfe von Sprungbefehlen realisiert werden:

while:	EVAL(E)	*Auswertung E, Resultat in AC*
	if AC = 0 **then goto** ende **fi**	
	EVAL(S1)	*Anweisungsfolge nach S1*
	goto while	
ende:		

oder auch durch:

$$
\begin{array}{lll}
& \textbf{goto} \text{ while} & \\
\text{body:} & \text{EVAL(S1)} & \textit{Anweisungsfolge nach S} \\
\text{while:} & \text{EVAL(E)} & \textit{Auswertung von E und laden in AC} \\
& \textbf{if } AC \neq 0 \textbf{ then goto} \text{ body } \textbf{fi} &
\end{array}
$$

Das Verfahren kann für beliebig geschachtelte iterative Programme angewendet werden. Wir erkennen, daß die klare Struktur des vorgegebenen Programms, bestehend aus Wiederholungsanweisungen und bedingten Anweisungen beim Umsetzen in maschinenorientierte Programme verlorengeht.

Beispiel (Umsetzung von Wiederholungsanweisungen in Sprungbefehle). In diesem Beispiel wird die Umsetzung eines zuweisungsorientierten Programms in ein maschinennahes Programm demonstriert. Das folgende iterative Programm berechnet den größten gemeinsamen Teiler (ggT) zweier natürlicher Zahlen a, b $\in$ $\mathbb{N}$ (sei dabei a, b > 0):

$$
\begin{array}{ll}
\textbf{while } b \neq 0 \quad & \textbf{do } u := a; \\
& \textbf{while } u \geq b \textbf{ do } u := u - b \textbf{ od}; \\
& a := b; \\
& b := u \\
& \textbf{od}
\end{array}
$$

Dieses Programm wird nach dem oben angegebenen Schema in das folgende maschinennahe Programm umgesetzt:

$$
\begin{array}{ll}
\text{while1:} & AC := b; \\
& \textbf{if } AC = 0 \textbf{ then goto} \text{ ende1 } \textbf{fi}; \\
& u := a; \\
\text{while2:} & AC := u; \\
& AC := AC - b; \\
& \textbf{if } AC < 0 \textbf{ then goto} \text{ ende2 } \textbf{fi}; \\
& AC := u; \\
& AC := AC - b; \\
& u := AC; \\
& \textbf{goto} \text{ while2}; \\
\text{ende2:} & a := b; \\
& b := u; \\
& \textbf{goto} \text{ while1}; \\
\text{ende1:} &
\end{array}
$$

Wir erkennen, daß die Effizienz dieses Programms durch eine Reihe lokaler Optimierungen durch Vermeidung unnötiger Zuweisungen noch beträchtlich gesteigert werden kann. □

Im weiteren studieren wir die schematische Umsetzung von klassischen zuweisungsorientierten Programmen in maschinennahe Form durch Algorithmen. Wir gehen davon aus, daß die Programme in einer Interndarstellung vorliegen. Sei die folgende Sortenvereinbarung für Sorten zur Interndarstellung zuweisungsorientierter Programme gegeben:

sort statement =   if(**expr** cond, **statement** st, **statement** se) |
                         while(**expr** c, **statement** s) |
                         assign(**symbol** x, **expr** e) |
                         seq(**statement** s1, **statement** s2)

Wir setzen eine Sorte **label** von Marken voraus und eine Funktion

fct (**label**) **label** next,

die für jede gegebene Marke m eine Folge

m, next(m), next(next(m)), ...

von paarweise verschiedenen Marken erzeugt. Die folgende Prozedur erzeugt aus einer gegebenen Anweisung ein maschinennahes Programm. Dieses Programm nutzt das Register AC als Arbeitsregister und stützt sich auf die Prozedur eaf zur Erzeugung von Anweisungen zur Auswertung von Ausdrücken, die wir im vorangegangen Abschnitt eingeführt haben.

proc gen = (**statement** z, **var label** m):

if z **in** assign	**then**	eaf(e(z));
		print(x(z), „: = AC;")
elif z **in** seq	**then**	gen(s1(z), m);
		gen(s2(z), m)
elif z **in** if	**then**	**label** me = m;
		label mt = next(m);
		m := next(next(m));
		eaf(cond(z));
		print(„**if** AC = 0 **then goto**", mt, „**fi**;");
		gen(se(z), m);
		print(„**goto**", me, „;");
		print(mt, „:");
		gen(st(x), m);
		print(me, „:")
elif z **in** while	**then**	**label** mw = m;
		label ma = next(m);
		m: = next(next(m));
		print(mw, „:");
		eaf(c(z));
		print(„**if** AC = 0 **then goto**", ma, „**fi**;");
		gen(s(z), m);
		print(„**goto**", mw, „;");
		print(ma, „:")

fi

Hier wird für Bedingungen stets die Form

if C = 0 **then** ... **fi**   beziehungsweise   **while** C $\neq$ 0 **do** ... **od**

unterstellt. Mit Hilfe der beschriebenen Programme lassen sich einfache zuweisungsorientierte Programme in maschinennahe Form (Einadreßform) umsetzen.

4.4 Maschinennahe Realisierung von Rekursion

Treten in Ausdrücken rekursiv vereinbarte Funktionssymbole und Prozedurbezeichnungen auf, so sind Unterprogrammtechniken erforderlich, die es erlauben, die Rekursion in eine Folge von Maschinenbefehlen aufzubrechen. Dies schließt die kellerartige Verwaltung der Parameterwerte und der Rückkehradressen ein. Nichtterminierende rekursive Programme führen bei dieser Implementierung auf einen Überlauf des Kellers.

4.4.1 Kellerartige Verwaltung von Parametern

Wir gehen in diesem Abschnitt von einer rekursiven Vereinbarung für eine Funktion aus. Gegeben sei also die rekursive Funktionsvereinbarung

fct f = (**m** x) **n**: $\tau[f](x)$

Dabei steht $\tau[f](x)$ für einen beliebigen programmiersprachlichen Ausdruck der Sorte **n**, der f und x frei enthalten kann. Die Funktion f kann in Ausdrücken verwendet werden. Sollen die Werte von Ausdrücken, die Aufrufe von f enthalten, berechnet werden, so erhalten wir beim Aufbrechen der Ausdrücke schließlich Zuweisungen der Form

v := f(E)

Wir können nun unter Verwendung eines Hilfskellers h und der folgenden Prozeduren

fct isempty = (**stack m** s) **bool**: s = empty,

fct top = (**stack m** s) **bool**: first(s),

proc push = (**var stack m** s, **m** x): s:= append(s, x),

proc pop = (**var stack m** s): s:= rest(s),

proc init = (**var stack m** s): s := empty,

jede Zuweisung der Form

v := f(E)

durch eine Folge von Prozeduraufrufen

push(h, E); p(h, v); pop(h)

ersetzen. Dabei ist die Prozedur p durch folgende Prozedurdeklaration gegeben:

proc p = (**var stack m** h, **var n** v): S

deren Rumpf S durch Aufbrechen der Ausdrücke aus

v := f(top(h))

entsteht, wobei in den entstehenden Befehlssequenzen jeweils jede Zuweisung der Form v := f(E$_1$)

durch die Folge von Anweisungen

push(h, E$_1$); p(h, v); pop(h)

ersetzt wird. Der Keller h enthält also den Parameter des Aufrufs von f als top-Element. Das Aufbrechen der Ausdrücke hat in einer Weise zu geschehen, daß die Anweisung

v := f(E$_1$)

durch ein anweisungsorientiertes Programm ersetzt wird, das nur Ausdrücke ohne rekursive Aufrufe enthält oder Anweisungen der Form v := f(E$_1$). Da in den Aufrufen der Prozedur immer die gleichen aktuellen Parameter verwendet werden, können diese auch unterdrückt und die aktuellen Parameter als globale Variable eingesetzt werden.

Beispiel (Umsetzung von rekursiven Funktionen in Prozeduren mit Kellern). Die Umwandlung der rekursiv vereinbarten Fakultätsfunktion in ein zuweisungsorientiertes Programm mit Keller wird im folgenden beschrieben. Wir gehen davon in einer Reihe einfacher Umformungsschritte (Programmtransformationen) vor. Sei das folgende rekursive Programm für die Berechnung der Fakultätsfunktion gegeben:

fct fac = (**nat** n) **nat**:
    if n = 0 **then** 1
                else   fac(n–1) · n
    fi

Wir definieren eine Prozedur p, die sich in einer Zuweisung auf die Funktion fac stützt, wie folgt:

proc p = (**var stack nat** h, **var nat** v): v := fac(top(h))

In der Prozedur p wird die Funktion fac in einer Zuweisung verwendet. Der Parameter ist im Keller abgelegt.

Ersetzen wir den Aufruf der Funktion fac im Rumpf der Prozedur p durch den Rumpf der Deklaration von fac und transformieren die entstehende Zuweisung, so erhalten wir schließlich folgende Prozedurdeklaration für p:

proc p = (**var stack nat** h, **var nat** v):
    if top(h) = 0 **then** v := 1
                   else   v := fac(top(h)–1);
                           v := v · top(h)
    fi

Es gilt: Der Aufruf

p(h, v)

ist wirkungsgleich mit der Zuweisung

v := fac(top(h))

Damit können wir auch die entsprechende Zuweisung im Rumpf der Prozedur ersetzen:

proc p = (**var stack nat** h, **var nat** v):

    if top(h) = 0 **then** v:= 1

                 else   push(h, top(h)–1);

                        p(h, v);

                        pop(h);

                        v:= v · top(h)

   fi

Man beachte, daß in den Aufrufen der Prozedur immer die gleichen aktuellen Parameter verwendet werden. Deshalb können diese auch unterdrückt und als globale Variable eingesetzt werden.   □

Treten mehrere Parameter in der zu entrekursivierenden Funktion auf, so führen wir für jeden Parameter einen eigenen Keller ein, oder fassen die Parameter zu einem Tupel zusammen und benutzen einen Keller, der solche Tupel aufnehmen kann. Das beschriebene Verfahren läßt sich auch auf schwierigere Formen der Rekursion anwenden.

Beispiel (Ein Kellerprogramm für die Ackermannfunktion). Die bereits in Teil I erwähnte Ackermannfunktion ist durch die folgende rekursive Funktionsvereinbarung gegeben:

fct ack = (**nat** m, **nat** n) **nat:**

    if   m = 0 **then**   n+1

    elif   n = 0 **then**   ack(m–1, 1)

                 else   ack(m–1, ack(m, n–1))

   fi

Wieder gehen wir von einer einfachen Zuweisung, die einen Aufruf der Funktion ack enthält, aus und transformieren diese in Schritten in eine parameterlose rekursive Prozedur. Die Zuweisung

   a := ack(m, n)

führt nach Einsetzen des Funktionsrumpfes für den Aufruf und Aufbrechen der Ausdrücke auf die folgende Anweisung:

    if   m = 0 **then**   a := n + 1

    elif   n = 0 **then**   a := ack(m–1, 1)

                 else   a := ack(m, n–1);

                        a := ack(m–1, a)

   fi

Durch Einführung zweier Keller sm, sn für die beiden Parameter erhalten wir eine Rechenvorschrift:

proc p = (**var stack nat** sm, **var stack nat** sn, **var nat** a):

    if   top(sm) = 0   **then**   a := top(sn)+1

elif   top(sn) = 0   **then**   push(sm, top(sm)–1); push(sn, 1);
                                    p(sm, sn, a);
                                    pop(sm); pop(sn)
                else   push(sm, top(sm)); push(sn, top(sn)–1);
                           p(sm, sn, a);
                           pop(sm); pop(sn);
                           push(sm, top(sm)–1); push(sn, a);
                           p(sm, sn, a);
                           pop(sm); pop(sn)
fi

Es gilt a := ack(top(sm), top(sn)) ist äquivalent zum Aufruf p(sm, sn, a). Wieder erhalten wir rekursive Aufrufe, in denen sich die Parameter nicht ändern und die somit unterdrückt werden können.   □

Ist es nötig, beim Aufbrechen der Ausdrücke mehrere verschiedene Programmvariable einzuführen, so wird für jede Programmvariable eine eigene parameterlose Prozedur eingeführt.

4.4.2 Kellerartige Verwaltung rekursiver Prozeduraufrufe

Nun wenden wir uns der Frage zu, wie eine parameterlose rekursive Prozedur über Keller und Sprunganweisungen realisiert werden kann. Gegeben sei die rekursiv vereinbarte parameterlose Prozedur p (mit k rekursiven Aufrufen von p in S):

proc p =: S

Die Anweisung S sei eine blockfreie Folge von Anweisungen. Der Aufruf von p kann durch das folgende Programm ersetzt werden:

var stack nat sc := empty;
m_0: S';
if ¬isempty(sc) **then**   **if**   top(sc) = 1 **then**   pop(sc); **goto** m_1
                            elif ...
                            elif top(sc) = k **then**   pop(sc); **goto** m_k
                                            else   **abort**
                            fi
fi

wobei S' aus S hervorgeht, indem für jede der k Aufrufstellen mit rekursiven Aufrufen von p eine Marke m_i eingeführt wird. Das heißt, der entsprechende Aufruf von p wird ersetzt durch

push(sc, i); **goto** m_0; m_i:

Beispiel (Die Ackermannfunktion in Realisierung durch Sprünge). Gehen wir von der im vorangegangenen Abschnitt verwendeten Prozedur für die Berechnung der Ackermannfunktion aus, so erhalten wir für die Zuweisung

a := ack(m, n)

das folgende Programm:

```
              var stack sc := empty;
              push(sm, m); push(sn, n);

m0:           if top(sm) = 0 then goto t1 fi;
              if top(sn) = 0 then goto t2 fi;
              goto else;

t1:           a := top(sn)+1;
              goto w;

t2:           push(sm, top(sm)–1); push(sn, 1);
              push(sc, 1);
              goto m0;

m1:           pop(sm);
              pop(sn);
              goto w;

else:         push(sm, top(sm));
              push(sn, top(sn)–1);
              push(sc, 2);
              goto m0;

m2:           pop(sm);
              pop(sn);
              push(sm, top(sm)–1);
              push(sn, a);
              push(sc, 3);
              goto m0;

m3:           pop(sm);
              pop(sn)

w:            if isempty(sc)     then              goto  ende  fi;
              if top(sc) = 1     then pop(sc);      goto  m1    fi;
              if top(sc) = 2     then pop(sc);      goto  m2    fi;
              if top(sc) = 3     then pop(sc);      goto  m3    fi;

ende:                                                            □
```

Programme, die ausschließlich mit Sprüngen und den typischen Kelleroperationen arbeiten, können als Maschinenprogramme für sogenannte Kellermaschinen angesehen werden. Kellermaschinen sind Maschinen, die statt eines allgemeinen Speichers nur über einen Kellerspeicher verfügen. Typischerweise erlaubt man für Kellermaschinen auch Markenkeller zum Abspeichern der Rückkehradresse. Bei der Ausführung von Kellerprogrammen wird stets nur auf dem Kellerspeicher mit den kellertypischen Operationen gearbeitet. Wir behandeln dies unter dem Stichwort Kellermaschine ausführlich in Teil IV.

4.4.3 Optimierung

Bei der Implementierung rekursiver Funktionen entstehen Programme, die Keller für die Verwaltung der Parameterwerte („Parameterkeller") und Keller für die Verwaltung der Aufrufstellen („Kontrollkeller") verwenden. Unter gewissen Voraussetzungen können diese Keller eliminiert oder in ihrem Speicherbedarf stark reduziert werden. Wir behandeln exemplarisch nur die einfachsten „syntaktischen" Bedingungen.

Ist die Rekursion linear und existiert genau eine rekursive Aufrufstelle, so kann der Kontrollkeller völlig vermieden und durch einen Zähler oder das Testen des Parameterkellers ersetzt werden. Wir betrachten das rekursive Schema:

fct f = (**m** x) **n**:
  if B(x) **then** G(f(H(x)), x) **else** T(x) **fi**

Dabei sei B(x) ein Boolescher Ausdruck in x, H(x) ein Ausdruck der Sorte **m**, G(f(H(x)), x) ein Ausdruck der Sorte **n**, T(x) ein Ausdruck der Sorte **n**. Wir können die Zuweisung

  v := f(E)

unter Verwendung einer Hilfsvariablen s von der Sorte **stack m** durch das folgende Programm ersetzen (dadurch wird der Wert der Variable s der Sorte **stack m** überschrieben):

```
              init(s); push(s, E);
   m0:        if ¬B(top(s)) then goto m_else fi;
              push(s, H(top(s)));
              goto m0;
   m1:        pop(s);
              if isempty(s) then goto ende fi;
              v := G(v, top(s));
              goto m1;
   m_else:    v := T(top(s));
              goto m1;
   ende:
```

Falls für die Parametertransformationsabbildung H eine Umkehrabbildung H^{-1} existiert, also falls folgende Bedingung

  $H^{-1}(H(x)) = x$

für alle x der Sorte **m** gilt, können wir den Keller durch eine Variable vx und die Kelleroperationen über die Umkehrfunktion ersetzen. Wir erhalten folgendes Programm:

```
              vx := E;
   m0:        if ¬B(vx) then goto m_else fi;
              vx := H(vx);
              goto m0;
```

```
m1:          vx := H⁻¹(vx);
             v := G(v, vx);
             goto ende;
m_else:      v := T(vx);
ende:        if E ≠ vx then goto m1 fi;
```

Eine weitere Optimierung ergibt sich, wenn G trivial ist. Ist G die Identität für seinen ersten Parameter, dann gilt:

$$G(f(H(x)), x) = f(H(x))$$

Es liegt repetitive Rekursion vor. Das obige Programm vereinfacht sich zu

```
             vx := E;
m0:          if ¬B(vx) then goto m_else fi;
             vx := H(vx);
             goto m0;
m_else:      v := T(vx);
```

Wir erhalten eine einfache Iteration, ohne daß überhaupt noch ein Keller benötigt wird. Ist die Funktion nicht linear rekursiv, ist aber einer der Aufrufe der äußerste Aufruf in einem Zweig eines bedingten Ausdrucks, so können wir auch hier die Kelleroperationen unterdrücken.

Es ergibt sich folgende allgemeine Form für die Entrekursivierung rekursiver Prozeduren p mit einem Parameter durch Keller und Sprünge. Sei p eine rekursive Prozedur der Form:

proc p = (**m** x):

 if $B_1(x)$ **then** S_1; $p(E_1)$; T_1

  ...

 elif $B_n(x)$ **then** S_n; $p(E_n)$; T_n **fi**;

mit n rekursiven Aufrufen der Form $p(E_1), ..., p(E_n)$. Einen Prozeduraufruf p(E) können wir durch folgendes Programm ersetzen:

```
          var m x := E;
m0:       if B1(x) then goto α1 fi;
                      ...
          if Bn(x) then goto αn fi;
          goto w;
                      ...
αi:       Si;
          push(s, x);
          x := Ei;
          push(sc, i); goto m0;
                      ...
```

m_i: pop(sc);
           x := top(s);
           pop(s);
           T_i;
           goto w;
           ...

w: **if** isempty(sc) **then goto** ende **fi**;
       ...

       if top(sc) = i **then goto** m_i **fi**;
       ...

ende:

Man beachte, daß es eine Reihe von Vorbedingungen gibt, unter denen Funktionen auf repetitive Form gebracht werden können (vgl. dazu „Einbettung" in BAUER/ WÖSSNER).

Allgemein gilt, daß für Unterprogramme mit rekursiven Aufrufen besondere Vorkehrungen zur Vereinfachung der Verwaltung der Parameter und der Rückkehradressen zu treffen sind. Abschließend behandeln wir noch ein Beispiel für baumartige Rekursion. Wir demonstrieren insbesondere den Beweis der Korrektheit der Umformungen.

Beispiel (Schrittweise Entwicklung eines maschinennahen Programms). Sei die Sorte **tree** der Binärbäume wie in Teil I definiert. Wir betrachten die folgende rekursive Rechenvorschrift, die die Anzahl der „Spitzen" in einem Binärbaum zählt:

fct tips = (**tree** t) **nat**:

    if t = emptytree   **then**   1
                          else   tips(left(t)) + tips(right(t))
    fi

Wir entwickeln aus dieser nichtlinear rekursiven Rechenvorschrift ein maschinennahes Programm. Nun gehen wir durch Einbettung zu einer Rechenvorschrift tipshelp über, die auf Kellern von Bäumen arbeitet. Sie ist wie folgt definiert:

fct tipshelp = (**stack tree** t) **nat**:

    if isempty(t)   **then**   0
                         else   tips(first(t)) + tipshelp(rest(t))
    fi

Durch die Transformation der Rechenvorschrift tipshelp durch Einsetzen der rekursiven Definition von tips und die rekursive Verwendung von tipshelp erhalten wir folgende Rechenvorschrift:

fct tipshelp = (**stack tree** t) **nat**:

    if   isempty(t)   **then**   0
    elif   top(t) = emptytree   **then**   1 + tipshelp(rest(t))
                             else   tipshelp(append(left(top(t)),
                                          append(right(top(t)), rest(t))))
    fi

Es gilt:

tips(t) = tipshelp(append(empty, t))

Die Korrektheit dieser Gleichung folgt aus folgender Formel:

$$\sum_{i=1}^{n} tips(t_i) = tipshelp(append(t_n, ..., append(t_1, empty) ...))$$

Wir beweisen diese Formel durch Induktion über 2k+n, wobei k die Summe über die Baumhöhen in t_i ist und n die Anzahl der Bäume bezeichnet.

(0) Induktionsanfang: Gilt 2k+n = 0, dann gilt n = 0, k = 0. Die Behauptung gilt dann trivialerweise.

(1) Induktionsannahme: Sei die Behauptung nun richtig für alle Zahlen k', n' mit

2k'+n' < 2k+n und 2k+n ≥ 1

Wir betrachten zwei Fälle:

1. Fall: t_n = emptytree; dann erhalten wir die Behauptung wie folgt:

$$\sum_{i=1}^{n} tips(t_i) =$$

$$(\sum_{i=1}^{n-1} tips(t_i)) + tips(t_n) =$$

tipshelp(append(t_{n-1}, ..., append(t_1, empty) ...))+1 =

tipshelp(append(t_n, ..., append(t_1, empty) ...))

2. Fall: t_n ≠ emptytree; dann erhalten wir die Behauptung wie folgt:

$$\sum_{i=1}^{n} tips(t_i) = \sum_{i=1}^{n-1} tips(t_i) + tips(t_n) =$$

tipshelp(append(t_{n-1}, ..., append(t_1, empty) ...))+tips(left(t_n))+tips(right(t_n)) =

tipshelp(append(t_n, ..., append(t_1, empty) ...))

Durch erneute Einbettung erhalten wir die rekursive Rechenvorschrift tipshelp1 mit Hilfe der Gleichung

tipshelp(s) + m = tipshelp1(s, m)

zur Berechnung der Summe mit Hilfe eines Kellers.

```
fct tipshelp1 = (stack tree t, nat m) nat:
    if    isempty(t)          then  m
    elif  top(t) = emptytree  then  tipshelp1(rest(t), m + 1)
                              else  tipshelp1(append(append(rest(t),
                                            left(top(t))), right(top(t))), m)
    fi
```

Der Beweis der Gleichung

tipshelp(s) + m = tipshelp1(s, m)

kann durch Induktion nach obigem Muster geführt werden. Die Zuweisung

v := tips(t)

kann durch das folgende maschinennahe Programm realisiert werden:

	Programm	Verifikationszusicherungen
	init(s);	{s = empty}
	push(s, t);	{s = append(t, empty)}
	v := 0;	{tips(t) = tipshelp1(s, v)}
m0:	**if** top(s) = emptytree **then goto** m_then **fi**;	{tips(t) = tipshelp1(s, v)}
	h := top(s);	
	pop(s);	
	push(s, left(h));	
	push(s, right(h));	{tips(t) = tipshelp1(s, v)}
	goto m0;	
m_then:	v := v+1;	{top(s) = emptytree ∧ tips(t) = tipshelp1(s, v)–1}
	pop(s);	{tips(t) = tipshelp1(s, v)}
	if ¬isempty(s) **then goto** m0 **fi**;	{tips(t) = tipshelp1(s, v)}

In diesem Programm wird grundlegend die Assoziativität der Addition ausgenutzt. Die in den Verifikationszusicherungen verwendete Funktion tipshelp1 entspricht der oben entwickelten Funktion.   □

Als weiteres Beispiel für die Entwicklung maschinennaher Programme aus rekursiven Rechenvorschriften betrachten wir die „Türme von Hanoi", die ein bekanntes Problem für den Einsatz von Rekursion sind. Für dieses Beispiel zeigen wir, daß neben dem systematisch aus einer naheliegenden rekursiven Formulierung ableitbaren, maschinennahen Programm andere nichtrekursive Fassungen existieren können, die nicht so einfach aus der gegebenen rekursiven Rechenvorschrift abgeleitet werden können.

Beispiel (Die Türme von Hanoi). Die Türme von Hanoi bestehen aus drei Plätzen und einer Menge von n Scheiben unterschiedlichen Durchmessers. Nur auf den Plätzen können die Scheiben gestapelt werden. Dabei gilt die Einschränkung, daß keine Scheibe auf eine Scheibe mit kleinerem Durchmesser gelegt und in jedem Schritt nur eine Scheibe verlegt werden darf.

Am Anfang seien alle Scheiben der Größe nach auf dem ersten Platz gestapelt. Die Aufgabe besteht im schrittweisen Umstapeln der Scheiben, bis schließlich alle Scheiben auf dem zweiten Platz liegen. Die Scheiben seien durch die Elemente der Sorte **token** dargestellt, die die Zahlen {1, ..., n} umfaßt.

Wir realisieren die genannte Aufgabe durch ein rekursives Programm, das als Ergebnis die Folge der Züge ausgibt, durch die die gestellte Aufgabe gelöst wird. Gegeben seien n Scheiben. Ein Zug besteht aus einem Paar von Plätzen, genannt quelle und ziel. Züge können demnach durch folgende Sorte beschrieben werden:

sort place = {p1, p2, p3 };

sort zug = zug(**place** q, **place** z);

der Aufruf tvh(p1, p2, p3) der nachstehenden, rekursiven Rechenvorschrift erzeugt die geforderte Sequenz von Zügen, wie man mit einem einfachen Induktionsbeweis über die Anzahl der Scheiben zeigt.

```
fct tvh = (nat n, place quelle, ziel, parken) seq zug:
    if n = 0 then   empty
             else    tvh(n –1, quelle, parken, ziel) °
                     ‹zug(quelle, ziel)› °
                     tvh(n – 1, parken, ziel, quelle)
    fi
```

Von diesem Programm ausgehend können wir mit Techniken, wie sie am vorangegangen Beispiel demonstriert wurden, zu einem Programm kommen, daß maschinennah nur mit Sprüngen und Kellern arbeitet.

Allerdings können wir durch eine sorgfältige Analyse der Programmstruktur ein iteratives Programm schreiben, das den gleichen Effekt erzielt, indem es die Sequenz der erforderlichen Züge einer Programmvariablen v zuweist. Man beachte, daß das Programm keine explizite Rekursion verwendet und rein iterativ (mit Wiederholungen) arbeitet.

```
var seq zug v := empty;

var stack token quelle, ziel, parken :=
                    append(1, ..., append(n, empty) ... ), empty, empty;


if n ≠ 0 then ziehe_kleinsten_stein fi;
while ¬(isempty(quelle) ∧ isempty(parken))
do      tausche;
        ziehe_kleinsten_stein
od
```

Die verwendeten Rechenvorschriften sind wie folgt definiert:

```
proc tausche =:
    if     top(quelle) = 1   then   ziehe(ziel, parken, p2, p3)
    elif   top(ziel) = 1     then   ziehe(quelle, parken, p1, p3)
                             else   ziehe(quelle, ziel, p1, p2)
    fi


proc ziehe = (var stack token a, b, place x, y):
    if     isempty(a)        then   push(a, top(b)); pop(b); v := v°‹zug(b, a)›
    elif   isempty(b)        then   push(b, top(a)); pop(a); v := v°‹zug(a, b)›
    elif   top(a) < top(b)   then   push(b, top(a)); pop(a); v := v°‹zug(a, b)›
                             else   push(a, top(b)); pop(b); v := v°‹zug(b, a)›
    fi
```

```
proc ziehe_kleinsten_stein =:
if      even(n)                then
   if   top(quelle) = 1   then   ziehe(quelle, parken, p1, p3)
   elif top(ziel) = 1     then   ziehe(ziel, quelle, p2, p1)
                          else   ziehe(parken, ziel, p3, p2)
   fi
else
   if   top(quelle) = 1   then   ziehe(quelle, ziel, p1, p2)
   elif top(ziel) = 1     then   ziehe(ziel, parken, p2, p3)
                          else   ziehe(parken, quelle, p3, p1)
fi
```

Dieses Programm arbeitet nach einem anderen algorithmischen Prinzip als die rekursive Rechenvorschrift tvh, die wir oben angegeben haben. Der Beweis, daß dieses Programm und die Rechenvorschrift tvh die gleiche Aufgabe erfüllen, kann durch Induktion über n und durch die Zusicherungsmethode geführt werden. Er ist allerdings aufwendig. Wir verzichten hier deshalb darauf.   ☐

Sollen maschinennahe Programme für komplexere Aufgaben geschrieben werden, so empfiehlt es sich, diese Programme systematisch aus Rechenvorschriften abzuleiten, die in einer höheren Programmiersprache verfaßt sind. Allerdings ist das entstehende maschinennahe Programm durch den Ausgangspunkt weitgehend bestimmt. Der Übergang zu einer völlig anderen algorithmischen Struktur ist, wie obiges Beispiel der Türme von Hanoi demonstriert, schwierig.

Literaturangaben zu Teil II

M.D. ABRAMS, P.G. STEIN: Computer Hardware and Software. Reading: Addison-Wesley 1973

H. BÄHRING: Mikrorechnersysteme. Berlin Heidelberg New York: Springer-Verlag, 2. Aufl. 1994

F.L. BAUER, G. GOOS: Informatik. Eine einführende Übersicht, Bände 1, 2. Berlin Heidelberg New York: Springer-Verlag, 4. Aufl. 1991, 1992

F.L. BAUER, H. WÖSSNER: Algorithmische Sprache und Programmentwicklung. Berlin Heidelberg New York: Springer-Verlag, 2. Aufl. 1984

A. BODE (Hrsg.): RISC-Architekturen. Reihe Informatik, Bd. 60. Mannheim: B.I.-Wissenschaftsverlag 1990

R.E. BRYANT: Graph-based Algorithms for Boolean Function Manipulation. IEEE Transactions on Computers 35:8 (1986)

P. DEUSSEN: Halbgruppen und Automaten. Heidelberger Taschenbücher, Bd. 99. Berlin Heidelberg New York: Springer-Verlag 1971

E.W. DIJKSTRA: A Discipline of Programming. Englewood Cliffs: Prentice-Hall 1976

B. ESCHERMANN: Funktionaler Entwurf digitaler Schaltungen. Methoden und CAD-Techniken. Berlin Heidelberg New York: Springer-Verlag 1993

W. GILOI: Rechnerarchitektur. Heidelberger Taschenbücher, Bd. 208. Berlin Heidelberg New York: Springer-Verlag, 2. Aufl. 1993

L. GOLDSCHLAGER, A. LISTER: Informatik – Eine moderne Einführung. München Wien London: Hanser/Prentice-Hall International, 3. Aufl. 1990

D. GRIES: Compiler Construction for Digital Computers. New York: Wiley 1971

458   Literaturangaben zu Teil II

A.N. HABERMANN: Introduction to Operating System Design. Chicago: Science Research Associates 1976

W. HAHN, F.L. BAUER: Physikalische und elektrotechnische Grundlagen für Informatiker. Heidelberger Taschenbücher, Bd. 147. Berlin Heidelberg New York: Springer-Verlag 1975

F. HALSALL: Data Communications, Computer Networks and Open Systems. Reading: Addison-Wesley 1996

R.W. HAMMING: Coding and Information Theory. Englewood Cliffs: Prentice-Hall, 1980

H.-G. HEGERING, S. ABECK: Integriertes Netz- und Systemmanagement. Reading: Addison-Wesley 1993

W. HEISE, P. QUATTROCCHI: Informations- und Codierungstheorie. Berlin Heidelberg New York: Springer, 3. Aufl. 1995

N.J. HIGHAM: Accuracy and Stability of Numerical Algorithms. Society for Industrial & Applied Mathematics (SIAM), June 1996

C.A.R. HOARE, N. WIRTH: Axiomatic Definition of the Programming Language Pascal. Acta Informatica 2, 335–355 (1973)

G. HOTZ: Einführung in die Informatik. Stuttgart: Teubner 1990

K. JENSEN, N. WIRTH: Pascal-Benutzerhandbuch. Berlin Heidelberg New York: Springer-Verlag 1991

E. JESSEN: Architektur digitaler Rechenanlagen. Heidelberger Taschenbücher, Bd. 175. Berlin Heidelberg New York: Springer-Verlag 1975

D. KAHANER, C. MOLER, S. NASH: Numerical Methods and Software. Englewood Cliffs: Prentice-Hall 1989

P. KANDZIA, H. LANGMAACK: Informatik: Programmierung. Stuttgart: Teubner 1973

H. KERNER: Rechnernetze nach OSI. Übersetzerbau. München Wien: Oldenbourg 1995

H. KLAEREN: Vom Problem zum Programm – Eine Einführung in die Informatik. Stuttgart: Teubner 1990

D.E. KNUTH: The Art of Computer Programming. Vols. I/II/III. Reading: Addison-Wesley 1973/1969/1973

A.M. LISTER: Fundamentals of Operating Systems. London: Macmillan 1979

J. LOECKX, K. MEHLHORN, R. WILHELM: Grundlagen der Programmiersprachen. Stuttgart: Teubner 1986

E. MENDELSON: Boolesche Algebren und logische Schaltungen – Theorie und Anwendungen. Schaum/McGraw-Hill 1982

H. NOLTEMEIER: Informatik I – Einführung in Algorithmen und Berechenbarkeit. München Wien: Carl Hanser Verlag, 2. Aufl. 1993

H. NOLTEMEIER: Informatik III – Einführung in Datenstrukturen. München Wien: Carl Hanser Verlag, 2. Aufl. 1988

H. NOLTEMEIER, R. LAUE: Informatik II – Einführung in Rechnerstrukturen und Programmierung. München Wien: Carl Hanser Verlag, 2. Aufl. 1991

W.E. PROEBSTER: Peripherie von Informationsverarbeitungssystemen – Technologie und Anwendung. Berlin Heidelberg New York: Springer-Verlag 1987

U. REMBOLD, C. BLUME, W.K. EPPLE, M. HAGEMANN, P. LEVI (Hrsg.): Einführung in die Informatik für Naturwissenschaftler und Ingenieure. München Wien: Carl Hanser Verlag 1991

K. SAMELSON, F.L. BAUER: Sequentielle Formelübersetzung. Elektron. Rechenanlagen 1, 176–182 (1959). Englische Übersetzung: Sequential Formula Translation. Commun. ACM 3, 76–83 (1960)

H. SCHECHER: Funktioneller Aufbau digitaler Rechenanlagen. Heidelberger Taschenbücher, Bd. 127. Berlin Heidelberg New York: Springer-Verlag 1973

G. SEEGMÜLLER: Einführung in die Systemprogrammierung. Reihe Informatik, Bd. 11. Mannheim Wien Zürich: Bibliographisches Institut 1974

J. STOER: Numerische Mathematik 1. Eine Einführung – Unter Berücksichtigung von Vorlesungen von F.L. Bauer. Berlin Heidelberg New York: Springer-Verlag, 7. Auflage 1994

J. SWOBODA: Codierung zur Fehlerkorrektur und Fehlererkennung. München: Oldenbourg 1973

A.S. TANENBAUM: Betriebssysteme – Entwurf und Realisierung. Teile 1, 2. München Wien London: Hanser/Prentice-Hall International 1990

A.S. TANENBAUM: Computer Networks. Englewood Cliffs: Prentice-Hall, 3rd ed. 1996

VAX Hardware Handbook. Digital Equipment Corporation 1982

E.H. WALDSCHMIDT, H. WALTER: Grundzüge der Informatik I, II. Mannheim Wien Zürich: Bibliographisches Institut 1992

N. WIRTH: The Programming Language Pascal. Acta Informatica **1**, 35–63 (1971)

N. WIRTH: Systematisches Programmieren. Stuttgart: Teubner 1972

N. WIRTH: Algorithmen und Datenstrukturen. Stuttgart: Teubner 1975

W. WULF, W.M. SHAW, P. HILFINGER, L. FLON: Fundamentals of Computer Science. Reading: Addison-Wesley 1981

U. WEYH: Elemente der Schaltungsalgebra. München: Oldenbourg 1972

W.E. WICKES: Logic Design with Integrated Circuits. New York: Wiley 1968

G.E. WILLIAMS: Digital Technology. Chicago: Science Research Associates 1977

G. WOLF: Digitale Elektronik. München: Franzis 1971

G. ZIMMERMANN, P. MARWEDEL: Elektrotechnische Grundlagen der Informatik I. Mannheim: B.I.-Wissenschaftsverlag 1974

Stichwortverzeichnis

Druck (Computer to Film): Saladruck, Berlin
Verarbeitung: H. Stürtz AG, Würzburg